PPT 制作应用大全 2019

张婷婷　编著

图书在版编目（CIP）数据

PPT 制作应用大全 2019/ 张婷婷编著 . —北京：机械工业出版社，2019.10（2022.3 重印）

ISBN 978-7-111-64042-4

I. P… II. 张… III. 图形软件 IV. TP391.412

中国版本图书馆 CIP 数据核字（2016）第 243082 号

PPT 制作应用大全 2019

出版发行：机械工业出版社（北京市西城区百万庄大街 22 号 邮政编码：100037）

责任编辑：罗丹琪 责任校对：殷 虹

印 刷：北京捷迅佳彩印刷有限公司 版 次：2022 年 3 月第 1 版第 3 次印刷

开 本：185mm×260mm 1/16 印 张：20.25

书 号：ISBN 978-7-111-64042-4 定 价：69.00 元

客服电话：（010）88361066 88379833 68326294 投稿热线：（010）88379604

读者信箱：hzjsj@hzbook.com

前　　言

随着社会的发展，人类平面信息的交流早已不限于文字，而是借助图片、视频等方式摆脱文字信息过于抽象的束缚。在诸多非文字平面信息的交流中，微软公司开发的 Office 组件中的 PowerPoint（PPT）始终占据着非常重要的地位。目前来看，PPT 应该是最方便制作和放映的多媒体类工具。

PPT 通过突出重点、简化内容、理顺思路，增强与受众的互动，提高沟通效率。工作中，使用 PPT 这款工具，可以让你的观点更直观、更专业地传达出去。相对于其他 Office 组件，PPT 可以通过比较直观的方式来为受众描述一件事情或一个故事，这样信息交流的另一方会更容易理解并清楚你的观点。并且，与阅读大量的文字相比，从 PPT 接收信息的效率无疑是更高的。

本书内容

本书共有 20 章，从结构上可分为四部分：第一部分为 PPT 制作入门，包括 PPT 操作基础、PPT 设计基础内容；第二部分为 PPT 操作进阶，包括幻灯片中的文本处理、图片编辑、形状应用、表格的编辑、图表制作、视听多媒体编辑、GIF 动画编辑、主题 / 母版应用、放映设置等内容；第三部分为 PPT 实战，介绍大量商务办公中的 PPT 应用实例，如企业文化培训、新产品上市推广、年度销售业绩报告、教学课件设计等；第四部分为 PPT 的保护、导出、打印与分享。

本书特点

- 全面：从 PPT 操作基础、PPT 设计的艺术、PPT 各种功能的使用、大量案例操作，到最终的 PPT 输出，应有尽有，可以满足不同层次读者的全面需求。
- 实用：本书以任务为驱动，逐步介绍某种功能的实现过程、某个案例的具体操作和实现，让读者的学习更加轻松，能够事半功倍。
- 进阶：本书设置了“高手技巧”版块，让读者在掌握了一般功能及操作的基础上，可以了解一些更加高效的操作和编辑功能。

读者对象

- 职场白领：无论你是初入职场的毕业生，还是资深的职场白领，本书均是你必备的读物；
- 高校学生：本书既可作为大中专院校、办公软件培训班的授课教材，也可以作为大学高年级学生的辅助读物，为即将踏上职场做好准备；
- 学校教师：本书可以帮助广大教师轻松制作精美的 PPT 课件；
- 广大爱好者：本书也适合作为广大 PPT 爱好者的参考用书。

目　　录

第1章
PowerPoint 2019 的基本操作

在日常生活和工作中，我们经常使用 PPT 来展现工作情况和工作计划等内容，但是当看到别人的 PPT 比自己的精美时，会不会有些羡慕呢？与其临渊羡鱼，不如退而结网！现在我们将带你走进 PowerPoint 2019 的美妙世界，介绍如何启动和退出 PowerPoint 2019，了解 PowerPoint 2019 的新特性，掌握演示文稿和常用的视图方式。

- PowerPoint 2019 快速入门
- 演示文稿的基本操作
- 掌握常用视图模式
- 幻灯片的基本操作
- 高手技巧

1.1 PowerPoint 2019 快速入门

好的开始是成功的一半，想要熟练地掌握 PPT 技巧，制作出精美的作品，就要从最基本的学起，掌握最基本的操作，才能让我们在以后的工作中如行云流水，胸有成竹。现在让我们进入快速入门阶段。

1.1.1 启动和退出 PowerPoint 2019

要想使用 PowerPoint 2019，首先必须知道如何找到并打开它。

步骤 1：单击桌面左下角的“开始”按钮，然后在弹出的“开始”菜单中找到 PowerPoint，单击该图标即可打开 PowerPoint 2019，如图 1-1 所示。

或者单击桌面左下方的小娜助手按钮，在搜索框内输入“ PowerPoint”，然后单击“最佳匹配”内的图标即可打开 PowerPoint 2019, 如图 1-2 所示。

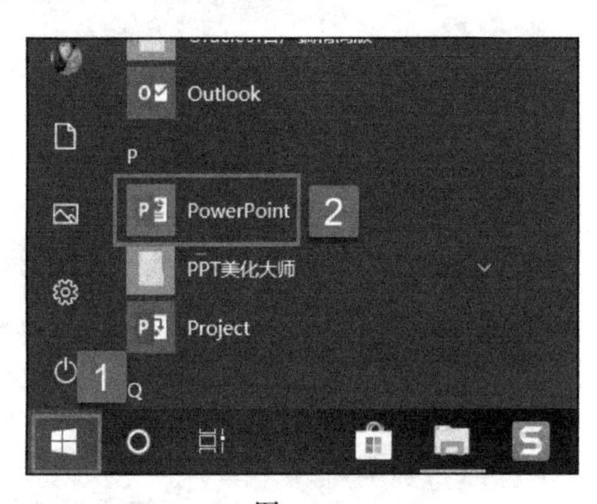

图 1-1

图 1-2

提示：*如果用户电脑桌面上已经存在 PowerPoint 2019 快捷方式，那么可以双击该图标，快速启动 PowerPoint 2019。*

步骤 2：启动完毕后，用户便进入 PowerPoint 2019 的初始界面，如图 1-3 所示。

了解了 PowerPoint 2019 的工作界面后，可以尝试单击一些简单的功能按钮，对幻灯片进行操作。当用户不再使用 PowerPoint 2019 时，可以关闭 PowerPoint 2019。关闭操作其实很简单，只需要单击界面右上方的关闭按钮即可，如图 1-4 所示。

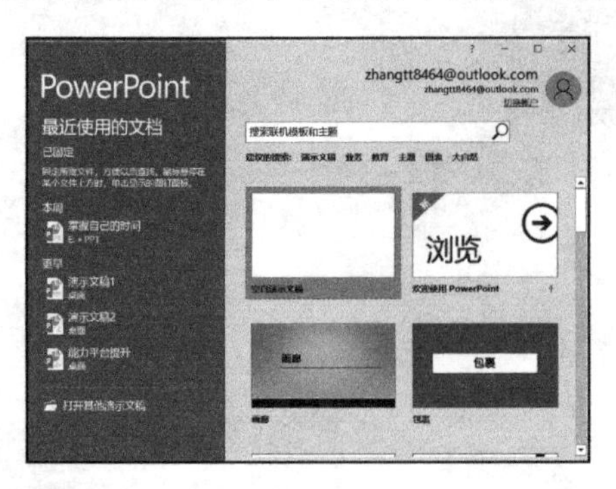

图 1-3

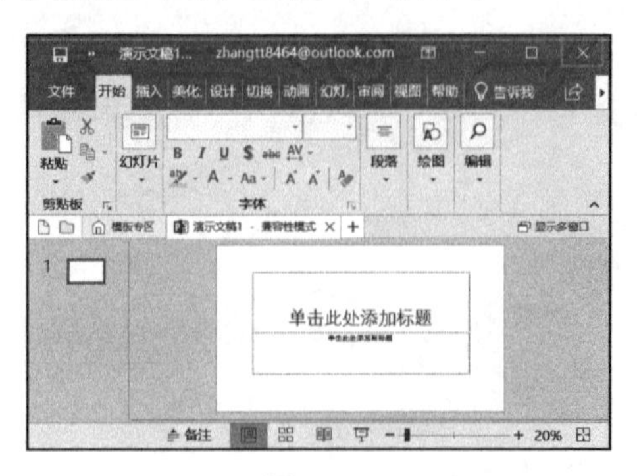

图 1-4

1.1.2 了解 PowerPoint 2019 新特性

PowerPoint 2019 是 Microsoft Office 2019 的一部分，PowerPoint 本次升级力求打造 3D 电影级的演示。PowerPoint 2019 新增的主要是以打造冲击力更强的演示为目标的“平滑切换”和“缩放定位”功能，还有本次 Office 升级中“插入”选项卡下的“3D 模型”“图标”，以及“审阅”选项卡中的“墨迹书写”功能。

1. 平滑切换

提到苹果的演示软件 Keynote 的动画效果“神奇移动”，相信大家都不陌生。PowerPoint 2019 也加入了同样的效果，即页面间的切换动画——“平滑”。打开 PowerPoint 2019，切换至“切换”选项卡，即可在“切换到此选项卡”组内看到“平滑”切换功能，如图 1-5 所示。

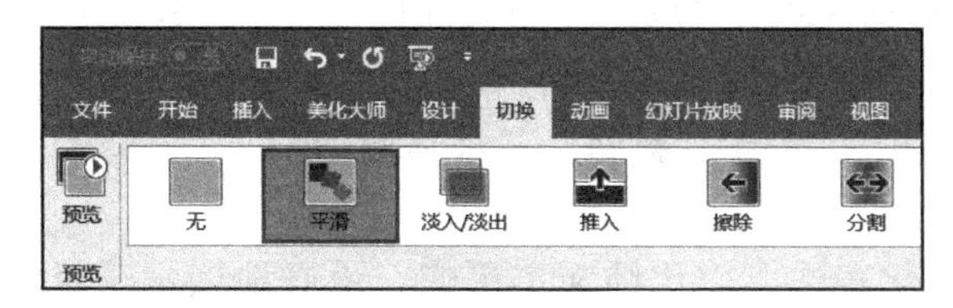

图 1-5

“平滑”的具体效果在于，让前后两页幻灯片的相同对象产生类似“补间”的过渡效果，而且不需要设置烦琐的路径动画，只需要摆放好对象的位置，调整好大小与角度，就能一键实现平滑动画，功能高效且能让幻灯片保持良好的阅读性。

除此之外，利用“平滑”切换搭配“裁剪”等进阶技巧，还可以快速做出很多酷炫的动画效果。

2. 缩放定位

如果说上述的“平滑切换”取自 Keynote 的“神奇移动”，那接下来要介绍的“缩放定位”就类似于另一款演示软件 Prezi。打开 PowerPoint 2019，切换至“插入”选项卡，即可在“链接”组内看到“缩放定位”功能，如图 1-6 所示。

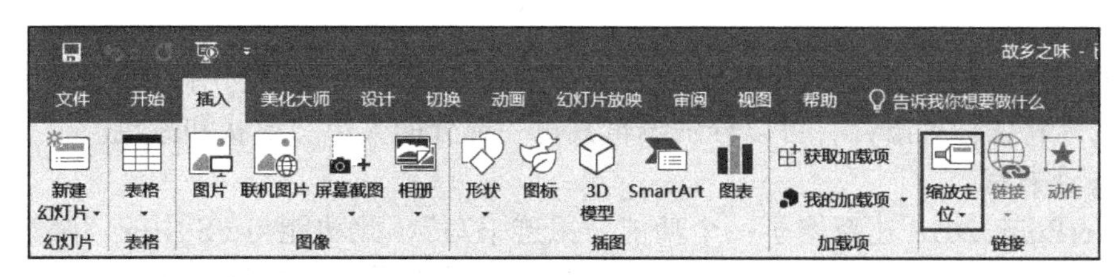

图 1-6

“缩放定位”是可以跨页面跳转的效果。在以前的 PowerPoint 版本中，用户只能依照幻灯片顺序进行演示。在这项功能加入之后，用户可以插入“缩放定位”的页面，然后页面中会插入幻灯片的缩略图，可以直接跳转到相对应的幻灯片，大大提升了演示的自由度和互动性。

除了作为目录或导览页来跳转以外，还可以让幻灯片搭配“缩放定位”功能，让演示效果更加生动。

3. 3D 模型

如果说“平滑切换”和“缩放定位”这两个强大的功能还属于演示软件范畴的话，那接下来要介绍的新功能“3D 模型”可以说是演示软件的一大突破。 打开 PowerPoint

2019，切换至“插入”选项卡，即可在“插图”组内看到“3D 模型”按钮，如图 1-7 所示。

图 1-7

目前 Office 系列所支持的 3D 格式为 fbx、obj、3mf、ply、stl、glb，导入 Power Point 中即可直接使用。插入 3D 模型后，用户可以搭配鼠标拖动来改变其大小与角度。而搭配前面所提到的“平滑”切换效果，则可以更好地展示模型本身。

除此之外，PowerPoint 2019 中的“3D 模型”还自带特殊的“三维动画”，包括“进入”“退出”以及“转盘”“摇摆”“跳转”三种强调动画。

4. 图标

大家都知道图像化表达可以比纯文本更快、更好地展示信息。因此，图标一直是 PowerPoint 设计中不可或缺的一环。在以前版本中，用户只能在 PowerPoint 中插入难以编辑的 PNG 图标，如果要插入可灵活编辑的矢量图标，就必须借助 AI 等专业的设计软件开启后，再导入 PowerPoint 中，使用上非常不便。

在 Office 2019 中，微软为用户提供了图标库，图标库又细分出多种常用的类型。只需要切换至“插入”选项卡，即可在“插图”组内看到“图标”按钮，如图 1-8 所示。

图 1-8

此外，用户还能直接导入 SVG 这种最常见的矢量图。同时利用图形工具中的“转换为形状”将图标拆解开，可以分别编辑其每一部分的大小、形状和颜色。

5. 墨迹书写

PowerPoint 2019 还新增了一个功能“墨迹书写”，此功能与 PS 中的“画笔”功能相似，墨迹所在位置即为目标，用户可以选择不同的颜色来填充笔迹线条，同时还可以调节笔迹的粗细程度等。

打开 PowerPoint 2019，切换至“审阅”选项卡，即可在“墨迹”组内看到“开始墨迹书写”按钮，如图 1-9 所示。

图 1-9

用户还可以将墨迹转换成形状、写明复杂的数学问题、突出显示文本等。

1.1.3 PowerPoint 2019 工作界面

用户启动 PowerPoint 2019 后，单击选择空白演示文稿进入 PowerPoint 的工作界面，如图 1-10 所示。

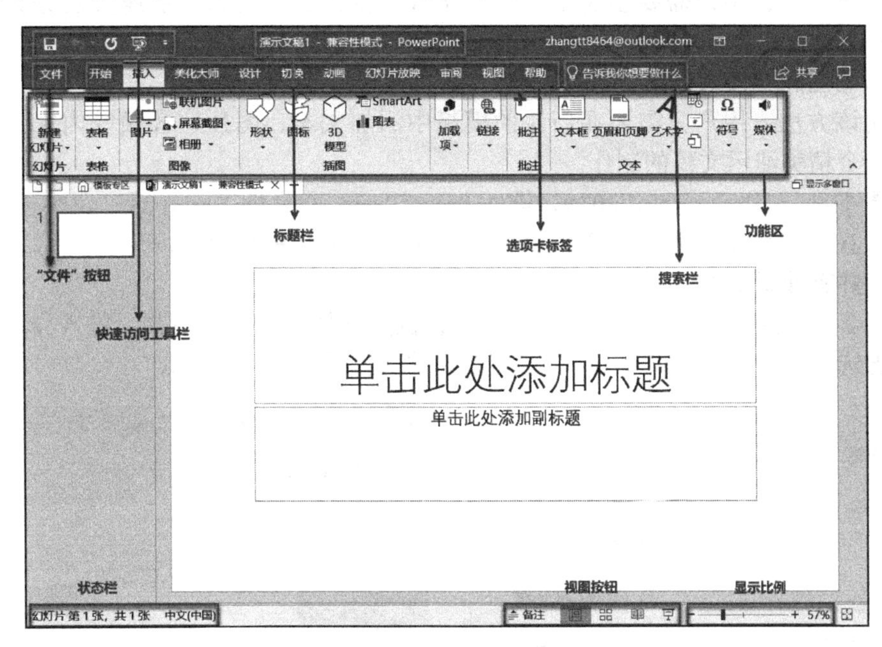

图 1-10

此时，用户可以看到 PowerPoint 2019 工作界面中的元素，接下来就详细介绍工作界面的各区域功能：

快速访问工具栏：该工具栏集成了多个常用按钮，默认状态下包括“保存”“撤销”“从头开始”和“自定义快速访问工具栏”按钮，方便用户直接使用。

标题栏：用于显示演示文稿的名称。

“文件”按钮：单击“文件”按钮后，可以对演示文稿的属性进行调整，此外还可以执行新建、保存、打印、共享等操作命令。

选项卡标签：单击选项卡标签，即可切换至相应的选项卡界面，在不同的选项卡中包含不同的功能区。

搜索栏：方便用户更快找到所需要的东西。

功能区：用户在幻灯片中执行的所有操作基本上都要用到功能区中的功能按钮。

状态栏：显示当前的状态信息。

视图按钮：单击某个视图按钮即可切换到相应的视图方式，实现从不同的角度对幻灯片进行查看。

显示比例：左右拖动中间滑块即可更改幻灯片的显示比例。

1.2 演示文稿的基本操作

启动 PowerPoint 2019 后，用户可以尝试对演示文稿进行一些简单的基本操作，包括新建演示文稿、保存演示文稿、保护演示文稿，熟悉演示文稿的制作和保存过程等。

1.2.1 新建演示文稿

多数情况下，用户需要创建多个演示文稿，新建演示文稿的快速方法分为根据主题、模板新建和根据现有演示文稿创建这两种。

1. 根据主题、模板新建

使用该方法，用户只需要在新建的模板中添加文本、图片、音频等内容，即可快速完成一个精美演示文稿的制作。

步骤 1：打开 PowerPoint 2019，进入 PowerPoint 2019 的工作界面，切换至“文件”选项卡，在左侧菜单列表中单击“新建”按钮，此时在右侧窗格内即可显示很多模板和主题，并有搜索功能，如图 1-11 所示。

步骤 2：选择一个符合的主题或者模板，例如选择“画廊”主题。进入详细选择界面，单击选中符合的模板，然后单击“创建”按钮，如图 1-12 所示。

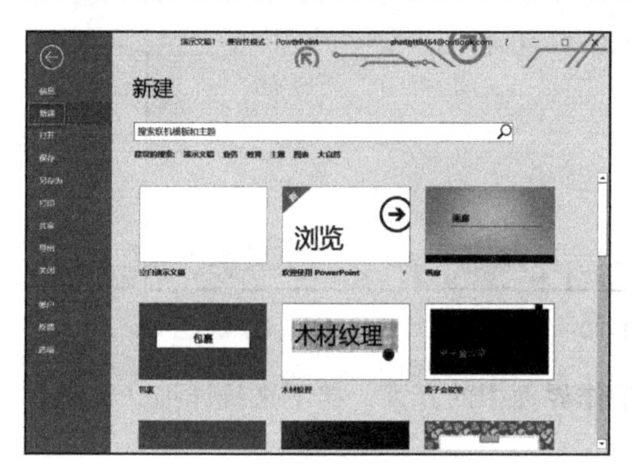

图 1-11

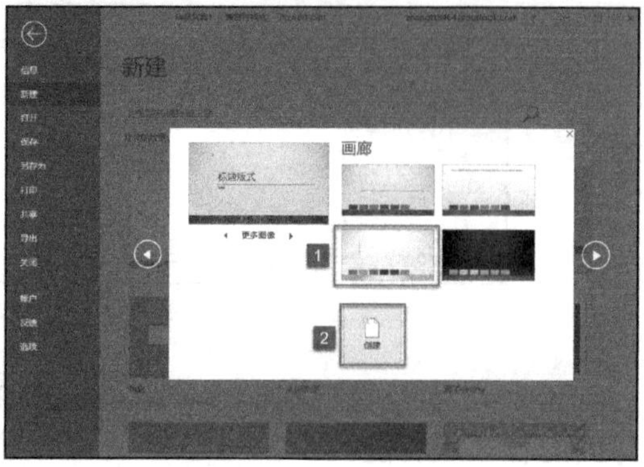

图 1-12

步骤 3：创建完成后，返回 PowerPoint 主界面，效果如图 1-13 所示。

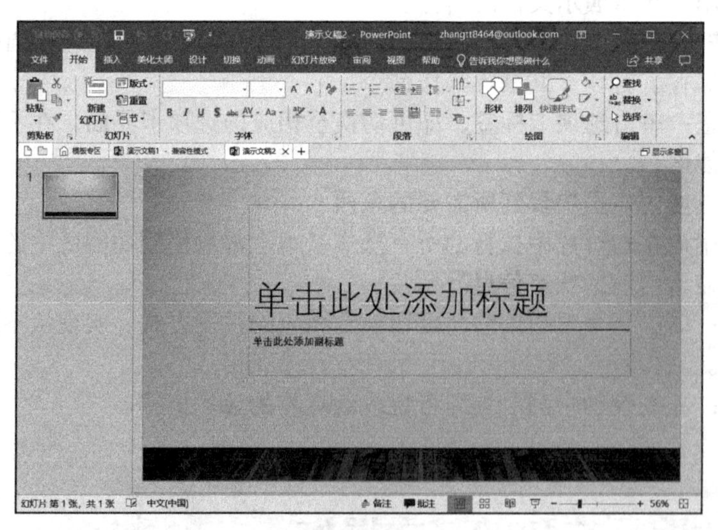

图 1-13

2. 根据现有演示文稿创建

如果用户不想用系统的主题或者模板，而是想用自己电脑中已有的 PPT，就可以根据现有的演示文稿进行创建。

步骤 1：打开 PowerPoint 2019，进入 PowerPoint 2019 的工作界面，切换至“文件”选项卡，在左侧菜单列表中单击“打开”按钮，然后单击“浏览”按钮。弹出“打开”对话框，在所要打开的文件目录下找到该文件并单击，最后单击“打开”按钮，如图 1-14 所示。

步骤 2：打开后的效果如图 1-15 所示。

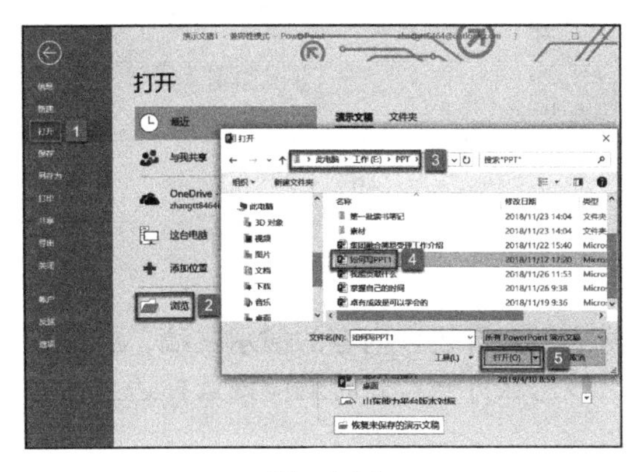

图 1-14

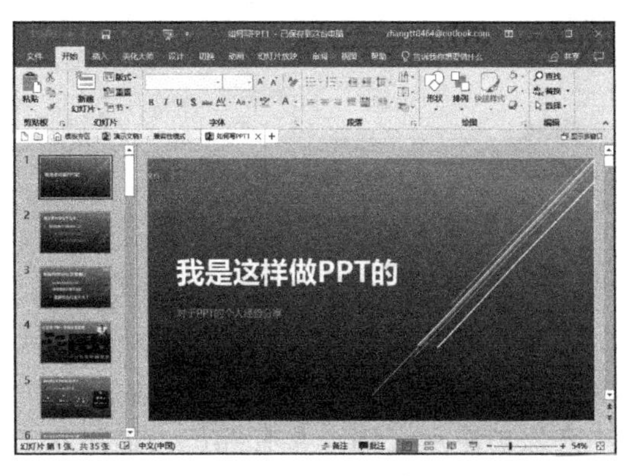

图 1-15

1.2.2 保存演示文稿

保存演示文稿尤为重要，不然会导致用户辛辛苦苦努力的成果付诸东流。保存演示文稿分为“直接保存”和“另存为”两种方式。

1. 直接保存演示文稿

直接保存演示文稿有两种方法：

方法一：打开 PowerPoint 文件，单击界面左上角的“保存”按钮，如图 1-16 所示。

方法二：打开 PowerPoint 文件，切换至“文件”选项卡，在左侧菜单列表中单击“保存”按钮，如图 1-17 所示。

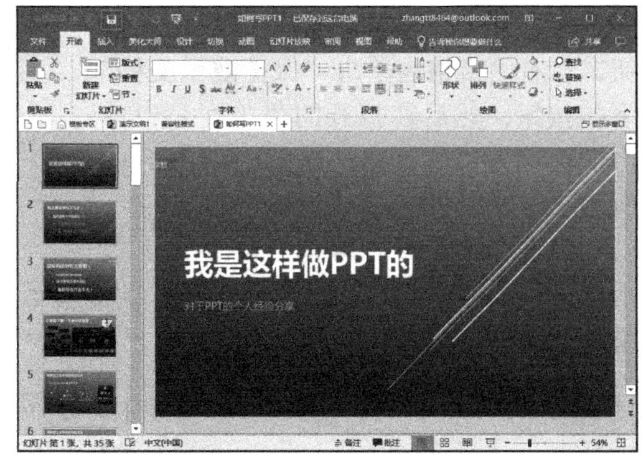

图 1-16

2. 另存为演示文稿

当用户打开已有演示文稿进行修改后，需要将修改的内容保存起来并且还需要在保持原有的演示文稿不变的情况下，就可以使用另存为演示文稿的方法对演示文稿进行保存。

单击切换至“文件”选项卡，在左侧菜单列表中单击“另存为”按钮，然后单击“浏览”按钮。弹出“另存为”对话框，在目录列表内选择需要保存到的目录，然后输入“文件名”，选择“保存类型”，最后单击“保存”按钮即可，如图 1-18 所示。

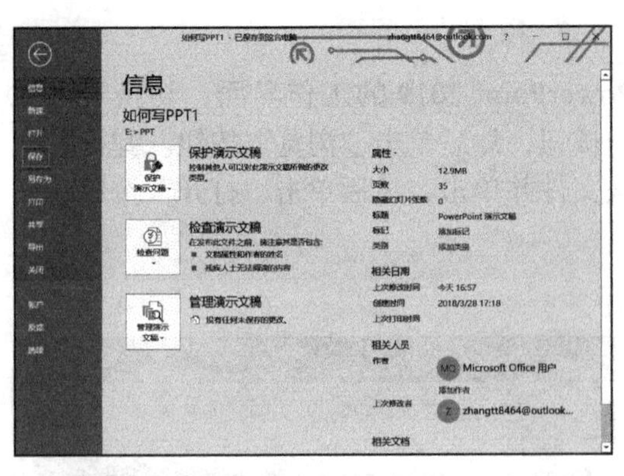

图 1-17

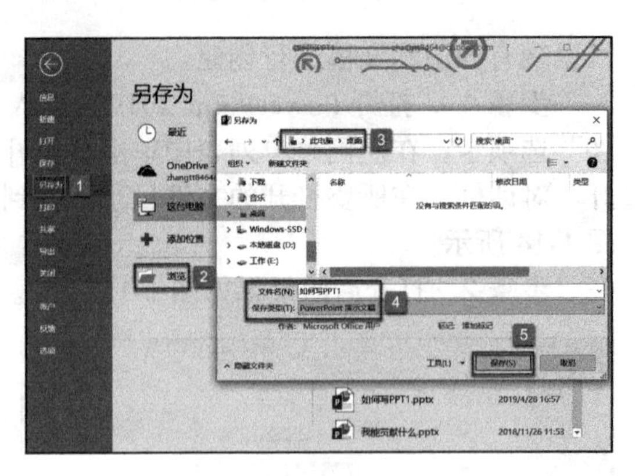

图 1-18

1.2.3 保护演示文稿

如果用户创建了一个有自己独特样式、格式或含有机密内容的演示文稿，或许就不太希望被他人随意查看、编辑或修改，那么该怎么办呢？此时就应该选择适当的方法来保护演示文稿，共有标记为最终状态、用密码进行加密、限制访问、添加数字签名 4 种方法。接下来对标记为最终状态和用密码进行加密这两种常用的方法进行详细介绍。

1. 标记为最终状态

步骤 1： 单击切换至“文件”选项卡，在左侧菜单列表中单击“信息”按钮，在右侧窗格内单击“保护演示文稿”下拉按钮，然后在打开的菜单列表中单击“标记为最终状态”按钮，如图 1-19 所示。

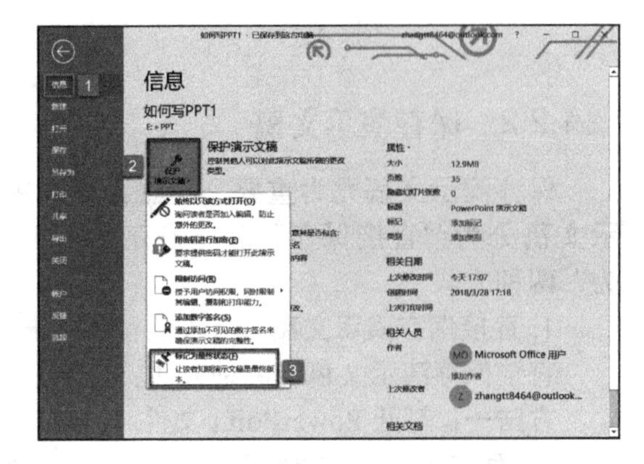

图 1-19

步骤 2： 此时 PowerPoint 会弹出提示框，单击“确定”按钮即可，如图 1-20 所示。操作完成后，返回 PowerPoint 主界面，系统会弹出一个窗口提示用户此文件已标记为最终状态，如图 1-21 所示。

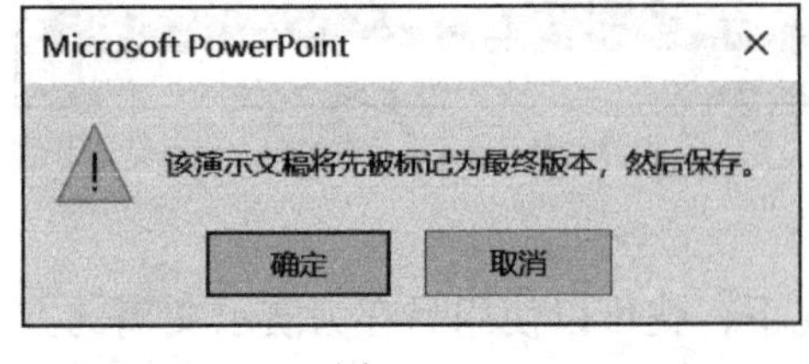

图 1-20

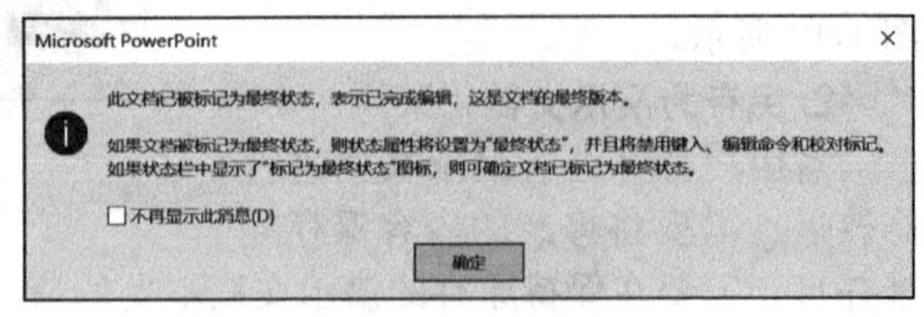

图 1-21

2. 用密码进行加密

用密码对演示文稿进行加密是最安全的一种方法，具体的操作步骤如下。

步骤 1： 单击切换至“文件”选项卡，在左侧菜单列表中单击“信息”按钮，在右侧窗格内单击“保护演示文稿”下拉按钮，然后在打开的菜单列表中单击“用密码进行加密”按钮，如图 1-22 所示。

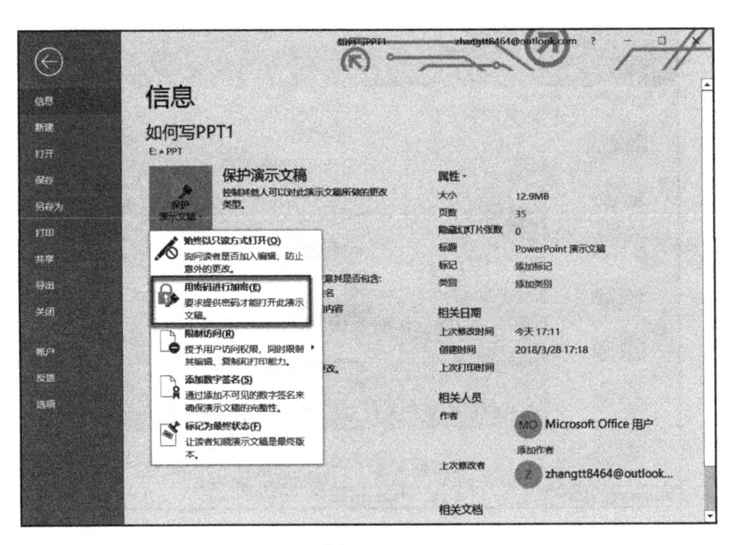

图 1-22

步骤 2： 此时 PowerPoint 会弹出“加密文档”对话框，在“密码”文本框内输入密码后，单击“确定”按钮，如图 1-23 所示。继续弹出“确认密码”对话框，在“重新输入密码”文本框内再次输入密码，单击“确定”按钮即可，如图 1-24 所示。

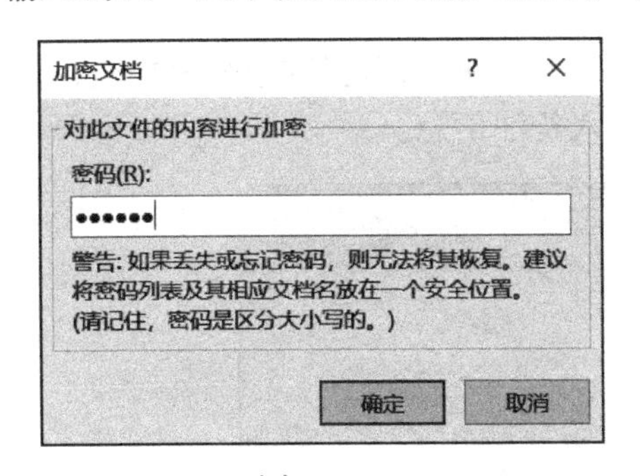

图 1-23

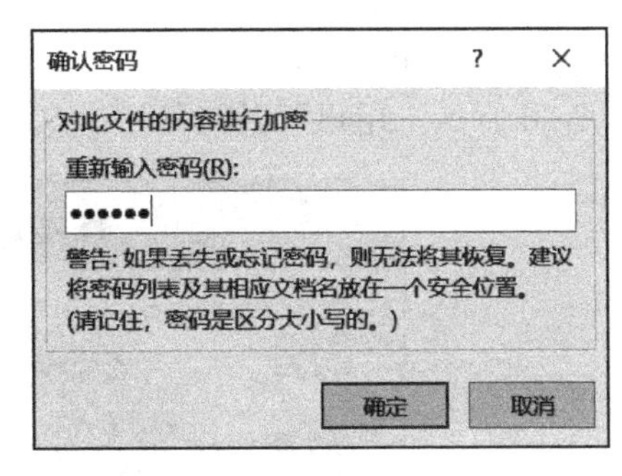

图 1-24

提示： 用户需要将自己设置的密码牢牢记住，以免因为忘记密码而打不开文件。

1.3 掌握常用视图模式

当用户已经制作完自己的 PPT 演示文稿，想要预览一下时，可以单击界面右下方工具栏的视图按钮来切换不同的视图方式查看 PPT 演示文稿，以便用户查看并修改自己的 PPT 演示文稿。

1.3.1 普通视图

一般演示文稿的初始视图方式就是普通视图，在此模式下左侧窗格内是用户所制作的所有幻灯片，用户可以选择其中的一张进行查看和修改。

打开 PowerPoint 文件，单击界面下方的“普通视图”按钮，即可切换至普通视图模式，如图 1-25 所示。

图 1-25

1.3.2 备注页视图

用户在备注页视图下可以对制作的演示文稿进行标记描述等，这样可以使演示文稿更加详细、完整。

打开 PowerPoint 文件，单击界面下方的“备注”按钮，即可切换至备注视图模式，如图 1-26 所示。用户可以在备注信息添加栏内输入备注信息。

图 1-26

1.3.3 幻灯片浏览视图

在幻灯片浏览视图中，演示文稿中的全部幻灯片的缩略图按序号顺序排列，用户双击任意幻灯片缩略图，即可切换至显示此幻灯片的幻灯片视图模式。

打开 PowerPoint 文件，单击界面下方的“幻灯片浏览”按钮，即可切换至幻灯片浏览视图模式，如图 1-27 所示。在该视图下，用户可以复制、删除幻灯片，调整幻灯片的顺序，但不能对幻灯片的内容进行编辑和修改。

图 1-27

1.3.4 放映视图

在放映视图下，整张幻灯片的内容占满整个屏幕。这就是在计算机屏幕上演示的将来制成胶片后用幻灯机放映出来的效果，这样可以让用户提前感受制作的 PPT 最后展示出来是什么效果。

步骤 1：打开 PowerPoint 文件，单击界面下方的“放映”按钮，即可切换至幻灯片放映视图模式，如图 1-28 所示。

步骤 2：进入幻灯片放映视图，用户可以单击鼠标进行幻灯片的逐个放映，效果如图 1-29 所示。

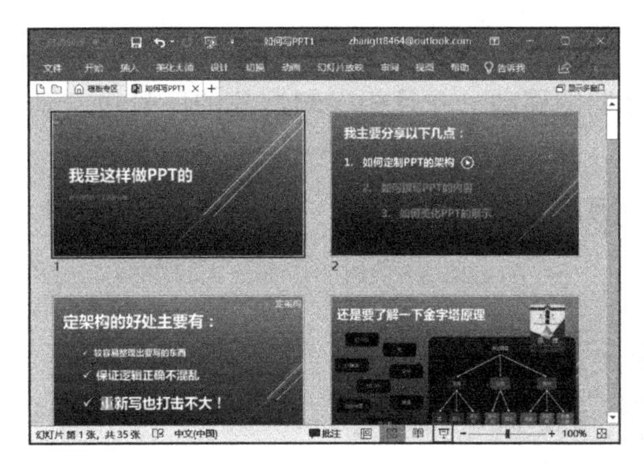

图 1-28

图 1-29

1.4 幻灯片的基本操作

演示文稿由多张幻灯片组成，所以在制作演示文稿的时候，掌握幻灯片的基本操作是相当重要的，不然很难创建出一个完整的演示文稿。

1.4.1 新建幻灯片

默认的演示文稿中只包含一张幻灯片，那么新建幻灯片就是一项必不可少的操作，系统为用户提供了多种版式的幻灯片，用户可以任意选择新建。

步骤 1：打开 PowerPoint 文件，在左侧窗格内选中第一张幻灯片，切换至“开始”选项卡，然后单击“幻灯片”组内“新建幻灯片”下拉按钮，在打开的菜单列表中单击“两项内容”选项，如图 1-30 所示。

步骤 2：此时，即可看到在第一张幻灯片下方新建了一个版式为“两项内容”的幻灯片，如图 1-31 所示。

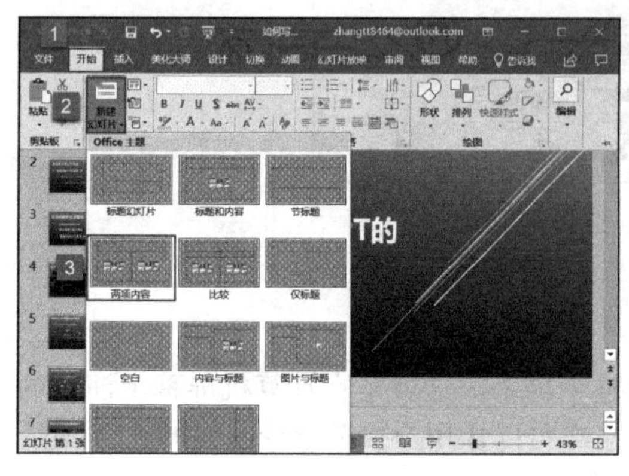

图 1-30

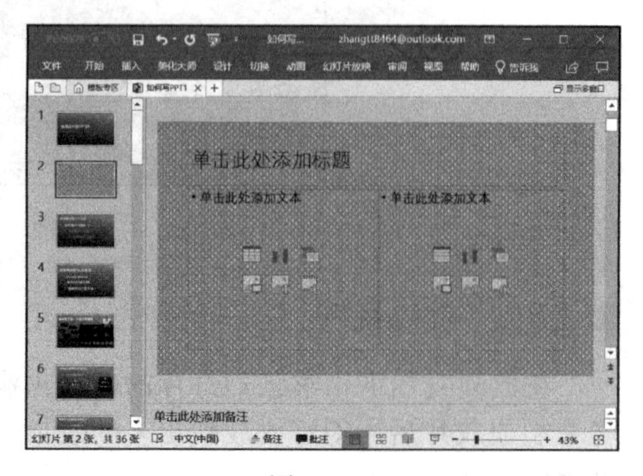

图 1-31

1.4.2 移动幻灯片

移动幻灯片主要用于调整幻灯片的播放顺序，这项操作在幻灯片浏览窗格中即可实现。

打开 PowerPoint 文件，在左侧窗格内选中第四张幻灯片，拖动鼠标至目标位置处，如图 1-32 所示。然后释放鼠标，幻灯片即可发生移动，并且相应幻灯片的序号也自动重新排列。

图 1-32

1.4.3 复制幻灯片

复制幻灯片即生成一张相同的幻灯片并进行移动，此功能主要用于利用已有幻灯片的版式和布局快速编辑生成一张新的幻灯片。

打开 PowerPoint 文件，在左侧窗格内选中第八张幻灯片，右键单击，在弹出的快捷菜单中单击“复制幻灯片”按钮，如图 1-33 所示。此时即可看到在第八张幻灯片下方生成了一张相同的幻灯片，并自动生成序号“9”，如图 1-34 所示。

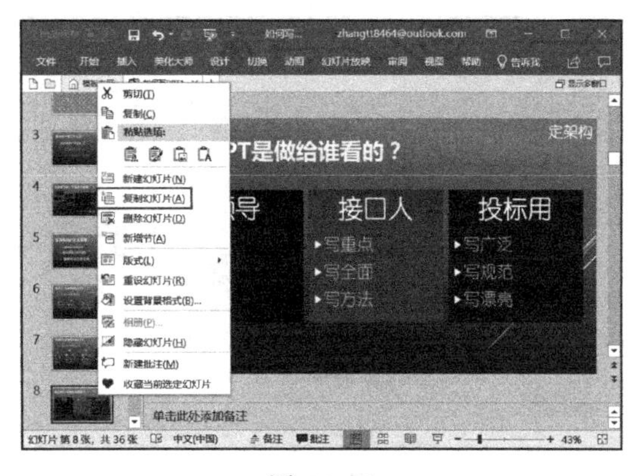

图 1-33

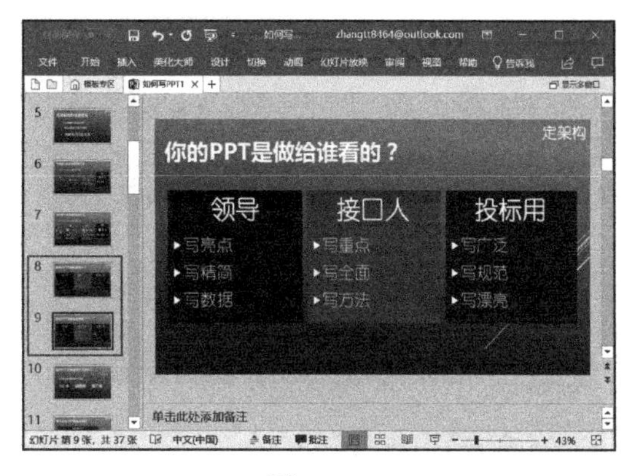

图 1-34

然后用户即可根据自身需要套用此幻灯片的样式，对其内容稍作修改，完成新幻灯片的制作。

1.4.4 更改幻灯片版式

当用户对幻灯片的版式不满意时，可以选择其他版式对其进行更改。

步骤 1：打开 PowerPoint 文件，在左侧窗格内选中第二张幻灯片，切换至“开始”选项卡，然后单击“幻灯片”组内“幻灯片版式”下拉按钮，在打开的菜单列表中单击“两栏内容”选项，如图 1-35 所示。

步骤 2：此时即可看到第二张 PPT 的版式由“标题与内容”修改为“两栏内容”，效果如图 1-36 所示。

图 1-35

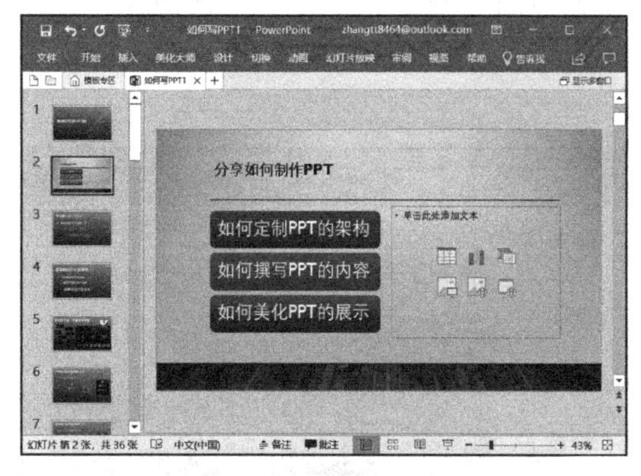

图 1-36

1.4.5 使用节管理幻灯片

当演示文稿中的幻灯片数量过多时，用户可能就会理不清整体的思路以及每张幻灯片之间的逻辑关系，此时可以使用节来将整个演示文稿划分成若干小节，以便管理。

步骤 1：打开 PowerPoint 文件，在左侧窗格内选中第一张幻灯片，切换至“开始”选项卡，然后单击“幻灯片”组内“节”下拉按钮，在打开的菜单列表中单击“新增节”按钮，如图 1-37 所示。

步骤 2：此时即可在第一张幻灯片左上方添加一个“无标题节”按钮，并弹出“重命名节”对话框，在“节名称”文本框内输入名称，如图 1-38 所示。

图 1-37

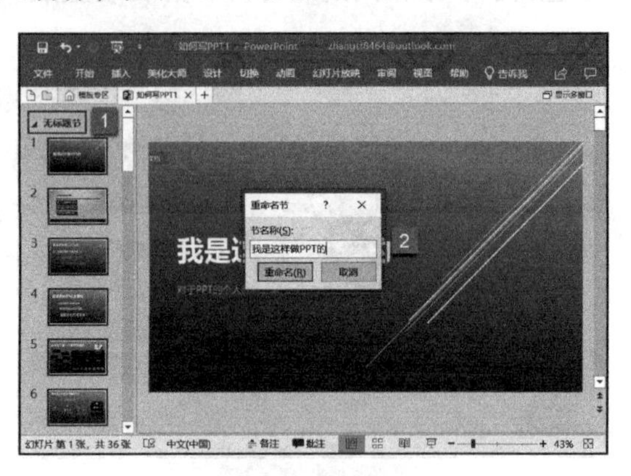

图 1-38

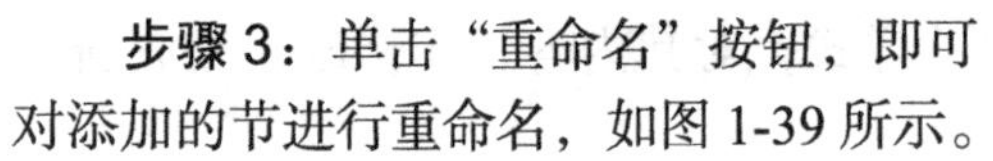

步骤 3：单击“重命名”按钮，即可对添加的节进行重命名，如图 1-39 所示。

步骤 4：当用户不再对该节下的幻灯片进行修改时，单击节左侧的折叠按钮即可，如图 1-40 所示。当演示文稿中存在许多幻灯片时，使用折叠节的功能可以方便用户管理幻灯片，比如移动节可以整体调换顺序。

步骤 5：当该节下所有幻灯片都需要删除时，可以右键单击节名称，然后在弹出的快捷菜单中单击“删除节”按钮即可，如图 1-41 所示。

图 1-39

图 1-40

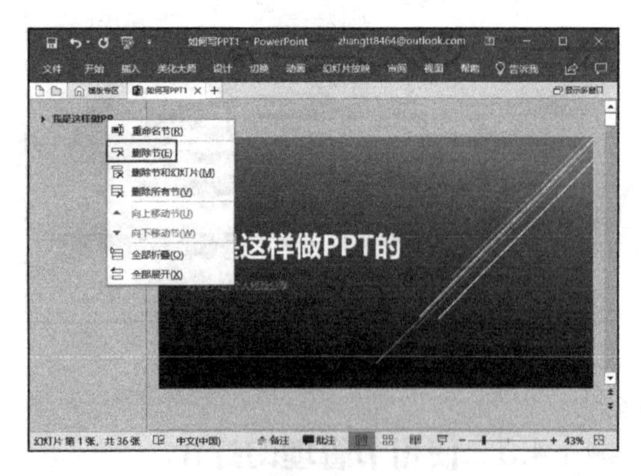

图 1-41

高手技巧

在学习完 PowerPoint 2019 的基本操作后，是不是已经迫不及待地想要去制作一个精美的 PPT 了呢？不要着急，我们应该装备完最好的武器再去战斗。下面介绍一下 PowerPoint 2019 的必备技巧。

自定义快速访问工具栏

把功能按钮放置在快速访问工具栏中可以达到快速使用的目的，接下来详细介绍自定义快速访问工具栏的方法。

步骤 1：打开 PowerPoint 2019，进入编辑界面，切换至“文件”选项卡，在左侧菜单列表中单击“选项”按钮，如图 1-42 所示。

图 1-42

步骤 2：打开“PowerPoint 选项”对话框，在左侧的菜单窗格内单击“快速访问工具栏”按钮，然后在右侧的工具列表内选择任意功能按钮，例如“插入文本框”按钮，单击“添加”按钮将该功能添加至右侧的快速访问工具栏列表内，最后单击“确定”按钮，如图 1-43 所示。

步骤 3：返回 PowerPoint 主界面，即可在左上方的快速访问工具栏内看到刚刚添加的“插入文本框”按钮，如图 1-44 所示。

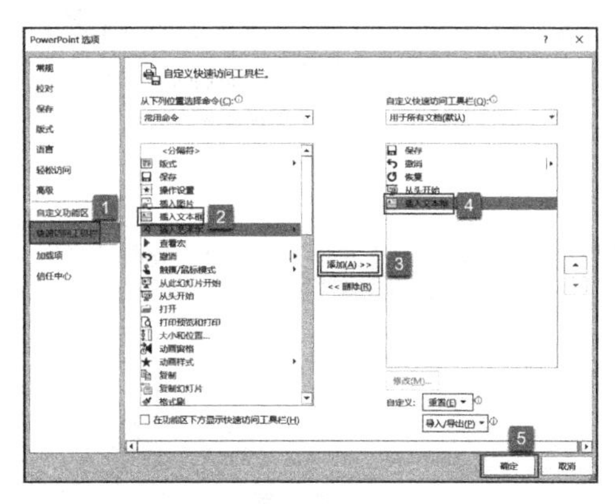

图 1-43

图 1-44

自定义功能区

功能区内包含的选项卡、组、功能按钮都是默认不变的吗？当然不是，用户完全可以根据自身需要自定义功能区中的所有组件。

步骤 1：打开“PowerPoint 选项”对话框，在左侧的菜单窗格内单击“自定义功能区”按钮，然后在右侧的功能列表内选择任意功能按钮，例如“大小和位置”按钮，单击“添加”按钮，如图 1-45 所示。

步骤 2：此时 PowerPoint 会弹出功能区自定义的警告框，提醒用户下一步操作，单击“确定”按钮即可，如图 1-46 所示。

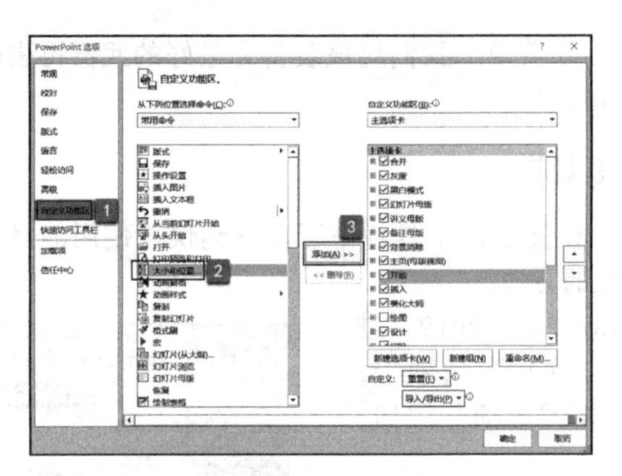

图 1-45

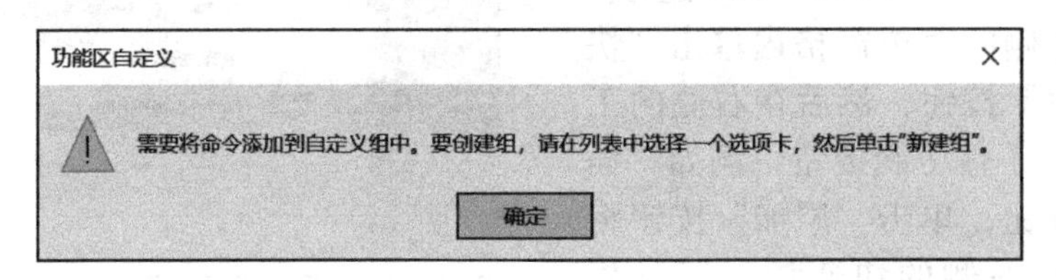

图 1-46

步骤 3：返回"PowerPoint 选项"对话框，单击"新建选项卡"按钮新建选项卡，然后单击选中"新建选项卡"下的"新建组"按钮，单击"添加"按钮将"大小和位置"功能按钮添加至"新建组"组内，如图 1-47 所示。

步骤 4：单击"确定"按钮，返回 PowerPoint 主界面，即可看到工具栏内多了一个"新建选项卡"选项卡，单击切换至该选项卡，即可在"新建组"组内看到"大小和位置"按钮，如图 1-48 所示。

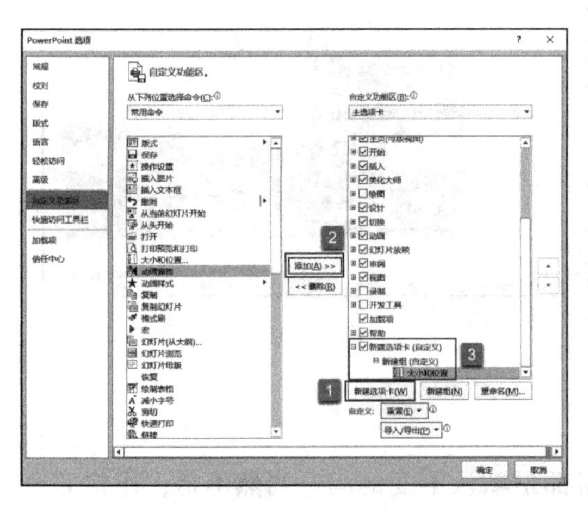

图 1-47

图 1-48

更改演示文稿窗口的外观颜色

在 PowerPoint 2019 中，默认状态下演示文稿的窗口颜色显示为彩色，如果用户不太喜欢这个配色，没有关系，PowerPoint 2019 为用户提供了四个配色，分别是彩色、深灰色、黑色和白色，用户可随意地选择自己喜欢的颜色。

步骤 1：打开"PowerPoint 选项"对话框，切换至"常规"选项卡，然后在右侧的窗格内找到“对 Microsoft Office 进行个性化设置”设置区域，在“Office 主题”下拉列表中选择喜欢的颜色，例如“黑色”，单击“确定”按钮，如图 1-49 所示。

步骤 2：返回 PowerPoint 主界面，即可看到主题颜色修改为黑色，如图 1-50 所示。此处所修改的颜色适用于整个 Office 组件。

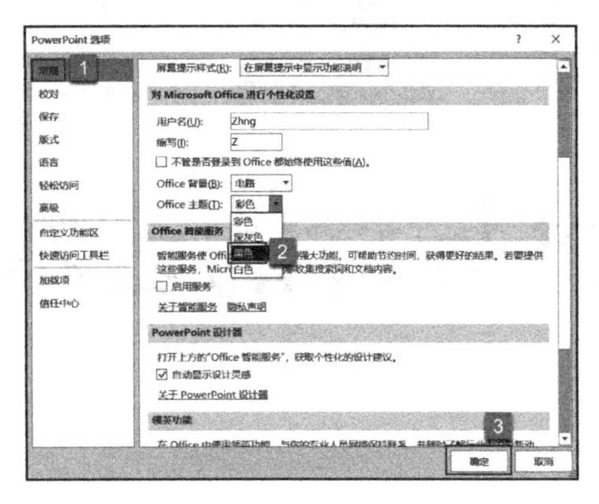

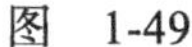

图 1-49

图 1-50

快速打开最近使用的演示文稿

使用一般方式打开文件时，用户往往需要逐个查找文件夹，这大大增加了工作时间，而且很麻烦。如果利用最近使用文件进行查找，将会事半功倍。

图 1-51

打开 PowerPoint 2019，进入编辑界面，切换至“文件”选项卡，在左侧菜单列表中单击“打开”按钮，在右侧窗格的第一栏里有个“最近”选项，单击后即可在右侧看到最近打开的一系列文件，然后单击需要的文件，即可实现文件的快速打开，如图 1-51 所示。

控制最近使用的演示文稿记录数目

上一小节介绍了如何快速打开演示文稿，但是用户在使用一段时间 PPT 后，会出现在最近使用演示文稿的地方放不下更多文件的情况，此时，可以通过修改最近使用演示文稿的记录数目来解决。

打开“PowerPoint 选项”对话框，切换至“高级”选项卡，然后在右侧的窗格内找到“显示”设置区域，在“显示此数量的最近的演示文稿”文本框内输入数字，最后单击“确定”按钮即可，如图 1-52 所示。

图 1-52

第2章 PowerPoint 设计的艺术

PPT 制作，与一般的软件应用不同。如果只是掌握 PPT 操作的大量技巧，未必能做出精致的 PPT 演示文稿。对于大部分 PPT 来说，都存在版式不美观、配色不协调、字体搭配不合理等问题，这主要是因为用户缺乏必要的美学基础。

- PPT 设计思路
- 内容合理的 PPT
- PPT 完美技巧应用
- 逻辑清晰的 PPT
- PPT 的警示

2.1 PPT设计思路

一个优秀的PPT要考虑很多方面的东西，例如主题选择、颜色搭配、格式规划、逻辑结构等。这些看起来很复杂、困难，但如果能掌握要点技巧，则可以顺利设计出一个符合心意的PPT。

2.1.1 主题与效果

此处的主题是指平面设计刊物(书籍、杂志、报纸或电子格式的刊物)的整体设计，具体包括演示文稿整体配色、幻灯片标题以及正文的字体、字号、位置等。

在做PPT之前，首先要厘清设计思路，思路可能有很多种，但是如果要精选出设计路径，第一个要考虑的就是“主题”，因为主题决定了最终的效果，有主题和没有主题的PPT效果天差地别，如图2-1和图2-2所示。

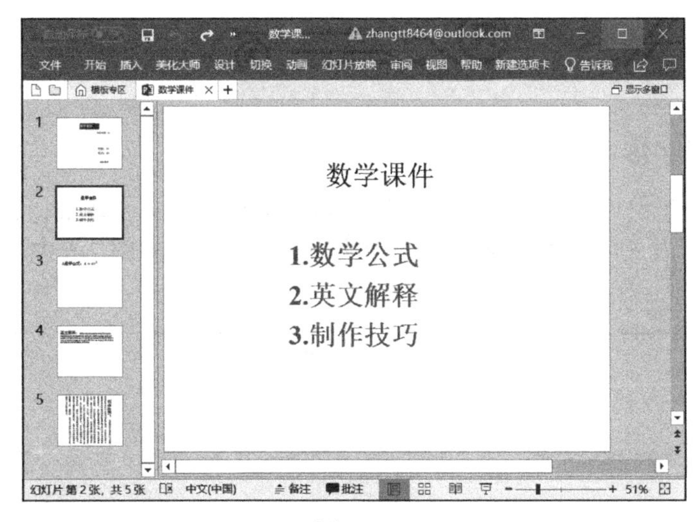

图 2-1

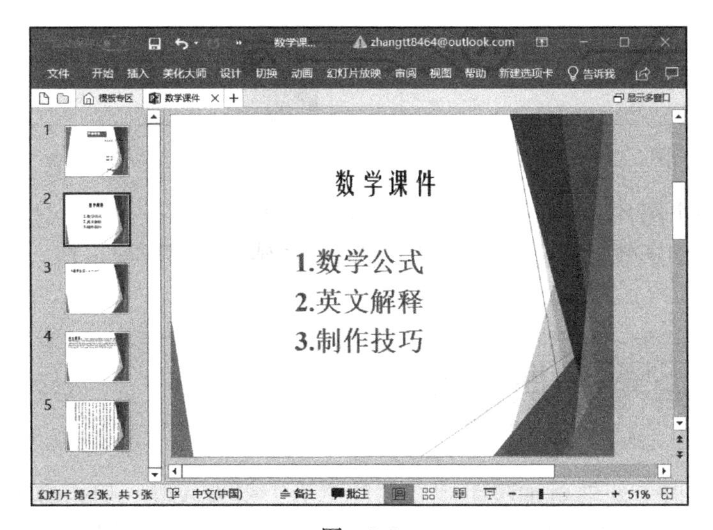

图 2-2

2.1.2 配色与效果

第二个需要考虑的则是配色。对于一般的用户来说，对配色的把握还是有难度的，因为大部分人并没有美术基础，所以很难从原理上去把握 PPT 的配色。但也有一个比较简单的办法：学一点色彩美学知识。首先要掌握色彩三要素和色彩搭配关系（如相邻色、互补色、冷暖色的特点）。

如图 2-3 和图 2-4 所示，不同的配色会给人带来不同的感觉。

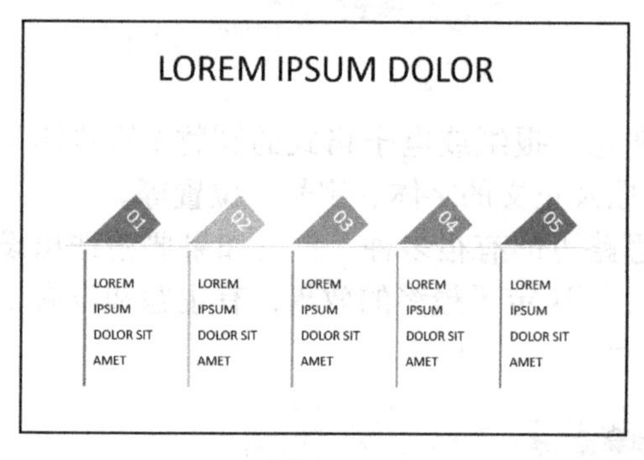

图 2-3

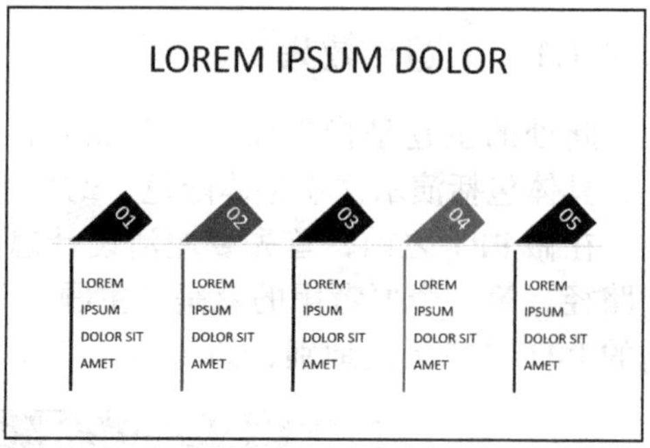

图 2-4

2.1.3 巧用字体

在 PPT 设计思路中，字体设计和应用也是非常重要的一个环节，也是能够为 PPT 增色、让 PPT 引人入胜的方式之一。下面来看一下图 2-5 和图 2-6 中不同字体的应用对比效果。

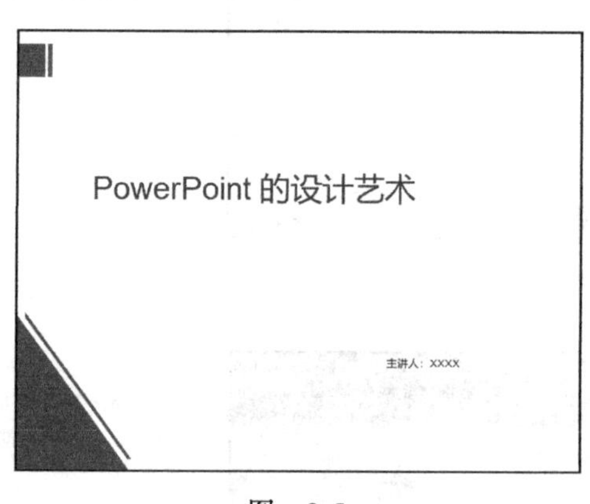

图 2-5

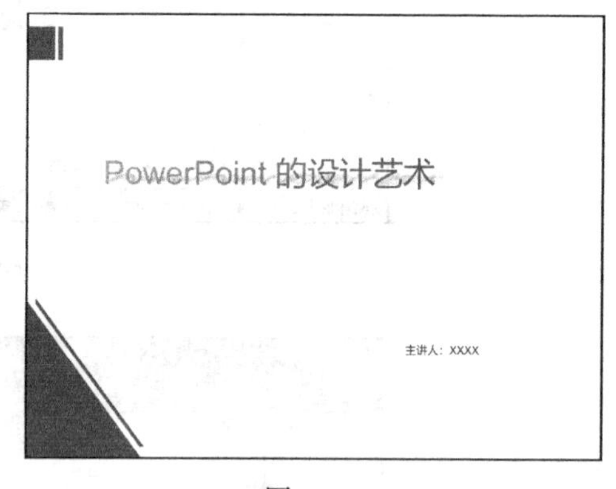

图 2-6

比较以上两个图片，可以看到图 2-6 对文字“PowerPoint 的设计艺术”进行了颜色填充，并加入了倒影效果，让画面具有一定的立体感，显得层次丰富，更具亲和力。

2.2 内容合理的 PPT

内容丰富的 PPT 能够更加吸引观众的注意力，引人入胜。但内容丰富的意思并不是说内容越多越好，而是要通过合理的搭配和布局，让内容显得非常丰富。

2.2.1 PPT 的应用场景

一般在制作 PPT 的时候会有相应的应用场景，不同场景的 PPT 演示有着不同的传达效果。例如，图 2-7 所示的 PPT 虽然颜色鲜艳，但是在企业讨论会上使用的话会令人觉得不够严肃稳重，作为企业使用的 PPT，图 2-8 所示的界面明显更合适一些。

图 2-7

图 2-8

PPT 演示的目的在于传达信息，所以有的演讲者将整个演讲稿的文字直接复制到幻灯片中；有的演讲者害怕遗漏重要信息，于是在演讲过程中就按照幻灯片的内容逐字宣读；更有的演讲者为了凸显熟练的 PPT 使用，所准备的幻灯片十分“精彩”。但是以上演讲者的 PPT 都存在些许问题，有的会让观众感到枯燥无味，有的太过花哨令观众觉得他好像是在教演示文稿软件。所以我们应该针对不同的场景考虑 PPT 的侧重方向，一个 PPT 只针对一类人，只讲一个重点。要牢记的是，不论演讲场景是一对一、一对多还是公开演讲，PPT 的中心都是为观众服务，而不是展现自己。

2.2.2 简洁易懂很重要

一次 PPT 的演示就是在讲述一个故事，自我介绍后即可将要讲述的故事说给观众听，讲完故事后强调一下所讲故事的涵意，然后帮观众回忆一下今天听到了一个怎样的故事，最后谢谢观众的参与。这是在讲 PPT 时的逻辑顺序。为了突出故事的画面感,PPT 的结构不仅要逻辑清晰，更要简单明了。

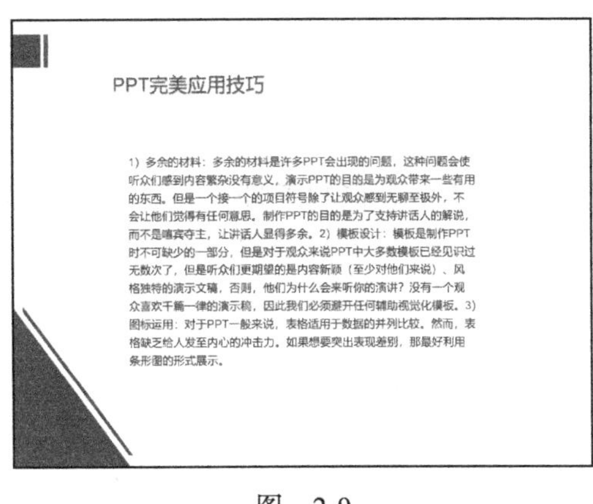

图 2-9

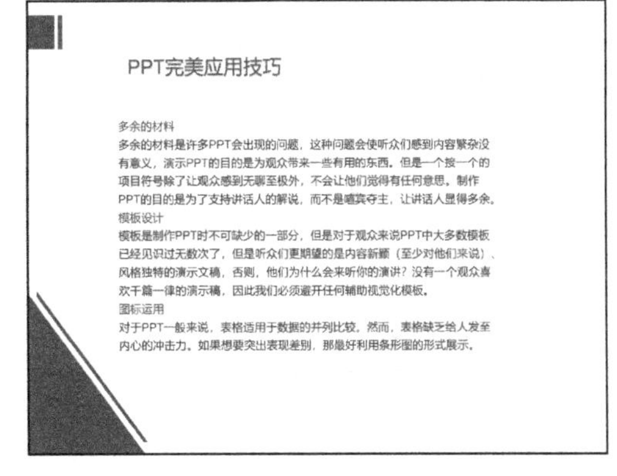

图 2-10

可以使用不同层次的标题来显示 PPT 的结构逻辑关系，但最好不要超过三层纵横。章节之间可以插入标题以增强阅读性（如图 2-9 和图 2-10 所示）。在演示播放中要尽量避免回翻、跳转，以免混淆观众的思路。

如果 PPT 的演示内容过长，可以使用大纲页做串场，帮助观众掌握进度。

2.2.3 眼前一亮的风格

其实准备 PPT 的内容和写文章是一样的，定好题目后，先列出大纲，把重要的观念和关键词的关联性架构出来，接下来再加上创意，以数据、图表、动画等视觉工具来辅助说明。

一般情况下，应该注意保持简单的版式布局，尽量少用文字，充分借助图表。当然也不能让幻灯片的母版背景过于单调，要有合适的留白，并且母版背景一般不要用炫丽的图片，空白或淡颜色是首选，可以凸显图文。少量的动画可以点缀 PPT，但不宜过多使用，特别是在正式的商务场合。

2.3 PPT 完美技巧应用

1. 留白技巧

PPT 是一种便捷地展示图形信息的方式，用来对发言人和演示者做补充支持。幻灯片本身不是“展示明星”。人们参加演讲的目的是寻求感情共鸣或者获取知识，因此，在进行演讲时，不要让其被复杂、花哨的幻灯片扰乱，也不要让幻灯片充满“图表垃圾”，更不要让幻灯片出现多余的内容。

优秀的 PPT 应该留有足够的“空白空间”或“负空间”。不必强迫自己用 LOGO 标识、不必要的图形，以及根本无助于理解的文本框去填充幻灯片上的空白区域。实际上，幻灯片的杂乱内容越少，视觉效果越好。

2. 多余的材料

PPT 经常出现的问题就是材料多余，这种问题会使观众感到内容繁杂且没有意义，PPT 的目的是对发言人和演示者做补充支持，为观众带来知识，而不是喧宾夺主。接连不断的项目符号除了让观众感到无聊至极外，别无用处。

所以在制作 PPT 时，可以准备一份书面文档替代 PPT 幻灯片副本，在上面着重标出演讲内容和扩展讲解，在演讲过程中，观众更愿意保留演讲现场发放的详细书面材料，而不是仅仅得到 PPT。

3. 图表运用

对于 PPT 来说，表格适用于数据的并列比较。然而，表格缺乏冲击力。如果想要突出表现差别，最好利用条形图的形式展示；如果想要掩饰过多差距，最好利用表格的形式展示。

4. 色彩搭配

色彩可以唤起情感共鸣，是充满感性的。研究表明，使用色彩可以提高人们的学习兴趣，增强理解和记忆。

用户并不需要过多的颜色理论知识，但是了解一些色彩知识还是很有好处的。

颜色分为两类：冷色调（比如蓝色、绿色）和暖色调（比如橙色、红色）。冷色调最好用来作为背景色，而暖色调则用来作为前景中的对象（例如文本）颜色。

色彩还要根据演讲环境进行搭配。如果是在黑暗的空间内进行演示，可以使用暗色背景加浅色文本；如果是在明亮的空间内进行演示，可以使用白色背景加深色文本。在光线明亮的空间内，深色背景和浅色文本搭配后的屏幕图像容易反光，而浅色背景搭配深色文本的视觉效果就好得多。

5. 友好字体

PPT 内的字体显示可以传输微妙的信息。在 PPT 演示文稿中，应当使用相同的字体集，并且互补的字体最好不要超过两种。接下来介绍一下 Serif 字体 (Times New Roman) 和 Sans-Serif 字体 (Helvetica、Arial) 之间的区别。Serif 字体多用在文字较多的文档中，在字号较小时，Serif 字体更易于阅读。但是采用屏幕投影时，由于投影仪分辨率相对较低，Serif 字体则容易模糊。Sans-Serif 字体通常是 PPT 演示文稿的最好字体，但是要尽量避免随处可见的 Helvetica 字体，可以选择使用 Gill Sans 字体，它是居于 Serif 和 Sans-Serif 之间的一种字体，是专业、友好的“会话”型字体。当然，无论选择哪种字体，都要确保文本清晰可读。

6. 动画应用

很多演讲者会频繁使用动画效果来达到画面生动的目的，但是过分使用则会带来视觉疲劳，所以要谨慎使用构建对象和幻灯片的切换效果。使用动画是好事，但是不要在每张幻灯片上都使用动画，要恰到好处。幻灯片之间的切换，最好不要使用超过两种不同的效果，也不要将所有的幻灯片都加上切换效果。

7. 图片选择

使用高品质的图片，会让 PPT 更容易在感情上与观众建立联系。当照片图像处于次要位置时，可以利用 Photoshop 增加透明度，添加高斯模糊或运动过滤，以避免图片过多影响 PPT 主旨，喧宾夺主。

8. 完美视听

PPT 制作过程中要适时使用视频和音频。使用视频和音频，是学习的自然方式，可以加快观众的主动认知过程。

2.4 逻辑清晰的 PPT

1. 篇章逻辑

篇章逻辑也就是制作 PPT 的主线。PPT 的好坏，从目录中就能看出来。所以在制作 PPT 时不要一上来就急于写每页内容，可以先把目录、逻辑框架列好，然后再把每页的观点写在标题栏里，至于内容就不要添加了，最后再用缩略图视图看看整体的内容框架。

2. 页面逻辑

页面逻辑是每页幻灯片的内容整体逻辑，总结下来，最常用的有 4 种，如果你收集了一定数量的 PPT 模板素材，就会发现绝大多数的模型都是以不同的形式来展现这 4 种逻辑的。

- 并列：并列逻辑是最频繁使用的。
- 因果：因果逻辑有很多表达方式，简单来说，只要有箭头，就可以表达因果逻辑。

- 总分：总分结构在工作型 PPT 中主要用在两个地方，即 KPI 指标、组织架构。
- 转折：这里说的转折不是狭义的转折，而是语境发生的偏转。

其实复杂一些的逻辑无非是以上页面逻辑的组合。

3. 文句逻辑

文句逻辑主要指具体每句话的逻辑。

1）要理解文章上下文，了解每句话所希望表达的意思，尽量不要犯逻辑错误，最起码不要犯明显的逻辑错误。

2）在编写 PPT 时，不能写一些“模棱两可”的话，因为无法保证读者可以领会到正确的意图。

3）多读几遍长句，细细品味一下。

通过上述方法，可以最大限度地避免逻辑错误和观点不明确。

2.5 PPT 的警示

即便是这样，在制作 PPT 的过程中仍然会出现各种各样的问题，以下几点是我们在制作 PPT 的时候应该要避免的：

1）每张幻灯片都使用不同的背景。

2）使用不同的字体，而且越炫越好。

3）字体太小，看不清楚。

4）背景与文字融合到一起。

5）使用无联系的模板、图片及音像文件等。

6）不检查拼写错误。仍然奉行那句话：“让人看不懂，就不值得一看。”

7）演讲顺序没有逻辑性。

8）重点不明确。

9）动画过多。

第3章 幻灯片文本编辑

文本编辑是设计幻灯片的基础，一个直观明了的幻灯片离不开文字的说明。本章介绍一下关于 PowerPoint 2019 的基础操作，包括输入和编辑文本内容、设置文本格式和段落格式、插入艺术字和文本框等。掌握这些操作后，用户才能创建出专业的文本型幻灯片。而所谓的文本型幻灯片，就是指利用各种不同格式的文字结合专业的排版布局制作的演示文稿，在报告型演示文稿中，文本型幻灯片是最主要的构成。

- 文本内容的输入
- 文本内容的编辑
- 文本格式的设置
- 段落格式的设置
- 利用文本框对文本排版
- 利用艺术字美化标题
- 订正幻灯片文本
- 高手技巧

3.1 文本内容的输入

制作文本型幻灯片当然离不开文字的输入。输入文本的方法有很多种，对于一般的文本可以选择直接输入，为了快速输入文本还可以将 Word 文档中的文本导入幻灯片中。对于一些特殊文本和符号的输入，则可以采用插入的功能。

3.1.1 直接输入文本内容

要制作演示文稿，用户首先要掌握在幻灯片中输入文本的方法，在幻灯片中输入文本可以在占位符中输入也可以在“大纲”选项卡中输入。下面将详细演示这两种方法。

步骤 1：占位符输入。启动 PowerPoint 2019 并新建一个空白演示文稿，选中标题幻灯片中的第一个主标题占位符，直接输入文字“幻灯片文本的编辑与处理”即可，如图 3-1 所示。

步骤 2：“大纲”选项卡输入。切换至“视图”选项卡，在“演示文稿视图”组内单击“大纲视图”按钮。此时界面左侧会显示幻灯片的缩略图，然后单击选中第一张幻灯片的缩略图，按“Ctrl+Enter”组合键，将光标定位在主标题的下一行，直接输入文本内容“主讲人：XXX”，并调整好位置，如图 3-2 所示。

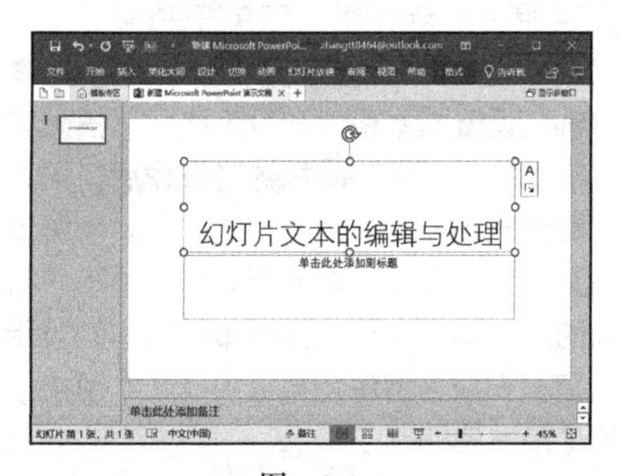

图 3-1

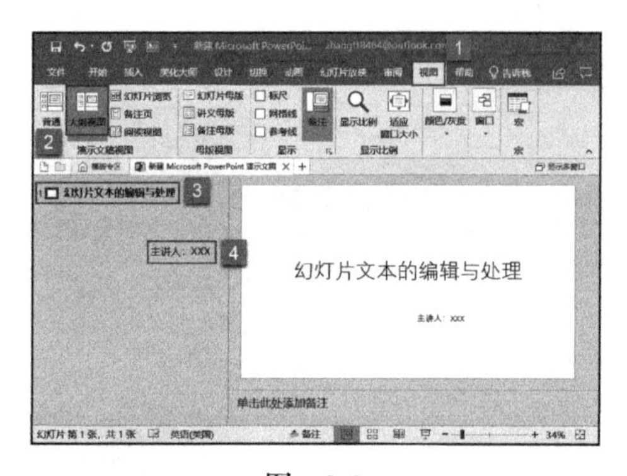

图 3-2

步骤 3：单击切换至“文件”选项卡，然后在左侧菜单列表中单击“另存为”按钮，左键双击“这台电脑”按钮，如图 3-3 所示。

步骤 4：弹出“另存为”对话框，选择文件的保存位置，在“文件名”文本框内输入“幻灯片文本的编辑与处理”，然后单击“保存”按钮将 PPT 保存，如图 3-4 所示。

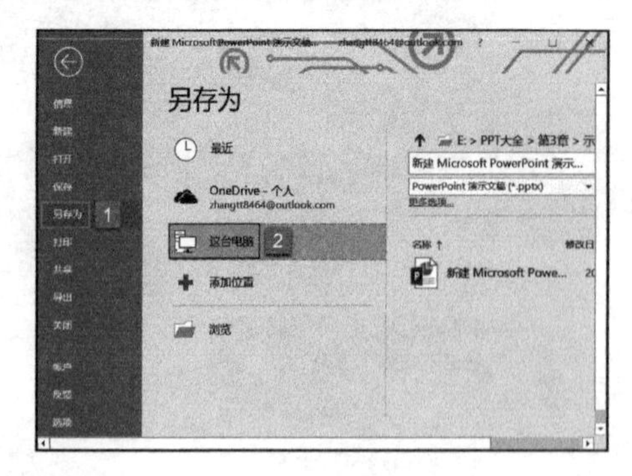

图 3-3

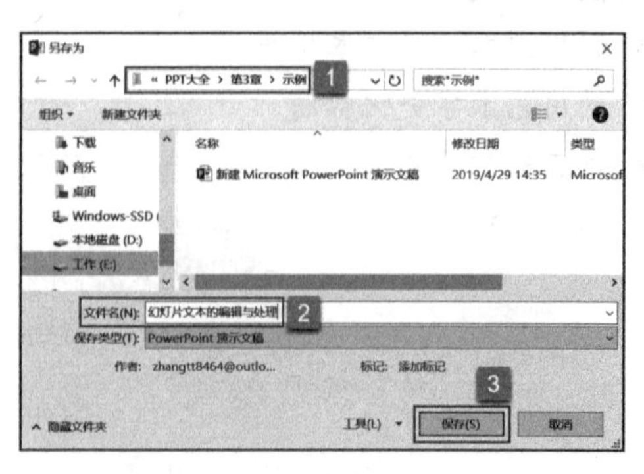

图 3-4

3.1.2　导入 Word 中的文本

如果用户想要在幻灯片中输入和 Word 文档中的文本内容相同的内容，可以直接将 Word 文档中的文本导入幻灯片中，实现快速输入。

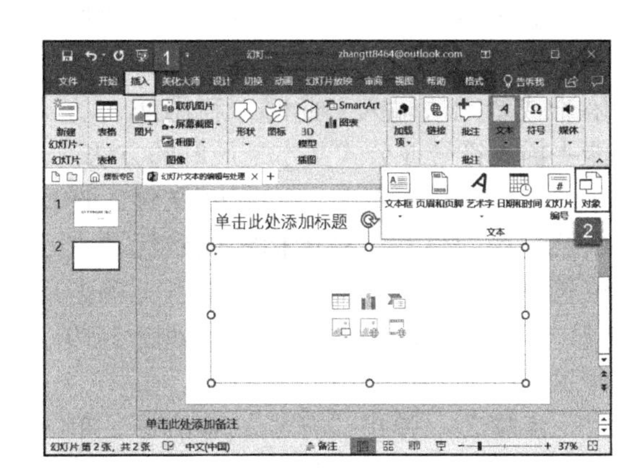

图　3-5

步骤 1：打开 PowerPoint 文件，新建一张空白幻灯片，并切换到此幻灯片。选中第二张幻灯片中内容的占位符，然后切换至“插入”选项卡，单击“文本”组中的“对象”按钮，如图 3-5 所示。

步骤 2：弹出“插入对象”对话框，单击选中“由文件创建”单选按钮，单击“浏览”按钮，如图 3-6 所示。

步骤 3：弹出“浏览”对话框，找到并选中要插入的 Word 文档，然后单击“确定”按钮，如图 3-7 所示。

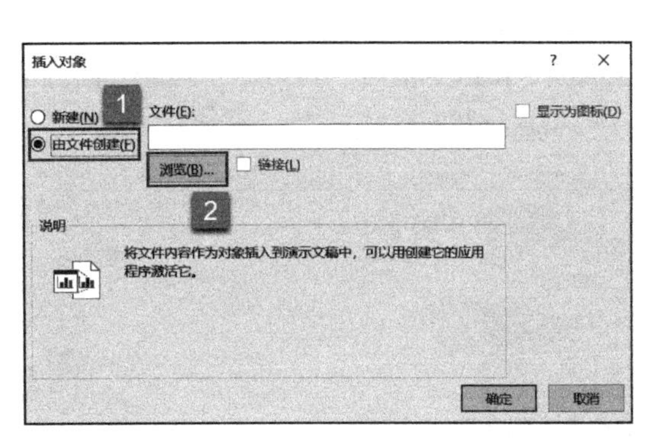

图　3-6

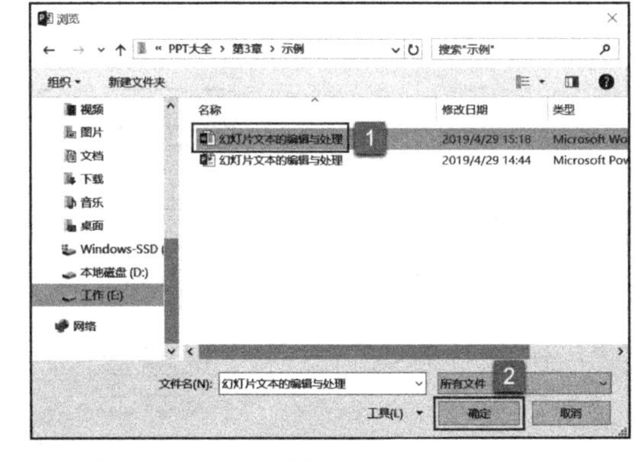

图　3-7

步骤 4：返回“插入对象”对话框，此时即可在“文件”文本框中看到文档的路径，单击“确定”按钮，如图 3-8 所示。

步骤 5：返回 PowerPoint 主界面，即可看到幻灯片中导入了 Word 文档的内容，如图 3-9 所示。

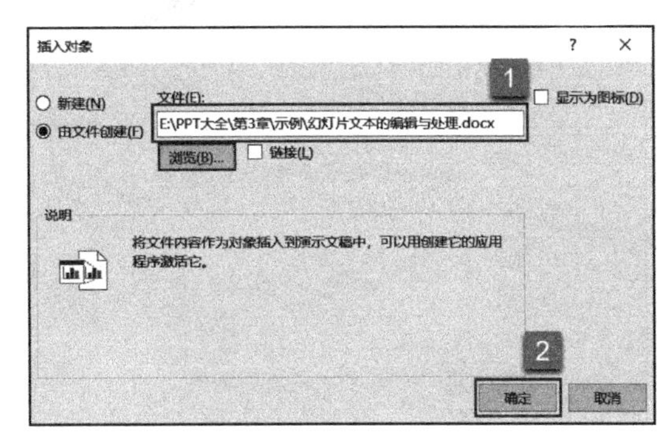

图　3-8

图　3-9

3.1.3 特殊文字与符号的输入

对于一些特殊的文字或符号，如果用户采取直接输入文本的方法，将非常困难或者无法输入，此时，利用插入功能去插入符号或公式文本是最好的方法。

步骤 1：打开 PowerPoint 文件，选中第三张幻灯片，将光标定位到标题占位符中，切换至“插入”选项卡，单击“符号”组中的“符号”按钮，如图 3-10 所示。

图 3-10

步骤 2：弹出“符号”对话框，单击“字体”下拉列表选择文本字体，单击“子集”下拉按钮选择文本子集，然后在符号框内单击需要插入的符号“Δ”，单击“插入”按钮，如图 3-11 所示。

步骤 3：单击“关闭”按钮关闭“符号”对话框。此时即可在幻灯片中看到插入的符号，如图 3-12 所示。

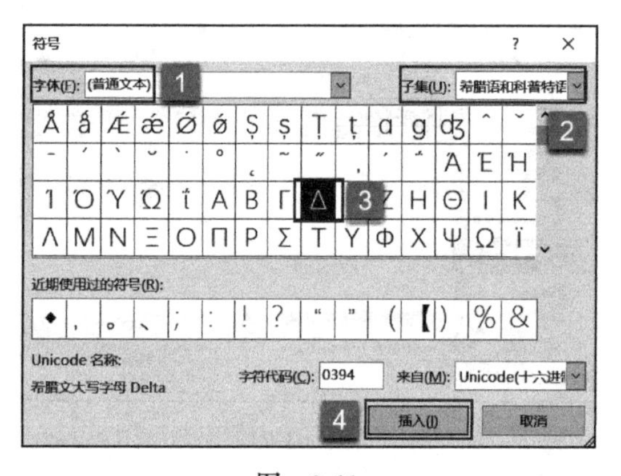

图 3-11

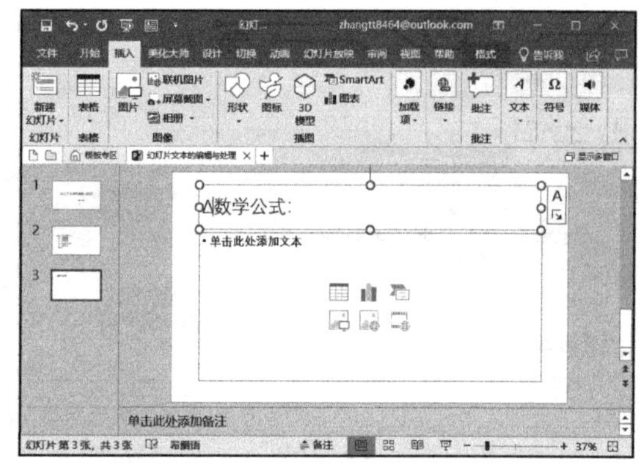

图 3-12

步骤 4：将光标定位在“：”后面，切换至“插入”选项卡，在“符号”组中单击“公式”下拉按钮，然后在展开的公式库中选择“二项式定理”样式，如图 3-13 所示。

步骤 5：此时即可在幻灯片中看到插入的公式，如图 3-14 所示。

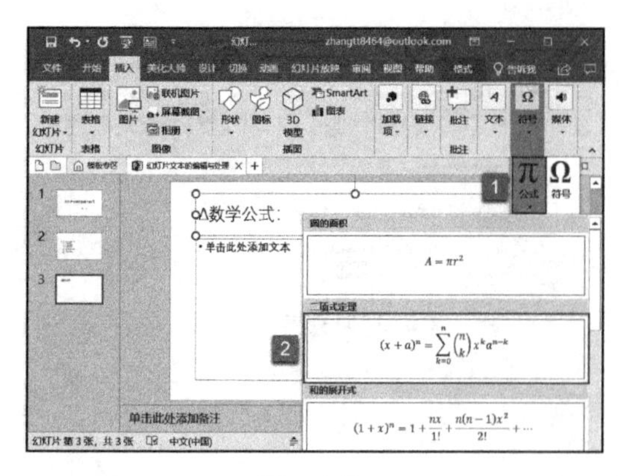

图 3-13

图 3-14

3.2 文本内容的编辑

在幻灯片中输入文本后，用户如果需要对文本进行编辑或修改，肯定会涉及编辑文本的操作，编辑文本包括选择文本，对文本进行移动、复制，以及删除、撤销与恢复文本等。

3.2.1 文本的选定

如果用户想要选择整个占位符中的文本，可以直接单击占位符，如果用户只想选中占位符中的部分文本，就需要在选中占位符的基础上，再选择文本。

步骤 1：打开 PowerPoint 文件，选中第一张幻灯片，单击幻灯片中的第一个占位符，此时即可选中占位符中的所有文字，如图 3-15 所示。此时用户即可对占位符中所有文字的格式进行设置。

步骤 2：如果用户只想选中占位符中的部分文字，可以选中占位符后，拖动鼠标选中其中部分文字，如图 3-16 所示。此时用户即可对占位符中部分文字的格式进行设置。

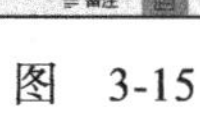
图 3-15

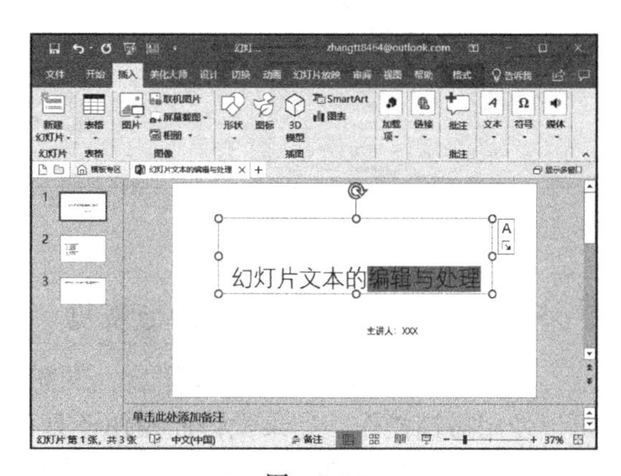

图 3-16

3.2.2 文本的移动与复制

用户选择文本后，即可开始对文本进行移动和复制。在幻灯片中移动和复制文本，其实就是移动和复制已有文本占位符。

步骤 1：打开 PowerPoint 文件，选中第一张幻灯片，选中幻灯片中的标题占位符，拖动鼠标到合适的位置处，如图 3-17 所示。释放鼠标，即可将标题占位符移动至目标位置。

步骤 2：选中标题占位符，右键单击其边框，在弹出的快捷菜单中单击“复制”命令，如图 3-18 所示。

步骤 3：切换至第二张幻灯片，在指定位置右键单击，然后在弹出的快捷菜单中单击“粘贴选项”选项组下的“粘贴”命令，如图 3-19 所示。

步骤 4：此时即可看到第一张幻灯片中的内容已经复制到第二张幻灯片中，如图 3-20 所示。

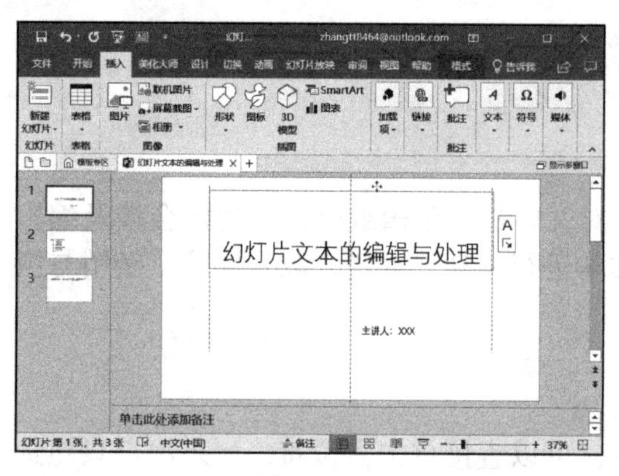

图 3-17

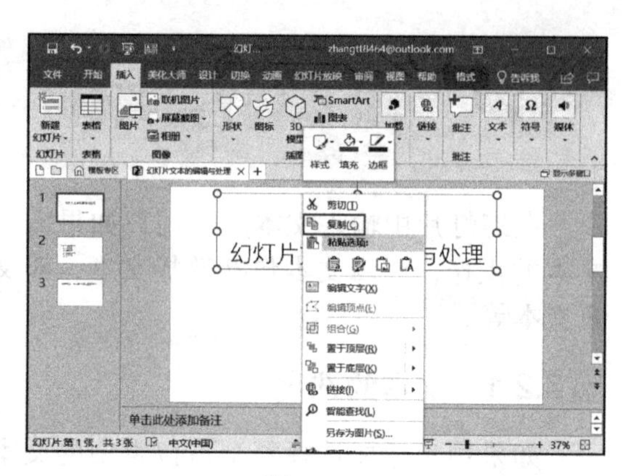

图 3-18

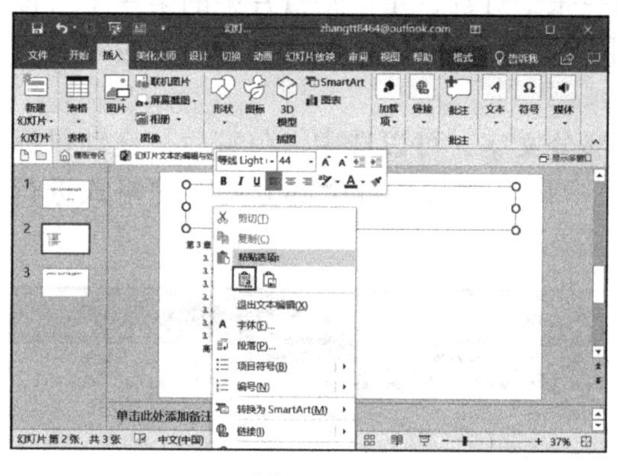

图 3-19

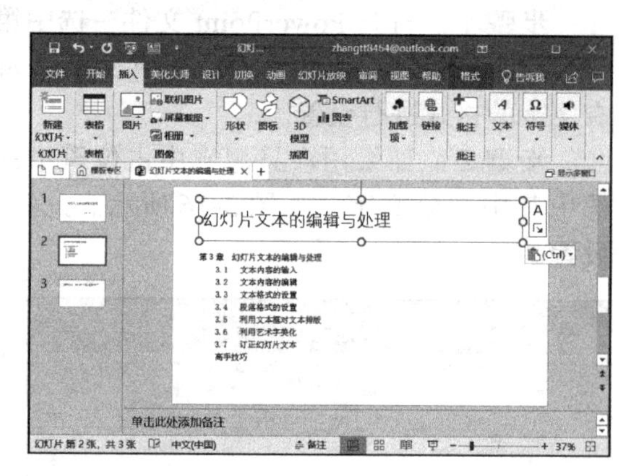

图 3-20

3.2.3 文本的删除、撤销与恢复

当用户对文本执行某种操作后，又想要取消这种操作，恢复到原始的样子，此时可以使用撤销操作，如果觉得此操作还是可用，还可以恢复已经撤销的操作。

步骤 1：打开 PowerPoint 文件，单击切换至第三张幻灯片，然后选中“△数学公式”文本内容，按“Delete”键即可将选中的文本删除，如图 3-21 所示。

步骤 2：如果要撤销删除文本的操作，可以在快速访问工具栏中单击“撤销”按钮，如图 3-22 所示。

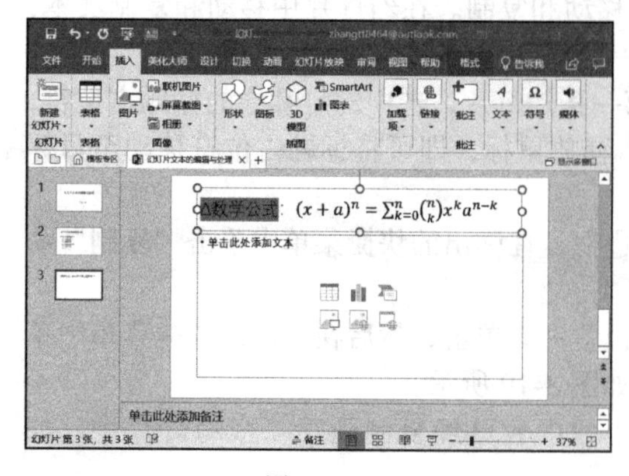

图 3-21

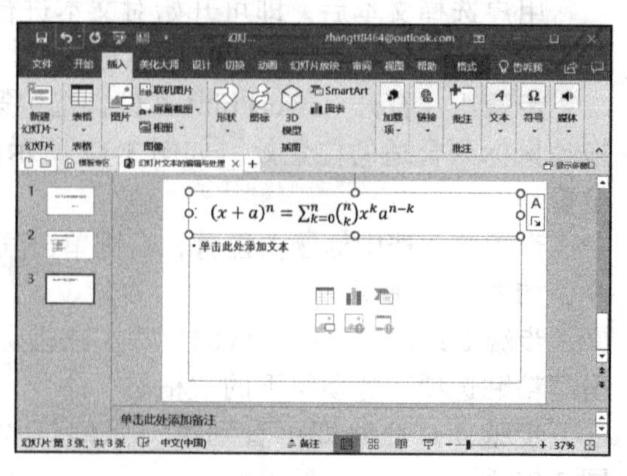

图 3-22

步骤 3：此时即可看到撤销了删除文本的操作，被删除的文本又显示出来了。如果觉得此文本还是应该删除，可以在快速访问工具栏中单击“恢复”按钮再次删除选中文本，如图 3-23 所示。

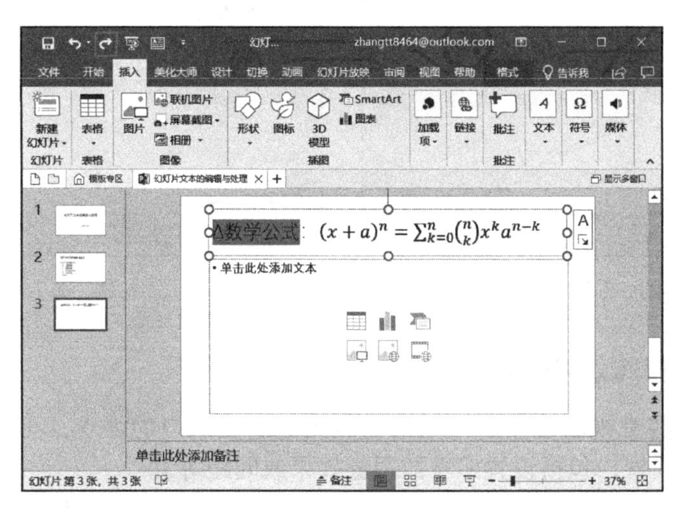

图 3-23

3.3 文本格式的设置

设置文本格式包括设置文本的基本格式、文本的特殊效果格式以及更改字母的大小写。有时为了更好地表达文本幻灯片中的文字部分，适当调整默认的文本格式是非常必要的。

3.3.1 文本基本格式的设置

要对文本的格式进行基本设置，可以从多方面入手，例如可以更改文字的字体、字号以及颜色等。这在强调标题部分或内容中的重点部分时非常实用。

步骤 1：打开 PowerPoint 文件，选中第一张幻灯片中的标题占位符文本，切换至“开始”选项卡，单击“字体”组中“字体”右侧的下三角按钮，然后在展开的下拉列表中选择“华文行楷”，如图 3-24 所示。

图 3-24

步骤 2：在“字号”文本框内输入“50”，单击“字体颜色”按钮，在展开的颜色库中选择“浅蓝”，如图 3-25 所示。

步骤 3：标题的基本格式设置完成后，效果如图 3-26 所示。

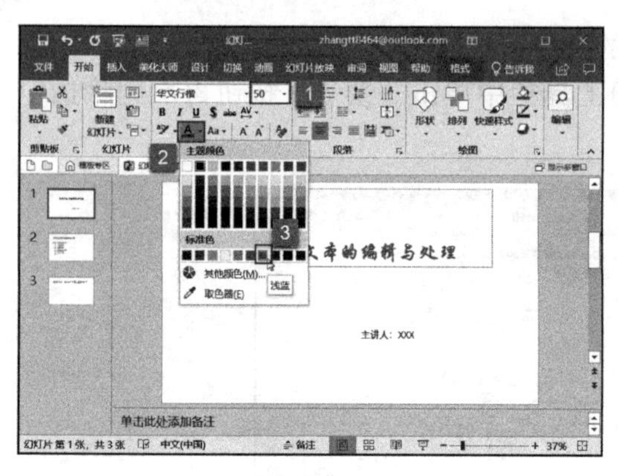

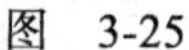
图 3-25

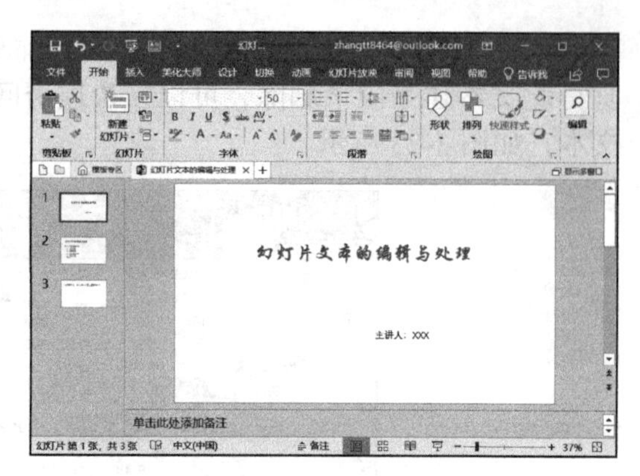

图 3-26

3.3.2 文本特殊效果的设置

对文本做一些常规的设置后，如果仍然无法满足用户的需求，可以尝试对文本做一些特殊的效果设置，包括设置字符的阴影效果或间距等。

步骤 1：打开 PowerPoint 文件，选中第一张幻灯片中的文本内容，切换至“开始”选项卡，单击“字体”组中的“文字阴影”按钮，如图 3-27 所示。

步骤 2：再次选中文本标题，切换至“开始”选项卡，然后单击“字体”组中的“字符间距”按钮，在展开的下拉列表中选择“很松”，如图 3-28 所示。

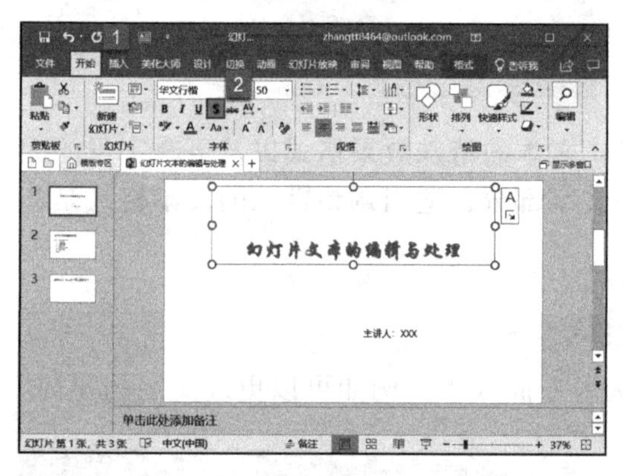

图 3-27

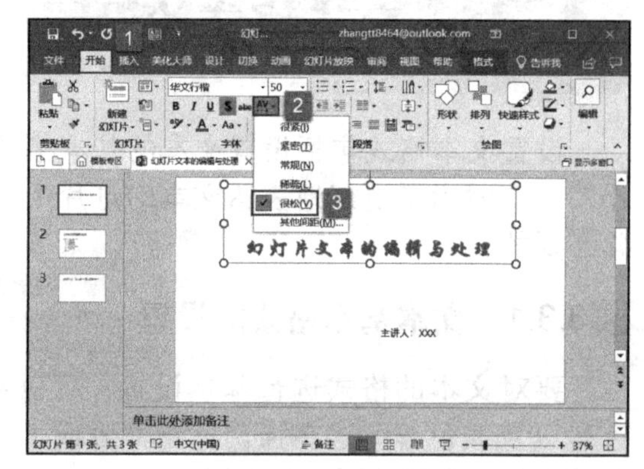

图 3-28

3.3.3 英文字母大小写的设置

如果用户在幻灯片中输入英文后，需要将英文字母由小写转变为大写或由大写转换为小写，不管是哪种方式，PowerPoint 2019 都能轻松地帮助用户达到目的。

打开 PowerPoint 文件，选中第四张幻灯片中的文本内容，切换至“开始”选项卡，然后单击“字体”组中的“更改大小写”按钮，在展开的下拉列表中单击“句首字母大写”选项，如图 3-29 所示。此时，幻灯片中的英文句首字母即可转换为大写，效果如图 3-30 所示。

图 3-29

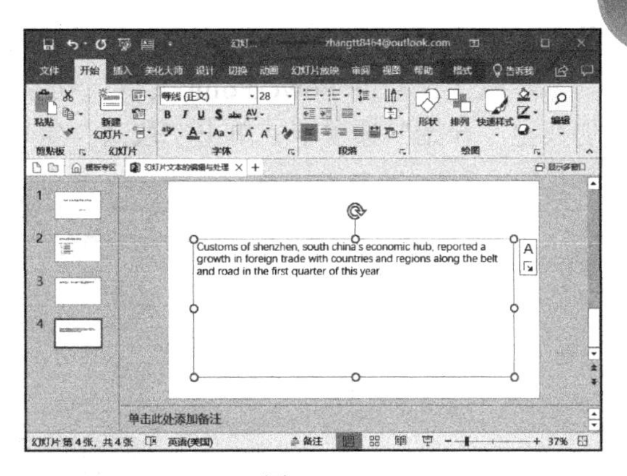
图 3-30

3.4 段落格式的设置

为文本幻灯片中的段落设置格式，包括为段落添加项目符号和编号，设置段落的对齐和缩进方式，以及设置段落的间距、行距等多方面的内容。

3.4.1 符号和编号的设置

如果用户在幻灯片中编辑了包括有多层次并列内容的段落，可以为段落添加项目符号或编号，通过使用项目符号或编号可以使段落内容更清晰、层次更分明。

步骤 1： 打开 PowerPoint 文件，选中第三张幻灯片的文本内容，切换至“开始”选项卡，单击“段落”组中的“项目符号”按钮，在样式库中选择“钻石形项目符号”，如图 3-31 所示。

步骤 2： 此时，即可看到公式前都添加了相同的项目符号，如图 3-32 所示。

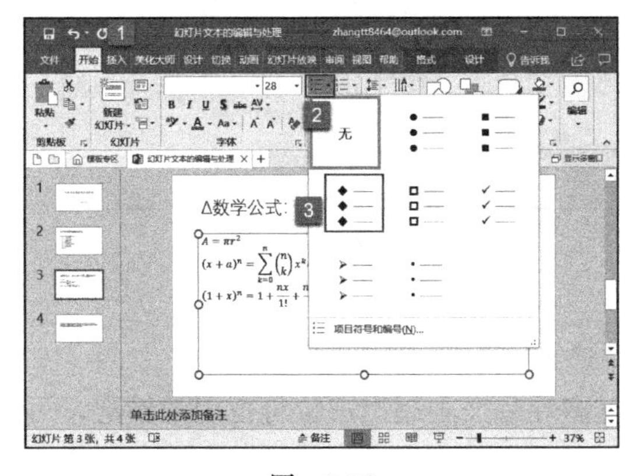
图 3-31

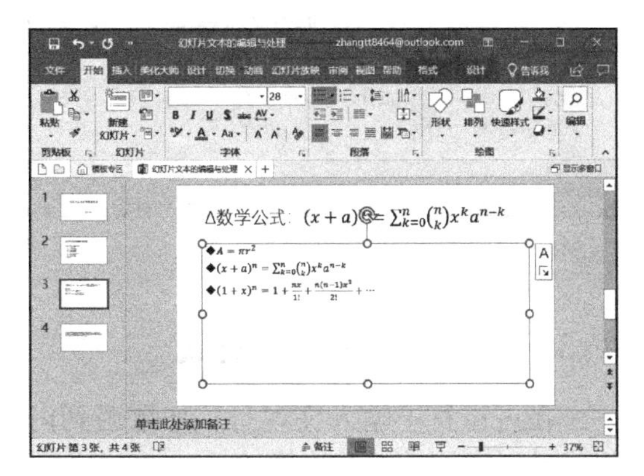
图 3-32

3.4.2 段落对齐、缩进方式的设置

设置段落的对齐和缩进方式，是调整段落布局最有效的方式之一。为了让文本幻灯片中的段落更规整，用户可以将段落的对齐方式设置为左对齐、右对齐、两端对齐

等，设置段落缩进可以选择缩进的特殊格式来快速完成段落的调整。

步骤 1：打开 PowerPoint 文件，切换至第五张幻灯片，选中要设置的文本段落，切换至“开始”选项卡，单击“段落”组中的对话框启动器，如图 3-33 所示。

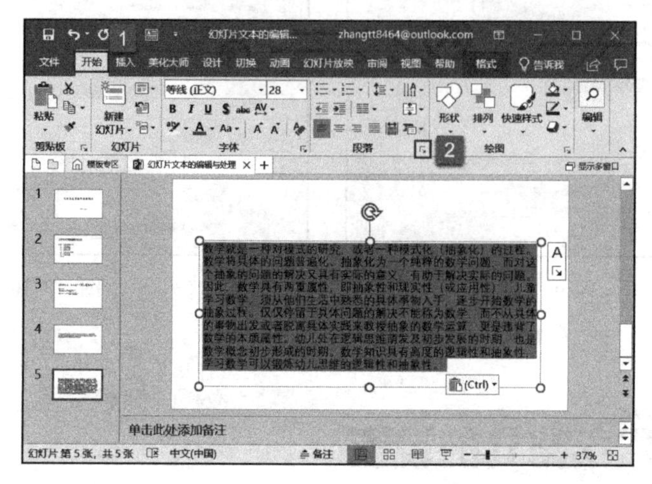

图 3-33

步骤 2：弹出“段落”对话框，切换至“缩进和间距”选项卡，单击“对齐方式”下拉按钮选择“两端对齐”，单击“特殊格式”下拉按钮选择“首行缩进”，然后单击“确定”按钮，如图 3-34 所示。

步骤 3：返回 PowerPoint 主界面，在幻灯片中即可看到设置完成后段落对齐和缩进的效果，如图 3-35 所示。

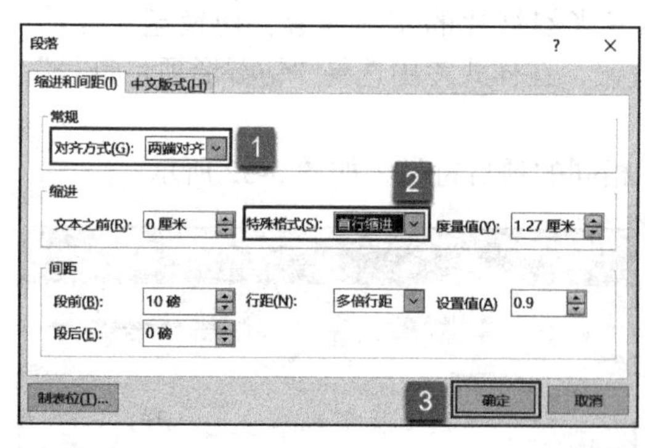

图 3-34

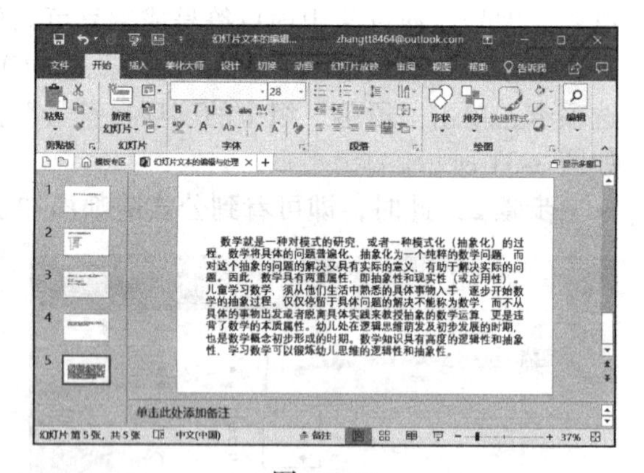

图 3-35

3.4.3 自动调整文本样式

在占位符中输入文本时，如果遇到内容过多导致文本超出占位符范围的情况，可以启动自动调整文本功能。

步骤 1：当幻灯片中的文本内容超出占位符的范围时，右键单击占位符边框，然后在弹出的菜单列表中单击“大小和位置”按钮，如图 3-36 所示。

步骤 2：此时，PowerPoint 会在窗口右侧打开“设置形状格式”对话框，单击“文本框”的展开按钮，然后单击选中“根据文字调整形状大小”单选按钮，此时幻灯片将会显示设置完成后的预览效果，如图 3-37 所示。

图 3-36

图 3-37

3.4.4 段落间距、行间距的设置

段落间距是段落与段落之间的前后距离，行间距是段落中文本行之间的垂直间距。设置合理的间距和行距，可以使文本段落看起来更清晰。

步骤 1：打开 PowerPoint 文件，切换至第五张幻灯片，选中要设置的文本段落，切换至“开始”选项卡，单击“段落”组中的对话框启动器，打开“段落”对话框，在“间距”窗格内将段前和段后间距设置为“6 磅”，将行距设置为“1.5 倍行距”，然后单击“确定”按钮，如图 3-38 所示。

步骤 2：设置完成后，显示效果如图 3-39 所示。

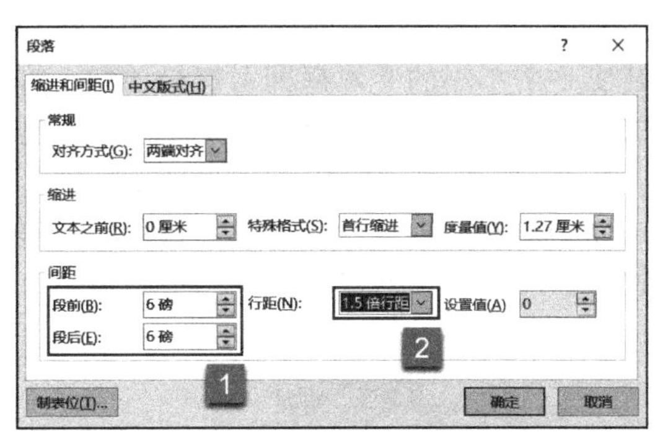

图 3-38

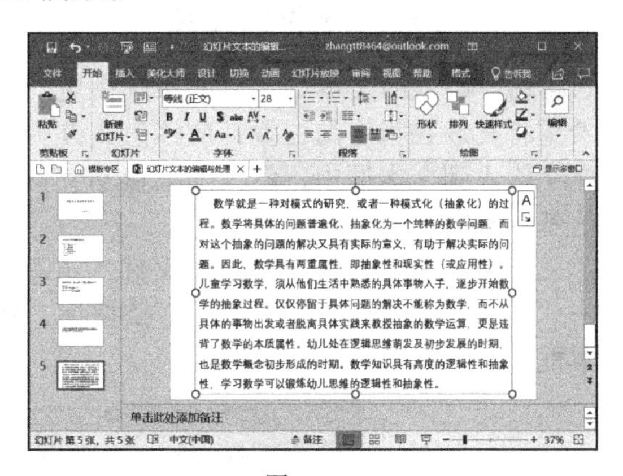

图 3-39

3.4.5 段落对齐方式和文字方向的设置

段落文字的对齐方式分为顶端对齐、中部靠右、底端对齐等多种，段落文字的方向主要分为横向和竖排两种。

步骤 1：打开 PowerPoint 文件，选中第五张幻灯片中的正文文本内容，切换到“开始”选项卡，单击“段落”组中的“对齐文本”按钮，在展开的下拉列表中单击“其他选项”选项，如图 3-40 所示。

步骤 2：弹出“设置形状格式”对话框，单击“文本框”选项，在“文本框”选项面板的“垂直对齐方式”选项组中设置段落文字的对齐方式为“中部居中”，设置文字的方向为“竖排”，如图 3-41 所示。

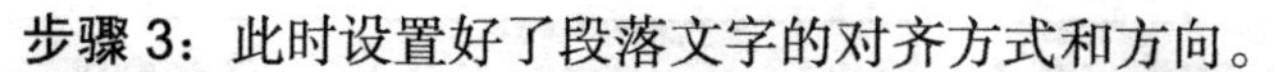

步骤 3：此时设置好了段落文字的对齐方式和方向。

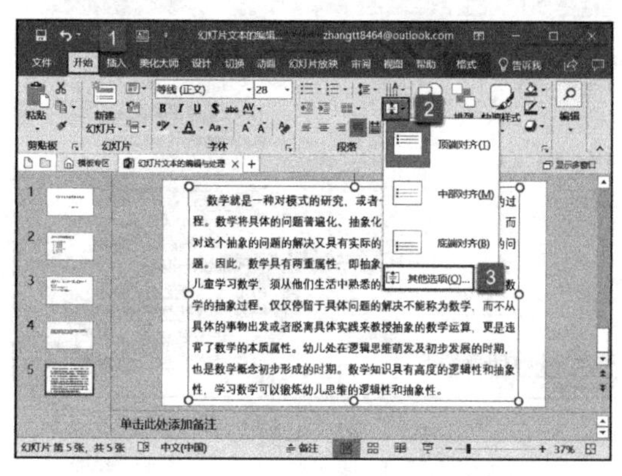

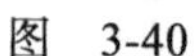

图 3-40

图 3-41

3.5 利用文本框对文本排版

在编辑特殊版面的演示文稿时，常常需要用到文本框，虽然它看上去比较“平淡”，但是深究一下，就会发现其中隐藏着一些小奥妙！

3.5.1 绘制文本框的样式

用户键入的文本都会放在系统指定的位置，包括开头、结尾、正中等，如果用户希望将其放在指定的位置，应该怎么办呢？其实一个小小的文本框即可轻松搞定，将文字输入到文本框中，然后随意移动文本框的位置即可。接下来介绍一下绘制文本框的基本操作。

步骤 1：打开 PowerPoint 文件，选择第一张幻灯片，切换至“插入”选项卡，单击“文本”组内的“文本框”下拉按钮，然后在展开的菜单列表中单击“绘制横排文本框”选项，如图 3-42 所示。

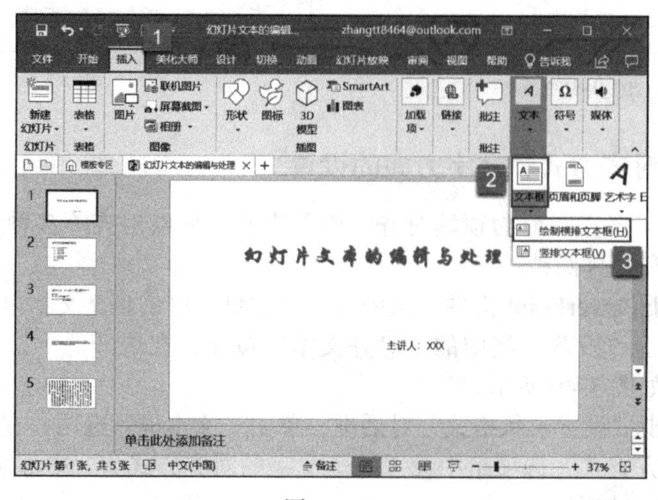

图 3-42

步骤 2：在幻灯片的适当位置处拖动鼠标，即可绘制一个文本框，如图 3-43 所示。

步骤 3：释放鼠标后即可看到绘制的文本框效果。选中该文本框，输入文本内容“2019 年 4 月 29 日”，设置格式即可，如图 3-44 所示。

图 3-43

图 3-44

3.5.2 文本框格式的设置

另外，用户还可以单独设置文本框中任何部分的文本格式，并向具有静态文本的文本框添加占位符文本等。

步骤 1：打开 PowerPoint 文件，选中第一张幻灯片的标题文本框，切换至“格式”选项卡，在“大小”组内将文本框的高度设置为“3 厘米”，宽度设置为“30 厘米”，如图 3-45 所示。

步骤 2：选中标题文本框，切换至“格式”选项卡，单击“形状样式”组内的其他按钮，然后在展开的样式库中选择“细微效果 – 蓝色，强调颜色 5”样式，如图 3-46 所示。

图 3-45

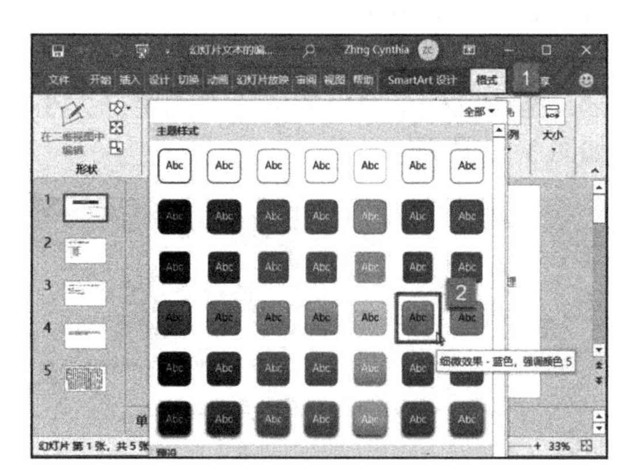

图 3-46

步骤 3：再次选中标题文本框，切换至“格式”选项卡，单击“排列”组内的“对齐对象”下拉按钮，然后在打开的菜单列表中选择“水平居中”选项，如图 3-47 所示。

步骤 4：设置好文本框的大小和样式后，显示效果如图 3-48 所示。

图 3-47

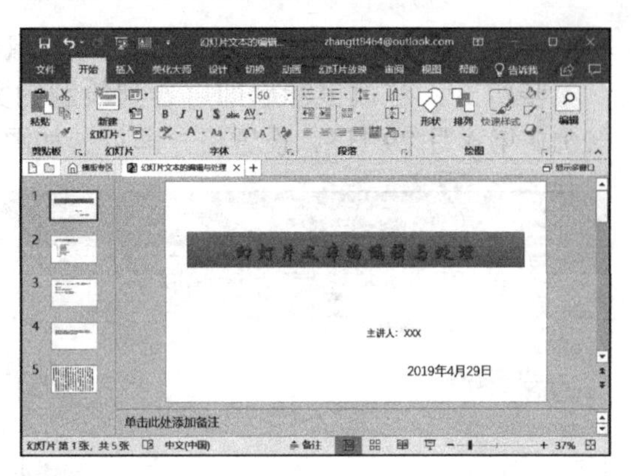

图 3-48

3.6 利用艺术字美化标题

如果要对幻灯片的标题进行美化，使用艺术字是最正确的选择。在幻灯片中为幻灯片、表格或图表等标题应用艺术字不仅美观大气，而且还能借鉴别人的专业配色，无须对文本做过多的设置。

3.6.1 插入艺术字的基本操作

艺术字的样式是丰富多彩的，每种样式都可能适用于不同类型的演示文稿，用户可以根据自身需求，插入不同样式的艺术字。

步骤 1：打开 PowerPoint 文件，切换至“插入”选项卡，单击“文本”组中的“艺术字”下拉按钮，然后在展开的样式库中选择“渐变填充－蓝色－主题色 5；映像”样式，如图 3-49 所示。

步骤 2：此时幻灯片会插入一个艺术字文本框，提示用户在此放置文字，选中文本框，拖动鼠标至适合的位置并调整好大小，然后释放鼠标，在文本框内输入内容即可，如图 3-50 所示。

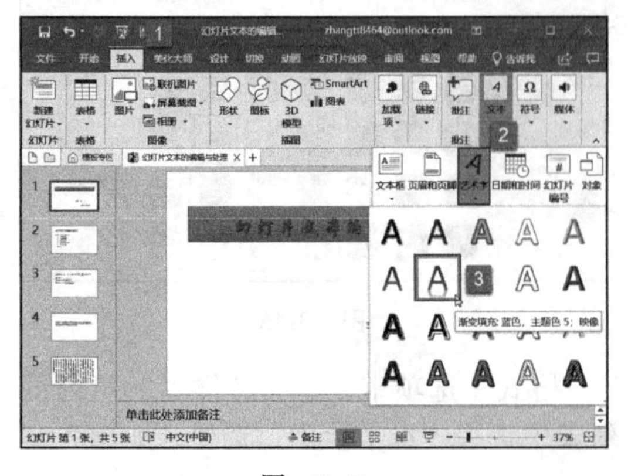

图 3-49

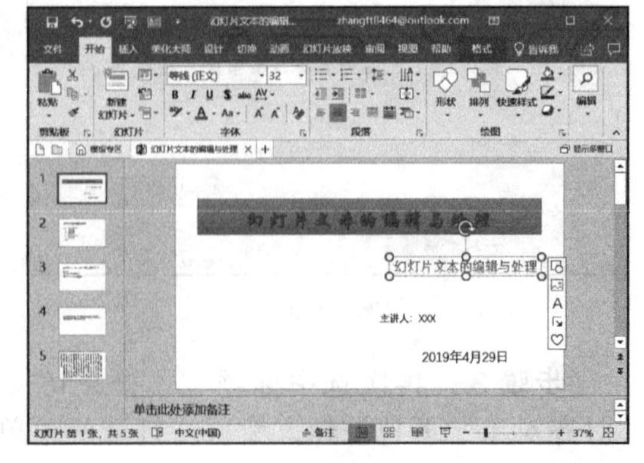

图 3-50

3.6.2 艺术字与普通文本间的转换

直接插入的艺术字都需要用户在文本框内编辑文本，那么是否可以将已有的文本内容转换为艺术字，减少编辑文本的工作量呢？答案是肯定的。

步骤 1：打开 PowerPoint 文件，选中第一张幻灯片中的标题文本，切换至“插入”选项卡，单击“文本”组中的“艺术字”下拉按钮，然后在展开的样式库中选择“填充；白色；轮廓；蓝色，主题色 5；阴影”样式，如图 3-51 所示。

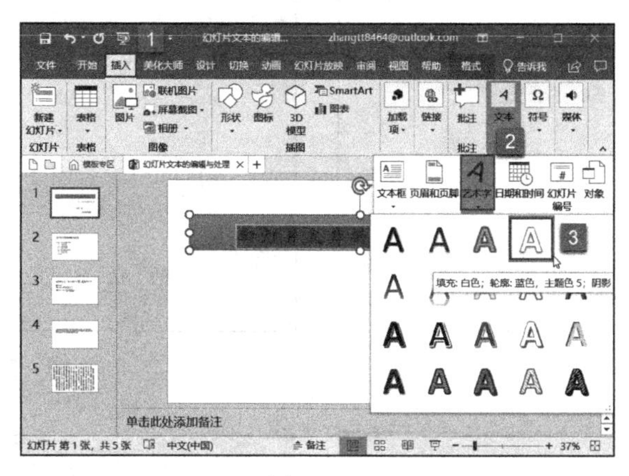

图 3-51

步骤 2：此时即可在幻灯片内看到生成了艺术字样式标题，但是原来的标题依然被保留，如图 3-52 所示。

步骤 3：选中原标题占位符，按“Delete”键将原有的标题删除，然后将艺术字标题的大小、位置进行调整即可，如图 3-53 所示。

图 3-52

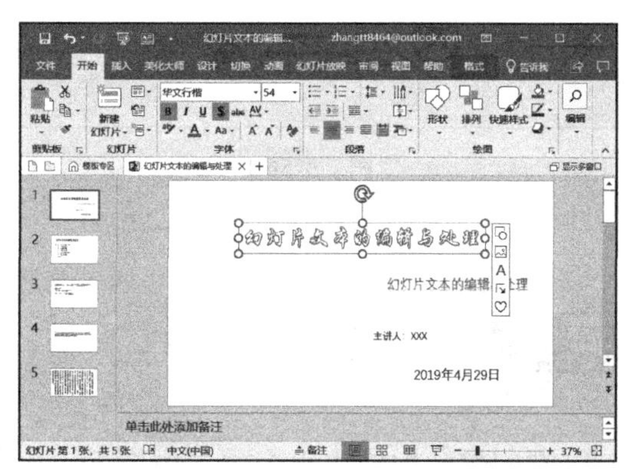

图 3-53

3.6.3 艺术字样式的设置

如果对添加的艺术字样式不是很满意，还可以对其样式进行更改。例如，为艺术字添加映像、阴影、发光效果，改变艺术字的文本轮廓颜色等。

步骤 1：打开 PowerPoint 文件，选中第一张幻灯片中的标题文本，切换至“格式”选项卡，单击“艺术字样式”组中的“文本效果”按钮，然后在展开的下拉列表中单击“映像”，在展开的子菜单列表内选择“半映像；4 磅 偏移量”选项，如图 3-54 所示。

步骤 2：此时即可看到幻灯片内的艺术字添加了映像效果，如图 3-55 所示。

步骤 3：再次选中标题文本，切换至“格式”选项卡，单击“艺术字样式”组中的“文本填充”按钮，然后在展开的颜色库内选择“标准色”窗格内的“浅蓝”颜色，如

图 3-56 所示。

步骤 4：此时即可看到幻灯片内的艺术字添加了文本填充效果，如图 3-57 所示。

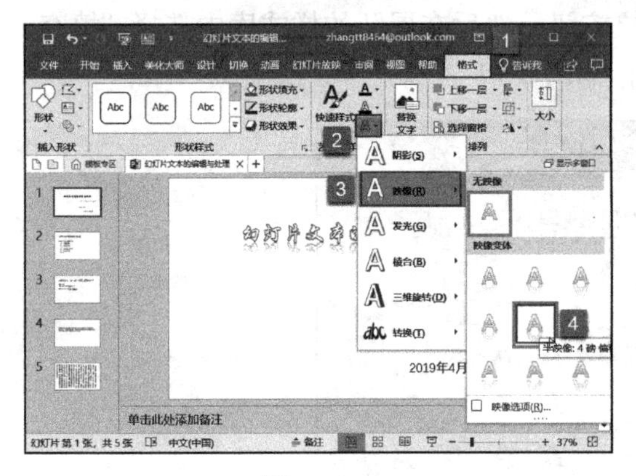

图 3-54

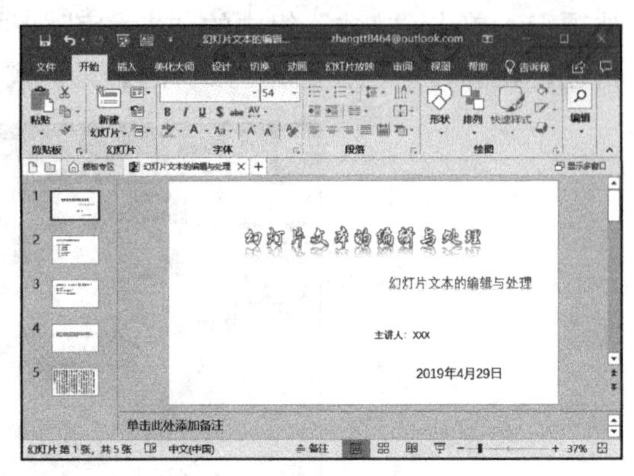

图 3-55

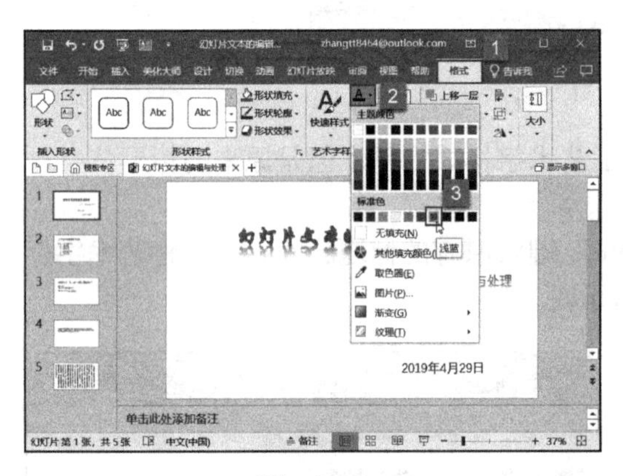

图 3-56

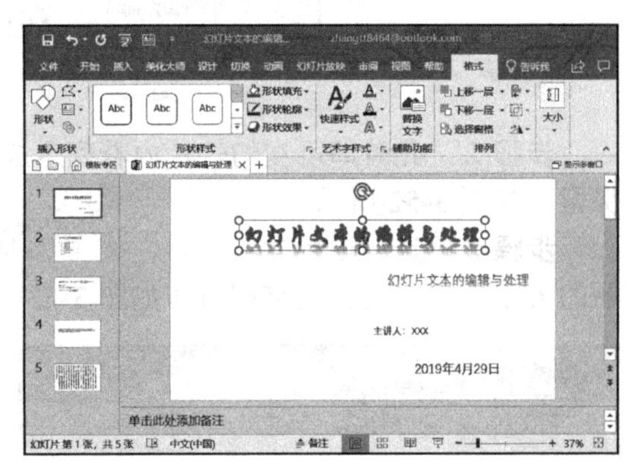

图 3-57

3.7 订正幻灯片文本

在幻灯片中输入很多文本内容后，用户无法保证所有的文本内容都是正确的，或许存在着拼写或语法错误，此时可以对幻灯片的文本进行订正，从而避免在演讲时闹笑话。

3.7.1 检查幻灯片中的拼写错误

如果文本存在拼写错误，可以使用拼写检查功能进行检查，当发现错误时，在“拼写检查”对话框内及时改正错误即可。

步骤 1：打开 PowerPoint 文件，选中第四张幻灯片内的文本占位符，切换至“审阅”选项卡，然后单击“校对”组中的“拼写检查”按钮，如图 3-58 所示。

步骤 2：此时即可在窗口右侧显示“拼写检查”对话框，文本框内会显示错误的文本，用户可以在文本框内选择或输入正确的文本内容，单击“更改”按钮，如图 3-59 所示。

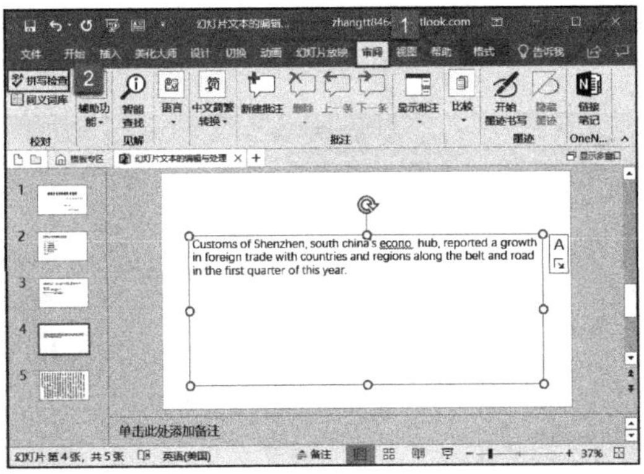

图 3-58

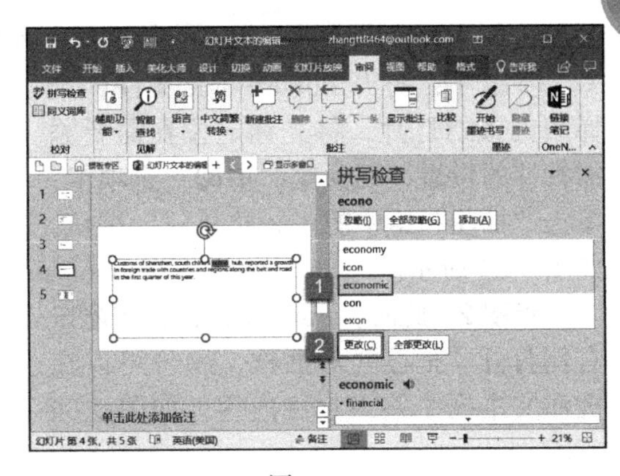

图 3-59

步骤 3：更改完成后，PowerPoint 会弹出提示框，单击“确定”按钮即可。返回幻灯片，即可看到错误的英文单词已经被修改，如图 3-60 所示。

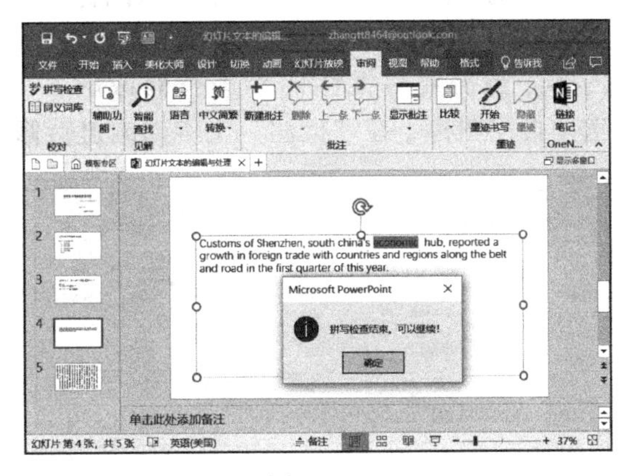

图 3-60

3.7.2 搜索演示信息

用户在查看幻灯片的过程中，如果对幻灯片中的某个文本内容不太理解，此时可以利用信息检索功能，在网络中搜索此文本的含义。当然，使用此功能的前提是必须保证网络是连通的。

步骤 1：打开 PowerPoint 文件，选中第三张幻灯片中需要解释的文本内容“数学公式”，然后切换至“审阅”选项卡，单击“见解”组中的“智能查找”按钮，如图 3-61 所示。

步骤 2：此时系统会自动打开“智能查找”窗格，如图 3-62 所示。稍等片刻，即可在列表框内看到搜索结果。

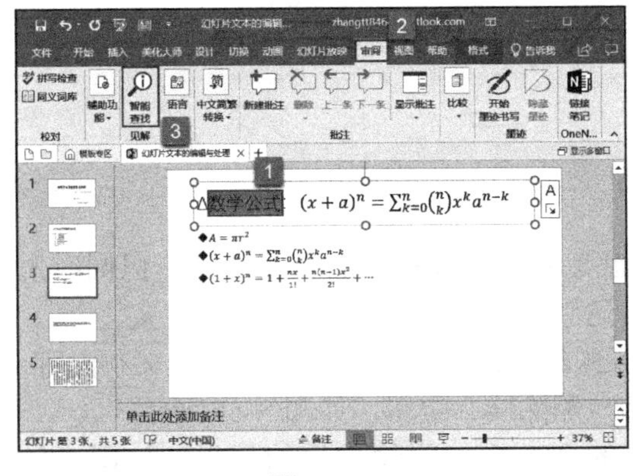

图 3-61

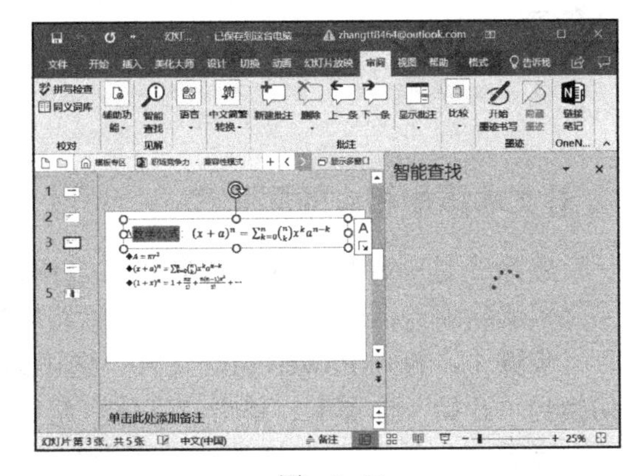

图 3-62

3.7.3 对幻灯片进行批改

用户制作的报告文档类幻灯片通常用于浏览。当这类幻灯片中存在错误，或者需要加入备注，对内容进行解释或提醒时，使用批注是最明确的选择。

步骤 1：打开 PowerPoint 文件，选择第四张幻灯片，将光标定位在需要添加批注的位置，切换至“审阅”选项卡，单击“批注”组中的“新建批注”按钮，如图 3-63 所示。

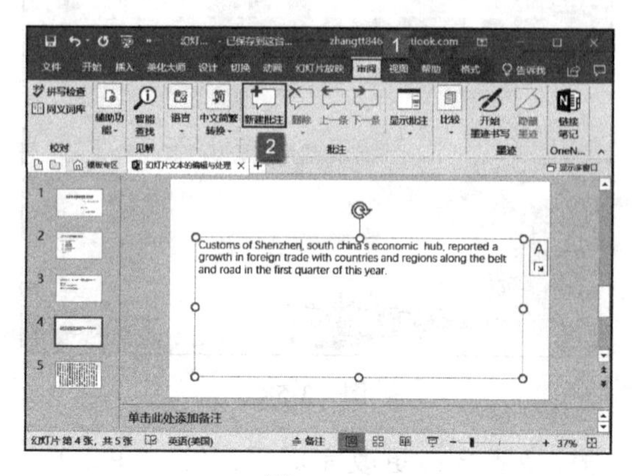

图　3-63

步骤 2：此时，PowerPoint 会在窗口右侧打开“批注”对话框，用户可以在批注文本框中输入批注内容，如图 3-64 所示。

步骤 3：输入完成后，即可在幻灯片内看到批注的气泡图标，单击该图标，即可在右侧“批注”对话框内看到批注内容。当需要对批注内容进行修改时，选中批注图标，在“批注”文本框内进行修改即可，如图 3-65 所示。

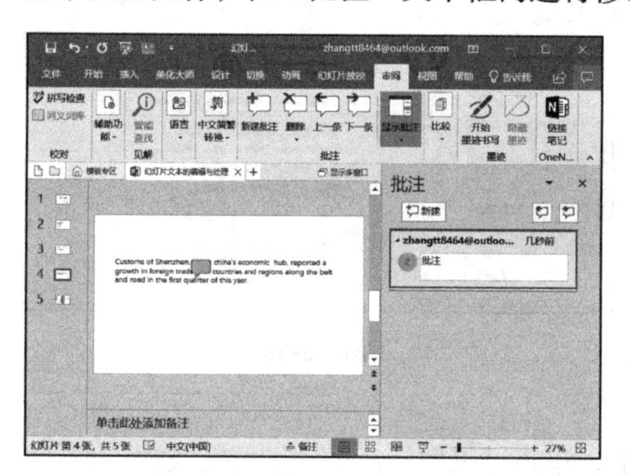

图　3-64

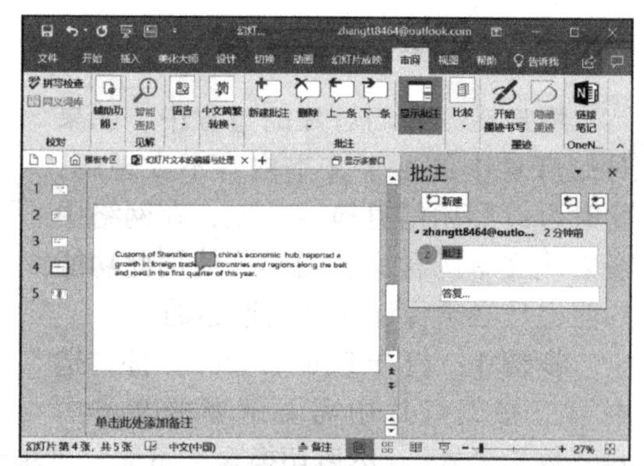

图　3-65

高手技巧

对文本添加相应的删除线

删除线是一种特殊的文本效果，当用户想要删除幻灯片中的某些内容，但同时需要保留删除痕迹的时候，可以利用删除线轻松达到目的。

步骤 1：打开 PowerPoint 文件，选中第五张幻灯片内需要添加删除线的文本内容，切换到“开始”选项卡，单击“字体”组中的“删除线”按钮，如图 3-66 所示。

步骤 2：返回至幻灯片，即可看到选中的文本添加删除线后的效果，如图 3-67 所示。

图 3-66

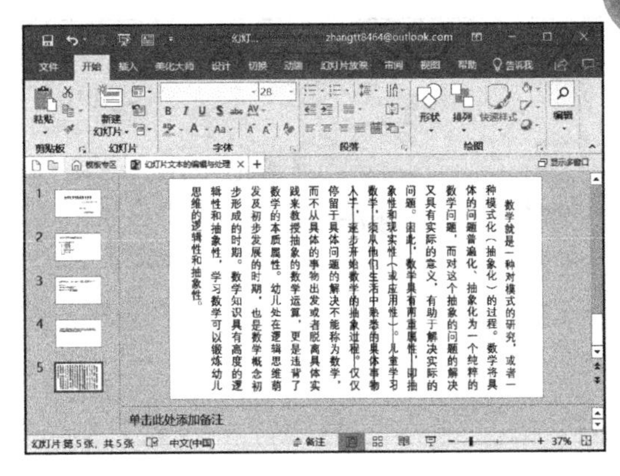

图 3-67

将文本格式还原

如果用户要将设置大量文本格式的幻灯片恢复到默认状态，然后重新设置格式，可以利用“重置”功能来清除文本的所有格式。

步骤 1： 打开 PowerPoint 文件，切换至“开始”选项卡，然后单击“幻灯片”组中的“重置”按钮，如图 3-68 所示。

步骤 2： 此时，即可将幻灯片内所有占位符的位置、大小、格式等恢复到默认状态，如图 3-69 所示。

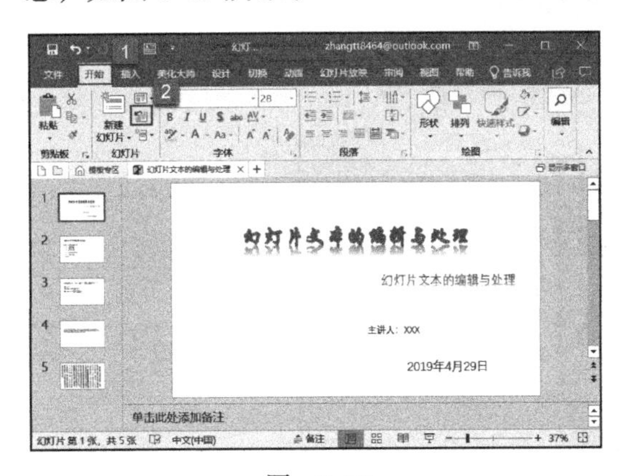

图 3-68

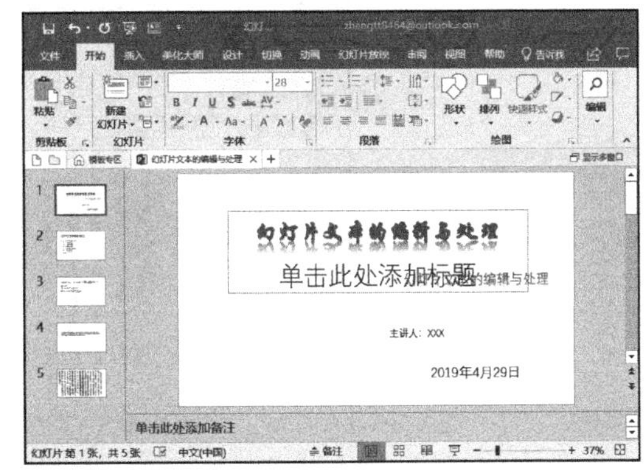

图 3-69

普通文本与 SmartArt 图形的转换

SmartArt 图形十分精美，可以实现文字与图形相结合，其样式也非常多，正因为如此使用相当广泛。用户可以把现有的文本转换为 SmartArt 形式，给幻灯片增色，提高用户体验。普通文本转换为 SmartArt 图形的具体步骤如下：

步骤 1： 打开 PowerPoint 文件，选中第一张幻灯片内的标题文本，切换至“开始”选项卡，然后单击“段落”组中的“转换为 SmartArt”按钮，在展开的 SmartArt 图形样式库中选择“垂直项目符号列表”样式，如图 3-70 所示。

步骤 2： 此时，即可将文本转换为相应的 SmartArt 图形，显示效果如图 3-71 所示。

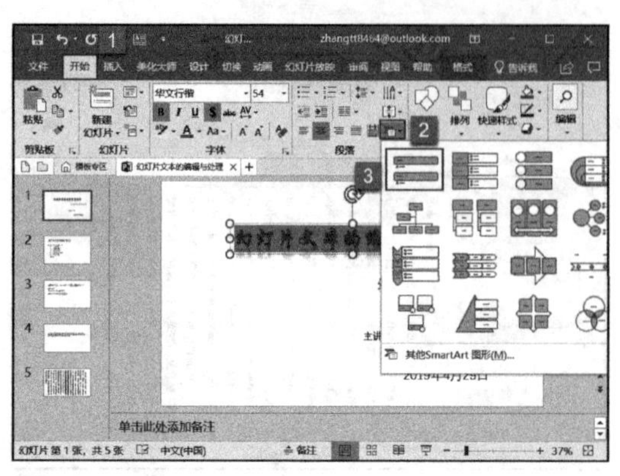
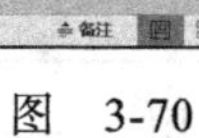

图 3-70

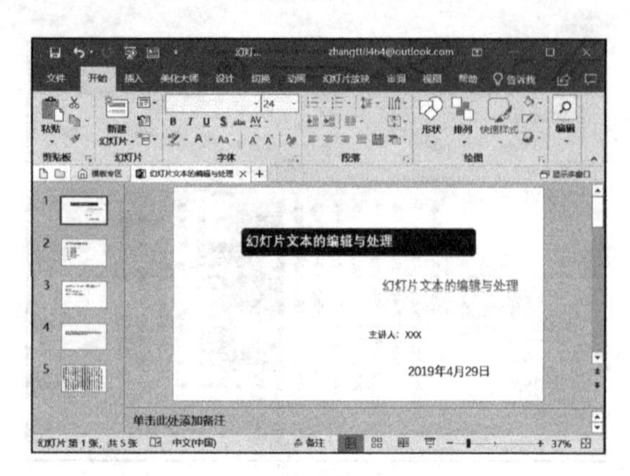

图 3-71

自由掌握文本内容的字体大小

众所周知，要制作出漂亮的演示文稿，少不了和文本字体打交道。通过选择不同的字体字号，可以改变字体的大小，具体的操作步骤如下。

打开 PowerPoint 文件，选中第五张幻灯片中的文本内容，切换至“开始”选项卡，单击“字体”组中的“增大字号”或“减小字号”按钮，可以随意调整字体大小，如图 3-72 所示。

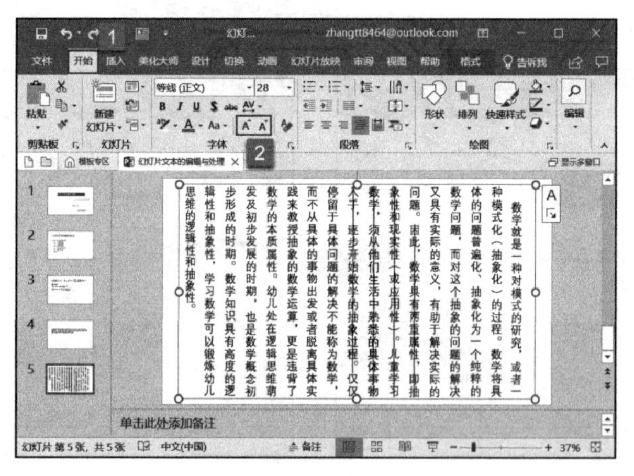

图 3-72

第4章 幻灯片图片编辑

图片是幻灯片内容的另一种表达方式，它相对于文本型幻灯片来说，表现方式更加直接且内容更加丰富。图片可以增加读者的视觉刺激，是幻灯片精美路上必不可少的一部分。如果幻灯片仅仅是文字的编排，恐怕会显得十分单调和枯燥，无法吸引读者的注意力，而图文并茂的幻灯片则会给人带来更好享受，让人耳目一新。本章将为大家介绍在PowerPoint 2019中对图片进行处理的有关技巧和知识，帮助读者创建内容丰富且有强欣赏力的幻灯片。

- 图片的基础知识
- 插入图片
- 图片的基本操作
- 图片色彩样式的编辑与美化
- 图片与文字的排版
- 高手技巧

4.1 图片的基础知识

1. 常用图片格式

PNG：网页制作及日常使用比较普遍的图像格式。优点是：无损压缩，图像容量小，支持透明背景和半透明色彩、透明头像的边缘光滑。缺点是：不支持动画制作。

JPG：网页制作及日常使用最普遍的图像格式。优点是：图像压缩效率高，图像容量相对最小。缺点是：有损压缩，图像会丢失数据而失真，不支持透明背景，不支持动画制作。

GIF：制作网页小动画的常用图像格式。优点是：无损压缩，图像容量小，可制作成动画，支持透明背景。缺点是：图像色彩范围最多只有 256 色，不能保存色彩丰富的图像，不支持半透明，透明图像边缘有锯齿。

PSD：PhotoShop 的专用格式。优点是：完整保存图像的信息，包括未压缩的图像数据、图层、透明等信息，方便图像的编辑。缺点是：应用范围窄，图片容量相对比较大。

2. 图片分辨率

分辨率是指单位打印长度显示的像素数目，通常用像素 / 英寸表示。高分辨率图像比相同尺寸低分辨率图像更细腻清晰。

4.2 插入图片

在幻灯片中插入较高质量的图片，可以使幻灯片的内容更加丰富。

4.2.1 插入剪贴画

Office 为用户提供了一个剪辑管理器，它自身搜集了许多图片、声音等素材，还与 Microsoft 网站紧密联系在一起，可以实现在线素材的使用。PowerPoint 2019 支持用户直接从必应上将剪贴画添加到幻灯片中。在幻灯片中插入剪贴画的具体操作方法如下。

步骤 1：打开 PowerPoint 文件，选中第三张幻灯片，切换至“插入”选项卡，然后在“图像”组内单击“联机图片”按钮，如图 4-1 所示。

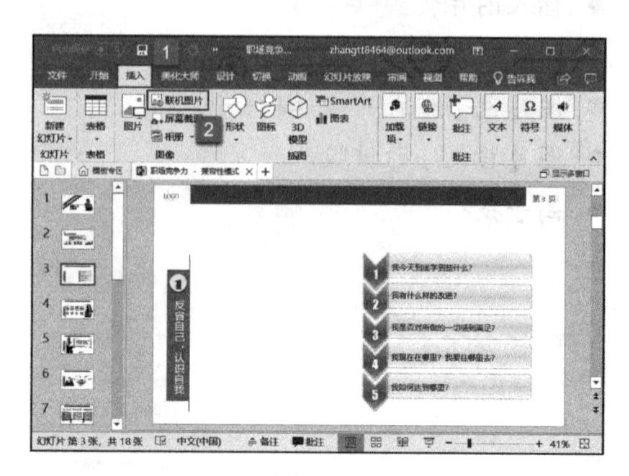

图 4-1

步骤 2：此时，系统会弹出“在线图片”对话框，在搜索框内输入要查找的图像类型关键字，例如“问号”，然后按“Enter”键即可进行搜索，如图 4-2 所示。

步骤 3：然后单击“筛选”按钮，在弹出的菜单列表中单击“类型”下的“剪贴画”按钮，如图 4-3 所示。

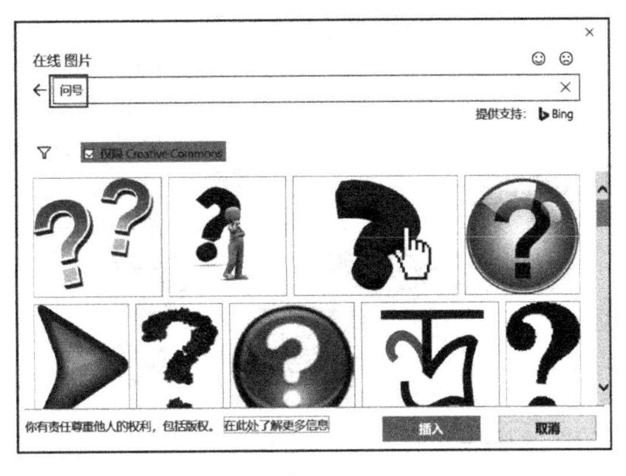

图 4-2

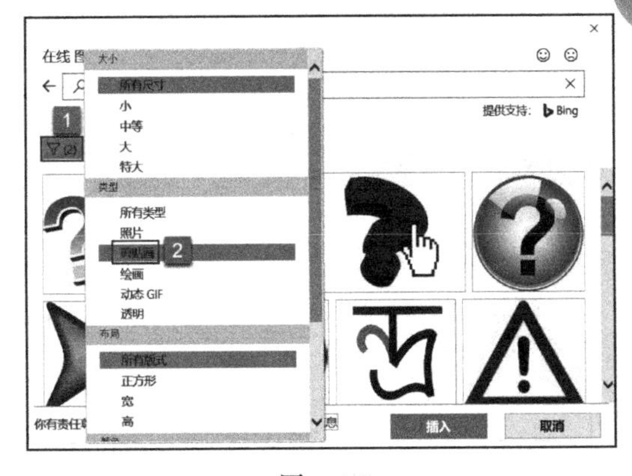

图 4-3

步骤 4：在搜索结果中单击选择一个合适的图像，此时图像右上角出现一个对号，表示已经选中该图像，然后再单击“插入”按钮，如图 4-4 所示。

步骤 5：返回 PowerPoint 主界面，即可看到幻灯片内已成功插入选择的剪贴画，并调整位置及大小，效果如图 4-5 所示。

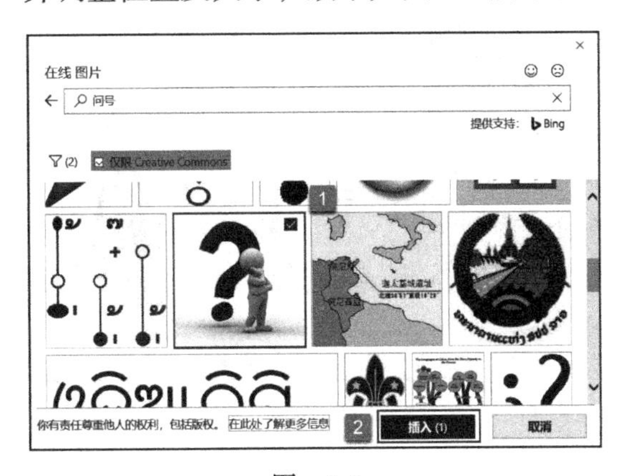

图 4-4

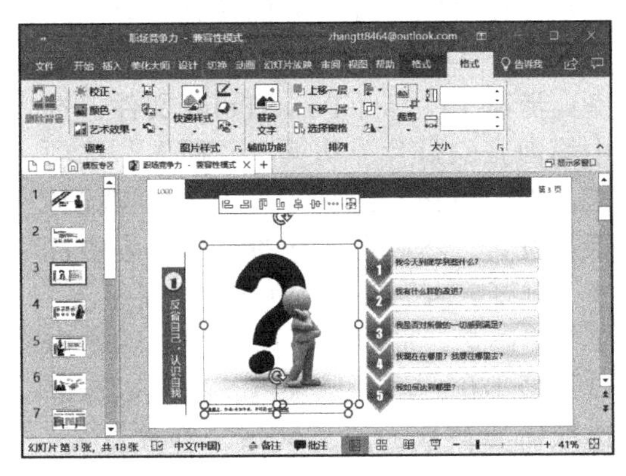

图 4-5

4.2.2 插入本地图片

插入本地图片是 PowerPoint 使用最广泛的图片插入方法。PowerPoint 2019 支持所有常用类型的图片。下面具体介绍插入本地图片的具体操作步骤。

步骤 1：打开 PowerPoint 文件，选中第一张幻灯片，切换至“插入”选项卡，然后在“图像”组内单击“图片”按钮，如图 4-6 所示

步骤 2：打开“插入图片”对话框，找到图片所在目录，单击选中图片，最后单击“插入”按钮，如图 4-7 所示。

步骤 3：返回幻灯片，调整图片的位置和大小，最终效果如图 4-8 所示。

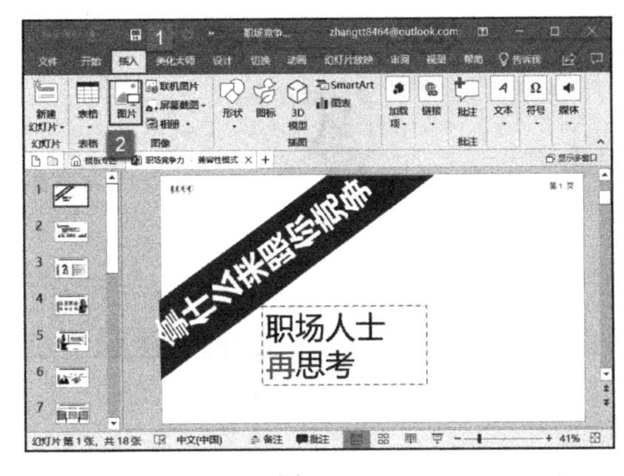

图 4-6

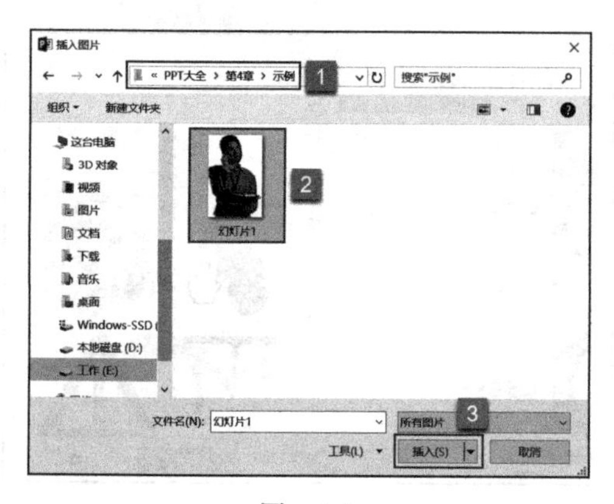

图 4-7

图 4-8

4.2.3 插入屏幕截图

PowerPoint 有屏幕截图的功能，方便用户插入自己所需图片，而且屏幕截图功能还可以实现对屏幕任意部分的随意截取，具体的操作步骤如下。

步骤 1：打开 PowerPoint 文件，选中第四张幻灯片，切换至“插入”选项卡，在“图像”组内单击“屏幕截图”下拉按钮，然后在展开的菜单列表中选择“屏幕剪辑”选项，如图 4-9 所示。

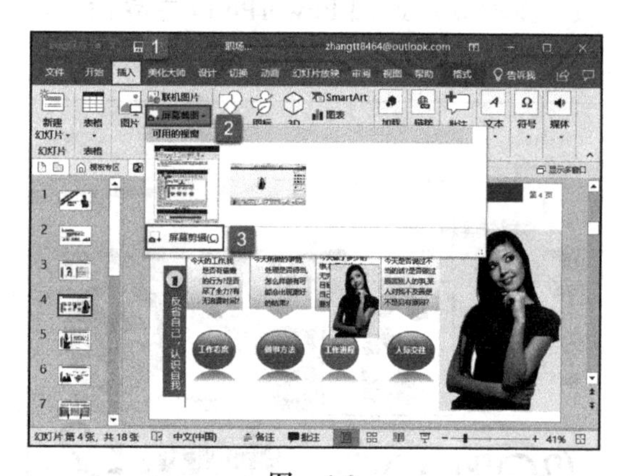

图 4-9

步骤 2：此时，当前文档的编辑窗口将最小化，屏幕呈灰色，拖动鼠标框选取需要截取的屏幕区域，释放鼠标，即可将截取的屏幕图像插入到幻灯片中，如图 4-10 所示。

步骤 3：调整图片的位置和大小，最终效果如图 4-11 所示。

图 4-10

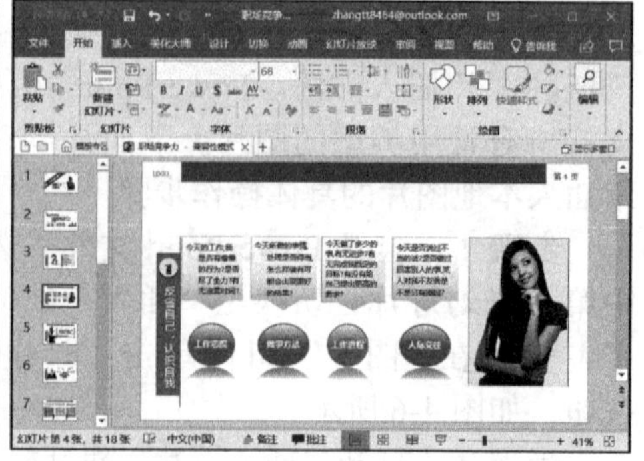

图 4-11

4.2.4 插入图标

图标一直是 PowerPoint 设计中不可或缺的环节。在以前版本中，用户只能在

PowerPoint 中插入难以编辑的 PNG 图标；如果要插入可灵活编辑的矢量图标，就必须借助 AI 等专业的设计软件，开启后，再导入 PowerPoint 中，不便使用。

在 Office 2019 版本中，微软为用户提供了图标库，图标库中又细分出多种常用的类型。下面介绍一下插入图标的具体操作步骤。

步骤 1：打开 PowerPoint 文件，选中第一张幻灯片，将光标定位到“思考”后，切换至“插入”选项卡，在“插图”组内单击“图标”按钮，如图 4-12 所示。

图 4-12

步骤 2：打开“插入图标”对话框，在左侧类型列表内选中“标志和符号”，然后在右侧图标库内选中需要的图标，单击“插入”按钮即可，如图 4-13 所示。

步骤 3：调整图标的位置和大小，最终效果如图 4-14 所示。

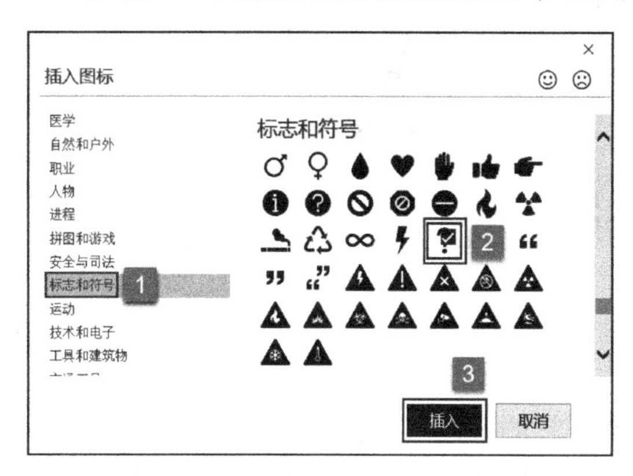

图 4-13

图 4-14

4.3 图片的基本操作

无论是从本地文件插入图片，还是直接插入屏幕截图，都无法保证插入图片能够完全符合整个幻灯片的要求，大都需要后期处理。一般情况下，都要对插入图片的大小、位置、对齐方式等方面做一些基础处理，以达到更好的图片效果。

4.3.1 图片大小与位置的更改

更改图片的大小和位置是最常用的图片基础操作。改变图片的高度和宽度即可改变其大小，改变图片的位置时利用鼠标拖动的方法即可。下面介绍具体的操作步骤。

步骤 1：打开 PowerPoint 文件，选中第五张幻灯片，按住“Ctrl”键或“Shfit”

键，单击鼠标选中需要同时处理的图片及文本框，切换至“格式”选项卡，在“排列”组内单击“组合对象”按钮，然后在展开的菜单列表内单击“组合”按钮，如图 4-15 所示。

图 4-15

步骤 2：此时即可看到图片与文本框组合为一个整体。选中该区域，切换至“格式”选项卡，在“大小”组内将高度设置为“16 厘米”，将“宽度”设置为“25 厘米”，如图 4-16 所示。

步骤 3：返回幻灯片，调整组合图片的大小和位置即可，效果如图 4-17 所示。

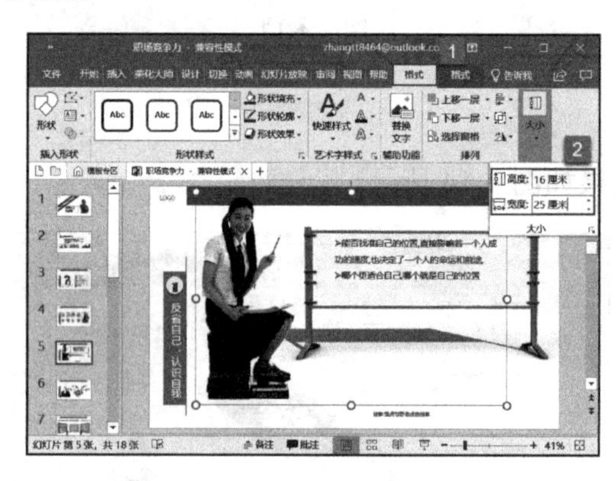

图 4-16

图 4-17

4.3.2 图片对齐方式的设置

当一张幻灯片内插入多张图片后，如果不进行调整，可能会显得杂乱无章。此时，用户可以通过设置图片的对齐方式对图片进行排列，使图片达到整齐排列的效果。下面介绍一下具体的操作步骤。

步骤 1：打开 PowerPoint 文件，选中第二张幻灯片，按住“Ctrl”键或“Shift”键，单击鼠标选中需要对齐的图片，切换至“格式”选项卡，在“排列”组内单击“对齐对象”按钮，然后在展开的菜单列表内单击“底端对齐”按钮，如图 4-18 所示。

步骤 2：返回幻灯片，即可看到图片以底端对齐方式排列，效果如图 4-19 所示。

图 4-18

图 4-19

4.3.3 图片的裁剪

在幻灯片制作过程中，如果用户不需要整张图片，只是需要图片的部分内容，或者用户想制作一些不规则形状的图片使版面更活泼，则可以利用 PowerPoint 的裁剪功能来解决。下面介绍一下具体的操作步骤。

步骤 1：打开 PowerPoint 文件，选中第十张幻灯片，选中需要裁剪的图片，切换至“格式”选项卡，在“大小”组内单击“裁剪”下拉按钮，然后在展开的菜单列表内单击“裁剪”按钮，如图 4-20 所示。

图 4-20

步骤 2：此时选中图片的边缘会变成虚线，表示可以裁剪。然后使用鼠标对图片进行裁剪，此时图片的阴影部分代表将被裁剪的部分，如图 4-21 所示。

步骤 3：裁剪完成后，调整其大小和位置，最终效果如图 4-22 所示。

图 4-21

图 4-22

4.4 图片色彩样式的编辑与美化

如果用户对插入后的图片并不满意，可以继续对其进行编辑和美化，改变其色彩和样式等，从而达到美化图片的目的。

4.4.1 图片亮度与对比度的调整

亮度是指图片的明亮程度，如果插入的图片较暗，会导致图像不清晰。对比度是指颜色之间的对比程度，增大对比度，可以更明显地区分不同颜色。下面来介绍具体的操作步骤。

步骤 1：打开 PowerPoint 文件，选中第六张幻灯片，选中需要处理的图片，切换至“格式”选项卡，在“调整”组内单击“校正”下拉按钮，然后在展开的菜单列表内单击“图片校正选项”按钮，如图 4-23 所示。

步骤 2：此时 PowerPoint 即可在界面右侧打开“设置图片格式”窗格。在“图片校正”组内的“亮度 / 对比度”窗格内对图片的亮度和对比度进行调整，如图 4-24 所示。此时幻灯片内会显示调整后的预览效果。

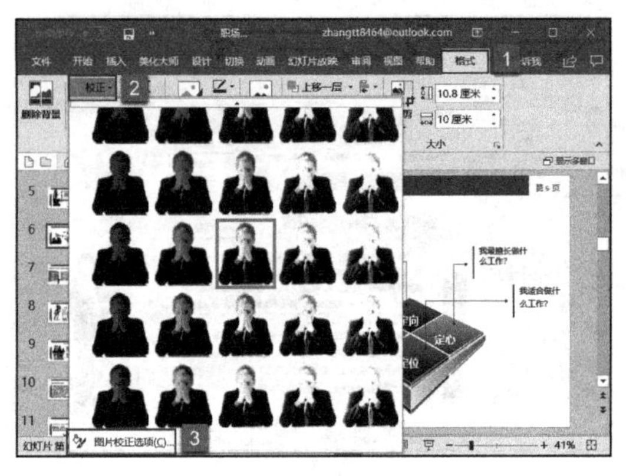

图 4-23

图 4-24

4.4.2 图片饱和度与锐化度的调整

图片的饱和度是指图片中每个颜色的鲜艳程度，饱和度越高，颜色越鲜艳。图片的锐化度是指图片的清晰程度，锐化度越高，图片越清晰。当幻灯片图片的饱和度和锐化度不够时，在放映幻灯片时，可能会导致观众看不清图片，影响观众视觉感受。下面具体介绍一下调整图片的饱和度及锐化度的操作步骤。

步骤 1：打开 PowerPoint 文件，选中第八张幻灯片，选中需要处理的图片，切换至“格式”选项卡，在“调整”组内单击“颜色”下拉按钮，然后在展开的菜单列表内单击“图片颜色选项”按钮，如图 4-25 所示。

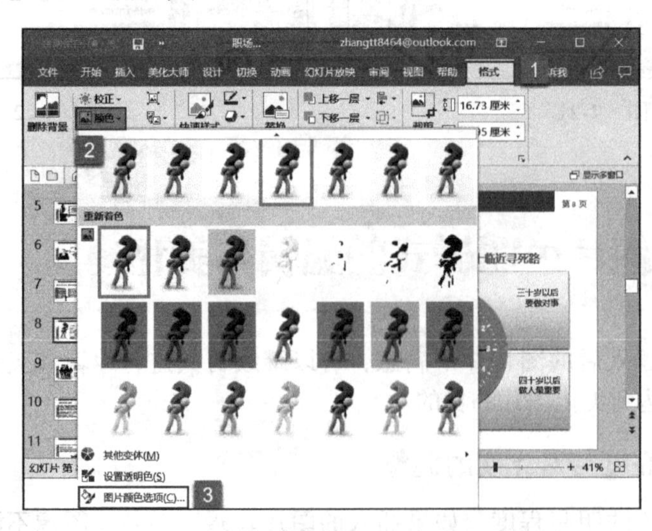

图 4-25

步骤 2：此时 PowerPoint 即可在界面右侧打开“设置图片格式”窗格。在“图片颜色”组内的“颜色饱和度”窗格内对图片的饱和度进行调整，如图 4-26 所示。

步骤 3：返回幻灯片，即可看到图片的饱和度修改完成，如图 4-27 所示。

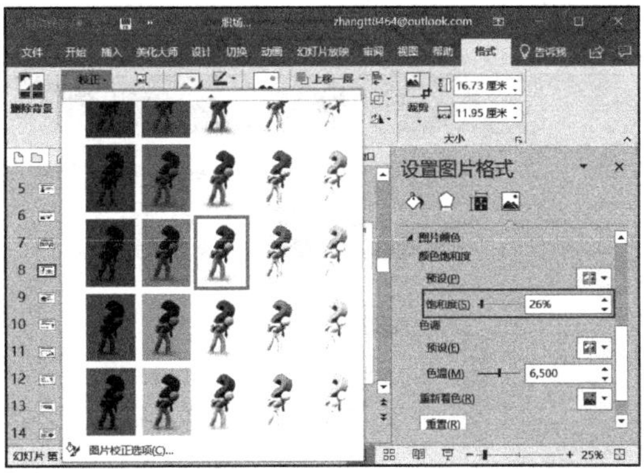

图 4-26

图 4-27

步骤 4：如果用户对图片还是不满意，可以对其清晰度进行设置。展开“设置图片格式”窗格，在“锐化 / 柔化”组内对图片的清晰度进行调整，如图 4-28 所示。

步骤 5：返回幻灯片，即可看到图片的清晰度修改完成，如图 4-29 所示。

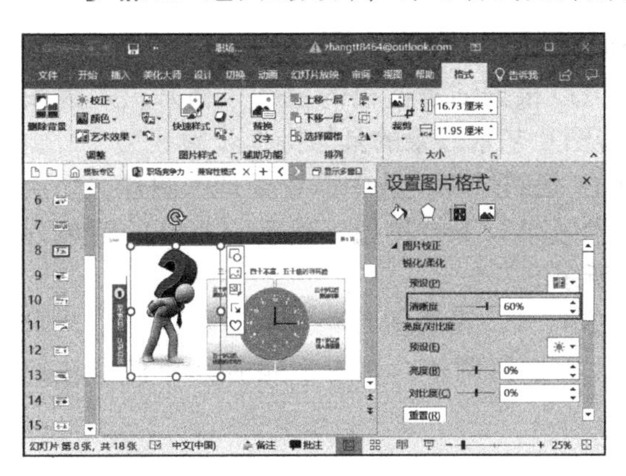

图 4-28

图 4-29

4.4.3 图片背景的删除

在制作幻灯片的过程中，如果感觉图片的背景颜色和幻灯片主题颜色不搭，或者只想保留图片的主要图像，此时对要保留的区域进行标记，然后删除图片背景。下面介绍一下删除图片背景的具体操作步骤。

步骤 1：打开 PowerPoint 文件，选中第十张幻灯片，选中需要处理的图片，切换至“格式”选项卡，单击“删除背景”按钮，如图 4-30 所示。

步骤 2：打开“背景消除”选项卡，此时图片部分区域会显示红色。如果对默认选择的区域不满意，可以单击“优化”组内的“标记要保留的区域”按钮，然后使用标记笔进行标记。标记完成后，单击“关闭”组内的“保留更改”按钮即可，如图 4-31 所示。

图 4-30

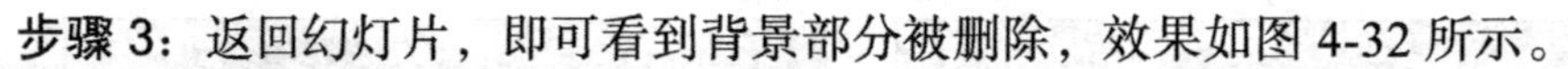

步骤 3：返回幻灯片，即可看到背景部分被删除，效果如图 4-32 所示。

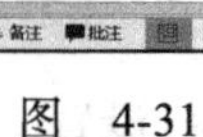

图 4-31

图 4-32

4.4.4 图片艺术效果的设置

为图片应用艺术效果，可以将图像改变成大师级别图画，它可以使图片产生油画、水彩画、铅笔画、粉笔画等多种效果。用户可以根据演示文稿的主题风格来决定为图片应用哪一种的艺术效果。下面介绍一下设置图片艺术效果的具体操作步骤。

步骤 1：打开 PowerPoint 文件，选中第 13 张幻灯片，选中需要处理的图片，切换至“格式”选项卡，单击“调整”组内“艺术效果”下拉按钮，然后在打开的菜单列表中单击“艺术效果选项”按钮，如图 4-33 所示。

步骤 2：此时 PowerPoint 即可在界面右侧打开“设置图片格式”窗格。在“艺术效果”组内选择艺术效果，并对其透明度、压力进行调整，如图 4-34 所示。此时在幻灯片内即可对设置的艺术效果进行预览。

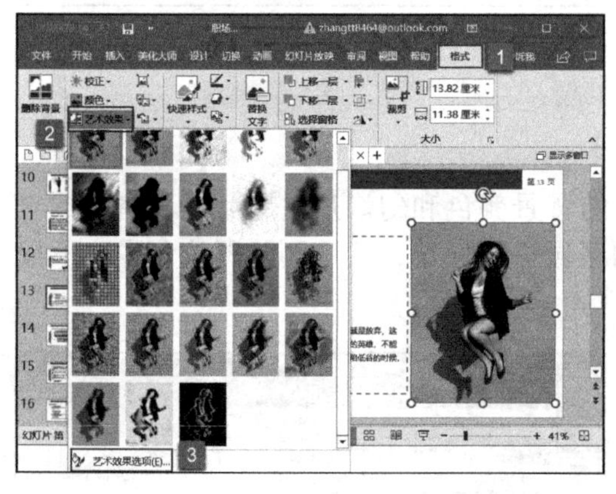

图 4-33

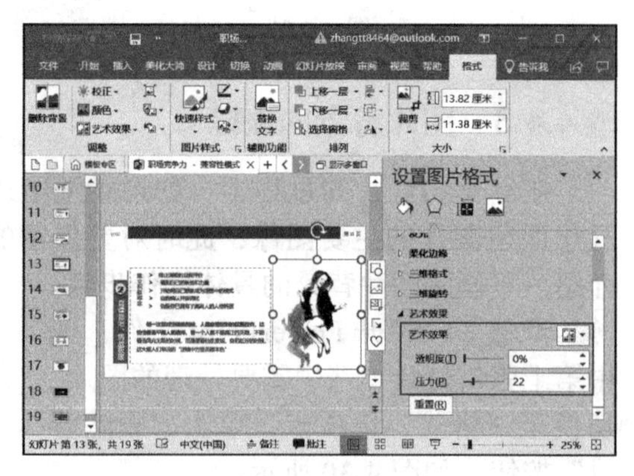

图 4-34

4.4.5 图片样式的设置

为了快速美化图片，使图片和幻灯片的风格相匹配，用户可以为图片添加现有的样式。设置图片样式包括为图片应用不同的相框、不同的旋转效果或增强图片的立体感等。下面将介绍一下设置图片样式的具体操作步骤。

打开 PowerPoint 文件，选中第 15 张幻灯片，选中需要处理的图片，切换至“格式”选项卡，单击“图片样式”组内“快速样式”下拉按钮，然后在打开的样式库内选择“柔滑边缘椭圆”按钮，如图 4-35 所示。此时即可在幻灯片内看到预览效果。

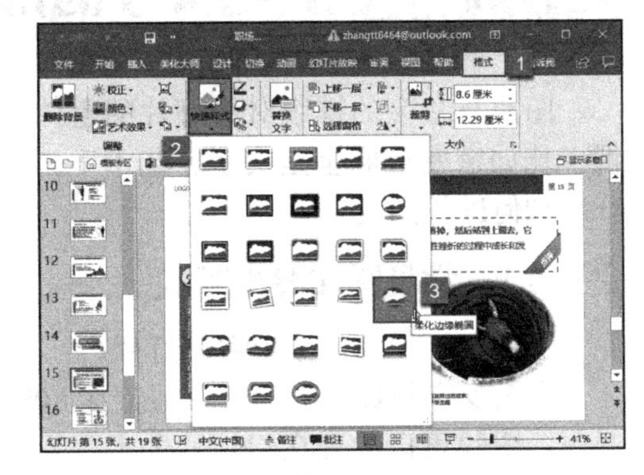

图 4-35

4.4.6 图片边框与效果的更改

如果用户对默认样式不满意，可以对图片的边框样式、边框粗细、边框颜色、图片效果等进行自定义设置。

步骤 1：设置图片边框的粗细。打开 PowerPoint 文件，选中第 16 张幻灯片，选中需要处理的图片，切换至“格式”选项卡，单击“图片样式”组内“图片边框”下拉按钮，然后在打开的样式库内单击“粗细”按钮，在其子样式库列表内选择“1.5 磅”，如图 4-36 所示。

步骤 2：设置图片边框的颜色。选中图片，切换至“格式”选项卡，单击“图片样式”组内“图片边框”下拉按钮，然后在打开的样式库内单击“浅蓝”按钮，如图 4-37 所示。

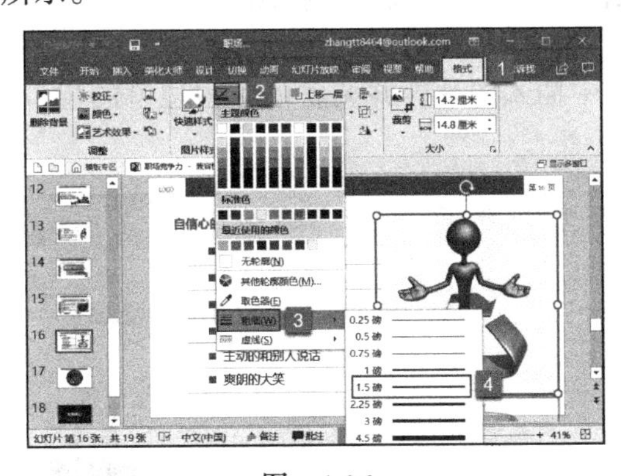

图 4-36

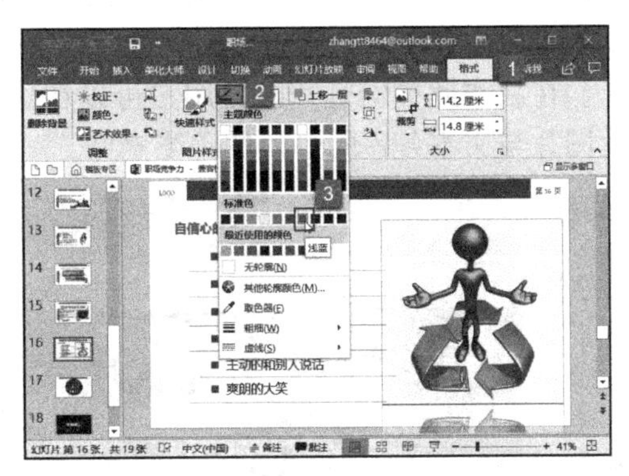

图 4-37

步骤 3：设置图片效果。选中图片，切换至“格式”选项卡，单击“图片样式”组内“图片效果”下拉按钮，然后在打开的样式库内单击“映像”按钮，在其子样式库列表内选择“紧密映像；接触”项，如图 4-38 所示。

步骤 4：返回幻灯片，即可看到设置后的效果，如图 4-39 所示。

图 4-38

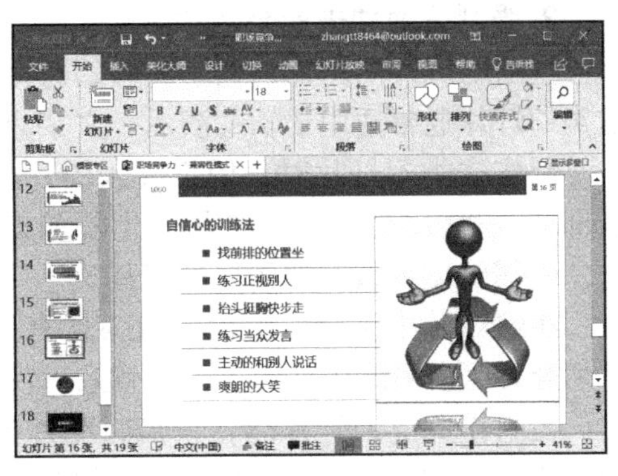

图 4-39

4.5 图片与文字的排版

图片与文字的排版对幻灯片的整体美观是非常重要的。很多人存在不良的排版习惯，比如密密麻麻全是文字、艺术字画蛇添足、色彩搭配眼花缭乱等。本节将向大家介绍如何进行图文排版。

4.5.1 常见图文混排版式

1. 重视视觉的大图少字幻灯片

大图少字幻灯片的图版率通常在 80% 以上，如图 4-40 所示，适用于标题幻灯片的制作。图片可以出现在幻灯片的上下左右 4 个方位。较大的图片可以保证幻灯片的视觉冲击力，专门留出的文字区域也不会影响画面本身的效果。

在制作此类幻灯片时，用户只需将所需图片导入幻灯片，然后进行合理安排，添加少量的文字补充说明即可。

2. 图文对称的中图多字幻灯片

中图虽然不似小图那样灵活，但是可以均衡版面，如图 4-41 所示。比如上文下图、上图下文，或是左文右图、左图右文。运用此类幻灯片版式可以在图片外均衡配比文字、说明问题。

在制作此类幻灯片时，用户可以在幻灯片中插入图片，并调整内容占位符的位置，让图片与文本各占幻灯片的一半空间。

图 4-40

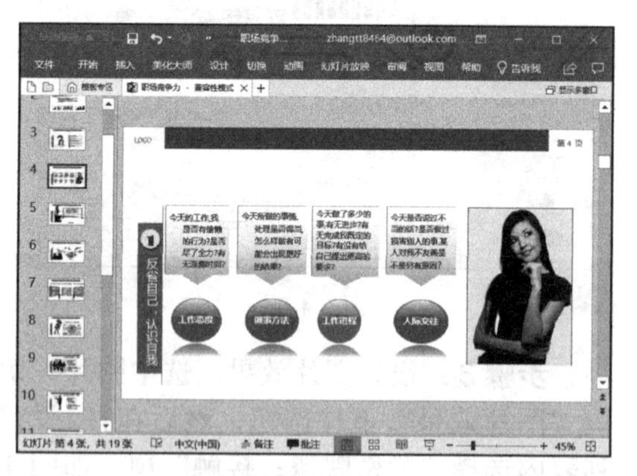

图 4-41

3. 强烈画面冲击的全图幻灯片

全图幻灯片的图片占据了整个幻灯片页面，因此对图片要求很高，如图 4-42 所示。这类幻灯片通常适用于辅助演示，文字只是起辅助作用，但是需要注意与图片的配色。

制作这类幻灯片时，用户导入图片将其放大至幻灯片全屏，使用裁剪工具裁除多余部分，然后使用文本框在图片上添加点明主题的文本即可。

4. 图像溶入背景的图形幻灯片

在幻灯片中添加的图片多数为含有边框的四边形图片，如果想让图片与幻灯片更加切合，可以消除图片的边框及背景，仅保留图片的主体部分，如图 4-43 所示。

在制作此类幻灯片时，只需将图片导入幻灯片，然后使用删除背景功能，将导入图片的背景（除主体外）部分删除即可。

图 4-42

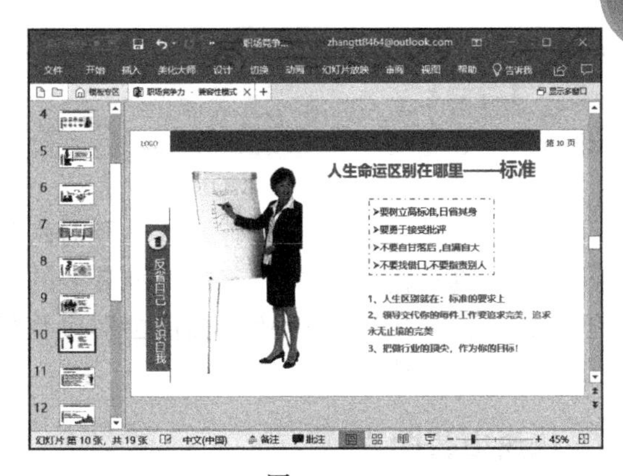

图 4-43

5. 有趣形象的剪贴画幻灯片

在幻灯片中不仅可以插入图片突出主题，还可以使用剪贴画来代替图片，如图 4-44 所示。剪贴画通常都比较生动、有趣，在非正式的商业场合使用剪贴画幻灯片可以让观众看起来更轻松。

在制作这类幻灯片时，用户只需搜索所需的剪贴画，然后将其插入到幻灯片中，再使用图片工具对其进行简单处理即可。Office 自带的剪贴画足够丰富，如果用户觉得还不够，可以登录其官网进行下载。

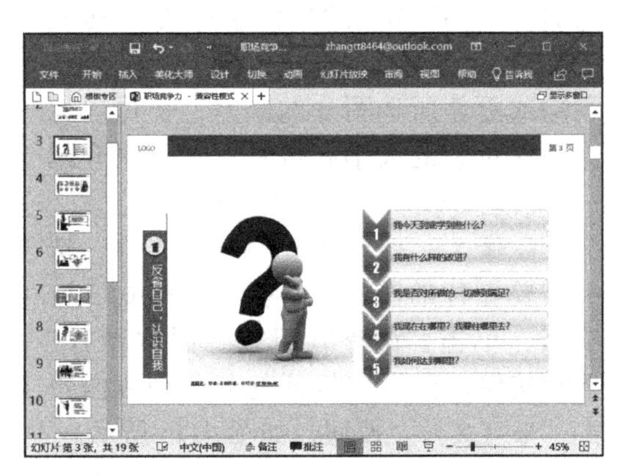

图 4-44

4.5.2 图文混排的相关注意事项

无论是什么样式的图文混排，都需要用心去制作。本书总结了一些关于图文混排的注意事项，希望对读者有所帮助。

1. 相关内容必须对齐，次级标题必须缩进，方便读者视线快速移动，一眼看到最重要的信息。

2. 聚拢原则将内容分成几个区域，相关内容都聚在一个区域中。段间距应该大于段内的行距。

3. 千万不要把页面排得密密麻麻，要留出一定的空白，这本身就是对页面的分隔。这样既减少了页面的压迫感，又可以引导读者视线，突出重点内容。

4. 颜色过多、字数过多、图形过繁，都是分散读者注意力的“罪魁祸首”。

5. 多页面排版时，注意各个页面设计上的一致性和连贯性。另外，在内容上，重要信息值得重复出现。

6. 加大不同元素的视觉差异。这样既使页面看起来更活泼，又能使读者集中注意力阅读某一个子区域。

高手技巧

通过本章的介绍，相信读者已经对幻灯片的图片操作有了一定的了解。但是还是要记住，真正的高手不一定是懂得最多的，而是走捷径比较多的。在 PowerPoint 2019 里有许多高手实用的技巧，相信会对制作幻灯片提供不少便利和帮助，下面具体介绍几条高手实用技巧。

快速更替图片

在大多数用户眼里，更替照片会将原图删除，然后插入一个，但是新插入的图片不能保留原图片的格式。其实 PowerPoint 2019 的“更改图片”功能在删除或更替所选图片的同时，还可以保持图片对象的大小和位置。接下来介绍一下快速更改图片的具体操作步骤。

步骤 1：打开 PowerPoint 文件，选中需要更替的图片，切换至“格式”选项卡，单击“调整”组内“更改图片”下拉按钮，然后在打开的菜单列表内单击“来自文件”按钮，如图 4-45 所示。

图 4-45

步骤 2：打开“插入图片”对话框，找到图片所在目录，单击选中图片，最后单击“插入”按钮，如图 4-46 所示。

步骤 3：返回幻灯片，即可看到新图片已替换原图片，而且保持了原图片的大小与位置格式，如图 4-47 所示。

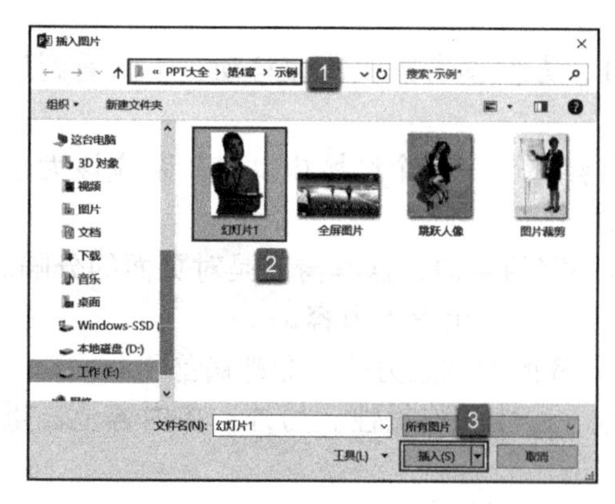

图 4-46

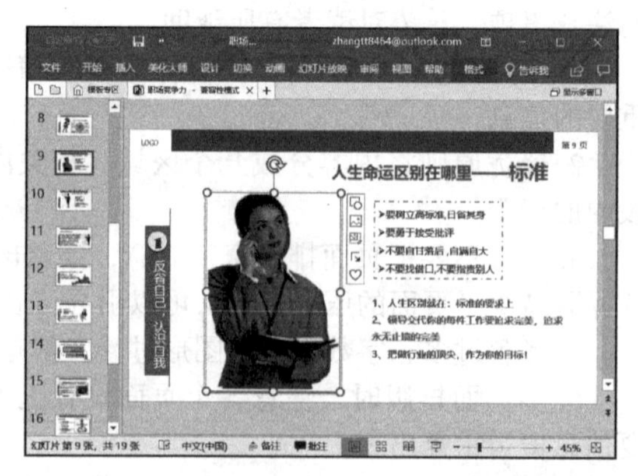

图 4-47

压缩图片大小

如果幻灯片内的图片较多，就会对幻灯片文件的体积造成影响。相对于文字来说，图片对幻灯片体积的影响较大，幻灯片体积变大后就不容易与他人分享。此时可以利用“压缩图片”功能来减小幻灯片的体积，解决分享不便利的问题。下面介绍一下具体的操作步骤。

步骤 1：打开 PowerPoint 文件，选中需要压缩的图片，切换至“格式”选项卡，单击“调整”组内“压缩图片”按钮，如图 4-48 所示。

步骤 2：弹出“压缩图片”对话框，然后根据需要在“压缩选项”和“分辨率”选项组内进行设置，单击“确定”按钮即可，如图 4-49 所示。

图 4-48

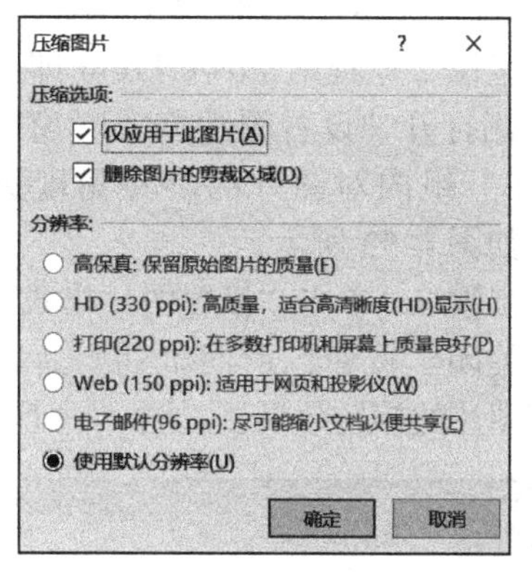

图 4-49

重设图片还原至原始状态

如果用户对幻灯片应用样式和格式的效果不满意，可以清除其格式，但是有些格式和样式是无法单独清除的，此时则可以利用“重设图片”功能，将图片还原到原始状态。

步骤 1：打开 PowerPoint 文件，选中需要处理的图片，切换至“格式”选项卡，单击“调整”组内“重设图片”按钮，然后在打开的菜单列表内选择“重设图片”或“重设图片和大小”项，如图 4-50 所示。

步骤 2：此时即可看到幻灯片内选中的图片已还原至原始状态，如图 4-51 所示。

图 4-50

图 4-51

自由旋转图片角度

PowerPoint 2019 可以对幻灯片内的图片进行旋转处理。在“旋转”下拉列表内为用户提供了向右旋转 90°、向左旋转 90°、垂直旋转和水平旋转四种旋转方向。如果用户想要使图片按任意的角度旋转，可以在“设置图片格式”对话框内进行设置，下面介绍一下具体的操作步骤。

步骤 1：打开 PowerPoint 文件，选中需要旋转的图片，切换至“格式”选项卡，单击“排列”组内“旋转对象”下拉按钮，然后在打开的菜单列表内选择“其他旋转选项”选项，如图 4-52 所示。

图 4-52

步骤 2：此时 PowerPoint 即可在界面右侧打开“设置图片格式”窗格。在“大小”组内对图片的旋转角度进行调整，如图 4-53 所示。

步骤 3：单击“设置图片格式”窗口的“关闭”按钮，返回至幻灯片，即可看到图片的旋转效果，如图 4-54 所示。

图 4-53

图 4-54

普通图片转换为 SmartArt 图形

SmartArt 图形可以实现图片和文字相结合，在幻灯片中，可以设置图片的版式为 SmartArt 图形，将文字和图片，互为解释补充。

步骤 1：打开 PowerPoint 文件，选中需要转换的图片，切换至“格式”选项卡，单击“图片样式”组内“转换为 SmartArt 图形”下拉按钮，然后在打开的样式库内选择“其圆形图片标注”项，如图 4-55 所示。

步骤 2：返回至幻灯片，即可看到图片被转换为 SmartArt 图形，而且图片上显示了一个文本框，在此输入文本内容即可，如图 4-56 所示。

批量更改相册图片的样式

当用户使用幻灯片创建相册后，内部必然包含很多图片，但是它们的样式可能各不相同，此时则可利用“编辑相册”功能对图片进行编辑，批量更改其样式。

步骤 1：打开 PowerPoint 文件，切换至“插入”选项卡，单击“图像”组内“相册”下拉按钮，然后在打开的菜单列表内选择“编辑相册”项，如图 4-57 所示。

步骤 2：打开“编辑相册”对话框，在“相册中的图片”列表框内单击勾选图片，然后单击“相册板式”下拉按钮选择相册图片样式，例如“适应幻灯片尺寸”，最后单击“更新”按钮即可批量更改相册图片的样式，如图 4-58 所示。

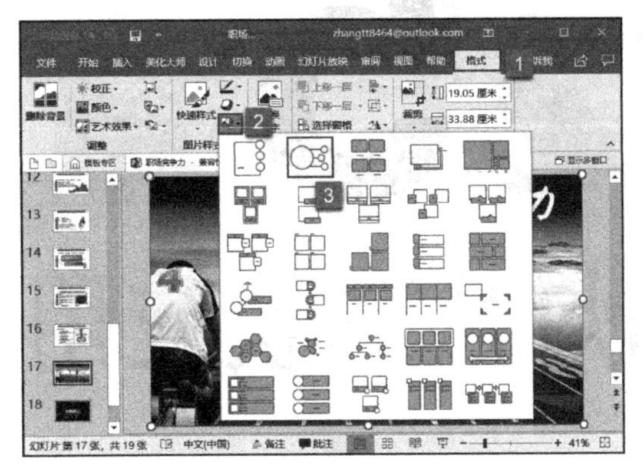

图 4-55

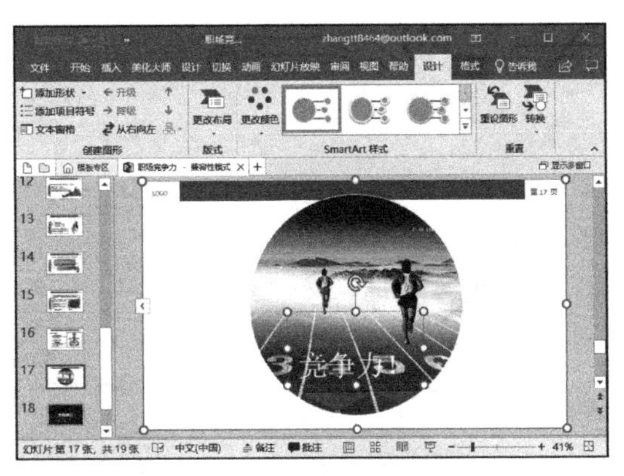

图 4-56

图 4-57

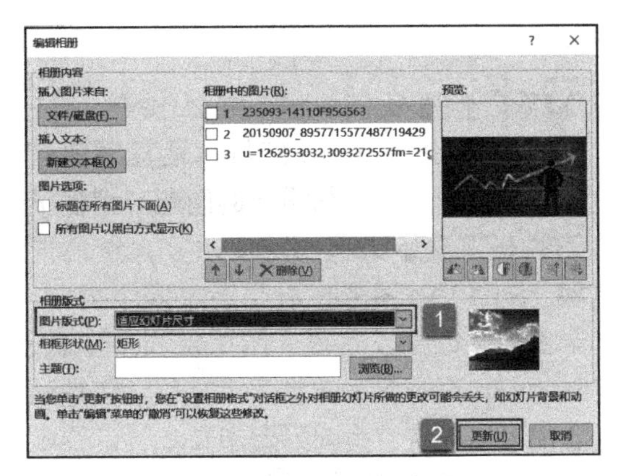

图 4-58

步骤 3：返回 PowerPoint 主界面，即可看到选中图片的样式已设置完成，如图 4-59 所示。

图 4-59

第5章 幻灯片形状应用

对于很多PowerPoint 2019的用户来说，如何使幻灯片活灵活现且不显得呆板是一个很重要的问题。大多精美的PPT演示文稿内都使用了大量的形状、SmartArt图形，以此满足演示需要、丰富视觉效果。本章介绍如何利用形状、SmartArt图形等来丰富演示文稿，包括设置图形的层次、为图形添加文本、设置多个图形的对齐方式，以及SmartArt图形的设置、使用等。

- 应用形状构造示意图
- 应用形状图解类型
- 应用SmartArt图形
- 高手技巧

5.1 应用形状构造示意图

对形状的滥用是造成幻灯片质量低下的主要因素之一。绘制示意图确实能够直观地表达幻灯片的内容，但是如果过度使用则会造成相反的效果。所以，合理利用形状以及合理设置样式都是对幻灯片进行美化的关键。

5.1.1 构造形状

PowerPoint 2019 提供了大量的形状来满足用户所需。当用户需要时，直接插入形状即可。构造形状的操作步骤也非常简单，如下所示。

步骤 1： 打开 PowerPoint 文件，选择要插入形状的幻灯片，切换至“插入”选项卡，单击“插图”组内的“形状”下拉按钮，然后在展开的形状库内选择“等腰三角形”形状，如图 5-1 所示。

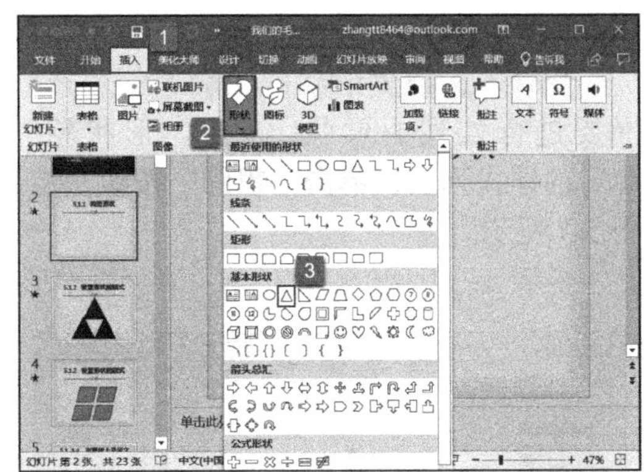

图 5-1

步骤 2： 此时，幻灯片内的光标会变成十字形，在适当位置单击并拖动鼠标，即可绘制形状，如图 5-2 所示。绘制的形状大小并不是固定的，用户可以拖动形状边框上的控点来更改形状的大小。

步骤 3： 如需要插入多个相同的形状，可以按住“Ctrl”或“Shift”键，单击形状并拖动鼠标至适宜的位置，释放鼠标即可完成复制，如图 5-3 所示。

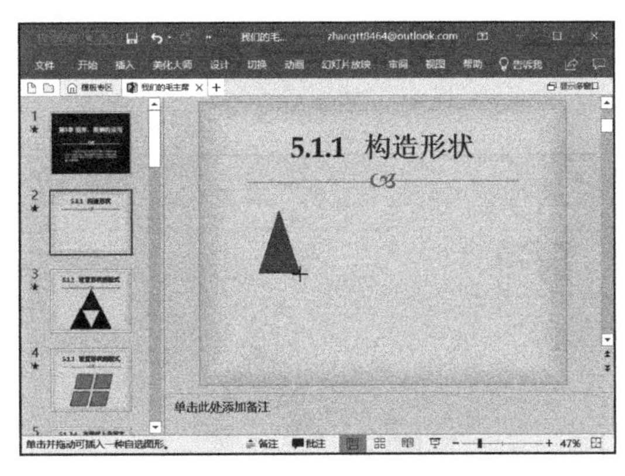

图 5-2

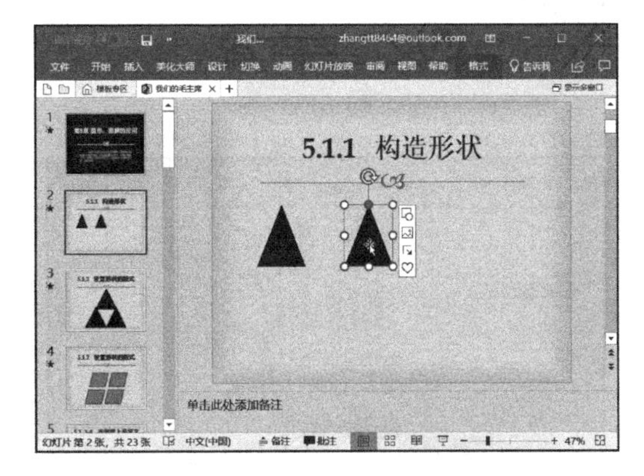

图 5-3

5.1.2 设置形状样式

PowerPoint 2019 不仅为用户提供了大量的默认形状，而且还提供了形状的编辑修改功能，以满足用户的各种需求，用户可以根据自身需要对形状的填充颜色、轮廓颜色、轮廓粗细、形状效果等进行设置，使幻灯片更丰富多彩。

步骤 1： 设置形状的填充颜色。打开 PowerPoint 文件，选择要进行处理的形状，切换至图片工具的“格式”选项卡，单击“形状样式”组内的“形状填充”下拉按钮，然后在展开的颜色库内选择“浅蓝”项，如图 5-4 所示。

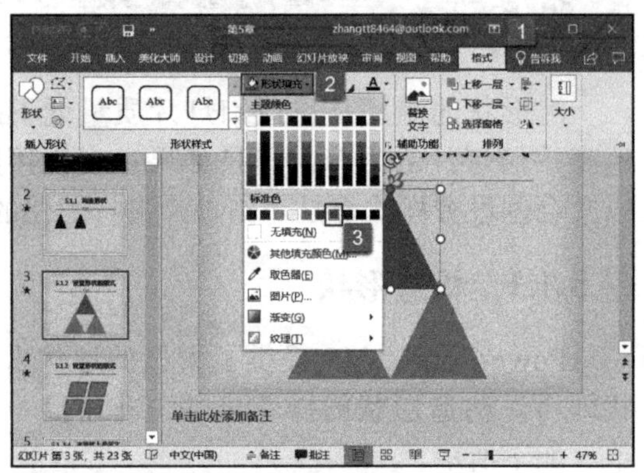

图 5-4

步骤 2：返回幻灯片，即可看到选中形状的填充颜色已被修改，如图 5-5 所示。

步骤 3：设置形状的轮廓颜色。选择要进行处理的形状，切换至图片工具的“格式”选项卡，单击“形状样式”组内的“形状轮廓”下拉按钮，然后在展开的颜色库内选择“红色”项，如图 5-6 所示。

步骤 4：设置形状的轮廓粗细。选择要进行处理的形状，展开“形状轮廓”的样式列表，单击“粗细”按钮，然后在展开的子样式列表内选择“3 磅”项，如图 5-7 所示。

步骤 5：返回幻灯片，即可看到选中形状的轮廓颜色和粗细已被修改，如图 5-8 所示。

图 5-5

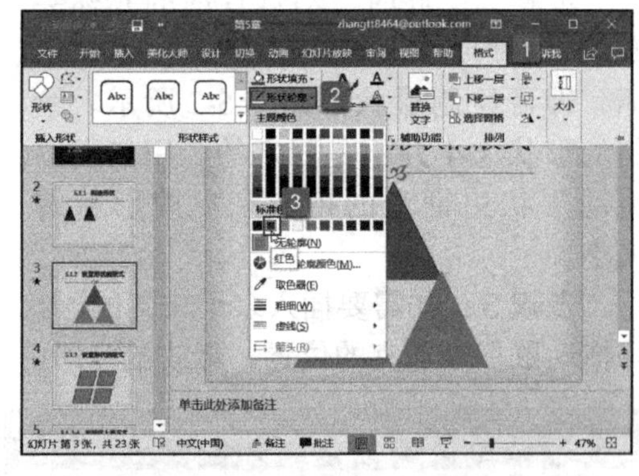

图 5-6

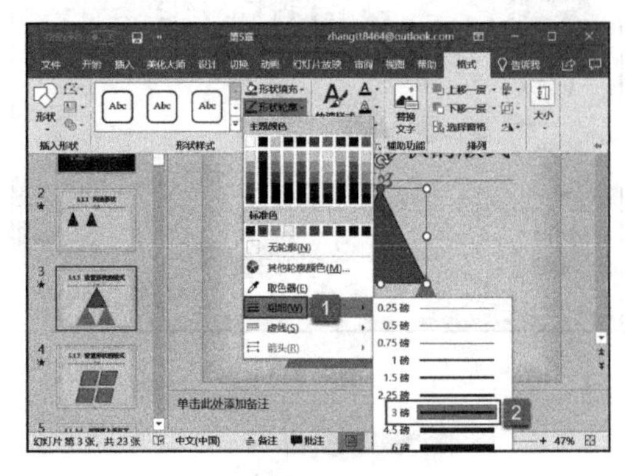

图 5-7

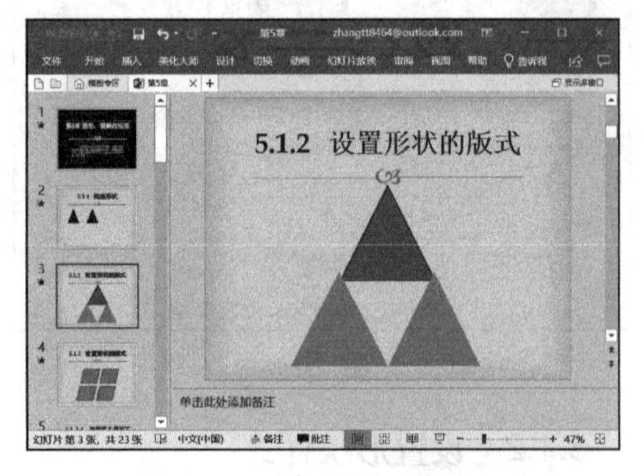

图 5-8

步骤 6：设置形状的阴影效果。选择要进行处理的形状，切换至图片工具的“格式”选项卡，单击“形状样式”组内的“形状效果”下拉按钮，然后在展开的效果样式库内单击“阴影”按钮，再在展开的子样式库内选择“偏移：右上”项，如图 5-9 所示。

步骤 7：设置形状的发光效果。展开“形状效果”的样式列表，单击“发光”按钮，然后在展开的子样式列表内选择“发光：5 磅；深红，主题色 5”项，如图 5-10 所示。

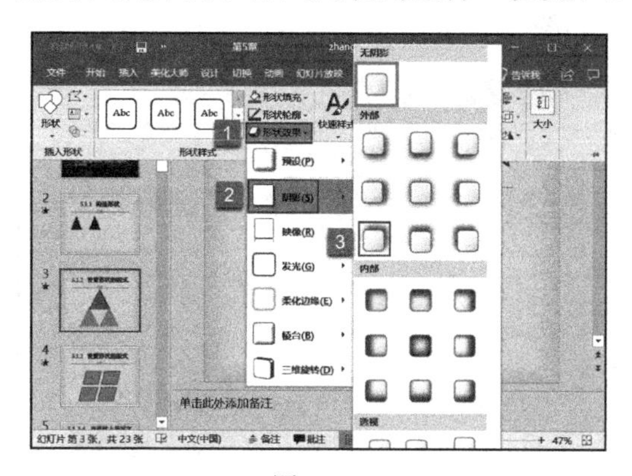

图 5-9

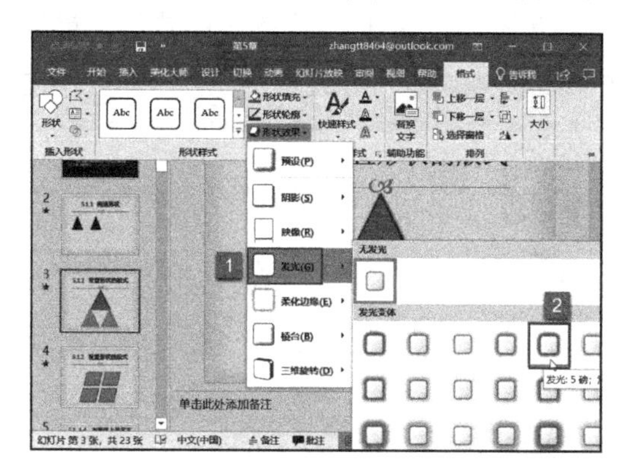

图 5-10

步骤 8：返回幻灯片，即可看到选中形状已设置阴影及发光效果，如图 5-11 所示。

步骤 9：设置形状的三维旋转效果。展开“形状效果”的样式列表，单击“三维旋转”按钮，然后在展开的子样式列表内选择“等角轴线：左下”项，如图 5-12 所示。

图 5-11

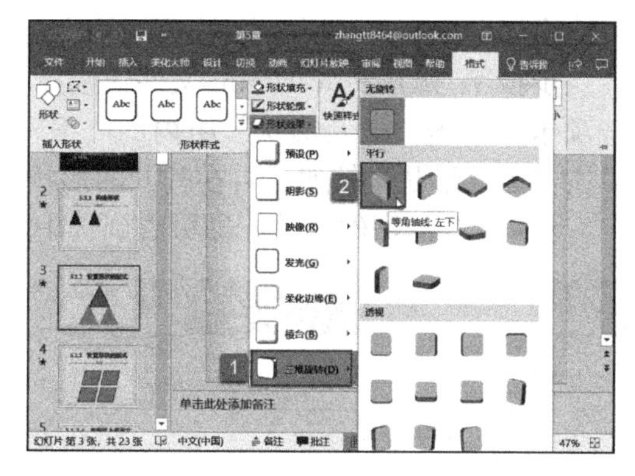

图 5-12

步骤 10：返回幻灯片，即可看到选中形状已设置三维旋转效果，如图 5-13 所示。

步骤 11：如果用户要统一形状的样式，可以选中目标形状，切换至“开始”选项卡，在“剪切板”组内左键双击“格式刷”按钮，如图 5-14 所示。单击“格式刷”只能进行一次统一操作，双击“格式刷”可以进行多次统一操作。

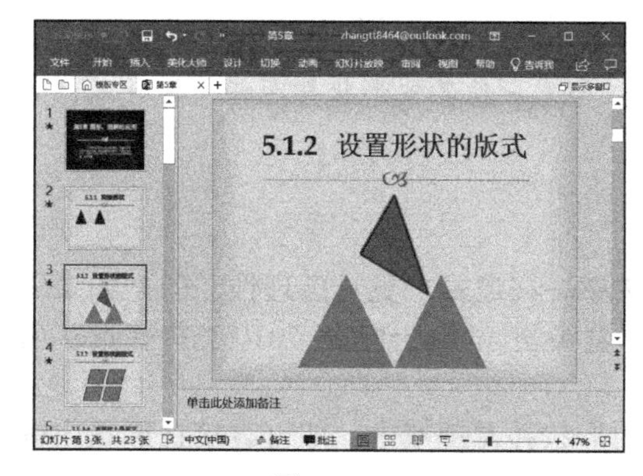

图 5-13

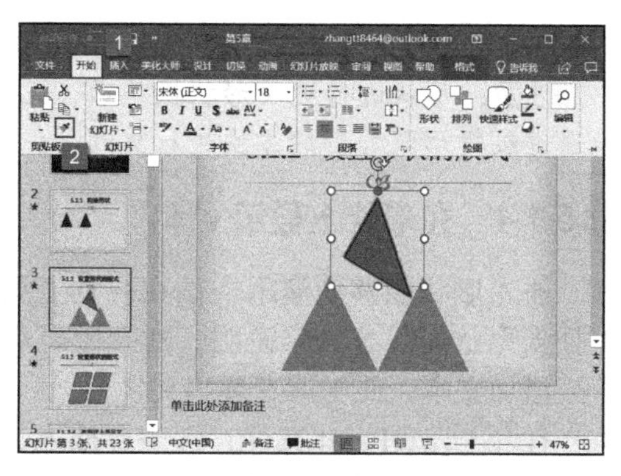

图 5-14

步骤 12：此时幻灯片内会出现格式刷光标，依次单击需要统一样式的形状，如图 5-15 所示。

步骤 13：用格式刷统一样式后，最终效果如图 5-16 所示。

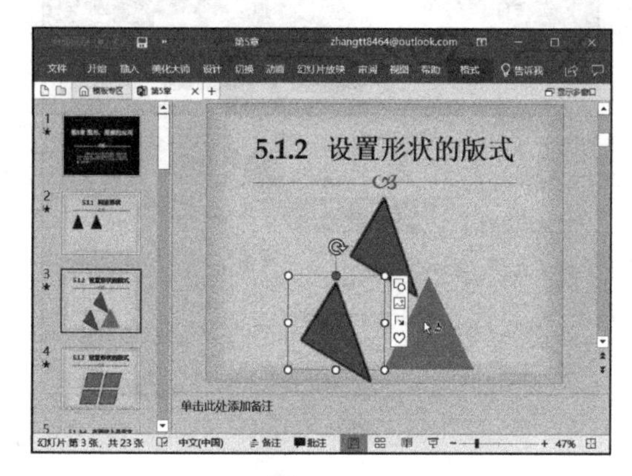

图 5-15

图 5-16

5.1.3 更改形状外形

当用户对绘制的形状外形不满意时，可以再次更改其外形。

步骤 1：打开 PowerPoint 文件，选择要进行更改的形状，切换至图片工具的“格式”选项卡，单击“插入形状”组内的“编辑形状”下拉按钮，然后在打开的菜单列表内单击“更改形状”按钮，再在打开的形状样式库内选择“泪滴形”项，如图 5-17 所示。

步骤 2：返回幻灯片，即可看到选中形状由六边形修改为泪滴形，如图 5-18 所示。

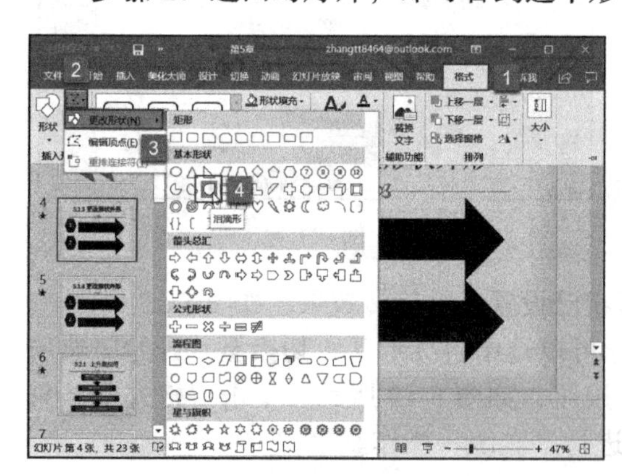

图 5-17

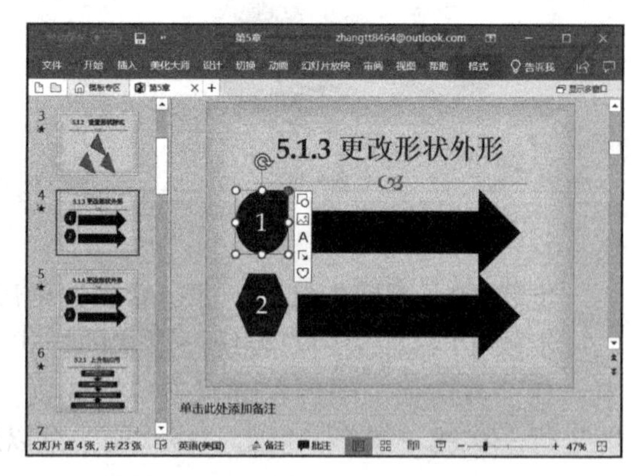

图 5-18

注意：形状进行更改形状操作后，无法通过格式刷使其他形状具有相同的样式，只能通过编辑形状外形的方法进行更改。

5.1.4 在形状上显示文本

插入形状能够使演示文稿在视觉上更具美感，在逻辑上更具条理性，但是如果只是插入形状而没有文字说明，则会让观众摸不着头脑。PowerPoint 2019 支持在形状内直接添加文本，便于读者理解其含义。

打开 PowerPoint 文件，选中要插入文本的形状并左键双击，即可直接在形状内输入文本，效果如图 5-19 所示。

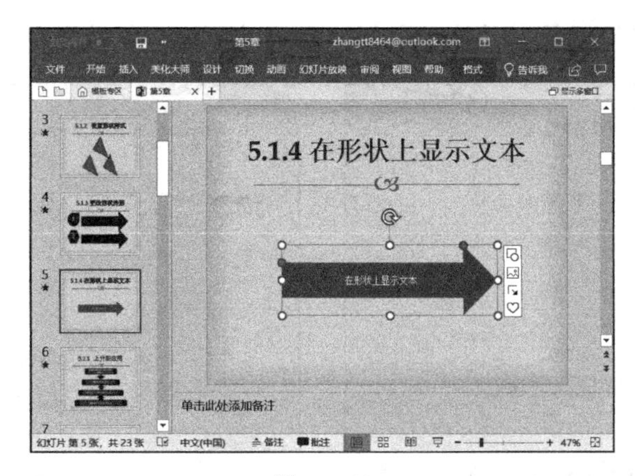

图 5-19

5.2 应用形状图解类型

PowerPoint 不仅为用户提供了大量形状素材，还为用户提供了内置形状样式、自定义形状样式等功能，用户可以根据自己的需要对形状进行多种操作。利用形状制作不同的图解类型可以满足不同的幻灯片制作需求，使演示文稿内容丰富、逻辑清晰。

5.2.1 上升型和阶层型图解的应用

在众多图解类型中，上升型和阶层型图解可以使内容更具层次感，使幻灯片逻辑清晰。应用上升型和阶层型图解，无论是商业人士、政界人士或是普通工作者，均可制作出内容层次递进、线索发展条理、过程趋势明显的幻灯片。

1. 上升型图解的应用

上升型图解可以使事件的发展脉络清晰地呈现在观众面前。

步骤 1：打开 PowerPoint 文件，切换至“插入”选项卡，单击“插图”组内的“形状”下拉按钮，然后在打开的形状样式库内单击“矩形：圆角”按钮，如图 5-20 所示。

步骤 2：此时，幻灯片内的光标会变成十字形，在适当位置单击并拖动鼠标，即可绘制出圆角矩形，如图 5-21 所示。

步骤 3：更改形状的填充颜色、边框颜色。按住“Ctrl”键，单击形状并拖动鼠标，复制一定数量的形状。然后对这些形状的大小、位置进行调整，使其呈现出如图 5-22 所示的上升型图解类型，达到具有发展过程含义的效果。

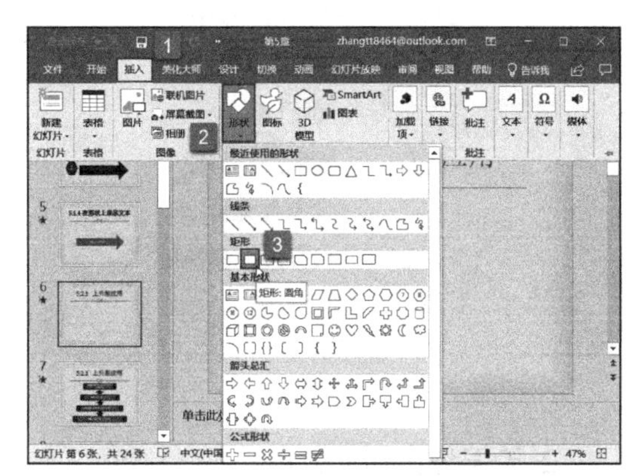

图 5-20

步骤 4：再次切换至“插入”选项卡，单击“插图”组内的“形状”下拉按钮，然后在打开的形状样式库内单击“箭头：上”按钮，如图 5-23 所示。

步骤 5：此时，幻灯片内的光标会变成十字形，在适当位置单击并拖动鼠标，即可绘制出上箭头，如图 5-24 所示。

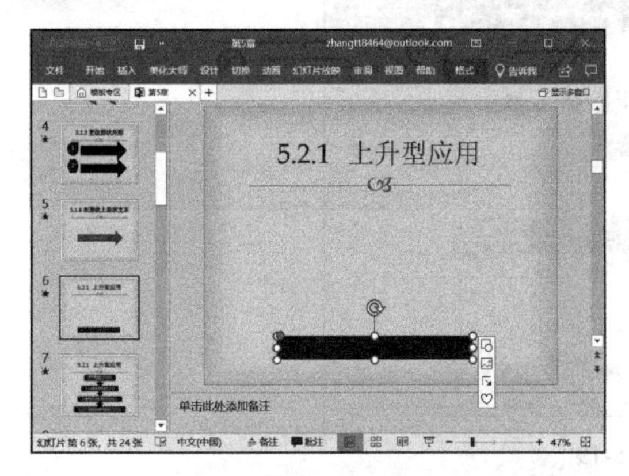

图 5-21

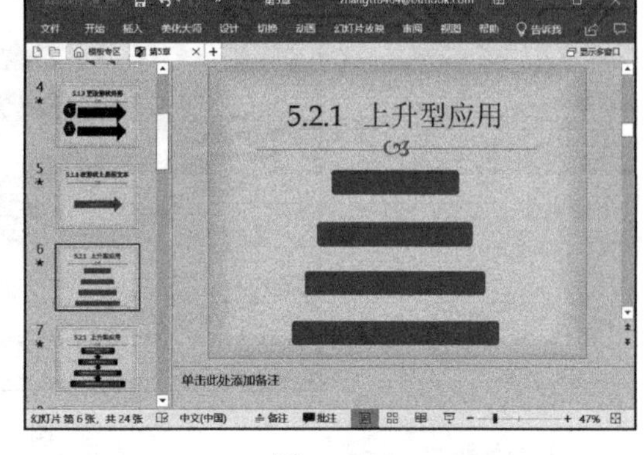

图 5-22

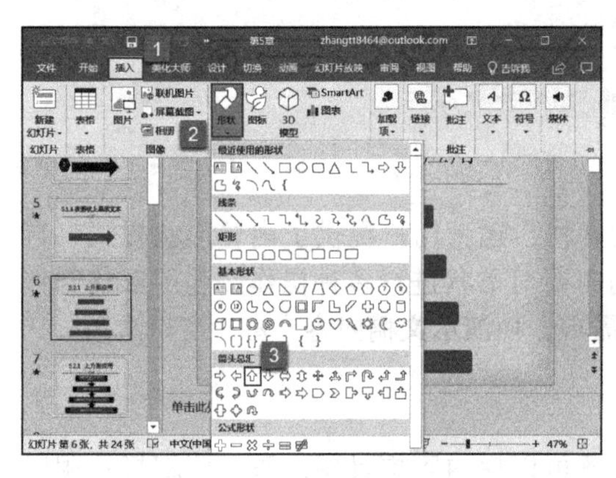

图 5-23

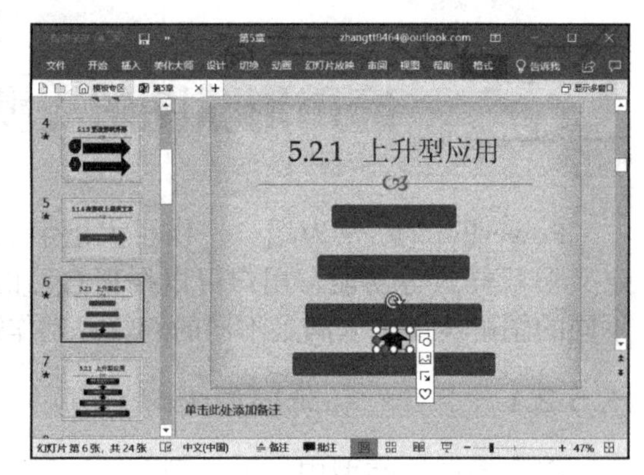

图 5-24

步骤 6：更改形状的填充颜色、边框颜色。按住“Ctrl”键，单击形状并拖动鼠标，复制一定数量的形状。然后对这些形状的大小、位置进行调整，使其呈现出如图 5-25 所示的效果。

步骤 7：完成构图后，鼠标左键双击形状，输入相应的文本内容即可，如图 5-26 所示。

图 5-25

图 5-26

2. 阶层型图解的应用

阶层型图解与上升型图解的应用场景类似，都可以给用户带来不同事物之间的层次感，将事件的发展过程清晰地呈现在观众面前。

步骤 1：打开 PowerPoint 文件，切换至“插入”选项卡，单击“插图”组内的“形状”下拉按钮，然后在打开的形状样式库内选择“梯形”项，如图 5-27 所示。

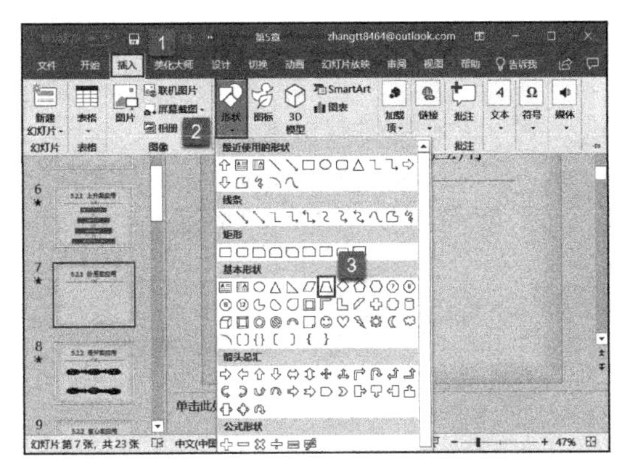

图 5-27

步骤 2：此时，幻灯片内的光标会变成十字形，在适当位置单击并拖动鼠标，即可绘制出梯形。然后单击拖动梯形左上角的框点即可对梯形的内角大小进行自定义设置，如图 5-28 所示。

步骤 3：更改形状的填充颜色、边框颜色。按住“Ctrl”键，单击形状并拖动鼠标，复制一定数量的形状。然后对这些形状的大小、位置进行调整，使其呈现出如图 5-29 所示的阶层型图解类型，达到具有发展过程含义的效果。

步骤 4：完成构图后，鼠标左键双击形状，输入相应的文本内容即可。

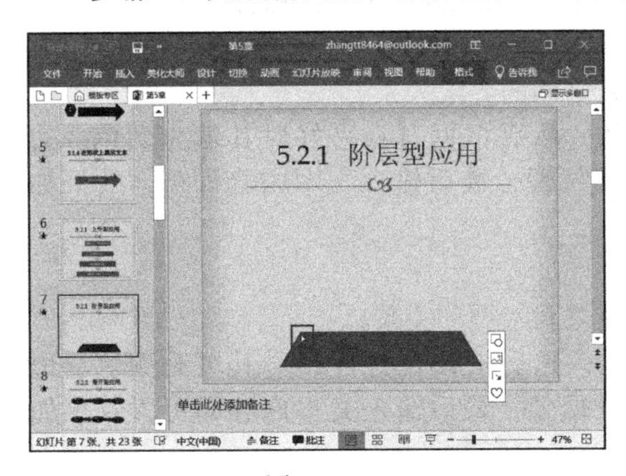

图 5-28

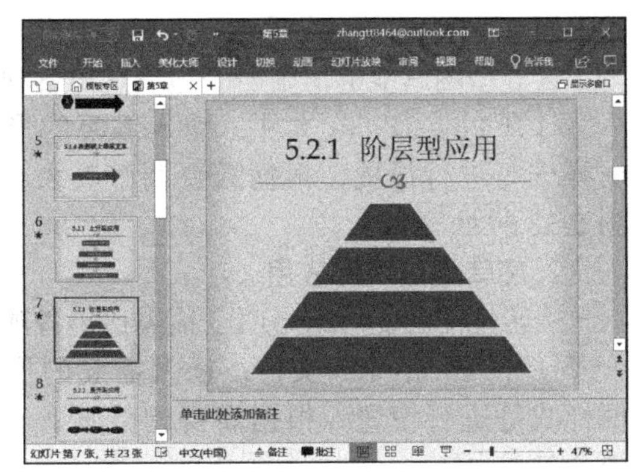

图 5-29

5.2.2 展开型和核心型图解的应用

在众多图解类型中，通过应用展开型和核心型图解，可以清晰地表达出内容的主次关系和内外级关系，能够体现出关键内容的主要地位。

1. 展开型图解的应用

展开型图解能够清晰明了地表达出各事物之间的从属关系，可以使观众更好地了解整体内容的结构和逻辑关系。

打开 PowerPoint 文件，插入需要的形状，然后根据自身喜好对其填充颜色、边框样式等进行设置，根据需要调整其大小及位置，最后输入文本内容即可，效果如图 5-30 所示。

2. 核心型图解的应用

核心型图解能够清晰明了地表达出各项结构体之间的主次关系。

打开 PowerPoint 文件，插入需要的形状，然后根据自身喜好对其填充颜色、边框样式等进行设置，根据需要调整其大小及位置，最后输入文本内容即可，效果如图 5-31 所示。

图 5-30

图 5-31

5.2.3 区分型和旋转型图解的应用

在众多图解类型中，通过应用区分型和旋转型图解，可以清晰地表达出各项目间的界限、划分关系、循环关系，是图解应用中不可或缺的两个重要图解形式。

1. 区分型图解的应用

区分型图解能够清晰明了地表达出各项目之间的界限关系。

打开 PowerPoint 文件，插入需要的形状，然后根据自身喜好对其填充颜色、边框样式等进行设置，根据需要调整其大小及位置，最后输入文本内容即可，效果如图 5-32 所示。

2. 旋转型图解的应用

旋转型图解能够清晰明了地表达出各项目之间的循环关系。

打开 PowerPoint 文件，插入需要的形状，然后根据自身喜好对其填充颜色、边框样式等进行设置，根据需要调整其大小及位置，最后输入文本内容即可，效果如图 5-33 所示。

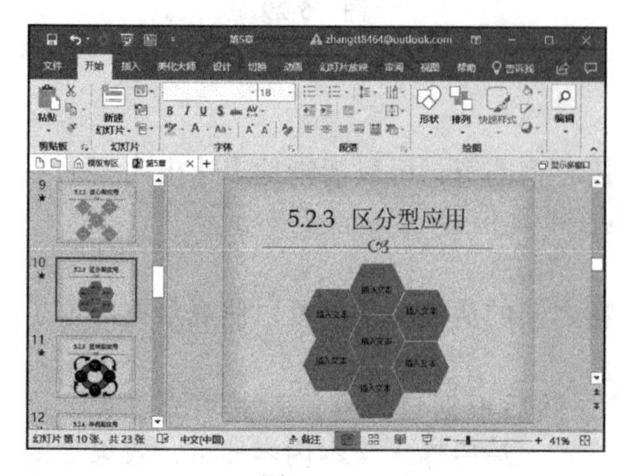

图 5-32

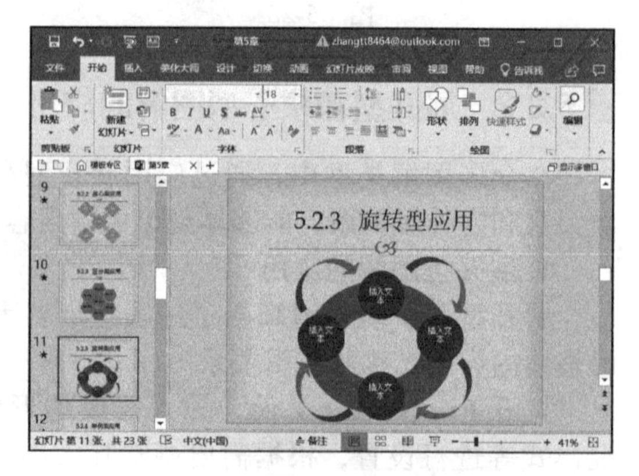

图 5-33

5.2.4 举例型和交叉型图解的应用

举例型和交叉型图解能够对内容信息进一步解析，用户可以通过这两种图解对具有关联关系或共同特征的内容信息的构造进行设计，以达到明确文意的目的。

1. 举例型图解的应用

应用举例型图解可以通过具体的实例来证明用户的观点。

步骤 1：打开 PowerPoint 文件，切换至“插入”选项卡，单击“插图”组内的“形状”下拉按钮，然后在打开的形状样式库内选择“立方体”项，如图 5-34 所示。

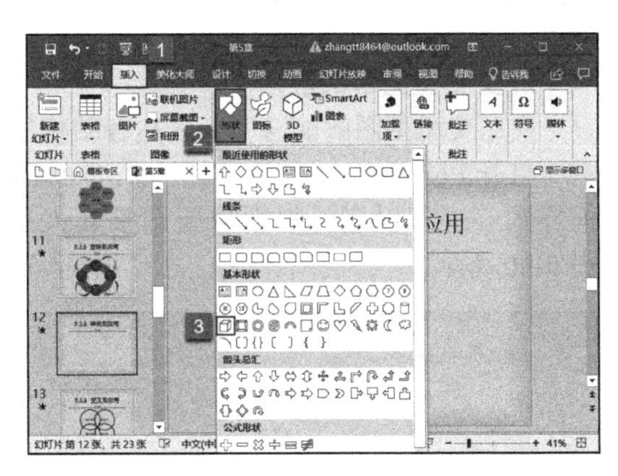

图 5-34

步骤 2：此时，幻灯片内的光标会变成十字形，在适当位置单击并拖动鼠标，即可绘制出立方体，如图 5-35 所示。

步骤 3：根据自身爱好设置形状的填充颜色、边框颜色、大小及位置，如图 5-36 所示。

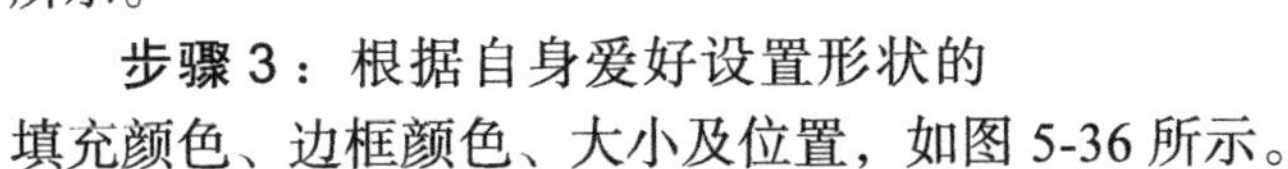

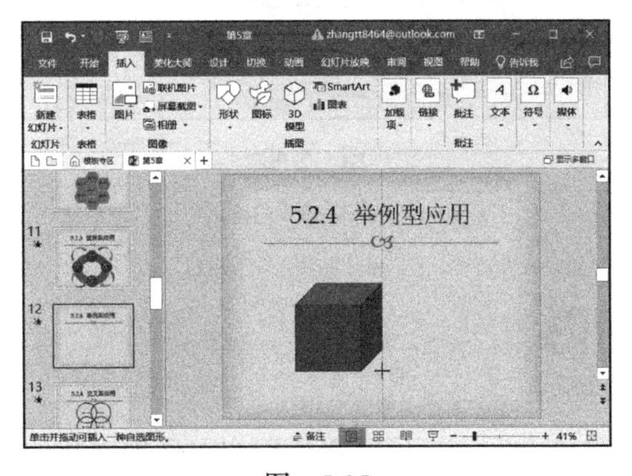

图 5-35

图 5-36

步骤 4：再次切换至“插入”选项卡，单击“插图”组内的“形状”下拉按钮，然后在打开的形状样式库内选择“标注：线形”项，如图 5-37 所示。

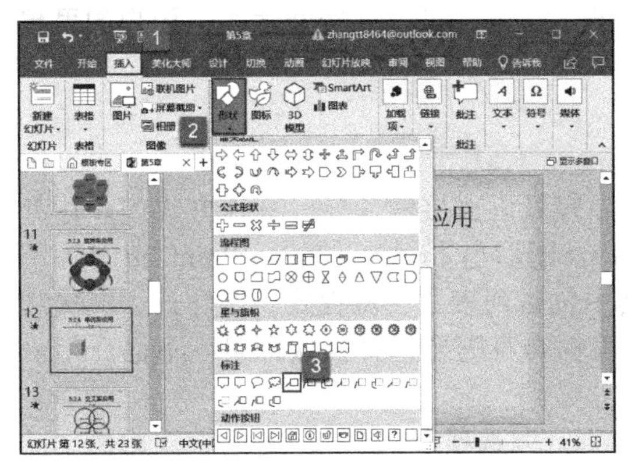

图 5-37

图 5-38

步骤 5：此时，幻灯片内的光标会变成十字形，在适当位置单击并拖动鼠标，即可绘制出线形标注，然后更改形状的填充颜色、边框颜色等，如图 5-38 所示。

步骤 6：按住“Ctrl”键，单击形状并拖动鼠标，复制一定数量的形状。然后对这些形状的大小、位置进行调整，使其呈现出如图 5-39 所示的效果。最后输入文本内容即可。

2. 交叉型图解的应用

应用交叉型图解能够明确表达各结构体之间的关联关系。

打开 PowerPoint 文件，插入需要的形状，然后根据自身喜好对其填充颜色、边框样式等进行设置，根据需要调整其大小及位置，最后输入文本内容即可，效果如图 5-40 所示。

图 5-39

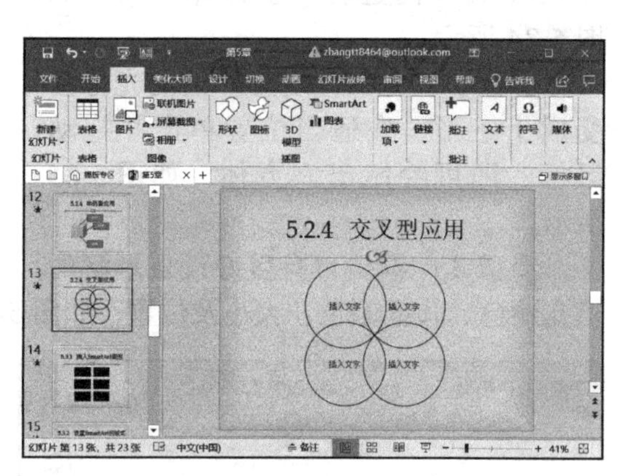

图 5-40

5.3 应用 SmartArt 图形

幻灯片的制作离不开 SmartArt 图形，无论是专业人士还是普通用户，仔细观察他们制作的演示文稿，都会出现 SmartArt 图形的身影。SmartArt 图形之所以能够得到大量用户的青睐，与其自身的优点是分不开的。它是经过编辑设计并且可以插入文本的形状，可以提高幻灯片的视觉效果，同时也是文本内容中不可或缺的关键部分，在正文中可以做标题使用。利用 SmartArt 图形制作示意图，可以更准确地表达用户的思想内容。

5.3.1 插入 SmartArt 图形

在制作幻灯片的过程中，除了正文文本内容可以直接输入外，其他方式的表达都需要使用“插入”选项卡才可以完成，SmartArt 图形也不例外。PowerPoint 2019 为用户提供了种类更加丰富的 SmartArt 图形，其中包括列表式、流程式、循环式、层次结构式、关系式、矩阵式等。用户在使用时，根据自身需要选择插入即可。下面介绍一下详细的操作步骤。

步骤 1：打开 PowerPoint 文件，切换至“插入”选项卡，单击“插图”组内的“插入 SmartArt 图形”按钮，如图 5-41 所示。

步骤 2：打开“选择 SmartArt 图形”对话框，在左侧的 SmartArt 图形类型列表内选择“列表”项，然后在右侧的图形库内选择“交替六边形”图标，此时对话框内会显示此 SmartArt 图形的详细介绍，最后单击“确定”按钮，如图 5-42 所示。

步骤 3：返回 PowerPoint 主界面，即可看到幻灯片内已插入 SmartArt 图形，根据自身需要调整其大小和位置即可，如图 5-43 所示。

步骤 4：如果需要在插入图形的基础上继续添加形状，可以选中 SmartArt 图形，然后切换至图片工具的“设计”选项卡，单击“创建图形”组内的“添加形状”下拉按钮，在展开的菜单列表内选择“在前面添加形状”项，如图 5-44 所示。

步骤 5：此时即可看到幻灯片内的 SmartArt 图形添加了新的列表，如图 5-45 所示。

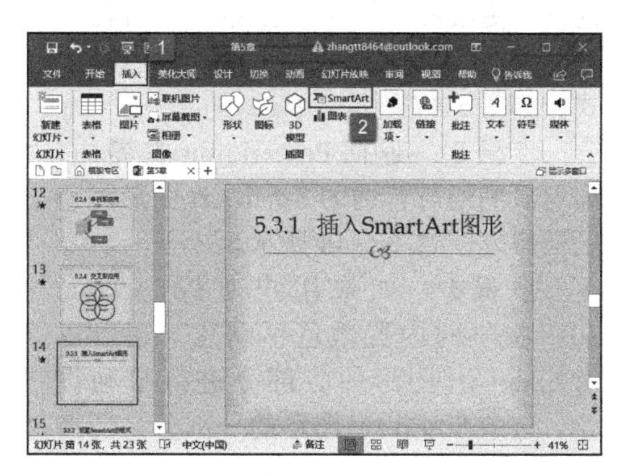

图 5-41

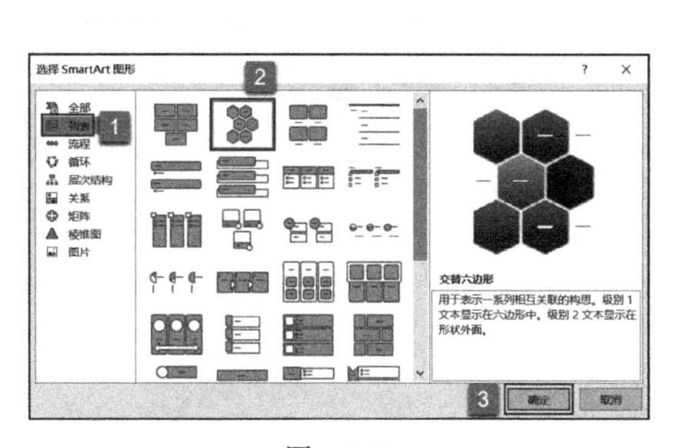

图 5-42

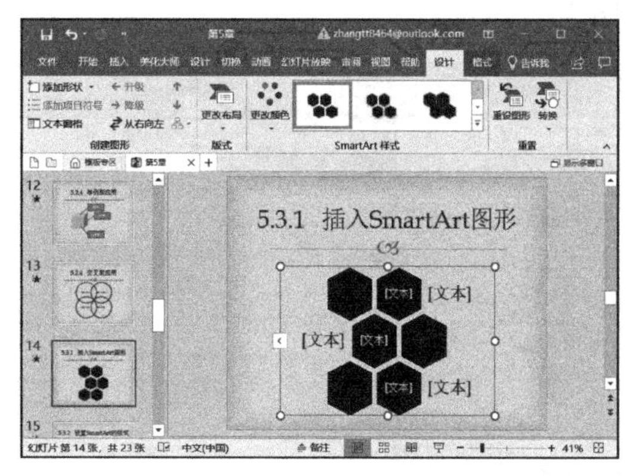

图 5-43

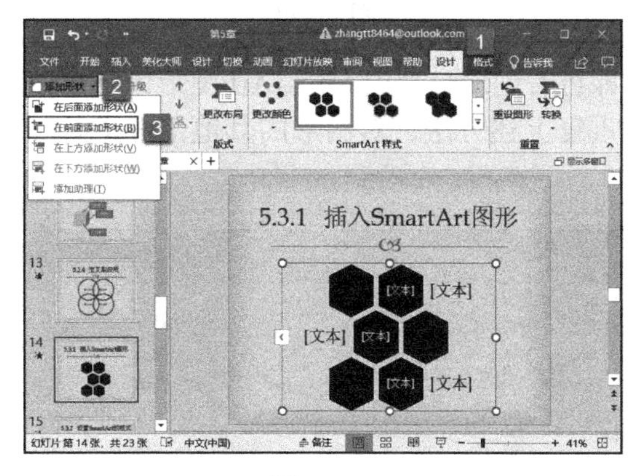

图 5-44

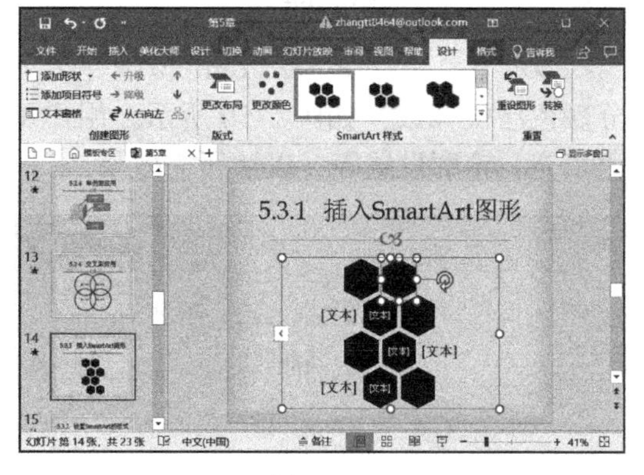

图 5-45

5.3.2 设置 SmartArt 图形的样式

PowerPoint 2019 为用户提供的默认 SmartArt 图形都是单色调的，如果用户对此不满意，可以继续对其进行色彩设置、样式应用等。具体的操作步骤如下。

步骤 1：打开 PowerPoint 文件，在幻灯片内插入一个 SmartArt 图形，如图 5-46 所示。

步骤 2：选中 SmartArt 图形，切换至“设计”选项卡，单击“SmartArt 样式”组内的“更改颜色”下拉按钮，然后在打开的样式库内选择“彩色 – 个性色”样式，如图 5-47 所示。

步骤 3：返回 PowerPoint 主界面，即可看到幻灯片内的 SmartArt 图形颜色已被修改，如图 5-48 所示。

步骤 4：如果用户对 PowerPoint 2019 提供的内置颜色不满意，还可以对 SmartArt 图形的各部分进行单独设计。选中 SmartArt 图形的一部分，切换至“格式”选项卡，在“形状样式”组内单击“形状填充”下拉按钮，然后在展开的样式库内选择“浅绿”颜色，如图 5-49 所示。

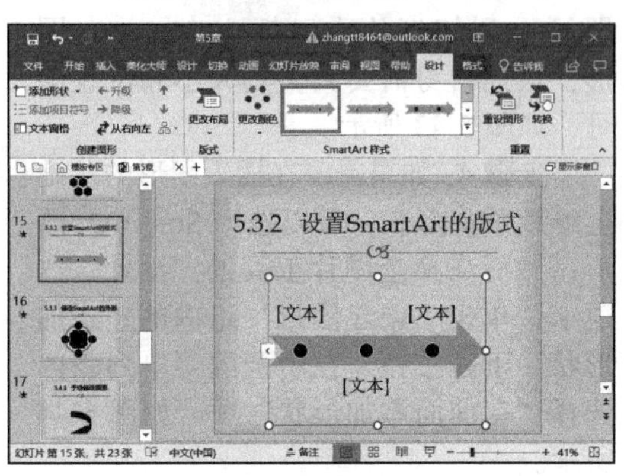

图 5-46

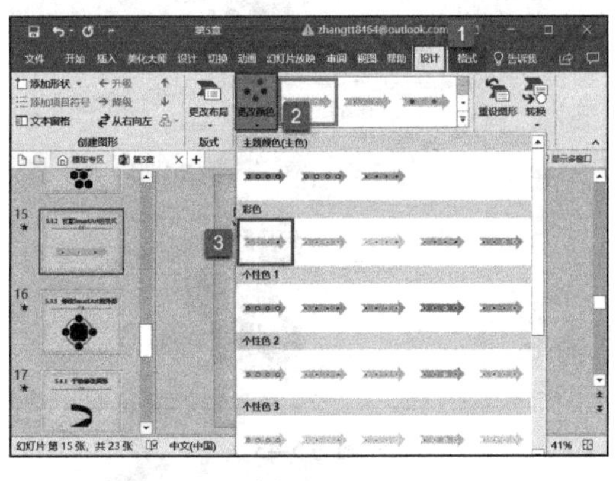

图 5-47

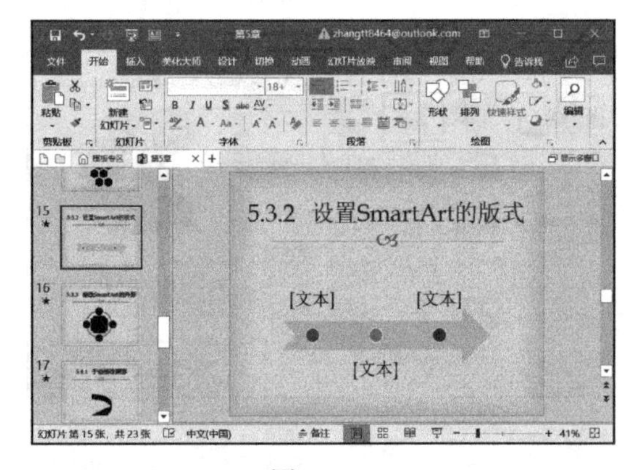

图 5-48

步骤 5：返回 PowerPoint 2019 主界面，即可看到幻灯片内 SmartArt 图形的选中部分颜色已被修改，如图 5-50 所示。用户可以重复上述方法，对图形的其他部分进行颜色填充、轮廓设置等，以达所需效果。

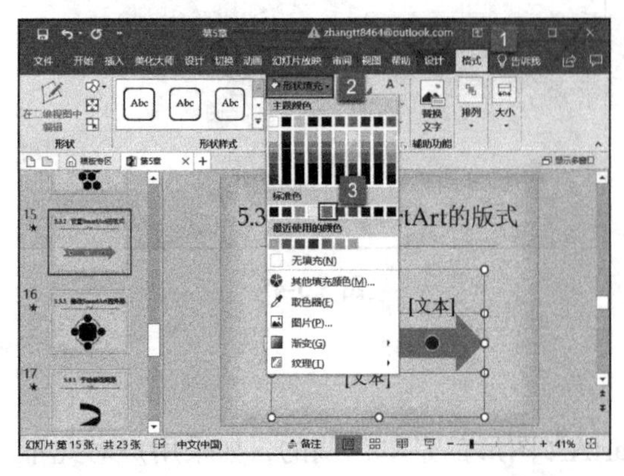

图 5-49

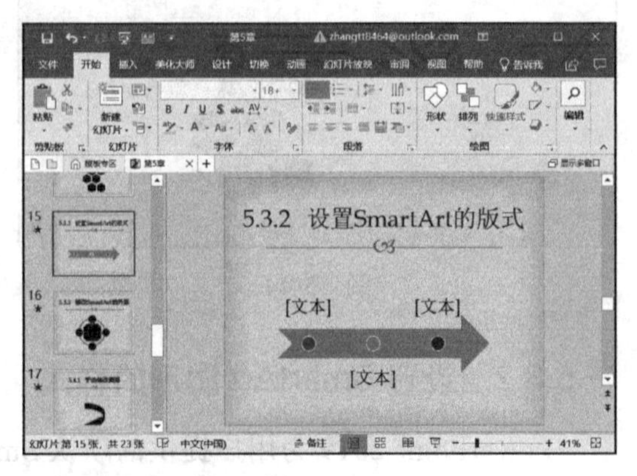

图 5-50

5.3.3 修改 SmartArt 图形的外形

如果用户对插入的 SmartArt 图形外形不满意，可以对形状的大小、样式及颜色进行自定义设置。具体的操作步骤如下。

步骤 1： 打开 PowerPoint 文件，在幻灯片内插入一个 SmartArt 图形，如图 5-51 所示。

步骤 2： 修改 SmartArt 图形的大小。以图 5-51 的中间形状为例，选中该形状，切换至“格式”选项卡，在“大小”组内对其高度、宽度进行设置，然后即可在幻灯片内看到预览效果，如图 5-52 所示。

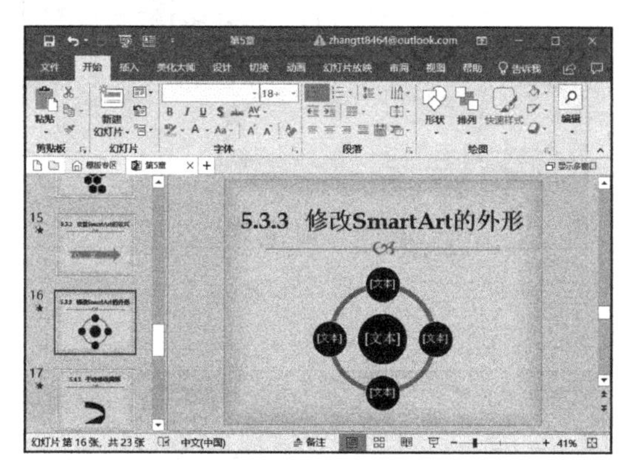

图 5-51

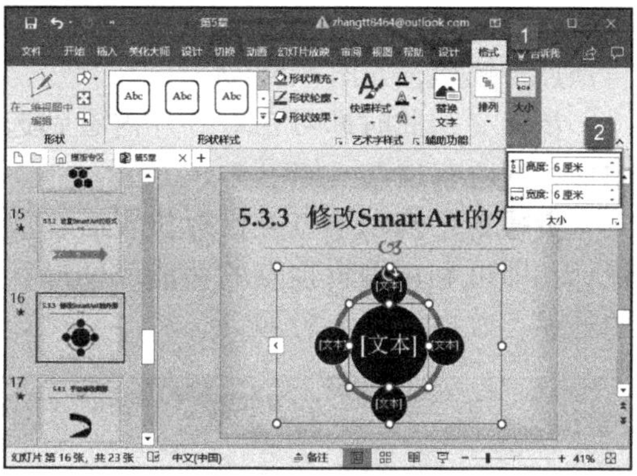

图 5-52

步骤 3： 修改 SmartArt 图形的形状。以图 5-51 的中间形状为例，选中该形状，切换至“格式”选项卡，在“形状”组内单击“更改形状”下拉按钮，然后在展开的样式库内选择“菱形”，如图 5-53 所示。

步骤 4： 返回幻灯片，即可看到选中图形已被修改为菱形，如图 5-54 所示。

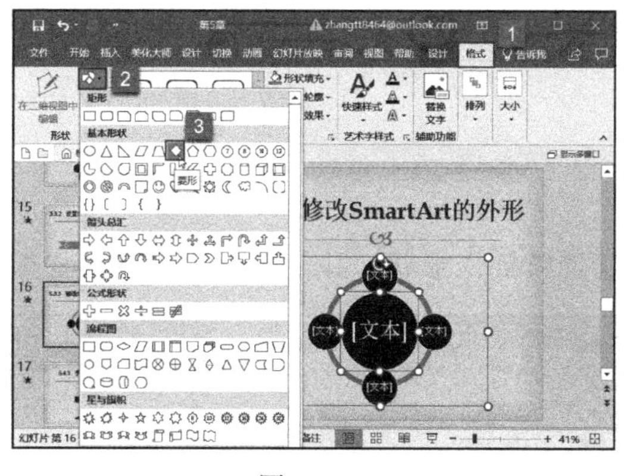

图 5-53

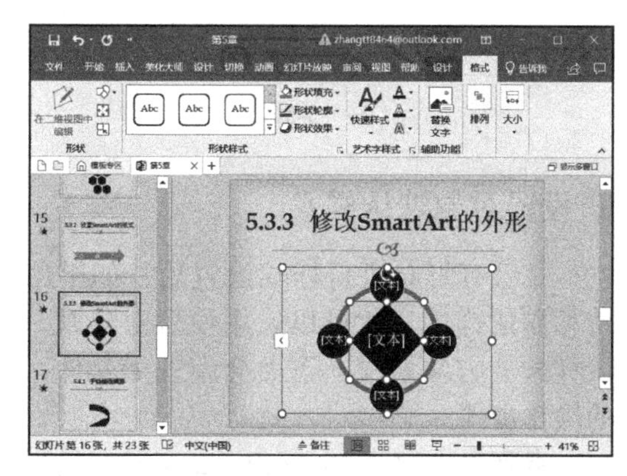

图 5-54

高手技巧

PowerPoint 2019 内的形状引用是多种多样的，不仅可以插入各式各样的默认形状，还可以对任意形状进行编辑。

手动修改形状

幻灯片内的形状都有自己的顶点，用户可以根据自身需要对其位置进行调整，以改变形状的外观，达到所需效果。详细的操作步骤如下。

步骤 1：打开 PowerPoint 文件，选中要进行修改的形状。切换至“格式”选项卡，单击“插入形状”组内的“编辑形状”按钮，然后在打开的菜单列表内单击“编辑顶点”按钮，如图 5-55 所示。

步骤 2：此时即可在幻灯片内看到选中形状的所有顶点，如图 5-56 所示。

步骤 3：拖动顶点至目标位置后释放鼠标，即可利用编辑顶点的功能改变形状的外观，效果如图 5-57 所示。

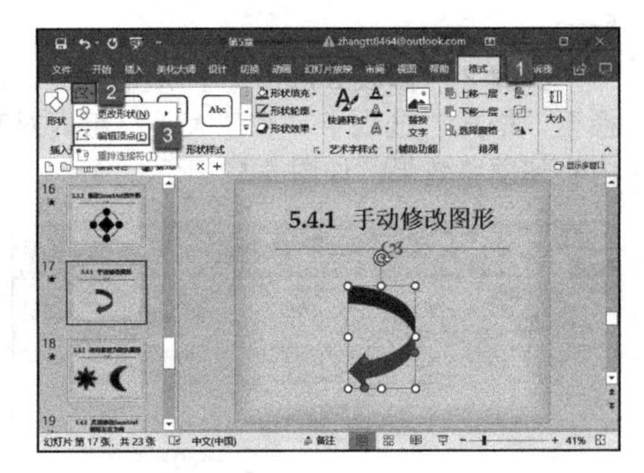

图 5-55

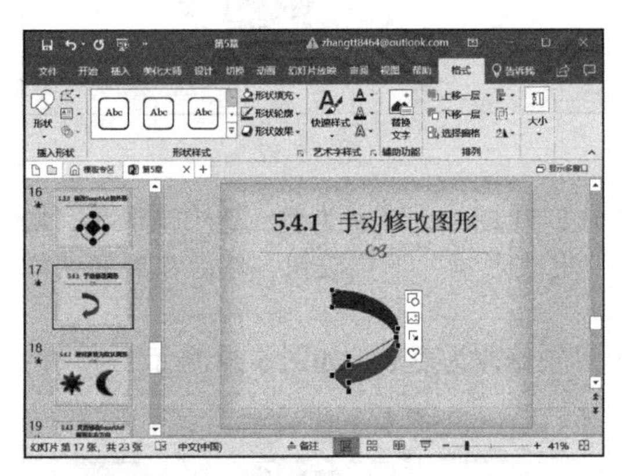

图 5-56

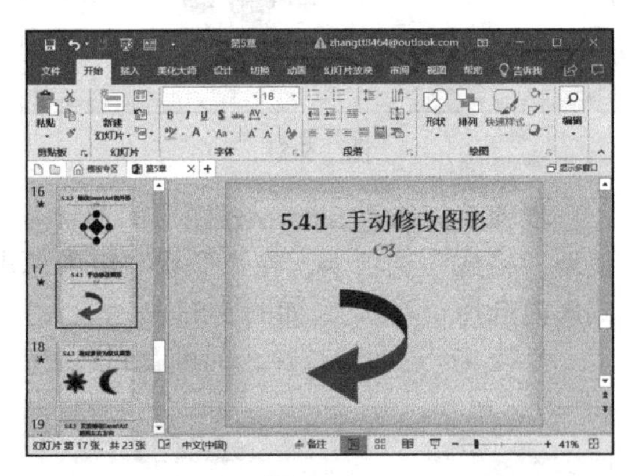

图 5-57

设置对象默认样式

对已有形状进行样式设置后，如果用户想继续插入形状，并使新形状与原形状保持相同的样式，就可以采用设置对象默认样式的方法解决。下面介绍一下具体的操作步骤。

步骤 1：打开 PowerPoint 文件，选中要设置为对象默认样式的形状，右键单击，然后在弹出的菜单列表内选择“设置为默认形状”项，如图 5-58 所示。

步骤 2：返回幻灯片，切换至“插入”选项卡，单击“插图”组内的“形状”下拉按钮，然后在展开的形状样式库内选择“矩形”，如图 5-59 所示。

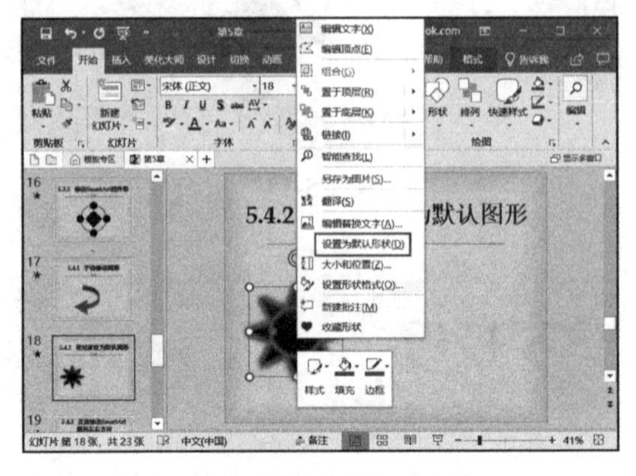

图 5-58

步骤 3：返回幻灯片，即可看到新插入的形状样式与原形状样式保持一致，效果如图 5-60 所示。

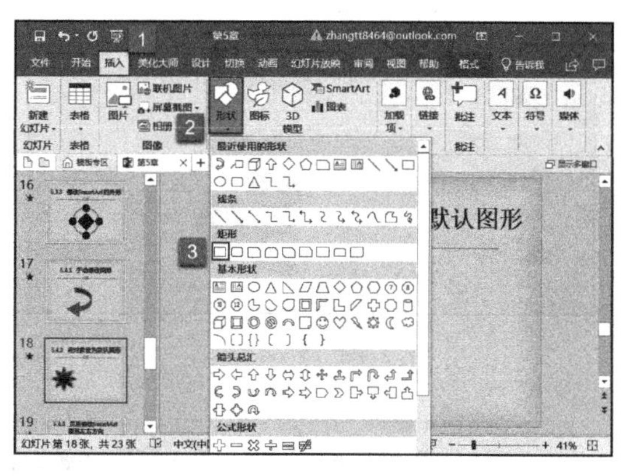

图 5-59

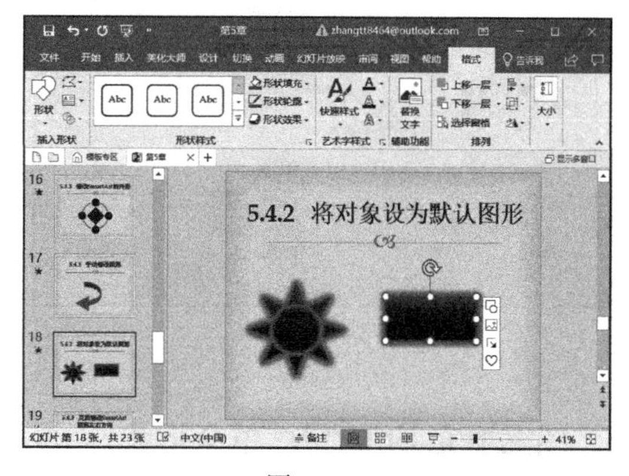

图 5-60

灵活修改 SmartArt 图形的左右方向

用户不仅可以对 SmartArt 图形进行修改、编辑，还可以更改其左右方向，使 SmartArt 图形更具特点。

步骤 1：打开 PowerPoint 文件，选中要修改的 SmartArt 图形，切换至“设计”选项卡，单击“创建图形”组内的“从右向左”按钮，如图 5-61 所示。

步骤 2：返回幻灯片，即可看到选中图形的左右方向已被修改，如图 5-62 所示。

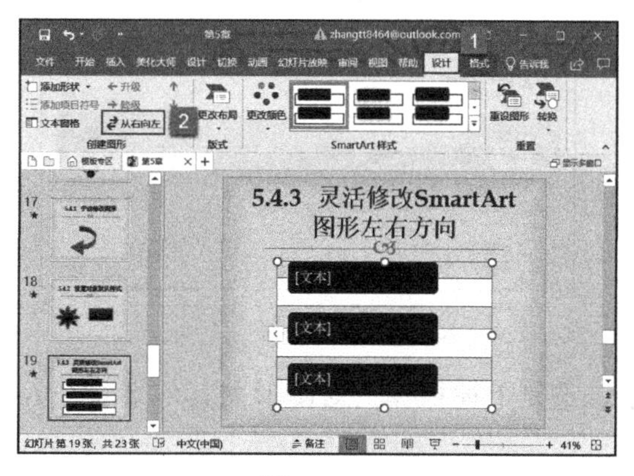

图 5-61

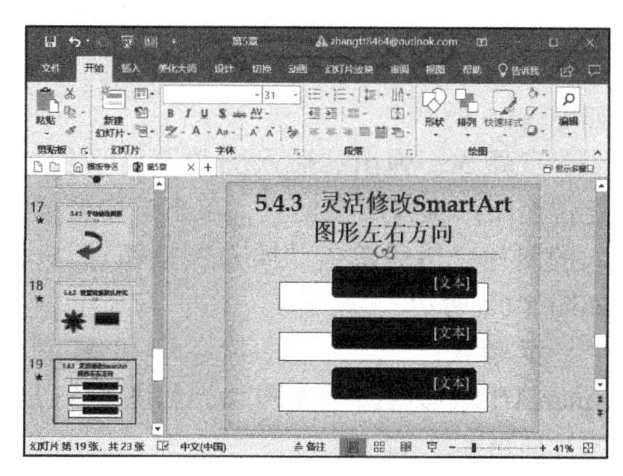

图 5-62

轻松转换 SmartArt 图形为形状

当用户需要将 SmartArt 图形转换为形状或文本时，可以对其进行转换。转换为文本，指删除 SmartArt 图形内的所有形状，只保留其文本内容；转换为形状，指改变图形内形状的组合，使其各部分都成为单独的个体，即取消组合。这两种转换的方法相同，接下来以转换形状为例，介绍一下具体的操作步骤。

步骤 1：打开 PowerPoint 文件，选中要转换为形状的 SmartArt 图形，切换至“设计”选项卡，单击“重置”组内的“转换”下拉按钮，然后在展开的菜单列表内选择“转换为形状”项，如图 5-63 所示。

步骤 2：返回幻灯片，即可看到选中 SmartArt 图形已修改为形状，如图 5-64 所示。

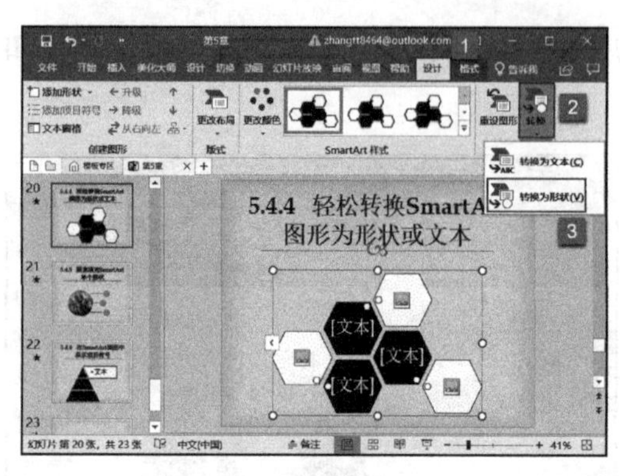

图 5-63

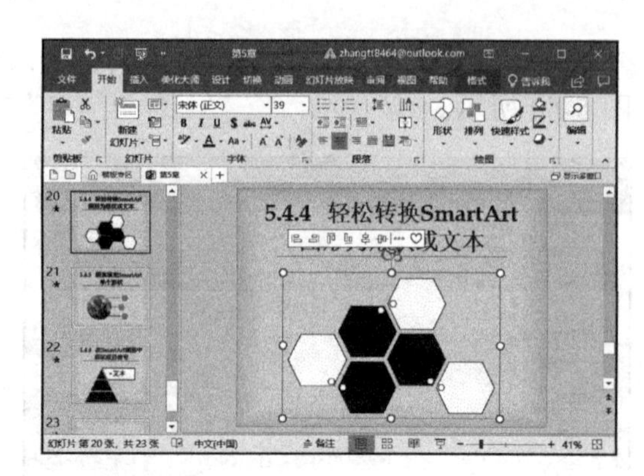

图 5-64

图案填充 SmartArt 单个形状

SmartArt 图形内不仅可以插入文本，还可以插入图片、图标等来填充整个 SmartArt 图形。但是，并非所有的 SmartArt 图形都可添加图片，只有图片类型的 SmartArt 图形才支持此功能。

步骤 1：打开 PowerPoint 文件，单击 SmartArt 图形中间的图片按钮，如图 5-65 所示。

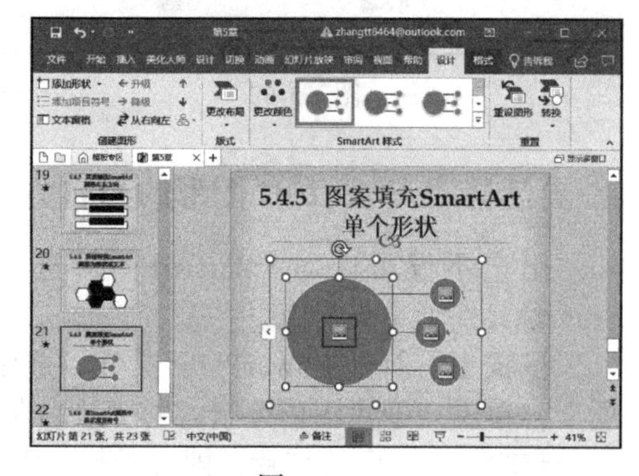

图 5-65

步骤 2：弹出“插入图片”对话框，选择图片来源，例如“来自文件”选项，如图 5-66 所示。

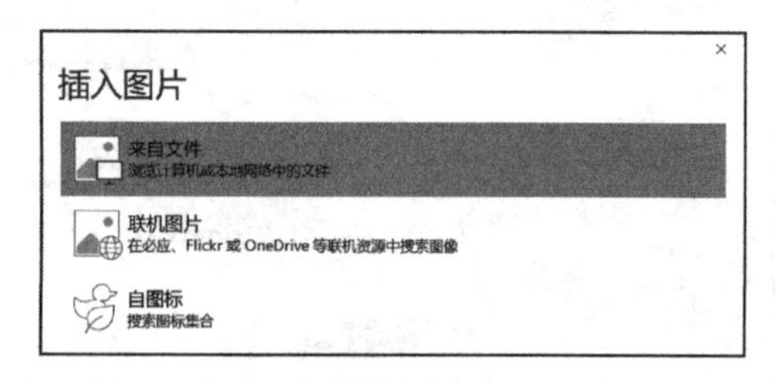

图 5-66

步骤 3：弹出“插入图片”对话框，定位至图片文件所在位置，单击选中要插入的图片，然后单击“插入”按钮即可，如图 5-67 所示。

步骤 4：返回幻灯片，即可看到 SmartArt 图形内已插入图片，如图 5-68 所示。重复上述操作，对图形内其他形状插入图片即可。

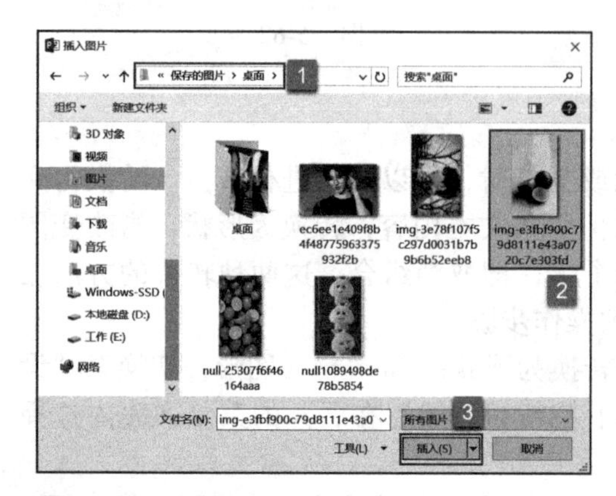

图 5-67

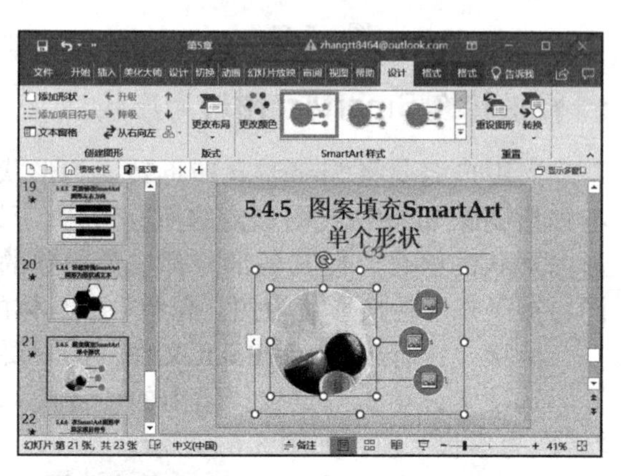

图 5-68

第6章 幻灯片表格编辑

表格是数据最直观的表达方式，在商务、生产、学习过程中应用广泛。PowerPoint 2019 可以直接创建表格，也可以将其他程序的表格导入幻灯片中。表格创建完成后，可以利用各种配色方案和预置方式对其进行修饰，使数据内容更具条理性和逻辑性。

- 创建表格
- 编辑表格行列
- 美化表格
- 高手技巧

6.1 创建表格

PowerPoint 2019 创建表格的方法有很多，本节将介绍插入表格、绘制表格、插入 Excel 电子表格三种常用方法，以及如何删除表格。

6.1.1 插入表格

要想在幻灯片内快速插入表格，使用“插入表格”功能是最有效的方法，具体操作步骤如下。

步骤 1：打开 PowerPoint 文件，切换至“插入”选项卡，单击“表格”组内的“表格”下拉按钮，然后在展开的表格区域内拖动鼠标，此时即可在幻灯片内看到预览效果，如图 6-1 所示。

步骤 2：释放鼠标，即可在幻灯片内看到相应的表格，如图 6-2 所示。

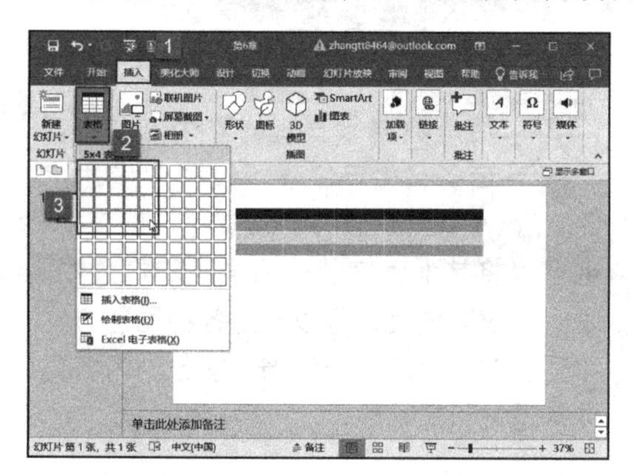

图 6-1

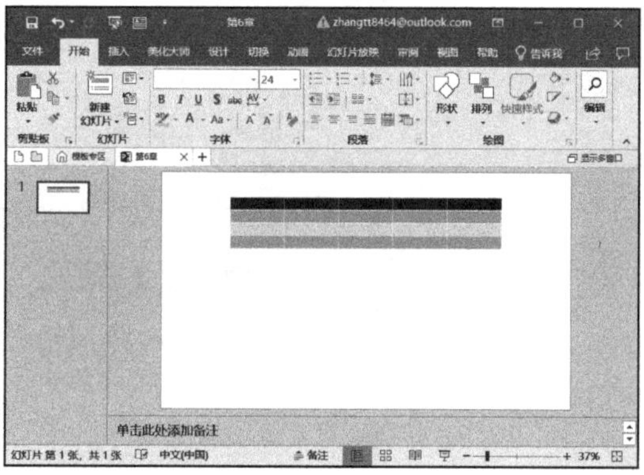

图 6-2

步骤 3：除上述方法外，还可以在“表格”下拉列表内单击“插入表格”按钮，如图 6-3 所示。

步骤 4：弹出“插入表格”对话框，在“列数”和“行数”文本框内输入数字，例如“5”和“4”，然后单击“确定”按钮即可生成如图 6-2 所示的表格，如图 6-4 所示。

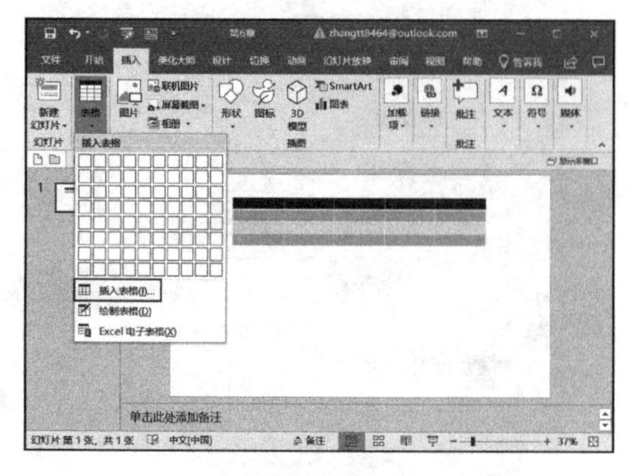

图 6-3

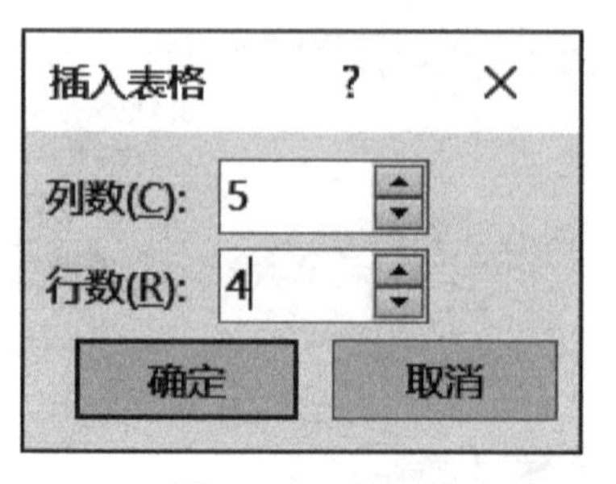

图 6-4

6.1.2 绘制表格

通过“绘制表格”功能，可以绘制出多样的表格，也可以对现有表格进行修改。

步骤 1：打开 PowerPoint 文件，切换至“插入”选项卡，单击“表格”组内的“表格”下拉按钮，然后在打开的菜单列表内单击“绘制表格”按钮，如图 6-5 所示。

步骤 2：此时，幻灯片内的光标即可变成铅笔状，如图 6-6 所示。

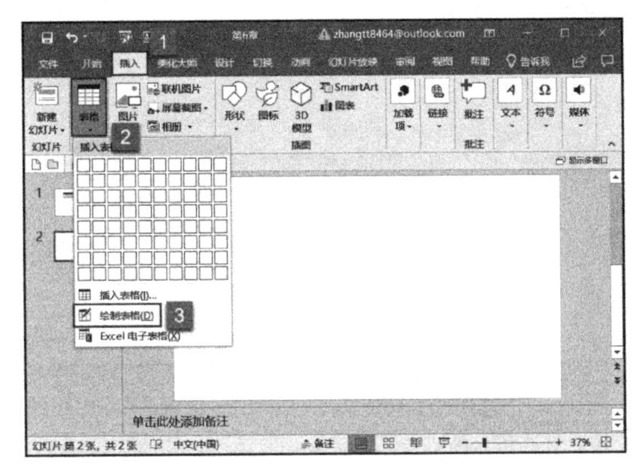

图 6-5

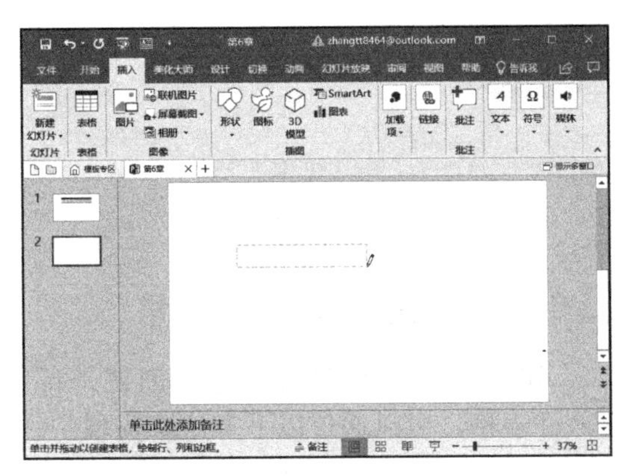

图 6-6

步骤 3：按住鼠标左键并拖动鼠标，即可绘制出一个表格。此时菜单栏内出现表格工具，切换至“设计”选项卡，然后单击“绘制边框”组内的“绘制表格”按钮，如图 6-7 所示。

步骤 4：此时，幻灯片内光标会再次变成铅笔状，继续绘制表格直至绘制出所需表格，如图 6-8 所示。

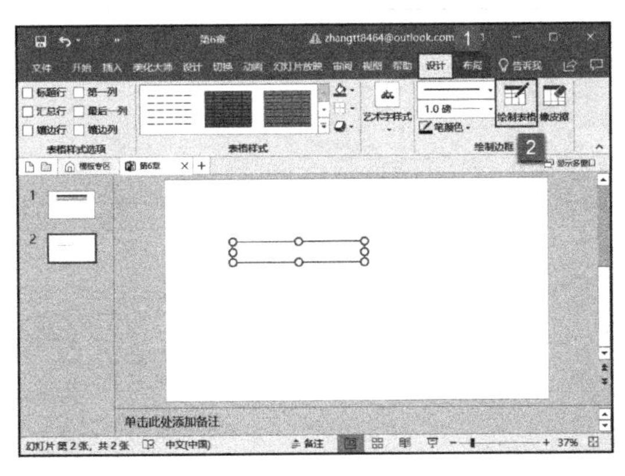

图 6-7

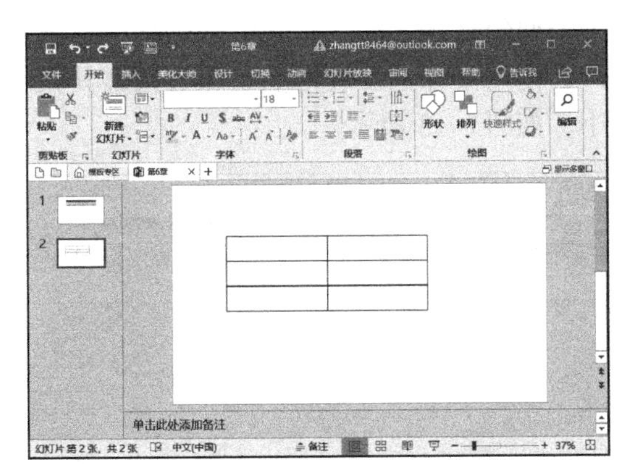

图 6-8

步骤 5：利用“绘制表格”功能，不仅可以绘制单元格、行和列边框，还可以在单元格内绘制对角线及单元格。不过要注意的是，在绘制对角线时不要太靠近单元格边框，否则 PowerPoint 会认为是要插入新的表格，如图 6-9 所示。

步骤 6：在绘制表格时，如果要删除错误的边框线，可以切换至表格工具的“设计”选项卡，单击“绘制边框”组内的“橡皮擦”按钮。此时，幻灯片内光标会变成橡皮擦状，单击需要删除的边框线即可，如图 6-10 所示。

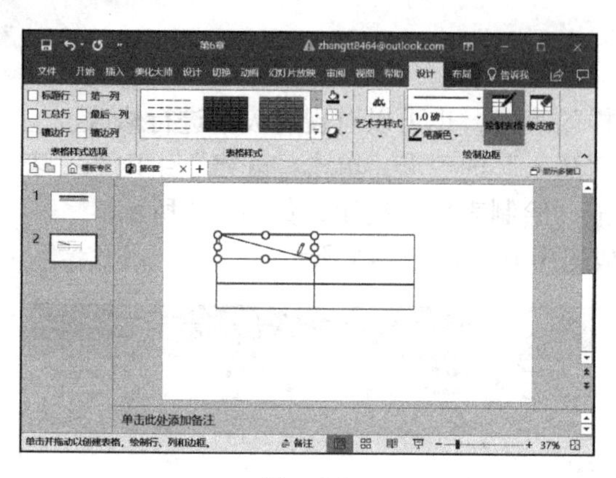

图 6-9

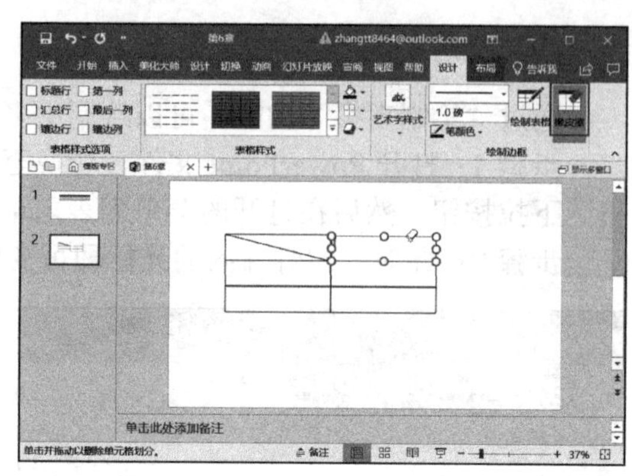

图 6-10

6.1.3 插入 Excel 电子表格

如果用户需要在幻灯片内创建外部 Excel 表格，可以通过以下方法来实现。

步骤 1：切换至“插入”选项卡，单击“表格”组内的“表格”下拉按钮，然后在打开的菜单列表内单击“ Excel 电子表格”按钮，如图 6-11 所示。

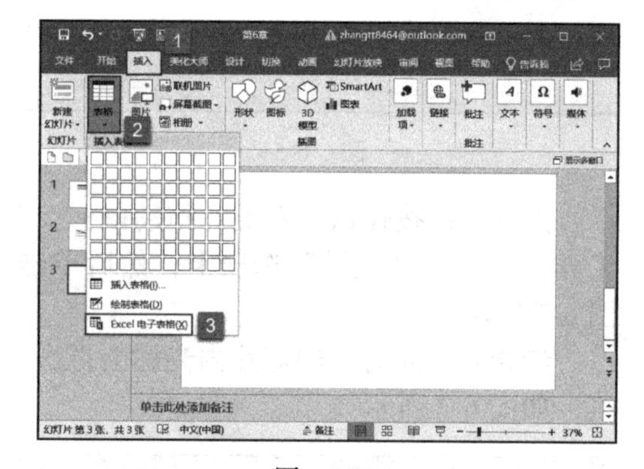

图 6-11

步骤 2：此时即可看到幻灯片内插入了 Excel 电子表格，如图 6-12 所示。

步骤 3：在空白区域的任意位置，单击返回幻灯片，即可看到电子表格已被插入，使用鼠标拖动表格框点即可调整其大小，如图 6-13 所示。

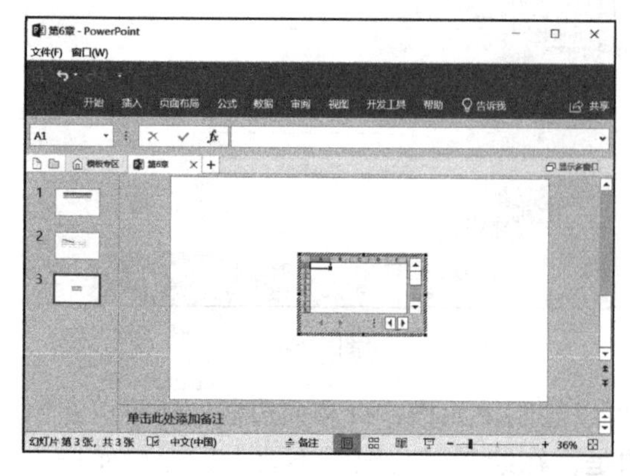

图 6-12

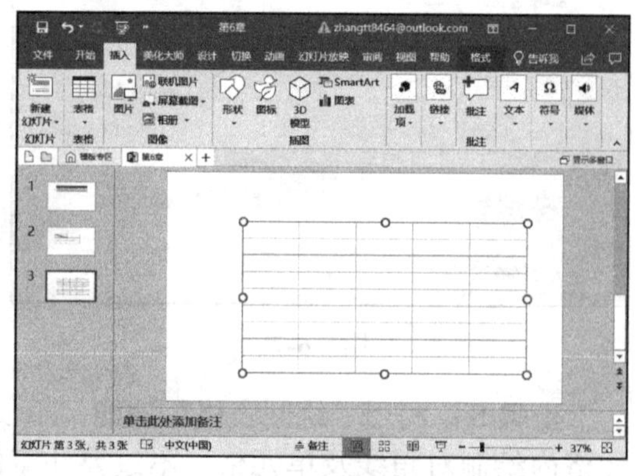

图 6-13

6.1.4 删除表格

如果要删除表格，首先选中要删除的表格或表格区域，切换至表格工具“布局”选项卡，然后单击“删除”组内的“删除”下拉按钮，在展开的菜单列表内选择相应的删除操作即可，如图 6-14 所示。

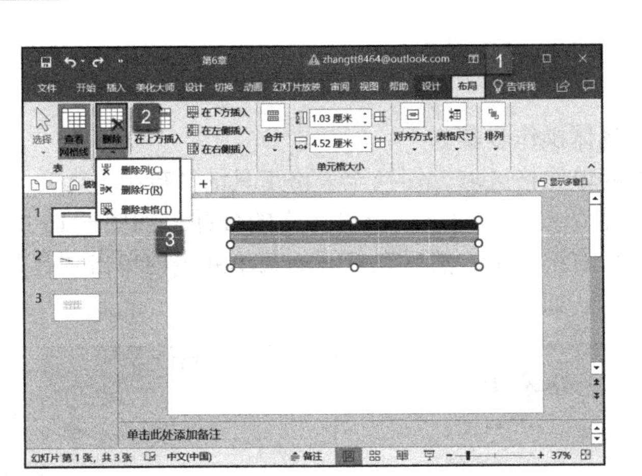

图 6-14

6.2 编辑表格行列

表格创建完成后，用户可以根据自身的排版和布局要求，对表格内的单元格进行设置。本节主要介绍表格行高与列宽的调整、单元格的合并与拆分以及对相应单元格的删除等操作。

6.2.1 调整表格的行高与列宽

表格创建完成后，可能会存在行、列之间距离不规整的问题，影响数据的显示。此时，需要用户调整行高与列宽，具体的操作步骤如下：

选中表格，切换至表格工具的“布局”选项卡，然后在“单元格大小”组内的“行高”“列宽”文本框内进行设置，如图 6-15 所示。

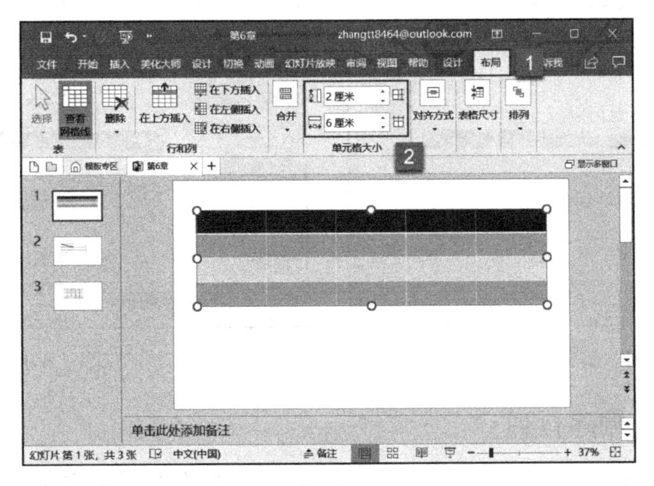

图 6-15

6.2.2 合并与拆分单元格

合并单元格是将多个单元格合并为一个单元格，此方法常用于表格中的标题栏。

而拆分单元格是将一个单元格拆分成多个单元格，以方便用户在指定的位置输入更多的内容。

合并单元格的具体操作步骤如下：

选中需要合并的单元格区域，切换至表格工具的“布局”选项卡，然后单击“合并”组内的“合并单元格”按钮，即可完成单元格的合并，如图 6-16 所示。或者选中需要合并的单元格区域后右键单击，然后在打开的菜单列表内单击“合并单元格”选项，即可完成单元格的合并，如图 6-17 所示。

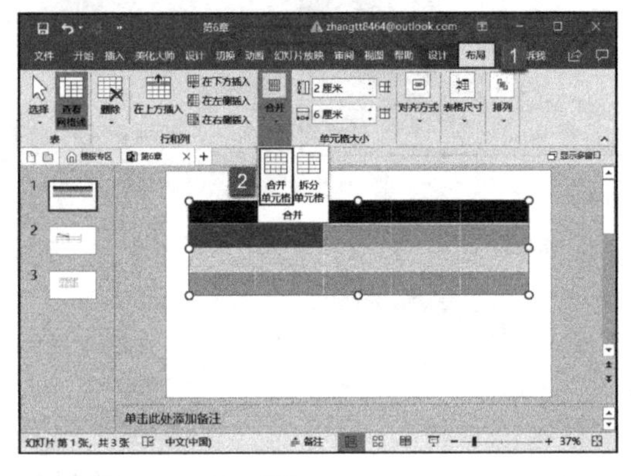

图 6-16

图 6-17

拆分单元格的具体操作步骤如下。

步骤 1：选中需要拆分的单元格，切换至表格工具的“布局”选项卡，然后单击“合并”组内的“拆分单元格”按钮，如图 6-18 所示。或者选中需要拆分的单元格区域后右键单击，然后在打开的菜单列表内单击“拆分单元格”选项。

步骤 2：弹出“拆分单元格”对话框，在“列数”“行数”文本框内输入数字，然后单击“确定”按钮即可，如图 6-19 所示。

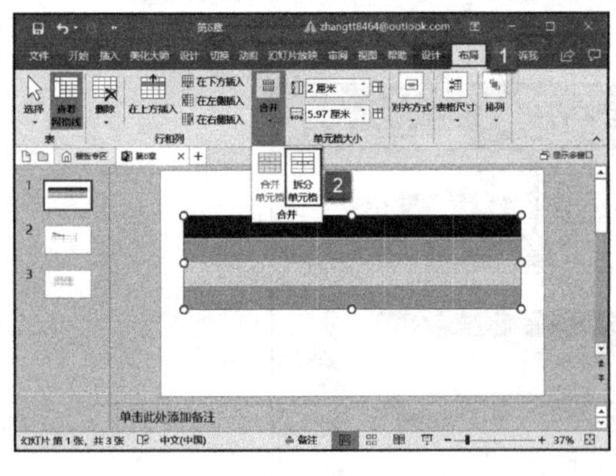

图 6-18

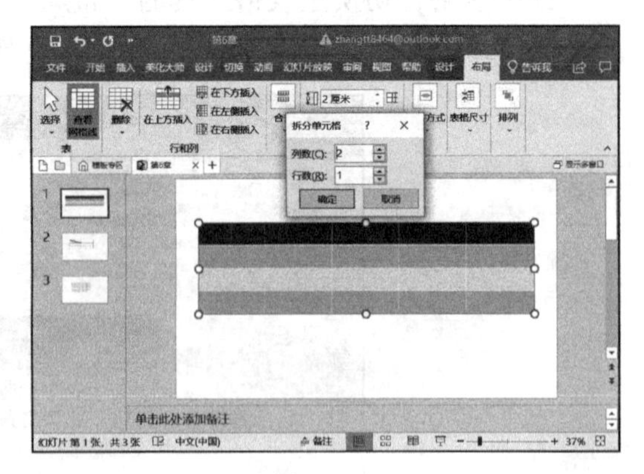

图 6-19

6.2.3 添加与删除行列

在表格数据的填写过程中，经常会遇到行列不够或者行列多余的问题，此时就需要用户进行删除。

添加表格的行或列，具体操作步骤如下：选中相应的单元格区域，切换至“布局”选项卡。单击“行和列”组的“在上方插入”或“在下方插入”按钮，即可在当前单元格的上方或下方插入空行；单击“在左侧插入”或“在右侧插入”按钮，即可在当前单元格的左侧或右侧添加空列，如图 6-20 所示。

删除表格的行或列，具体操作步骤如下：选中要删除的行或列，切换至“布局”选项卡，然后单击“删除”组的“删除列”或“删除行”按钮即可，如图 6-21 所示。

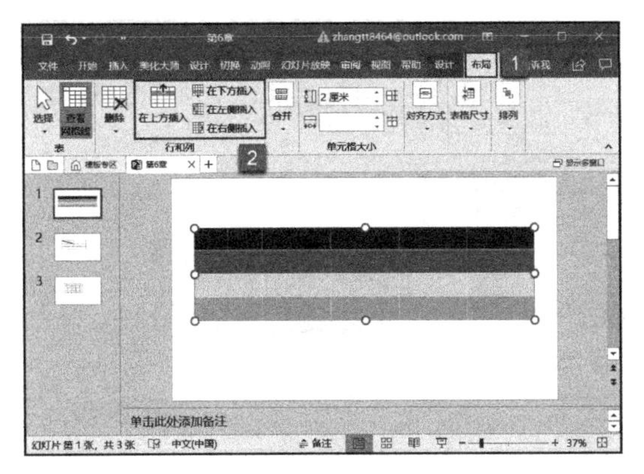

图 6-20

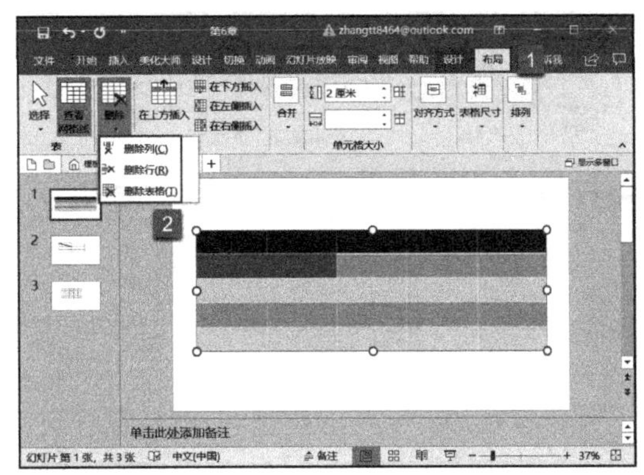

图 6-21

6.3 美化表格

表格不仅是统计数据的工具，更是用数据沟通的重要方式。数据的精准是表格质量的基石，而表格清晰易读则可以让数据更具说服力。要使表格易读美观，不得不提及表格美化这项工作。

表格创建完成后，用户可以在其基础上对表格内容和格式进行相应的设置，达到美化表格的效果。本节将初步介绍表格的文本内容、表格格式等相关设置操作。

6.3.1 设置表格文本格式

设置文本格式，可使其美观漂亮。选中需要设置文本格式的表格或表格区域，切换至“开始”选项卡，然后用户可以根据自身需要在“字体”组内对文本的字体样式、字号、颜色等进行设置，在“段落”组内对段落的对齐方式等进行设置，如图 6-22 所示。

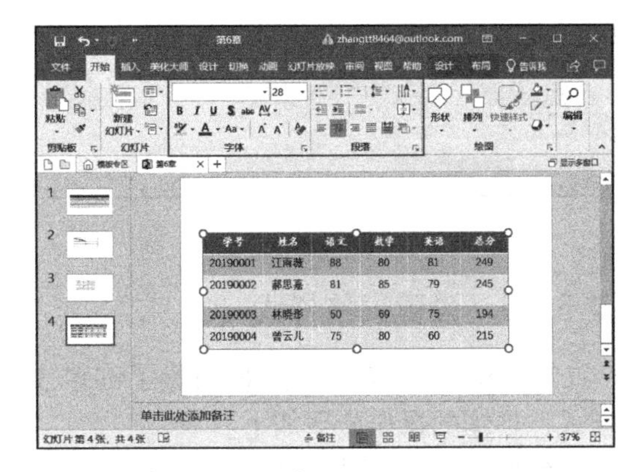

图 6-22

6.3.2 设置文本对齐方式

表格内文本的对齐方式有“垂直对齐”和“水平对齐”两种。“垂直对齐”指表格内容沿单元格顶端对齐、垂直居中或底端对齐，“水平对齐”指表格内容沿单元格左对齐、居中对齐和右对齐。

设置文本垂直对齐方式的具体操作步骤如下：

选中需要设置文本对齐方式的单元格，切换至表格工具的“布局”选项卡，单击“对齐方式”组内的“垂直居中”按钮，即可将第二列文本设置成垂直居中对齐方式，如图 6-23 所示。第一列文本为顶端对齐方式，第二列文本为垂直居中方式，第三列文本为底端对齐方式，效果如图 6-24 所示。

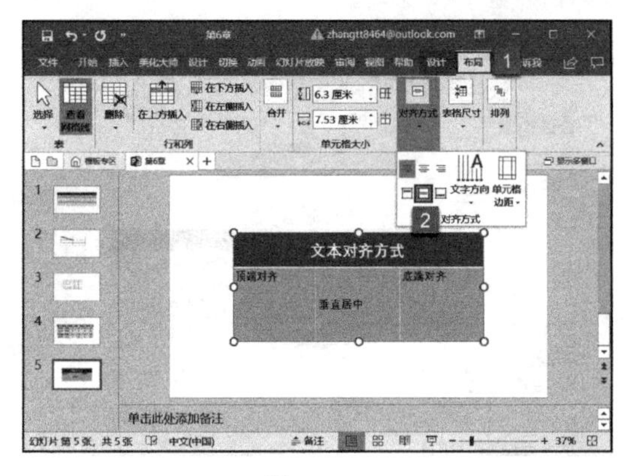

图 6-23

图 6-24

设置文本水平对齐方式的具体操作步骤如下：

选中需要设置文本对齐方式的单元格，切换至表格工具的“布局”选项卡，单击“对齐方式”组内的“居中”按钮，即可将第二列文本设置成水平居中对齐方式，如图 6-25 所示。第一列文本为水平左对齐方式，第二列文本为水平居中对齐方式，第三列文本为水平右对齐方式，效果如图 6-26 所示。

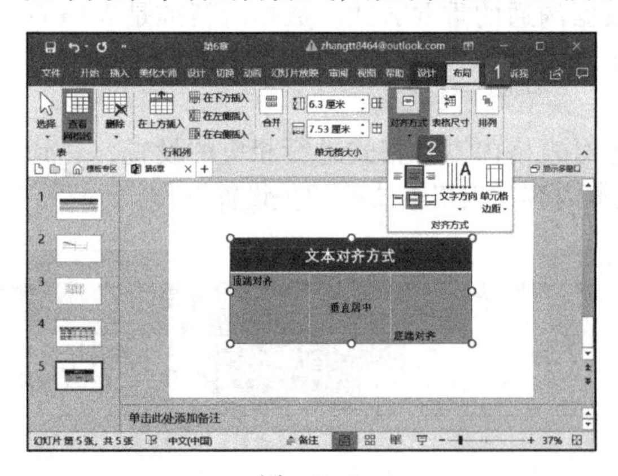

图 6-25

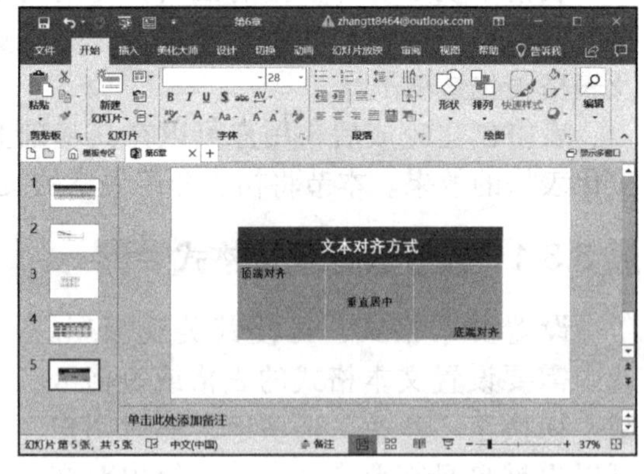

图 6-26

6.3.3 设置表格样式

PowerPoint 2019 为用户内置了许多表格样式，利用它们可以轻松改变表格的外观样式，具体的操作步骤如下。

步骤 1：选中幻灯片内表格，切换至“设计”选项卡，单击“表格样式”组内的“其他”按钮，然后在弹出的表格样式库内选择表格样式，例如“中度样式 1- 强调 5”，如图 6-27 所示。

步骤 2：返回幻灯片，即可看到表格样式已被修改，如图 6-28 所示。

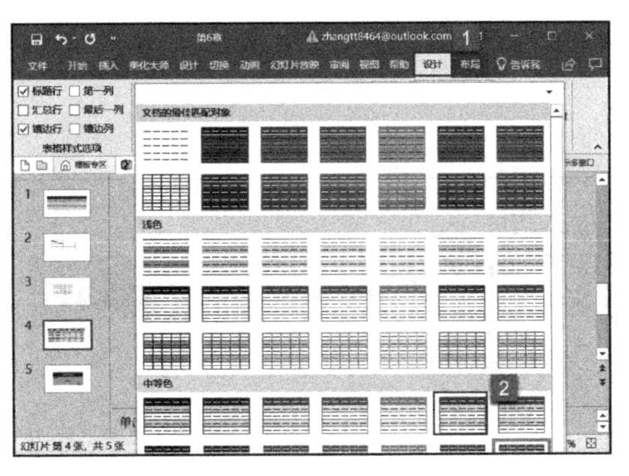
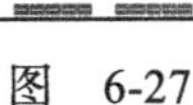

图 6-27

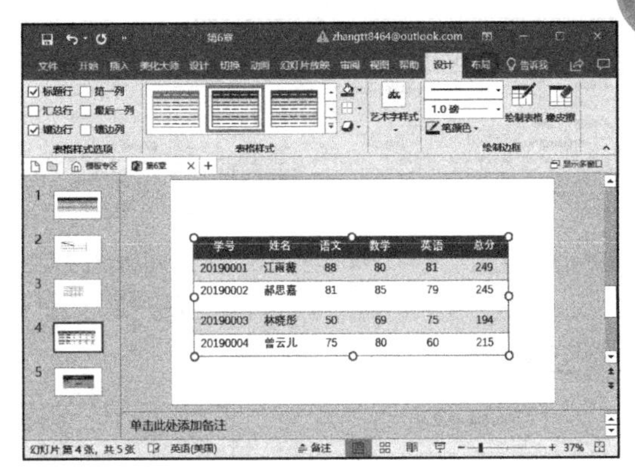

图 6-28

6.3.4 设置表格底纹

如果用户对系统提供的默认表格样式不满意，可以自定义表格的底纹色彩、背景图片等，以达到美化表格的目的。

自定义表格底纹色彩的具体操作步骤如下。

步骤 1：选中需要设置底纹的表格，切换至表格工具的“设计”选项卡，单击“表格样式”组内的“底纹”下拉按钮，然后在展开的菜单列表内选择“无填充”项覆盖之前设置的默认样式，如图 6-29 所示。

步骤 2：然后再次打开“底纹”的菜单列表，单击选择“浅绿”项即可将表格底纹设置为浅绿色，如图 6-30 所示。

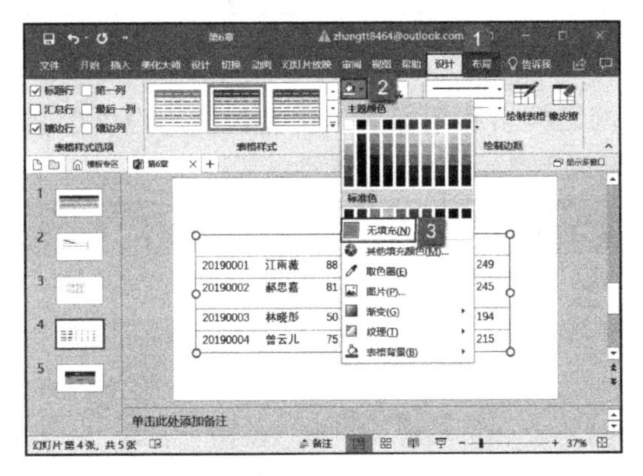

图 6-29

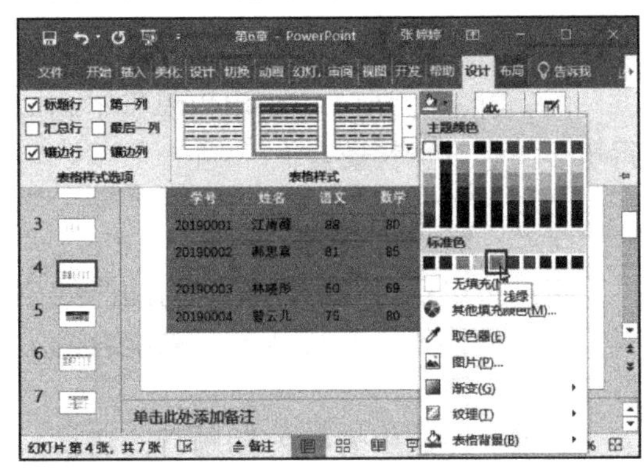

图 6-30

自定义表格背景图片的具体操作步骤如下。

步骤 1：选中需要设置背景的表格，切换至表格工具的“设计”选项卡，单击“表格样式”组内的“底纹”下拉按钮，然后在展开的菜单列表内选择“无填充”项覆盖之前设置的默认样式。

步骤 2：然后再次打开“底纹”的菜单列表，单击选择“图片”项，如图 6-31 所示。

步骤 3：弹出“插入图片”对话框，单击“来自文件”按钮，如图 6-32 所示。

步骤 4：弹出“插入图片”对话框，定位到背景图片所在文件夹，然后单击选中背景图片，单击“插入”按钮，如图 6-33 所示。

步骤 5：返回幻灯片，即可看到表格的背景图片已被修改，效果如图 6-34 所示。

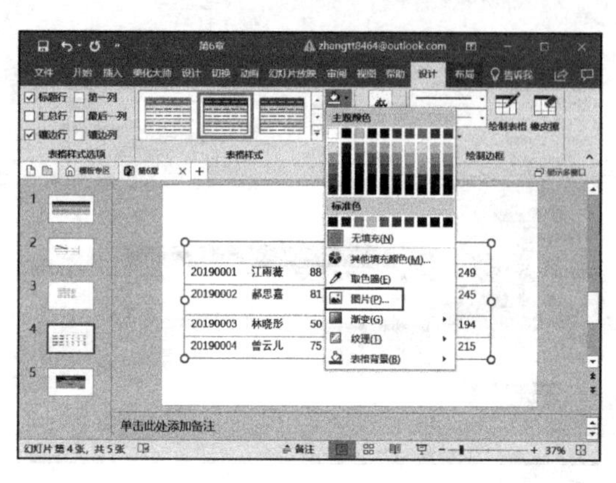

图 6-31

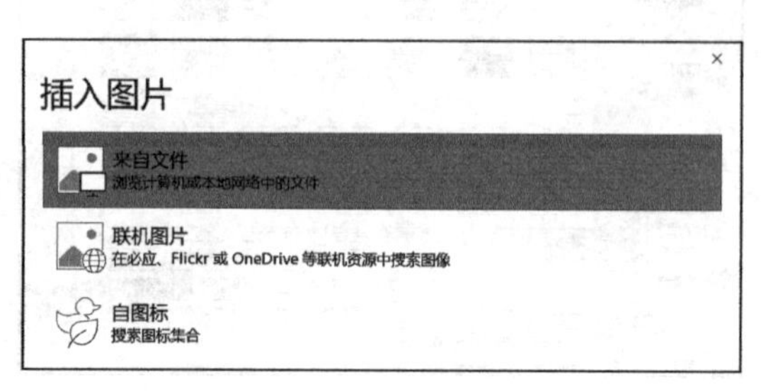

图 6-32

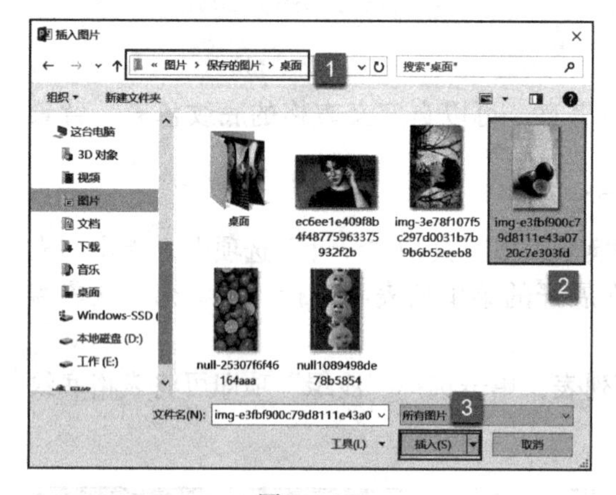

图 6-33

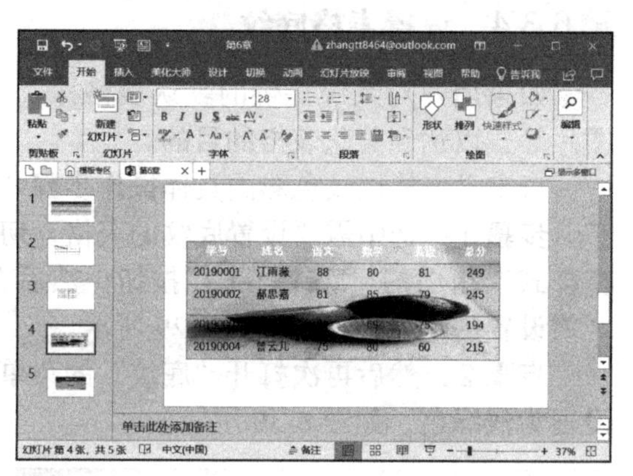

图 6-34

PowerPoint 2019 还为用户提供了相应的网络搜索和图标插入功能，使用户可以获得更多的底纹、背景素材。

6.3.5 设置表格效果

用户可以通过设置单元格的凹凸效果、表格的阴影和映像效果，来配合幻灯片的展示需求。

步骤 1：选中表格内标题行，切换至表格工具的“设计”选项卡，单击“表格样式”组内的“效果”下拉按钮，然后在展开的菜单列表内单击“单元格凹凸效果”按钮，再在展开的子菜单列表内单击“圆形”棱台按钮，如图 6-35 所示。

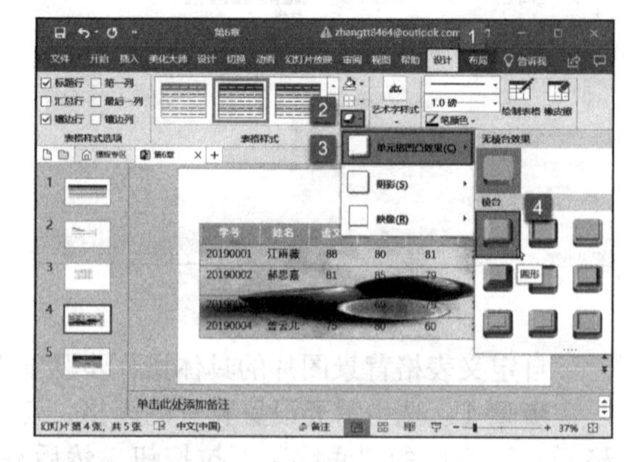

图 6-35

步骤 2：此时，幻灯片表格内选中的单元格即可显示为圆形棱台的凹凸效果，如图 6-36 所示。

步骤 3：在“效果”下拉菜单列表内单击“阴影”按钮，然后在展开的菜单列表内单击“内部：中”按钮，如图 6-37 所示。

步骤 4：在“效果”下拉菜单列表内单击“映像”按钮，然后在展开的菜单列表内单击“紧密映像：接触”按钮，如图 6-38 所示。

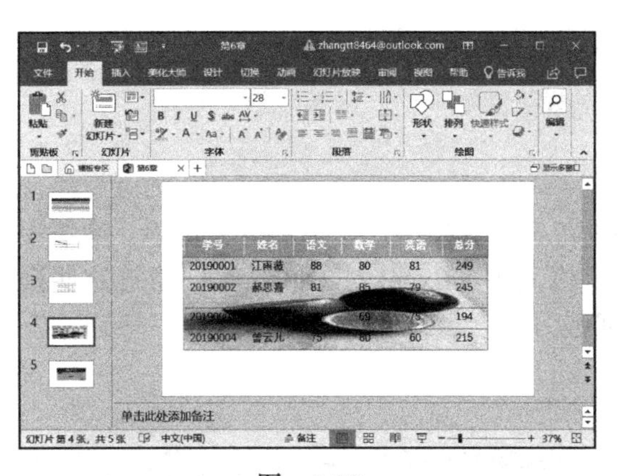

图 6-36

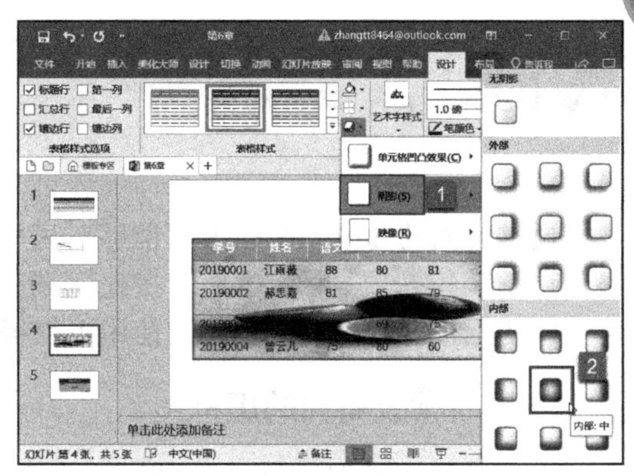

图 6-37

步骤 5：此时，幻灯片内的表格将更具立体感，效果如图 6-39 所示。

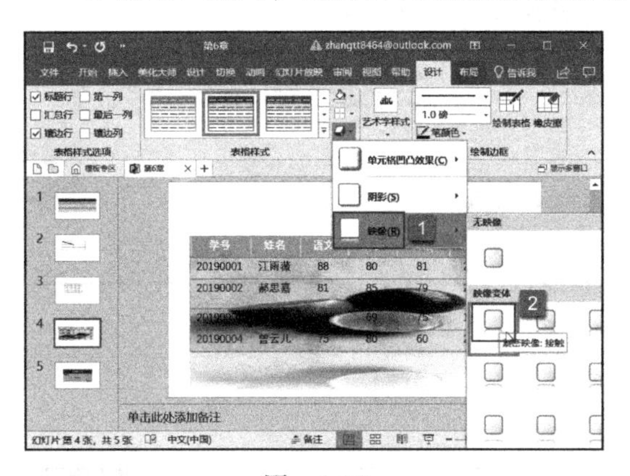

图 6-38

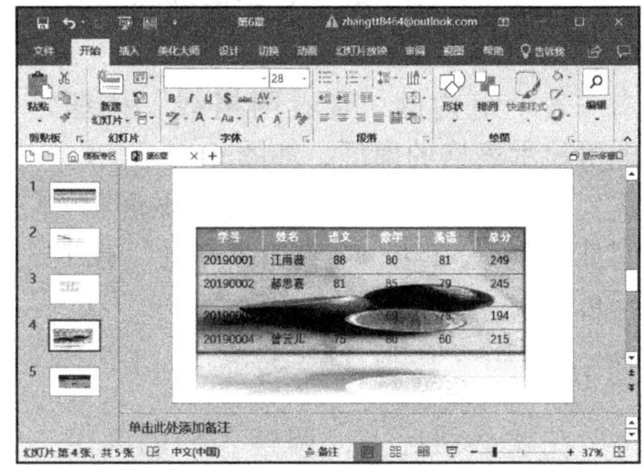

图 6-39

6.3.6 添加表格边框

在打印表格时，有时会遇到单元格之间显示不清晰的情况，此时可以通过给表格添加边框来解决，具体的操作步骤如下。

步骤 1：选中需要添加边框的表格，切换至表格工具的“设计”选项卡，单击“表格样式”组内的“边框”下拉按钮，然后在展开的边框样式库内选择“所有框线”项，如图 6-40 所示。

步骤 2：返回幻灯片，添加边框后的表格效果如图 6-41 所示。

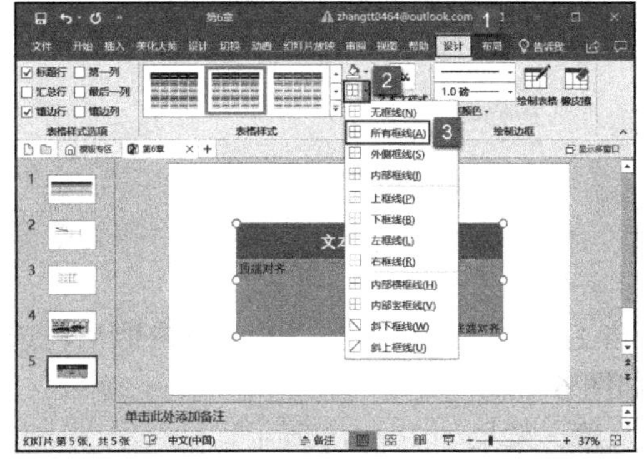

图 6-40

图 6-41

高手技巧

通过前面的介绍，相信大家能够对表格进行熟练运用了。下面将介绍显示 / 隐藏表格内虚框、特殊项显示 / 隐藏、按比例调整表格大小、Excel 对象嵌入等，通过这些操作可以使用户对幻灯片内表格的使用更加得心应手。

显示 / 隐藏表格内的虚框

当表格内未设置边框时，可以将表格内的虚框显示出来，以便区分单元格。所谓虚框就是指表格的网格线。

步骤 1：选中需要显示虚框的表格，切换至表格工具的“布局”选项卡，单击“表”组内的“查看网格线”按钮，即可显示表格的虚框，如图 6-42 所示。

步骤 2：如果用户需要将虚框隐藏起来，再次单击“查看网格线”按钮即可。

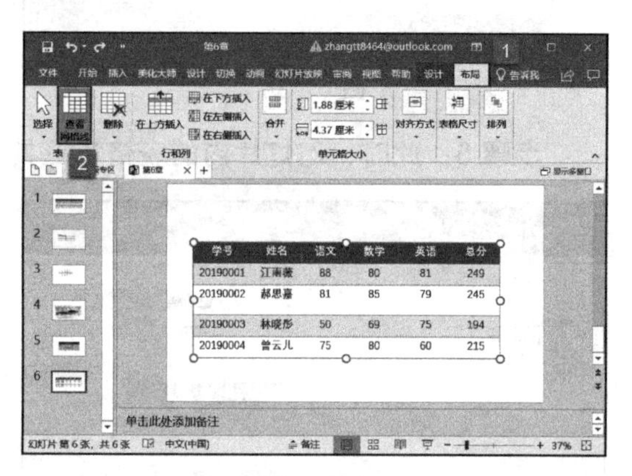

图 6-42

按比例调整表格大小

在默认情况下，调整表格的高度，表格的宽度并不会随之变化；调整表格的宽度，表格的高度也不会随之变化。但是有些时候，为不使表格变形，用户希望无论是调整表格的高度还是宽度，表格的高度和宽度都能够保持同样的比例。此时，可以进行如下操作：

选中需要设置的表格，切换至表格工具的“布局”选项卡，单击勾选“表格尺寸”组内的“锁定纵横比”复选框，如图 6-43 所示。这样，当用户再次调整表格的高度时，表格的宽度也会按照比例自动变换，反之亦然。

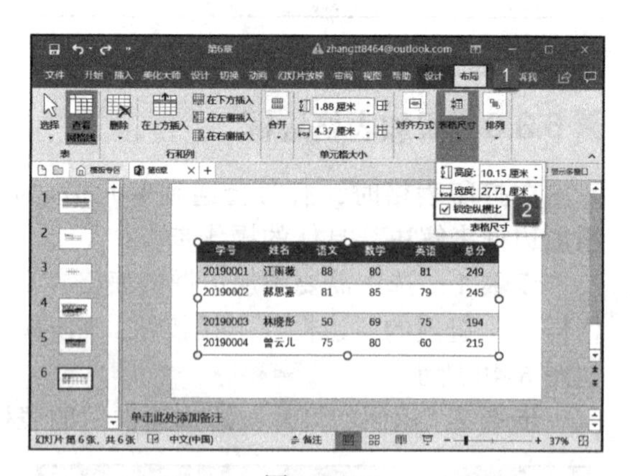

图 6-43

使用表格样式选项显示 / 隐藏特殊项

幻灯片的表格套用了表格样式后，某些单元格会显示特殊格式，当用户需要隐藏或显示特殊项时，可以进行如下操作。

步骤 1：选中需要设置的表格，切换至表格工具的“设计”选项卡，单击取消勾选“表格样式选项”组内的“镶边行”复选框，如图 6-44 所示。

步骤 2：此时选中表格内的镶边行即可被隐藏，效果如图 6-45 所示。

此外，用户还可以在“表格样式选项”组内显示或隐藏标题行、汇总行、第一列、最后一列、镶边列等特殊项。

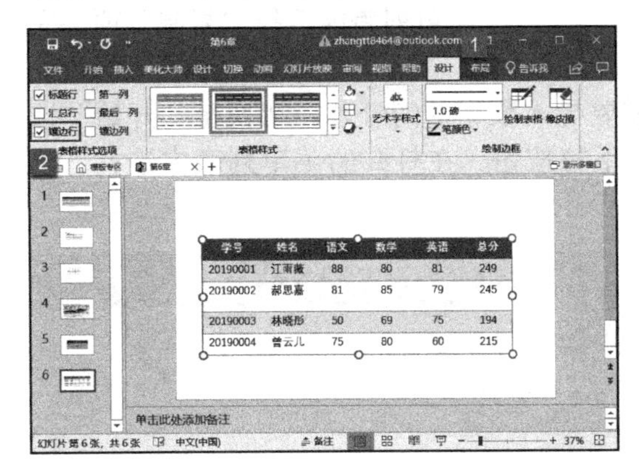

图　6-44

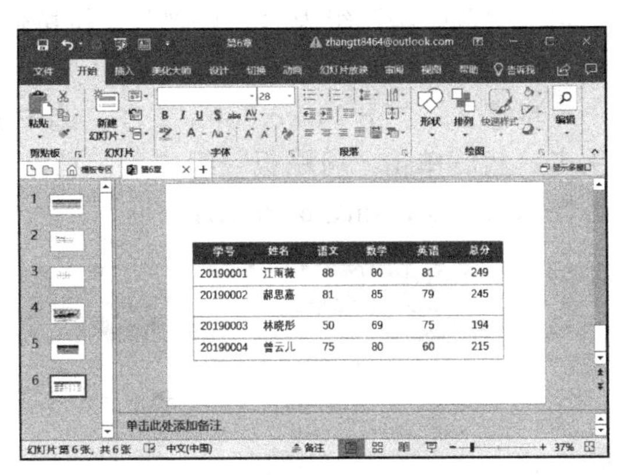

图　6-45

使用对象新建 Excel 表格

在幻灯片中，如果用户需要展示相应的 Excel 表格，可以通过使用对象的方法来实现新建 Excel 表格，具体操作步骤如下。

步骤 1： 打开 PowerPoint 文件，切换至“插入”选项卡，单击“文本”组内的“对象”按钮，如图 6-46 所示。

步骤 2： 弹出“插入对象”对话框，单击选中“新建”单选按钮，然后在“对象类型”列表框中选择“Microsoft Excel Worksheet”，单击“确定”按钮，如图 6-47 所示。

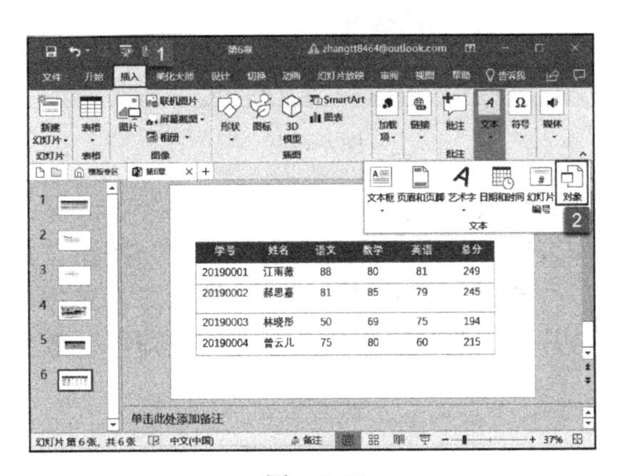

图　6-46

步骤 3： 此时幻灯片内会插入一个工作表对象，对其编辑即可新建表格，如图 6-48 所示。

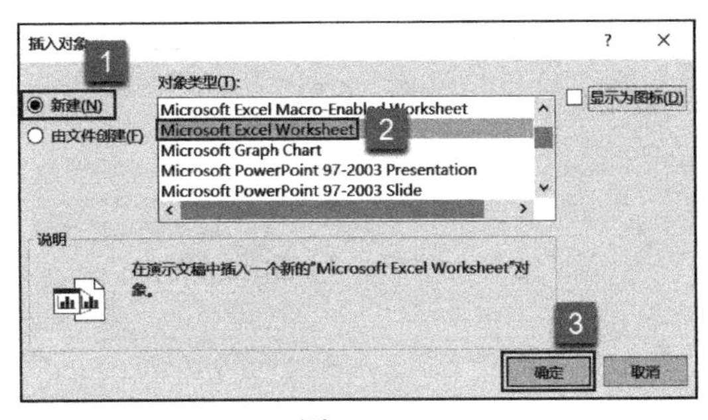

图　6-47

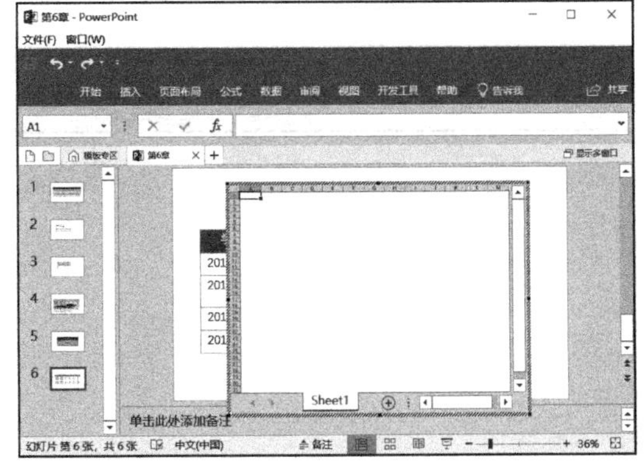

图　6-48

将现有 Excel 表格数据导入幻灯片中

如果用户需要将已有的 Excel 表格数据导入幻灯片内，可以通过以下方法进行操作。

步骤 1：打开 Excel 文件，选中要复制的单元格区域，切换至“开始”选项卡，然后单击“剪贴板”组内的“复制”下拉按钮，在打开的菜单列表内选择“复制”项，完成 Excel 数据的复制，如图 6-49 所示。

步骤 2：打开 PowerPoint 文件，选中需要导入数据的幻灯片，切换至“开始”选项卡，然后单击“剪贴板”组内的“粘贴”下拉按钮，在打开的菜单列表内选择“选择性粘贴”项，如图 6-50 所示。

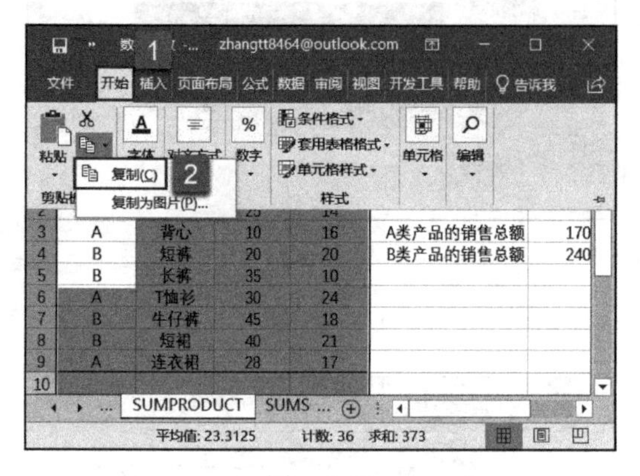

图 6-49

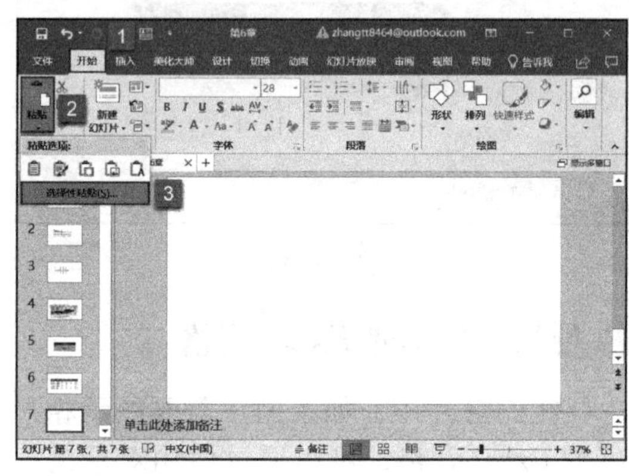

图 6-50

步骤 3：弹出“选择性粘贴”对话框，在“作为”列表内选择“Microsoft Excel 工作表对象”项，然后单击“确定”按钮，如图 6-51 所示。

步骤 4：返回幻灯片，即可看到选中的 Excel 表格数据已经作为嵌入对象导入到幻灯片中，调整表格的大小、位置即可，效果如图 6-52 所示。

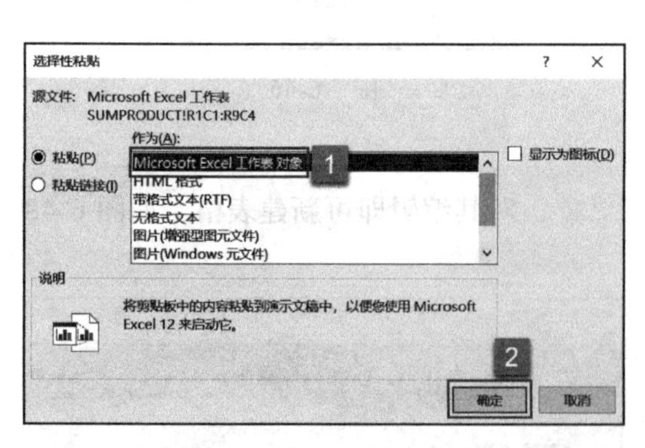

图 6-51

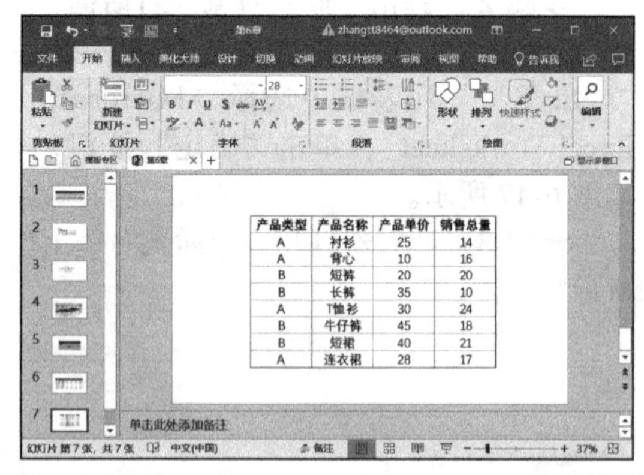

图 6-52

第7章 幻灯片图表编辑

图表设计通常被看作是帮助人们更好地理解特定文本内容的视觉元素，它可以揭示、解释并阐明那些隐含的、复杂的以及含糊的资讯。形象直观的图表比文字和表格更容易让人理解，也可以让幻灯片的显示效果更清晰。

本章主要介绍在PowerPoint中图表的基本知识、使用方法以及美化方法等。通过使用插入、编辑和设置图表的方法，就可以制作出专业水平的图表型幻灯片。

- 了解图表
- 创建图表
- 更改图表类型
- 编辑图表
- 美化图表
- 分析图表
- 高手技巧

7.1 了解图表

幻灯片图表，是演示文稿的重要组成内容，包括数据表、图示等多种形式，又可分为很多种类，如饼图、柱形图、线性图等。使用图表表达数值信息，不仅可以使数据直观明了，而且可以增强幻灯片的美化效果，给读者带来更好的视觉体验。因此学会在 PowerPoint 2019 中使用图表是十分重要的。

7.1.1 图表的分类

在幻灯片内可以插入多种数据图表，例如柱形图、折线图、饼图、条形图、面积图、散点图、股价图、曲面图、圆环图、气泡图和雷达图等。除此之外，PowerPoint 2019 还新增了地图、漏斗图等图表类型。切换至“插入”选项卡，在“插图”组内单击“图表”按钮，如图 7-1 所示。打开“插入图表”对话框，即可看到所有图表的分类及其样式，如图 7-2 所示。

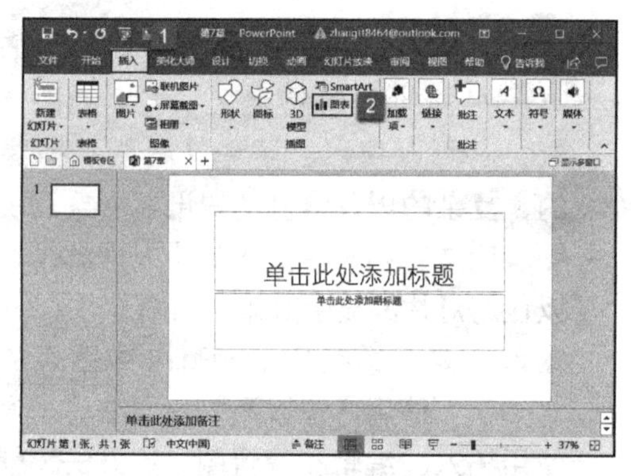

图 7-1

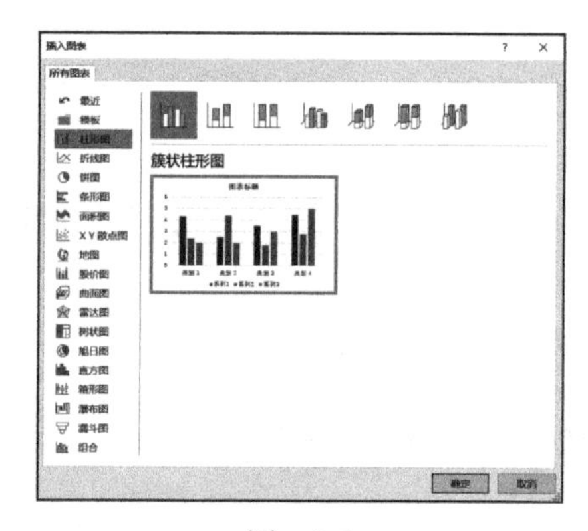

图 7-2

下面重点介绍以下几种图表：

1. 柱形图

柱形图是一种用于显示数据趋势以及比较相关数据的图表，经常用于表示以行和列排列的数据，显示随时间变化的数据。最常用的类型是将信息类型放在横坐标上，将数据项放在纵坐标上，如图 7-3 所示。

2. 折线图

折线图与柱形图类似，也能够显示在工作表中以行和列排列的数据。但折线图可以显示一段时间内连续的数据变化，更适合用于显示趋势，如图 7-4 所示。

3. 饼图

饼图能够显示个体与整体之间的比例关系，每个扇区显示其占总体的百分比，所有扇区的百分比总和为 100%，如图 7-5 所示。

4. 条形图

条形图适用于比较两个或多个项之间的差异，如图 7-6 所示。

5. 面积图

面积图是一种显示连续数据的图表类型，常用来表示在一个连续时间段内出现的数据，如图 7-7 所示。

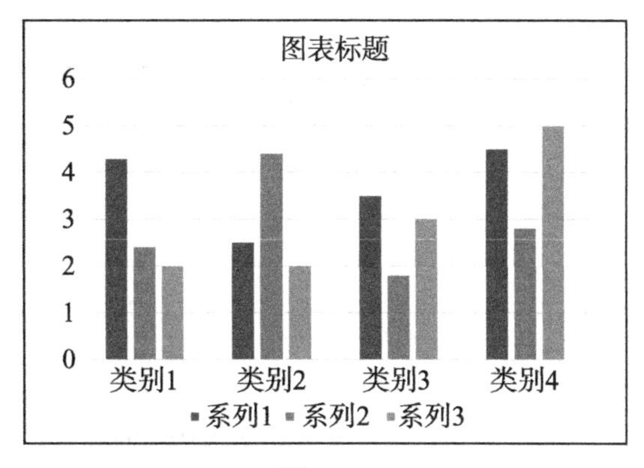

图 7-3

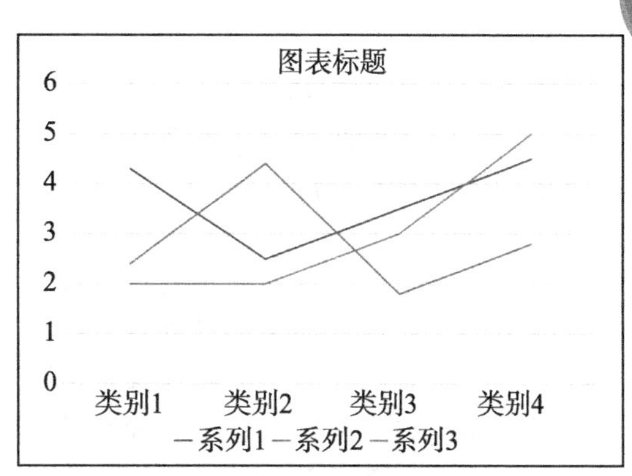

图 7-4

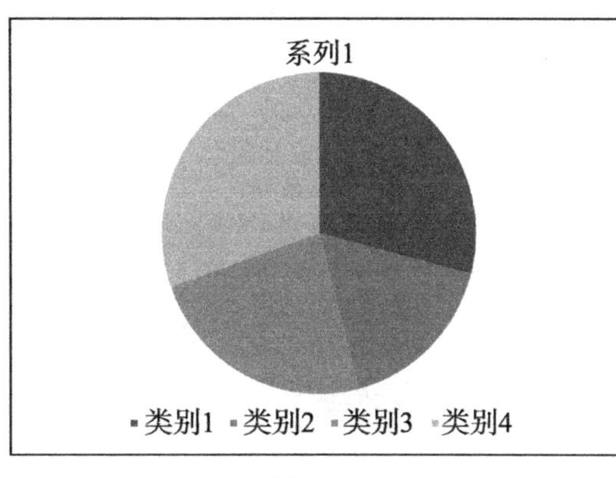

图 7-5

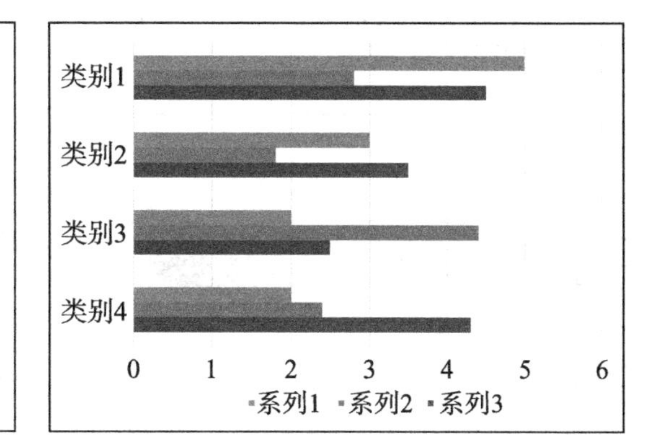

图 7-6

6. XY 散点图

XY 散点图将值序列显示为一组点，值由点在图表区域内的位置表示，类别由图表区域内的不同点表示。散点图常用于比较扩散类别的非重复值，如图 7-8 所示。

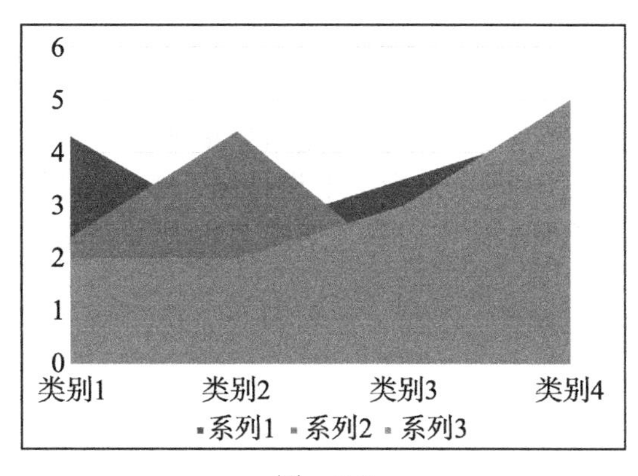

图 7-7

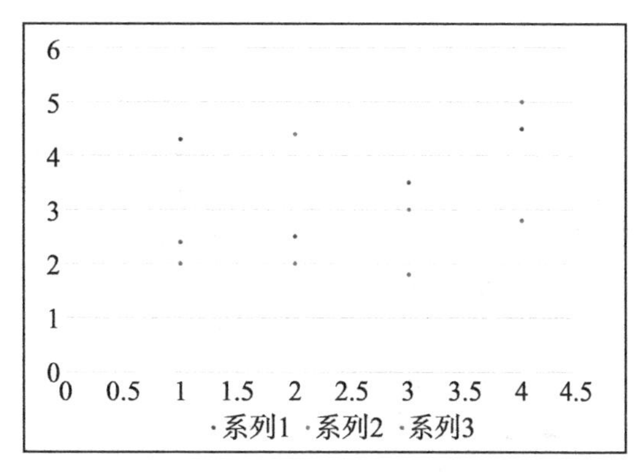

图 7-8

7. 地图

PowerPoint 2019 可以创建地图图表来比较值和跨地理区域显示类别。当数据中含有地理区域（如国家 / 地区、省 / 自治区 / 直辖市、市 / 县或邮政编码）时，可以使用地图图表。地图可以同时显示值和类别，每个都具有不同的颜色显示方式。

8. 股价图

股价图用于显示股票市场的波动，可使用它显示特定股票的最高价格、最低价格与收盘价等，如图 7-9 所示。

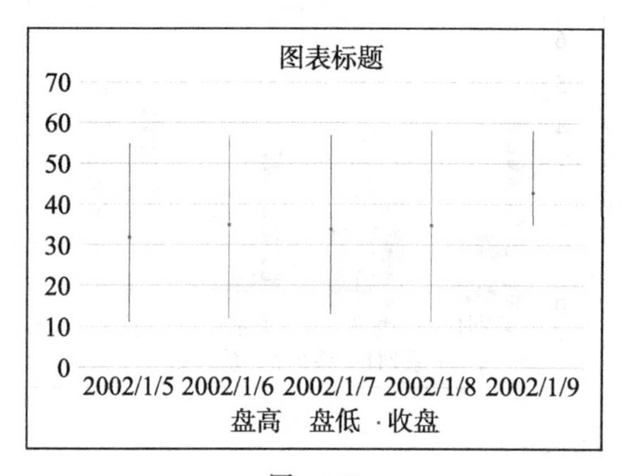

图 7-9

9. 曲面图

使用曲面图可以找到两组数据之间的最佳组合，当类别和数据系列都是数值时，可以使用曲面图。就像在地形图中一样，颜色和图案表示处于相同数值范围内的区域，如图 7-10 所示。

10. 漏斗图

漏斗图主要用来显示流程中多阶段的值，如图 7-11 所示。

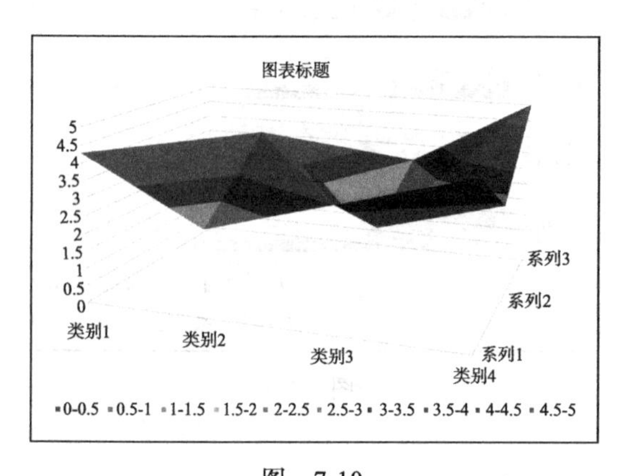

图 7-10

图 7-11

7.1.2 图表与 SmartArt 图形

对于刚接触 PowerPoint 的用户来说，经常混淆图表与 SmartArt 图形的应用。接下来本节将介绍图表与 SmartArt 图形的区别。

首先，SmartArt 图形是信息和观点的可视表示形式，而图表是数字值或数据的可视图示。其次，图表是为数字设计的，而 SmartArt 图形是为文本设计的，也就是说，图表是为了显示数字内容，SmartArt 图形是为了显示文本内容，如图 7-12 所示（左图为图表，右图为 SmartArt 图形）。

接下来介绍一下图表和 SmartArt 图形的使用情况。

图表的使用情况：

- ❑ 创建条形图或柱形图。
- ❑ 创建折线图或 XY 散点（数据点）图。
- ❑ 创建股价图（用于描绘波动的股价）。
- ❑ 链接到 Microsoft Excel 工作簿中的实时数据。
- ❑ 当更新 Microsoft Excel 工作簿中的数字时自动更新图表。
- ❑ 使用“假设”计算，同时希望能够更改数字并看到所做的更改立即自动反映到图表中。

❑ 自动添加基于数据的图例和网格线。
❑ 使用特定于图表的功能，如误差线或数据标签。

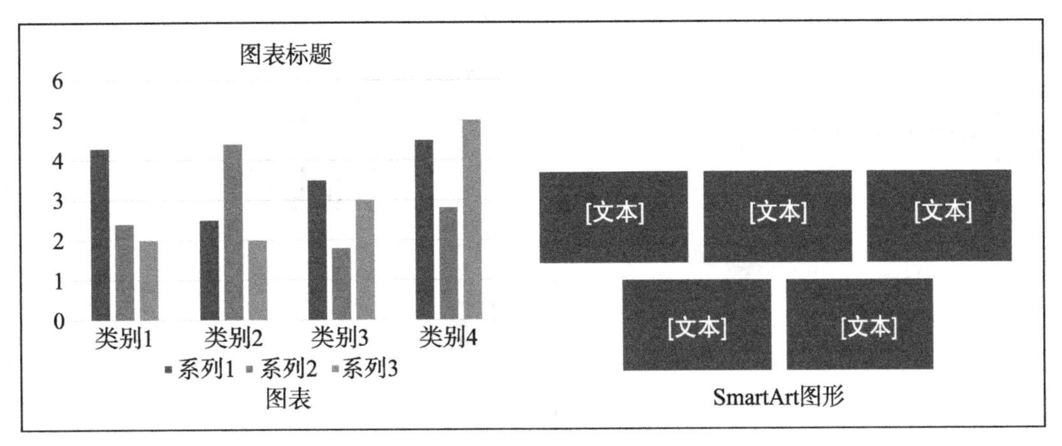

图 7-12

SmartArt 图形的使用情况：
❑ 创建组织结构图或矩阵图。
❑ 显示层次结构，如决策树。
❑ 演示过程或工作流中的各个步骤或阶段。
❑ 显示过程、程序或其他事件的流。
❑ 列表信息。
❑ 显示循环信息或重复信息。
❑ 显示各部分之间的关系，如重叠概念。
❑ 显示棱锥图中的比例信息或分层信息。
❑ 通过输入或粘贴文本并使其自动放置和排列来快速创建图示。

7.2 创建图表

介绍完图表的相关知识后，接下来介绍一下如何插入图表、如何用图表反映出数值的具体明细，以及如何将图表转化成可多次有效利用的模板。

7.2.1 插入图表

图表有很多种类型，不同的类型所表达的内容不同，所以在编辑幻灯片时，用户要根据自身需要选择合适的图表类型。接下来介绍一下如何在幻灯片内插入图标。

步骤 1：打开 PowerPoint 文件，切换至“插入”选项卡，在“插图”组内单击“图表”按钮，如图 7-13 所示。

步骤 2：打开“插入图表”对话框，即可看到所有图表的分类及其样式。在左侧窗格内单击“柱形图”按钮，然后在右侧的样式列表内选择“簇状柱形图”，最后单击“确定”按钮，如图 7-14 所示。

步骤 3：返回幻灯片，即可看到幻灯片内已经插入一个簇状柱形图，并且系统自动打开了一个 Excel 工作簿，如图 7-15 所示。

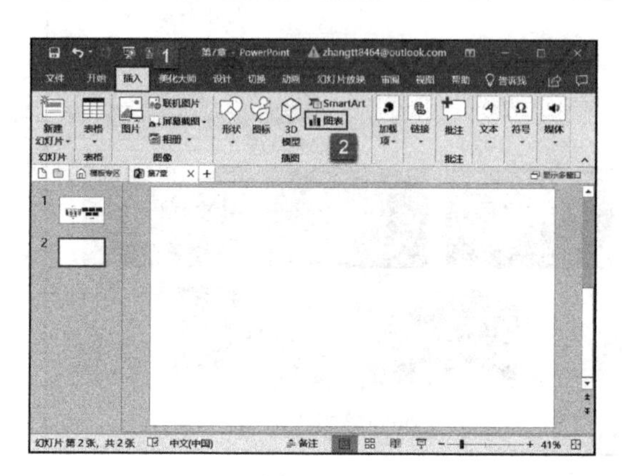

图 7-13

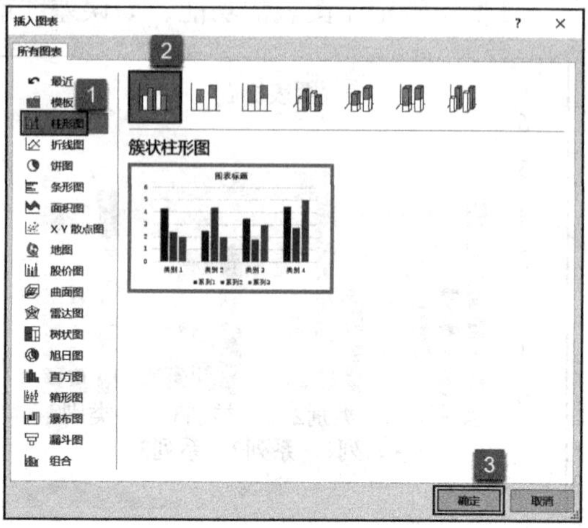

图 7-14

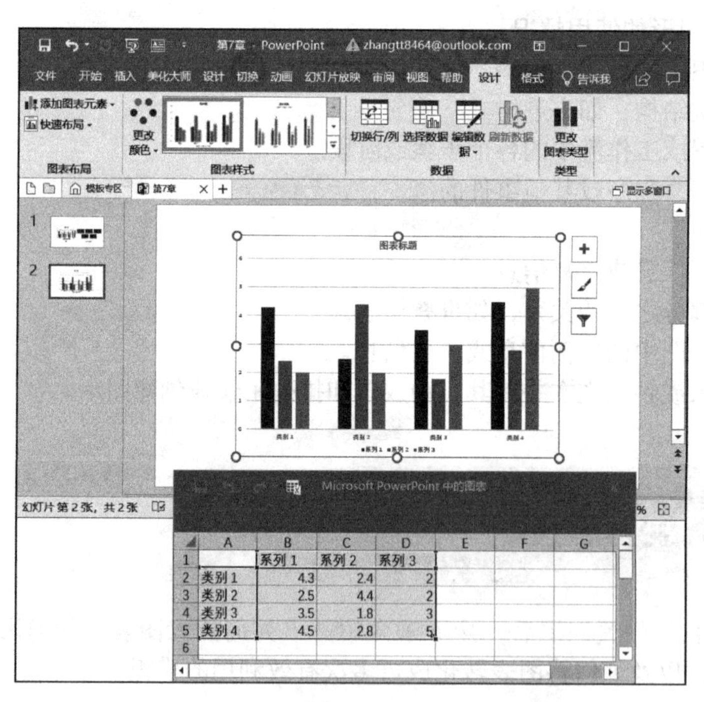

图 7-15

7.2.2 编辑图表数据

在幻灯片内直接插入的图表都显示为默认状态，即包含默认的数据。用户可以根据自身需要对图表数据进行编辑。

步骤 1：打开 PowerPoint 文件，切换至图表工具的“设计”选项卡，在“数据”组内单击“编辑数据”按钮，如图 7-16 所示。

步骤 2：此时，系统会自动打开一个 Excel 工作簿，根据自身需要在数据区域输入相应的图表数据即可，如图 7-17 所示。数据区域会根据输入的数据自动调整其大小。

步骤 3：返回幻灯片，即可看到图表数据已被更新，如图 7-18 所示。

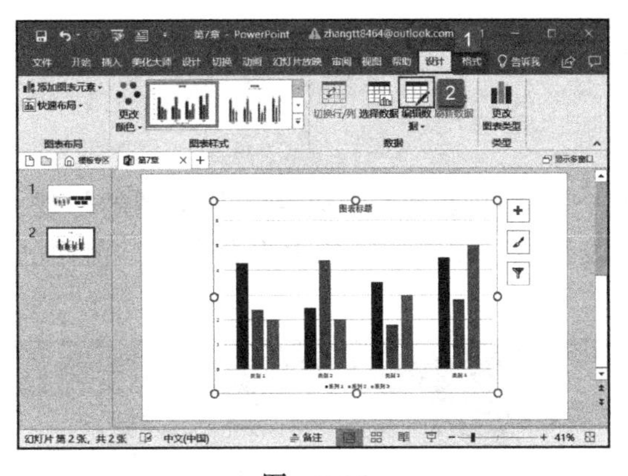

图 7-16

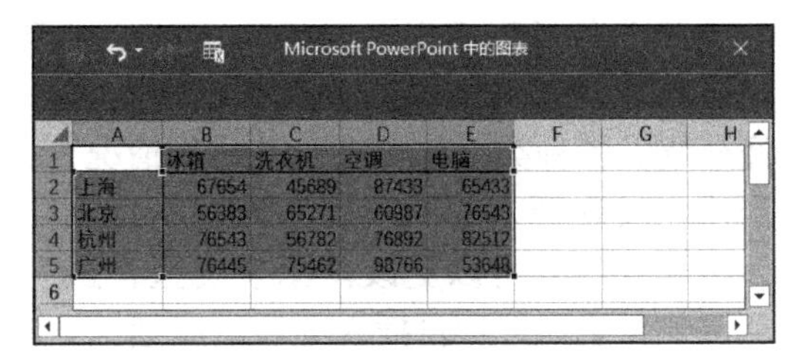

图 7-17

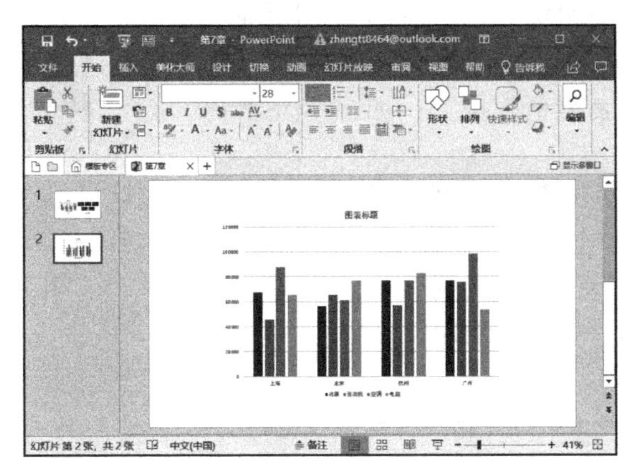

图 7-18

7.2.3 保存图表为模板

在幻灯片内图表制作完成后，若用户还需要再次使用，可以将其保存为模板类型，具体的操作步骤如下。

步骤 1：打开 PowerPoint 文件，选中要保存为模板的图表，右键单击，然后在打开的隐藏菜单列表内单击“另存为模板”按钮，如图 7-19 所示。

步骤 2：打开“保存图表模板”对话框，在“文件名”文本框内输入模板名称，单击“保存”按钮即可，如图 7-20 所示。

注意：文件要保存在默认的 Charts 文件夹中，否则 PowerPoint 无法识别。

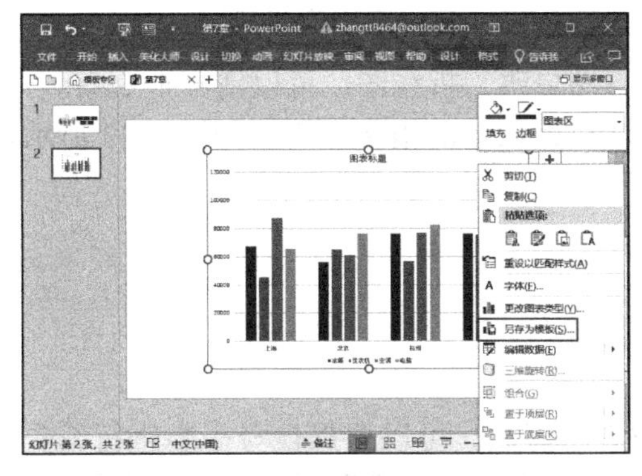

图 7-19

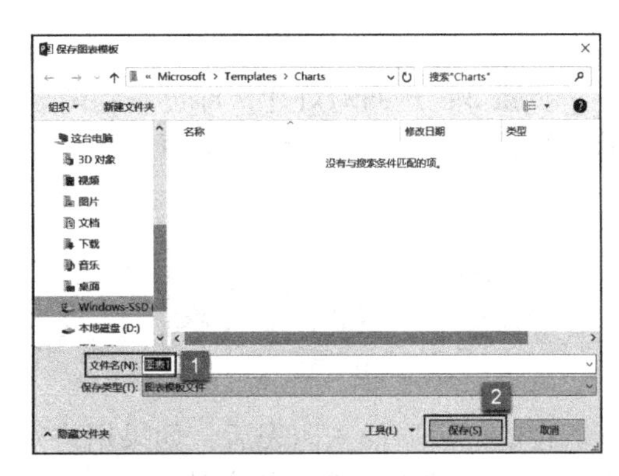

图 7-20

7.3 更改图表类型

对于大多数二维图表来说，可以更改整个图表的图表类型以赋予其不同的外观，也可以将任何单个数据系列更改为另一种图表类型，使图表转化为组合图表。前面已经介绍了各种类型的图表及其适用情况，当用户发现插入的图表类型不符合数据分析要求时，可以更改其图表类型，避免重新新建幻灯片再插入图表的麻烦。

步骤 1：打开 PowerPoint 文件，选中需要更改图表类型的图表，切换至图表工具的“设计”选项卡，然后单击“类型”组内的“更改图表类型”按钮，如图 7-21 所示。

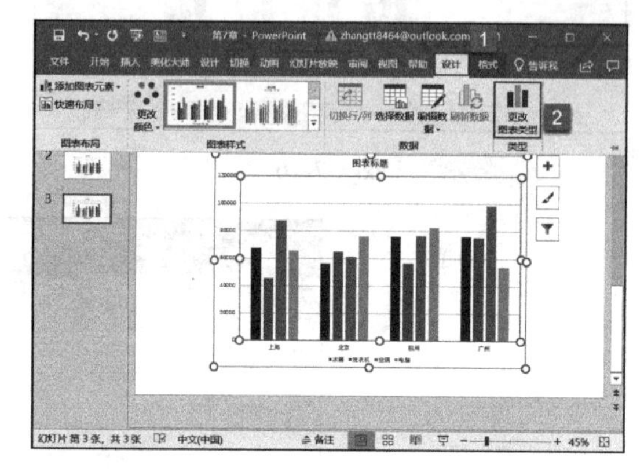

图 7-21

步骤 2：打开“更改图表类型”对话框，在左侧窗格内单击选择“折线图”选项，然后在右侧的折线图样式列表内单击“折线图”图标，单击“确定”按钮，如图 7-22 所示。

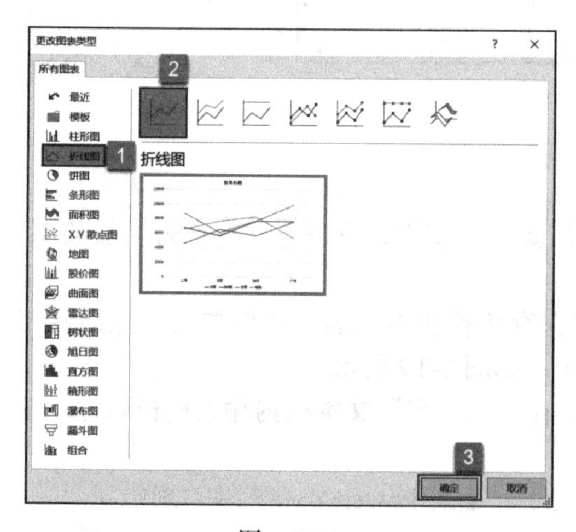

图 7-22

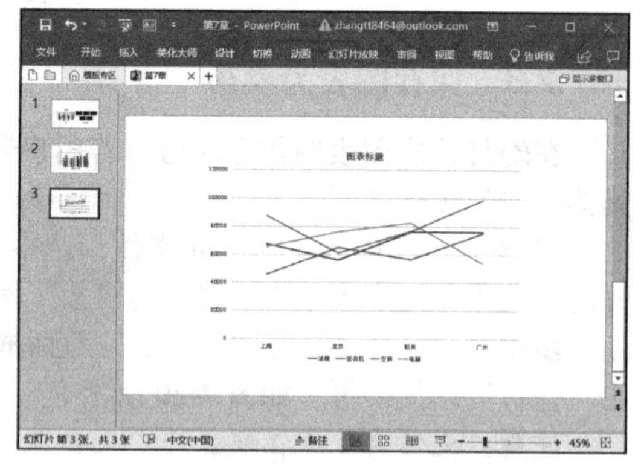

图 7-23

步骤 3：返回幻灯片，即可看到图表由柱形图更改为折线图，可以清晰地观察到电脑、冰箱、洗衣机和空调在上海、北京、广州和杭州四地的销售走势，如图 7-23 所示。

7.4 编辑图表

在幻灯片中插入图表后，如果用户对其效果不满意，可以根据自身需要进行编辑。本节重点介绍编辑图表的方法，主要包括设置图表标题、设置坐标轴标题、设置图表数据标签、设置数据系列格式、设置图例、设置网格线等。

7.4.1 设置图表标题

为清晰明了地表达数据内容，需要给图表添加一个标题，这样当读者观看幻灯片时，可以一目了然。具体的操作步骤如下。

步骤 1：打开 PowerPoint 文件，选中需要设置标题的图表，切换至图表工具的“设计”选项卡，然后单击“图表布局”组内的“添加图表元素”下拉按钮，在展开的菜单列表内单击“图表标题”项，再在子菜单列表内选择“图表上方”项，如图 7-24 所示。

步骤 2：此时即可看到图表上方的标题文本框变成编辑状态，输入标题文本“电器销售情况分析”即可，如图 7-25 所示。

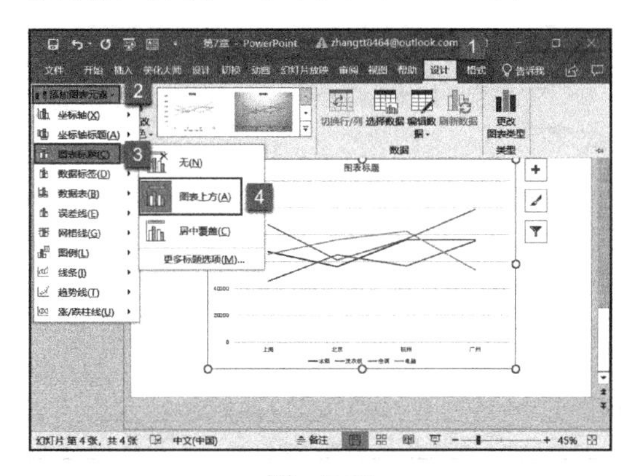

图 7-24

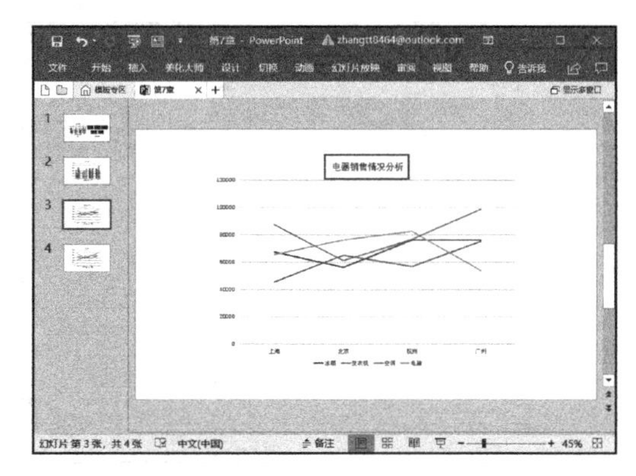

图 7-25

另外，用户通过设置图表标题功能，还可以取消图表标题或者使标题居中覆盖显示。

7.4.2 设置坐标轴标题

用户不仅可以对图表的标题进行设置，还可以设置坐标轴的标题，接下来以“主要横坐标轴”为例介绍一下如何设置坐标轴标题。

步骤 1：打开 PowerPoint 文件，选中需要设置坐标轴标题的图表，展开“添加图表元素”下拉菜单列表，单击“坐标轴标题”项，然后在打开的菜单列表内选择“主要横坐标轴”项，如图 7-26 所示。

步骤 2：此时即可看到图表的横坐标轴处添加了一个标题文本框，输入坐标轴标题文本“城市分布图”即可，如图 7-27 所示。

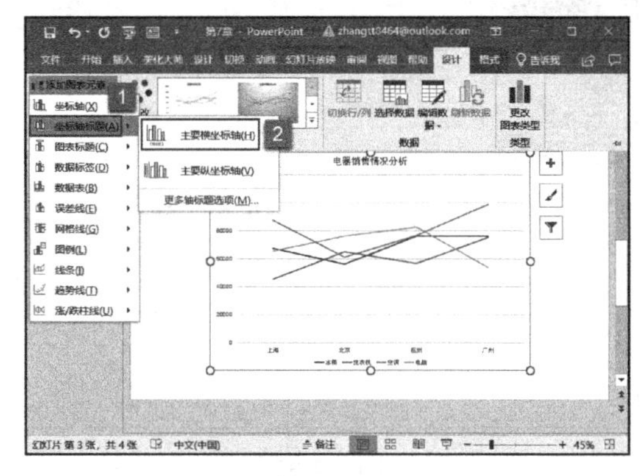

图 7-26

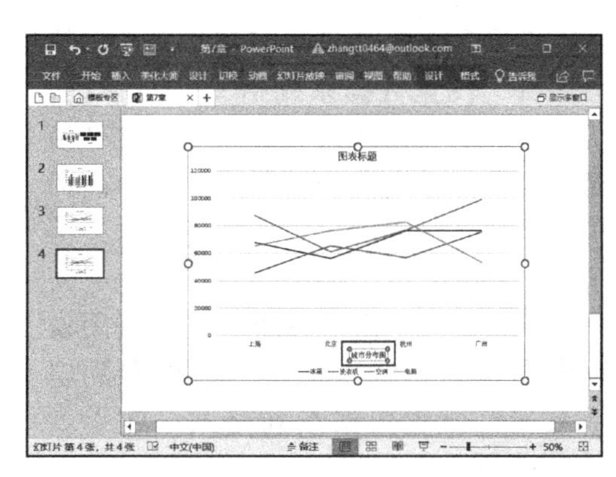

图 7-27

主要纵坐标轴标题的设置方法与上述步骤相同，由于篇幅有限，此处不再赘述。

7.4.3 设置图表数据标签

数据标签用于显示数据系列中数据点的值、系列或类别名称，这样用户在观看图表时，无须根据坐标轴进行比对，因此在没有坐标轴显示的图表中，设置数据标签尤为重要。

步骤 1：打开 PowerPoint 文件，选中需要设置坐标轴标题的图表，展开“添加图表元素”下拉菜单列表，单击“数据标签”项，然后在打开的菜单列表内选择“数据标注”项，如图 7-28 所示。

步骤 2：此时即可看到图表内已添加数据标注，效果如图 7-29 所示。

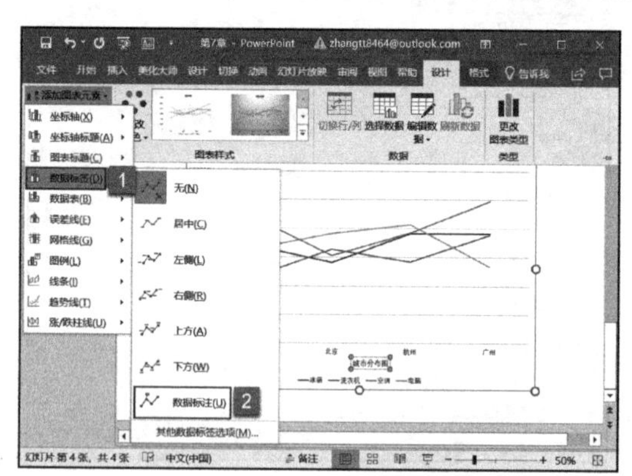

图 7-28

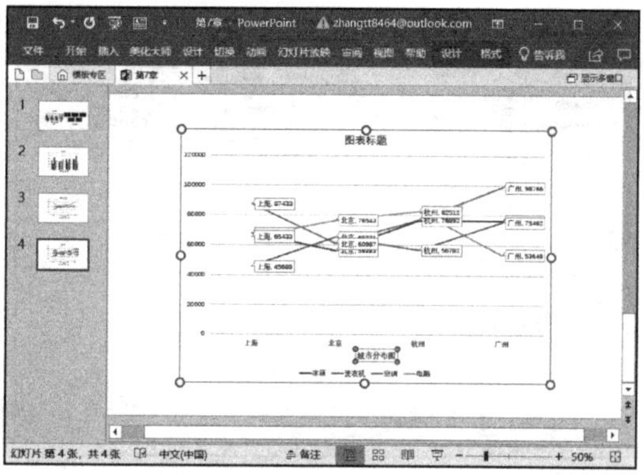

图 7-29

另外，用户通过数据标签功能，还可以设置数据标签的位置，使其居中显示或者在左侧、右侧、上方、下方显示。

7.4.4 设置数据系列格式

数据系列由形状构成，用来展示各种数据值的大小。通过设置数据系列的格式，可以更改其形状、填充颜色等。接下来介绍一下具体的操作步骤。

步骤 1：打开 PowerPoint 文件，选中需要设置数据系列格式的图表，切换至图表工具的“格式”选项卡，然后单击“当前所选内容”组内的“系列”下拉按钮，选择“系列‘电脑’”，然后单击“设置所选内容格式”按钮，如图 7-30 所示。

步骤 2：此时 PowerPoint 界面右侧会展开“设置数据系列格式”对话框，切换至“填充与线条”选项卡，在“填充”窗格内单击选中“渐变填充”前的单选按钮，设置预设渐变颜色为“中等渐变 – 个性色 6”，如图 7-31 所示。

步骤 3：单击“关闭”按钮关闭设置数据系列格式对话框，即可看到电脑系列已设置数据系列格式，效果如图 7-32 所示。

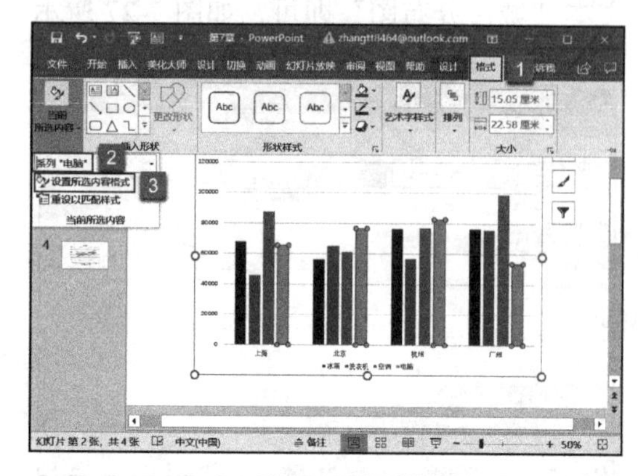

图 7-30

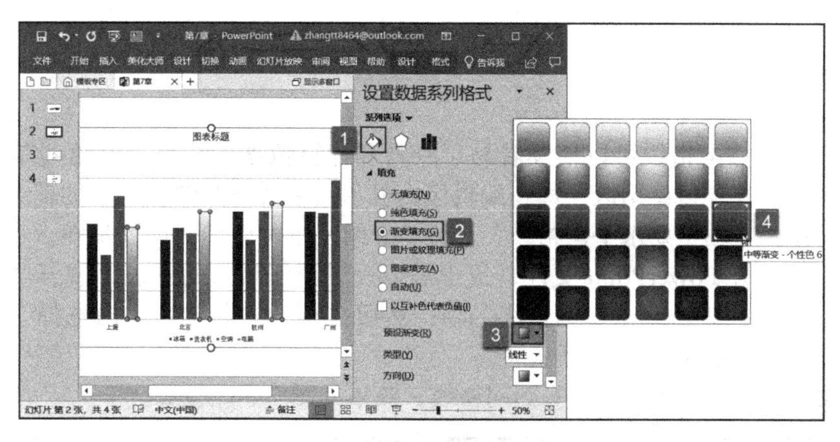

图 7-31

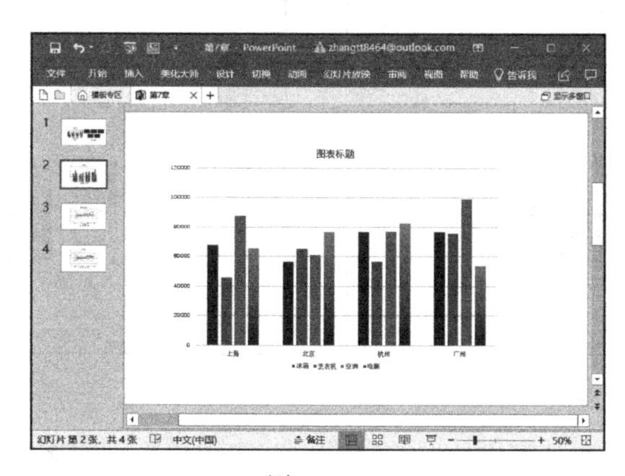

图 7-32

7.4.5 设置图例格式

设置图例格式的方法与设置图表标题、设置坐标轴标题、设置图表数据标签的方法相似。

步骤 1：打开 PowerPoint 文件，选中需要设置图例格式的图表，展开“添加图表元素”下拉菜单列表，单击“图例”选项，然后在打开的菜单列表内选择“右侧”选项，如图 7-33 所示。

步骤 2：此时即可看到图表的右侧已显示图例，效果如图 7-34 所示。

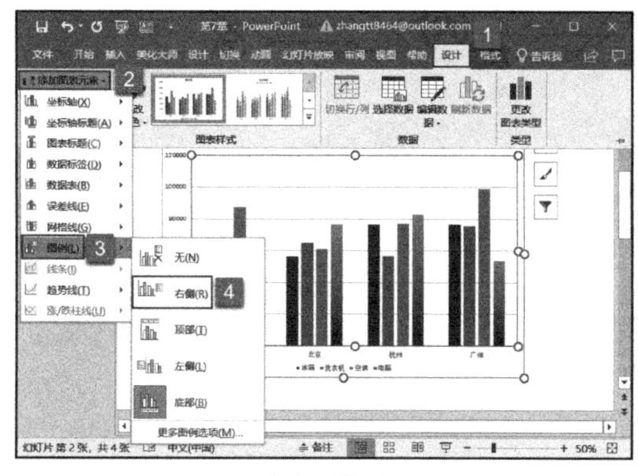

图 7-33

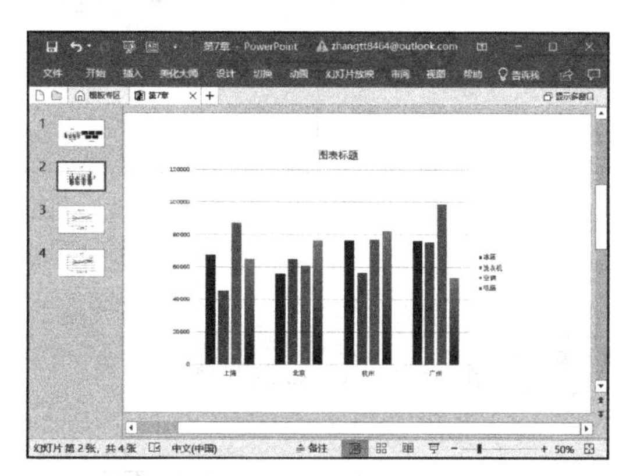

图 7-34

另外，用户通过图例功能，还可以使图例在顶部、左侧、底部位置显示。

7.4.6 设置网格线

在图表中添加网格线可以使读者易于查看和计算数据的线条，网格线是坐标轴上刻度线的延伸，并穿过绘图区，即在编辑区内显示用来对齐图像或文本的辅助线条。

接下来以“主轴主要水平网格线”为例，介绍一下网格线的设置步骤。

步骤 1：打开 PowerPoint 文件，选中需要设置图例格式的图表，展开“添加图表元素”下拉菜单列表，单击“网格线”项，然后在打开的菜单列表内选择“主轴主要水平网格线”项，如图 7-35 所示。

步骤 2：此时即可在图表内看到网格线，效果如图 7-36 所示。

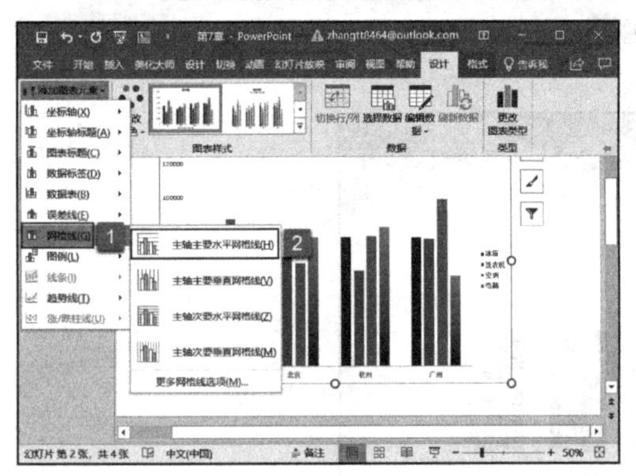

图 7-35

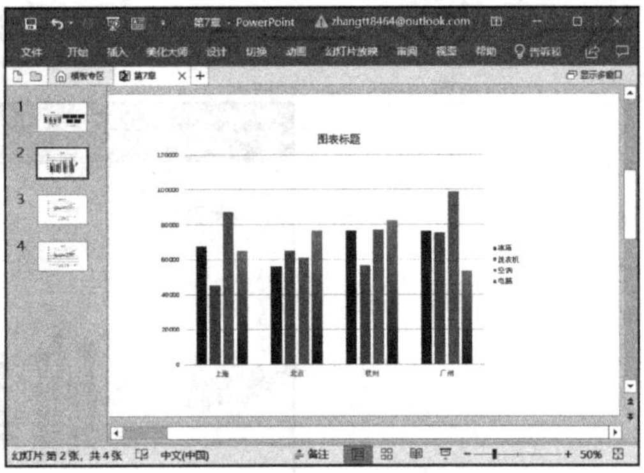

图 7-36

另外，用户还可以在“网格线”隐藏菜单列表内单击“更多网格线选项”选项，打开“设置主要网格线格式”对话框，可以对网络线的颜色、线型、阴影和发光等效果进行设置，如图 7-37 所示。

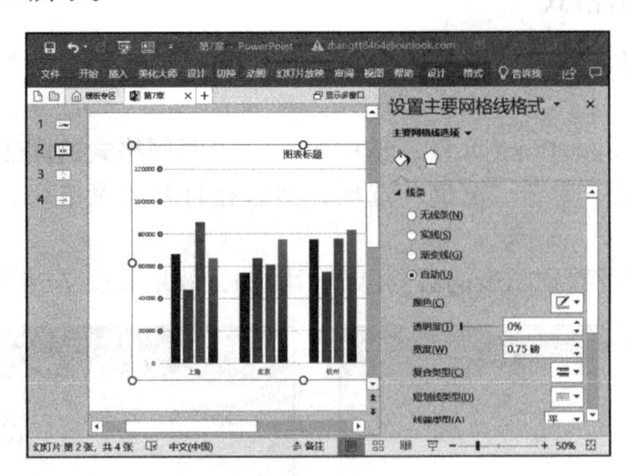

图 7-37

7.5 美化图表

如果用户对图表的默认效果不满意，可以通过设置图表的外观效果、样式布局来美化图表。

7.5.1　调整图表形状样式

用户可以根据自身喜好调整图表的形状样式。

步骤 1：打开 PowerPoint 文件，选中需要调整图表外观效果的图表，切换至图表工具的“格式”选项卡，单击“形状样式”组内的其他下拉按钮，然后在展开的主题样式库内选择“细微效果－金色，强调颜色 4”，如图 7-38 所示。

步骤 2：此时即可在幻灯片内看到设置的图表形状样式，如图 7-39 所示。

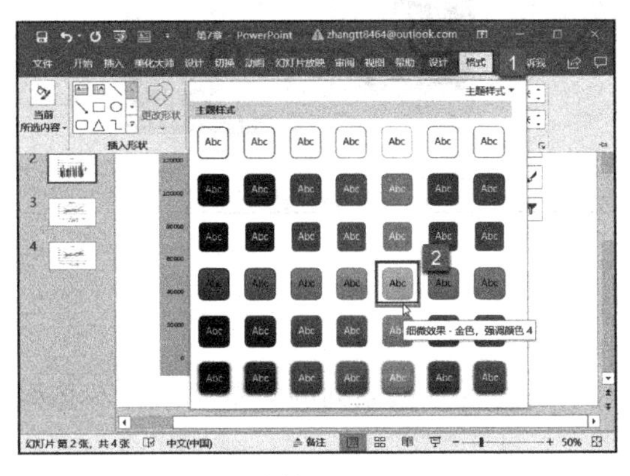

图　7-38

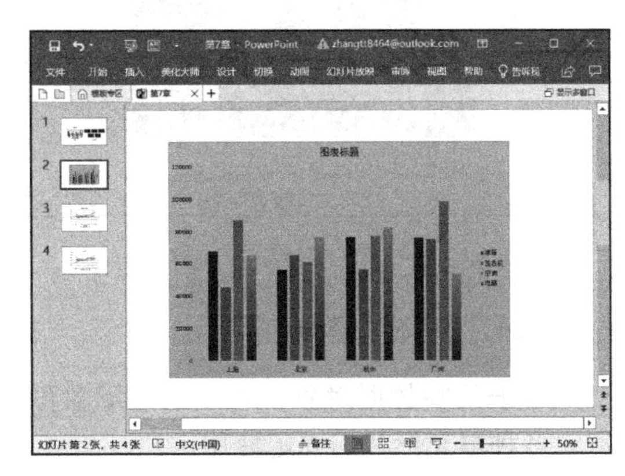

图　7-39

7.5.2　设置图表样式

用户可以根据自身喜好调整图表样式。

步骤 1：打开 PowerPoint 文件，选中需要设置图表样式的图表，切换至图表工具的“设计”选项卡，单击“图表样式”组内的其他下拉按钮，然后在展开的样式库内选择“样式 8”，如图 7-40 所示。

步骤 2：此时即可在幻灯片内看到设置的图表样式，如图 7-41 所示。

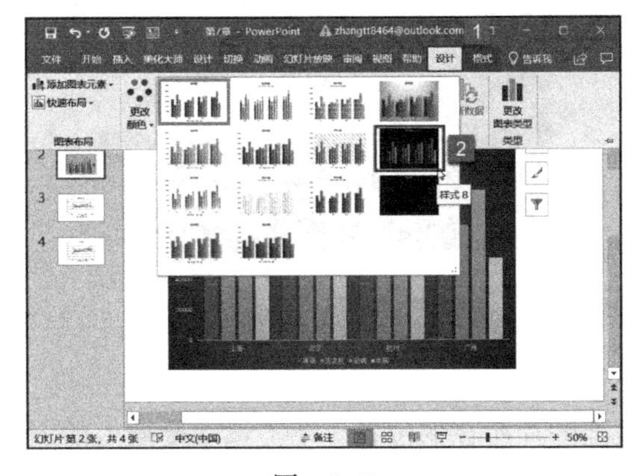

图　7-40

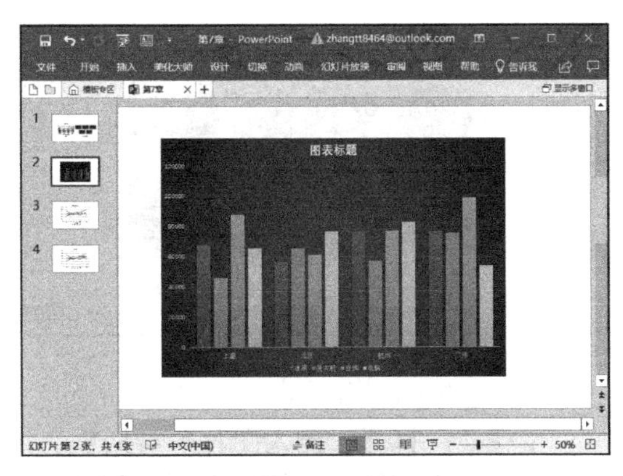

图　7-41

7.5.3　调整图表布局

在制作幻灯片图表的过程中，学会合理布局也是至关重要的。

步骤 1：打开 PowerPoint 文件，选中需要调整图表布局的图表，切换至图表工具的“设计”选项卡，单击“图表布局”组内的“快速布局”下拉按钮，然后在展开的布局样式库内选择“布局 5”项，如图 7-42 所示。

步骤 2：此时即可在幻灯片内看到设置的图表布局，如图 7-43 所示。

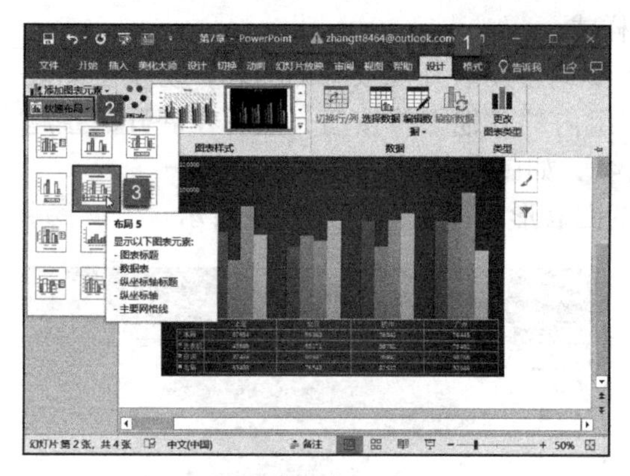

图 7-42

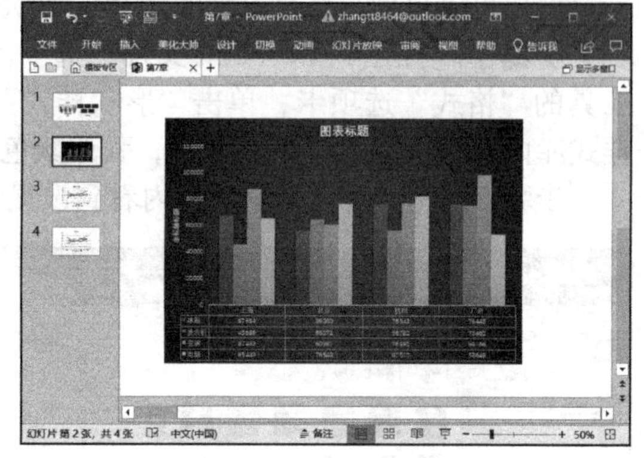

图 7-43

7.5.4 在图表内填充图片

对于某些数据对象，可以通过形象的图片进行各种数据系列的数量展示，不必拘泥于各种填充形状的固定使用。

步骤 1：打开 PowerPoint 文件，选中需要填充图片的图表，切换至图表工具的“格式”选项卡，然后单击“当前所选内容”组内的“系列”下拉按钮，选择“系列‘电脑’”，然后单击“设置所选内容格式”按钮，如图 7-44 所示。

步骤 2：此时 PowerPoint 界面右侧会展开“设置数据系列格式”对话框，切换至“填充与线条”选项卡，在“填充”窗格内单击选中“图片或纹理填充”前的单选按钮，然后单击“文件”按钮，如图 7-45 所示。

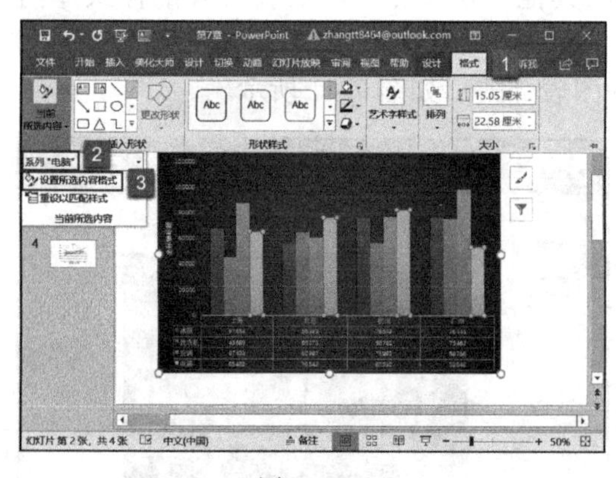

图 7-44

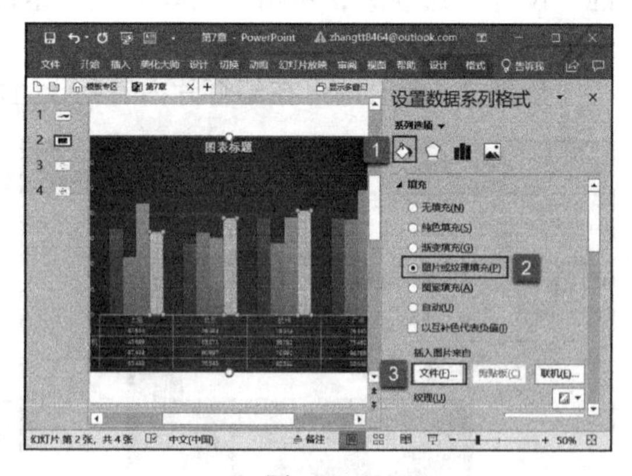

图 7-45

步骤 3：打开“插入图片”对话框，定位至图片所在的位置，单击选中要插入的图片，然后单击“插入”按钮即可，如图 7-46 所示。

步骤 4：返回幻灯片，即可看到电脑系列的形状内已填充图片，如图 7-47 所示。

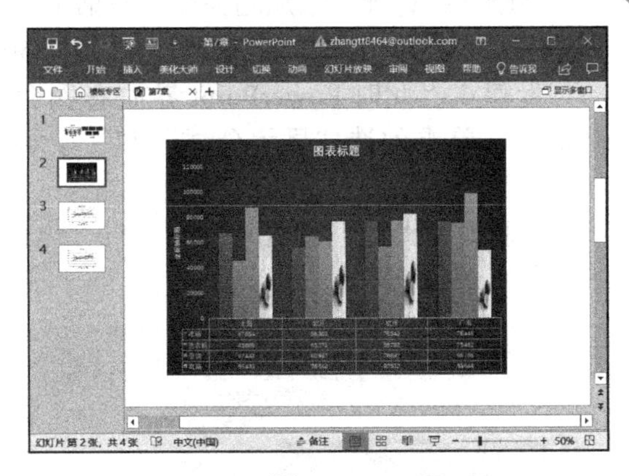

图 7-46　　图 7-47

7.6 分析图表

为了使图表能够充分表现出分析数据的能力，可以在图表中添加一些分析数据的辅助线，包括趋势线、线段、涨/跌柱线和误差线等，在幻灯片展示时，会更具有说服力。

7.6.1 添加趋势线

所谓趋势线，就是用来展示数据发展趋势的。数据发展的趋势既有线性的、也有非线性的，如果要让趋势线更准确地表现数据发展趋势，添加合适的趋势线很重要。在图表中，可以通过比较 R 平方值是否接近于 1 来判断趋势线的模拟程度，越接近于 1 的趋势线越准确。

步骤 1：打开 PowerPoint 文件，选中需要添加趋势线的图表，然后单击图表右上角的“图表元素”按钮，在展开的图表元素列表内单击勾选“趋势线”前的复选框。打开“添加趋势线”对话框，选择“电脑”选项后单击“确定”按钮，如图 7-48 所示。

步骤 2：再次打开图表元素列表框，单击“趋势线”下拉按钮，然后在展开的隐藏菜单中单击“更多选项”按钮，如图 7-49 所示。

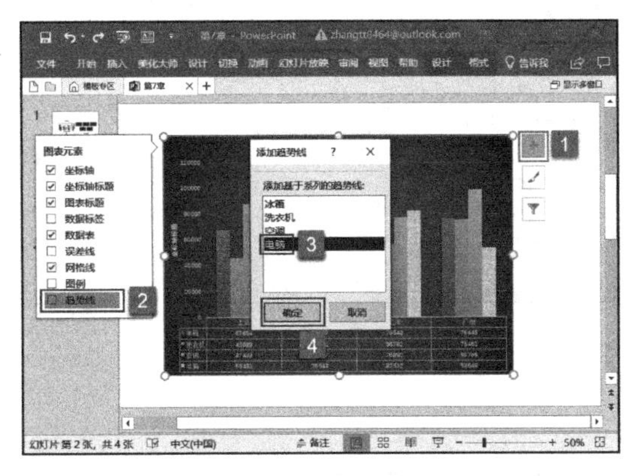

图 7-48

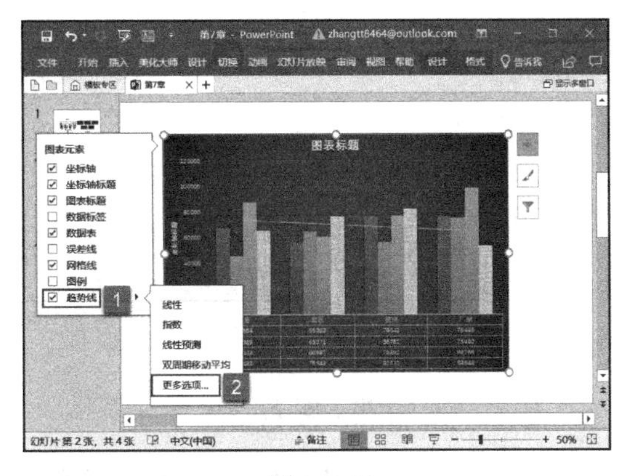

图 7-49

步骤 3：打开“添加趋势线”对话框，在“添加基于系列的趋势线”列表框内选择“电脑”，然后单击“确定”按钮，如图 7-50 所示。

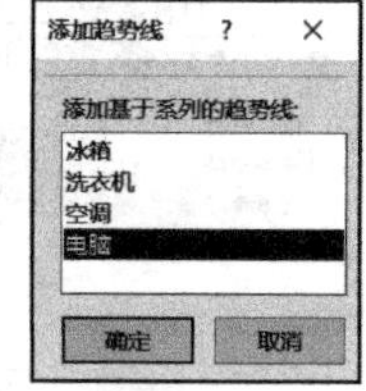

图 7-50

步骤 4：此时 PowerPoint 界面右侧会展开“设置趋势线格式”对话框，单击勾选“显示公式”和“显示 R 平方值”前的复选框，如图 7-51 所示。

步骤 5：此时，幻灯片内图表的“电脑”系列上添加了趋势线，效果如图 7-52 所示。

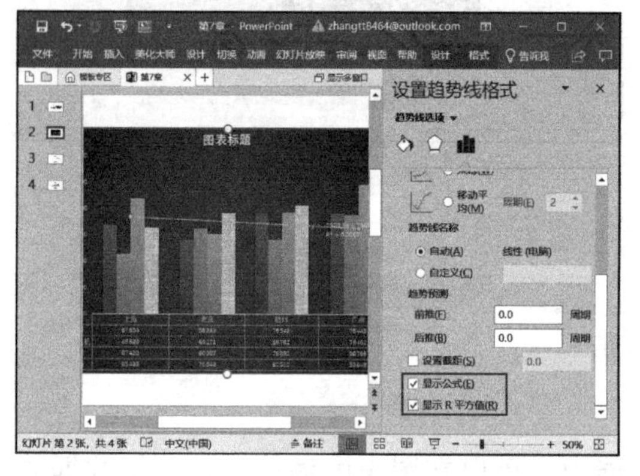

图 7-51

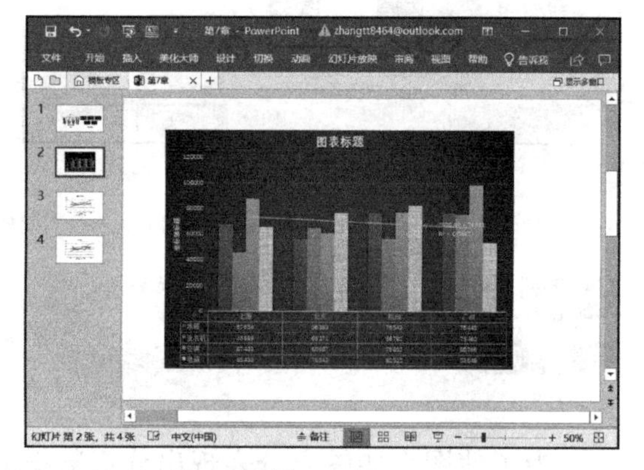

图 7-52

7.6.2 添加线条

在幻灯片图表内添加线条的主要作用是用来标识数据系列在分类轴上的位置。垂直线用于帮助识别标记的终点与下一标记的起点，而高低点连线用于从每个分类的最高值延伸到最低值。通常情况下，线条多用于折线图。

步骤 1：打开 PowerPoint 文件，选中需要添加线条的图表，切换至图表工具的“设计”选项卡，然后单击“图表布局”组内的“添加图表元素”下拉按钮，在展开的菜单列表内单击“线条”项，再在子菜单列表内选择“垂直线”项，如图 7-53 所示。

步骤 2：此时即可在图表内看到添加的垂直线，效果如图 7-54 所示。

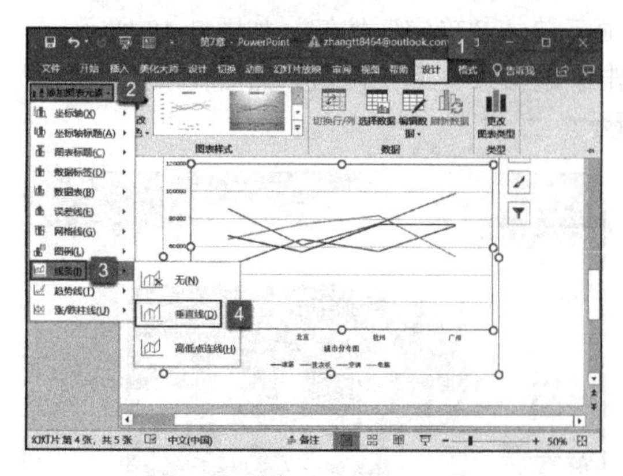

图 7-53

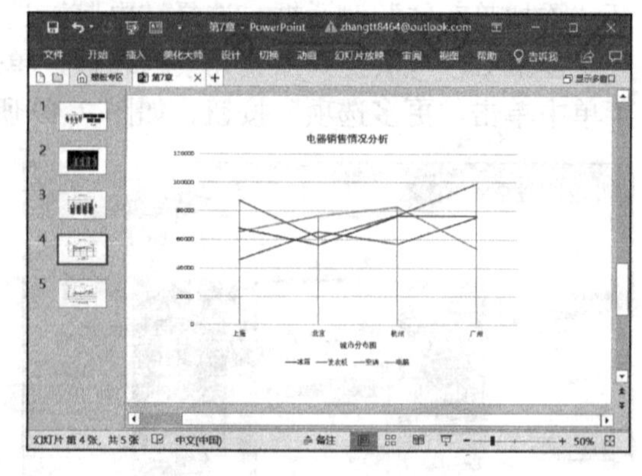

图 7-54

7.6.3 添加涨 / 跌柱线

涨 / 跌柱线是利用白色和黑色的柱状图形来标识两个数据之间的涨幅和下跌情况的

辅助线。它也主要应用在折线图中，添加涨 / 跌柱线后，观众在观看图表时，可以一眼了解数据的涨跌情况。

步骤 1：打开 PowerPoint 文件，选中需要添加涨 / 跌柱线的图表，切换至图表工具的“设计”选项卡，然后单击“图表布局”组内的“添加图表元素”下拉按钮，在展开的菜单列表内单击“涨 / 跌柱线”项，再在子菜单列表内选择“涨 / 跌柱线”项，如图 7-55 所示。

步骤 2：此时即可在图表内看到添加的涨 / 跌柱线，效果如图 7-56 所示。

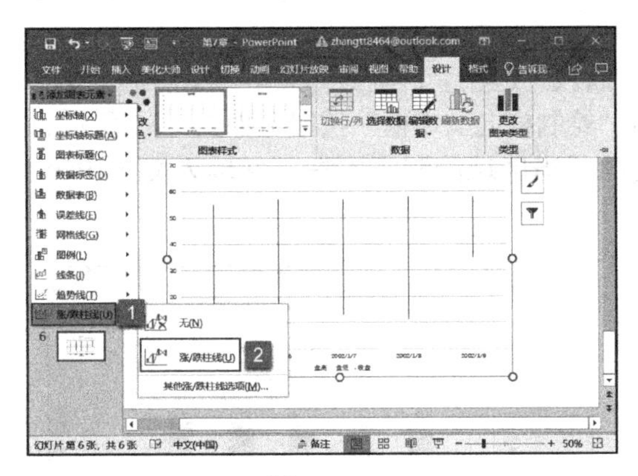

图 7-55

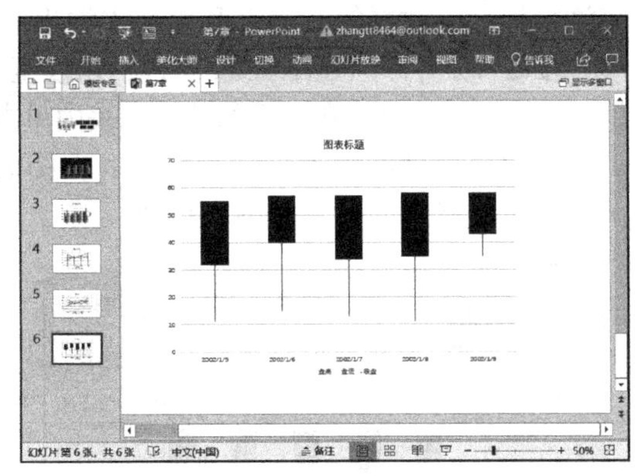

图 7-56

7.6.4 添加误差线

在实际工作中，实际数据会与预设数据有一定的差距，怎么样才能知道数据的变化是否在预设的误差范围之内呢？此时可以利用误差线功能来解决，然后在放映幻灯片时，观众能够对于分析评估事件的发展情况一目了然。

步骤 1：打开 PowerPoint 文件，选中需要添加误差线的图表，切换至图表工具的“设计”选项卡，然后单击“图表布局”组内的“添加图表元素”下拉按钮，在展开的菜单列表内单击“误差线”项，再在子菜单列表内选择“标准误差”项，如图 7-57 所示。

步骤 2：此时即可在图表内看到添加的标准误差线，效果如图 7-58 所示。

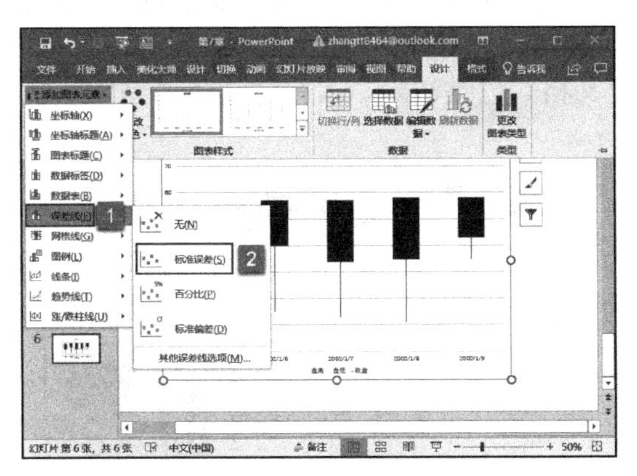

图 7-57

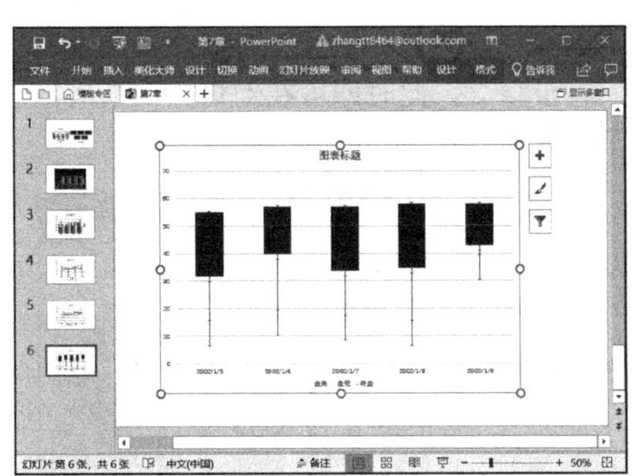

图 7-58

高手技巧

在图表中添加文本框进行说明

如果用户要在图表中的任意位置处添加文字，通过文字来说明图表内容或者给图表添加提示、注释等，可以利用文本框来解决。

步骤 1：打开 PowerPoint 文件，切换至“插入”选项卡，单击“文本”组内的“文本框”下拉按钮，然后在展开的菜单列表内单击“绘制横向文本框”按钮，如图 7-59 所示。

步骤 2：此时光标呈现十字形，在图表的适当区域绘制文本框，并输入文本内容，调整其文本格式即可，如图 7-60 所示。

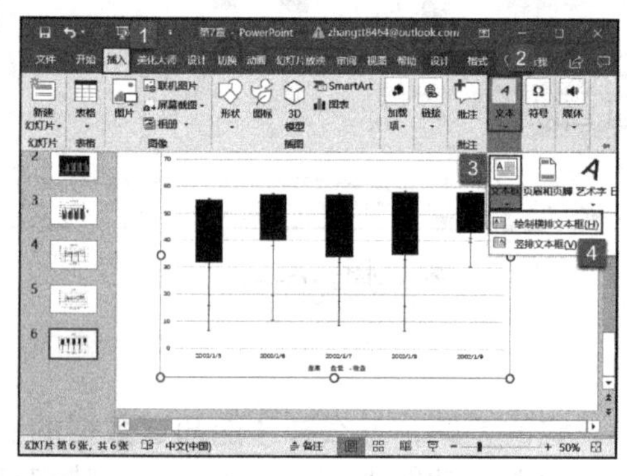

图 7-59

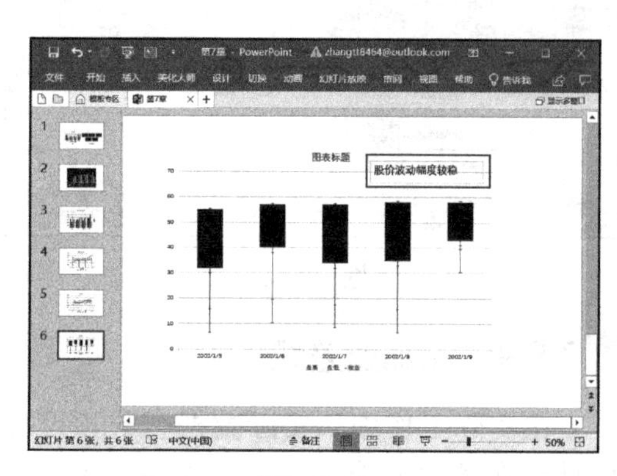

图 7-60

重设图表格式以匹配样式

为了确保图表与幻灯片的主题相匹配，用户可以对图表中的所有自定义格式进行清除，将其还原到默认状态下。

步骤 1：打开 PowerPoint 文件，选中需要重设表格样式的图表，切换至图表工具的“格式”选项卡，单击“当前所选内容”组内的系列下拉列表选择“图表区”，然后单击“重设以匹配样式”按钮，如图 7-61 所示。

步骤 2：此时即可在幻灯片内所有的自定义格式已被清除，表格样式还原到默认状态，如图 7-62 所示。

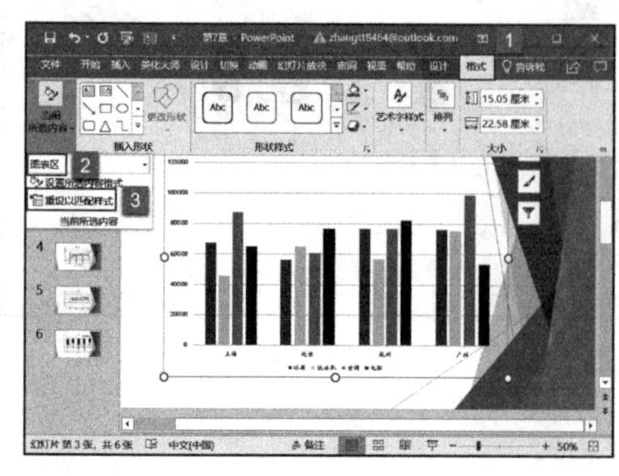

图 7-61

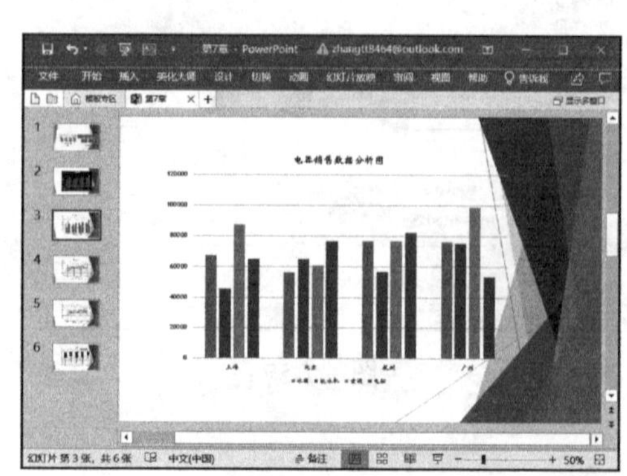

图 7-62

第8章 幻灯片视听多媒体编辑

PowerPoint 用于制作图文并茂的演示文稿，使演示文稿具有动态性、交互性和可视性。对演示文稿中的每张幻灯片，均可利用 PowerPoint 提供的对象编辑功能，设置其多媒体效果。

- 多媒体素材的获取
- 音频素材的处理
- 视频素材的处理
- 压缩媒体文件
- 高手技巧

8.1 多媒体素材的获取

多媒体素材，大致可以分为图形、图像、音频（声音）、视频、动画等几种主要形式，充分合理地使用这些对象，可以使幻灯片达到意想不到的效果。

8.1.1 图片的获取

图片素材的格式一般为 jpg、bmp、gif、png 等，目前采集图片素材的方法非常多，概括起来主要有以下七种。

1. 屏幕捕捉

利用 HyperSnap 或 Snagit 等屏幕截取软件，可以捕获当前屏幕上显示的任何内容。也可以使用 Windows 系统提供的"Alt+PrintScreen"快捷键，直接将当前活动窗口内显示的画面置入剪贴板。

2. 扫描输入

扫描输入是一种常用的图像采集方法。如果用户需要将教材或其他书籍内的插图插入到多媒体文件中，可以通过彩色扫描仪将其扫描转换成计算机数字图像文件，然后对其进行编辑处理，例如使用 Photoshop 进行一些诸如颜色、亮度、对比度、清晰度、幅面大小等方面的调整，以弥补扫描时存在的缺陷。

3. 使用数字照相机

随着数字照相机的不断发展，数字摄影是近年来广泛使用的一种图像采集手段。数字照相机拍摄的图像是数字图像，它被保存在照相机的内存储器芯片中，然后通过计算机的通信接口即可将数据传送到多媒体计算机上，再进行编辑处理即可应用到多媒体文件中。使用这种方法可以方便快捷地制作出实际物体如旅游景点、实验仪器器具、人物等数字图形。

4. 视频帧捕捉

利用超级解霸、金山影霸等视频播放软件，可以将屏幕上显示的视频图像进行单帧捕捉，变成静止的图形存储起来。如果电脑内已装有图像捕捉卡，可以利用它采集视频图像的某一帧，从而得到数字图像。这种方法简单灵活，但产生的图像质量一般难以与扫描质量相比。

5. 光盘采集

目前很多公司、出版社制作了大量的分类图像素材库光盘，例如各种植物图片库、动物图片库、办公用品图片库等，光盘中的图片清晰度高、制作精良，而且同一幅图还以多种格式存储，这些光盘可以在书店买到，从素材库光盘内选择所需要的图像也是一条捷径。

6. 网上下载或网上图片库

网络中有各种各样的丰富资源，特别是图像资源。对于网页上的图像，可以通过保存将其下载存储到本地以供使用；对于某些提供素材库的网站，会有专门的下载工具供使用。

7. 使用专门的图形图像制作素材

对于那些确实无法通过上述方法获得的图像素材，就不得不使用绘图软件进行制作。常用的绘图软件有 FreeHand、Illustrator、CorelDRAW 等，这些软件都提供了强大的绘图工具、着色工具、特效功能（滤镜）等，可以使用这些工具制作出需要的图像。

8.1.2 音频的获取

音频一般分为背景音乐和效果音乐，其格式多为 wav、swa、midi、mp3、cd 等形式。

音频的获取途径有以下几种：素材光盘、资源库、网上查找、从 CD/VCD 中获取、从现有的录音带中获取、从课件中获取。

对于音频的处理，可以有很多种方法，比如，用系统自带的录音机编辑声音文件、用超级解霸软件的超级音频解霸编辑声音文件、用其他音频转换软件编辑声音文件。

8.1.3 视频的获取

视频素材的格式一般为：wmv、avi、mpg、rm、flv、rmvb、mpeg 等。

视频素材主要是从资源库、电子书籍、课件及录像片、VCD 以及 DVD 中获取，从网上也能找到视频文件。资源库、电子书籍中的视频资料可以直接调用。课件中的视频文件一般放在 exe 文件之外，不和 exe 打包在一起，也可直接调用。录像片中的资料可用采集卡进行采集，若无此设备，可在 VCD 制作店进行加工，把录像资料转变为 mpeg 格式或 avi 格式，刻录后进行使用。VCD 可直接用超级解霸处理，但要注意，DVD 格式（mpeg4）在 Authorware 中无法直接使用，需要安装 mpeg4 转换软件，转换格式后才可以正常使用。

8.2 音频素材的处理

在制作演示文稿时，有时会需要一些音频素材点缀，恰到好处的音频处理可以使 PowerPoint 演示文稿更具感染力。

8.2.1 音频的插入与调整

演示文稿支持在幻灯片放映时播放音频，通过插入音频对象，可以使演示文稿更具感染力。

1. 音频的插入

步骤 1：打开 PowerPoint 文件，切换至“插入”选项卡，单击“媒体”组内的“音频”下拉按钮，然后在展开的菜单列表内选择“PC 上的音频”选项，如图 8-1 所示。

步骤 2：打开“插入音频”对话框，定位至音频的文件夹位置，单击选中要插入的音频，然后单击“插入”按钮，如图 8-2 所示。

步骤 3：返回幻灯片，即可看到插入的音频对象，如图 8-3 所示。

2. 音频的调整

在幻灯片内右键单击插入的音频对象图标，然后在弹出的菜单列表内单击“在后台播放”按钮，如图 8-4 所示。此时，在进行幻灯片放映时，喇叭图标不会显示，并在后台进行循环播放，而且还可以跨幻灯片播放。

图 8-1

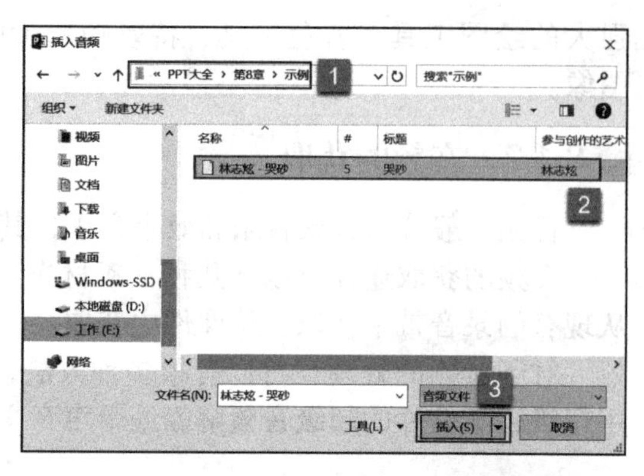

图 8-2

图 8-3

图 8-4

8.2.2 插入音频对象

PowerPoint 可以通过插入对象的方式插入音频文件，具体的操作步骤如下。

步骤 1：打开 PowerPoint 文件，切换至“插入”选项卡，单击“文本”组内的“对象”按钮，如图 8-5 所示。

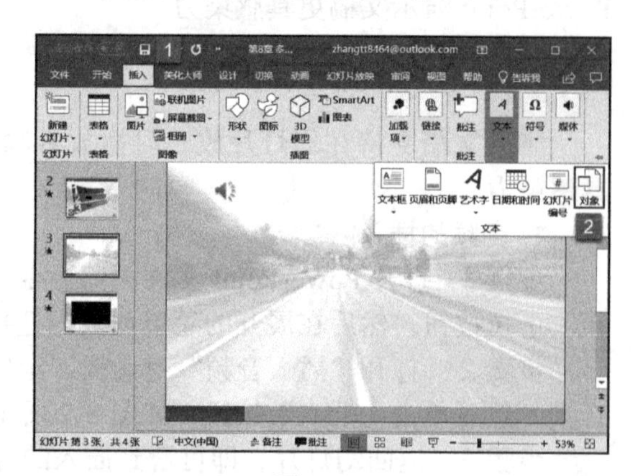

图 8-5

步骤 2：打开“插入对象”对话框，单击选中“由文件创建”单选按钮，然后单击“浏览”按钮，如图 8-6 所示。

步骤 3：打开“浏览”对话框，定位至音频文件的文件夹位置，选中要插入的音频文件，单击“确定”按钮，如图 8-7 所示。返回“插入对象”对话框，单击“确定”按钮返回幻灯片，即可看到插入的音频文件图标，如图 8-8 所示。

步骤 4：左键双击图标，弹出“打开软件包内容”对话框，单击“打开”按钮，如图 8-9 所示。

步骤 5：弹出“你要以何方式打开此 .mp3 文件？”对话框，选择打开文件的软件程序，单击“确定”按钮，如图 8-10 所示。

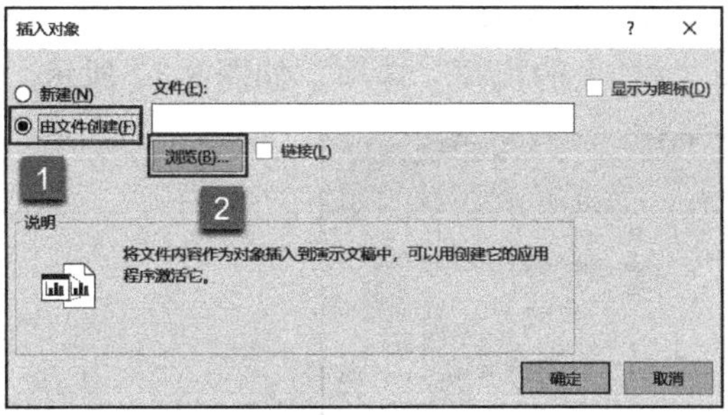

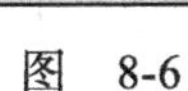

图 8-6

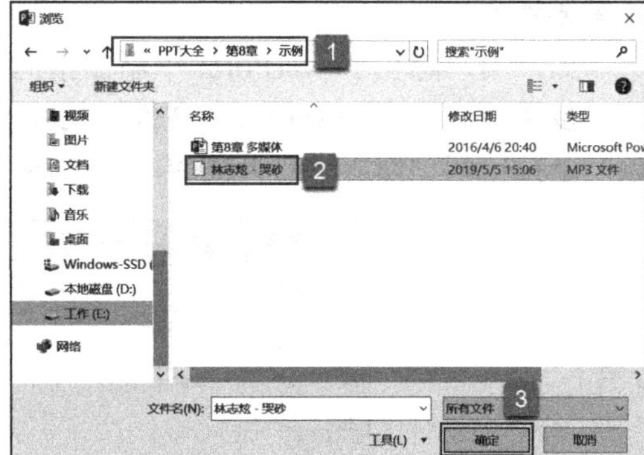

图 8-7

图 8-8

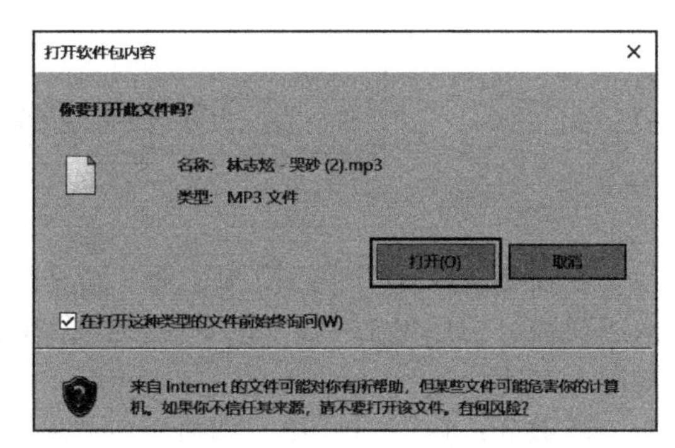

图 8-9

步骤 6：此时，即可打开程序，并播放插入的音频文件，如图 8-11 所示。

图 8-10

图 8-11

8.3 视频素材的处理

制作演示文稿时，除了可以给幻灯片添加文字、图片、音频之外，还可以根据实际需要添加视频。

如果用户想在 PowerPoint 中添加指向视频的链接，可以执行以下操作：

步骤 1：打开 PowerPoint 文件，切换至“插入”选项卡，单击“媒体”组内的“视频”下拉按钮，然后在打开的菜单列表内选择“PC 上的视频”选项，如图 8-12 所示。

图 8-12

步骤 2：打开“插入视频文件”对话框，定位至视频所在的文件夹位置，选中要插入的视频，然后单击“插入”下拉按钮，在展开的菜单列表内单击“链接到文件”按钮，如图 8-13 所示。

步骤 3：返回幻灯片，即可看到视频文件已插入，如图 8-14 所示。单击播放按钮即可播放视频。

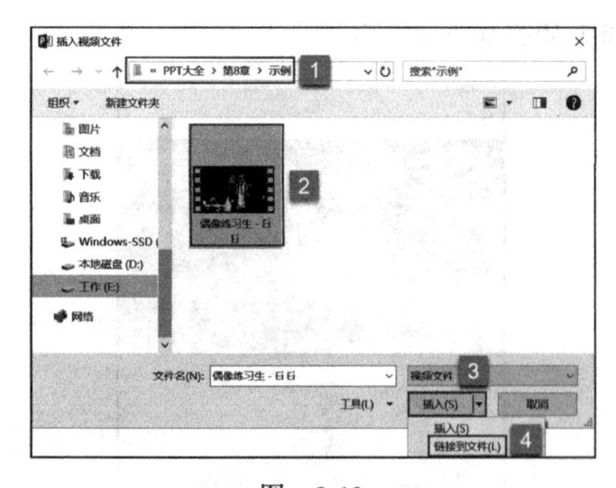

图 8-13

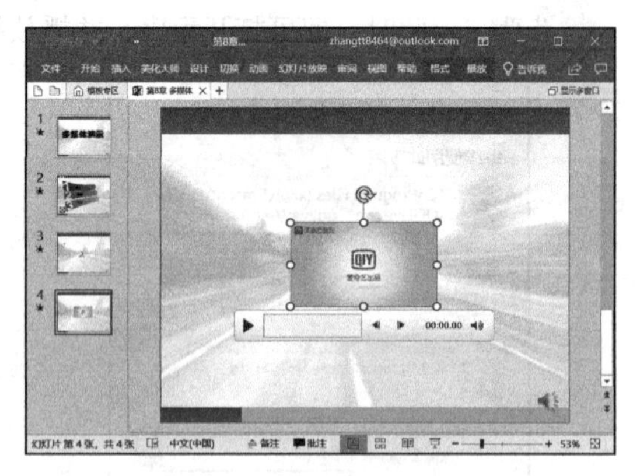

图 8-14

8.4 压缩媒体文件

PowerPoint 中的压缩媒体功能可以减少嵌入到演示文稿的音频和视频资源所占用的磁盘空间。在 PowerPoint 演示文稿中，最占用存储空间的内容非音频和媒体莫属，因此，要为演示文稿“减肥”，主要处理的对象就是它们。

步骤 1： 打开 PowerPoint 文件，切换至“文件”选项卡，然后在左侧窗格内选择“信息”项，在右侧窗格内单击“压缩媒体”按钮，即可展开压缩类型，用户可以根据实际需求指定媒体文件的质量，如图 8-15 所示。

步骤 2： 打开“压缩媒体”对话框，可以看到幻灯片内的所有媒体文件正在压缩，如图 8-16 所示。

步骤 3： 压缩完成后，单击关闭按钮，返回幻灯片，即可看到此时演示文稿中的媒体文件占用的磁盘空间有所减少，如图 8-17 所示。

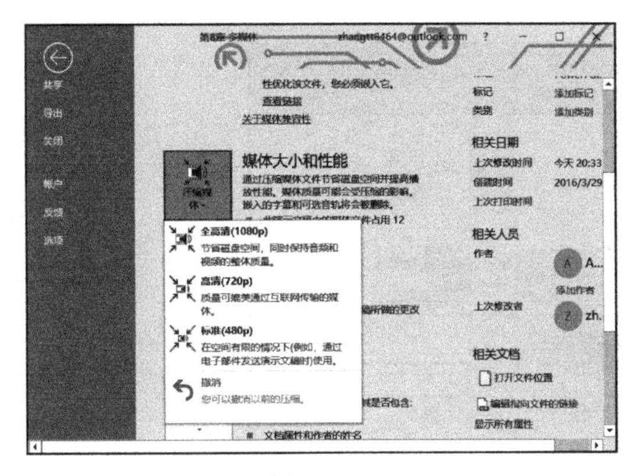

图 8-15

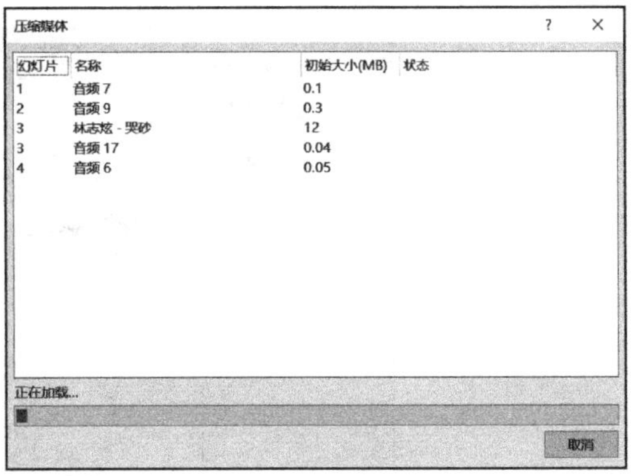

压缩媒体

幻灯片	名称	初始大小(MB)	状态
1	音频 7	0.1	
2	音频 9	0.3	
3	林志炫 - 哭砂	12	
3	音频 17	0.04	
4	音频 6	0.05	

正在加载...

取消

图 8-16

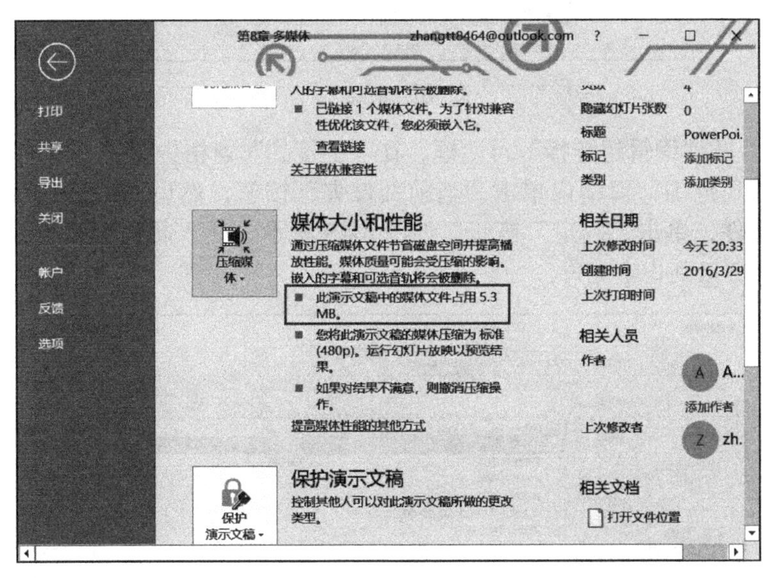

图 8-17

高手技巧

为了使幻灯片具有更好的视觉效果，许多用户已经不再满足于仅仅在幻灯片内插入图片，他们开始将目标转移到超链接及动画上。

插入超链接

PowerPoint 为用户提供了功能强大的超链接功能，使用此功能可以实现在幻灯片与幻灯片之间，幻灯片与其他外界文件或程序之间，以及幻灯片与网络之间的自由切换。

步骤 1：打开 PowerPoint 文件，选中要插入超链接的图标，切换至“插入”选项卡，然后单击“链接”组内的“链接”下拉按钮，在打开的菜单列表内单击“插入链接”按钮，如图 8-18 所示。

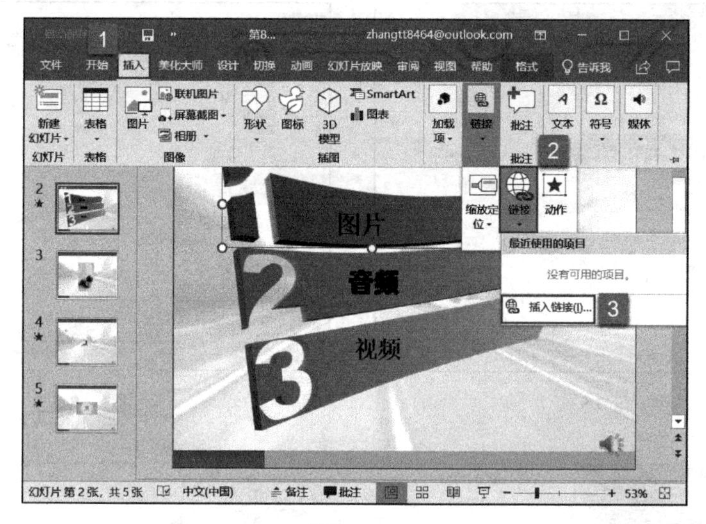

图 8-18

步骤 2：打开“编辑超链接”对话框，在“链接到”窗格内单击“现有文件或网页”按钮，在“查找范围”窗格内单击“当前文件夹”按钮，然后在右侧的文件列表内选择链接到的文件，单击“确定”按钮，如图 8-19 所示。插入超链接后，按住 Ctrl 键并单击图标即可链接到指定文件。

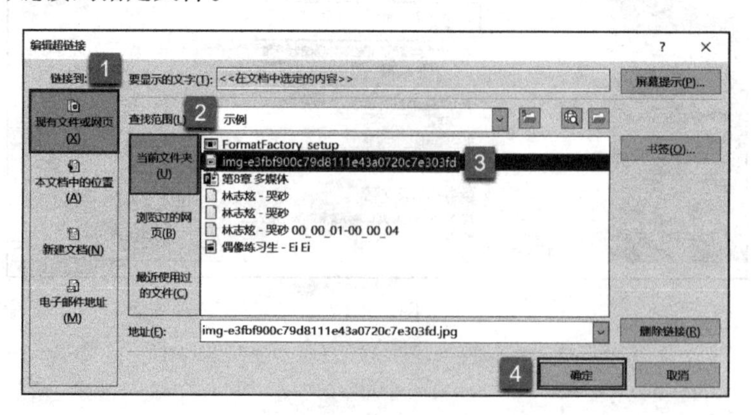

图 8-19

步骤 3：在插入超链接时，也可以选择“本文档中的位置”按钮，然后选择文档中的位置，单击“确定”按钮即可，如图 8-20 所示。当幻灯片放映时，单击设置超链接的对象，即可切换至指定位置。

图 8-20

注意:

1）设置文字的超链接时，最好使其保持在“对象操作”状态而非“文字编辑”状态。在“文字编辑”状态下会有一个闪烁光标，此时用户可以修改文字内容，在此状态设置超链接一般无法得到满意的结果。将“文字编辑”状态转换为“对象编辑”状态的方法是，单击“文字编辑”状态下的文字边框，此时如果文字边框依然存在，但已无光标闪烁，即为“对象操作”状态，也就是对所选择的整个对象进行操作的意思。

2）设置超链接功能时需要注意：幻灯片与幻灯片之间的切换效果必须设置为通过“鼠标单击”切换，否则有可能出现超链接功能还未使用，演示文稿就已结束的情况。

插入 Flash

如果用户有使用 Adobe Macromedia Flash 创建的动画图形，并将其另存为带有 swf 扩展名的 Shockwave 文件，则可以在 PowerPoint 演示文稿中播放该文件。通过在幻灯片中嵌入或链接文件，可以将 Flash 文件添加到演示文稿中，增强幻灯片的视觉效果。

1. 嵌入 Flash 文件

步骤 1： 嵌入 Flash 文件的操作步骤与插入视频文件的操作步骤类似。打开“插入视频文件”对话框，定位至 Flash 动画所在的文件夹位置，选中要插入的 Flash 文件，然后单击“插入”按钮即可，如图 8-21 所示。不过要注意的是，为了确保 swf 文件能够在文件列表中显示，需要将文件筛选器更改为“所有文件”。

步骤 2： 返回幻灯片，即可看到 Flash 文件已被插入，如图 8-22 所示。左键双击 Flash 文件图标，即可播放，单击图标外任意位置，即可停止播放。

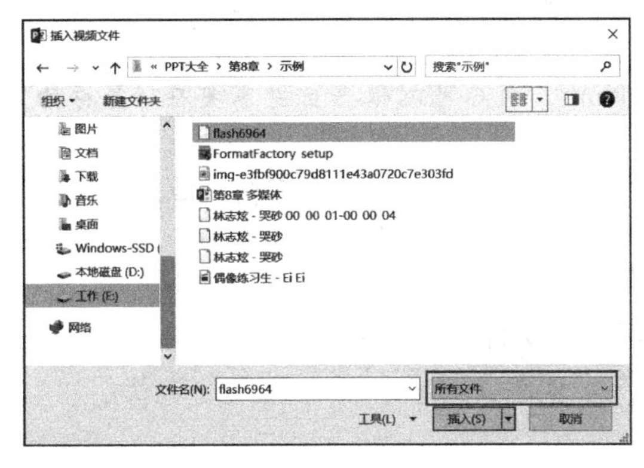

图 8-21

图 8-22

2. 链接到 Flash 文件

链接到 Flash 文件的操作步骤与嵌入 Flash 文件的操作步骤相似，不同的是，在“插入视频文件”对话框内，不要直接单击“插入”按钮，要单击“插入”下拉按钮，然后在展开的菜单列表内选择“链接到文件”项。若要防止可能出现的链接断开问题，最好将 Flash 动画复制到演示文稿所在的文件夹中，并链接到该文件夹。

注意：在 PowerPoint 中使用 Flash 时可能会有一些限制，包括无法使用特殊效果（如阴影、反射、发光效果、柔化边缘、棱台和三维旋转）、淡化和裁切功能以及压缩功能等。

转换演示文稿的兼容模式

当用户需要将演示文稿打印出来或者转换成 Word 文件时，可以使用“ PPT 转换 WORD 转换器”进行转换，操作简单而且转换效率很高。

步骤 1：打开 PowerPoint 文件，切换至“文件”选项卡，在左侧窗格内单击“导出”按钮，然后在右侧窗格内依次单击“创建 PDF/XPS 文档”→“创建 PDF/XPS”按钮，如图 8-23 所示。

步骤 2：打开“发布为 PDF 或 XPS”对话框，检查保存类型是否为文档格式，单击勾选“发布后打开文件”复选框，然后单击“发布”按钮即可，如图 8-24 所示。

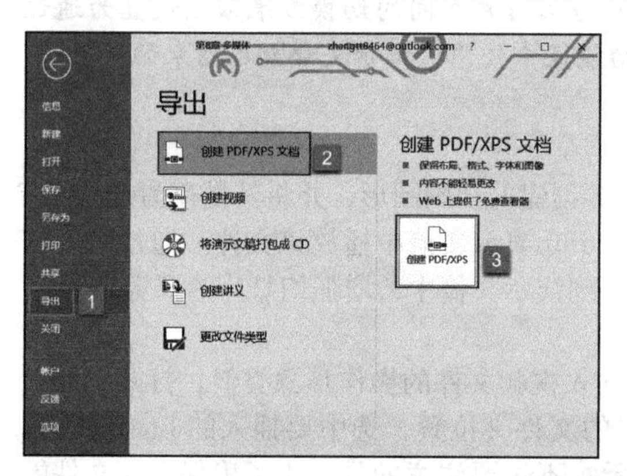

图 8-23

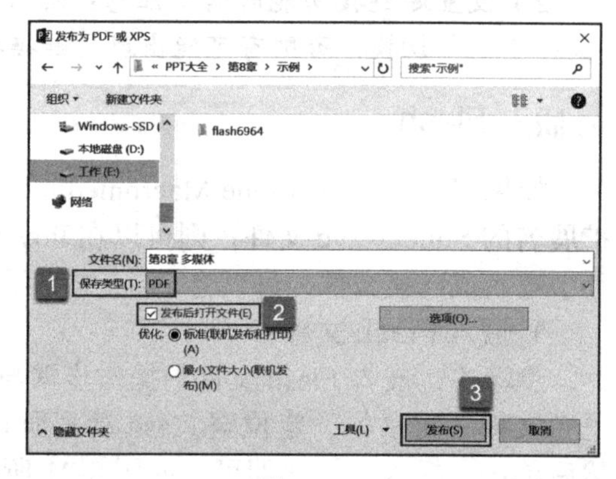

图 8-24

将演示文稿创建成视频文件

PowerPoint 提供了直接将演示文稿转换为视频文件的功能，其中可以包含所有未隐藏的幻灯片、动画甚至媒体等。

提示：这里创建的视频格式包括 .mp4 和 .wmv，用户可以根据自身需要在“另存为”对话框的“保存类型”内进行设置。

步骤 1：打开 PowerPoint 文件，切换至“文件”选项卡，在左侧窗格内单击“导出”按钮，然后在“导出”窗格内单击“创建视频”按钮，最后在“创建视频”窗格内单击“创建视频”按钮，如图 8-25 所示。

步骤 2：打开“另存为”对话框，定位至视频文件要保存到的位置，输入文件名，选择“保存类型”，最后单击“保存”按钮即可，如图 8-26 所示。

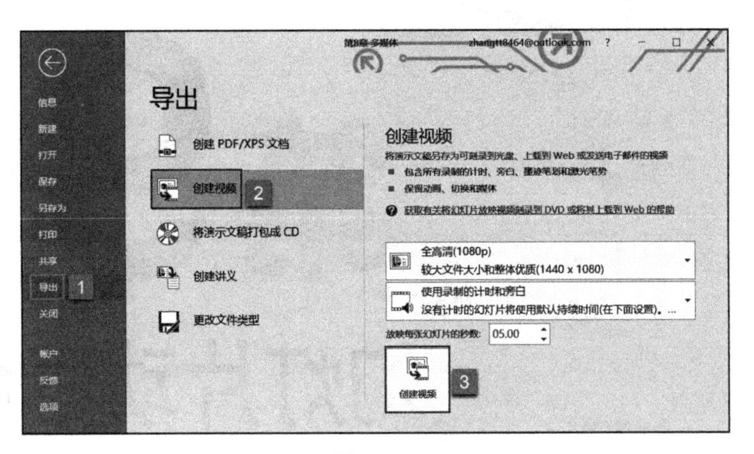
导出
创建 PDF/XPS 文档
创建视频
将演示文稿打包成 CD
创建讲义
更改文件类型
创建视频
全高清(1080p)
较大文件大小和整体优质(1440 x 1080)
使用录制的计时和旁白
创建视频

图 8-25

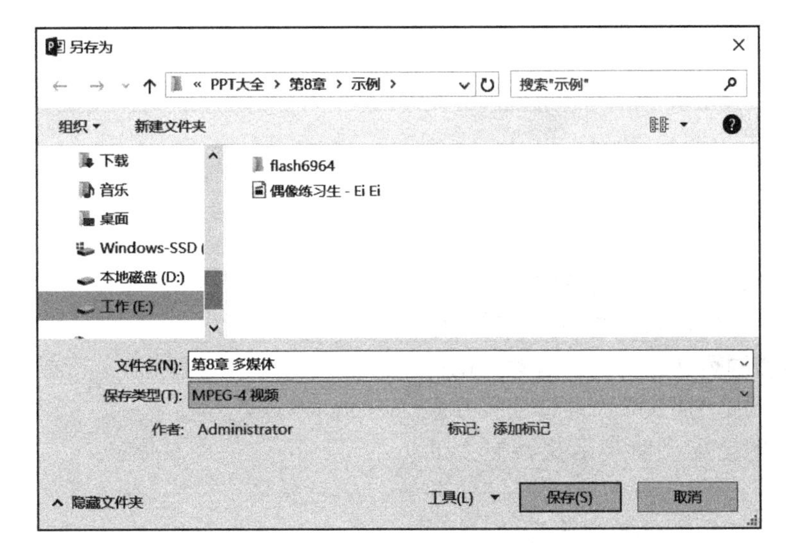
另存为
PPT大全 › 第8章 › 示例
搜索"示例"
组织
新建文件夹
下载
音乐
桌面
本地磁盘 (D:)
工作 (E:)
flash6964
偶像练习生 - Ei Ei
文件名(N): 第8章 多媒体
保存类型(T): MPEG-4 视频
作者: Administrator
标记: 添加标记
隐藏文件夹
工具(L)
保存(S)
取消

图 8-26

第9章 幻灯片动画编辑

为了提高演示文稿的表现力、感染力以及观众的视觉体验，可以将幻灯片内的文本、图片、图形、表格等对象制作成动画，给其添加特殊的视觉或声音效果，赋予它们进入、退出、旋转、颜色变化甚至移动等视觉特效。当然，也可以给幻灯片添加切换效果，通过动画效果和声音效果的搭配，使演示文稿更生动形象。

用户可以根据内容需要选择合适的动画，实现静态内容无法实现的效果，例如物理教学课件中的实验过程可以制作成动画效果，使演示更加直观准确，这类应用是动画功能的独特优势，是其他表现形式很难替代的。

本章将重点介绍 PowerPoint 2019 中动画的制作与编辑以及幻灯片的切换设置。

9.1 关于动画

PowerPoint 2019 不仅可以给幻灯片添加动画效果，还可以给幻灯片内的各对象元素添加动画效果。对于整张幻灯片，PowerPoint 2019 为用户提供了丰富的切换的动画效果，用户可以在“切换”选项卡内选择切换效果，并对其切换的方式、速度、声音等进行设置。对于幻灯片内的各对象元素，本章将进行重点介绍。

要想完成一份精美的演示文稿，除了内容搭配合理得当以外，添加适当的动画效果也是非常重要的。最新版本的 PowerPoint 2019 为用户新增了平滑切换功能，用于幻灯片之间的切换，具体效果在于让前后两页幻灯片的相同对象，产生类似“补间”的过渡效果。而且不需要设置烦琐的路径动画，只需要摆放好对象的位置，调整好大小与角度，就能一键实现平滑动画，功能高效且能让幻灯片保持良好的阅读性。

当然，合理适度的动画效果确实能够为 PPT 添色不少，但是如果大量的滥用，则会画蛇添足，影响 PPT 的美感及视觉效果。所以，在使用动画的时候，要遵循以下几个原则：

1. 醒目原则

制作幻灯片的目的是希望能够更好地将自己想要描述的内容传递给用户，主题醒目是至关重要的原则。一份主题鲜明、内容明确的幻灯片往往能够起到意想不到的效果。在演示文稿中，需要提醒观众特别注意的内容，用户可以通过字体、色彩、排版等手段加以区别强调。而相对于以上手段，使用动画效果更容易吸引观众的注意力，实现对内容突出强调的作用。

2. 自然原则

幻灯片制作过程中切忌随意转换风格，整齐一致的幻灯片让人感觉更加畅快舒爽。商务应用模板、教学课件模板、企业文化介绍模板等千变万化的幻灯片模板的出现，在给用户提供多样性选择的同时，也容易使用户迷失在绚丽的多样化动画效果之中，随意搭配的动画会让人难以捕捉 PPT 的意图和思想，生硬繁杂的动画效果更会使人失去观看的耐心。

3. 适当原则

动画效果的添加一定要适当，并非越绚丽的动画效果越好，也并非动画越多越好，要根据内容需要合理地使用动画，才能起到画龙点睛的效果，否则会使得 PPT 杂乱无章，画蛇添足。

4. 简化原则

合理应用 PPT 动画，可以得到更好的演示效果，但动画的应用还是要坚持少而精的原则。“少”是指在 PPT 中的动画通常不需要贯穿始终，在需要的地方合理添加，避免滥用导致喧宾夺主。“精”是指效果运用要合理，炫酷复杂的动画单看效果很好，但放在整个 PPT 中未必就合适，动画效果也要符合幻灯片整体风格和基调，不显突兀又恰到好处。明确动画效果在 PPT 中的作用，在作品中合理运用，可以让动画效果成为 PPT 的点睛之笔。

5. 创意原则

制作演示文稿是为了有效沟通，能否达到这个效果，取决于多方面的因素，内容很重要，但外在的形式也不能忽略。设计精美、赏心悦目的演示文稿，更能有效地表达精彩的内容。通过排版、配色、插图等手段来进行演示文稿的装饰美化可以起到立竿见影的效果，而搭配上合适的动画效果进行美化则可以起到画龙点睛的作用。小而精彩的动画效果可以有效增强 PPT 的动感与美感，为 PPT 的设计锦上添花。如果我们能遵守并很好地执行以上的四个原则的话，那么一个好的动画创意将会成为我们幻灯片出奇制胜的关键。

9.2 设置幻灯片切换效果

所谓幻灯片切换效果，就是指从一张幻灯片切换到另一张幻灯片这个过程中的动态效果。用户不仅可以为幻灯片添加切换效果，还可以对切换效果的方向、切换时的声音、切换的速度等进行适当的设置，本节将重点介绍如何添加并设置幻灯片切换效果。

9.2.1 添加幻灯片切换效果

PowerPoint 2019 为用户提供了大量的切换效果，总共包括细微、华丽、动态内容三大类型，每个大类型下又分为十几种不同的效果供用户选择。

步骤 1：打开 PowerPoint 文件，选中需要设置幻灯片切换效果的幻灯片，切换至“切换”选项卡，单击“切换到此幻灯片”组内的“切换效果”下拉按钮，然后在展开的切换效果样式库内选择“平滑”项，如图 9-1 所示。

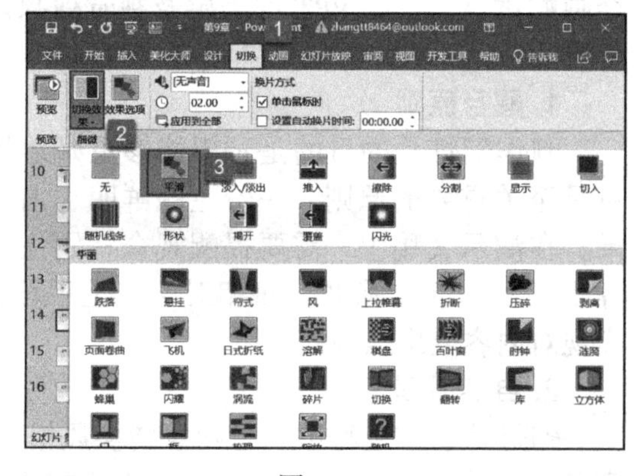

图 9-1

步骤 2：设置完切换效果后，还可以对效果选项进行设置。单击“切换到此幻灯片”组内的“效果选项”下拉按钮，可以选择“对象”“文字”“字符”等选项，如图 9-2 所示。

步骤 3：设置完成后，单击“预览”组内的“预览”按钮即可预览幻灯片的效果，如图 9-3 所示。

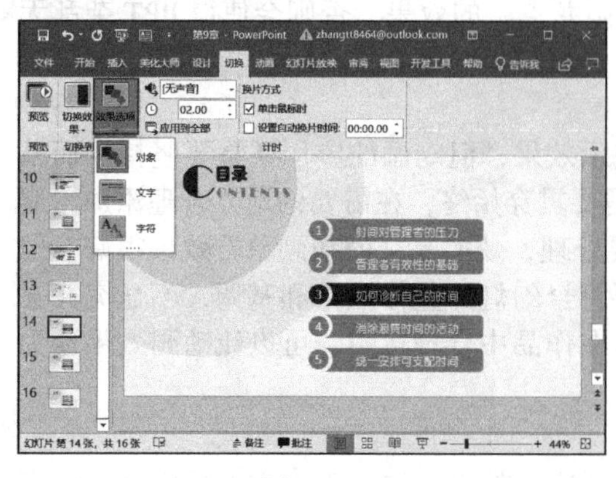

图 9-2

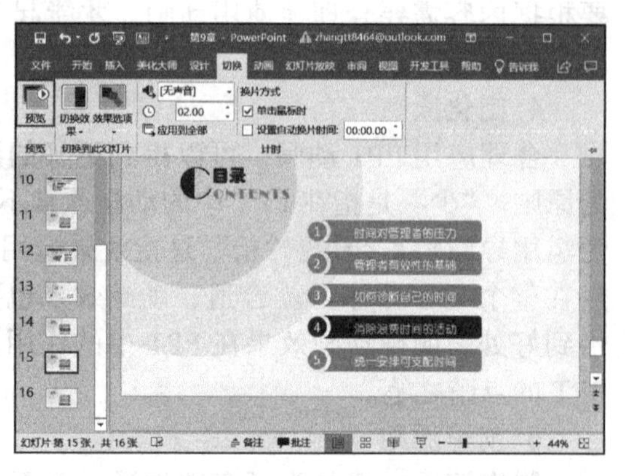

图 9-3

9.2.2 设置幻灯片切换效果的计时

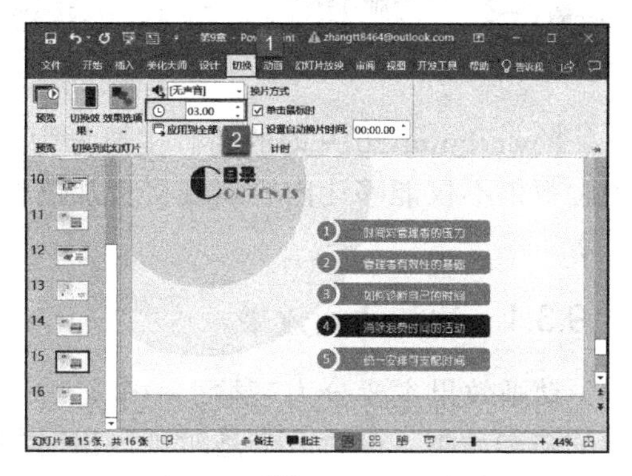

图 9-4

步骤 1： 打开 PowerPoint 文件，选中需要设置切换效果计时的幻灯片，切换至“切换”选项卡，在“计时”组内“持续时间”文本框中输入计时数值指定切换的长度，如图 9-4 所示。

步骤 2： 设置完成后，单击“预览”组内的“预览”按钮即可预览幻灯片的效果。

9.2.3 添加幻灯片切换效果的声音

在幻灯片切换过程中，用户可以为其添加效果声音，使其表达更加鲜活生动。例如在化学课件演示时，添加一些物品爆炸或者两物质反应的声音，可以让学生更加形象深刻地理解，便于记忆。

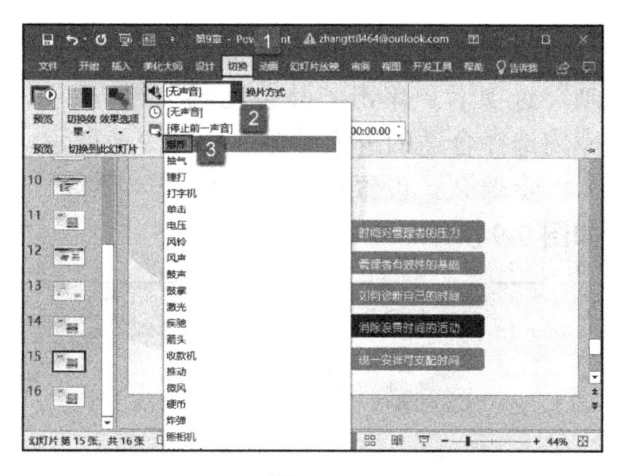

图 9-5

步骤 1： 打开 PowerPoint 文件，选中需要设置切换效果声音的幻灯片，切换至“切换”选项卡，单击“计时”组内“声音”下拉按钮，然后在展开的声音样式库内选择合适的声音，如图 9-5 所示。

步骤 2： 如果样式库内没有需要的声音，可以单击样式库列表内的“其他声音”按钮，如图 9-6 所示。

步骤 3： 打开“插入音频”对话框，定位至音频文件所在的位置，单击要设置的音频，单击“确定”按钮即可，如图 9-7 所示。

步骤 4： 设置完成后，单击“预览”组内的“预览”按钮即可预览幻灯片的效果。

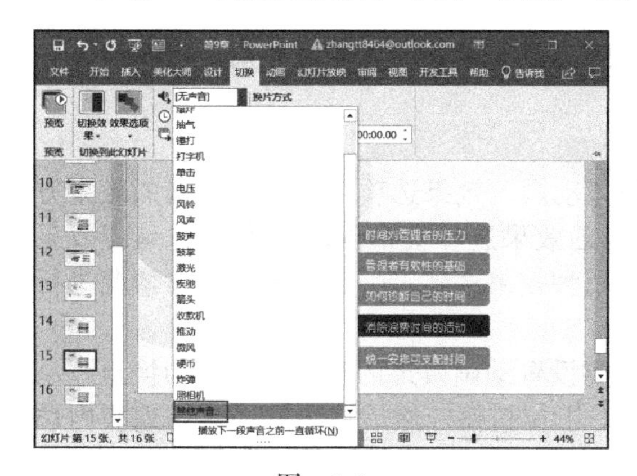

图 9-6

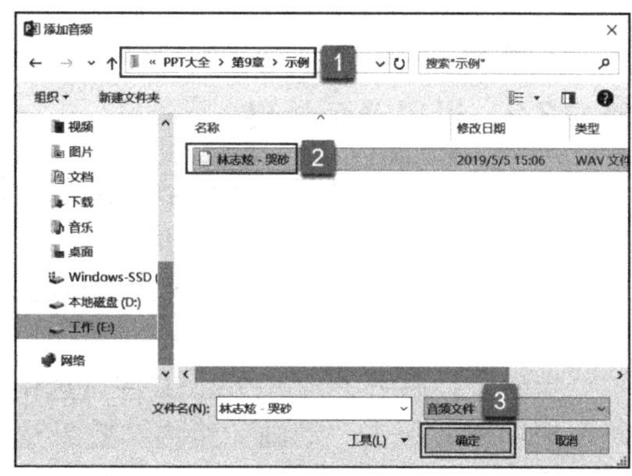

图 9-7

9.3 向对象添加动画

PowerPoint 2019 内的动画主要分为进入、强调、退出、动作路径四种。合理搭配动画效果不仅能够让内容展现得更加淋漓尽致，而且能够让幻灯片展示出更加迷人的风采。

9.3.1 添加动画效果

动画效果主要分为三类，一个是对象出现时的进入动画，一个是对象在展示过程中的强调动画，最后一个是对象退出时的退出动画。在不同的时间和场合使用不同类型的动画效果，并对其合理安排，把握动画时间的差度，才能发挥出动画效果的最大魅力。

步骤 1：打开 PowerPoint 文件，选中需要添加动画效果的对象元素，切换至“动画”选项卡，单击“高级动画”组内“添加动画”下拉按钮，然后在展开的动画样式库内选择合适的进入动画，如图 9-8 所示。

步骤 2：设置完成后，单击“预览”组内的“预览”按钮即可预览幻灯片的效果，如图 9-9 所示。

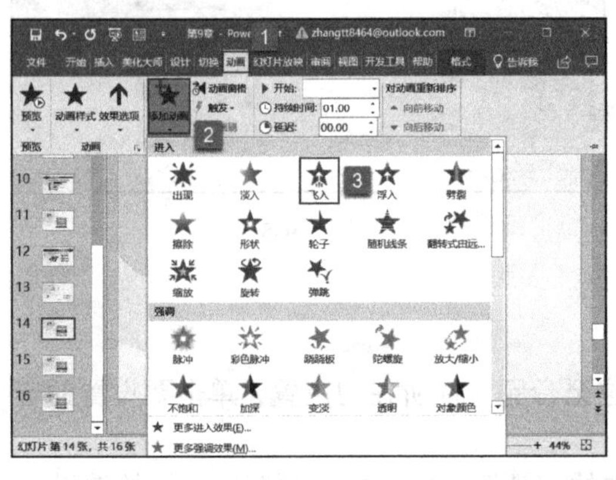

图 9-8

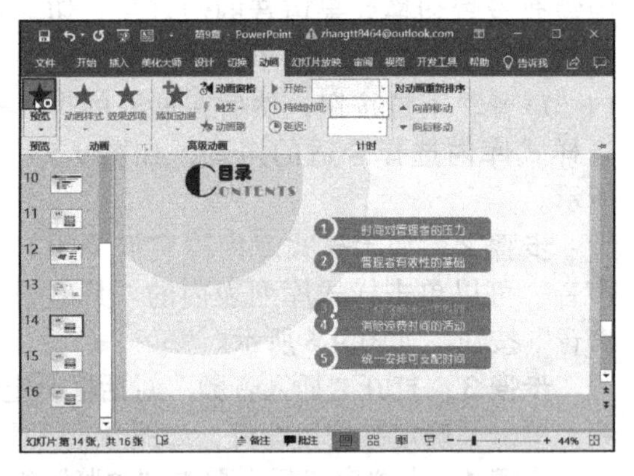

图 9-9

步骤 3：添加强调动画或者退出动画的操作步骤与上述操作步骤相同。

9.3.2 设置动画效果

不同的动画效果有不同的效果选项，设置动画的效果选项可以更改动画的效果方向、形状、序列等，总之不同的动画所包含的效果选项会根据动画本身的呈现效果有一定的差异，至于同一动画效果到底使用哪种效果选项，则需要根据实际情况进行选择。

步骤 1：打开 PowerPoint 文件，选中需要设置动画效果的对象元素，切换至“动画”选项卡，单击“动画”组内“效果选项”下拉按钮，然后在展开的菜单列表内选择合适的效果方向、序列、形状即可，如图 9-10 所示。

步骤 2：设置完成后，单击“预览”组内的“预览”按钮即可预览幻灯片的效果。

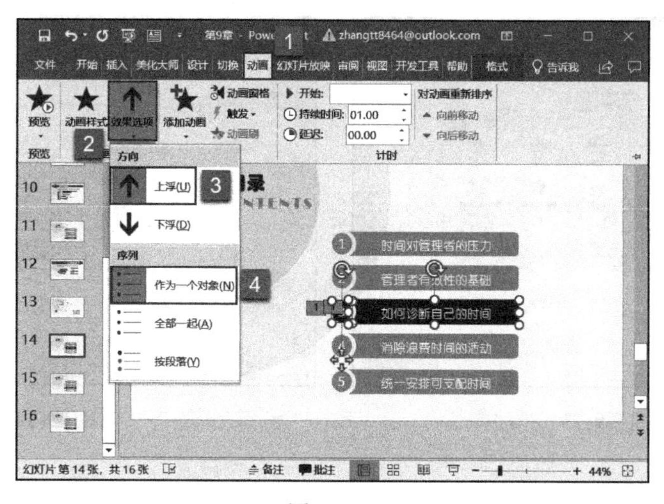

图 9-10

9.3.3 添加动作路径动画

如果需要使对象元素按照一定的路线运动，用户可以对其添加动作路径动画，使其在当前幻灯片内自由运动。该功能多用于教学课件中，通过实现不同的动画效果，可以更易于学生理解。

步骤 1： 打开 PowerPoint 文件，选中需要添加动作路径动画的对象元素，切换至“动画”选项卡，单击“高级动画”组内“添加动画”下拉按钮，然后在展开的动画样式库内选择合适的动作路径动画，如图 9-11 所示。

步骤 2： 设置完成后，即可在幻灯片内看到对象的运动路径，如图 9-12 所示。单击“预览”组内的“预览”按钮即可预览幻灯片的效果。

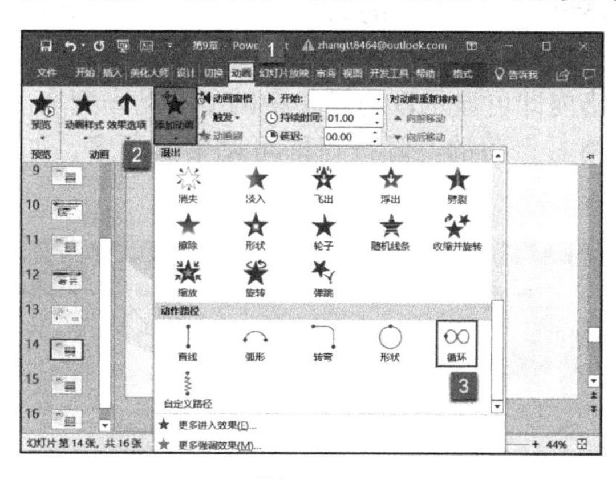

图 9-11

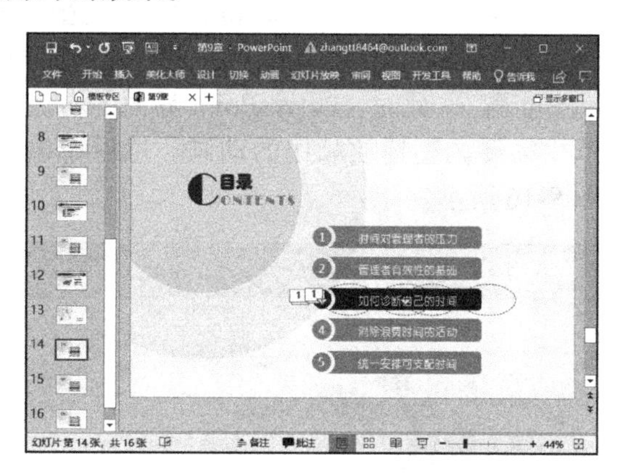

图 9-12

步骤 3： 如果用户对系统提供的动作路径不满意，可以单击“动作路径”组内的“自定义路径”按钮，如图 9-13 所示。

步骤 4： 此时幻灯片内光标会变成十字形，根据自身需要绘制运动路径即可，如图 9-14 所示。

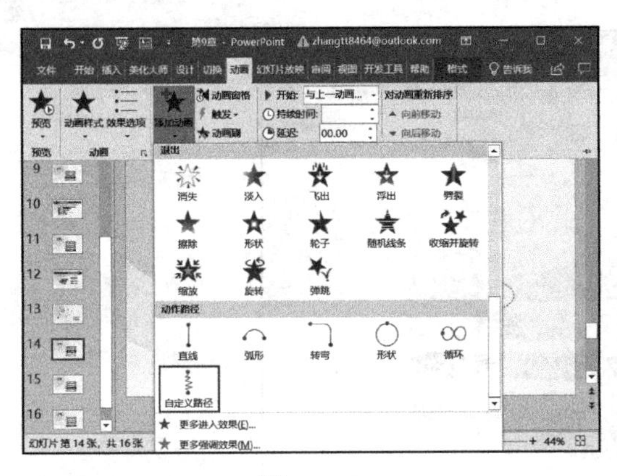

图 9-13

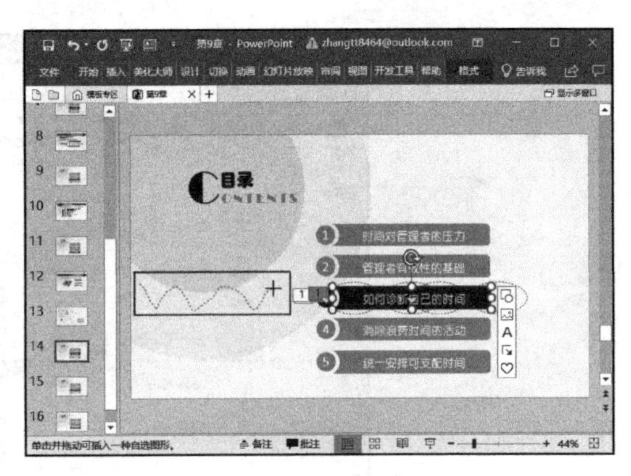

图 9-14

9.4 动画设置技巧

幻灯片的动画设置在实际应用中是复杂多变的，掌握一些基本的动画设置技巧可以提高工作效率，接下来将介绍一些“快人一步”的动画设置技巧。

9.4.1 设置动画窗格

使用动画窗格方便用户一边观察多个动画的运动状态一边控制动画的播放，在动画窗格内可以调整其播放顺序、控制其播放方式、播放时间等，使其看起来更加赏心悦目。

步骤 1：打开 PowerPoint 文件，选中需要设置动画窗格的幻灯片，切换至“动画”选项卡，单击“高级动画”组内“动画窗格”按钮，如图 9-15 所示。

步骤 2：此时，PowerPoint 界面的右侧窗格内即可显示该幻灯片中的所有动画列表。选中需要调整播放顺序的动画，然后单击窗格右上角的升降按钮即可调整其顺序，如图 9-16 所示。

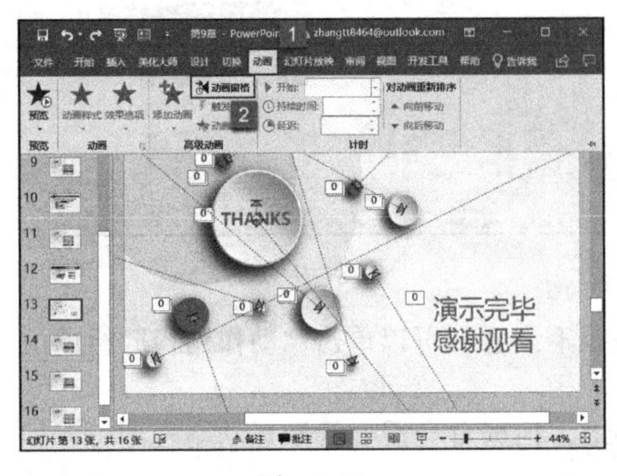

图 9-15

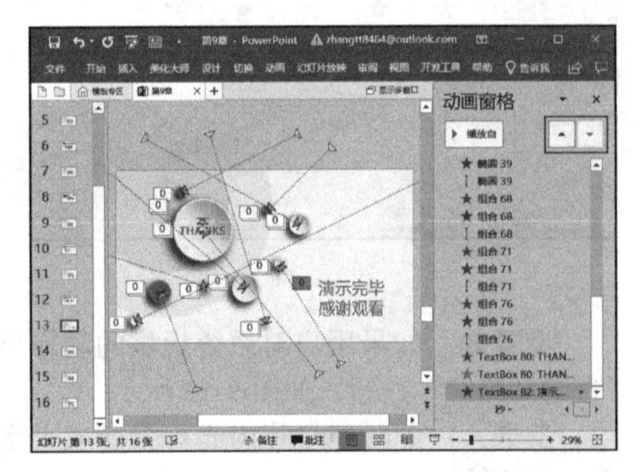

图 9-16

步骤 3：右键单击需要调整播放方式的动画，然后在展开的菜单列表内可以单击选择“单击开始”播放、“从上一项开始”播放或者“从上一项之后开始”播放，如图 9-17

所示。

步骤 4：将鼠标光标定位至需要调整播放时间的动画播放时间条上，当光标变成伸缩按钮时，拖动时间条即可增加或缩减该动画的播放时间，如图 9-18 所示。

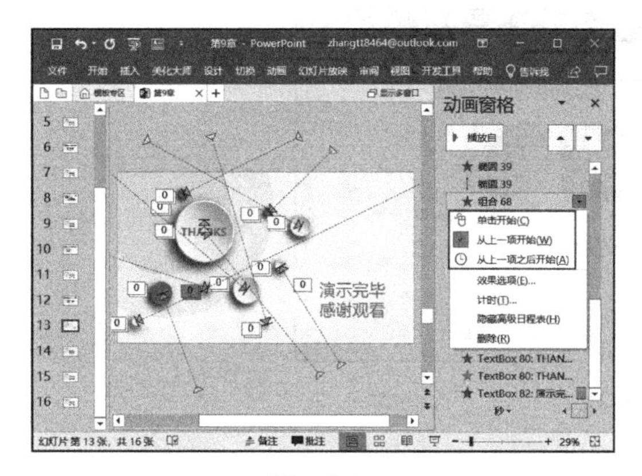

图 9-17

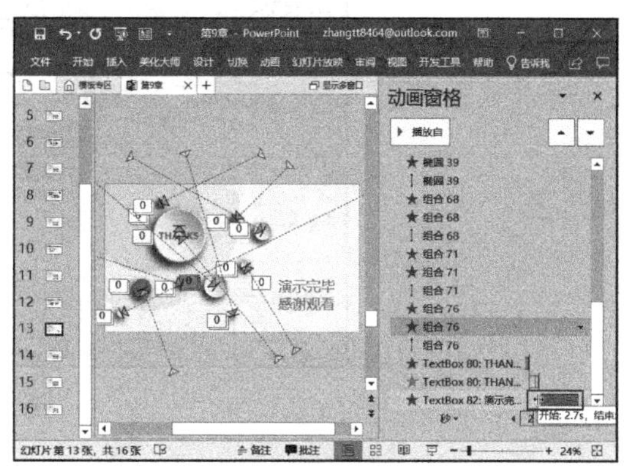

图 9-18

步骤 5：设置完成后，单击“预览”组内的“预览”按钮即可预览幻灯片的效果。

9.4.2 复制动画效果

在制作动画的过程时，重复地添加动画效果是一个相当麻烦的步骤，出于人性化考虑，微软公司在推出的 PowerPoint 2010 及其以上版本中都添加了“动画刷”的功能，大大简化了添加动画的烦琐性，当用户为一个对象设置好满意的动画效果后，如果要在其他对象上也设置同样的动画效果，使用动画刷将非常省事。

步骤 1：打开 PowerPoint 文件，选中需要复制的动画效果，切换至“动画”选项卡，单击“高级动画”组内“动画刷”按钮，如图 9-19 所示。

步骤 2：此时，幻灯片内的光标会变成刷子形，然后将光标定位在需要添加动画效果的对象元素，例如图中的第 3 张图片，此时可以看到该图片上没有动画效果，如图 9-20 所示。

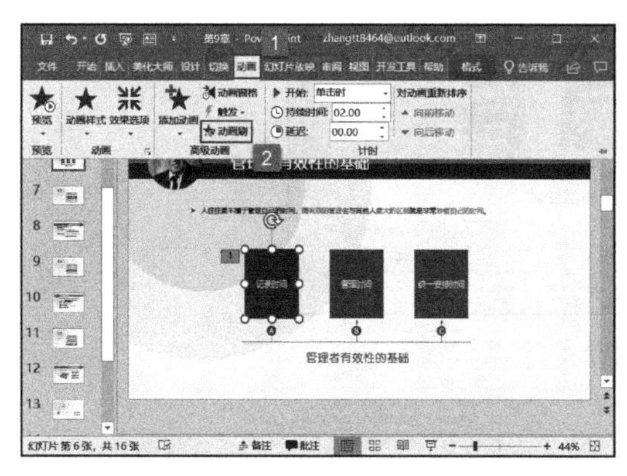

图 9-19

图 9-20

步骤 3：单击即可预览增加的动画效果，此时可以看到图片的左上角出现了编号“2”，表示动画效果已复制成功，如图 9-21 所示。

步骤 4：设置完成后，单击“预览”组内的“预览”按钮即可预览整张幻灯片的动画效果。

图 9-21

9.4.3 使用动画计时

动画效果添加完成后，对播放时间进行合理地安排也是非常关键的一步，它可以使整个演示文稿更加流畅舒适。用户可以根据实际情况适当调节每个动画的播放时间，达到“收放自如”的效果。

给对象元素设置动画计时与给幻灯片设置切换计时的操作步骤相似。选中需要设置动画计时的对象元素，切换至“动画”选项卡，然后在“计时”组内的“持续时间”文本框内输入计时数值，即可指定动画的长度，如图 9-22 所示。设置完成后，单击“预览”组内的“预览”按钮即可预览其效果。

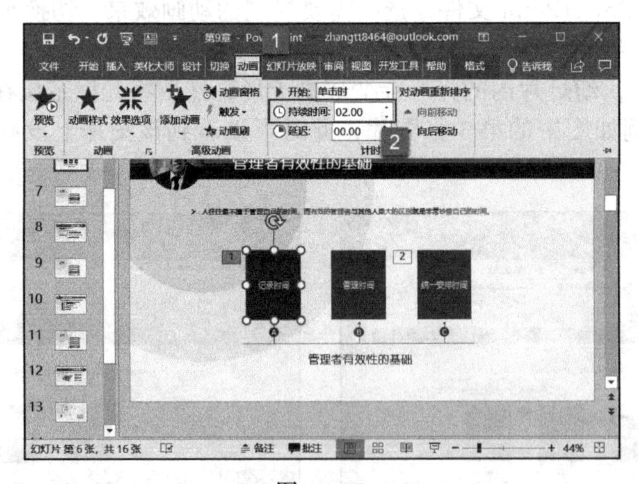

图 9-22

9.5 为幻灯片对象添加交互式动作

为幻灯片对象添加交互式动作，可以实现单击或指向一个对象即可切换至指定的对象的效果。要想实现这种效果，可以为对象插入超链接或添加动作，使演示文稿更简洁清晰，并且能够为用户节省许多不必要的查询时间。

9.5.1 插入超链接

步骤 1：打开 PowerPoint 文件，选中需要插入链接的对象元素，切换至“插入”选项卡，然后单击“链接”组内“链接”按钮，如图 9-23 所示。

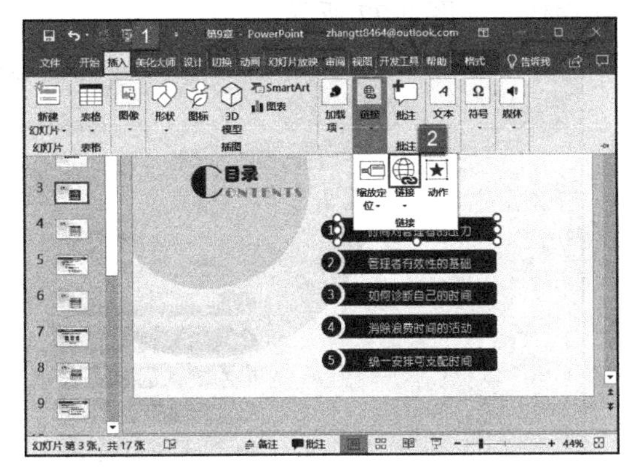

图 9-23

步骤 2：打开“插入超链接”对话框，在“链接到”窗格内选择“本文档中的位置”项，然后在“请选择文档中的位置”文档列表框内选择幻灯片，例如选择“幻灯片 5”，单击“确定”按钮，如图 9-24 所示。

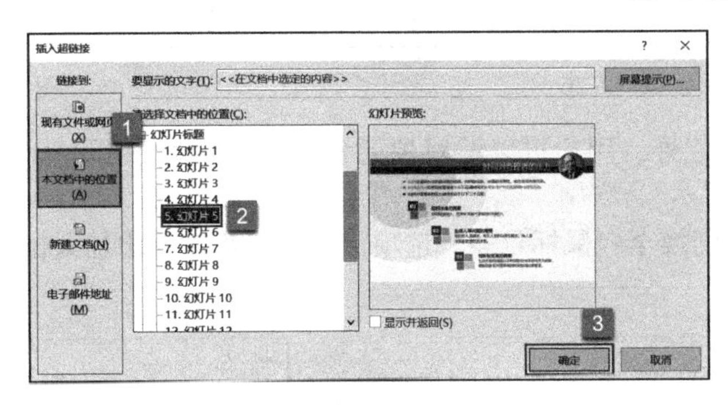

图 9-24

步骤 3：添加完成后，返回幻灯片，当光标定位到插入超链接的对象上时，会显示链接信息，如图 9-25 所示。按住“Ctrl”键并单击该对象即可切换至“幻灯片 5”。

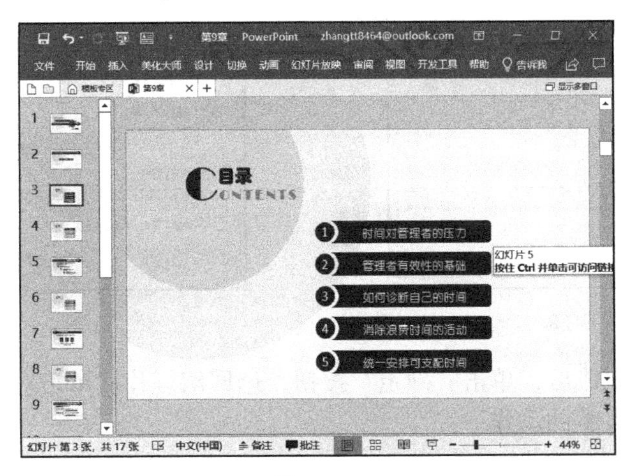

图 9-25

9.5.2 添加动作

步骤 1：打开 PowerPoint 文件，选中需要添加动作的对象元素，切换至“插入”选项卡，然后单击“链接”组内“动作”按钮，如图 9-26 所示。

步骤 2：打开“操作设置”对话框，单击选中“超链接到”前的单选按钮，然后单击下方的下拉列表即可设置单击鼠标时链接到的幻灯片、结束放映、链接到 URL 等其他动作，如图 9-27 所示。

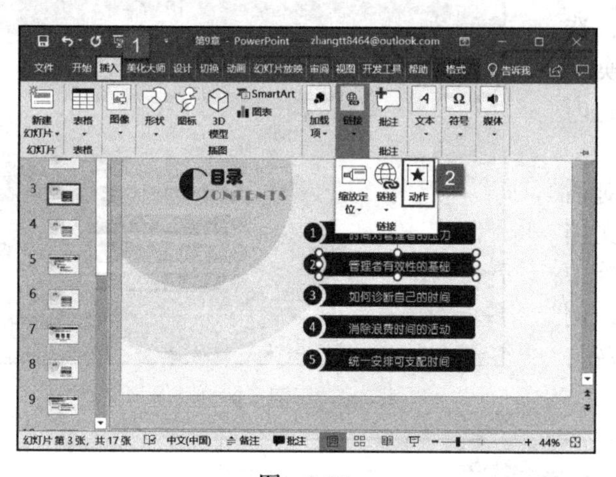

图 9-26

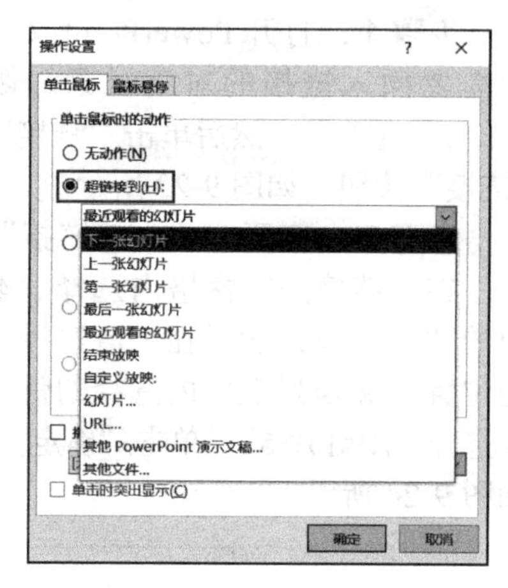

图 9-27

步骤 3：除此之外，用户可以给对象元素添加运行程序、运行宏、播放声音等动作，如图 9-28 所示。

步骤 4：单击切换至“鼠标悬停”选项卡，可以给对象添加鼠标悬停时的动作，如图 9-29 所示。

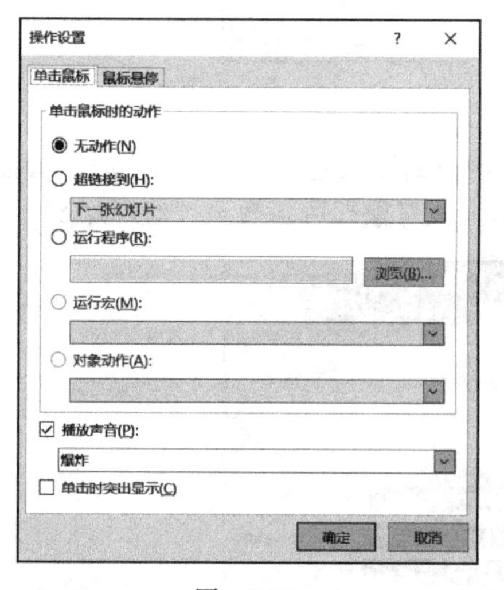

图 9-28

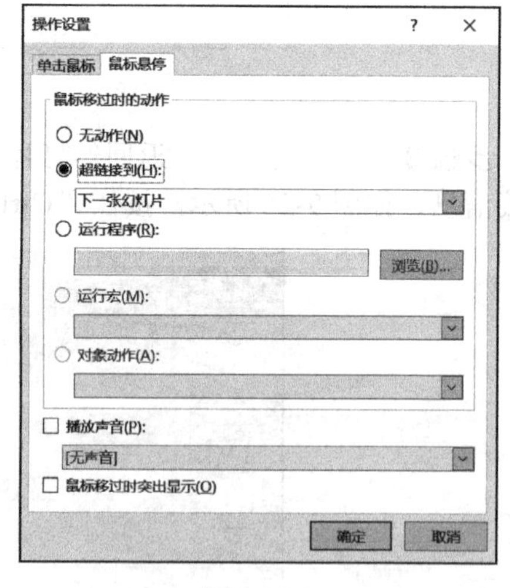

图 9-29

步骤 5：设置完成后，单击“确定”按钮，返回幻灯片。单击对象或者鼠标悬停在对象时，即可执行设置的动作。

高手技巧

本章的“高手技巧”将介绍一些编辑幻灯片动画时可以用到的小技巧。

让文本对象逐字播放

步骤1：打开PowerPoint文件，选中需要逐字播放的文本对象，切换至“动画”选项卡，然后单击“高级动画”组内“添加动画”下拉按钮，在展开的动画样式库内选择“出现”进入动画，如图9-30所示。

步骤2：打开“动画窗格”窗格，右键单击需要进行设置的动画，然后在打开的菜单列表中单击“效果选项”按钮，如图9-31所示。

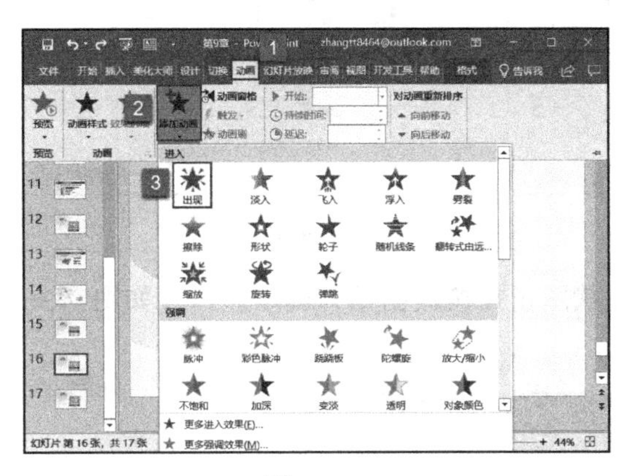

图 9-30

图 9-31

步骤3：打开“出现”对话框，在“效果”选项卡内，单击“设置文本动画”下拉列表选择“按字母顺序”项，然后在下方的文本框内设置字母之间的延迟秒数，最后单击“确定”按钮即可，如图9-32。

步骤4：返回幻灯片，即可看到文本对象正在逐步播放，如图9-33所示。

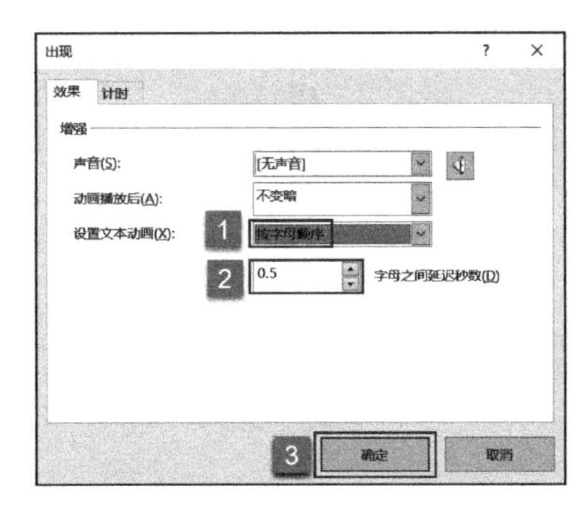

图 9-32

图 9-33

按数据系列逐步显示图表动画

在日常生活中，数据按照系列逐步显示能够让观众更好地比较其内容。接下来就介绍一下如何使数据按系列逐步显示。

步骤1：打开PowerPoint文件，选中需要设置的簇状柱状图，切换至“动画”选项卡，然后单击“高级动画”组内“添加动画”下拉按钮，在展开的动画样式库内选择“淡入”进入动画，如图9-34所示。

步骤2：单击“动画”组内的“效果选项”下拉按钮，然后在展开的菜单列表内选择“按系列”项，如图 9-35 所示。

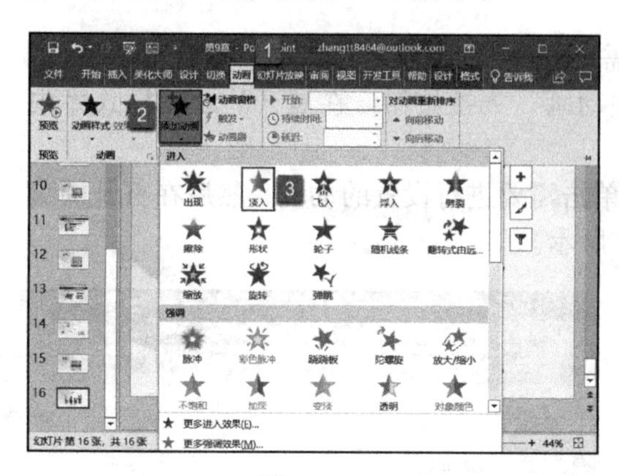

图 9-34

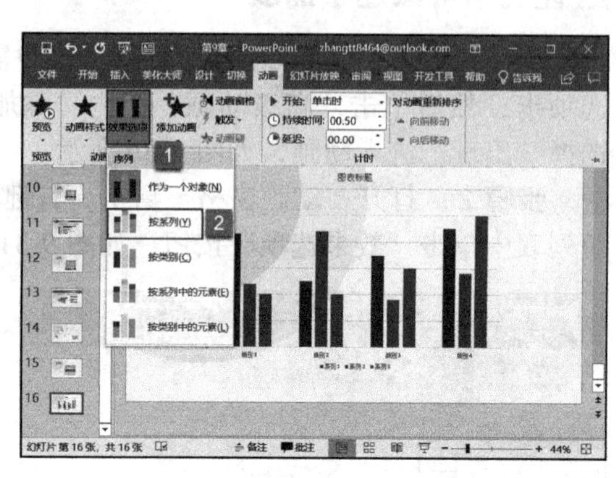

图 9-35

步骤 3：此时在幻灯片内即可看到簇状柱状图正在按数据系列逐步显示，如图 9-36 所示。

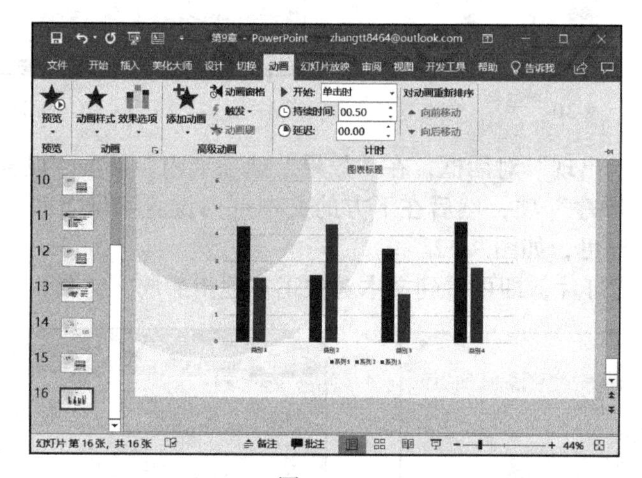

图 9-36

第10章 主题和母版的灵活运用

随着 PowerPoint 的不断改进优化，它现在不仅仅只是用来展示工作内容的文稿，用户会更注重其美观与实用性，一份美观而不失稳重的幻灯片是每个用户的追求。为了让自己的演示文稿在大众中脱颖而出并传达出更多心意，能够灵活运用演示文稿的主题效果、背景以及版式布局等显得尤为重要。

- 设计演示文稿的主题风格
- 设置幻灯片背景
- 设置幻灯片母版
- 高手技巧

10.1 设计演示文稿的主题风格

通常情况下，新建的演示文稿主题风格是以空白开始的，但是这样制作出来的演示文稿会显得非常单调，对观众的吸引力也大大降低。此时，可以为其套用主题样式或通过更改主题颜色、字体等样式来美化演示文稿。

10.1.1 新建主题

为了帮助用户快速美化演示文稿，PowerPoint 2019 提供了许多主题样式，可以选择任意样式应用。

步骤 1：打开 PowerPoint 文件，切换至“设计”选项卡，单击“主题”组内的“其他”按钮，然后在展开的主题样式库内选择样式，例如“徽章”，如图 10-1 所示。

步骤 2：此时，演示文稿已应用了“徽章”主题样式，效果如图 10-2 所示。

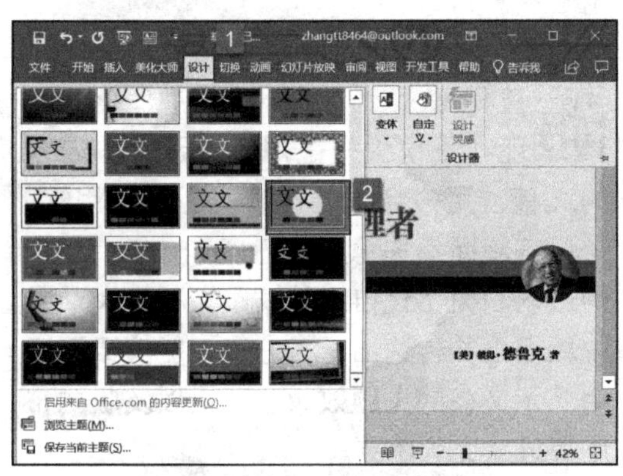

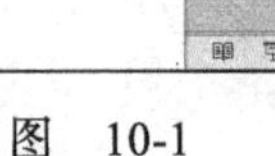

图 10-1

图 10-2

10.1.2 设置主题颜色

当用户对主题有其他要求时，可以在已有主题上稍作修改或者从头开始编辑主题。本节将介绍如何修改主题的颜色。

步骤 1：打开 PowerPoint 文件，切换至“设计”选项卡，单击“变体”组内的“其他”按钮，然后在展开的菜单列表中单击“颜色”按钮，再在展开的颜色样式库内选择“绿色”项，如图 10-3 所示。

步骤 2：此时，演示文稿的主题颜色已经修改为绿色，效果如图 10-4 所示。

10.1.3 设置主题字体

仅仅是修改主题的颜色并不能达到用户的要求，还可以进一步对系统已有的主题进行编辑，下面将详细介绍如何设置主题的字体。

步骤 1：打开 PowerPoint 文件，切换至“设计”选项卡，单击“变体”组内的“其他”按钮，然后在展开的菜单列表中单击“字体”按钮，再在展开的颜色样式库内选择“方正舒体”项，如图 10-5 所示。

步骤 2：此时，演示文稿的主题字体已经修改为方正舒体，效果如图 10-6 所示。

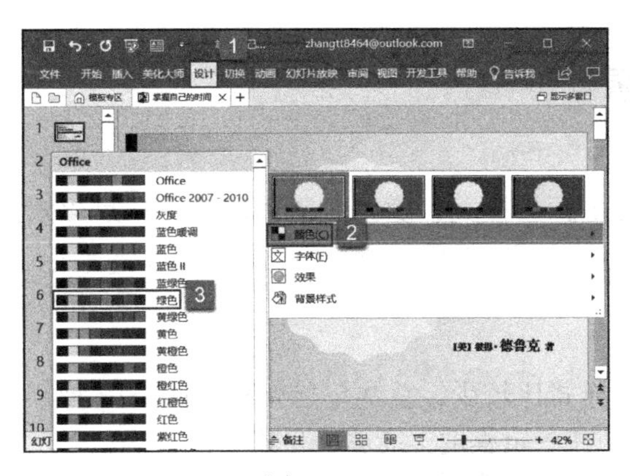

图 10-3

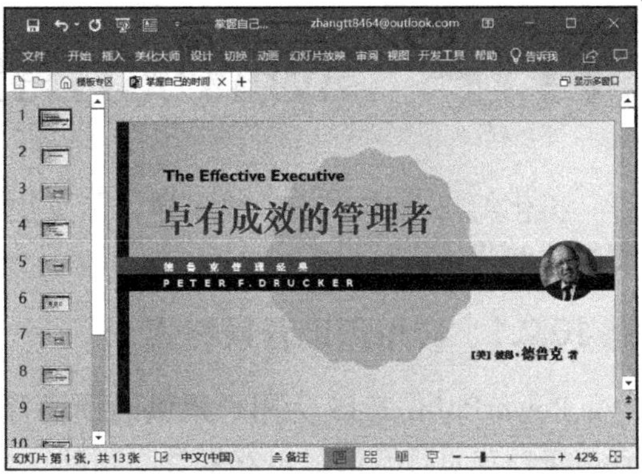

The Effective Executive
卓有成效的管理者
PETER F. DRUCKER

图 10-4

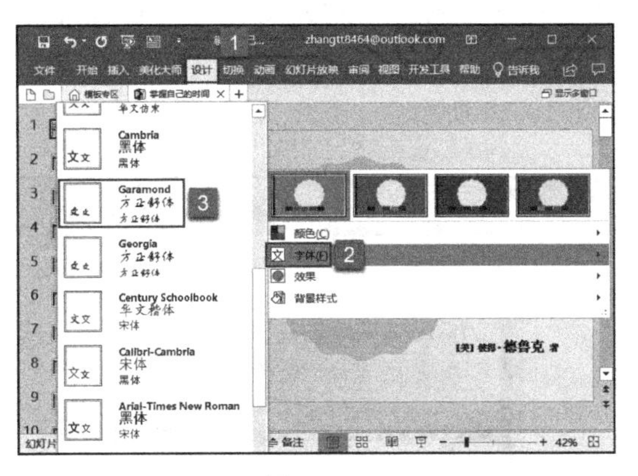

图 10-5

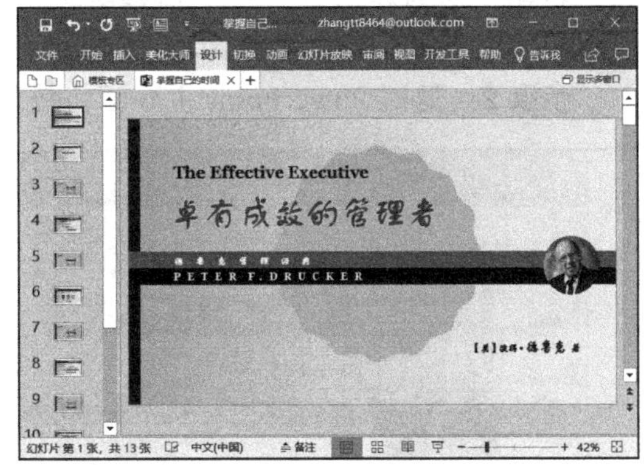

图 10-6

10.1.4 保存新建主题

当用户设置好主题的颜色、字体等内容后，如果还想再次使用此主题，可以将新建主题保存下来。下面介绍一下保存新建主题的具体操作步骤。

步骤 1：打开 PowerPoint 文件，切换至“设计”选项卡，单击“主题”组内的“其他”按钮，然后在展开的主题样式库内选择“此演示文稿”下刚新建的主题，单击“保存当前主题”按钮，如图 10-7 所示。

步骤 2：打开“保存当前主题”对话框，定位至主题需要保存的位置，输入文件名，选择保存类型，然后单击“保存”按钮即可，如图 10-8 所示。

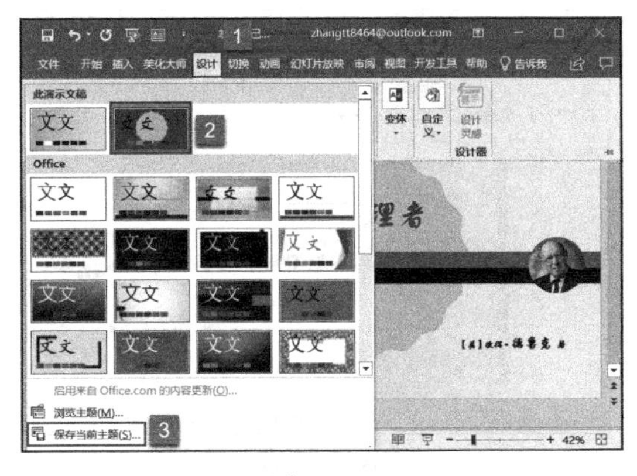

图 10-7

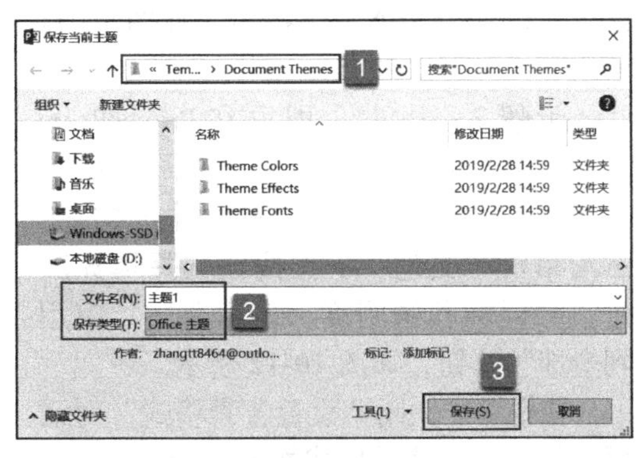

图 10-8

10.2 设置幻灯片背景

美化幻灯片的方式多种多样，除了更改主题的样式、颜色、字体以外，还可以对幻灯片的背景进行设置。

10.2.1 应用预设背景样式

PowerPoint 2019 为用户提供的预设背景样式比较少，总共包括 4 种色调、12 种样式，每种背景样式的显示效果各不相同，也许在一定程度上能够满足用户的需求。

步骤 1：打开 PowerPoint 文件，切换至“设计”选项卡，单击“变体”组内的“其他”按钮，然后在展开的菜单列表中单击“背景样式”按钮，再在展开的背景样式库内选择“样式 9”项，如图 10-9 所示。

步骤 2：返回 PowerPoint 主界面，效果如图 10-10 所示。

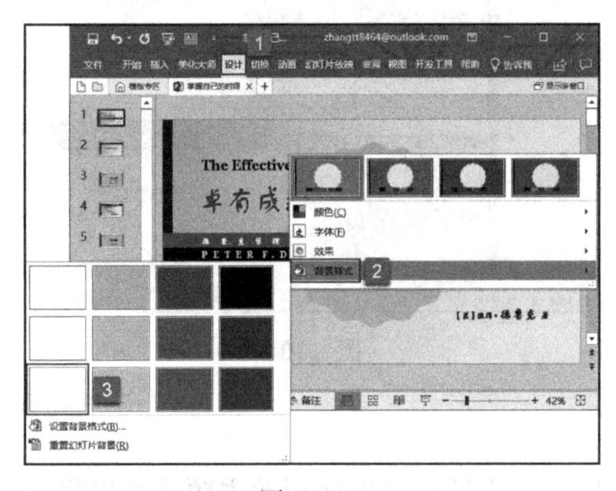

图 10-9

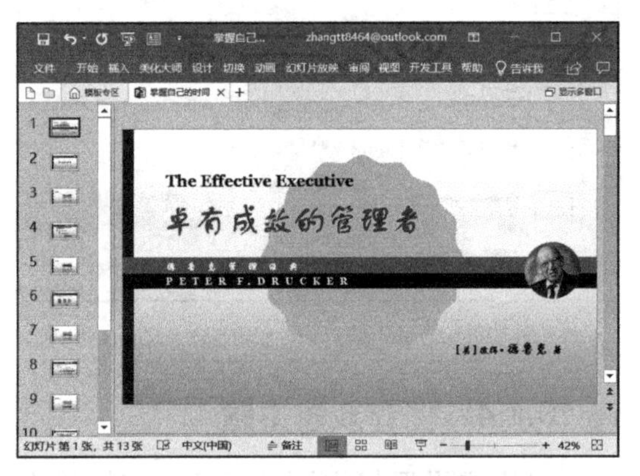

图 10-10

10.2.2 设置背景为纯色填充

如果内置的背景样式无法满足需求，用户可以自定义设置演示文稿的背景样式。本节将介绍将幻灯片背景设置为纯色填充的具体操作步骤。

步骤 1：打开 PowerPoint 文件，切换至“设计”选项卡，单击“自定义”组内的“设置背景格式”按钮，如图 10-11 所示。

步骤 2：此时，即可在 PowerPoint 界面右侧打开“设置背景格式”对话框，单击选中“纯色填充”前的单选按钮，然后单击“颜色”下拉按钮选择填充颜色，并调整其透明度，最后单击“应用到全部”按钮，如图 10-12 所示。

步骤 3：关闭“设置背景格式”对话框，幻灯片的背景格式如图 10-13 所示。

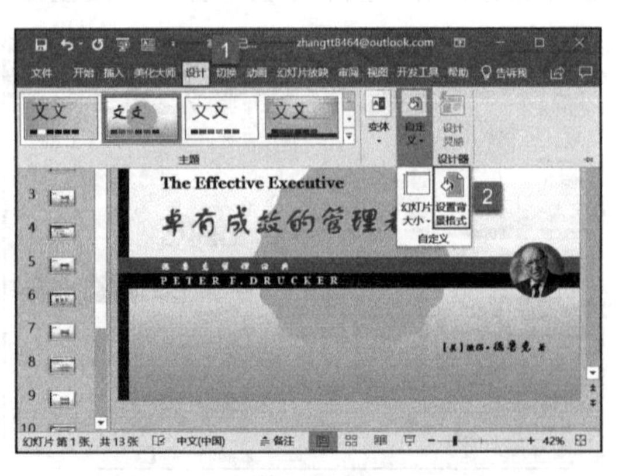

图 10-11

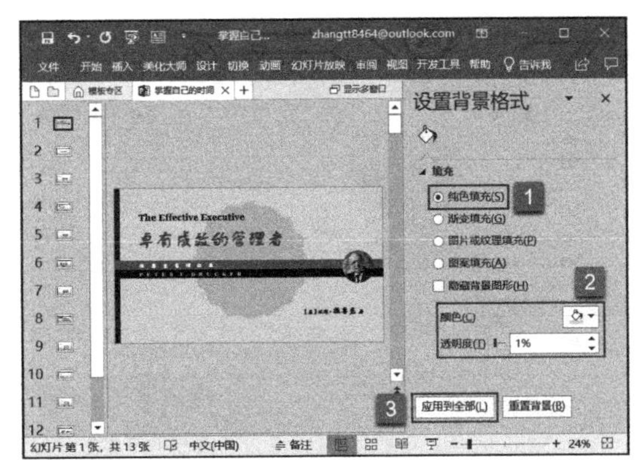

图 10-12

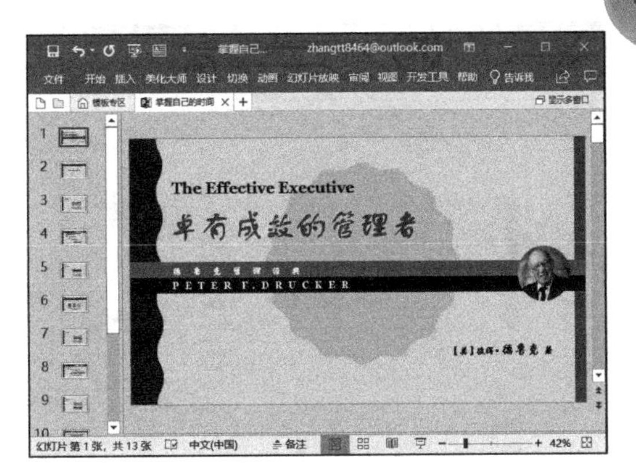

图 10-13

10.2.3 设置背景为渐变填充

步骤 1：打开 PowerPoint 文件，切换至“设计”选项卡，单击“自定义”组内的“设置背景格式”按钮，打开“设置背景格式”对话框。

步骤 2：单击选中“渐变填充”前的单选按钮，单击“预设渐变”下拉按钮选择渐变填充颜色，单击“类型”下拉按钮选择渐变类型（线性、射线、矩形、路径、标题的阴影），单击“方向”下拉按钮选择渐变方向，并在“角度”文本框内进行设置。用户还可以通过“渐变光圈”设置背景的渐变颜色。设置完成后，最后单击“应用到全部”按钮，如图 10-14 所示。

步骤 3：关闭“设置背景格式”对话框，幻灯片的背景格式如图 10-15 所示。

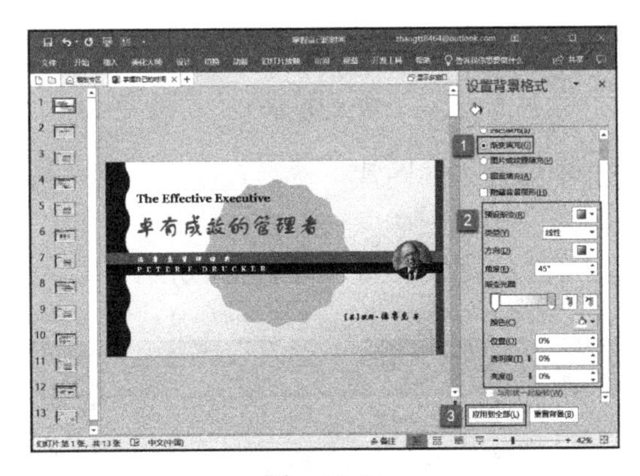

图 10-14

图 10-15

10.2.4 设置背景为图片或纹理填充

步骤 1：打开 PowerPoint 文件，切换至“设计”选项卡，单击“自定义”组内的“设置背景格式”按钮，打开“设置背景格式”对话框。

步骤 2：设置幻灯片背景为文件图片填充。单击选中“图片或纹理填充”前的单选按钮，然后单击“文件”按钮，如图 10-16 所示。

步骤 3：打开“插入图片”对话框，定位至图片文件所在的位置，然后单击选中要插入的图片，最后单击“插入”按钮即可，如图 10-17 所示。

图 10-16

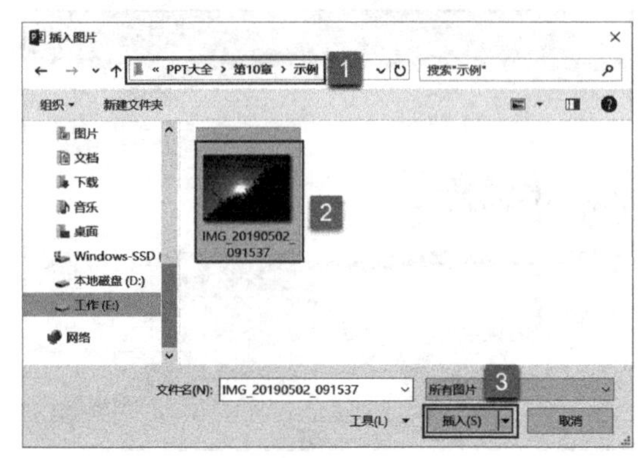

图 10-17

步骤 4：关闭“设置背景格式”对话框，幻灯片的背景格式如图 10-18 所示。

步骤 5：设置幻灯片背景为联机图片填充。单击“联机”按钮，如图 10-19 所示。

图 10-18

图 10-19

步骤 6：打开“在线图片”对话框，单击选中要插入的图片，然后单击“插入”按钮即可，如图 10-20 所示。

步骤 7：关闭“设置背景格式”对话框，幻灯片的背景格式如图 10-21 所示。

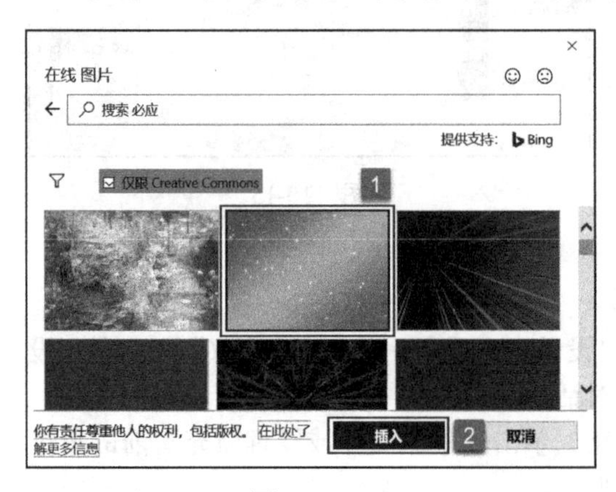

图 10-20

图 10-21

步骤 8：设置幻灯片背景为纹理填充。单击“纹理”下拉按钮，然后在展开的纹理样式库内选择“花束”项，如图 10-22 所示。

步骤 9：关闭“设置背景格式”对话框，幻灯片的背景格式如图 10-23 所示。

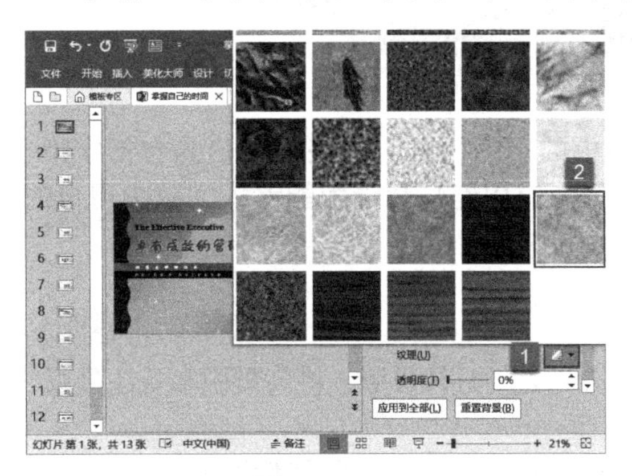

图 10-22

图 10-23

步骤 10：用户还可以对图片或纹理的透明度、偏移量、刻度、对齐方式、镜像类型等进行设置，并单击“应用到全部”按钮，如图 10-24 所示。

图 10-24

10.2.5 设置背景为图案填充

步骤 1：打开 PowerPoint 文件，切换至“设计”选项卡，单击“自定义”组内的“设置背景格式”按钮，打开“设置背景格式”对话框。

步骤 2：单击选中“图案填充”前的单选按钮，在展开的图案样式库内选择“大纸屑”项，然后用户可以单击“前景”和“背景”右侧的下拉按钮选择前景及背景颜色，设置完成后单击“应用到全部”按钮即可，如图 10-25 所示。

步骤 3：关闭“设置背景格式”对话框，幻灯片的背景格式如图 10-26 所示。

图 10-25

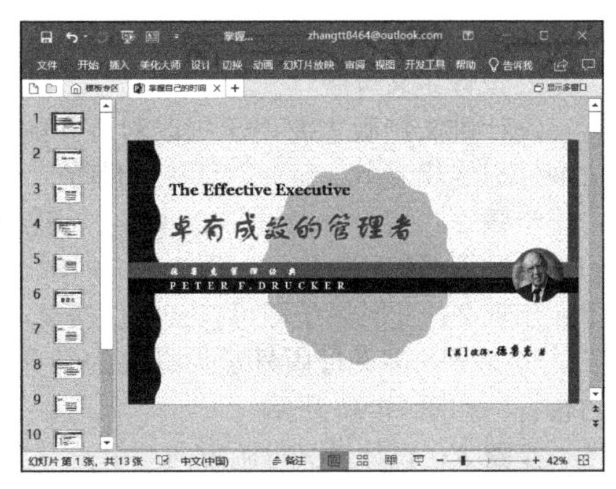

图 10-26

10.3 设置幻灯片母版

幻灯片母版是存储关于模板信息设计模板的一个元素，这些模板信息包括字形、占位符、大小和位置、背景设计和配色方案等。应用幻灯片母版能够大大减少用户的工作量，提高用户的工作效率。

10.3.1 设计幻灯片母版

就目前来说，幻灯片母版的类型有三种，分别是幻灯片母版、讲义母版和备注母版。

1. 设计幻灯片母版

幻灯片母版包括幻灯片背景以及所有格式设置，即如果将此类母版应用到幻灯片中，不仅仅是幻灯片背景，幻灯片内所有的文字格式也会应用母版的设置。接下来介绍一下设计幻灯片母版的具体操作步骤。

步骤 1：打开 PowerPoint 文件，切换至“视图”选项卡，然后单击“母版视图”组内“幻灯片母版”按钮，如图 10-27 所示。

步骤 2：此时系统即可打开并切换至“幻灯片母版”选项卡，用户可以在浏览窗格看到当前母版的效果，还可以幻灯片母版的主题、颜色、字体、效果、背景格式等进行设置，如图 10-28 所示。

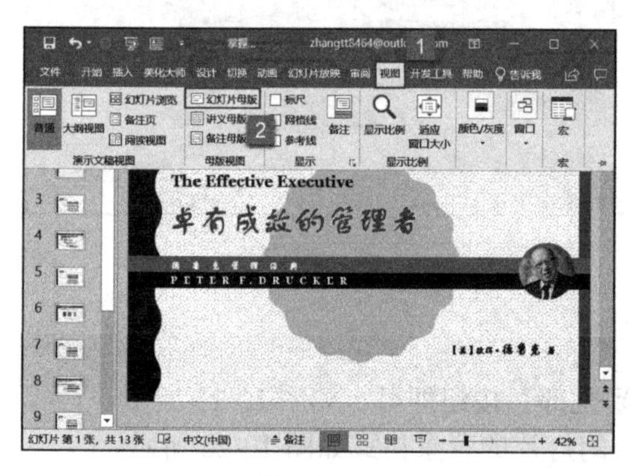

图 10-27

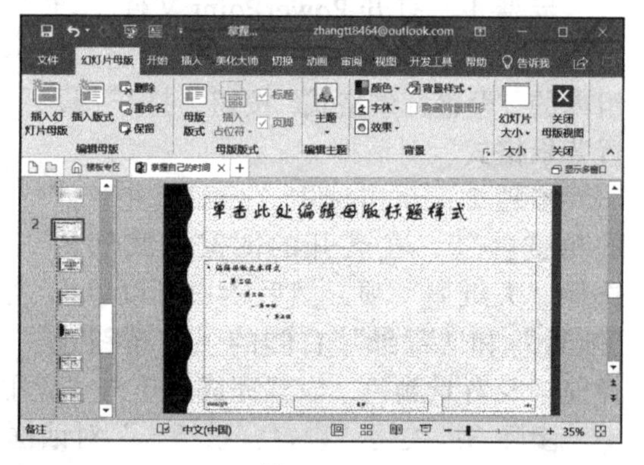

图 10-28

2. 设计讲义母版

设计讲义母版主要用于更改幻灯片的打印设计和版式等方面，例如可以设置讲义方向、幻灯片大小、每页幻灯片数量等。

步骤 1：打开 PowerPoint 文件，切换至“视图”选项卡，然后单击“母版视图”组内“讲义母版”按钮，如图 10-29 所示。

步骤 2：此时系统即可打开并切换至“讲义母版”选项卡。此时用户可以看到，在默认情况下，讲义母版显示为纵向的每页包含 6 张幻灯片缩略图，并且显示了所有的占位符，如图 10-30 所示。

步骤 3：设计讲义母版方向。单击“页面设置”组内的“讲义方向”下拉按钮，然后在展开的方向列表内选择“横向”，此时浏览窗口内的讲义母版即可呈横向显示，如图 10-31 所示。

步骤 4：设计讲义母版的幻灯片大小。单击“页面设置”组内的“幻灯片大小”下拉按钮，然后在展开的菜单列表内选择“标准（4：3）”选项，如图 10-32 所示。

图 10-29

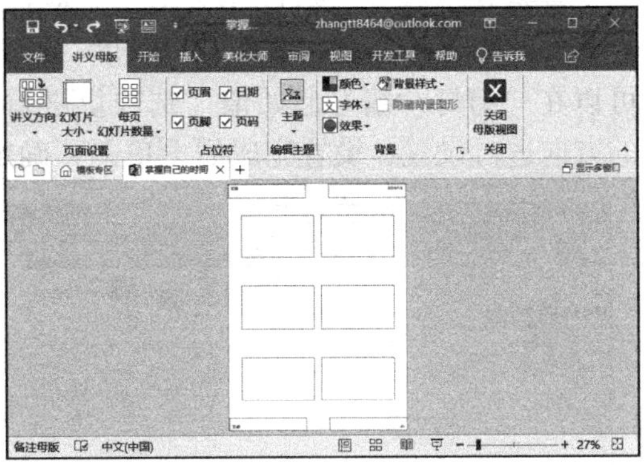

图 10-30

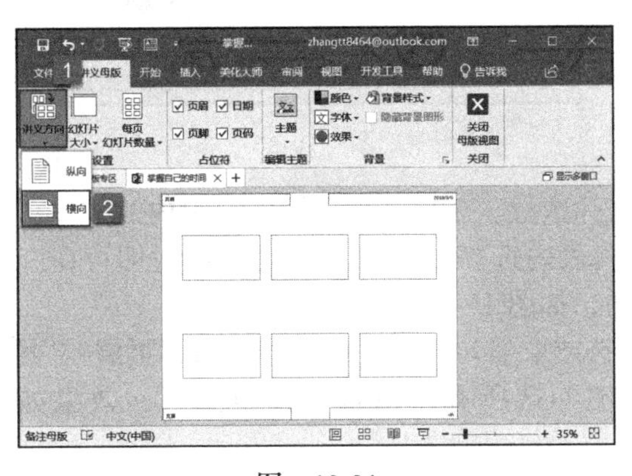

图 10-31

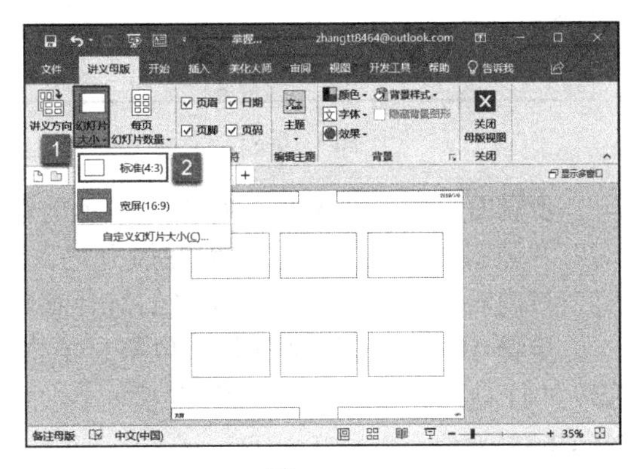

图 10-32

步骤 5：此时系统会弹出提示框：“您正在缩放到新幻灯片大小，是要最大化内容大小还是按比例缩小以确保适应新幻灯片？”用户可以根据自身需要进行设置，例如单击“确保适合”按钮，如图 10-33 所示。

步骤 6：返回幻灯片，即可看到浏览窗口内讲义模板的幻灯片大小发生了变化，效果如图 10-34 所示。

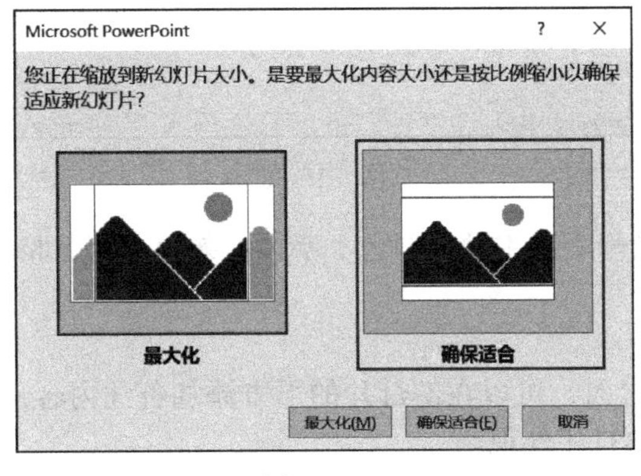

图 10-33

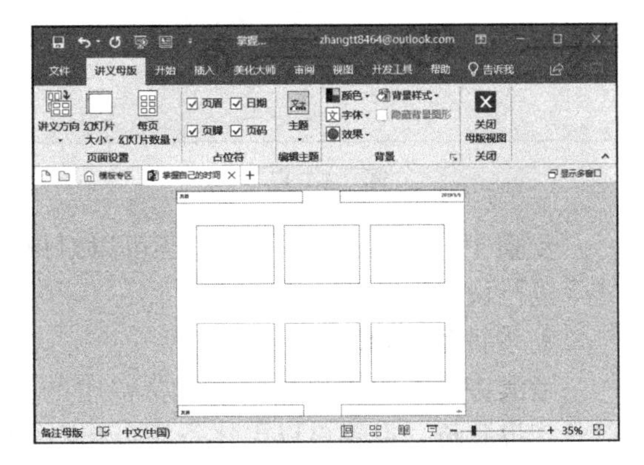

图 10-34

步骤 7：用户还可以自定义设计讲义母版的幻灯片大小。单击“页面设置”组内的“幻灯片大小”下拉按钮，然后在展开的菜单列表内选择“自定义幻灯片大小”，如

图 10-35 所示。

步骤 8：打开“幻灯片大小”对话框，用户可以单击“幻灯片大小”下拉列表选择合适的幻灯片大小，可以在“宽度”“高度”选项里对幻灯片的宽度和高度进行设置，可以在“幻灯片编号起始值”选项里进行设置，还可以对幻灯片、备注、讲义和大纲的方向进行设置，设置完成后，单击“确定”按钮即可，如图 10-36 所示。

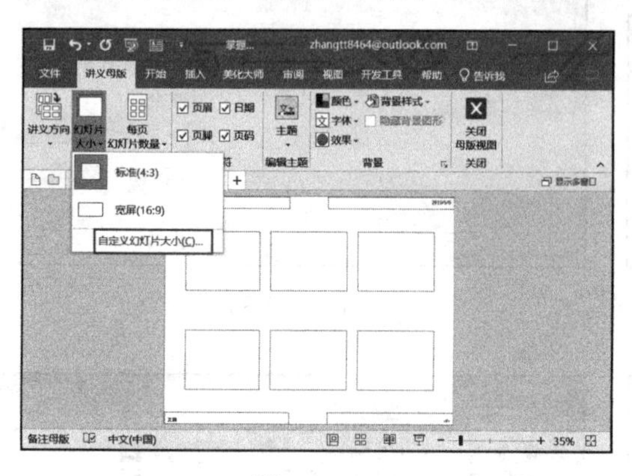

图 10-35

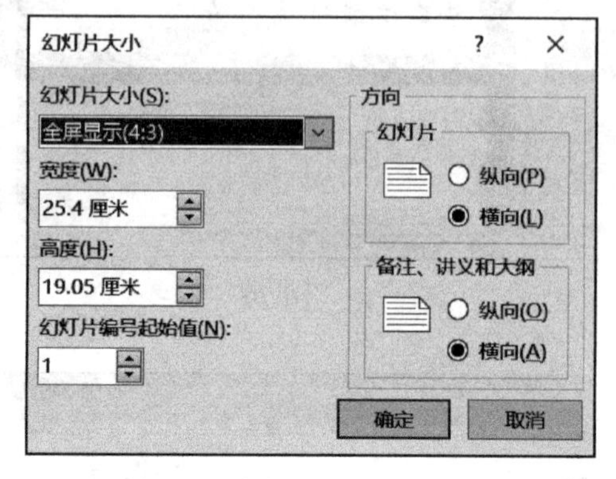

图 10-36

步骤 9：设计讲义母版每页可显示的幻灯片数量。单击“页面设置”组内的“每页幻灯片数量”下拉按钮，然后在展开的菜单列表内选择“4 张幻灯片”，此时即可在浏览窗口内看到每页只显示了 4 张幻灯片缩略图，如图 10-37 所示。

步骤 10：设计讲义母版占位符。单击勾选或取消勾选“占位符”组内“页眉”“页脚”“日期”“页码”前的复选框，此处取消勾选所有占位符前的复选框，效果如图 10-38 所示。

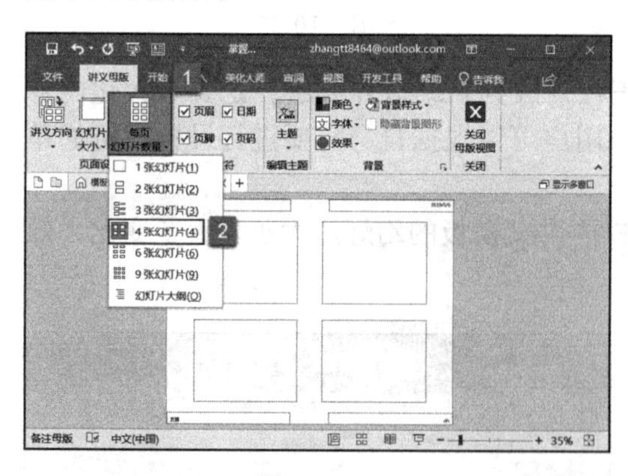

图 10-37

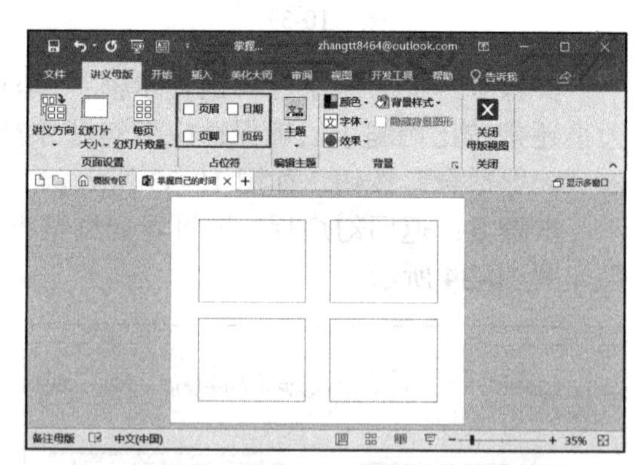

图 10-38

步骤 11：除此之外，用户还可以对讲义母版的主题、颜色、字体、效果、背景格式等进行设置。

3. 设计备注母版

当演讲者需要着重标注演示文稿中的内容时，可以在幻灯片的下方添加备注内容，对备注母版进行设置可以美化备注页和内容的打印外观。

步骤 1：打开 PowerPoint 文件，切换至“视图”选项卡，然后单击“母版视图”组内“备注母版”按钮，如图 10-39 所示。

步骤 2：此时系统即可打开并切换至“备注母版”选项卡。此时用户可以看到，在默认情况下，讲义母版显示为纵向，并且显示了所有的占位符，如图 10-40 所示。

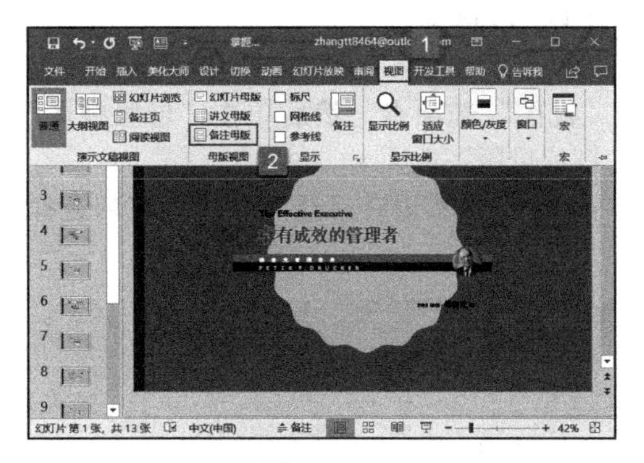

图 10-39

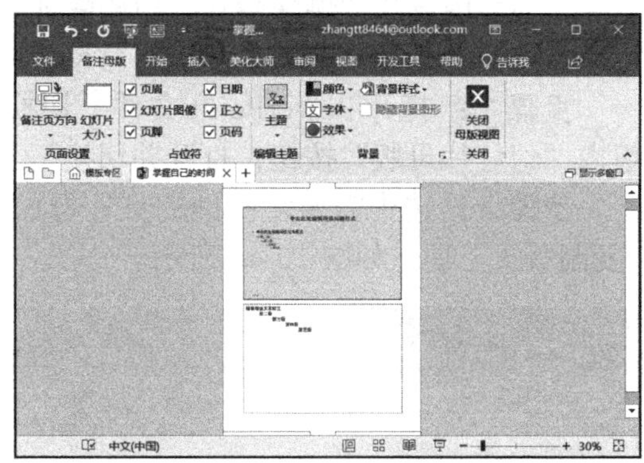

图 10-40

步骤 3：此时，用户可以选中浏览窗口内的备注框，切换至“开始”选项卡，然后在“字体”组内对备注文本的字体、字号、颜色等字体格式进行设置，如图 10-41 所示。

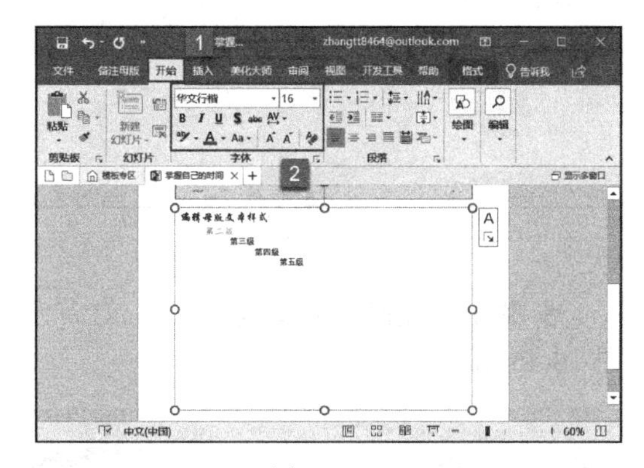

图 10-41

10.3.2 幻灯片母版的基本操作

用户可以根据自身需要对幻灯片母版进行操作，例如：版式的插入、删除、复制、移动以及重命名等。

1. 幻灯片版式的插入与删除

步骤 1：打开 PowerPoint 文件，切换至“视图”选项卡，然后单击“母版视图”组内“幻灯片母版”按钮，打开并切换至“幻灯片母版”选项卡。

步骤 2：选中第一张幻灯片母版，右键单击，然后在打开的菜单列表内选择“插入版式”项，如图 10-42 所示。

步骤 3：此时在第一张幻灯片母版下方插入了新的幻灯片版式，用户可以根据自身需要对其占位符、主题、颜色、字体、效果、背景样式等进行设置，如图 10-43 所示。

图 10-42

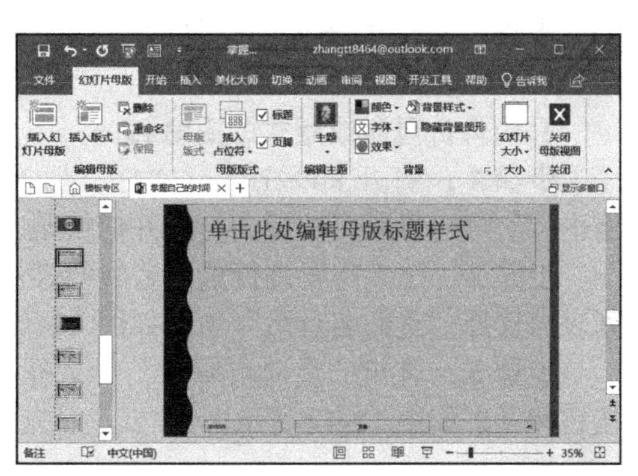

图 10-43

步骤 4：幻灯片母版设置完成后，选中多余的幻灯片母版，右键单击，然后在打开的菜单列表内选择“删除版式”项删除即可，如图 10-44 所示。

2. 幻灯片母版或版式的复制与移动

步骤 1：打开 PowerPoint 文件，切换至“视图”选项卡，然后单击“母版视图”组内“幻灯片母版”按钮，打开并切换至“幻灯片母版”选项卡。

步骤 2：选中需要复制的幻灯片母版，右键单击，然后在打开的菜单列表内选择“复制版式”项，如图 10-45 所示。

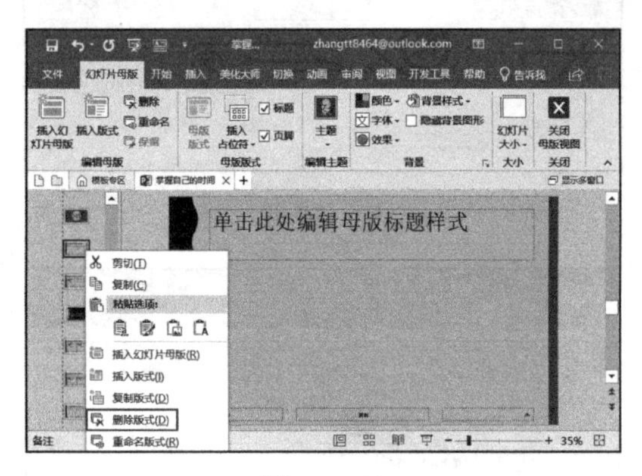

图 10-44

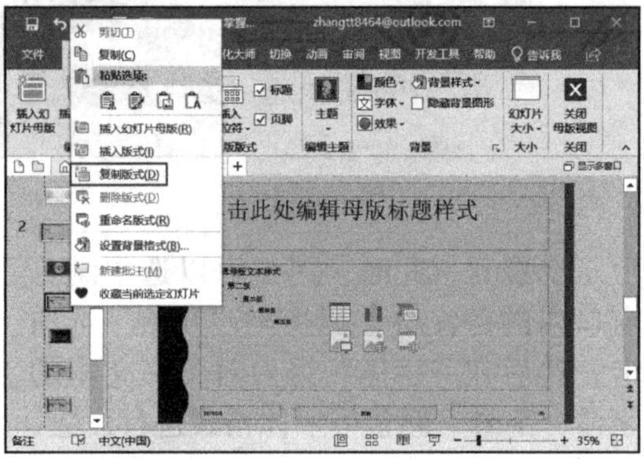

图 10-45

步骤 3：此时，系统会在该幻灯片母版的下方插入一张相同的幻灯片，效果如图 10-46 所示。

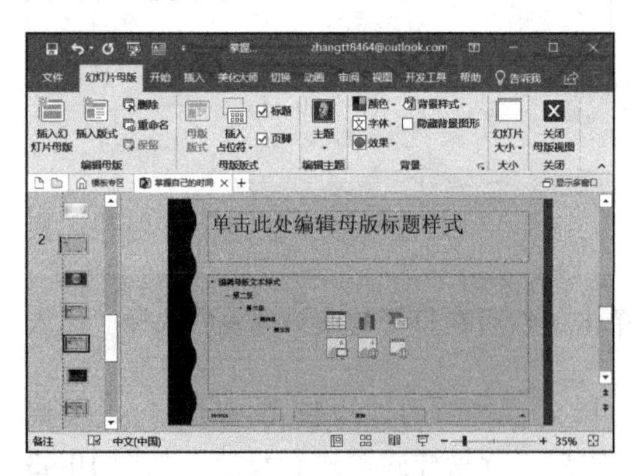

图 10-46

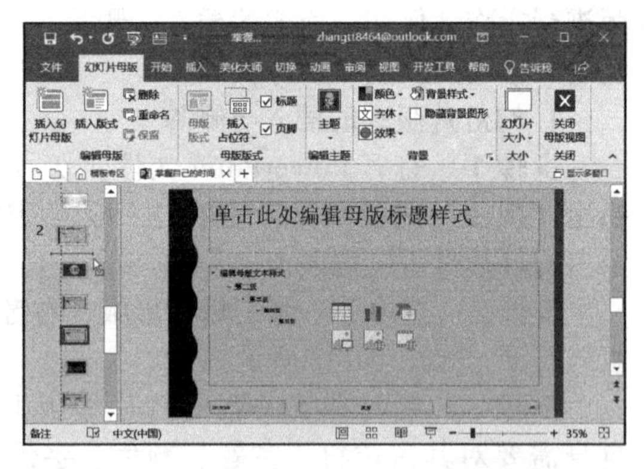

图 10-47

步骤 4：选中插入的幻灯片并按住鼠标左键，将其拖动至相应的位置即可，如图 10-47 所示。

3. 幻灯片母版或版式的重命名

步骤 1：打开 PowerPoint 文件，切换至“视图”选项卡，然后单击“母版视图”组内“幻灯片母版”按钮，打开并切换至“幻灯片母版”选项卡。

步骤 2：选中需要进行重命名的幻灯片母版第一张，右键单击，然后在打开的菜单列表内选择“重命名母版”项，如图 10-48 所示。

步骤 3：弹出“重命名版式”对话框，在文本框内输入版式名称，单击“重命名”按钮即可，如图 10-49 所示。

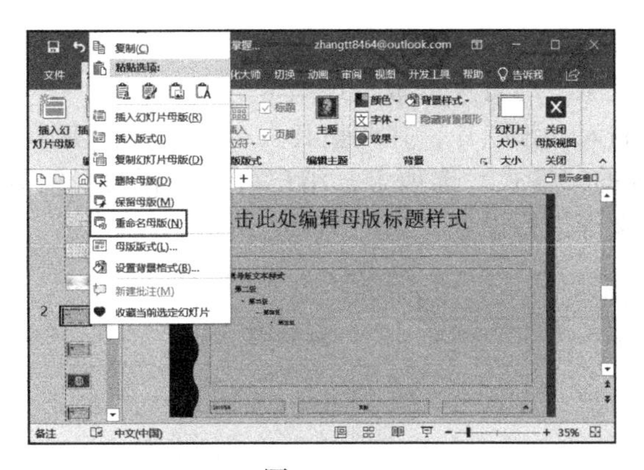

图 10-48

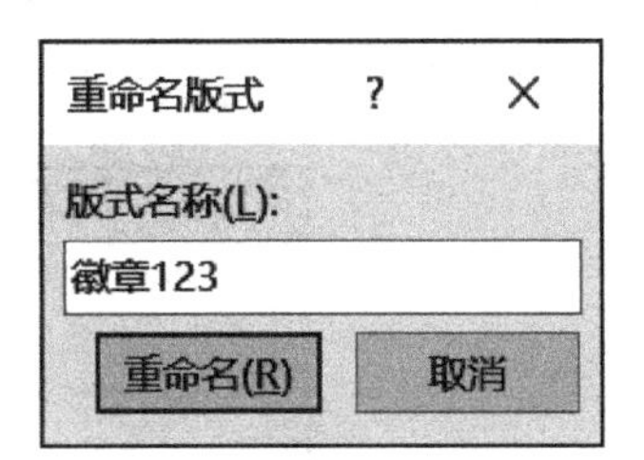

图 10-49

高手技巧

保留多个幻灯片母版

如果用户保存多个幻灯片母版，可以一次性设置两个及两个以上的幻灯片母版，并将其保留，以便下次新建幻灯片时有更多的选择。

步骤 1： 打开 PowerPoint 文件，切换至“视图”选项卡，然后单击“母版视图”组内“幻灯片母版”按钮，打开并切换至“幻灯片母版”选项卡。

步骤 2： 在“编辑母版”组内单击“插入幻灯片母版”按钮，如图 10-50 所示。

步骤 3： 此时，PowerPoint 即可新增一个幻灯片母版，用户可以根据自身需要对其主题、颜色、字体、效果、背景样式等进行设置，所有的母版都设置完成后，单击“编辑母版”组内的“保留”按钮即可，如图 10-51 所示。

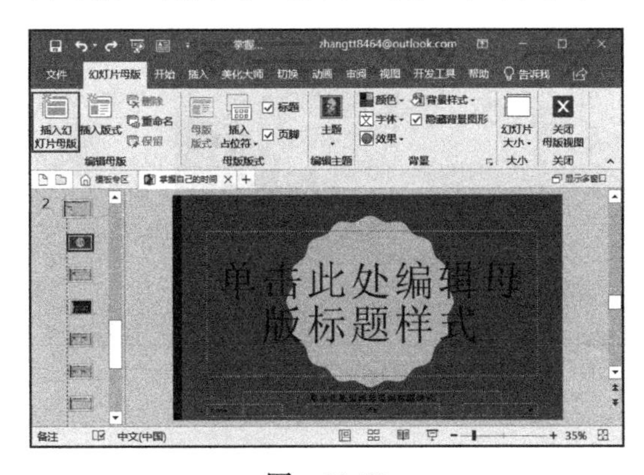

图 10-50

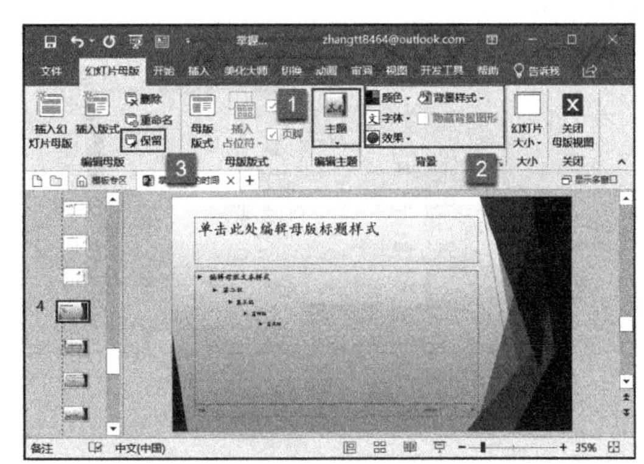

图 10-51

更改背景图片的艺术效果

除了使用不同效果的颜色或图形作为幻灯片的背景外，用户还可以选择图片作为幻灯片的背景，并对其显示效果、艺术效果等进行自定义设置。例如使背景图片显示出模糊的效果，来突出幻灯片的内容。

步骤 1：打开 PowerPoint 文件，切换至“视图”选项卡，然后单击“母版视图”组内“幻灯片母版”按钮，打开并切换至“幻灯片母版”选项卡。

步骤 2：选中一张幻灯片母版，插入一张图片，并调整其大小和位置，使其显示为幻灯片的背景，然后切换至图片工具的“格式”选项卡，用户可以根据自身需要对其颜色、艺术效果、边框填充、图片效果等进行设置，如图 10-52 所示。

图　10-52

步骤 3：例如给背景图片设置映像效果。单击“图片样式”组内的“图片效果”下拉按钮，然后在展开的效果样式库内选择“映像”项，再在展开的映像效果样式库内单击“紧密映像：接触”按钮，如图 10-53 所示。

步骤 4：返回幻灯片母版，缩小其显示比例，即可看到应用的艺术效果样式，如图 10-54 所示。

图　10-53

图　10-54

第11章

演示文稿放映的设置与控制

制作演示文稿的目的是将静止的文件以动画的形式展示在观众面前，所以如果不能将其淋漓尽致地展示出来，无论内容多么丰富、精致，给用户的观感都是干涩乏味的。本章将全面介绍演示文稿的放映设置与控制技巧，使读者能够轻松掌握高手的策略。

- 演示文稿放映范围设置
- 演示文稿放映时间设置
- 演示文稿放映方式设置
- 演示文稿放映方式控制
- 演示文稿控件应用
- 高手技巧

11.1 演示文稿放映范围设置

用户可以根据自身需要设置演示文稿的放映范围，只展示需要播放的幻灯片，给观众带来更好的观感体验。

11.1.1 自定义放映范围

自定义放映，顾名思义，就是用户可以根据自身需要来设置需要放映的幻灯片和需要隐藏的幻灯片。对于需要放映的幻灯片，可以新建一个放映集合，将其放入其中。当用户进行幻灯片放映时，选择该放映集合的名称即可轻松达到自定义放映的目的。接下来介绍一下具体的操作步骤。

步骤 1：打开 PowerPoint 文件，切换至“幻灯片放映”选项卡，然后单击“开始放映幻灯片”组内的“自定义幻灯片放映”下拉按钮，在展开的下拉列表中选择“自定义放映”，如图 11-1 所示。

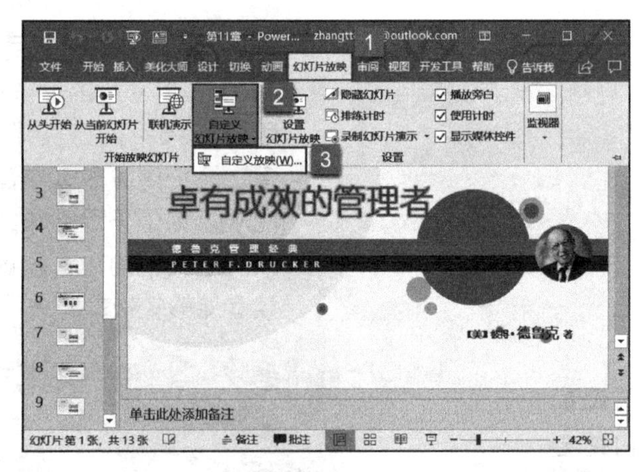

图 11-1

步骤 2：弹出“自定义放映”对话框，单击“新建”按钮开始创建，如图 11-2 所示。

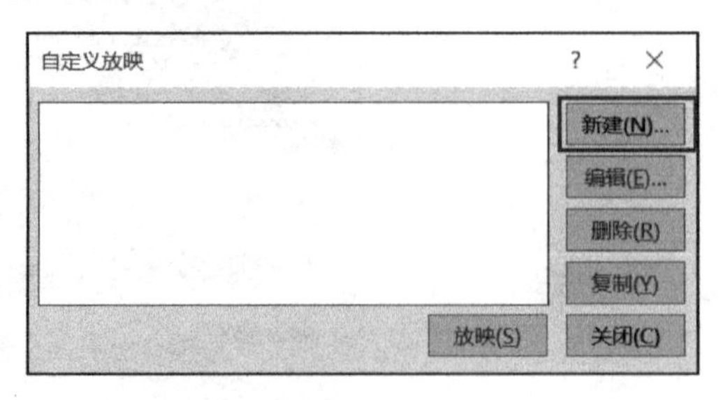

图 11-2

步骤 3：弹出“定义自定义放映”对话框，在“幻灯片放映名称”文本框内输入名称“掌握自己的时间”，然后在“在演示文稿中的幻灯片”窗格内单击勾选幻灯片前的复选框，单击“添加”按钮，如图 11-3 所示。

步骤 4：此时即可看到“在自定义放映中的幻灯片”窗格内显示了所选幻灯片的列表，确认无误后，单击“确定”按钮，如图 11-4 所示。

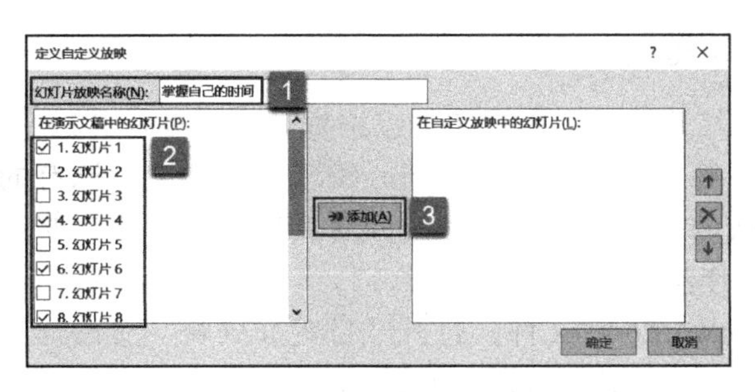

图 11-3

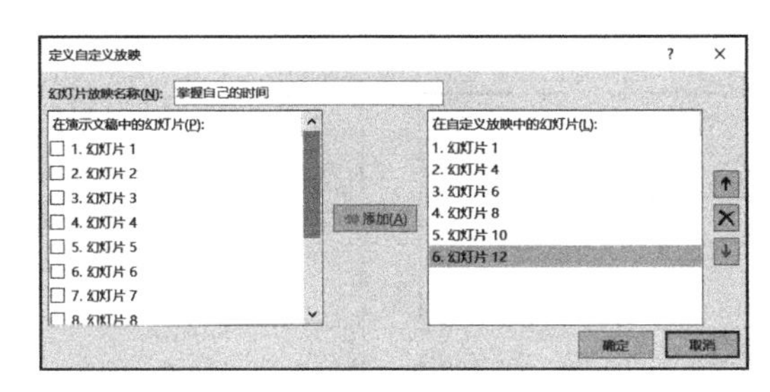

图 11-4

步骤 5：返回“自定义放映”对话框，即可在窗格列表内看到新建的放映集合，单击“放映”按钮关闭对话框即可，如图 11-5 所示。

步骤 6：返回演示文稿，再次单击打开“自定义幻灯片放映”下拉列表，即可看到新建的幻灯片放映，如图 11-6 所示。当用户放映幻灯片时，单击该放映名称即可进行放映。

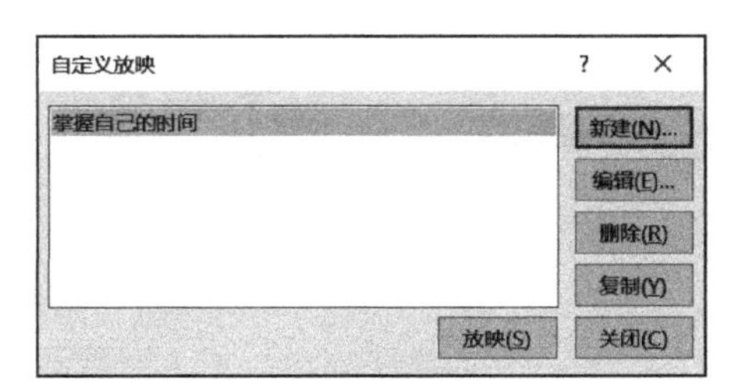

图 11-5

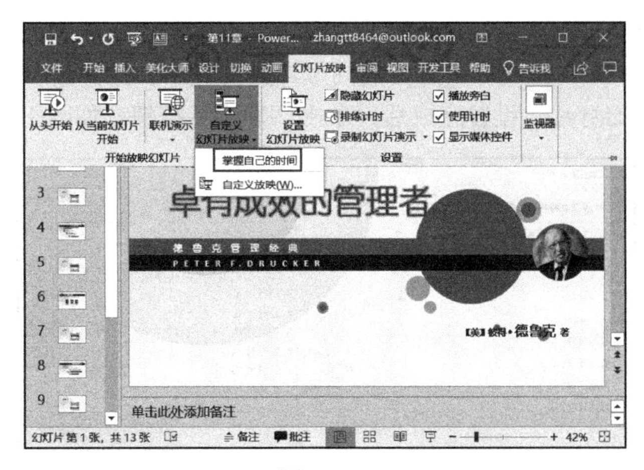

图 11-6

11.1.2 编辑放映范围

对于已定义的幻灯片放映，用户还可以根据自身需要对其进行编辑，以完成删除、添加、调整播放顺序等操作。用户无须担心编辑操作会覆盖原有的自定义放映，可以通过复制已定义放映的方式保留原设置，并对其副本进行编辑修改，以满足用户的多方面需求。具体的操作步骤如下。

步骤 1：打开 PowerPoint 文件，打开“自定义放映”对话框，单击选中已定义的幻灯片放映，然后单击“复制”按钮，如图 11-7 所示。

步骤 2：此时即可在窗格内看到新生成的幻灯片放映副本，单击“编辑”按钮进行编辑，如图 11-8 所示。

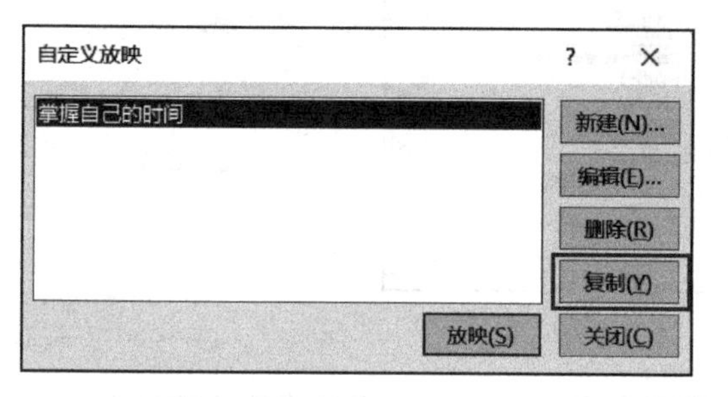

图 11-7

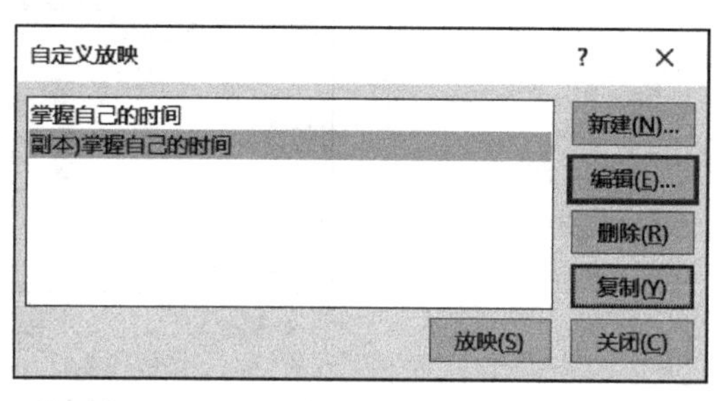

图 11-8

步骤 3：弹出“定义自定义放映”对话框，单击勾选需要添加放映的幻灯片，然后单击“添加”按钮，如图 11-9 所示。

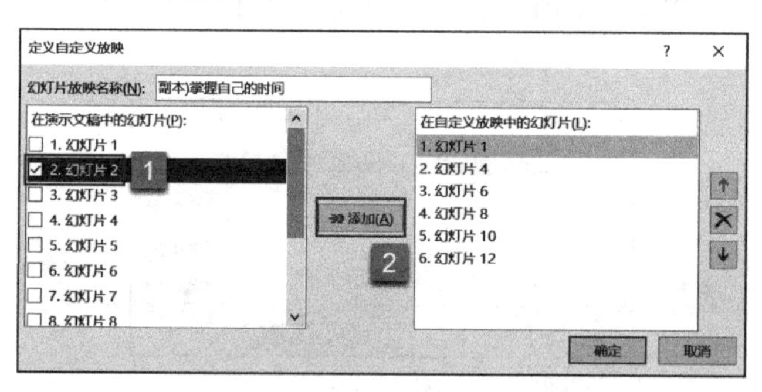

图 11-9

步骤 4：此时即可看到勾选的幻灯片已添加至右侧的窗格列表内，然后单击对话框右侧的“向上”“向下”按钮即可对其放映顺序进行调整，用户还可以通过“删除”按钮删除无须放映的幻灯片，设置完成后，单击“确定”按钮，如图 11-10 所示。

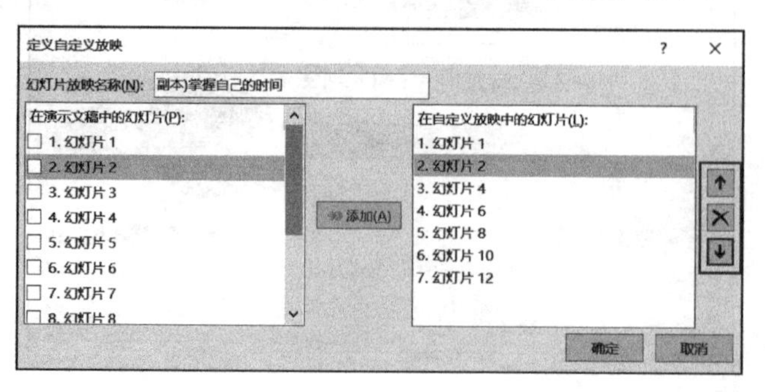

图 11-10

步骤 5：返回演示文稿，再次单击打开“自定义幻灯片放映”下拉列表，即可看到编辑的幻灯片放映名称，如图 11-11 所示。

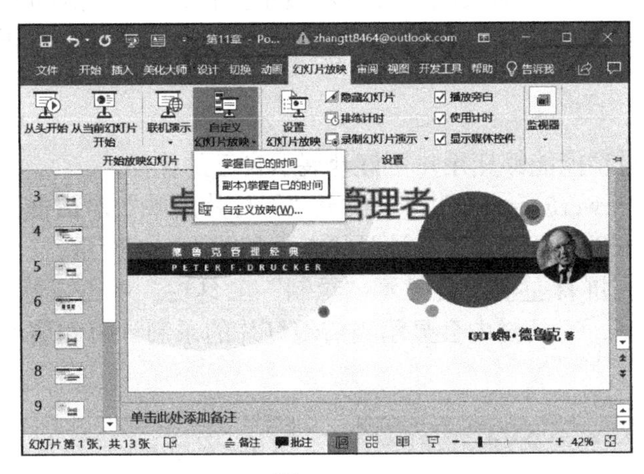

图 11-11

11.1.3 隐藏幻灯片

除自定义放映外，用户还可以通过“隐藏幻灯片”功能将部分幻灯片隐藏起来，使其在放映过程中不再达到隐藏的效果。详细的操作步骤如下。

步骤 1：打开 PowerPoint 文件，选中需要隐藏的幻灯片，右键单击，然后在打开的菜单列表内选择“隐藏幻灯片”，如图 11-12 所示。

步骤 2：此时即可看到该幻灯片的编号显示隐藏标识，切换至“幻灯片放映”选项卡，可以看到“设置”组内的“隐藏幻灯片”按钮呈阴影状态，表示该幻灯片已被隐藏。当用户不再需要隐藏该幻灯片时，可以直接单击“隐藏幻灯片”按钮，如图 11-13 所示。

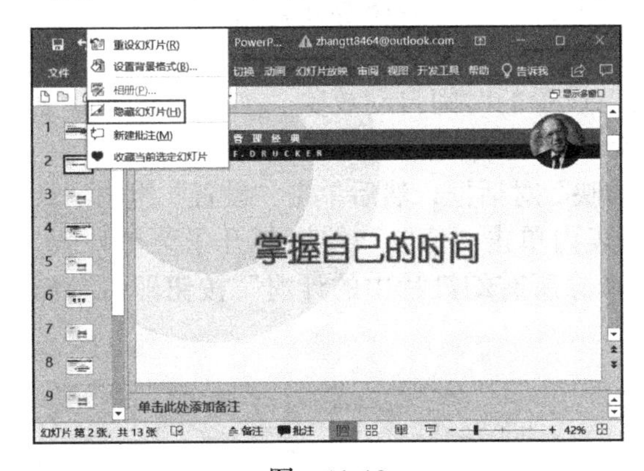

图 11-12

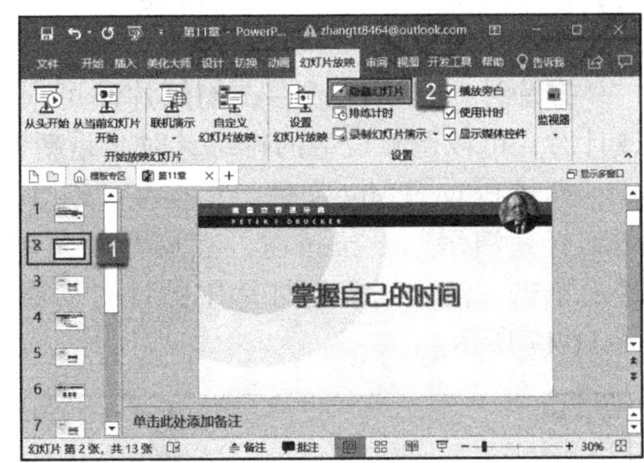

图 11-13

11.2 演示文稿放映时间设置

为了更好地把握演示文稿的放映时间，用户可以对其进行排练计时，或者录制其演示时间。

11.2.1 演示文稿排练计时

如果用户需要幻灯片自动放映，可以对演示文稿进行排练计时。在幻灯片放映状态下，将每张幻灯片放映所需要的时间记录并保留下来。当用户不再需要计时设置时，可以删除计时设置。

计时设置

演示文稿的计时功能能够让用户更好地展示自己的作品。

步骤 1：打开 PowerPoint 文件，切换至“幻灯片放映”对话框，然后单击“设置”组内“排练计时”按钮即可进入排练计时状态，如图 11-14 所示。

步骤 2：此时在屏幕左上角会显示“录制”工具栏，单击鼠标播放幻灯片即可对每页幻灯片进行录制，工具栏内会显示当前幻灯片的录制计时和演示文稿的录制计时，如图 11-15 所示。

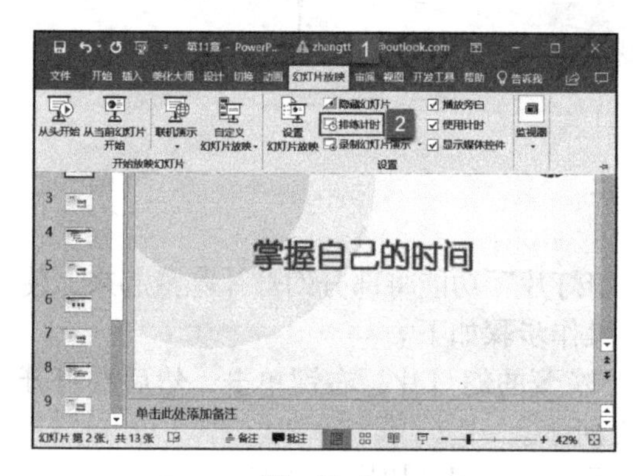

图 11-14

图 11-15

步骤 3：录制完成后，系统会弹出提示框，提示用户幻灯片放映共需要的时间，是否保留新的幻灯片排练计时，单击“是”按钮即可，如图 11-16 所示。

清除计时设置

排练计时设置完成后，幻灯片即可根据已设置的时间自动放映。如果用户需要更改计时，可以清除设置的排练计时，重新设置。具体的操作步骤如下。

打开 PowerPoint 文件，切换至“幻灯片放映”对话框，然后单击“设置”组内“录制幻灯片演示”下拉按钮，在展开的菜单列表内单击“清除”按钮打开子菜单列表，最后单击“清除当前幻灯片中的计时”或“清除所有幻灯片中的计时”按钮即可，如图 11-17 所示。

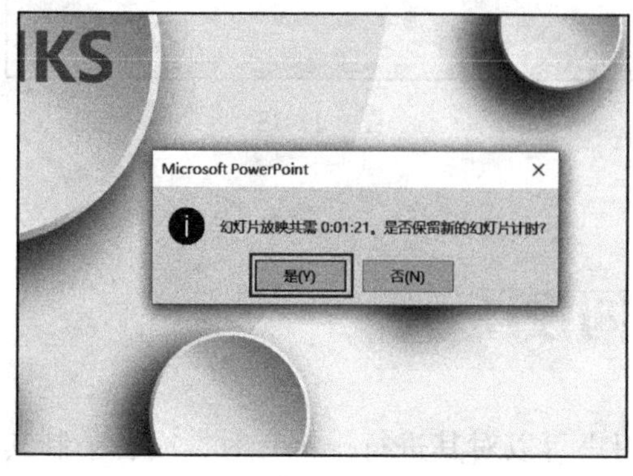

图 11-16

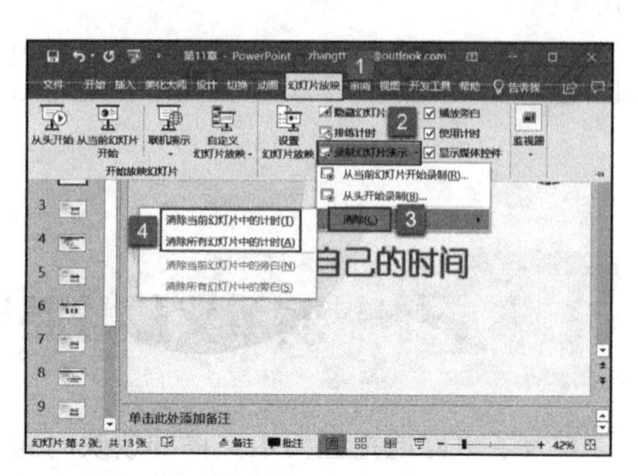

图 11-17

11.2.2 录制幻灯片演示

录制幻灯片演示可以录制幻灯片、动画、旁白、备注的时间，而且在录制过程中用户还可以加入旁白声音文件和视频文件。具体的操作步骤如下。

步骤 1：打开 PowerPoint 文件，切换至“幻灯片放映”对话框，然后单击“设置”组内“录制幻灯片演示”下拉按钮，在展开的菜单列表内单击选择“从当前幻灯片开始录制”或“从头开始录制”按钮进入录制界面，如图 11-18 所示。

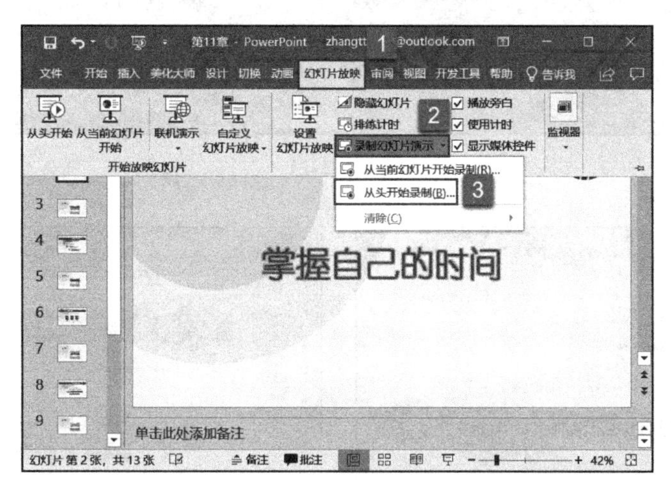

图 11-18

步骤 2：进入幻灯片录制状态，可以看到用户可以添加备注信息、旁白甚至视频等信息，单击窗口左上角的“录制”按钮即可，如图 11-19 所示。

步骤 3：单击鼠标即可对当前幻灯片的动画播放、备注、旁白、视频进行录制，在窗口左下方的工具栏内会显示当前幻灯片的录制时间，以及演示文稿的录制时间，如图 11-20 所示。

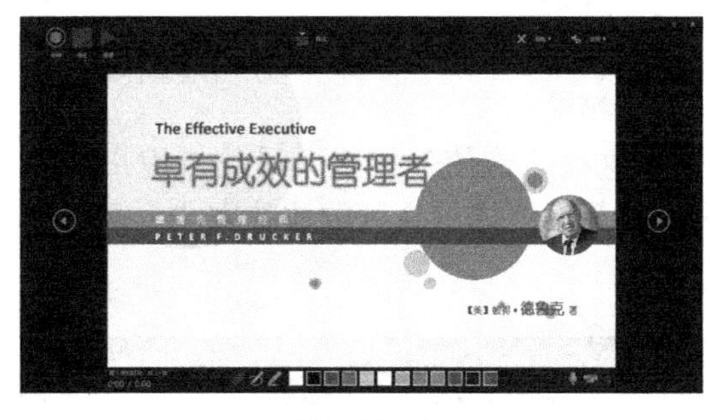

图 11-19

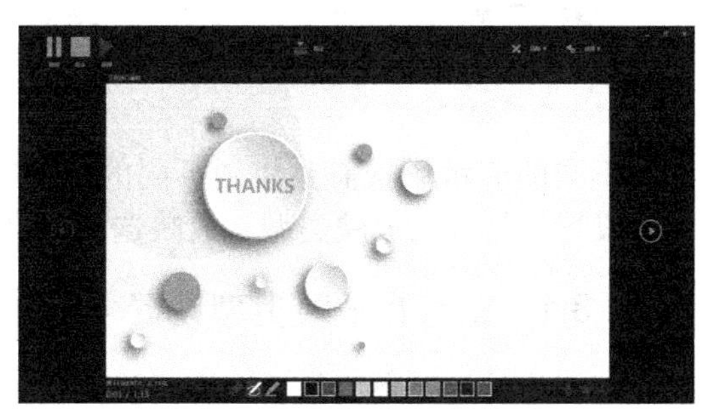

图 11-20

步骤 4：录制结束后，单击鼠标即可退出，如图 11-21 所示。

步骤 5：返回演示文稿的普通视图，即可看到每张幻灯片右下角添加了一个小喇叭图标，如图 11-22 所示。

步骤 6：将鼠标光标停置在小喇叭图标上时，会显示其音频工具栏，用户可以单击“播放 / 暂停”按钮预览插入的旁白声音效果，如图 11-23 所示。

图 11-21

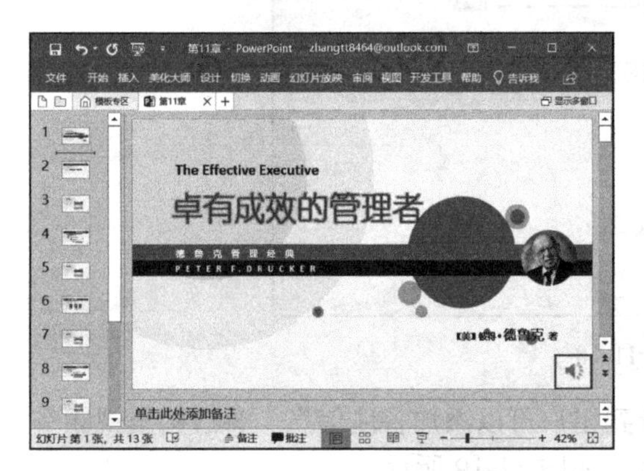

图 11-22

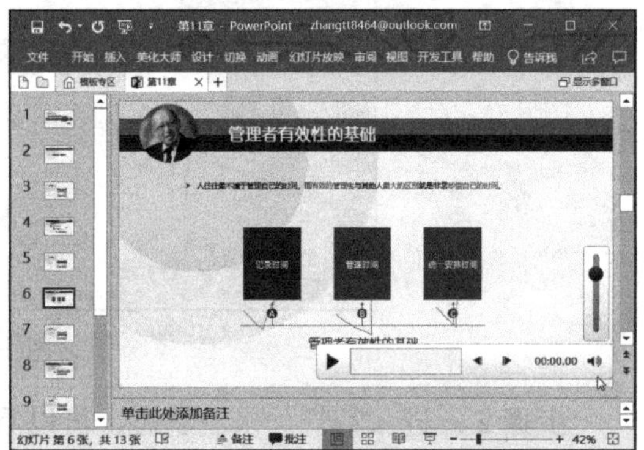

图 11-23

11.3 演示文稿放映方式设置

不同的演示场景需要使用不同的放映方式，这样才能使效果达到最佳。用户可以通过设置幻灯片的放映类型、放映选项、推进方式等设置演示文稿的放映方式。

11.3.1 幻灯片放映类型设置

幻灯片的放映类型包括演讲者放映、观众自行浏览和在展台浏览三种。不同的放映类型具有不同的特点，所以用户应该根据实际情况进行选择，才能使幻灯片的放映达到最佳效果。具体的操作步骤如下。

步骤 1：打开 PowerPoint 文件，切换至“幻灯片放映”对话框，然后单击“设置”组内的“设置幻灯片放映”按钮，如图 11-24 所示。

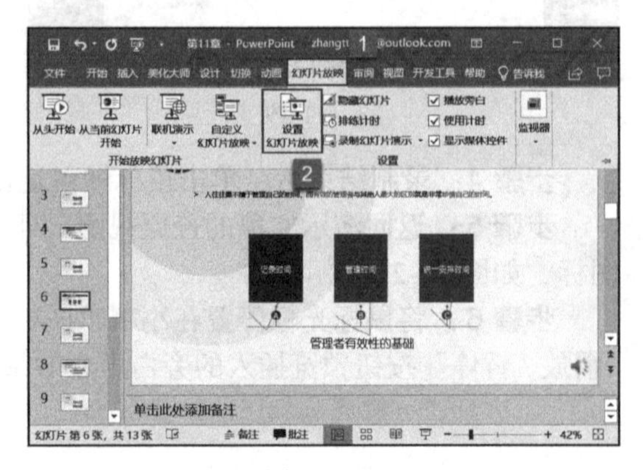

图 11-24

步骤 2：弹出“设置放映方式”对话框，在“放映类型”窗格内单击选中“演讲者放映”按钮，如图 11-25 所示。

步骤 3：单击“确定”按钮关闭对话框。单击 PowerPoint 窗口右下方的“幻灯片放映”按钮进入演讲者放映状态，此时幻灯片显示为全屏幕，当光标移动至幻灯片左下角时，可以看到一排控制按钮，演讲者可以通过这些按钮控制幻灯片的放映过程，如图 11-26 所示。

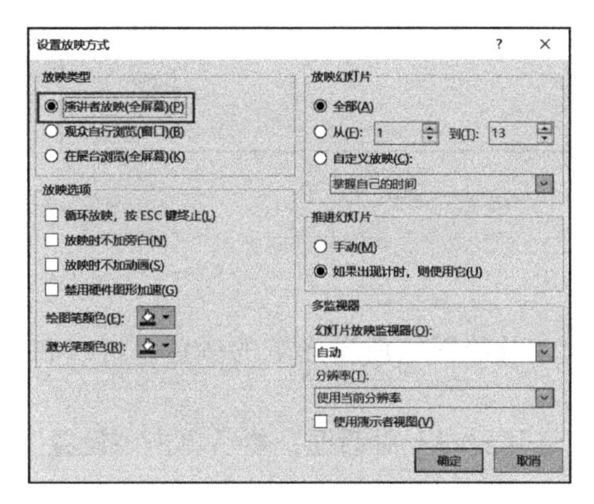

图 11-25

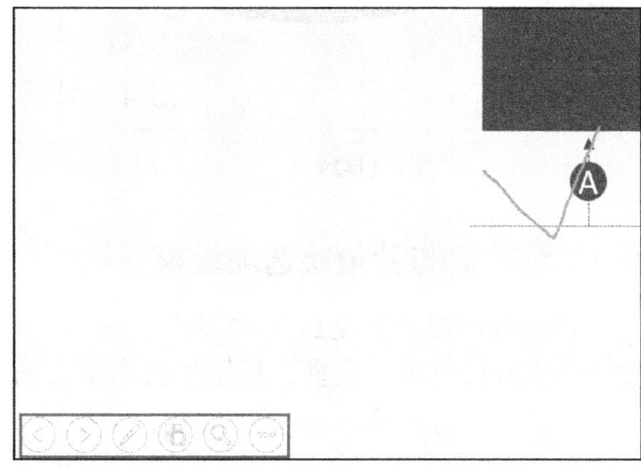

图 11-26

步骤 4：打开“设置放映方式”对话框，在“放映类型”窗格内单击选中“观众自行浏览”按钮，如图 11-27 所示。

步骤 5：单击“确定”按钮关闭对话框。单击 PowerPoint 窗口右下方的“幻灯片放映”按钮进入观众自行浏览状态，此时幻灯片显示为窗口，用户可以根据窗口右下方的按钮进行浏览，如图 11-28 所示。

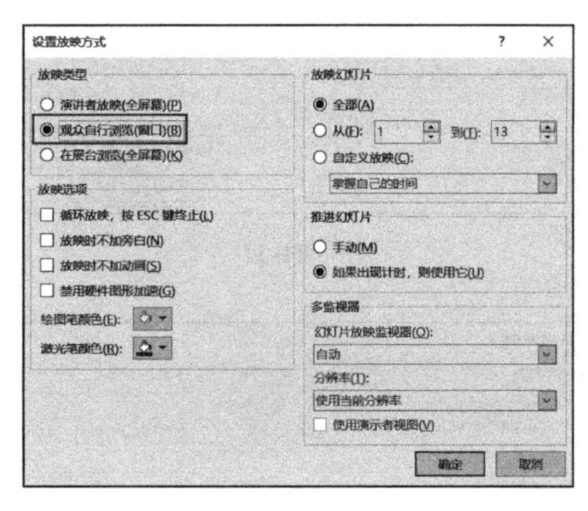

图 11-27

图 11-28

步骤 6：打开“设置放映方式”对话框，在“放映类型”窗格内单击选中“在展台浏览”按钮，如图 11-29 所示。

步骤 7：单击“确定”按钮关闭对话框。单击 PowerPoint 窗口右下方的“幻灯片放映”按钮进入在展台浏览状态，此时幻灯片显示为全屏幕，但是在此状态下用户无法控制幻灯片，如图 11-30 所示。

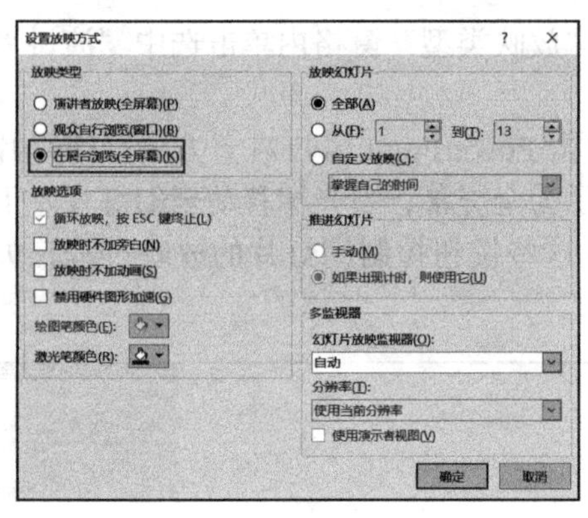

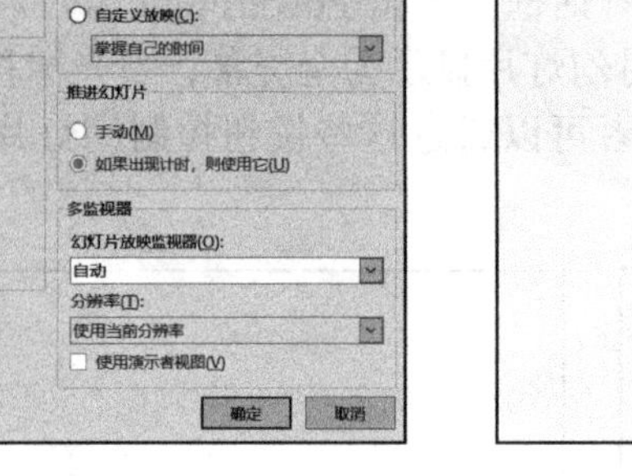

图 11-29

图 11-30

11.3.2 幻灯片放映选项设置

如果用户需要控制放映的终止、旁白、动画以及绘图笔或激光笔的颜色，可以在放映选项窗格内进行设置。具体的操作步骤如下。

步骤 1：打开 PowerPoint 文件，切换至“幻灯片放映”对话框，然后单击“设置”组内的“设置幻灯片放映”按钮打开“设置放映方式”对话框。

步骤 2：在“放映选项”窗格内用户可以单击勾选或取消勾选“循环放映，按 ESC 键终止”“放映不加旁白”“放映不加动画”“禁用硬件图形加速”等选项进行控制，还可以单击“绘图笔颜色”“激光笔颜色”右侧的下拉按钮选择颜色，设置完成后，单击“确定”按钮即可，如图 11-31 所示。

注意：当放映类型为“在展台浏览（全屏幕）”时，放映选项不可设置为“循环放映，按 ESC 键终止”。

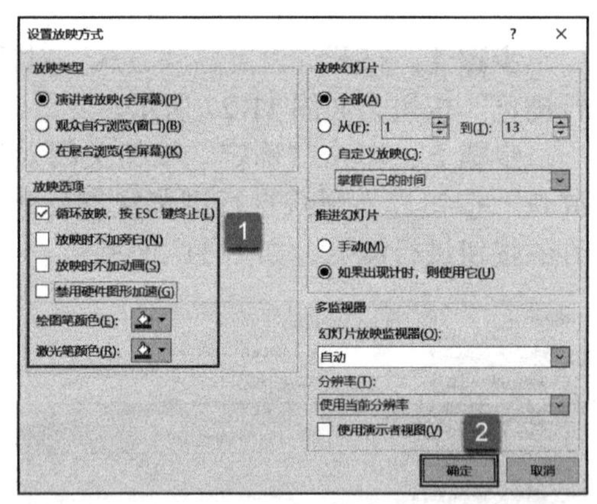

图 11-31

11.3.3 幻灯片推进方式设置

推进方式就是指不同幻灯片之间的切换方式，包括使用排练时间进行自动换片和演讲者手动换片这两种方式。

打开 PowerPoint 文件，切换至“幻灯片放映”对话框，然后单击“设置”组内的“设置幻灯片放映”按钮打开“设置放映方式”对话框。在“推进幻灯片”窗格内，用户可以将幻灯片推进方式设置为“手动”或者“如果出现计时，则使用它”，设置完成后，单击“确定”按钮即可，如图 11-32 所示。

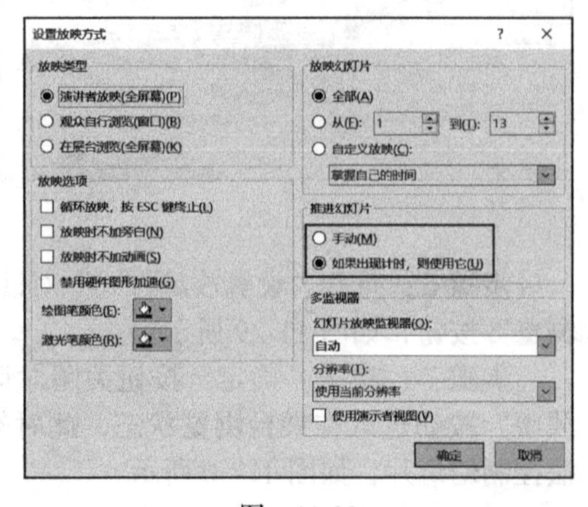

图 11-32

11.4 演示文稿放映方式控制

演讲者在幻灯片放映时，通常会一边放映一边讲解内容，所以能够控制幻灯片的放映是相当重要的，它能使幻灯片的放映紧跟演讲者的节奏。控制幻灯片的放映包括控制幻灯片的开始放映位置、幻灯片的跳转以及使用记号笔标记重点内容等。

11.4.1 开始放映控制

开始放映幻灯片的方式分为两种，一种是从头开始放映；另一种是从当前幻灯片开始放映。

1. 从头开始放映

设置从头开始放映，不用多说，就是从演示文稿的第一张幻灯片开始放映。具体的操作步骤如下：

打开 PowerPoint 文件，切换至“幻灯片放映”对话框，然后单击“开始放映幻灯片”组内的“从头开始”按钮即可进入放映状态，从演示文稿的第一张幻灯片开始，如图 11-33 所示。

2. 从当前幻灯片开始放映

设置从当前幻灯片开始放映，就是从选中的幻灯片开始放映。具体的操作步骤如下：

打开 PowerPoint 文件，切换至“幻灯片放映”对话框，然后单击“开始放映幻灯片”组内的“从当前幻灯片开始”按钮即可进入放映状态，从当前幻灯片开始，如图 11-34 所示。

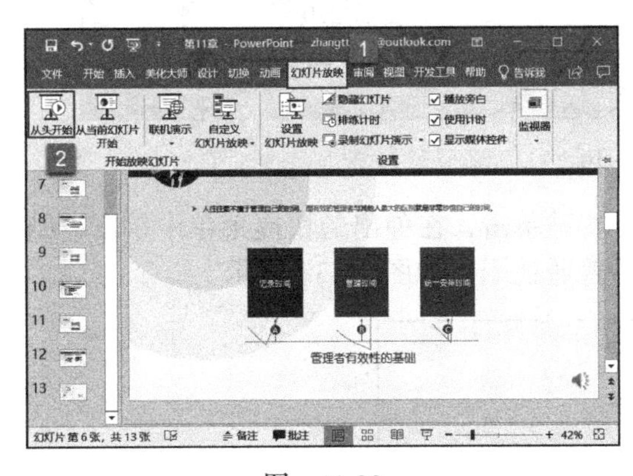

图 11-33

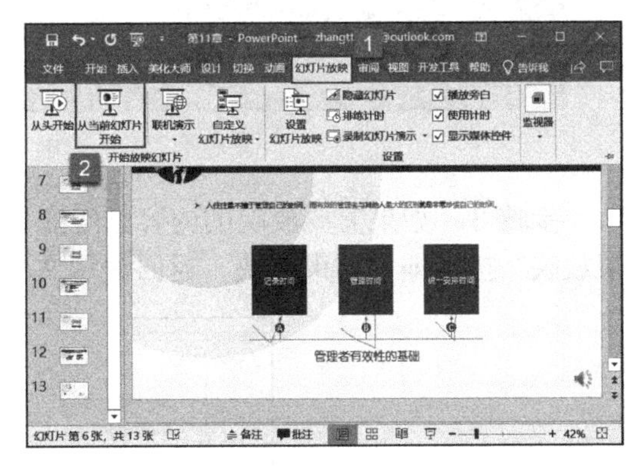

图 11-34

11.4.2 跳转放映控制

在幻灯片的放映过程中，用户可以根据实际需要控制幻灯片的跳转。详细的操作步骤如下。

步骤 1：打开 PowerPoint 文件，单击窗口右下方的“幻灯片放映”按钮进入放映状态。如果用户需要快速跳转至其他幻灯片，右键单击，然后在弹出的快捷菜单中单击“查看所有幻灯片”按钮，如图 11-35 所示。

步骤 2：此时系统即可在屏幕内显示所有幻灯片的缩略图，单击需要跳转到的幻灯片即可，如图 11-36 所示。

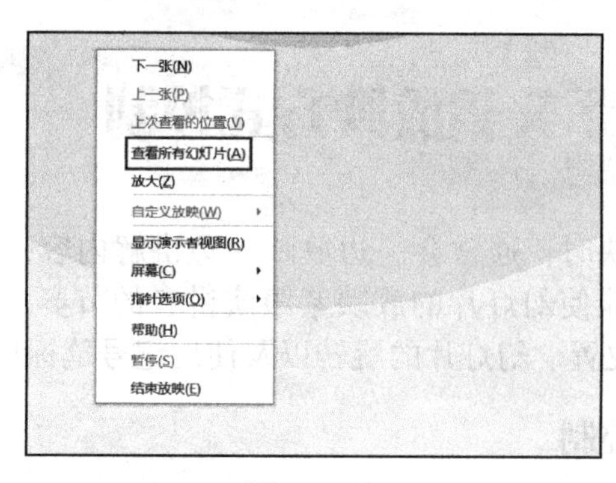

图　11-35

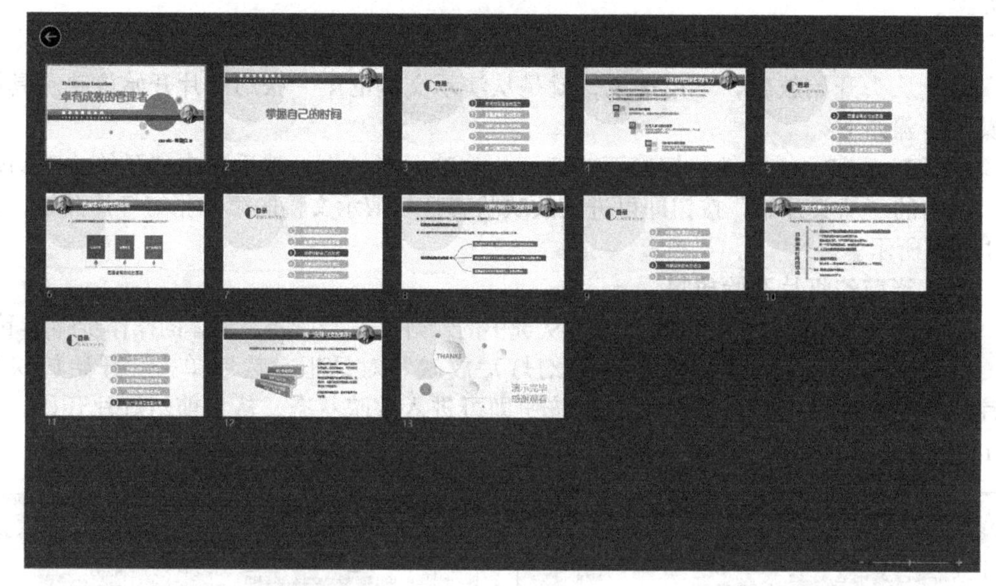

图　11-36

步骤 3：如果需要放映的内容已经完成，右键单击，在弹出的快捷菜单中单击“结束放映”按钮即可结束放映，返回演示文稿的普通视图，如图 11-37 所示。

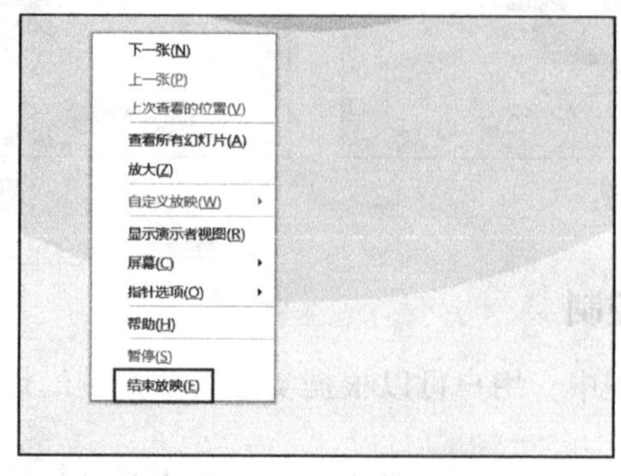

图　11-37

11.4.3　重点标记应用

在幻灯片的讲解过程中，如果需要对重点内容突出显示，可以试一试画笔的功能。

具体的操作步骤如下。

步骤 1：打开 PowerPoint 文件，单击窗口右下方的“幻灯片放映”按钮进入放映状态。单击幻灯片左下角的“笔”控制按钮，然后在展开的菜单列表内选择标记颜色及画笔类型即可，如图 11-38 所示。

步骤 2：进行标记后，用户可以再次单击“笔”控制按钮，然后在展开的菜单列表内单击“橡皮擦”按钮删除部分标记，或者单击“擦除幻灯片上的所有墨迹”按钮删除幻灯片内的所有标记，如图 11-39 所示。

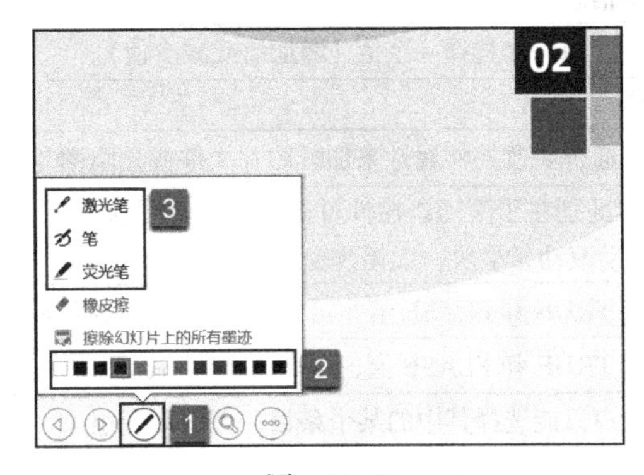

图 11-38

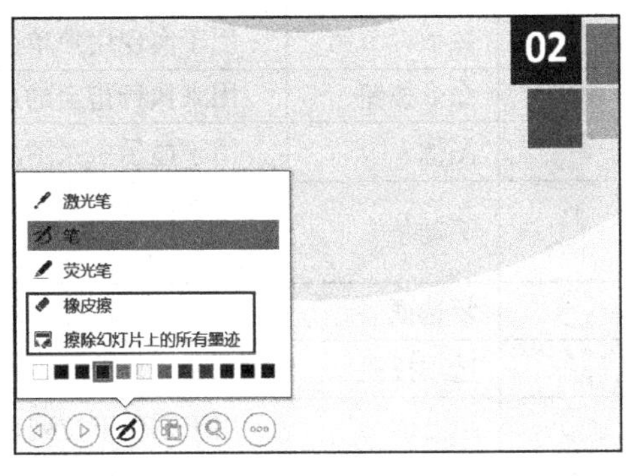

图 11-39

步骤 3：标记完成后，按“ESC”键退出放映状态，此时 PowerPoint 会弹出提示框，提示用户是否保留墨迹注释，需要保留则单击“保留”按钮，不需要保留则单击“放弃”按钮，如图 11-40 所示。

步骤 4：如果用户对墨迹注释进行了保留，返回幻灯片的普通视图，可以在幻灯片内看到注释效果，如图 11-41 所示。

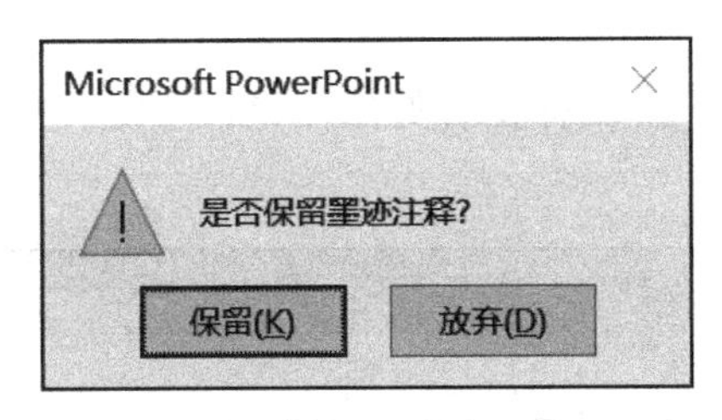

图 11-40

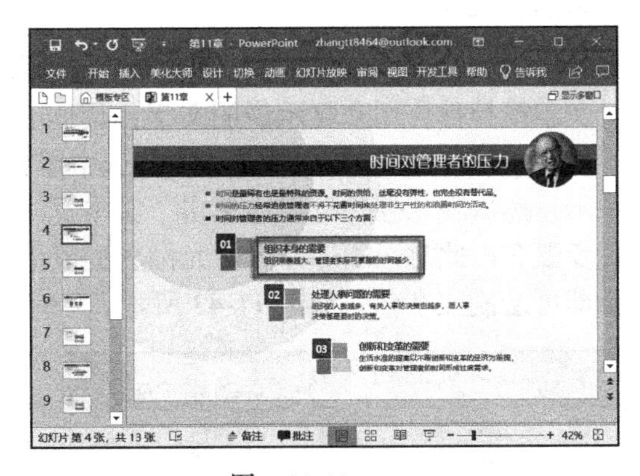

图 11-41

11.5 演示文稿控件应用

11.5.1 认识控件

控件是 PowerPoint 与用户进行交互时用于输入或操作数据的对象。在幻灯片内使用控件可以让操作界面更友好。在 PowerPoint 组件内常用的控件有标签、文本框、数值调节钮、命令按钮、图像、滚动条、复选框、选项按钮、组合框、列表框、切换按钮和其他控件，各控件的图标和用途如表 11-1 所示。

表11-1　控件

控件图标	控件名称	用途
A	标签	用于显示文本信息
abl	文本框	用于接受用户输入的文本信息
	数值调节钮	用于实现用户单击控件中的箭头来选择一个值（增加值或减少值）
	命令按钮	用来执行指定的过程代码
	图像	用于显示一张图片，可以通过更改控件属性来加载图片文件或显隐图片
	滚动条	与数值调节钮控件相似，区别在于滚动条控件可按照两种不同的步长改变控件的值，而用户可以拖动滚动条滑块，大幅改变控件的值
	复选框	用于二元选择，控件返回 TRUE 和 FLASE 值，可用来创建多项选择题
	选项按钮	用于二元选择，控件返回 TRUE 和 FLASE 值，用来创建单项选择题
	组合框	用于创建下拉列表，使用户只能选择其中的某个条目，占用面积小
	列表框	用于创建列表框，可同时选择一个或多个条目，占用面积较大
	切换按钮	也称开关按钮，可以在两种状态之间进行切换，返回值为 TRUE（按下状态）或 False（弹起状态）
	其他控件	用于启用“其他控件”对话框，提供更多的控件供用户选择

11.5.2　绘制控件

在幻灯片内添加控件的方法很简单，用户只需根据自身需要单击控件图像，然后在目标位置按住鼠标左键并拖动，即可轻松绘制出所需控件。例如要在幻灯片内添加一个文本框控件，用来显示说明文字，具体的操作步骤如下。

步骤 1：打开 PowerPoint 文件，选中需要插入控制的幻灯片，切换至“开发工具”选项卡，然后在“控件”组内单击“文本框”按钮，如图 11-42 所示。

步骤 2：此时，幻灯片内的光标会变成十字形，在目标位置处按住鼠标左键，拖动鼠标即可绘制文本框，如图 11-43 所示。

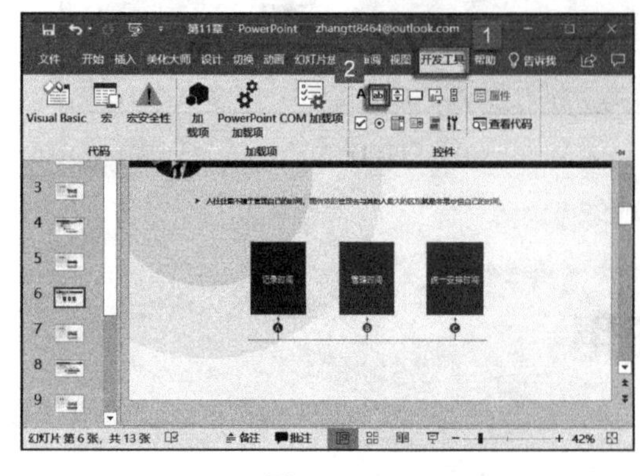

图　11-42

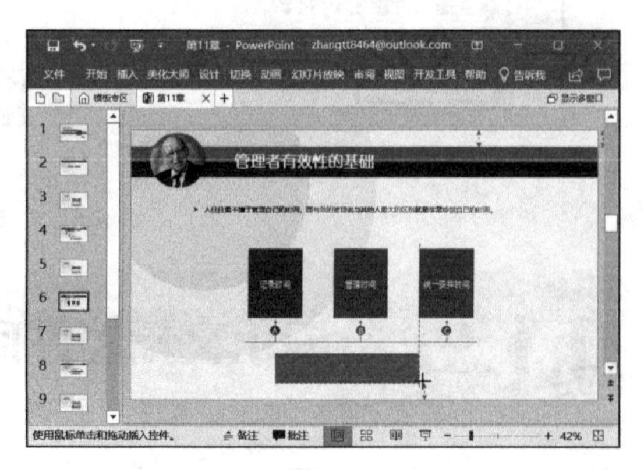

图　11-43

步骤 3：释放鼠标左键，即可在幻灯片内看到绘制的文本框控件，如图 11-44 所示。

图 11-44

11.5.3 控件格式设置

如果用户对幻灯片内绘制的控件的大小、位置等不满意时，可以使用“设置对象格式”功能对控件的大小、位置等外观属性进行设置。具体的操作步骤如下。

步骤 1：打开 PowerPoint 文件，选中需要设置格式的控件，右键单击，然后在弹出的快捷菜单内单击“大小和位置”按钮，打开“设置对象格式”窗格，如图 11-45 所示。

步骤 2：在“设置对象格式”中切换至“大小”选项卡，然后在“高度”和“宽度”文本框中设置控件的高度和宽度，这里分别输入“2 厘米”和“13 厘米”，如图 11-46 所示。

图 11-45

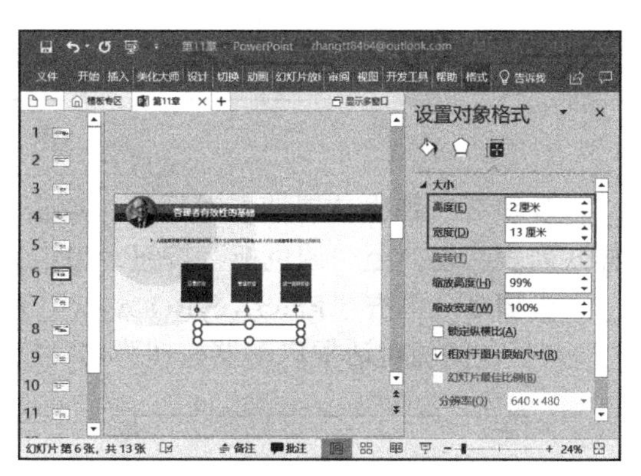

图 11-46

步骤 3：在“设置对象格式”中切换至“位置”选项卡，然后在“水平位置”和“垂直位置”文本框中设置相对于左上角的度量值，这里分别输入“10 厘米”和“16 厘米”，如图 11-47 所示。

步骤 4：设置完成后，单击“关闭”按钮返回幻灯片。即可看到所选控件的尺寸和位置已按用户设置的参数值进行了相应的调整，如图 11-48 所示。

11.5.4 控件属性设置

在幻灯片内绘制的控件默认背景色为白色，如果用户希望更改控件默认的背景色、名称、字体颜色等外观格式，可以通过更改控件的属性来实现。注意每类控件的属性都很丰富，不同的属性控制着控件不同外观、值的显示。具体的操作步骤如下。

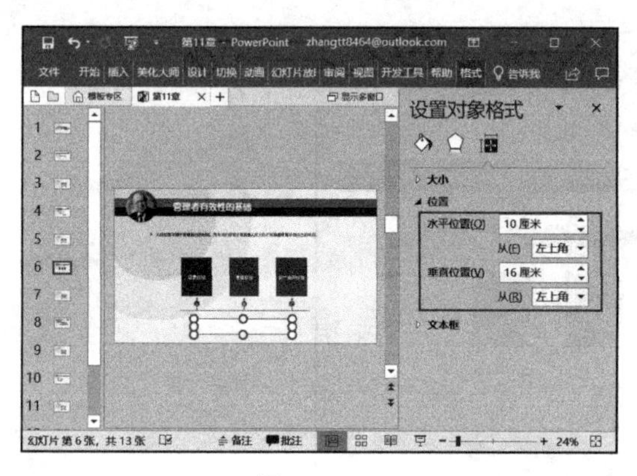

图 11-47

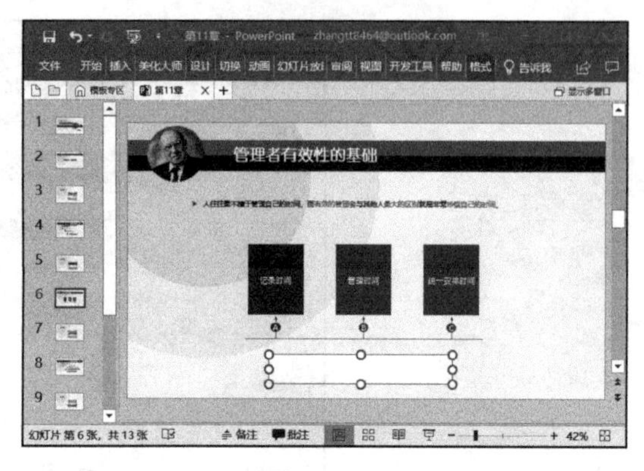

图 11-48

步骤 1： 打开 PowerPoint 文件，选中需要设置属性的控件，右键单击，然后在弹出的快捷菜单内单击“属性表”按钮，如图 11-49 所示。

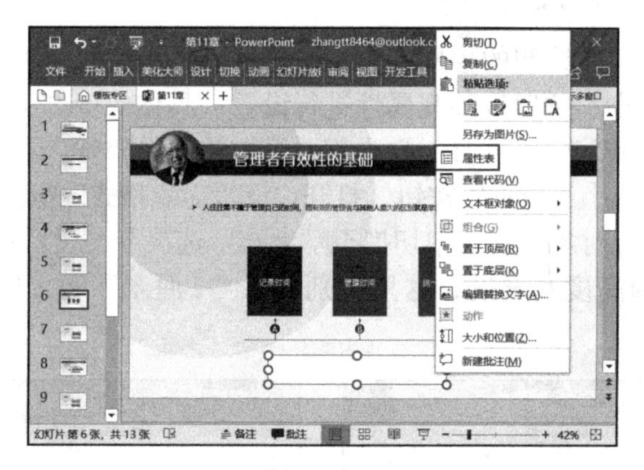

图 11-49

步骤 2： 弹出“属性”对话框，单击“ BorderColor”右侧的下拉按钮，打开颜色样式列表，切换至“调色板”按钮，单击选中需要设置的颜色，如图 11-50 所示。

步骤 3： 单击“EnterKeyBehavior”右侧的下拉按钮，选择“True”项，然后单击“Font”右侧的对话框启动器按钮弹出“字体”对话框，如图 11-51 所示。

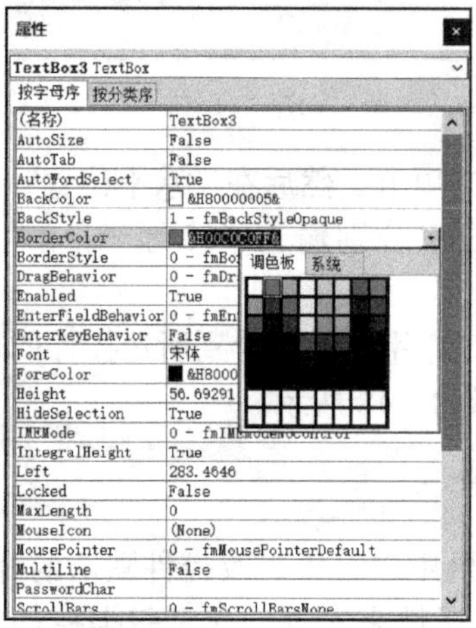

图 11-50

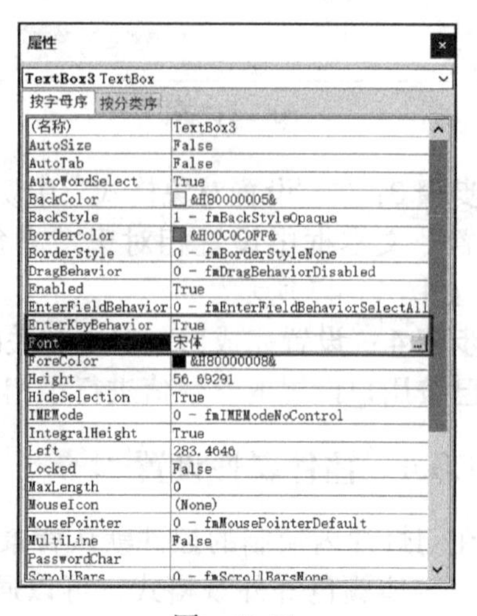

图 11-51

步骤 4：用户可以在“字体”下拉列表内选择字体，例如“楷体”，在“字形”下拉列表内选择字形，例如“常规”，然后在“大小”下拉列表内选择字号，例如“二号”。设置完成后，即可在“示例”窗格内看到预览效果。最后单击“确定”按钮即可返回属性对话框，如图 11-52 所示。

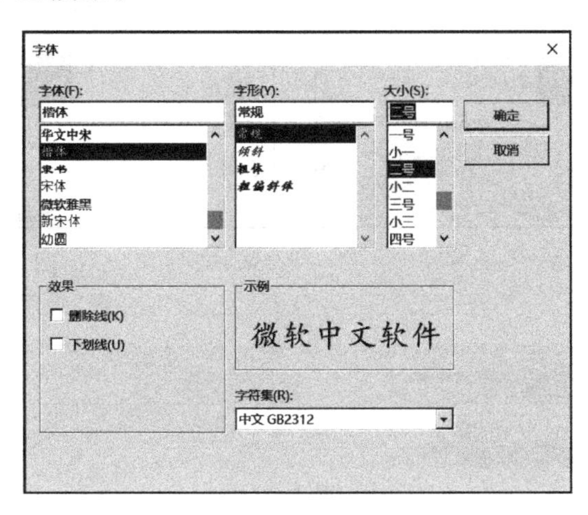

图 11-52

步骤 5：单击“MultiLine”右侧的下拉按钮，选择“True”项，如图 11-53 所示。

步骤 6：单击“ScrollBars”右侧的下拉按钮，选择“2-fmScrollBarsVertical”项，如图 11-54 所示。

属性

TextBox3 TextBox

按字母序 | 按分类序

属性	值
EnterKeyBehavior	True
Font	楷体
ForeColor	&H80000008&
Height	56.69291
HideSelection	True
IMEMode	0 - fmIMEModeNoControl
IntegralHeight	True
Left	283.4646
Locked	False
MaxLength	0
MouseIcon	(None)
MousePointer	0 - fmMousePointerDefault
MultiLine	True
PasswordChar	
ScrollBars	0 - fmScrollBarsNone
SelectionMargin	True
SpecialEffect	2 - fmSpecialEffectSunken
TabKeyBehavior	False
Text	
TextAlign	1 - fmTextAlignLeft
Top	453.5433
Value	
Visible	True
Width	368.5039
WordWrap	True

图 11-53

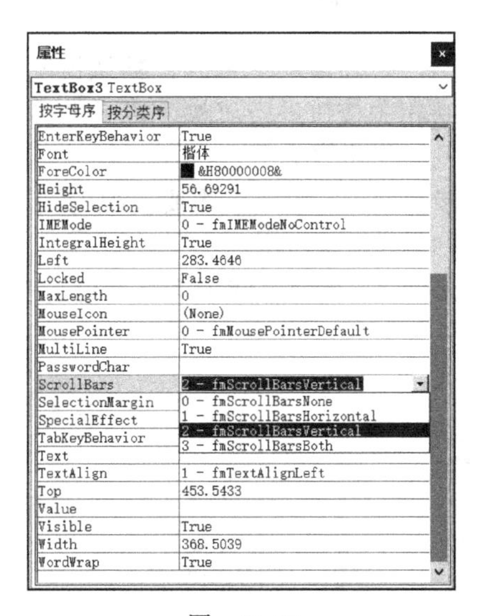

图 11-54

步骤 7：完成设置后，单击关闭按钮关闭属性对话框，返回幻灯片，即可看到所选控件已按设置的属性值显示。如果用户需要在该文本框控件内输入文本内容，右键单击，然后在弹出的快捷菜单中单击“文本框对象”按钮，再在弹出的子菜单列表内单击“编辑”按钮，如图 11-55 所示。

步骤 8：激活文本框，用户即可根据需要输入相应的文本内容，当文本字数超过文本框的显示区域时，文本框右侧会自动显示垂直滚动条，帮助用户滚动查看文本框内容，如图 11-56 所示。

图 11-55

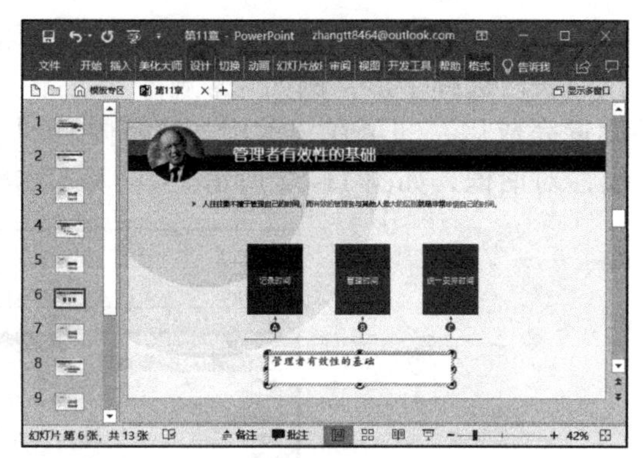

图 11-56

高手技巧

PowerPoint 2019 为用户提供了多种多样的放映设置，用户可以根据自身需要进行选择，还可以对放映方式进行自定义编辑。下面将介绍一些演示文稿放映设置与控制的高手扩展技巧，供用户使用。

自动放映设置

用户打开演示文稿时，默认情况下都是进入 PowerPoint 工作界面后，再单击幻灯片放映相关按钮进行放映。接下来将介绍一种简单的方法，能够让演示文稿直接放映，具体的操作步骤如下。

步骤 1：右键单击需要放映的演示文稿，然后在弹出的快捷菜单中单击“显示”按钮，如图 11-57 所示。

步骤 2：此时，演示文稿即可进入幻灯片放映状态，效果如图 11-58 所示。

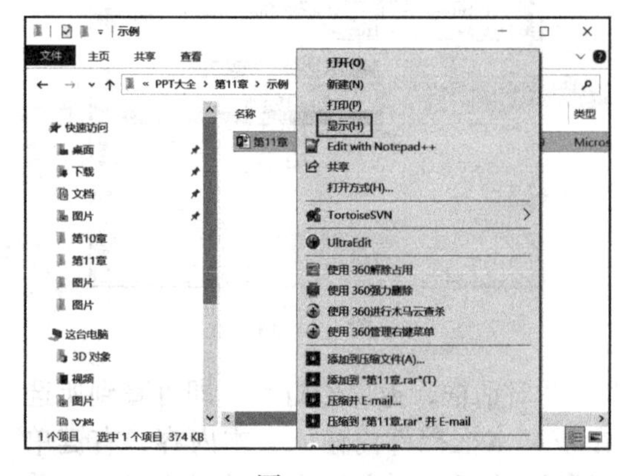

图 11-57

图 11-58

缩略图自动放映设置

要想实现图片的完美放映，则需要掌握一些图片放映的技巧。如果用户需要在一张幻灯片内实现多张图片的演示，而且还能实现单击图片即可全屏放映，再次单击图片即可还原的目的，该怎样进行操作呢？接下来就介绍一下详细的操作步骤。

步骤 1： 打开 PowerPoint 文件，选中需要插入图片的幻灯片，切换至“插入”选项卡，单击“文本”组内的“对象”按钮，如图 11-59 所示。

步骤 2： 弹出“插入对象”对话框，在“对象类型”列表框中选择“Microsoft PowerPoint Presentation”选项，然后单击“确定”按钮，如图 11-60 所示。

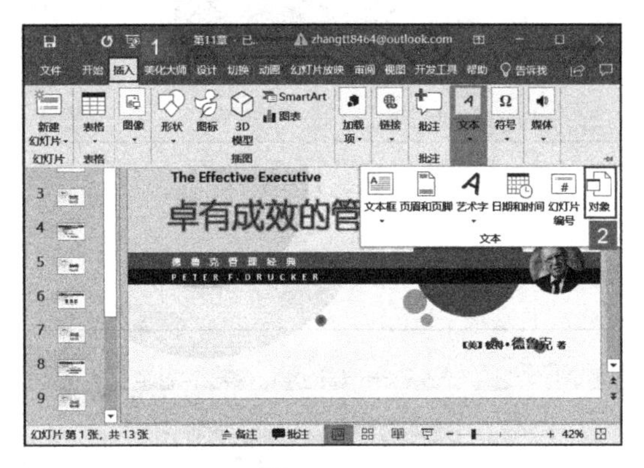

图 11-59

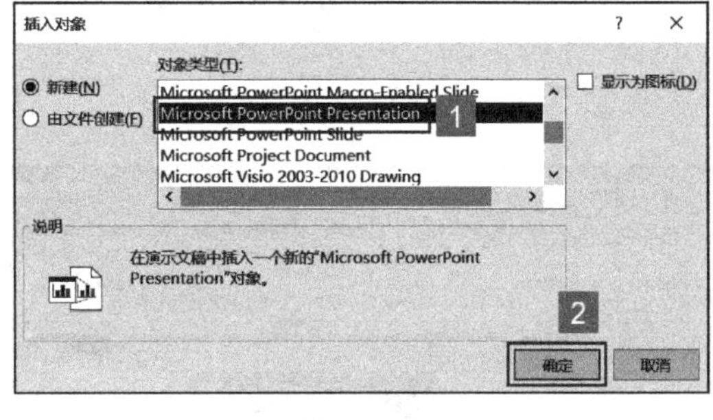

图 11-60

步骤 3： 返回幻灯片，即可看到当前幻灯片内插入了一个演示文稿对象，并显示了新的功能区，如图 11-61 所示。

步骤 4： 选中插入的演示文稿对象，切换至“插入”选项卡，单击“图像”组内的“图片”按钮，如图 11-62 所示。

图 11-61

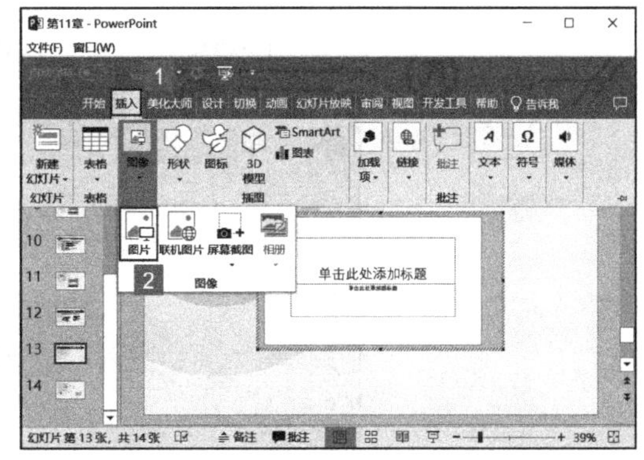

图 11-62

步骤 5： 弹出“插入图片”对话框，定位至图片文件所在的位置，单击选中要插入的图片，然后单击“插入”按钮即可，如图 11-63 所示。

步骤 6： 返回幻灯片，即可在插入的演示文稿对象内看到新插入了一张图片，调整其大小使其填充整个演示文稿对象，如图 11-64 所示。

步骤 7： 然后切换至“幻灯片放映”选项卡，单击“开始放映幻灯片”组内的“从当前幻灯片开始”按钮，如图 11-65 所示。

步骤 8： 此时，演示文稿即可进入放映状态，如图 11-66 所示。

步骤 9： 单击演示文稿对象，即可将图片全屏放映，如图 11-67 所示。再次单击即可返回幻灯片放映界面。

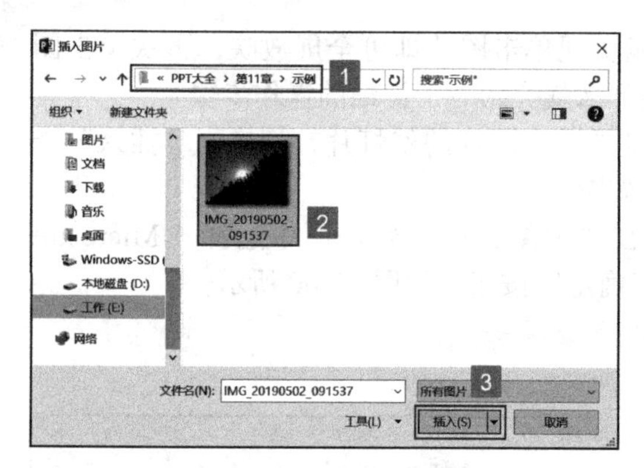

图　11-63

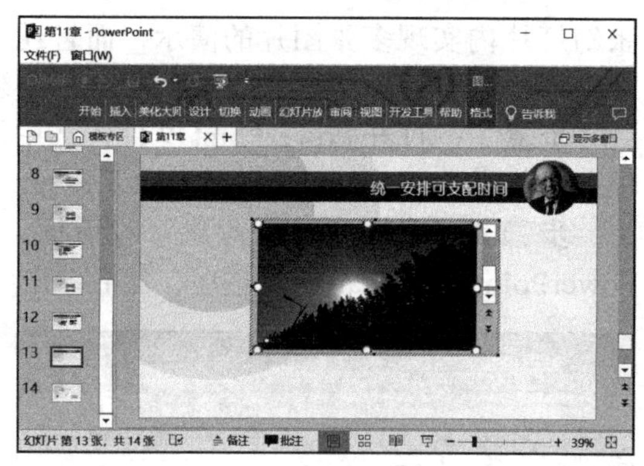

图　11-64

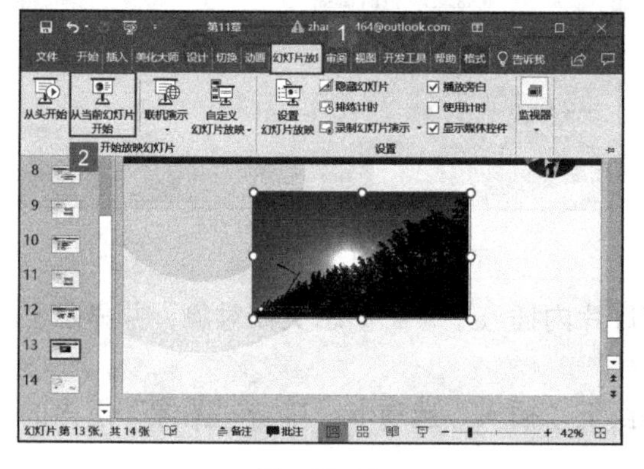

图　11-65

图　11-66

图　11-67

第12章

企业文化培训演示文稿

企业文化，又称为组织文化，是一个组织由其价值观、信念、仪式、符号、处事方式等组成的特有文化形象。企业文化是企业的灵魂，是推动企业发展的不竭动力。它包含着丰富的内容，而其核心就是企业的精神和价值观。这里的价值观不是指企业管理中的各种文化现象，而是企业或企业员工在从事经营活动中所秉持的价值观念。为了加强员工对企业文化的了解与掌握，企业常常会根据实际需求制作企业文化培训演示文稿，用于对员工的培训。本章将主要介绍如何确定演示文稿的整体风格、使用母版添加企业的固定信息，以及在幻灯片中编辑企业文化内容等。

- 实例概述
- 设计整体风格
- 添加企业固定信息
- 制作企业文化标题页
- 制作企业文化介绍页
- 制作企业文化结束页
- 转换为普通视频方便播放

12.1 实例概述

要创建企业文化培训演示文稿，首先要新建一个演示文稿，因为是代表企业形象的培训，所以在设计时要统一演示文稿的整体风格，然后添加企业的固定信息和培训内容等。那么，到底应该如何制作这样一个企业文化培训演示文稿呢？接下来，本节将先分析一下其应用环境和制作流程。

12.1.1 分析实例应用环境

任何企业都会定期对企业员工进行培训，强调其企业文化，增强员工对企业的归属感和主人翁责任感。在对员工进行企业文化培训时，创建一份合适的企业文化培训演示文稿，是至关重要的一部分，它将直接影响员工的培训成果。

12.1.2 确定实例制作流程

为了让制作过程更加清晰，首先可以确定其制作流程，如图 12-1 所示。本章实例需要用到的 PowerPoint 知识点有：页面设置、主题颜色和字体、隐藏背景图形、幻灯片母版、页眉和页脚、正副标题、剪贴画、自动调整选项、艺术字、动画等。

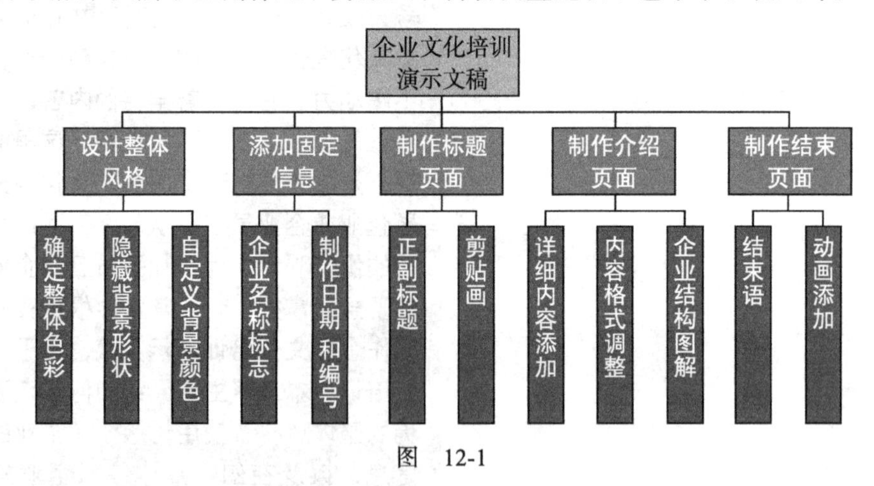

图 12-1

12.2 设计整体风格

企业文化是企业经过一定时间形成的共同理想、基本价值观、作风、生活习惯和行为规范的总称，企业会通过宣传、教育、培训等方式，促进企业管理层和员工层的双向沟通，增强企业的向心力和凝聚力，塑造优秀的企业文化。在培训时，企业一般会根据自身的文化知识建立具有特色风格的培训讲稿。

12.2.1 确定整体色彩风格

当创建的演示文稿色彩风格不符合企业文化演示文稿的实际需要时，用户可以通过“设计”选项卡内的“变体”功能区对颜色进行修改。例如，科技类公司适合以蓝色系风格为背景，而文化传媒类公司更适合以淡雅的浅色系为背景。

步骤 1：打开 PowerPoint 文件，切换至“设计”选项卡，单击“变体”组内的“其他”按钮，在展开的菜单列表内单击“颜色”按钮，然后在展开的颜色样式列表内选择“蓝色”项，如图 12-2 所示。

步骤 2：返回幻灯片，即可看到演示文稿的整体色彩风格已被修改，如图 12-3 所示。

步骤 3：如果用户对系统提供的颜色样式模板不满意，可以自定义设置。打开“颜色”样式菜单列表，单击“自定义颜色”按钮，如图 12-4 所示。

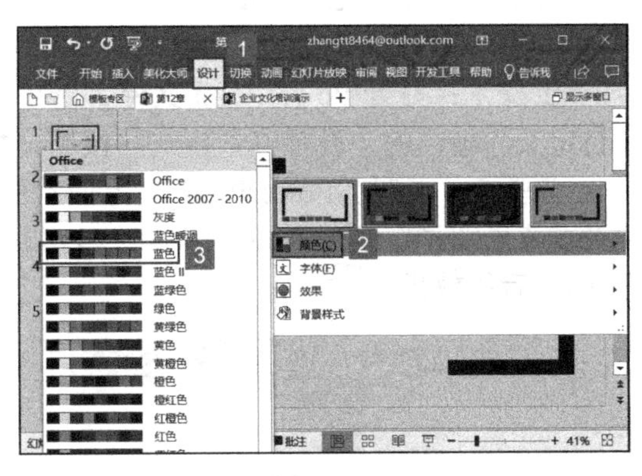

图 12-2

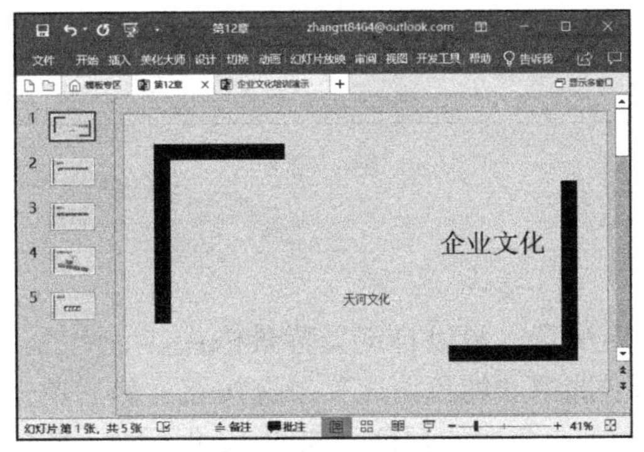

图 12-3

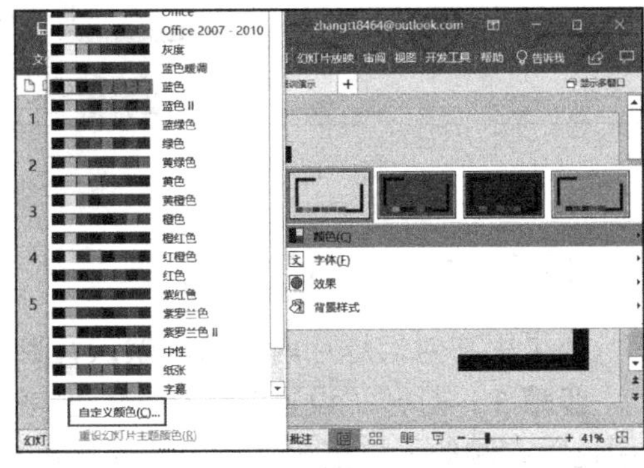

图 12-4

步骤 4：弹出“新建主题颜色”对话框，在“主题颜色”窗格内进行设置，然后在“名称”文本框中输入主题颜色名称，单击“保存”按钮即可保存自定义的主题颜色，如图 12-5 所示。

步骤 5：再次单击“变体”组内的“其他”按钮，在展开的菜单列表内单击“颜色”按钮，即可在展开的颜色样式列表内看到新建的自定义主题颜色，如图 12-6 所示。

图 12-5

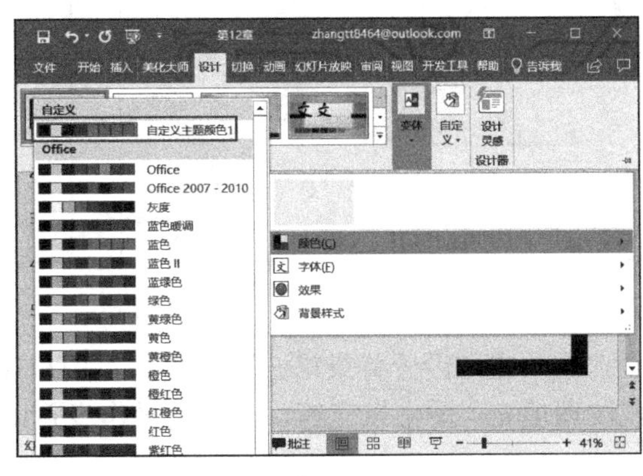

图 12-6

12.2.2 快速隐藏背景图形

为了让企业文化培训演示文稿与 PowerPoint 的默认模板不同，用户可以隐藏标题幻灯片内的背景图形或图片，使幻灯片背景等简洁明了。

步骤 1：打开 PowerPoint 文件，选中标题幻灯片，切换至“设计”选项卡，单击“自定义”组内的“设置背景格式”按钮，如图 12-7 所示。

步骤 2：此时，PowerPoint 主界面右侧即可打开“设置背景格式”窗格，单击勾选“隐藏背景图形”复选框即可，如图 12-8 所示。此时，在浏览窗口内可以预览到隐藏背景图形后的效果。

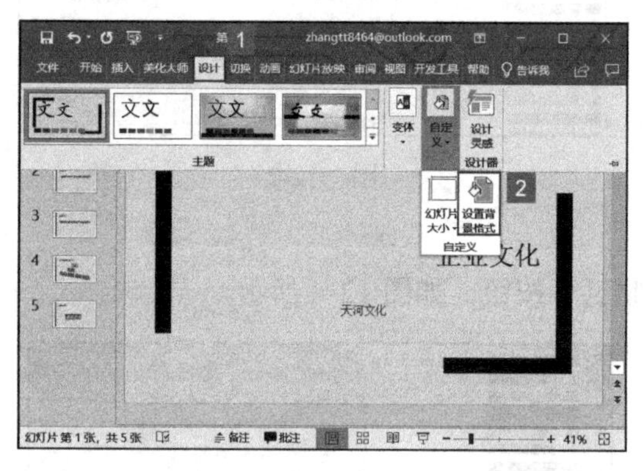

图 12-7

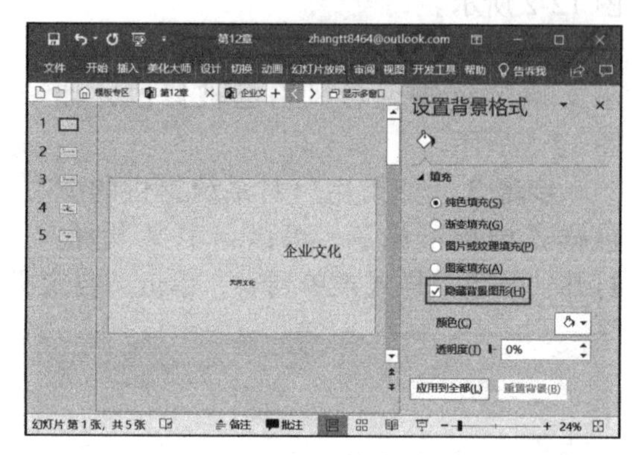

图 12-8

12.2.3 自定义背景颜色

如果用户对幻灯片内显示的默认背景样式不满意，可以自定义背景格式。

步骤 1：打开“设置背景格式”窗格，单击选中“纯色填充”单选按钮，然后单击“颜色”右侧的下拉按钮，在展开的颜色样式库选择合适的颜色，如图 12-9 所示。此外用户还可以对颜色的透明度进行设置。

步骤 2：设置完成后，返回幻灯片普通视图，效果如图 12-10 所示。

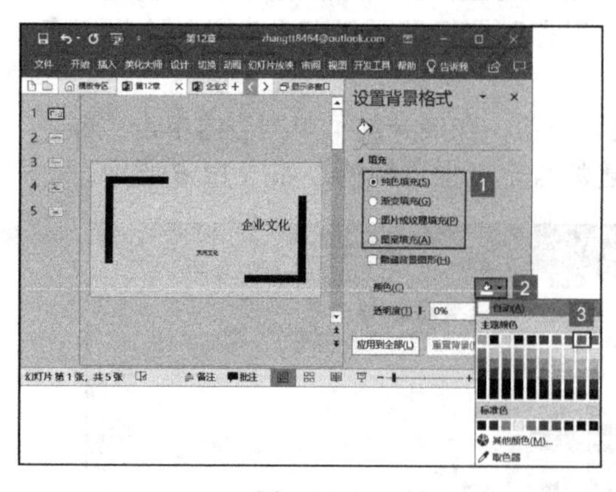

图 12-9

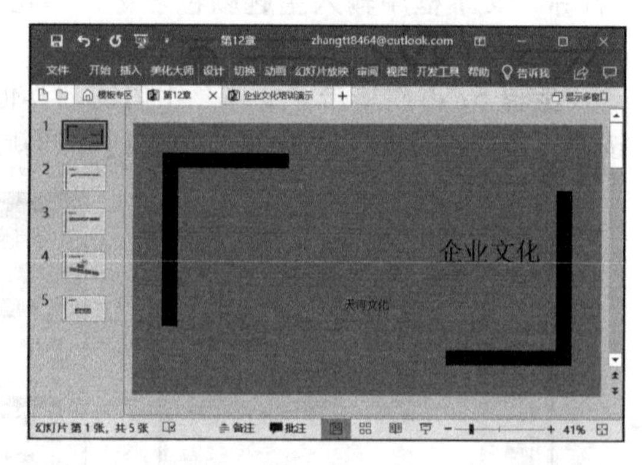

图 12-10

步骤 3：在“设置背景格式”窗格内，用户还可以将幻灯片背景设置为渐变填充、图片或纹理填充、图案填充等，具体的操作步骤见 10.2 节。

12.3 添加企业固定信息

企业文化培训演示文稿内一般都具有明确的企业标识，需要在演示文稿内添加一些企业的固定信息，如企业名称、企业标识、制作时间等。若要在每张幻灯片中添加这些固定信息，最好使用幻灯片母版、页眉和页脚等功能来设置，方便快捷。

12.3.1 使用幻灯片母版添加企业名称和 LOGO

如果用户选择一张一张地在幻灯片内添加企业名称和企业 LOGO，那么这个过程将非常费时，而使用幻灯片母板来设置则可以轻松解决这一问题。

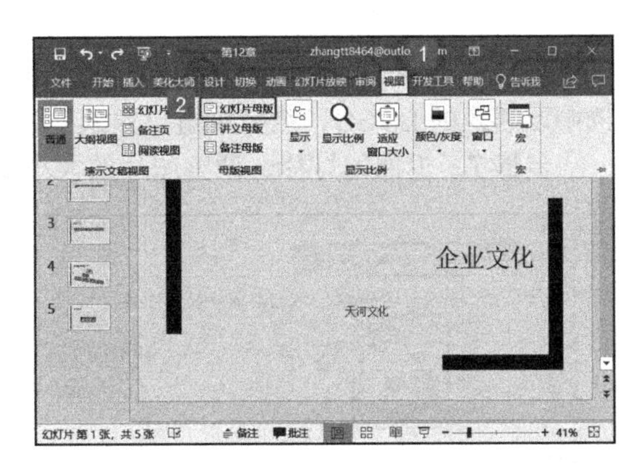

图 12-11

步骤 1：添加企业名称。打开 PowerPoint 文件，选中标题幻灯片，切换至“视图”选项卡，单击“母版视图”组内的“幻灯片母版”按钮，如图 12-11 所示。

步骤 2：此时 PowerPoint 即可自动打开并切换至“幻灯片母版”选项卡。选中第一张幻灯片母版版式缩略图，切换至“插入”选项卡，单击“文本”组内的“文本框”下拉按钮，然后在弹出的菜单列表内单击“绘制横排文本框”按钮，如图 12-12 所示。

步骤 3：此时幻灯片内的光标会变成十字形，在适当位置按住鼠标左键不放，然后拖动鼠标即可绘制文本框，如图 12-13 所示。

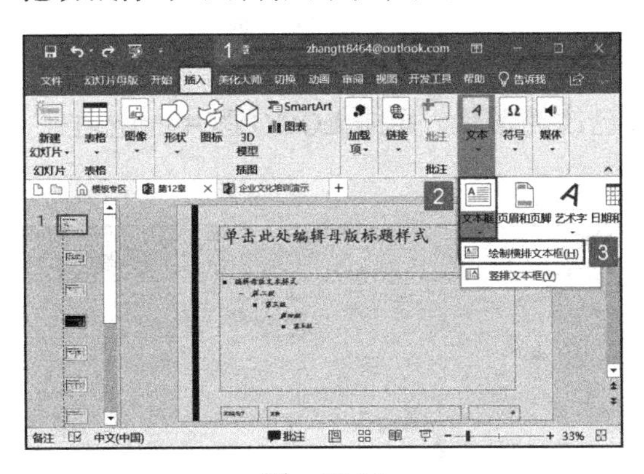

图 12-12

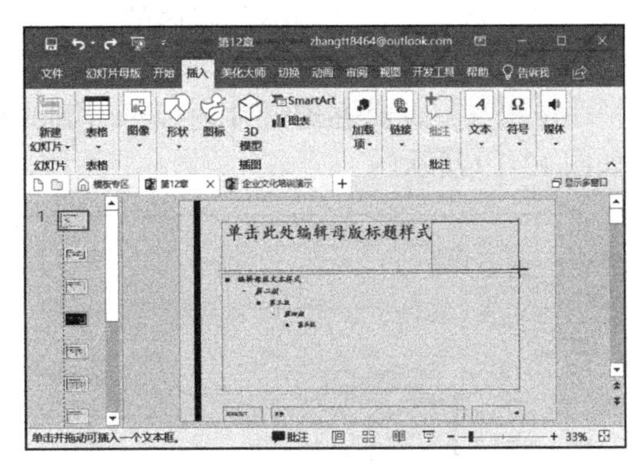

图 12-13

步骤 4：释放鼠标后，在文本框内输入企业名称，并调整其字体格式及位置即可，效果如图 12-14 所示。

步骤 5：添加企业 LOGO。选中第一张幻灯片母版版式缩略图，切换至“插入”选项卡，单击“图像”组内的“图片”按钮，如图 12-15 所示。

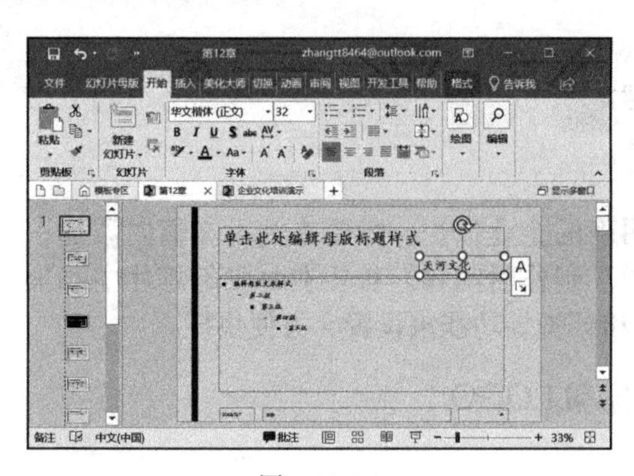

图 12-14

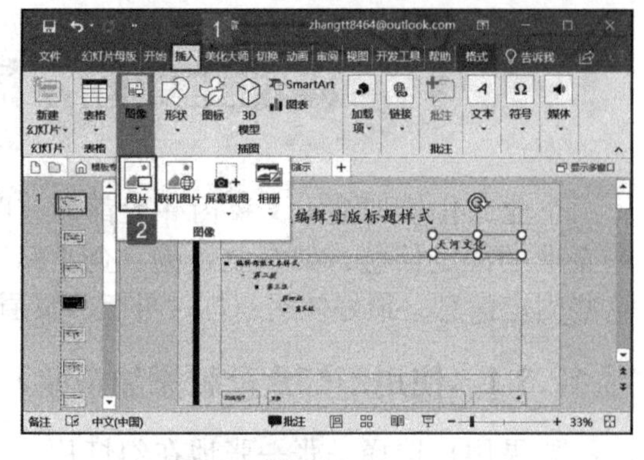

图 12-15

步骤 6：弹出“插入图片”对话框，定位至 LOGO 图片所在的文件夹位置，单击选中要插入的 LOGO，然后单击“插入”按钮，如图 12-16 所示。

步骤 7：返回幻灯片，调整图片的大小及位置，效果如图 12-17 所示。

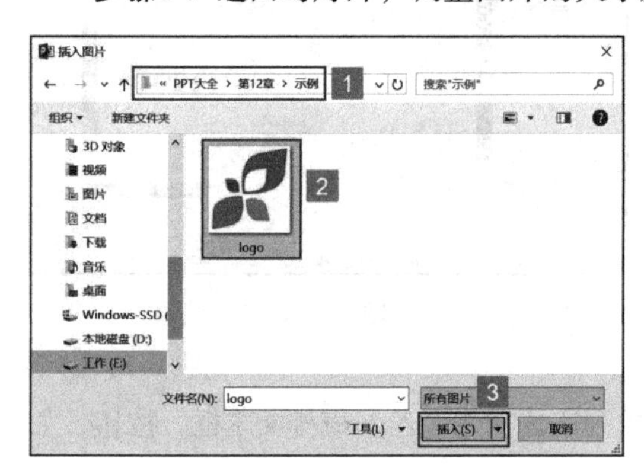

图 12-16

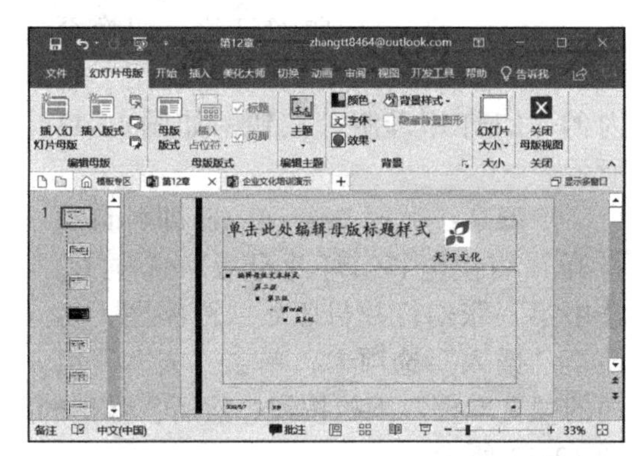

图 12-17

步骤 8：为了使公司 LOGO 融入背景，可以选中图片，切换至图片工具“格式”选项卡，然后单击“调整”组内的“颜色”下拉按钮，在展开的菜单列表内单击“设置透明色”按钮，如图 12-18 所示。

步骤 9：此时在幻灯片内即可看到光标已改变形状，单击 LOGO 图片的空白处，如图 12-19 所示。

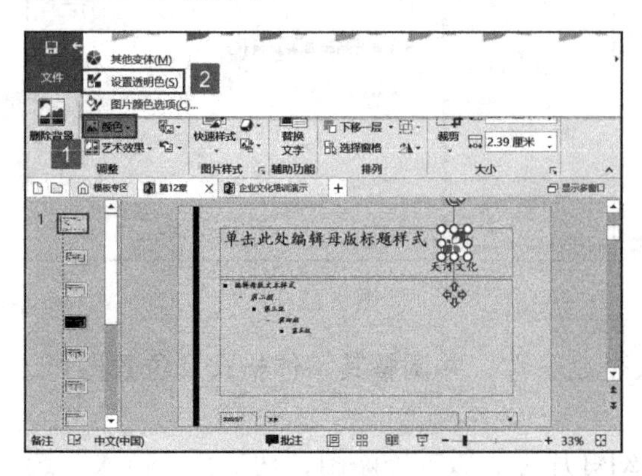

图 12-18

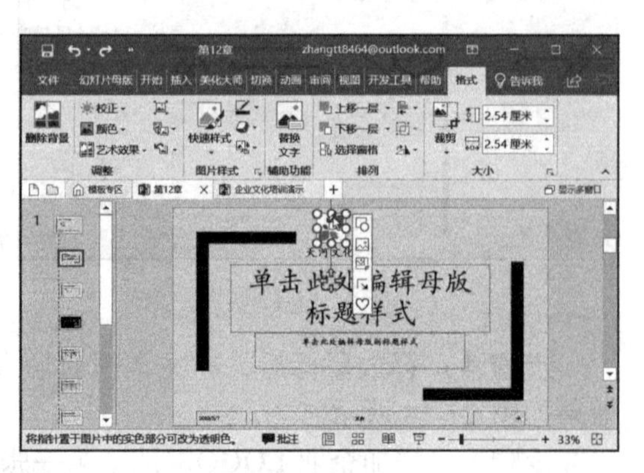

图 12-19

步骤 10：设置透明色后的效果如图 12-20 所示，然后单击“关闭母版视图”按钮，如图 12-20 所示。

步骤 11：返回演示文稿的普通视图，选中任意幻灯片，即可看到都添加了企业的名称及 LOGO 标志，如图 12-21 所示。

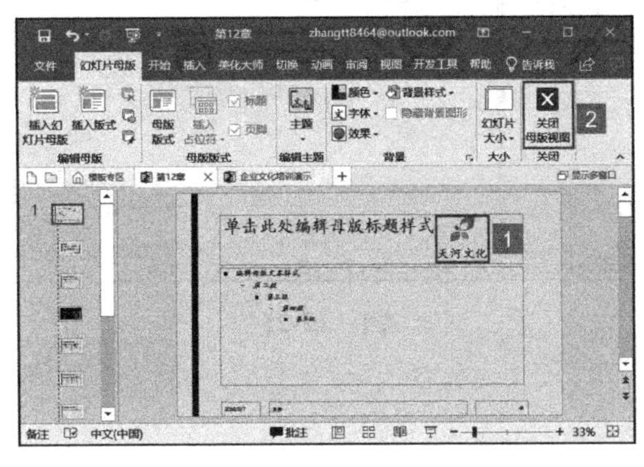

图 12-20

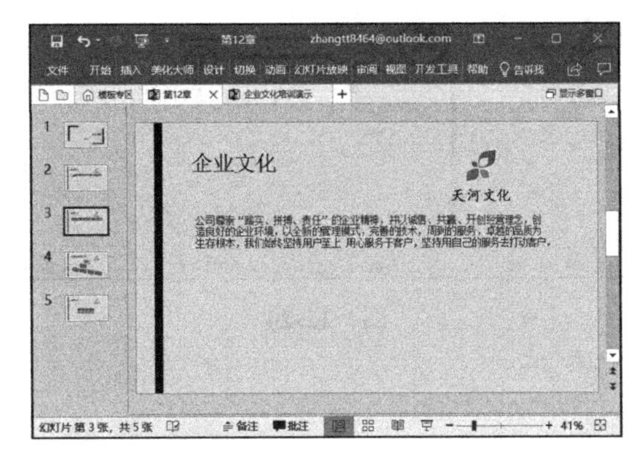

图 12-21

12.3.2 使用页眉和页脚添加制作日期和幻灯片编号

在企业文化培训演示文稿中，除了添加企业的固定信息外，还可以添加一些备注信息，例如演示文稿的制作时间、幻灯片的编号等。在添加这些信息时，可以利用页眉和页脚功能来完成。

步骤 1：打开 PowerPoint 文件，切换至“视图”选项卡，单击“母版视图”组内的“幻灯片母版”按钮，打开并切换至“幻灯片母版”选项卡。选中第二张幻灯片母版版式缩略图，切换至“插入”选项卡，单击“文本”组内的“页眉和页脚”按钮，如图 12-22 所示。

步骤 2：弹出“页眉和页脚”对话框，切换至“幻灯片”选项卡，单击勾选“日期和时间”复选框，单击选中“固定”单选按钮，并在文本框内输入日期，单击勾选“幻灯片编号”复选框，然后单击“全部应用”按钮，如图 12-23 所示。

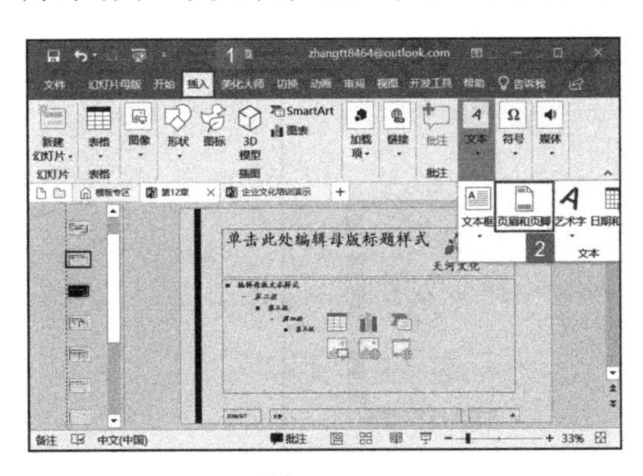

图 12-22

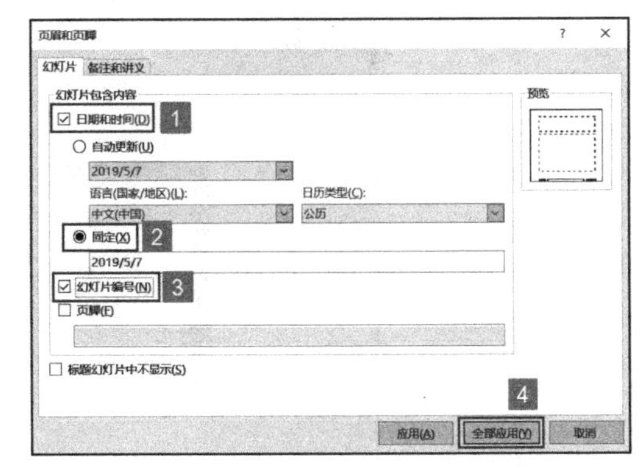

图 12-23

步骤 3：返回幻灯片，切换至“幻灯片母版”选项卡，单击“关闭母版视图”按钮退出幻灯片母版编辑，如图 12-24 所示。

步骤 4：返回演示文稿的普通视图，选中任意幻灯片，即可看到都添加了制作日期及幻灯片编号，如图 12-25 所示。

图 12-24

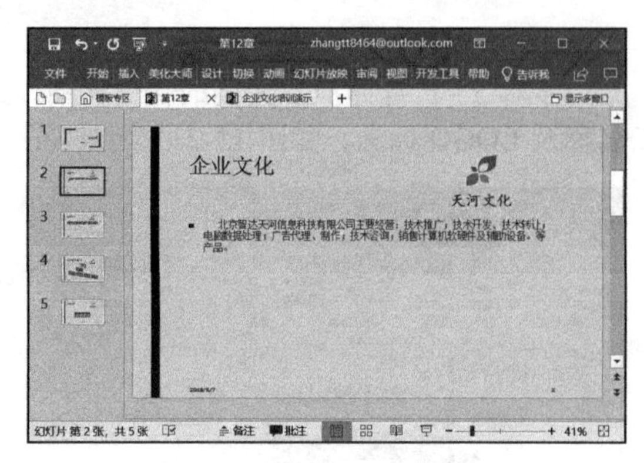

图 12-25

12.4 制作企业文化标题页

在完成企业文化培训演示文稿的整体颜色、字体和企业固定信息等设置后，用户即可着手设置局部内容，首先要设计的就是企业文化标题页面，它是演示文稿的开篇，因此在设计时不仅要突出演示文稿的主题，还必须能够吸引员工的注意力。

12.4.1 设置正副标题格式突出主题

企业文化演示文稿的标题页一般都包含正副标题，即用正标题指明演示文稿的名称，用副标题加以补充，并通过更改字体格式强调。

步骤 1：打开 PowerPoint 文件，选中标题幻灯片，单击正标题和副标题占位符，输入正副标题文本，这里正标题输入“企业文化”，副标题输入“天河文化”，如图 12-26 所示。

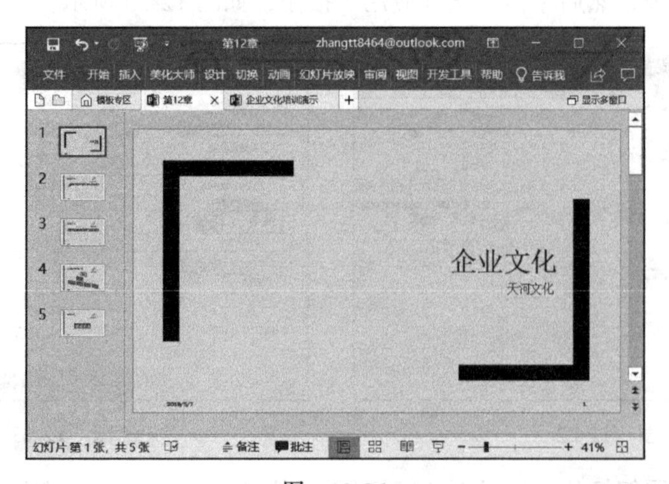

图 12-26

步骤 2：设置正标题文本格式。选中正标题文本，切换至“开始”选项卡，然后在“字体”组内对字体、字号、字形等进行设置，例如此处将“字体”设置为“华文行楷”，将“字形”设置为“加粗”，如图 12-27 所示。

步骤 3：设置副标题文本格式。选中副标题文本，切换至“开始”选项卡，然后在“字体”组内对字体、字号、字形等进行设置，例如此处将“字形”设置为“倾斜”，将“字体颜色”设置为“浅绿”，如图 12-28 所示。

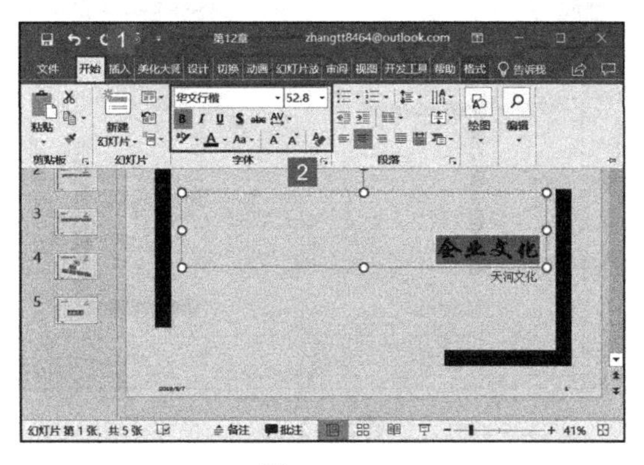

图 12-27

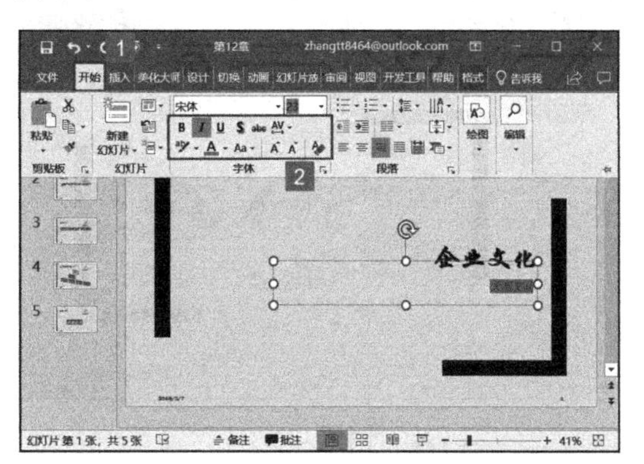

图 12-28

12.4.2 使用图片补充说明主题

在上述操作完成以后，如果用户觉得标题页面还是有点单调，可以在幻灯片内添加与主题相关的图片来补充内容，让标题页更加美观。

步骤 1：打开 PowerPoint 文件，选中标题幻灯片，切换至“插入”选项卡，然后在“图像”组内单击“联机图片”按钮，如图 12-29 所示。

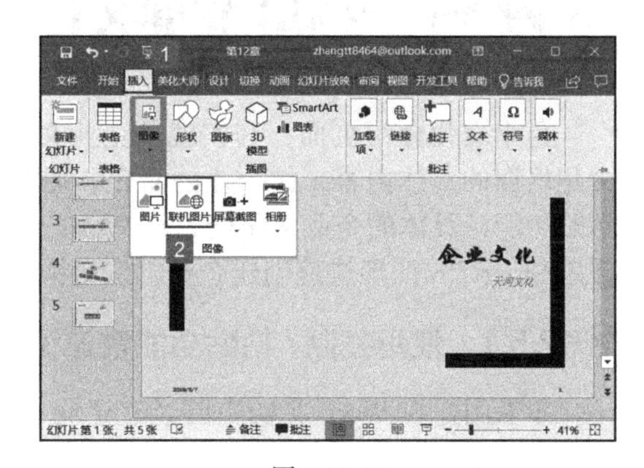

图 12-29

步骤 2：弹出“在线图片”对话框，在搜索文本框内输入关键词，例如“文化”，然后按“Enter”键即可进行搜索，如图 12-30 所示。

步骤 3：稍等片刻，即可看到搜索结果。单击选中需要插入的图片，单击“插入”按钮即可，如图 12-31 所示。

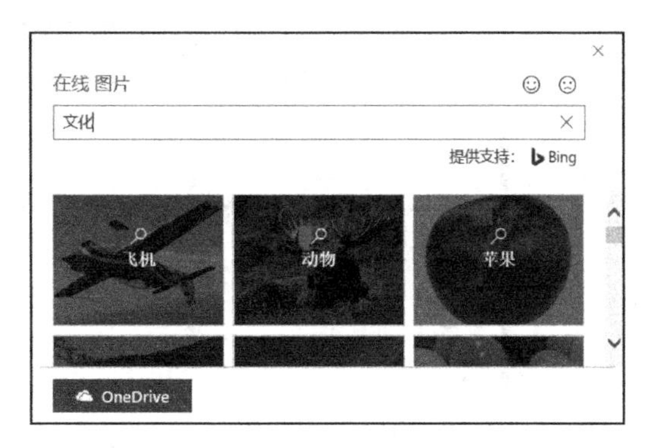

图 12-30

图 12-31

步骤 4：返回幻灯片，即可看到选中的图片已插入到幻灯片内，调整其大小、位置、旋转方向，如图 12-32 所示。

步骤 5：然后将其背景设置为透明色，效果如图 12-33 所示。

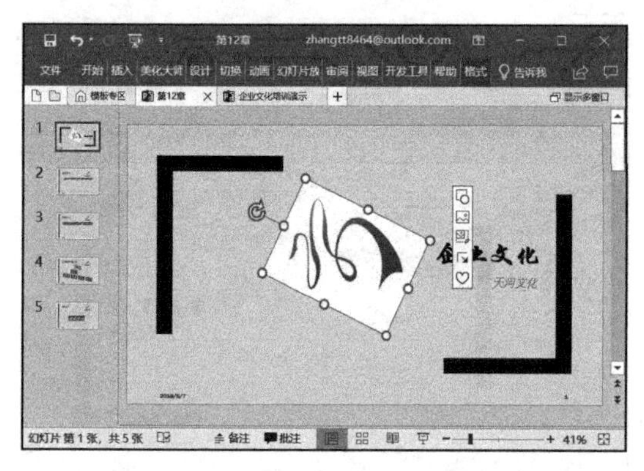

图 12-32

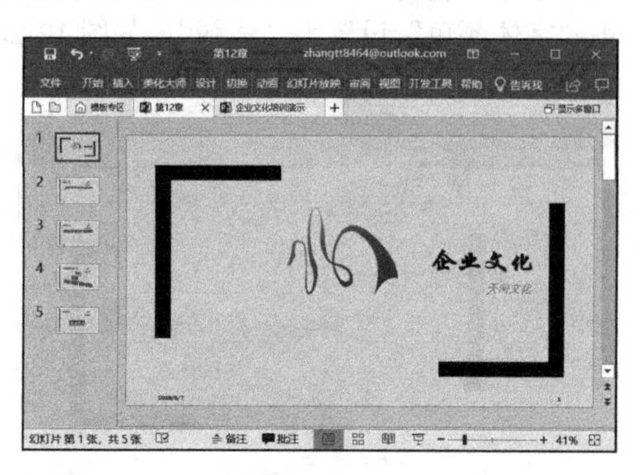

图 12-33

12.5 制作企业文化介绍页

企业文化介绍页面，其实就是企业文化培训知识的所有幻灯片页面，它包括企业文化培训的具体内容，如企业的简介、理念、文化和组织结构等。用户可以使用复制 / 粘贴功能将具体的企业文化资料从 Word 文档中复制到幻灯片中，并进行调整，还可以使用 SmartArt 图形快速创建企业组织结构图。

12.5.1 使用复制 / 粘贴功能快速添加介绍文本

如果用户在 Word 文档中已经有企业文化的相关资料，那么就可以使用复制 / 粘贴功能将其复制到 PPT 中，这样会大大缩短文稿的制作时间，提高工作效率。

步骤 1：打开 PowerPoint 文件，选中企业文化幻灯片，利用复制 / 粘贴功能将文本内容插入到幻灯片中，如图 12-34 所示。

步骤 2：然后对文本内容的字体、格式等进行适当的修改和调整即可，如图 12-35 所示。

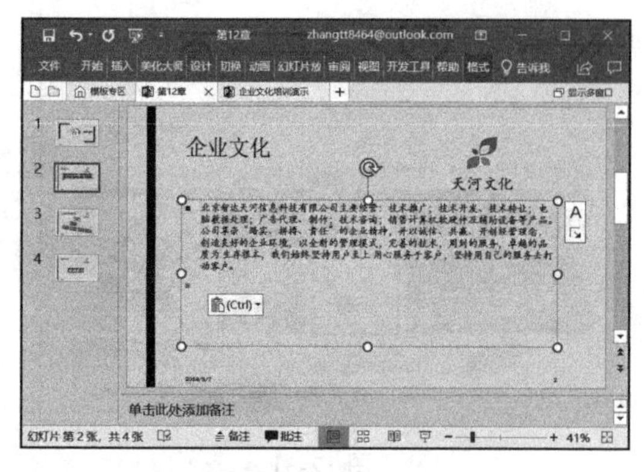

图 12-34

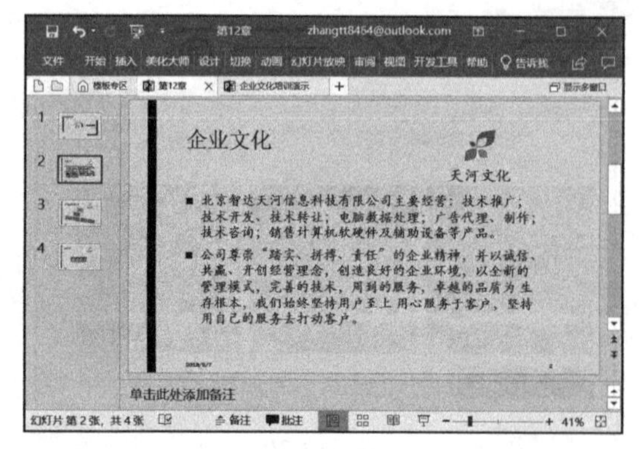

图 12-35

12.5.2 以 SmartArt 图形图解企业结构

企业组织结构是表现员工、职称和群体关系的一种图表，它形象地反映了组织内各机构、岗位之间的关系，也是企业管理权限结构的一种直观表现。组织结构是组织的全体成员为实现组织目标，在管理工作中进行分工协作，在职务范围、责任、权利方面所形成的结构体系。组织结构是组织在职、责、权各方面的动态结构体系，其本质是为实现组织战略目标而采取的一种分工协作体系，要在企业文化培训演示文稿中快速添加企业结构图，可以使用 SmartArt 图形中的层次结构来创建。

步骤 1：打开 PowerPoint 文件，选中企业组织结构介绍幻灯片，切换至“插入”选项卡，然后单击“插图”组内的“SmartArt”按钮，如图 12-36 所示。

步骤 2：弹出“选择 SmartArt 图形”对话框，单击“层次结构”选项，在右侧选项面板内选择合适的图形布局，这里选择“组织结构图”选项，然后单击“确定”按钮，如图 12-37 所示。

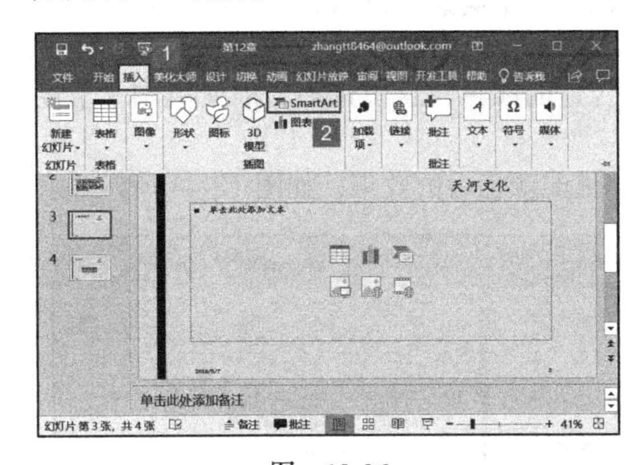

图 12-36

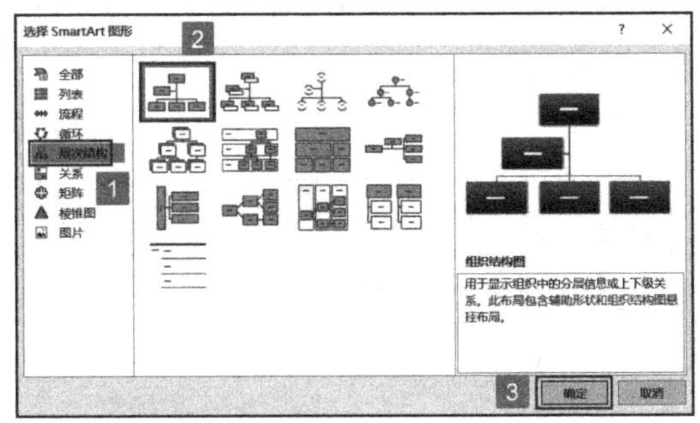

图 12-37

步骤 3：返回幻灯片，即可看到已经插入了所选的 SmartArt 图形模板，如图 12-38 所示。

步骤 4：单击各形状文本框，输入相应的组织结构名称即可，如图 12-39 所示。

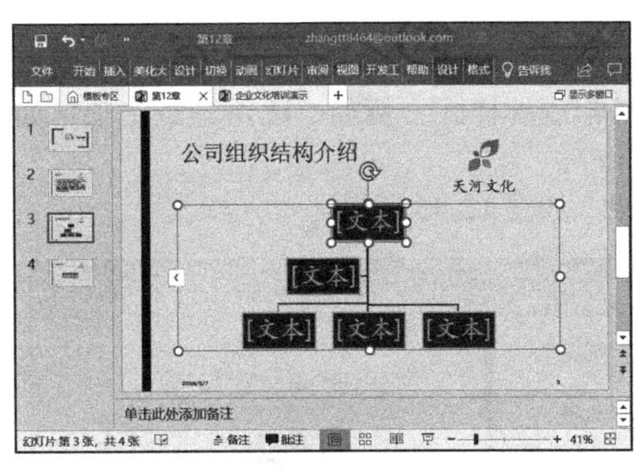

图 12-38

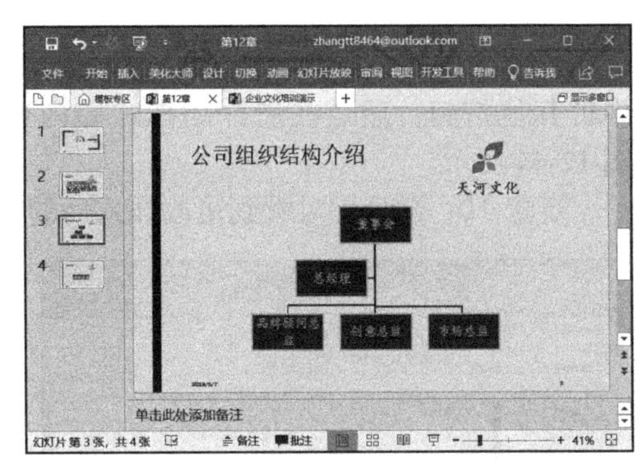

图 12-39

步骤 5：当默认的组织结构图形状不满足用户需求时，选中需要在其旁边添加形状的形状，右键单击，然后在弹出的快捷菜单中单击“添加形状”按钮，再在展开的子菜单列表内单击“在后面添加形状”按钮，如图 12-40 所示。

步骤 6：此时，在所选形状后即可添加新的形状，输入组织结构名称即可完成对组织结构图的扩充，效果如图 12-41 所示。

图 12-40

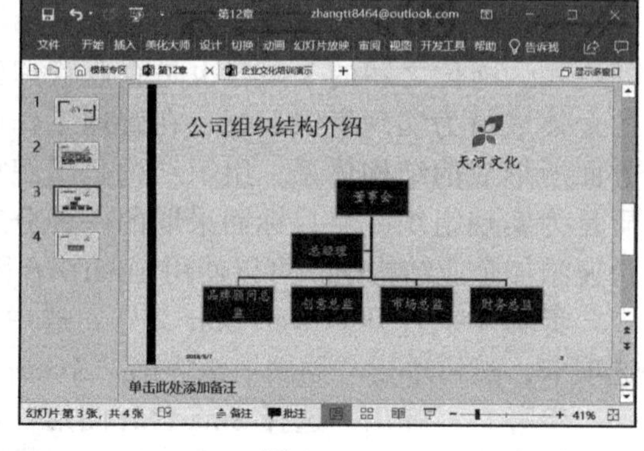

图 12-41

步骤 7：如果用户对 SmartArt 图形的默认样式不满意，可以根据自身需要进行设置。选中 SmartArt 图形，切换至 SmartArt 工具的“设计”选项卡，单击“更改颜色”下拉按钮，然后在展开的颜色样式库内选择合适的颜色，这里选择“渐变范围 - 个性色 1”选项，如图 12-42 所示。

步骤 8：随后即可看到 SmartArt 图形整体更改颜色后的效果，如图 12-43 所示。

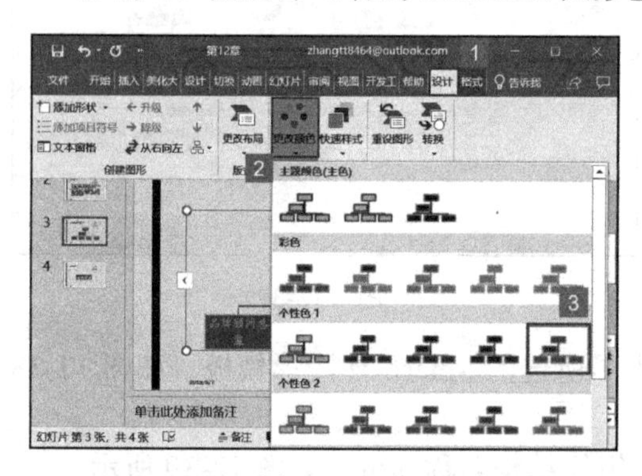

图 12-42

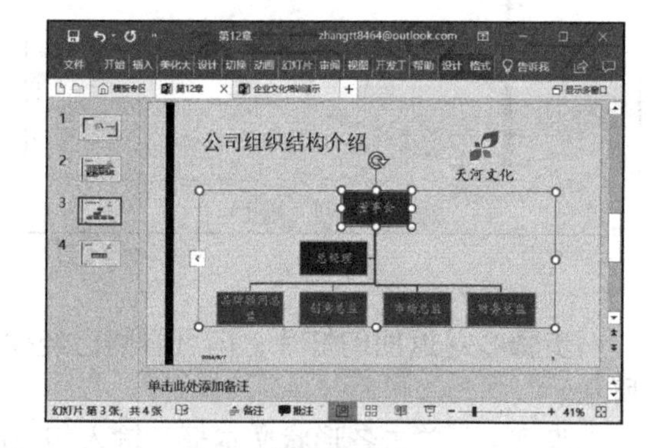

图 12-43

步骤 9：再次切换至 SmartArt 工具的“设计”选项卡，单击“ SmartArt 样式”组中的其他按钮，然后在展开的样式库内选择合适的样式，例如“砖块场景”项，如图 12-44 所示。

步骤 10：随后即可看到更改样式后的效果，如图 12-45 所示。

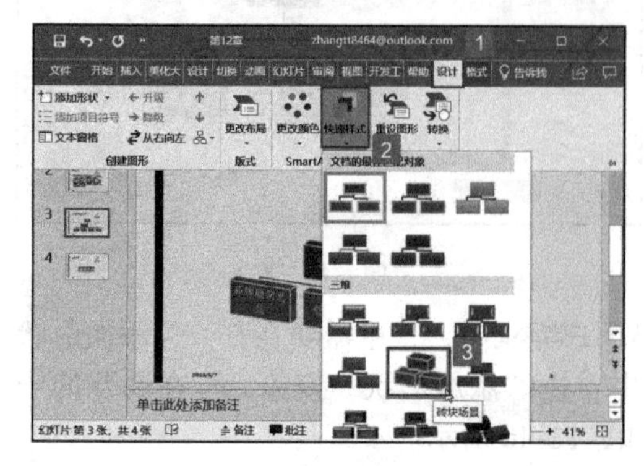

图 12-44

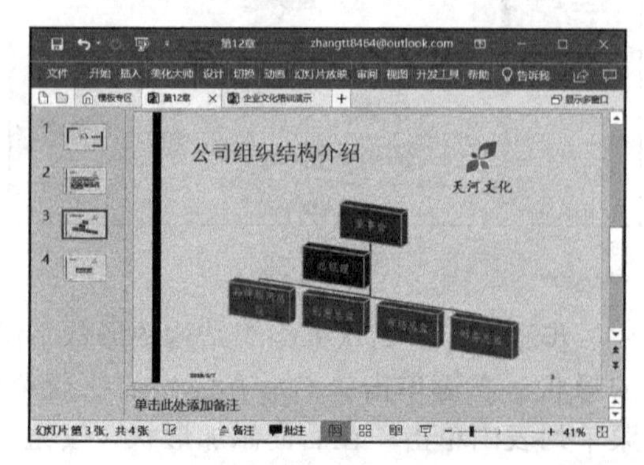

图 12-45

步骤 11：选中第一个形状，切换至 SmartArt 工具的“格式”选项卡，单击“形状样式”组内的其他按钮，然后在展开的主题样式库内选择合适的样式，例如“彩色轮廓 - 深蓝，深色 1”项，如图 12-46 所示。

步骤 12：随后即可看到第一个形状更改样式后的效果，如图 12-47 所示。

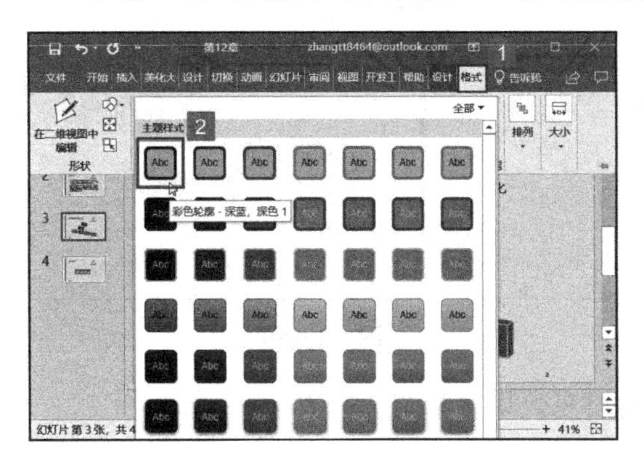

图 12-46

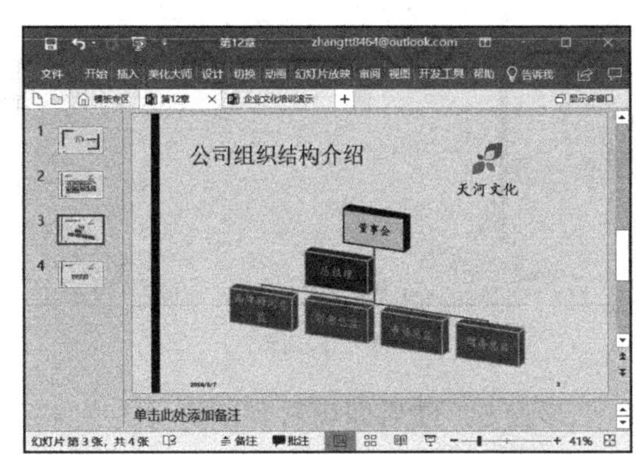

图 12-47

12.6 制作企业文化结束页

在演示文稿的结束页，往往都会写上一些诸如“谢谢”之类的短语，告知观众幻灯片已放映结束。为了让企业文化培训演示文稿的结束页提醒更明显，可以在该幻灯片内插入艺术字、添加 GIF 动画或者是文字强调动画。

12.6.1 使用艺术字强调结束语

演示文稿的结束页面内容一般都非常简单，不必很烦琐。如果想引起员工的注意，可以采用艺术字来美化结束语。

步骤 1：打开 PowerPoint 文件，在演示文稿的最后新建一张幻灯片，然后切换至“插入”选项卡，单击“文本”组内的“艺术字”下拉按钮，在展开的艺术字样式库内选择合适的样式，如图 12-48 所示。

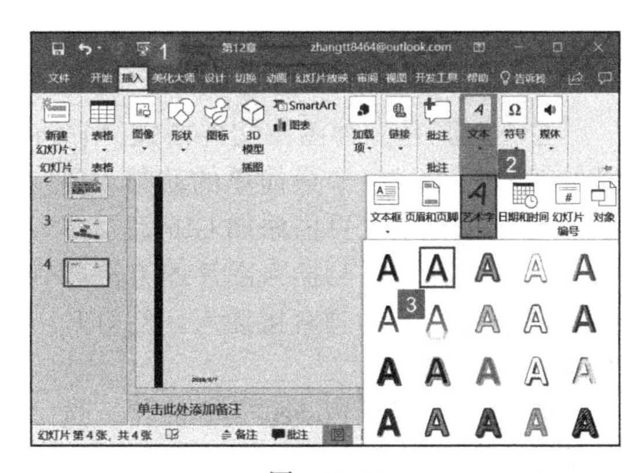

图 12-48

步骤 2：此时即可在幻灯片内插入艺术字编辑框，输入结束语，如图 12-49 所示。

步骤 3：选中结束语文本内容，在弹出的工具栏内将字体设置为“华文行楷”，将字号设置为“66”，效果如图 12-50 所示。

步骤 4：如果需要设置艺术字的填充样式，选中艺术字，切换至绘图工具“格式”选项卡，在“艺术字样式”组内单击“文本填充”下拉按钮，然后在弹出的菜单列表内单击“渐变”按钮，再在展开的子菜单列表内选择“线性对角 – 右上到左下”，如

图 12-51 所示。

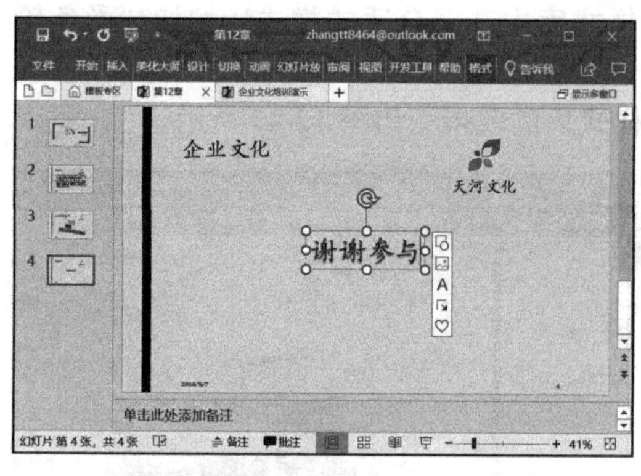

图　12-49

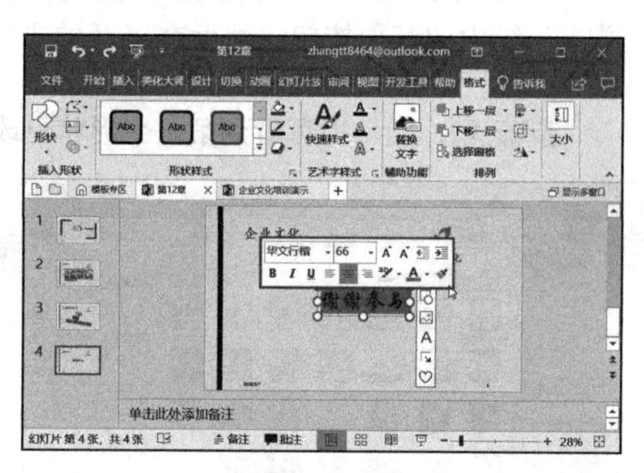

图　12-50

步骤 5：随后即可看到幻灯片内艺术字的填充效果，如图 12-52 所示。

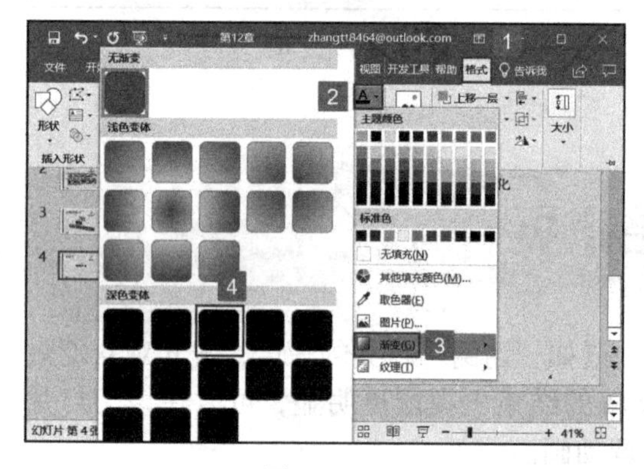

图　12-51

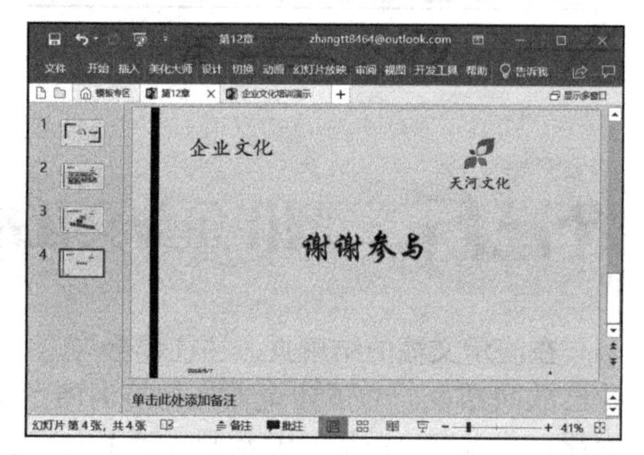

图　12-52

12.6.2　插入 GIF 动画强调结束

GIF 动画是一种图像文件格式，它将多幅图像存放在一个文件中，然后在屏幕上逐一读取，形成一个最简单的动画。要想在企业文化结束页内添加 GIF 动画修饰幻灯片，其方法与插入图片的方法相同，只需将 GIF 动画直接插入到幻灯片中即可。

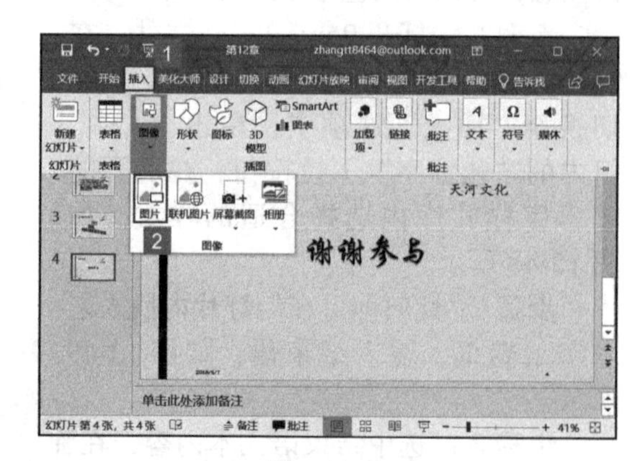

图　12-53

步骤 1：打开 PowerPoint 文件，选中企业文化结束语幻灯片，切换至“插入”选项卡，单击“图像”组内的“图片”按钮，如图 12-53 所示。

步骤 2：弹出“插入图片”对话框，定位至图片文件所在的位置，选中要插入的 GIF 动画文件，然后单击“插入”按钮，如图 12-54 所示。

步骤 3：返回幻灯片，即可看到所选 GIF 图像文件已经插入到幻灯片内，单击

PowerPoint 窗口右下方的“幻灯片放映”按钮，进入幻灯片放映状态，即可看到 GIF 动画的简单动画效果，如图 12-55 所示。

图 12-54

图 12-55

12.7 转换为普通视频方便播放

企业文化培训演示文稿常常需要在其他的电脑或机器上播放，PowerPoint 程序不是每台电脑或机器上都有的，但是大多数机器上都有普通视频的播放器，为了确保播放范围更加广泛，可以将企业文化培训演示文稿转换为普通视频。

PowerPoint 2019 充分考虑了用户的实际情况，为转换视频提供了多种机器的播放效果，用户可以根据实际需求进行设置。若幻灯片中不需要添加旁白，也没有动画效果，可设置其不显示，直接设置幻灯片播放的时间。

步骤 1： 打开 PowerPoint 文件，切换至“文件”选项卡，然后在左侧窗格内单击“导出”按钮，在“导出”窗格内选择“创建视频”按钮，选择“不要使用录制的计时和旁白”项，最后单击“创建视频”按钮，如图 12-56 所示。

步骤 2： 弹出“另存为”对话框，定位至视频需要保存的位置，在“文件名”文本框内输入文件名称，然后单击“保存”按钮即可，如图 12-57 所示。

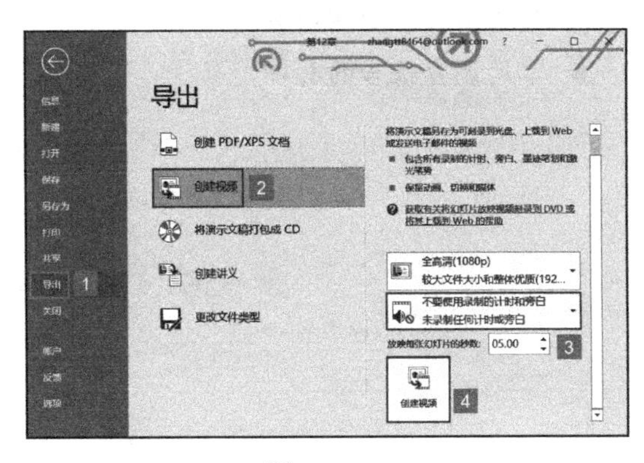

图 12-56

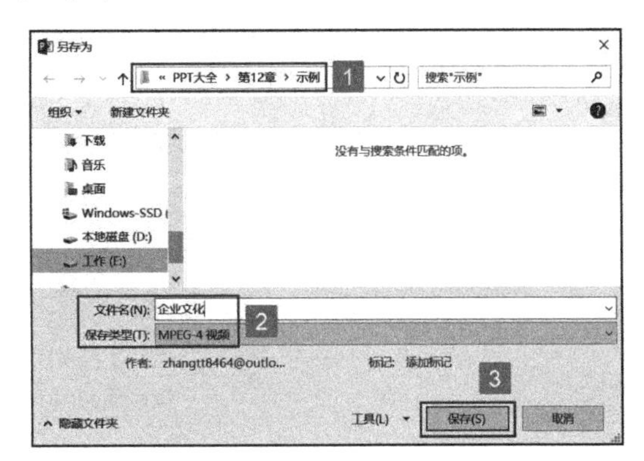

图 12-57

第13章 市场调查报告演示文稿

市场调查报告是调查人员对某种事物或某个问题进行深入细致的调查后，经过认真分析研究而形成的一种报告形式，它是市场调查工作的最终成果。调查报告是从感性认识到理性认识飞跃过程的反映，是各领导获取相关调查信息的重要手段之一。本章主要介绍在PowerPoint中自定义市场调查报告文稿主题背景，使用图表展示调查分析结果，打印市场调查报告文稿等。

- 实例概述
- 设计市场调查报告主题背景
- 利用图表展示调研分析结果
- 市场调查报告的打印

13.1 实例概述

在对某个项目投资之前，企业会事先从项目产品的市场前景、原料供应、政策保障、资金保障、技术保障、销售渠道等多个方面进行研究，确认该项目是否可执行。要想让市场调查报告在演示过程中动态显示，要怎样设置呢？市场调查报告又是在怎样的环境下进行创建的呢？接下来，本节将分析该实例的应用环境和制作流程。

13.1.1 分析实例应用环境

在市场调查结束后，需要提供相应的调查报告，让需要调查数据的人看到调查结果。该调查报告可通过幻灯片的形式反映和发布。

市场调查报告有多种用途，总的来说是运用市场调查的数据分析，然后得到最终的调查结果。而调查的途径各种各样，因此，要在报告中显示调查的过程、途径等内容，让阅读者确信调查数据的真实性。市场调查报告的对象各种各样，用户在制作时，需要在调查报告中突出显示调查对象，让演示文稿有自己的独特之处。

13.1.2 确定实例制作流程

市场调查报告演示文稿的创建可以遵循如图 13-1 所示的流程进行操作。本章实例编制市场调查报告需要用到的 PowerPoint 知识点有：设置母版背景、插入形状、插入图表、显示或隐藏图表元素、设置图表格式、为图表添加辅助线、添加动画等。

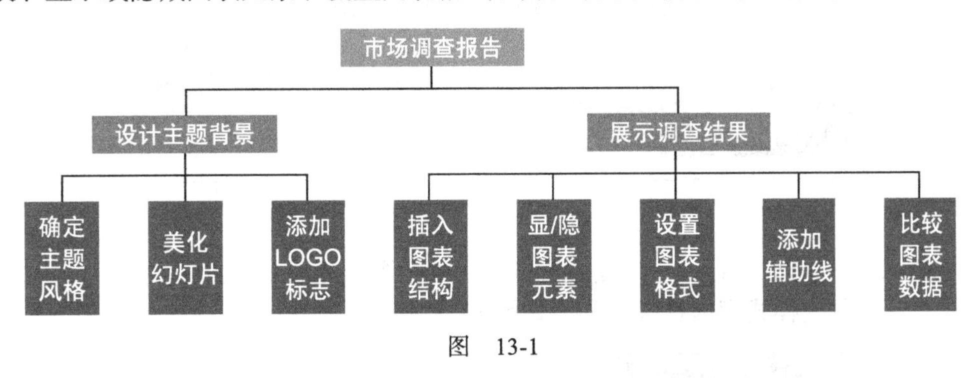

图 13-1

13.2 设计市场调查报告主题背景

市场调查报告是经过有目的地统计调查结果后所做的报告。制作演示文稿时，可以先制作文本内容，然后为其自定义主题背景，再插入图表内容。自定义主题背景时，可利用幻灯片母版设计统一版式，快速添加 LOGO 标志，还可以根据实际需要设计单张幻灯片的版式。

13.2.1 利用幻灯片母版确定主题风格

市场调查报告中的每张幻灯片都在表达一个统一的主题，为了让观众在阅读幻灯片时形成这样的感觉，可以为市场调查报告设计统一的背景板式。利用幻灯片母板，可以快速达到统一效果。

步骤 1：打开 PowerPoint 文件，切换至“视图”选项卡，单击“母版视图”组内的“幻灯片母版”按钮，如图 13-2 所示。

图 13-2

步骤 2：此时 PowerPoint 即可自动打开并切换至“幻灯片母版”选项卡。选中第一张幻灯片母版版式缩略图，单击“背景”组内的“背景样式”下拉按钮，然后在弹出的菜单列表内单击“设置背景格式”按钮，如图 13-3 所示。

步骤 3：此时 PowerPoint 即可在窗口右侧打开“设置背景格式”窗格，单击选中“渐变填充”前的单选按钮，然后单击“方向”下拉按钮，在展开的方向样式库内选择方向，例如“线性对角 – 右上到左下”，如图 13-4 所示。

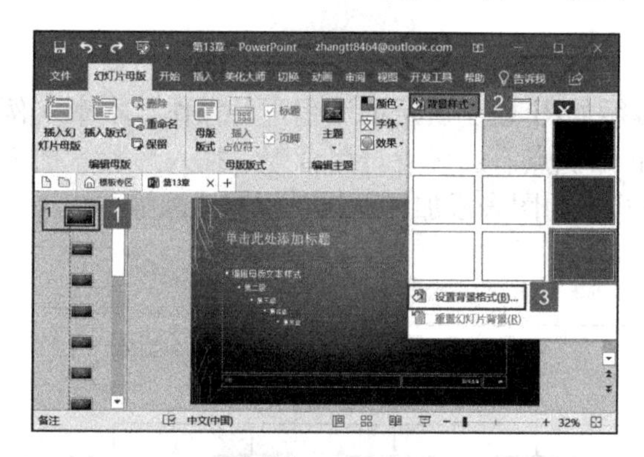

图 13-3

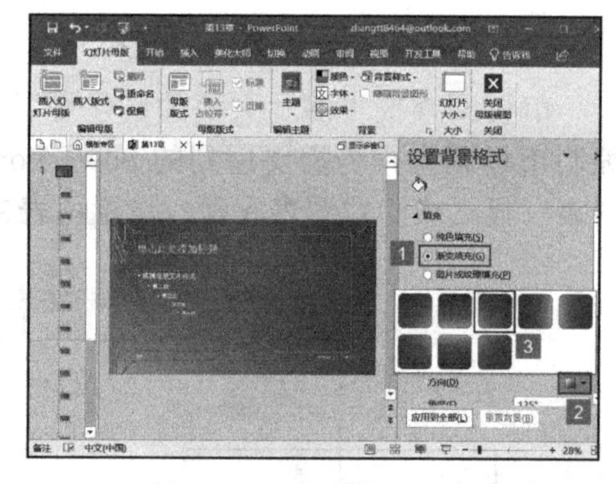

图 13-4

步骤 4：用户可以自行设置渐变填充颜色，选中渐变光圈，单击“颜色”下拉按钮，然后在展开的颜色样式库内选择颜色，如图 13-5 所示。

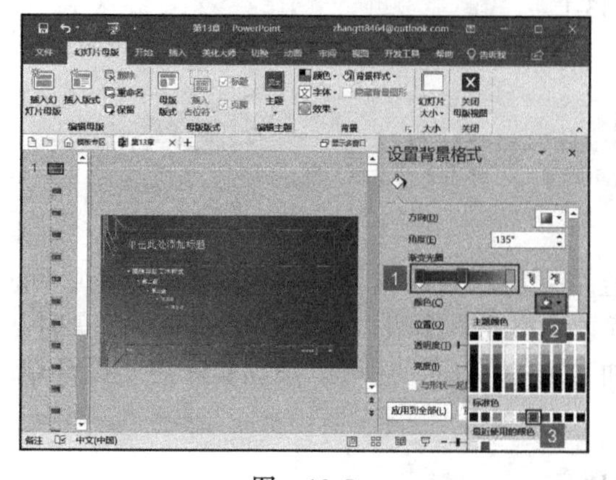

图 13-5

图 13-6

步骤 5：关闭“设置背景格式”窗格，返回“幻灯片母版”选项卡，即可看到该母版下的所有版式都应用了刚刚设置的背景样式，然后单击“关闭母版视图”按钮即可，如图 13-6 所示。

13.2.2 美化单张幻灯片

给演示文稿确定主题风格以后，用户还可以在某些版式中添加独特的背景样式，以体现该版式内容的区别。首先选中需要美化的单张幻灯片，然后进行美化即可。

步骤 1：插入形状。打开 PowerPoint 文件，切换至“视图”选项卡，单击“母版视图”组内的“幻灯片母版”按钮，打开并切换至“幻灯片母版”选项卡。选中需要美化的幻灯片母版版式缩略图，切换至“插入”选项卡，单击“插图”组内的“形状”下拉按钮，然后在展开的形状样式库内选择合适的形状，例如矩形，如图 13-7 所示。

步骤 2：此时幻灯片内光标会变成十字形，如图 13-8 所示。

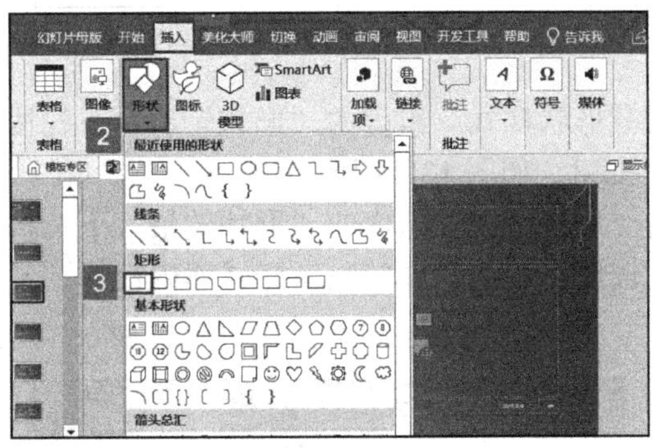

图 13-7

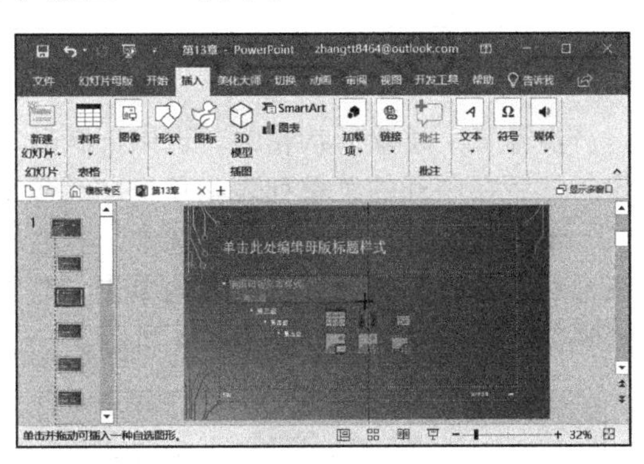

图 13-8

步骤 3：长按鼠标左键，拖动鼠标即可绘制矩形形状，释放鼠标后，调整其大小和位置，如图 13-9 所示。

步骤 4：设置形状颜色。选中形状后，切换至“格式”选项卡，单击“形状样式”组内的“形状填充”下拉按钮，然后在展开的菜单列表内单击“其他填充颜色”按钮，如图 13-10 所示。

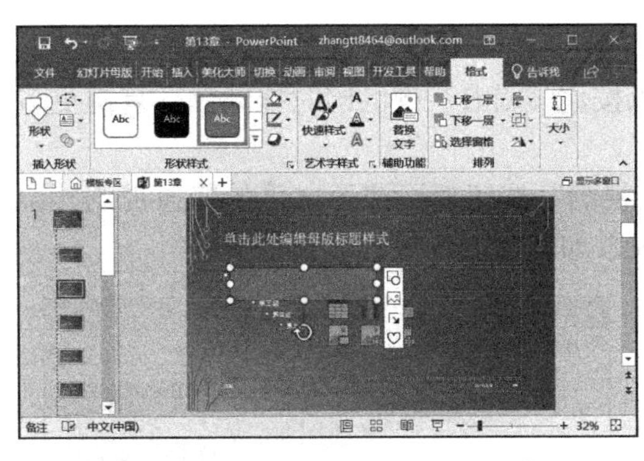

图 13-9

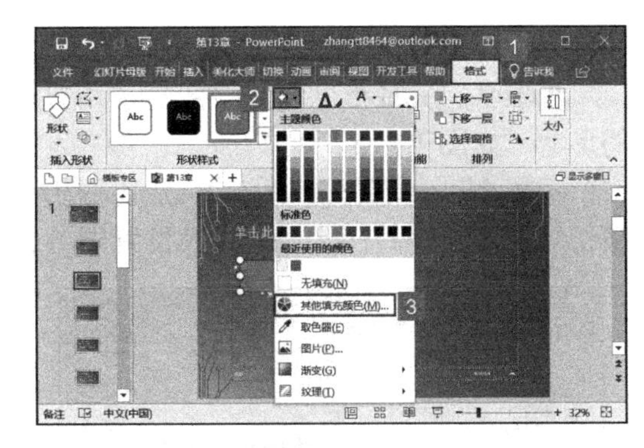

图 13-10

步骤 5：弹出“颜色”对话框，切换至“标准”选项卡，选择颜色后单击“确定”按钮即可，如图 13-11 所示。

步骤 6：设置形状渐变效果。选中形状后再次单击“形状样式”组内的“形状填充”下拉按钮，然后在展开的菜单列表内单击“渐变”按钮，再在展开的渐变样式库内选择“线性对角 - 右上到左下”项，如图 13-12 所示。

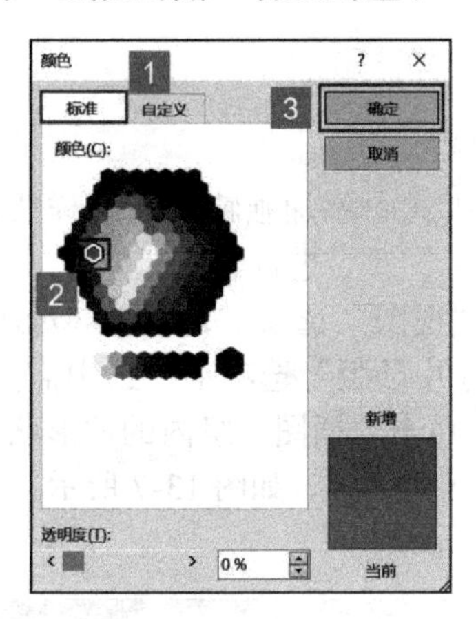

图 13-11

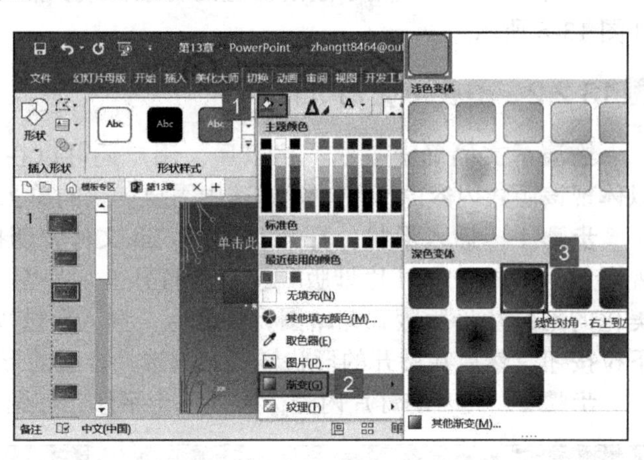

图 13-12

步骤 7：设置形状轮廓。选中形状后单击“形状样式”组内的“形状轮廓”下拉按钮，然后在展开的菜单列表内单击“无轮廓”按钮，如图 13-13 所示。

步骤 8：设置形状效果。选中形状后单击“形状样式”组内的“形状效果”下拉按钮，然后在展开的效果样式库内单击“映像”按钮，再在展开的映像样式库内选择“紧密映像：接触”项，如图 13-14 所示。

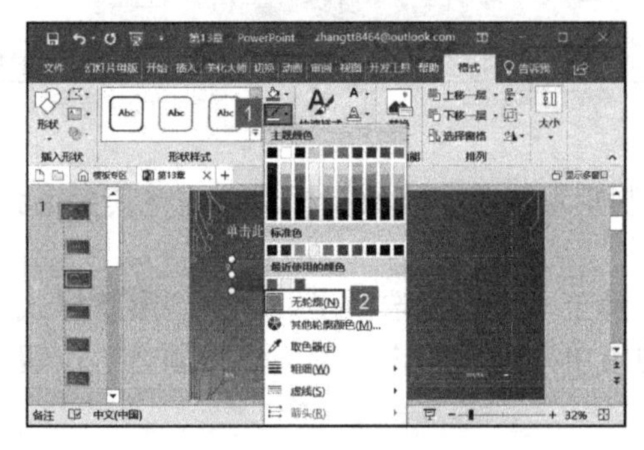
图 13-13

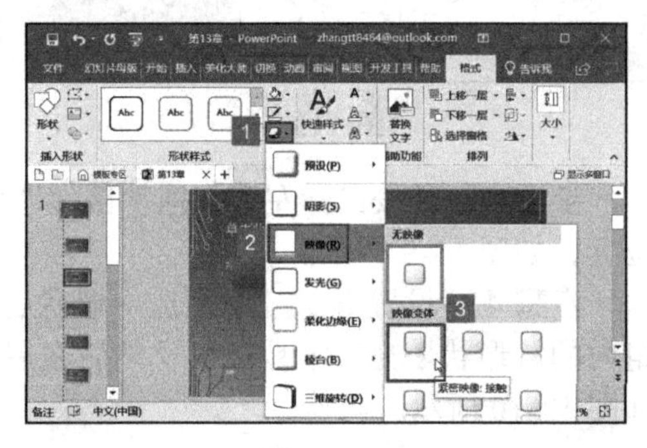
图 13-14

步骤 9：完成形状样式设置后，用户可以按住“Ctrl”键的同时拖动鼠标复制更多的形状，如图 13-15 所示。

步骤 10：设置完成后，单击“关闭母版视图”按钮返回演示文稿的普通视图，调整幻灯片内文字的样式、大小及位置即可，效果如图 13-16 所示。

图 13-15

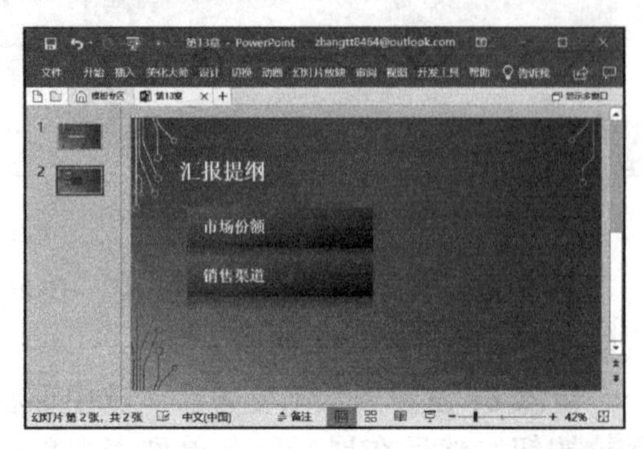

图 13-16

13.2.3 为演示文稿添加 LOGO 标志

公司制作的演示文稿一般都有其 LOGO 标志，为了让观众能够记住公司的品牌和文化。用户可以通过幻灯片母版给演示文稿内的所有幻灯片快速添加 LOGO 标志，方便快捷。接下来介绍一下具体的操作步骤。

步骤 1：插入形状。打开 PowerPoint 文件，切换至“视图”选项卡，单击“母版视图”组内的“幻灯片母版”按钮，打开并切换至“幻灯片母版”选项卡。选中第一张幻灯片母版缩略图，切换至“插入”选项卡，单击“图像”组内的“图片”按钮，如图 13-17 所示。

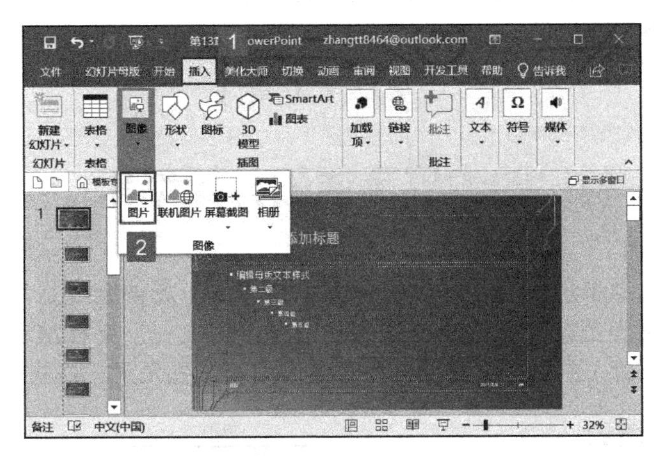

图 13-17

步骤 2：弹出“插入图片”对话框，定位至 LOGO 图片所在的位置，选中图片，单击“插入”按钮，如图 13-18 所示。

步骤 3：返回幻灯片，即可看到选中的 LOGO 图片已被插入，调整其大小和位置，如图 13-19 所示。

图 13-18

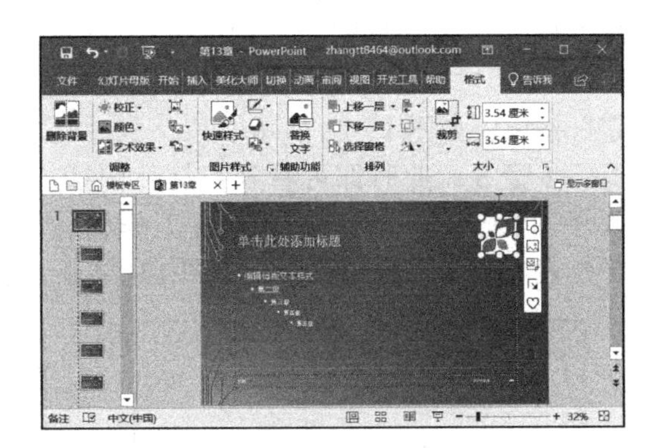

图 13-19

步骤 4：但是图片原有的背景十分影响美观，此时可以去除原有背景。切换至“格式”选项卡，然后单击“调整”组中的“颜色”按钮，在展开的菜单列表内选择“设置透明色”项，效果如图 13-20 所示。切换至“幻灯片母版”选项卡，单击“关闭母版视图”按钮返回至演示文稿的普通视图。

步骤 5：即可看到所有幻灯片在同样的位置都添加了 LOGO 图片，如图 13-21 所示。

图 13-20

图 13-21

13.3 利用图表展示调研分析结果

得到市场调查结果后，需要根据实际需求或开展市场调查的目的，分析市场调查表中的数据。而图表是展示调查分析结果的最佳手段之一。要在演示文稿中做出专业的图表，不仅仅是插入图表这么简单，还需要为图表设置元素、格式、辅助线等内容。

13.3.1 插入图表

步骤 1：打开 PowerPoint 文件，选中需要插入图表的幻灯片，切换至“插入”选项卡，然后单击“插图”组内的“图表”按钮，如图 13-22 所示。

图 13-22

步骤 2：弹出“插入图表”对话框，在左侧窗格内选择图表类型，例如“饼图”，然后选择合适的子类型，单击“确定”按钮，如图 13-23 所示。

步骤 3：此时即可看到幻灯片内插入了饼图，并弹出一个 Excel 工作簿，工作表内显示饼图的数据，如图 13-24 所示。

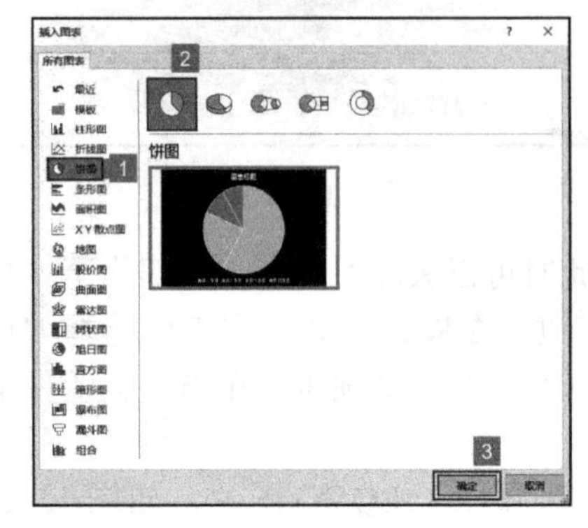

图 13-23

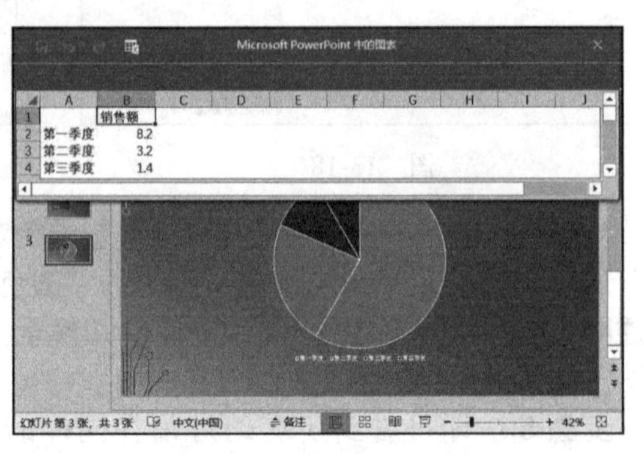

图 13-24

步骤 4：删除原有数据，重新输入需要的图表数据即可，如图 13-25 所示。

步骤 5：关闭 Excel 工作簿，返回幻灯片，即可看到设置数据后的图表效果，如图 13-26 所示。

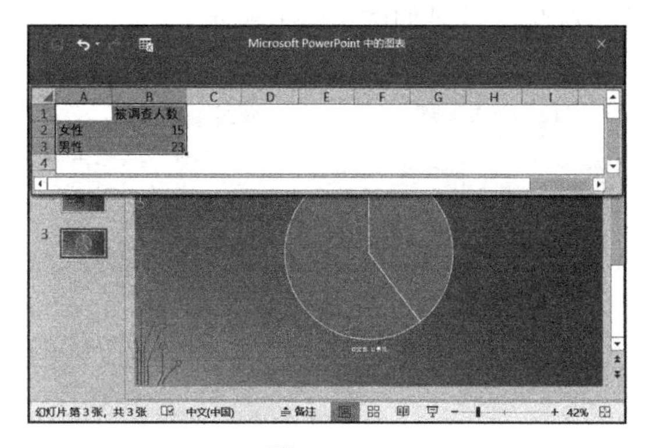

图 13-25

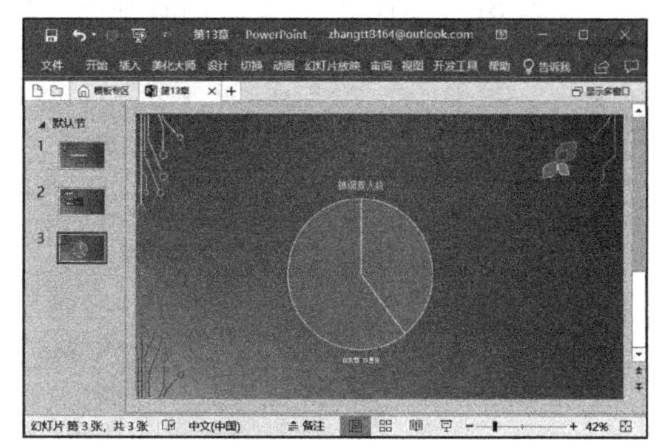

图 13-26

13.3.2 显示 / 隐藏图表元素

不同的市场调查报告要阐述的主题不同，需要的图表元素也不同。用户可以根据自身需求设置要显示或隐藏的图表元素，使观众能够更清晰地了解数据内容。

步骤 1：设置图表元素的数据标签。打开 PowerPoint 文件，选中需要显示或隐藏图表元素的幻灯片，切换至“设计”选项卡，然后单击“图表布局”组内的“添加图表元素”下拉按钮，在展开的图表元素列表内单击“数据标签”按钮，再在展开的菜单列表内选择“其他数据标签选项”项，如图 13-27 所示。

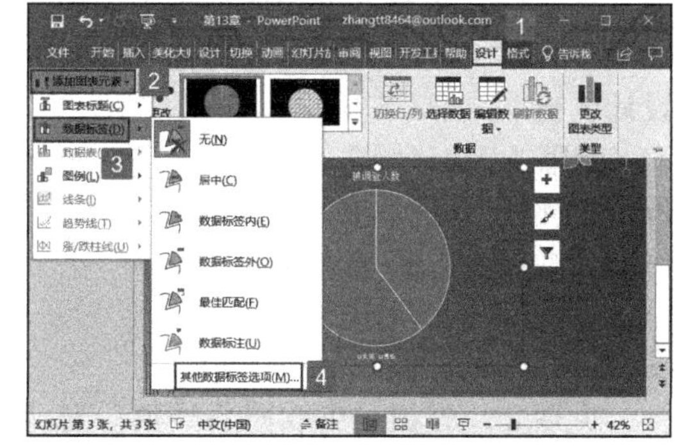

图 13-27

步骤 2：此时 PowerPoint 即可在窗口右侧打开“设置数据标签”窗格，单击勾选“类别名称”“值”“百分比”“显示引导性”前的复选框，如图 13-28 所示。

步骤 3：设置完成后，单击“关闭”按钮返回至演示文稿的普通视图。即可在幻灯片内看到图表添加数据标签后的效果，如图 13-29 所示。

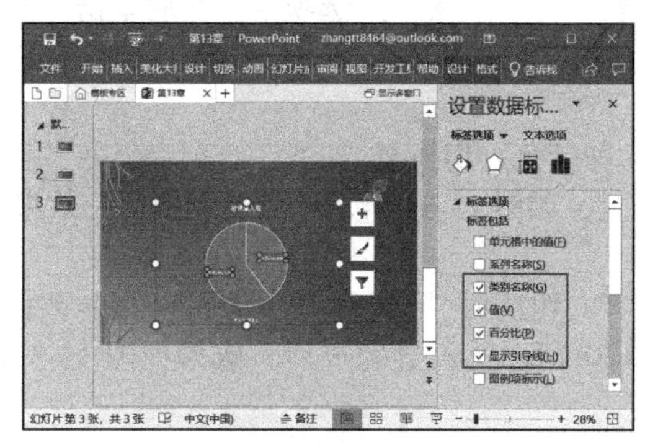

图 13-28

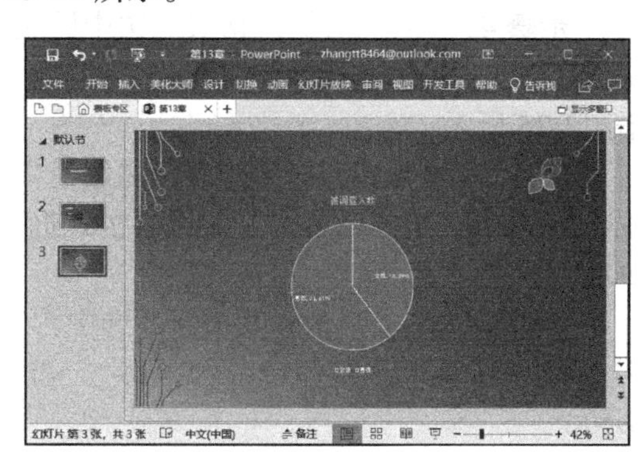

图 13-29

步骤 4：调整图例位置。选中需要调整图例的图表，切换至“设计”选项卡，然后单击“图表布局”组内的“添加图表元素”下拉按钮，在展开的图表元素列表内单击“图例”按钮，再在展开的菜单列表内选择“右侧”项，如图 13-30 所示。

步骤 5：此时即可在图表内看到图例显示在右侧，效果如图 13-31 所示。

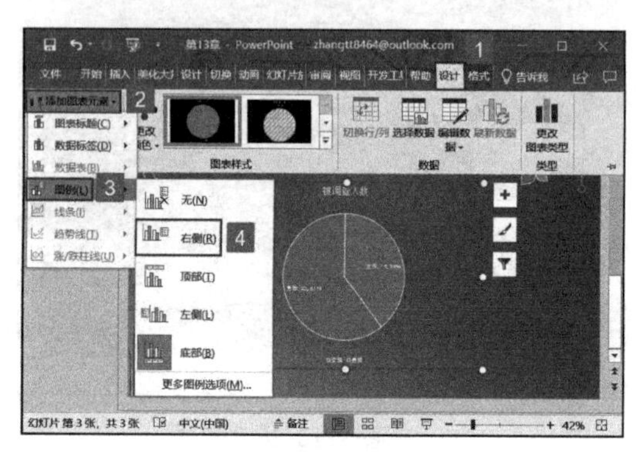

图 13-30

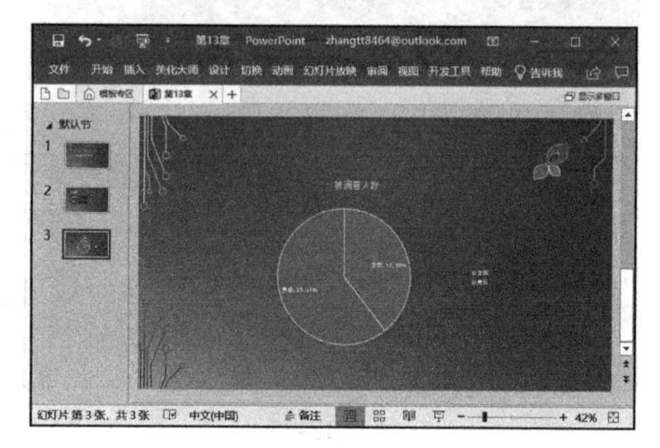

图 13-31

13.3.3 设置图表格式

市场调查报告是针对企业的情况或产品有目的地做出调查，并对结果进行分析后的一种文档。在设置市场调查报告中的图表格式时，应以商业图表的标准进行设计、制作。

步骤 1：更改图表类型。打开 PowerPoint 文件，选中需要更改类型的图表，然后切换至“设计”选项卡，单击“类型”组内的“更改图表类型”按钮，如图 13-32 所示。

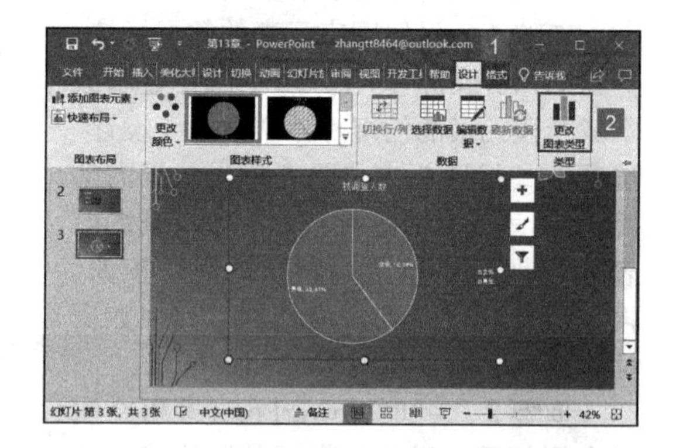

图 13-32

步骤 2：弹出“更改图表类型”对话框，在左侧窗格内选择要更改的图表类型，例如“饼图”，然后选择合适的子类型，例如“三维饼图”，单击“确定”按钮，如图 13-33 所示。

步骤 3：返回幻灯片，即可看到更改类型后的图表效果，如图 13-34 所示。

步骤 4：设置图表标题格式。选中图表标题，切换至“格式”选项卡，然后单击“艺术字样式”组内的“文本填充”下拉按钮，在展开的填充样式库内选择“深蓝”，如图 13-35 所示。

步骤 5：此时即可看到图表标题已经更改为深蓝色，切换至“开始”选项卡，在“字体”组内对其字体、字号、加粗等格式进行设置，如图 13-36 所示。设置完成后，效果如图 13-37 所示。

步骤 6：设置图表标签格式。选中图表标签，切换到“开始”选项卡，然后在“字体”组内将其“字号”修改为“16”，如图 13-38 所示。设置完成后，效果如图 13-39 所示。

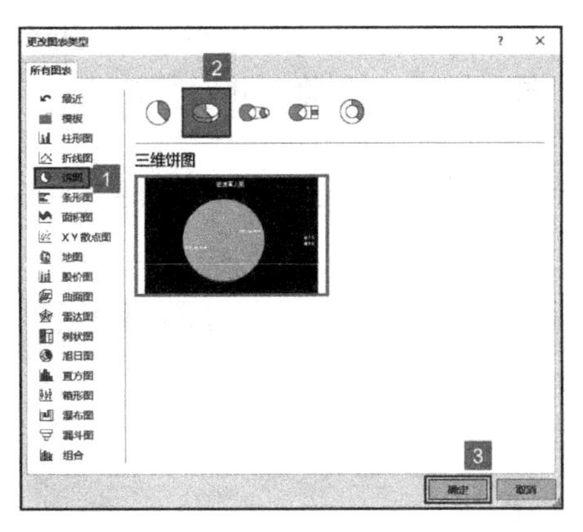

图 13-33

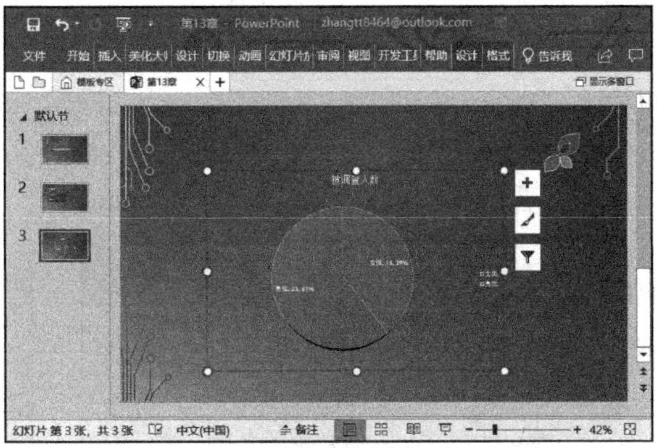

图 13-34

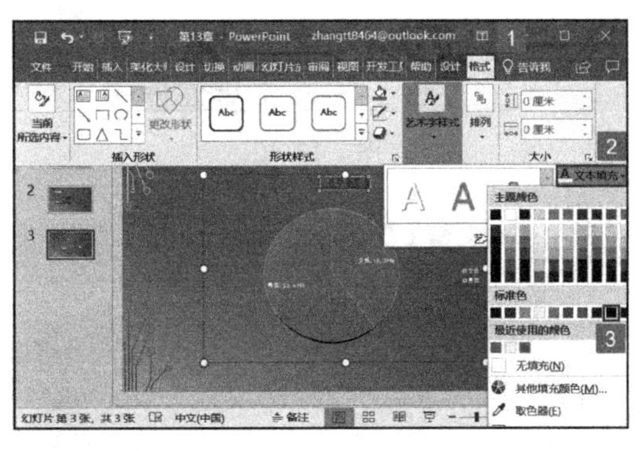

图 13-35

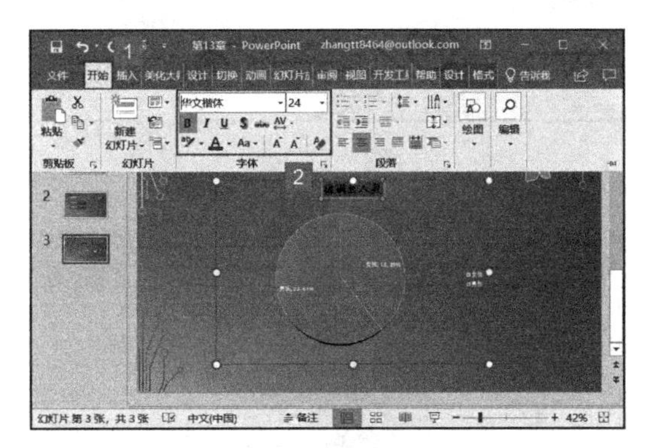

图 13-36

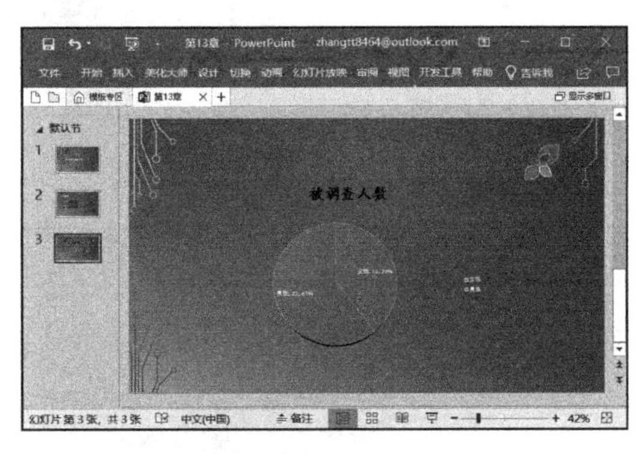

图 13-37

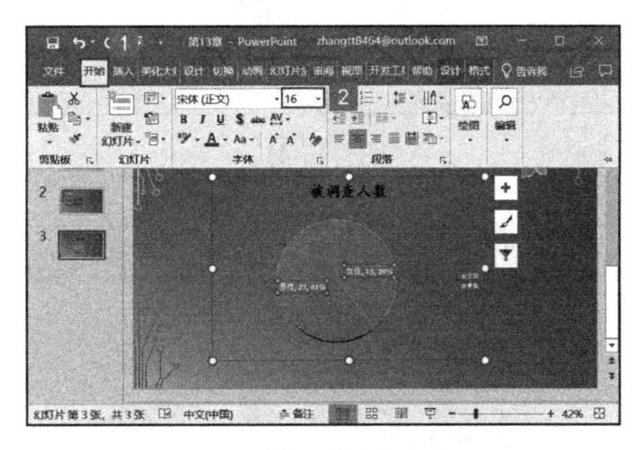

图 13-38

步骤 7：设置图表效果。选中图表，切换至“格式”选项卡，单击“形状样式”组内的“形状效果”下拉按钮，然后在展开的效果样式库内单击“三维旋转”按钮，再在展开的三维旋转样式库内单击“三维旋转选项”按钮，如图 13-40 所示。

步骤 8：此时 PowerPoint 即可在窗口右侧打开“设置图表区格式”窗格，在“X 旋转”和“Y 旋转”文本框内设置旋转角度，如图 13-41 所示。

步骤 9：设置完成后，关闭设置图表区格式窗格，返回至演示文稿的普通视图，即可在幻灯片内看到三维旋转效果，如图 13-42 所示。

步骤 10：更改数据系列颜色。左键双击需要更改颜色的数据系列，打开“设置数据系列格式”窗格，切换至“填充与线条”选项卡，单击选中“纯色填充”前的单选按钮，然后单击“颜色”下拉按钮选择颜色，如图 13-43 所示。此外，用户还可以将数据系列的颜色设置为渐变填充、图片或纹理填充、图案填充、自动，并对其格式进行自定义设置。

步骤 11：设置完成后，关闭设置数据点系列格式窗格，返回至演示文稿的普通视图，即可看到设置效果，如图 13-44 所示。

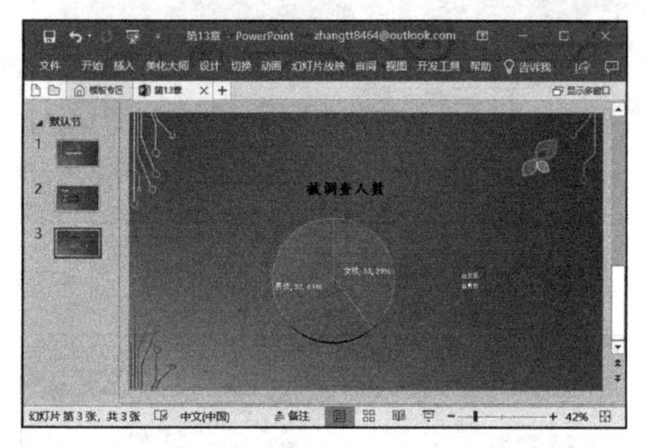

图 13-39

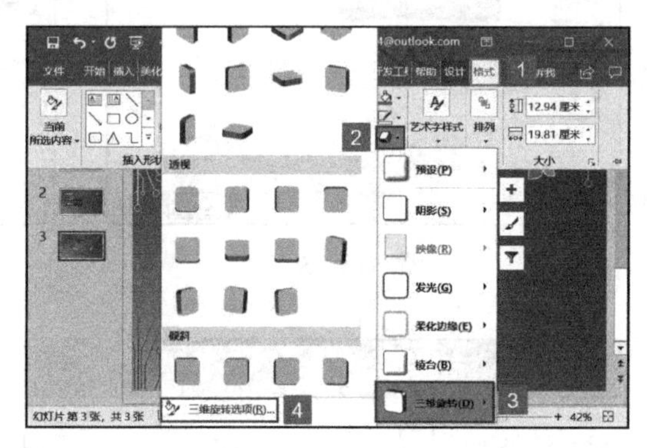

图 13-40

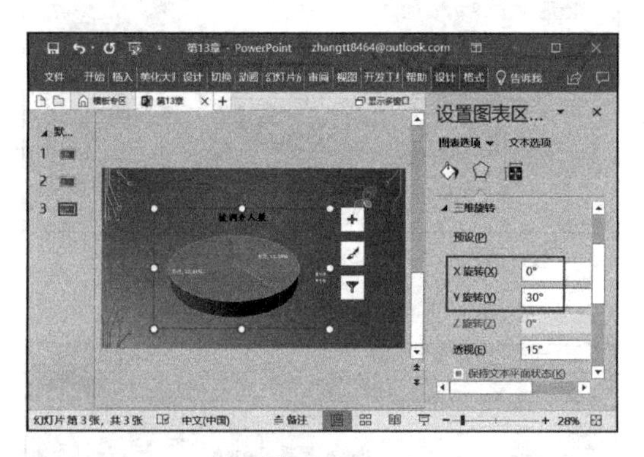

图 13-41

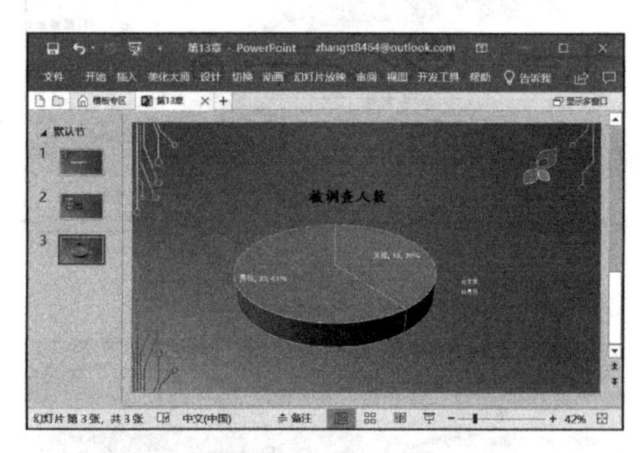

图 13-42

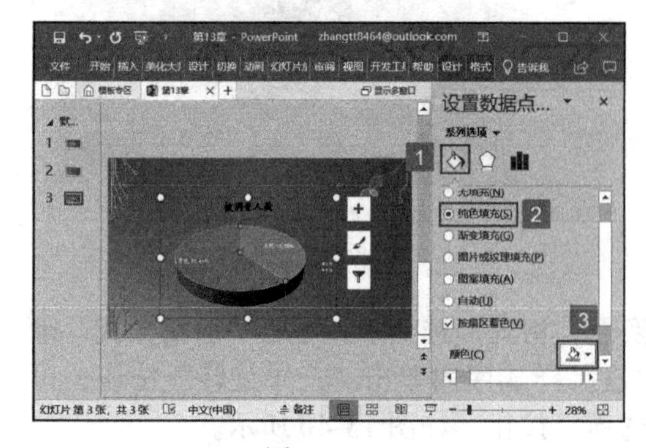

图 13-43

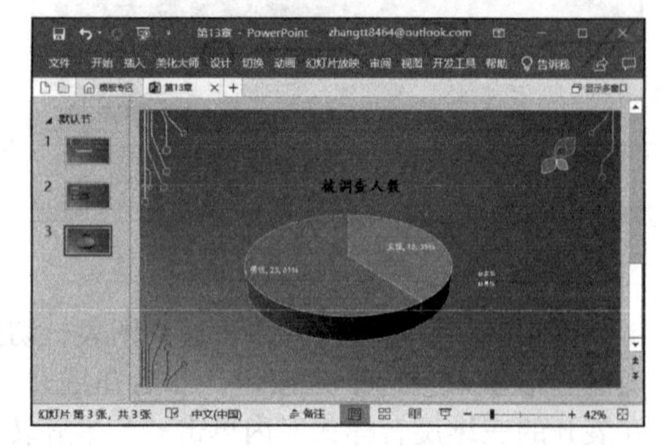

图 13-44

13.3.4 辅助线的妙用

在市场调查报告中，有时候需要分析、对比数据的变化趋势等。在图表中添加辅助线，可以更直观地展示数据的变化情况。

步骤 1：插入涨 / 跌柱线。打开 PowerPoint 文件，选中需要添加辅助线的幻灯片图表，切换至“设计”选项卡，然后单击“图表布局”组内“添加图表元素”下拉按钮，在展开的图表元素列表内单击“涨/跌柱线”按钮，再在展开的子元素列表内单击“涨/跌柱线”按钮，如图 13-45 所示。

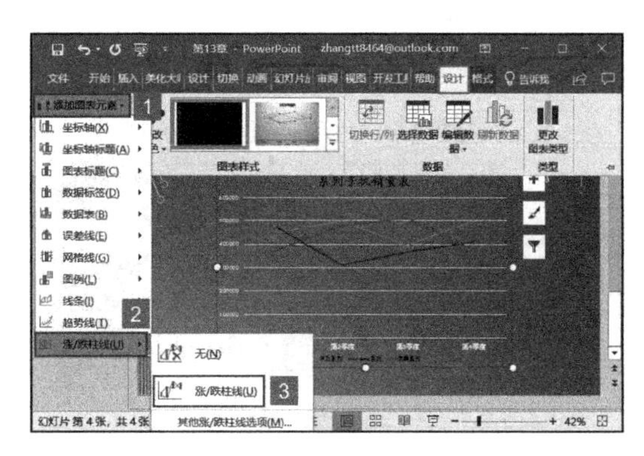

图 13-45

步骤 2：此时，幻灯片内的图表即可添加涨/跌柱线，效果如图 13-46 所示。黑色填充为跌柱线、白色填充为涨柱线。

步骤 3：设置涨/跌柱线的填充颜色。选中跌柱线，切换至“格式”选项卡，单击“形状样式”组内的“形状填充”下拉按钮，然后在展开的颜色样式库中选择“红色”，如图 13-47 所示。

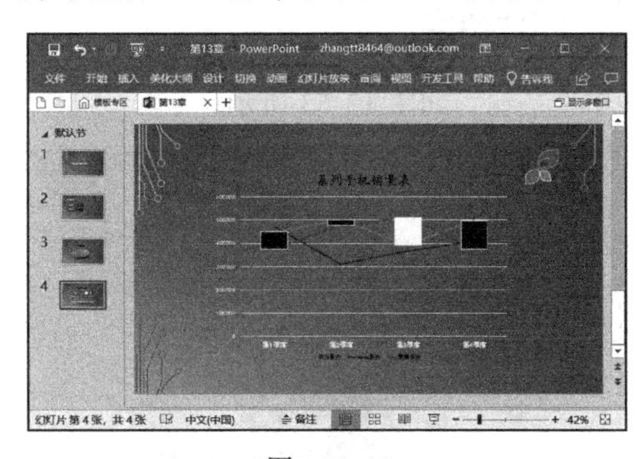

图 13-46

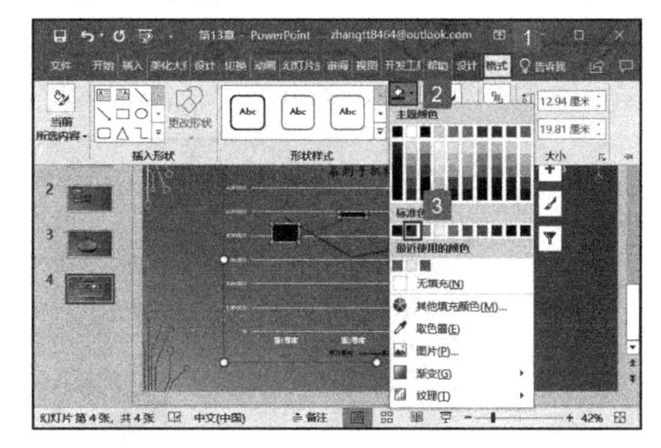

图 13-47

步骤 4：选中涨柱线，切换至“格式”选项卡，单击“形状样式”组内的“形状填充”下拉按钮，然后在展开的颜色样式库中选择“绿色”，如图 13-48 所示。

步骤 5：涨/跌柱线的填充颜色设置完成后，效果如图 13-49 所示。

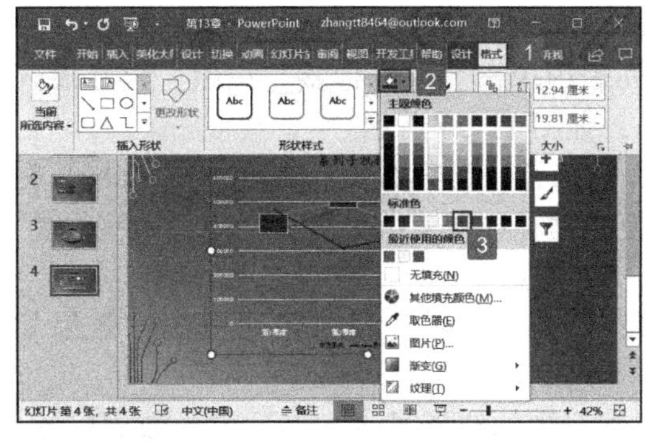

图 13-48

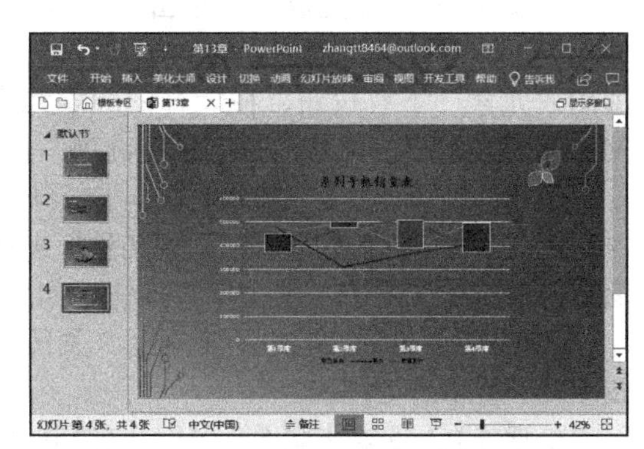

图 13-49

步骤 6：设置涨/跌柱线的形状轮廓。选中跌柱线，切换至“格式”选项卡，单击“形状样式”组内的“形状轮廓”下拉按钮，然后在展开的轮廓样式库中选择“无轮廓”，如图 13-50 所示。

步骤 7：重述步骤 6，将涨柱线的形状轮廓设置为“无轮廓”，设置完成后，效果如图 13-51 所示。

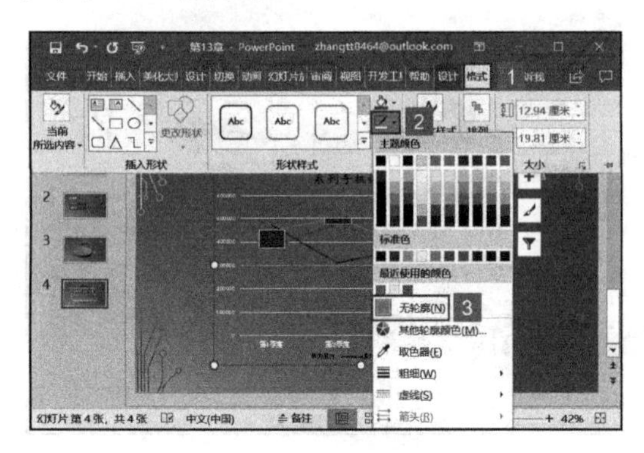

图 13-50

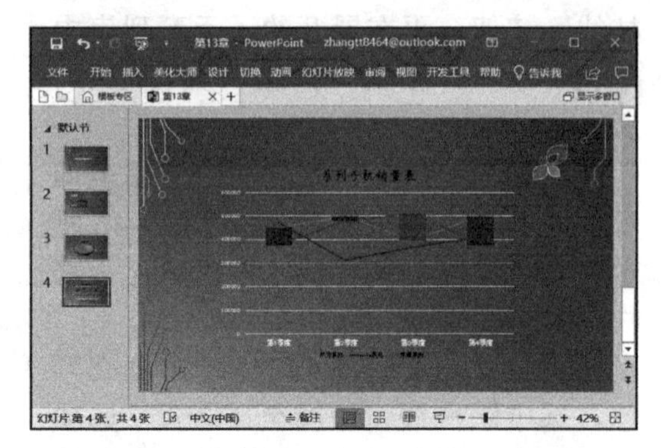

图 13-51

步骤 8：设置数据系列格式。选中任意数据系列折线，右键单击，然后在弹出的快捷菜单内单击“设置数据系列格式”按钮，如图 13-52 所示。

步骤 9：此时 PowerPoint 即可在窗口右侧打开“设置数据系列格式”窗格，切换至“线条”选项卡，单击选中“无线条”前的单选按钮，如图 13-53 所示。

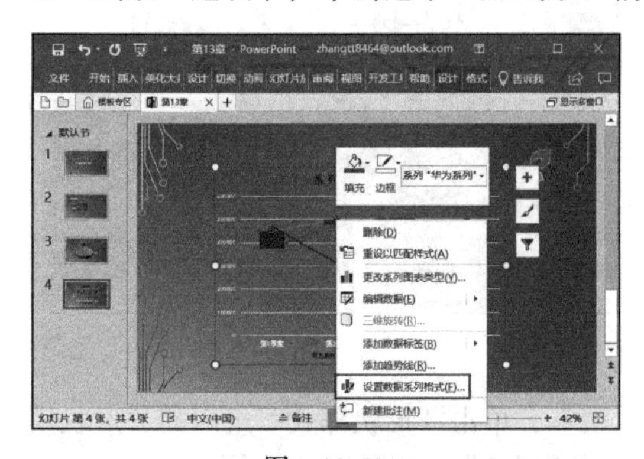

图 13-52

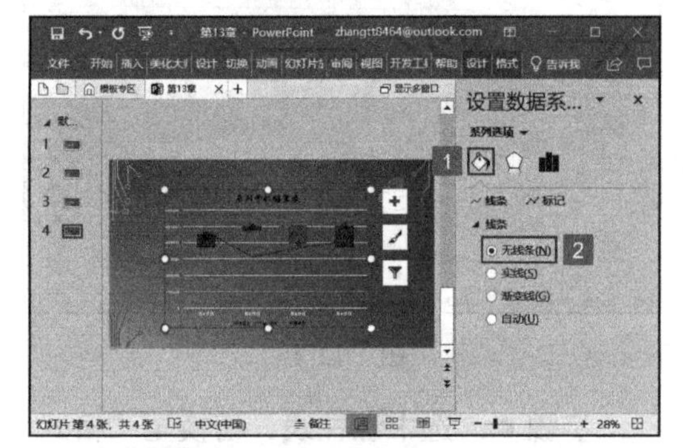

图 13-53

步骤 10：设置完成后，单击“关闭”按钮返回至演示文稿普通视图，即可看到选中数据系列的线条已消失。切换至“设计”选项卡，然后单击“图表布局”组内的“添加图表元素”下拉按钮，在展开的图表元素列表内单击“数据标签”按钮，再在展开的菜单列表内单击“其他数据标签选项”按钮，如图 13-54 所示。

步骤 11：此时 PowerPoint 即可在窗口右侧打开“设置数据标签格式”窗格，在“标签包括”窗格单击勾选“系列名称”前的复选框，如图 13-55 所示。在“标签位置”窗格单击选中“靠上”前的单选按钮，如图 13-56 所示。

步骤 12：设置完成后，单击“关闭”按钮返回演示文稿的普通视图，效果如图 13-57 所示。

步骤 13：重复步骤 8 ～ 11，取消其他数据系列的线条显示，然后添加数据标签，并将其数据标签的位置分别设置为“靠右”“靠下”，效果如图 13-58 所示。

步骤 14：删除图例，调整数据标签的位置，最终效果如图 13-59 所示。在此图表内，用户可以清楚地看到不同系列的手机在 2019 年各季度的销售情况。

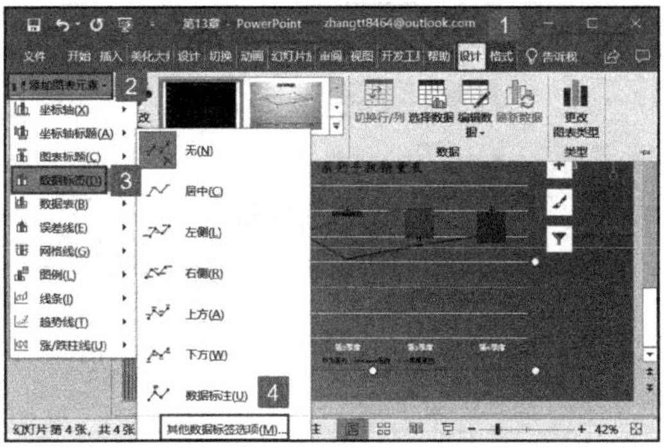

图 13-54

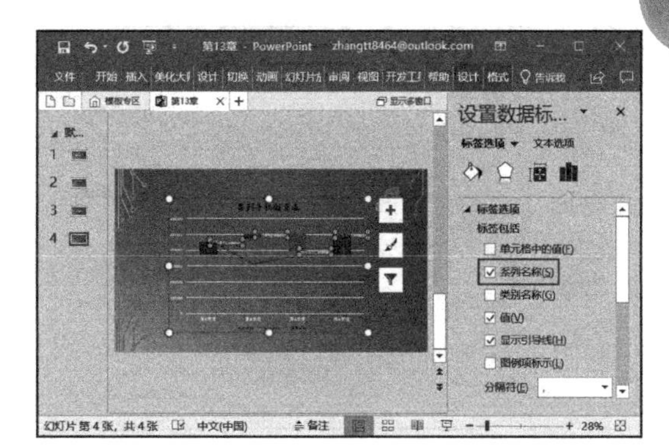

图 13-55

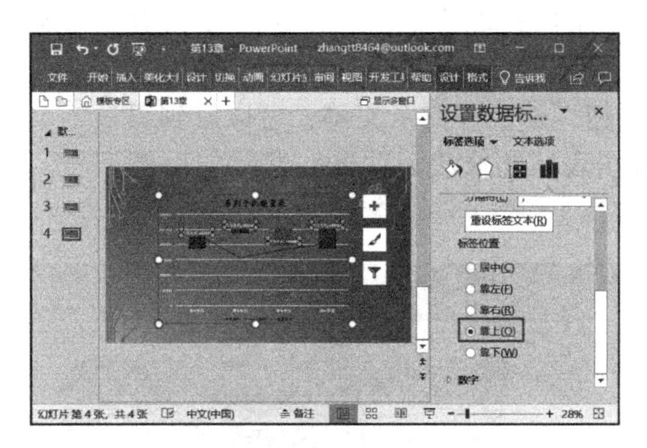

图 13-56

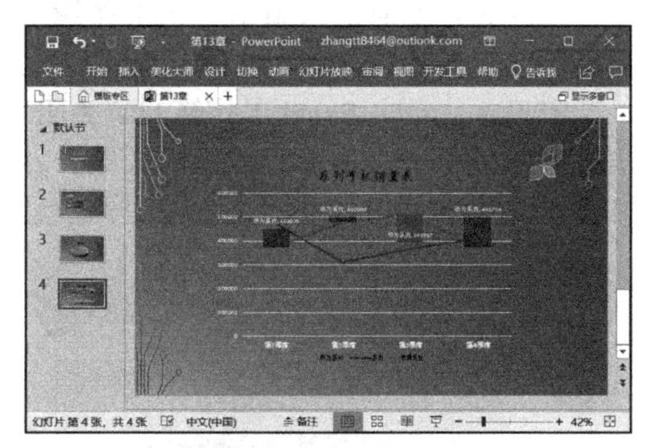

图 13-57

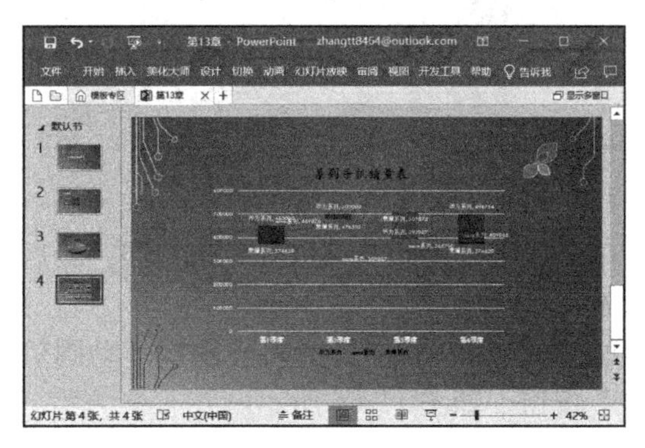

图 13-58

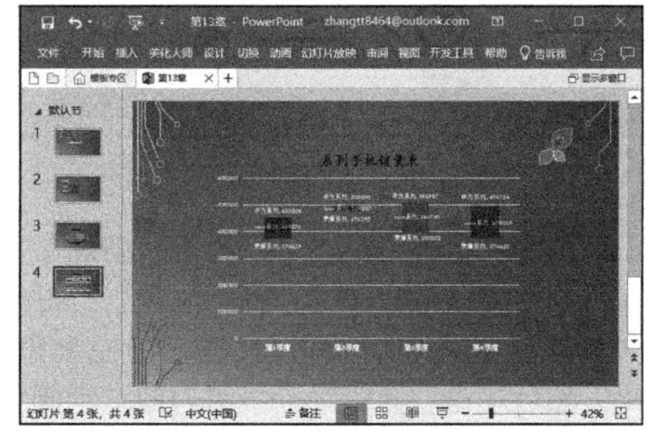

图 13-59

13.3.5 动态展示图表数据

在市场调查报告中，经常需要展示某方面两个类别的对比情况。在两个幻灯片内分别显示的效果并不理想，此时可以利用在同一幻灯片中为多个图表设置动画的方式展示两个系列数据对比的效果。

步骤 1：打开 PowerPoint 文件，选中需要动态展示的图表，右键单击，然后在弹出的快捷菜单内单击“复制”按钮，如图 13-60 所示。

步骤 2：切换至“设计”选项卡，单击“数据”组内的“编辑数据”按钮，如图 13-61 所示。

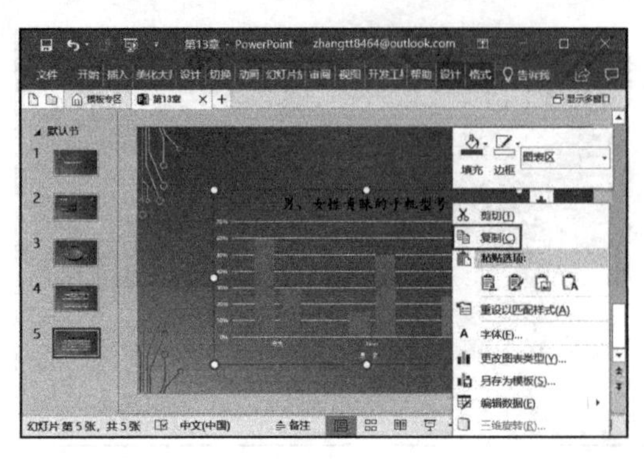

图 13-60

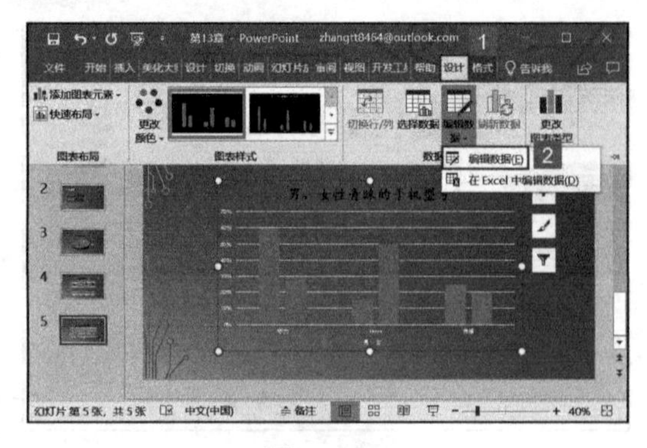

图 13-61

步骤 3：此时即可弹出一个工作簿，显示了所选图表的数据。选中女性数据所在列，按“Delete”键删除数据，如图 13-62 所示。

步骤 4：单击 Excel 工作簿的“关闭”按钮，返回至演示文稿，可以看到只显示了男性青睐手机型号的图表数据的效果，并将图表标题修改为“男性青睐的手机型号”，如图 13-63 所示。

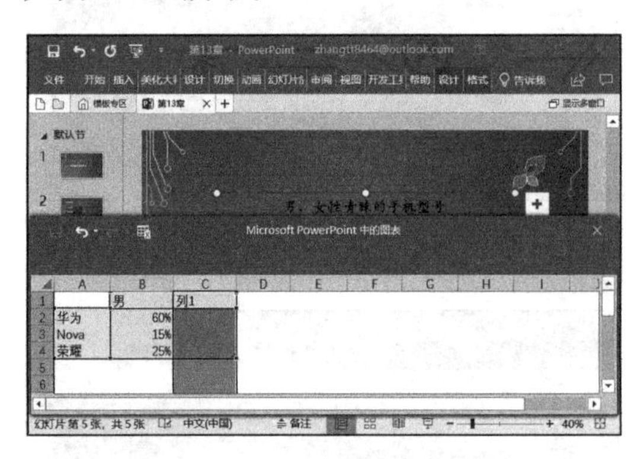

图 13-62

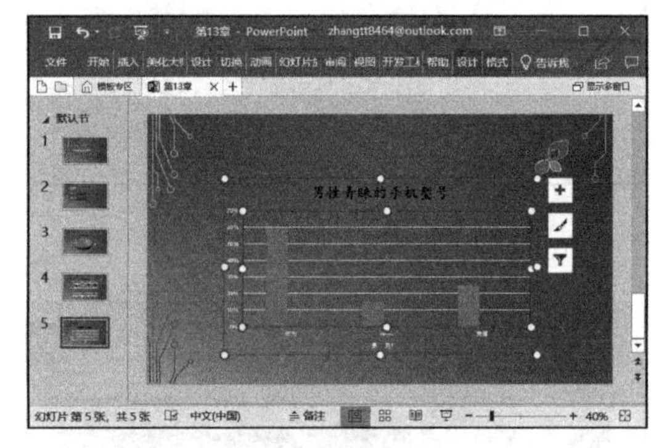

图 13-63

步骤 5：选中图表，切换至“动画”选项卡，单击“动画”组内的其他按钮，然后在展开的动画样式库内选择“出现”，如图 13-64 所示。

步骤 6：此时，即可在图表的左上角看到动画编号，表示该图表已设置了动画效果，然后单击“高级动画”组内的“动画窗格”按钮，如图 13-65 所示。

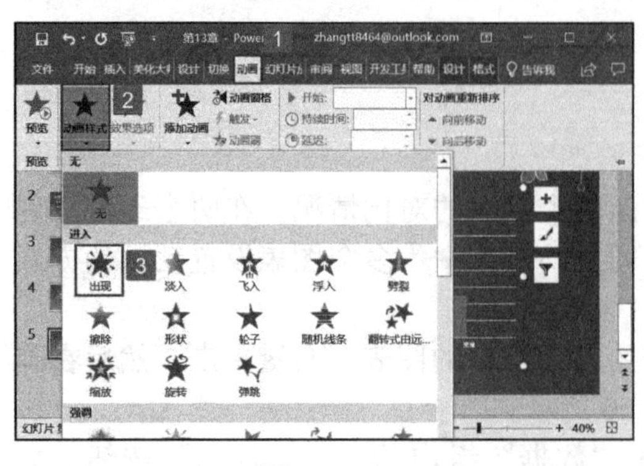

图 13-64

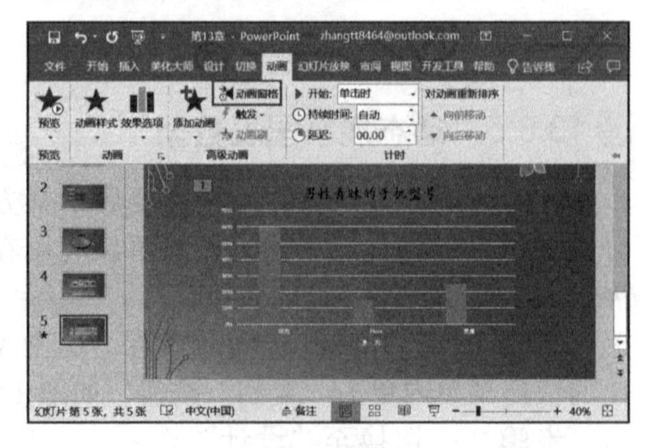

图 13-65

步骤 7：此时 PowerPoint 即可在窗口右侧打开“动画窗格”窗格，右键单击“图

表 7”，然后在打开的隐藏菜单内单击“效果选项”按钮，如图 13-66 所示。

步骤 8：弹出“出现”对话框，在“效果”选项卡下，单击“动画播放后”右侧的下拉按钮，在展开的下拉列表中选择“下次单击后隐藏”选项，如图 13-67 所示。

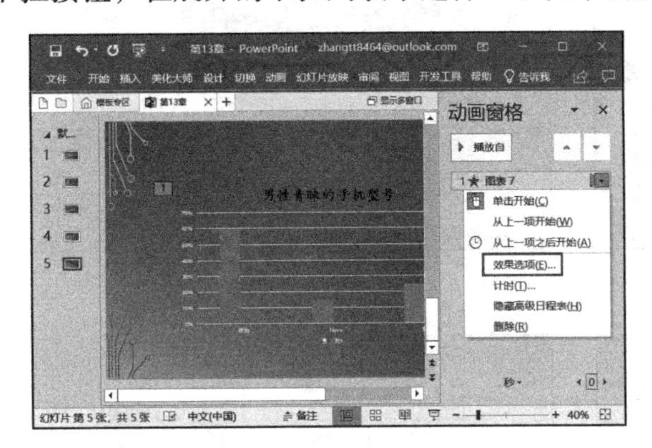

图　13-66

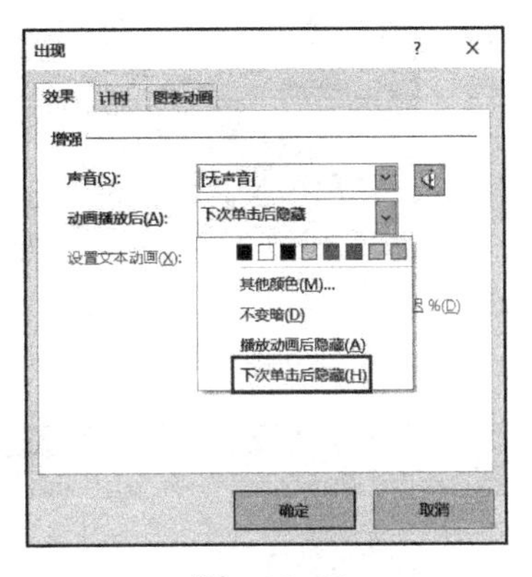

图　13-67

步骤 9：设置完成后，单击“确定”按钮，返回演示文稿。按“Ctrl+V”组合键将原始图表粘贴至幻灯片内，调整其位置，效果如图 13-68 所示。

步骤 10：然后切换至“设计”选项卡，单击“数据”组内的“编辑数据”按钮，打开工作簿，选中男性数据所在列，按“Delete”键删除数据，如图 13-69 所示。

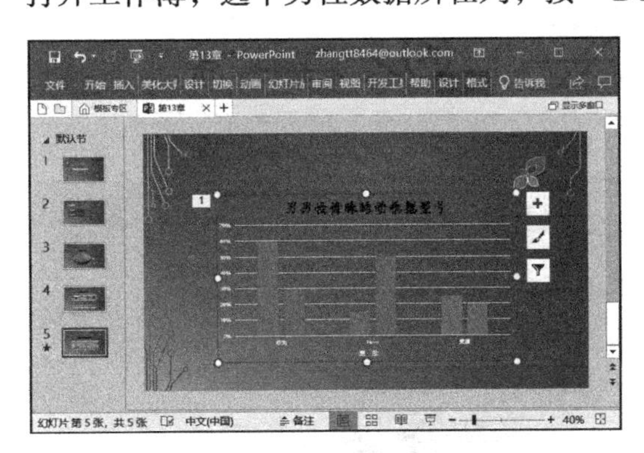

图　13-68

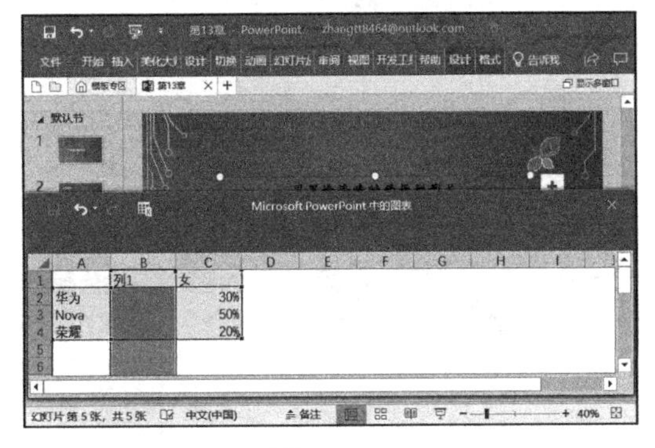

图　13-69

步骤 11：单击 Excel 工作簿的“关闭”按钮，返回至演示文稿，可以看到只显示了女性青睐手机型号的图表数据的效果，并将图表标题修改为“女性青睐的手机型号”，如图 13-70 所示。

步骤 12：重复步骤 5 ～ 8，为该图表设置动画格式，如图 13-71 所示。

步骤 13：设置完成后，单击“确定”按钮，返回演示文稿。按“Ctrl+V”组合键将原始图表再次粘贴至幻灯片内，调整其位置，效果如图 13-72 所示。

步骤 14：重复步骤 5 ～ 8，为该图表设置动画格式，如图 13-73 所示。

步骤 15：设置完成后，单击“确定”按钮，返回演示文稿。切换至“幻灯片放映”选项卡，单击“开始放映幻灯片”组内的“从当前幻灯片开始”按钮，如图 13-74 所示。

步骤 16：全屏展示当前选择的幻灯片，单击即可看到幻灯片内只显示了男性青睐的手机型号数据图表，如图 13-75 所示。

步骤 17：再次单击即可看到幻灯片内只显示了女性青睐的手机型号数据图表，如图 13-76 所示。

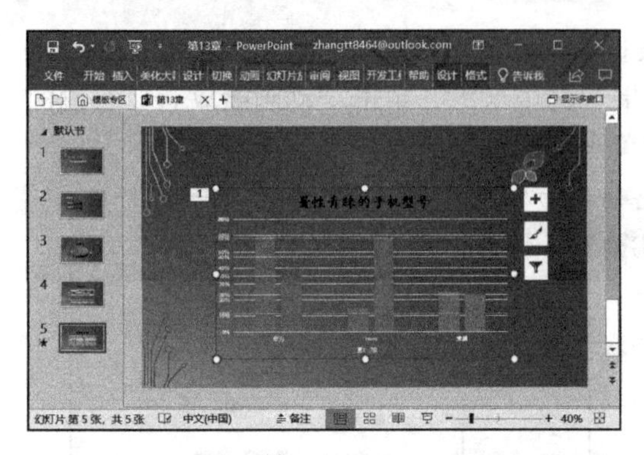

图 13-70

图 13-71

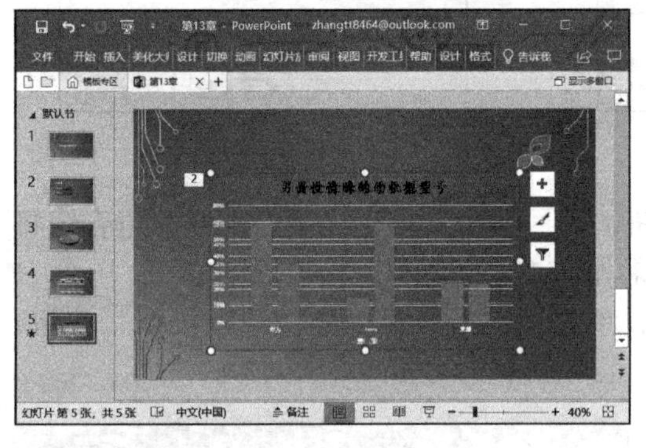

图 13-72

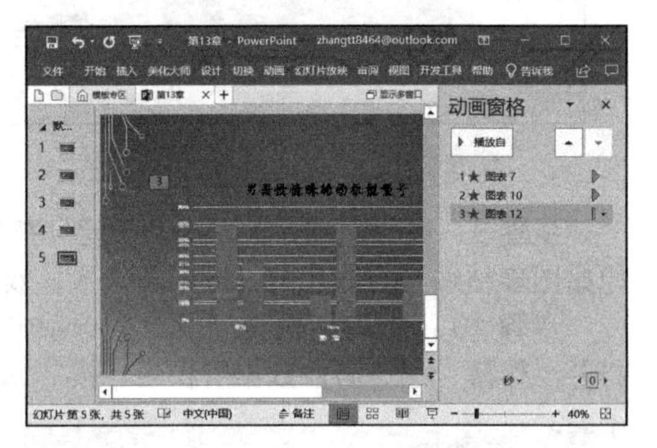

图 13-73

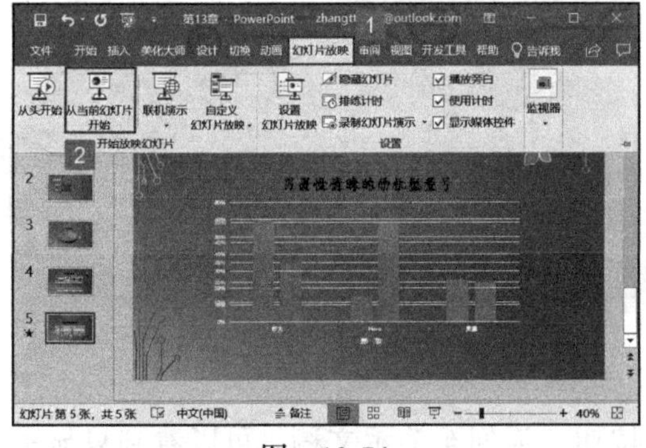

图 13-74

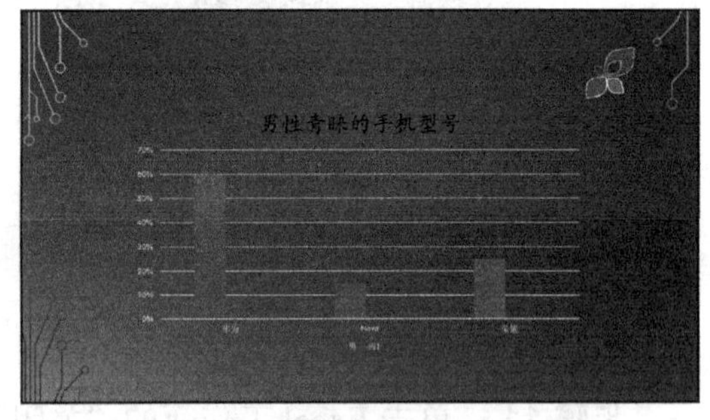

图 13-75

步骤 18：再次单击即可看到幻灯片内显示了男、女性青睐的手机型号的比较图表，如图 13-77 所示。

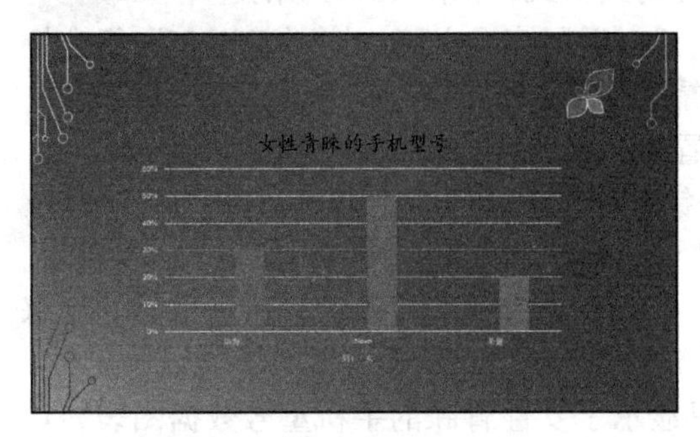

图 13-76

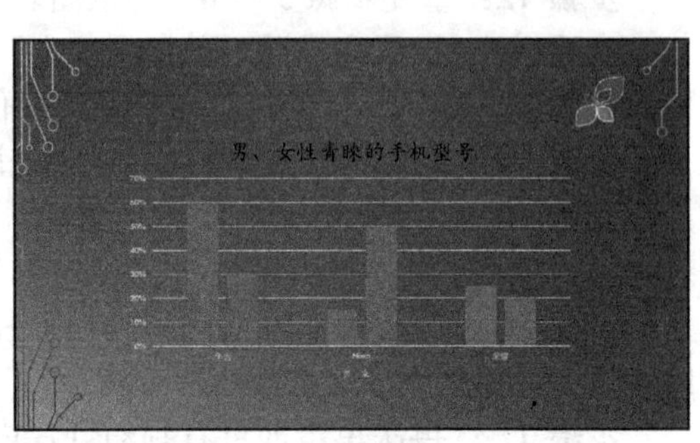

图 13-77

13.4 市场调查报告的打印

市场调查报告演示文稿创建完毕后，可将其打印出来，以书面的形式保存或者递交给领导阅读。打印之前需要根据打印机的实际情况，设置相关打印参数。

步骤 1： 打开 PowerPoint 文件，单击“文件”按钮，在左侧菜单列表内单击“打印”按钮，然后在“设置”窗格内单击选择“打印全部幻灯片”项，如图 13-78 所示。

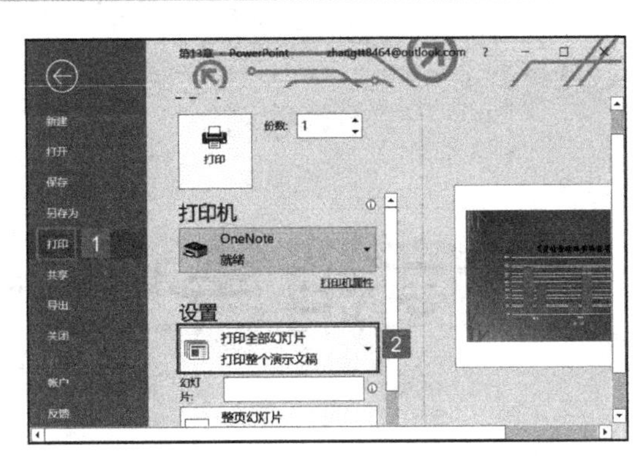

图 13-78

步骤 2： 单击“整页幻灯片”下拉按钮，然后在展开的菜单列表内单击“6 张水平放置的幻灯片”选项，如图 13-79 所示。

步骤 3： 单击“纵向”下拉按钮，然后在展开的菜单列表内单击“横向”选项，如图 13-80 所示。

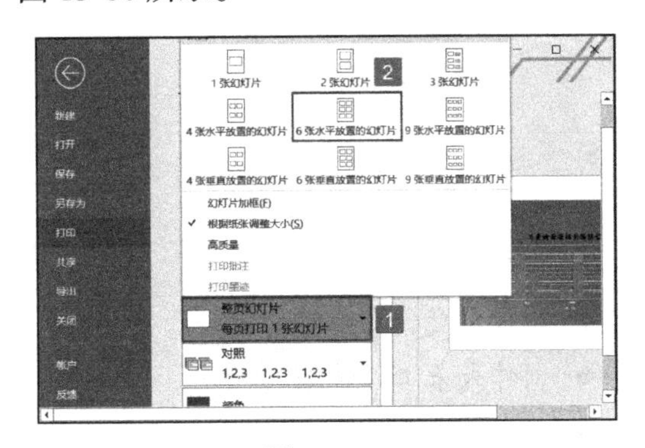

图 13-79

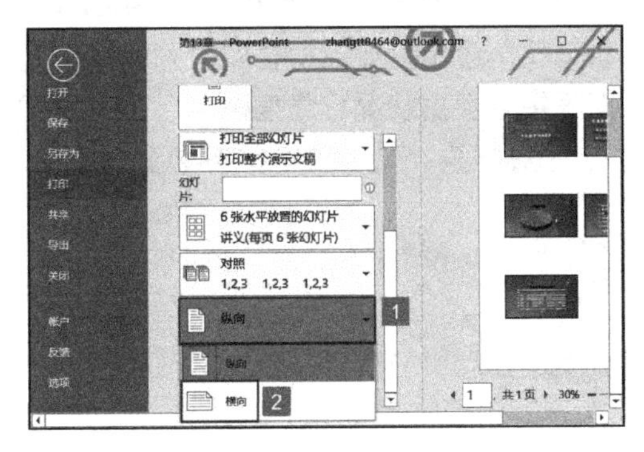

图 13-80

步骤 4： 单击“颜色”下拉按钮，然后在展开的菜单列表内单击“纯黑白”选项，如图 13-81 所示。

步骤 5： 单击“打印机”下拉按钮，在展开的菜单列表内选择打印机，然后在“份数”右侧的文本框输入份数，最后单击“打印”按钮即可进行打印，如图 13-82 所示。

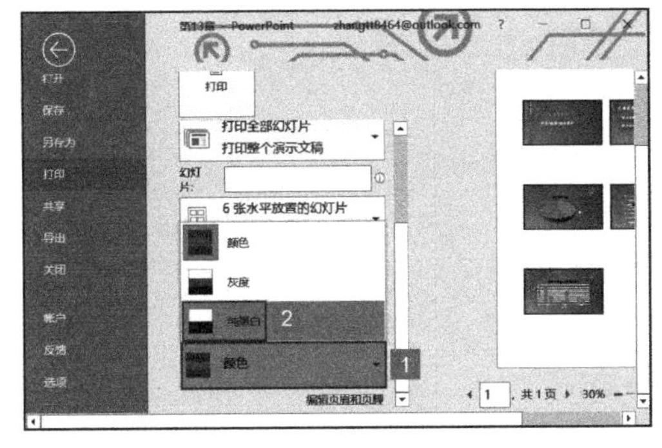

图 13-81

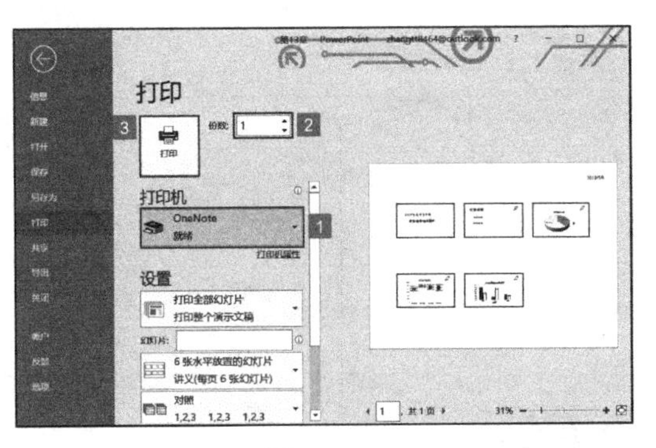

图 13-82

第14章 年度销售业绩报告演示文稿

销售业绩是一家公司的运作核心，优良的销售业绩需要通过业绩报告来反映。使用 PowerPoint 2019 制作一份公司年度销售业绩报告幻灯片，向公司汇报销售数据状况、年度总结、未来展望计划等报告，是一项非常有必要的工作。

- 方案分析
- 制作年度销售业绩展示
- 制作未来工作计划
- 制作结束总结

14.1 方案分析

在制作年度业绩报告演示文稿之前，用户需要对原有数据资料进行充分的了解和分析，只有这样，才会更有条理、更有效率地完成制作。

14.1.1 年度业绩报告方案分析

制作年度销售业绩报告，需要把年度销售工作，进行一次全面系统的分析、研究，从中进行目标形势判断与未来计划展望。

年度业务报告的基本情况如下：

1）年度销售业绩报告必须有业绩情况的概述和叙述，而且内容需要详略得当。这部分内容主要是对工作的主客观条件、有利和不利条件以及工作的环境和基础等进行分析。

2）业绩汇报是整个幻灯片展示的核心。总结汇报的目的就是要突出业绩重点。

3）目标计划。业绩汇报后，为便于今后的工作，须对以往工作进行分析、研究、概括、集中，并得出目标计划。

写好业绩报告总结演示文稿需要注意如下几个问题：

1）总结一定要充分利用现有材料。最好通过图表的不同形式，将年终总结的业绩成果、想法分析、目标意图提出来。

2）内容要剪裁得体、详略适宜。材料有本质的，有现象的；有重要的，有次要的，总结中的问题要有主次、详略之分，该详细的要详细，该省略的要省略。

3）条理要清晰。年度销售业绩报告演示文稿大多是写给领导看的，条理不清晰，领导会不知其所以然，尤其是业绩数据一定要清晰详细，并具有条理性与逻辑性。

4）业绩报告总结演示文稿一定要具有一定的美观性。字体大小要适当，颜色要适当，用户可以根据自身需要设置适当的背景并加入一些动画演示效果，以此来达到幻灯片展示的目的。

14.1.2 创建演示文稿

分析完年度业绩报告方案的整体结构后，就可以着手制作演示文稿了。

启动 PowerPoint 2019，新增一个空白演示文稿，然后切换至“设计”选项卡，单击“主题”的其他按钮，然后在展开的主题样式库内选择适当的样式，例如“水滴”，如图 14-1 所示。套用主题样式后，效果如图 14-2 所示。

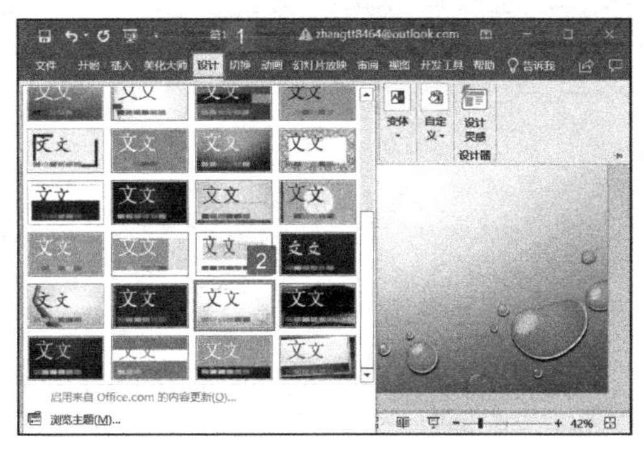

图 14-1

图 14-2

14.1.3 制作封面

首先开始制作第一张幻灯片，该幻灯片将作为整个业绩报告的封面。

步骤 1：设置标题。在“标题”占位文本框内输入公司名称，调整字体的格式，然后调整占位符文本框的大小及位置，效果如图 14-3 所示。

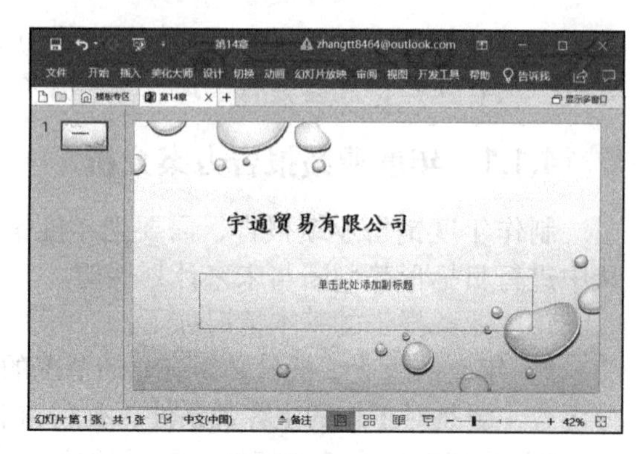

图 14-3

步骤 2：设置副标题。在“副标题”占位文本框内输入“年度销售业绩报告”，设置其字体格式，调整其大小及位置，效果如图 14-4 所示。

步骤 3：添加动画效果。选中副标题占位文本框，切换至“动画”选项卡，单击“动画”组内的“动画样式”下拉按钮，然后在展开的动画样式库内选择“淡入”项进入动画，如图 14-5 所示。

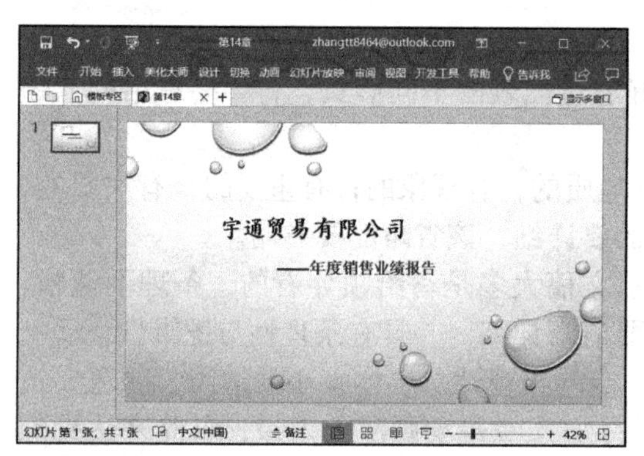

图 14-4

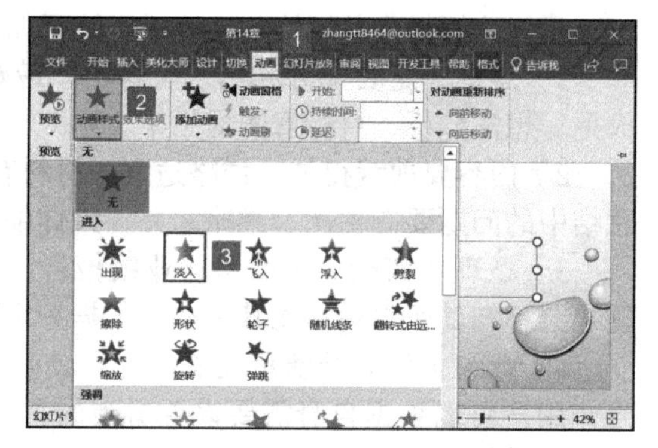

图 14-5

步骤 4：添加公司 LOGO。切换至“插入”选项卡，单击“图像”组内的“图片”按钮，如图 14-6 所示。

步骤 5：弹出“插入图片”对话框，选中要插入的图片并单击“插入”按钮即可。返回幻灯片，调整图片的大小和位置，然后将图片格式设置为透明色，最终效果如图 14-7 所示。

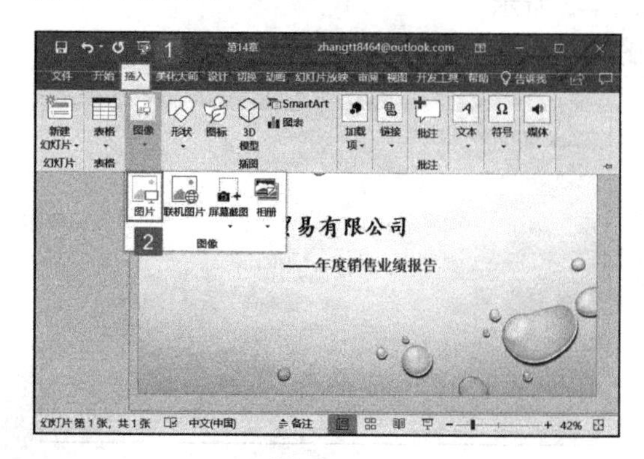

图 14-6

图 14-7

14.1.4 制作前言

展示销售报告演示文稿时，需要首先让观众了解幻灯片的整体内容，此时，用户可以在封面后制作一个前言幻灯片，引导观众进入接下来的销售业绩报告展示。

步骤 1：新建空白幻灯片。切换至“插入”选项卡，单击“新建幻灯片”下拉按钮，然后在展开的幻灯片样式库内选择“空白”幻灯片，如图 14-8 所示。

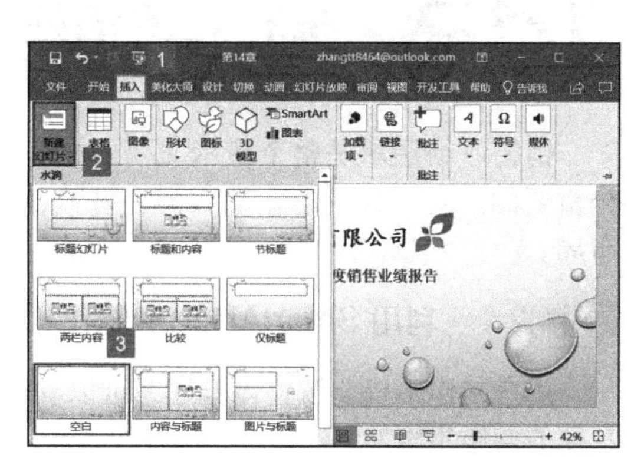

图 14-8

步骤 2：插入并设置文本框。选中前言幻灯片，切换至“插入”选项卡，单击“插图”组内的“形状”下拉按钮，然后在展开的形状样式库内选择“矩形：对角圆角”按钮，如图 14-9 所示。

步骤 3：此时，幻灯片内的光标会变成十字形，绘制并选中形状，切换至“格式”选项卡，单击“形状样式”组内的“形状填充”下拉按钮，然后在展开的填充样式库内选择“浅蓝，背景 2”项，如图 14-10 所示。

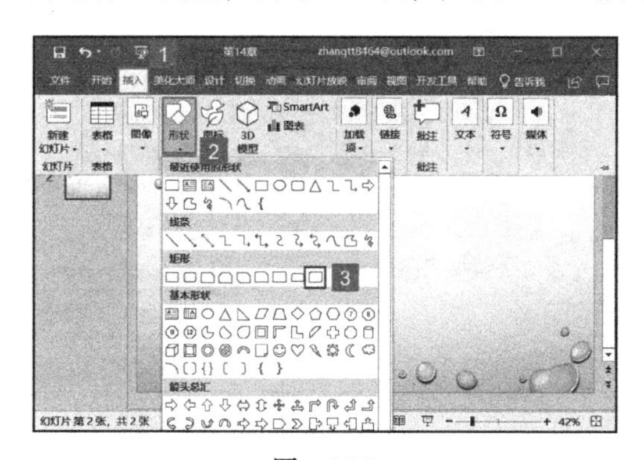

图 14-9

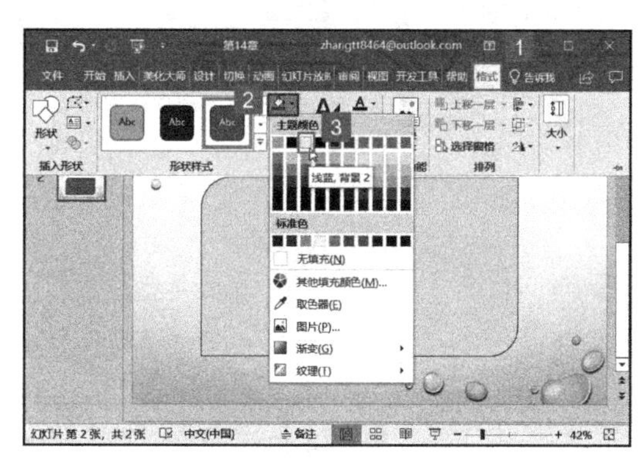

图 14-10

步骤 4：单击“形状样式”组内的“形状轮廓”下拉按钮，然后在展开的菜单列表内选择“无轮廓”项，如图 14-11 所示。

步骤 5：在绘制的文本框内输入前言文本内容，设置字体的格式，调整文本框的大小和位置，最终效果如图 14-12 所示。

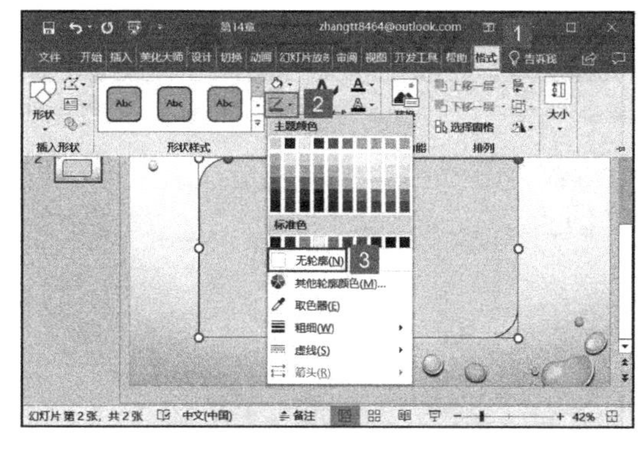

图 14-11

图 14-12

14.2 制作年度销售业绩展示

销售业绩展示是整个演示文稿的核心部分，能够清晰、条理地展示业绩内容是十分重要的。对于大量的业绩数据、材料，用户需要通过表格、图表等方式进行合理的布局。

14.2.1 利用 SmartArt 图形制作销售业绩概述

用户制作销售业绩整体概述，可以利用 SmartArt 图形清晰地呈现出汇报工作内容，具体的操作步骤如下。

步骤 1：新建空白幻灯片，然后切换至"插入"选项卡，单击"插图"组内的"SmartArt 图形"按钮，如图 14-13 所示。

步骤 2：弹出"选择 SmartArt 图形"对话框，在左侧的图形列表窗格内选择"循环"按钮，然后在右侧的循环图形样式窗格内选择"射线循环"，单击"确定"按钮，如图 14-14 所示。

图 14-13

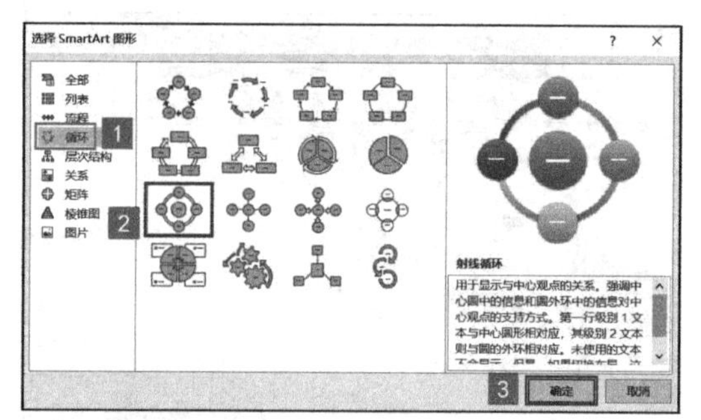

图 14-14

步骤 3：返回演示文稿，即可看到幻灯片内已插入 SmartArt 图形。如果用户对默认的 SmartArt 图形样式不满意，可以进行自定义设置。选中需要设置样式的形状，右键单击，然后在弹出的快捷菜单内单击"填充"下拉按钮，在展开的颜色样式库内选择合适的颜色即可，如图 14-15 所示。

步骤 4：形状样式设置完成后，效果如图 14-16 所示。

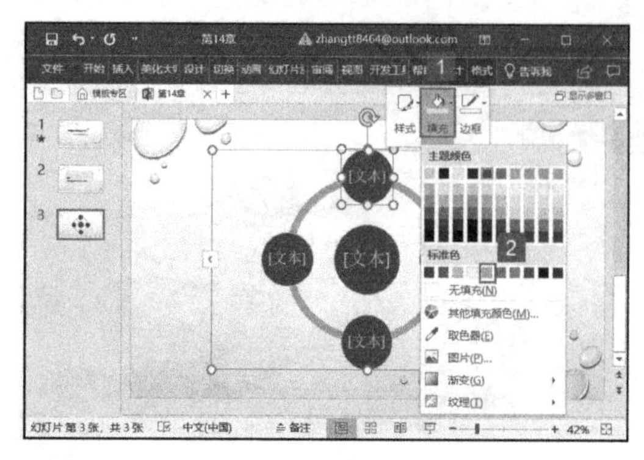

图 14-15

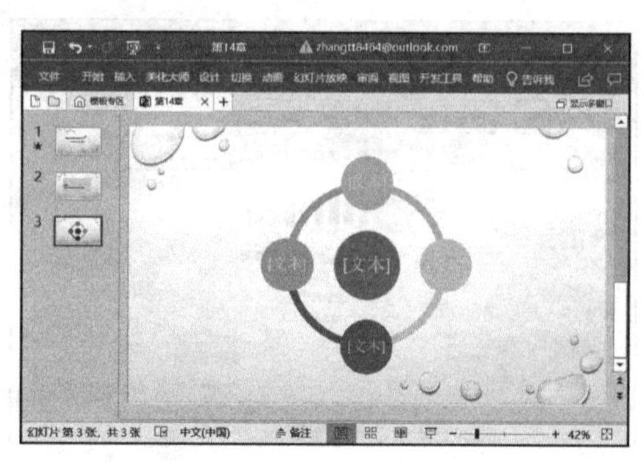

图 14-16

步骤 5：选中 SmartArt 图形，单击左侧的展开按钮，然后在弹出的对话框内输入相应的文本内容，如图 14-17 所示。

步骤 6：设置完成后，输入幻灯片标题，然后调整 SmartArt 图形的大小和位置，最终效果如图 14-18 所示。用户还可以对 SmartArt 图形设置动画效果，使其更生动形象。

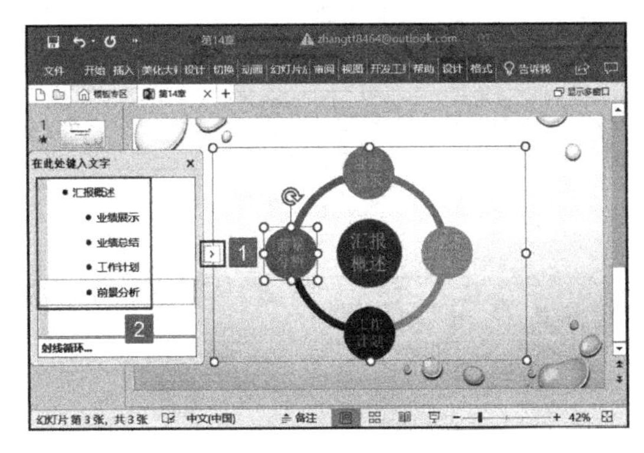

图 14-17

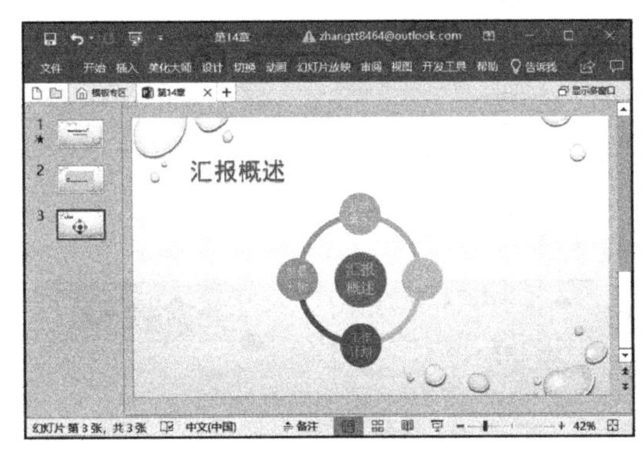

图 14-18

14.2.2 利用表格汇报工作业绩

展示销售业绩必然离不开表格，在 PowerPoint 2019 中，用户可以根据自身需要选择合适的表格主题样式进行展示，具体的操作步骤如下。

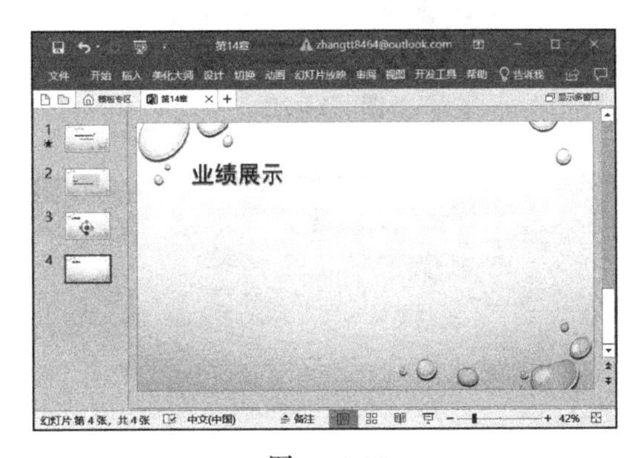

图 14-19

步骤 1：新建空白幻灯片，输入幻灯片标题，如图 14-19 所示。

步骤 2：切换至“插入”选项卡，单击“表格”下拉按钮，然后在展开的菜单列表内设置一个 5 行 4 列的表格，如图 14-20 所示。

步骤 3：此时，即可看到幻灯片内已插入一个表格。选中表格，切换至表格工具“设计”选项卡，然后单击“表格样式”其他按钮，在展开的菜单列表内选择合适的表格样式，如图 14-21 所示。

步骤 4：返回幻灯片，即可看到应用了表格样式后的表格效果，然后根据自身需要调整表格的大小和位置，如图 14-22 所示。

步骤 5：选中表格的第一行第一列，切换至表格工具“设计”选项卡，然后单击“绘制边框”组内的“绘制表格”按钮，如图 14-23 所示。

步骤 6：此时，即可看到幻灯片内的光标变成笔状，在单元格的左上角处单击并拖动鼠标至单元格的右下角，为该单元格添加双栏斜线，如图 14-24 所示。

步骤 7：依次点击相应的单元格输入文本数据，然后调整文本的字体、大小，并将其对齐方式设置为水平居中、垂直居中，最终效果如图 14-25 所示。

同样，用户还可以利用此方法，完成公司里其他相关销售表的创建，如果销售业绩源文件中有详细的 Excel 表格，可以通过以前介绍的插入 Excel 表格创建链接对象。

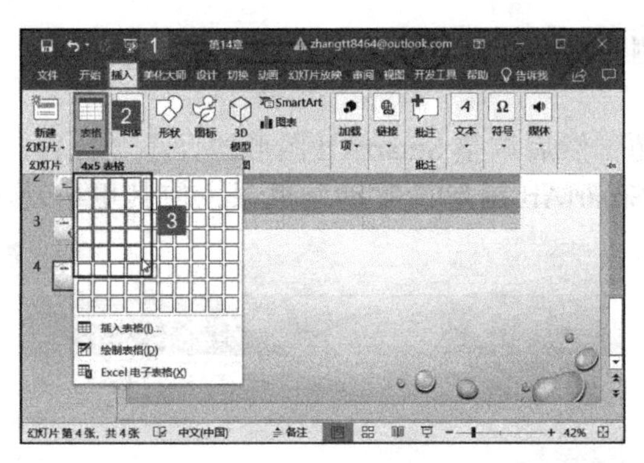

图 14-20

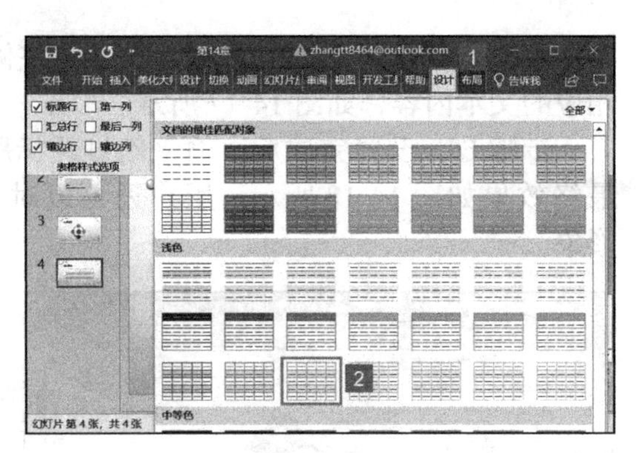

图 14-21

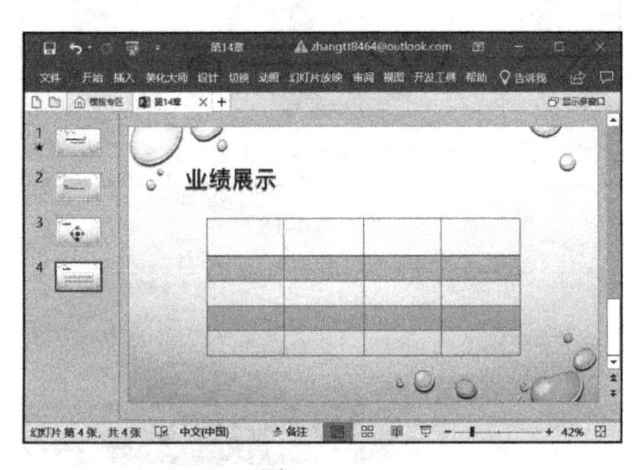

图 14-22

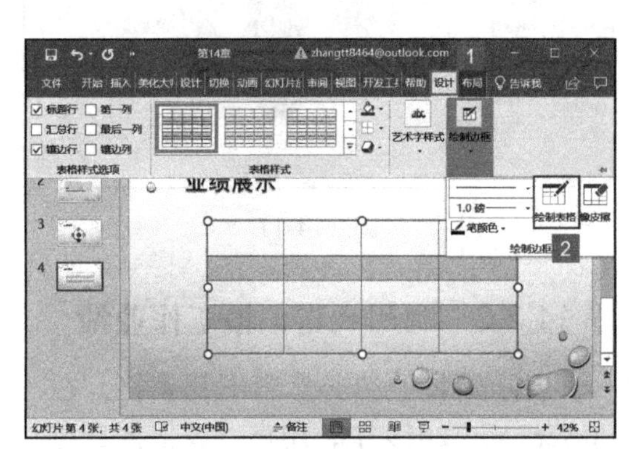

图 14-23

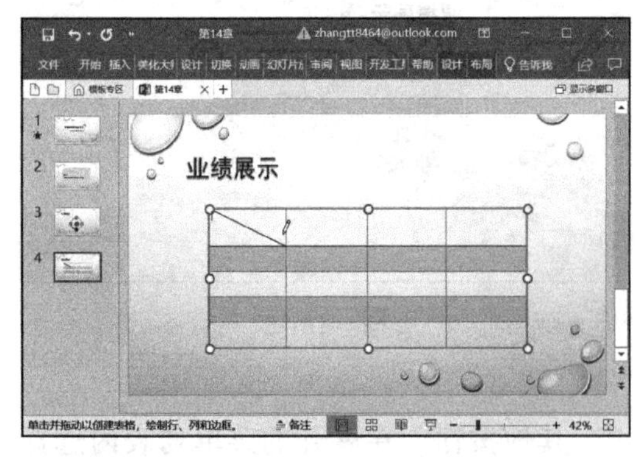

图 14-24

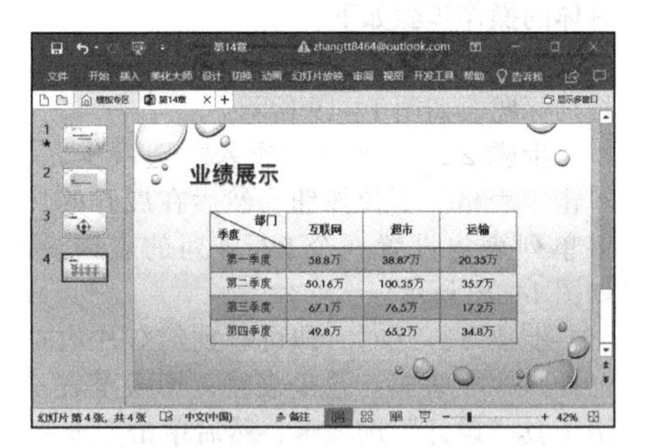

图 14-25

14.2.3 利用图表展示工作对比

在统计业绩数据时，条形图和柱形图是分析数据时使用频率最高的，利用条形柱、状图表，可以对工作业绩进行明显对比，从而进行研究分析。具体的操作步骤如下。

步骤 1：新建空白幻灯片，输入幻灯片标题。切换至“插入”选项卡，单击“插图”组内的“图表”按钮，如图 14-26 所示。

步骤 2：弹出“插入图表”对话框，在左侧图表类型窗格内选择“柱形图”，然后在右侧窗格内选择合适的柱形图类型，例如簇状柱形图，单击“确定”按钮，如图 14-27 所示。

图 14-26

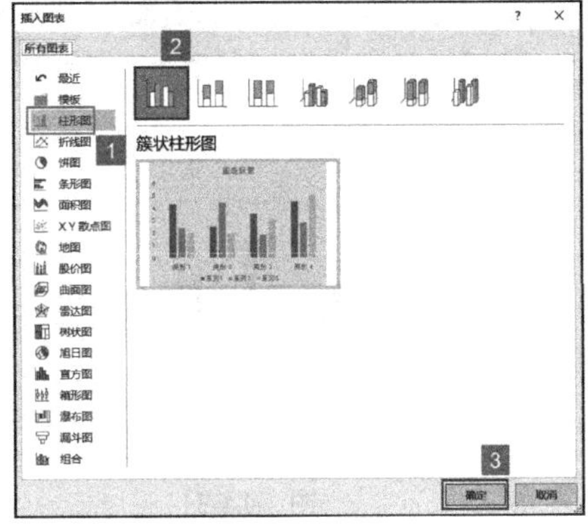

图 14-27

步骤 3：此时幻灯片内即可插入一个柱形图，并展开了一个工作簿，显示了当前柱形图的各项数据，如图 14-28 所示。

步骤 4：根据业绩资料，在工作簿内编辑数据，如图 14-29 所示。

步骤 5：关闭工作簿，返回幻灯片，即可看到柱形图已根据输入数据进行修改。左键双击标题文本框，输入图表标题，并对其样式进行调整。然后调整图表的大小和位置，效果如图 14-30 所示。

步骤 6：选中柱形图图表，单击右侧的图表元素按钮，然后在展开的图表元素列表内单击勾选“坐标轴标题”前的复选框，即可看到在图表左侧出现了坐标轴标题文本框，如图 14-31 所示。

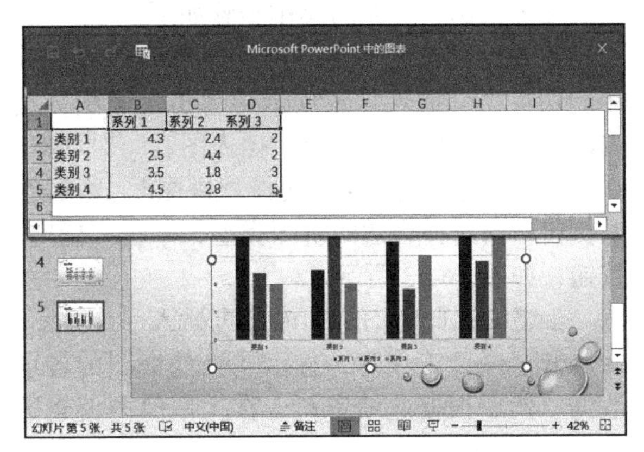

图 14-28

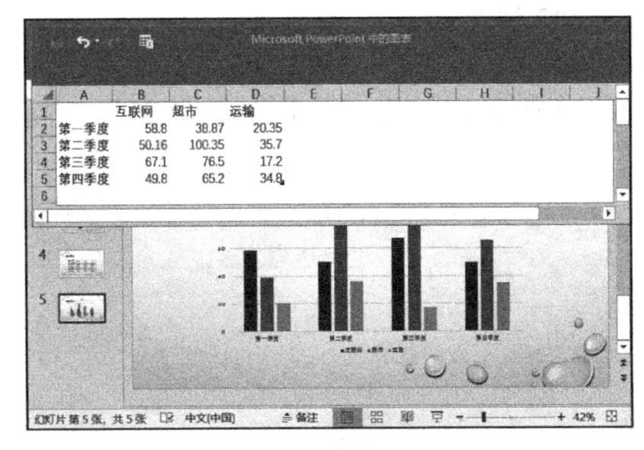

图 14-29

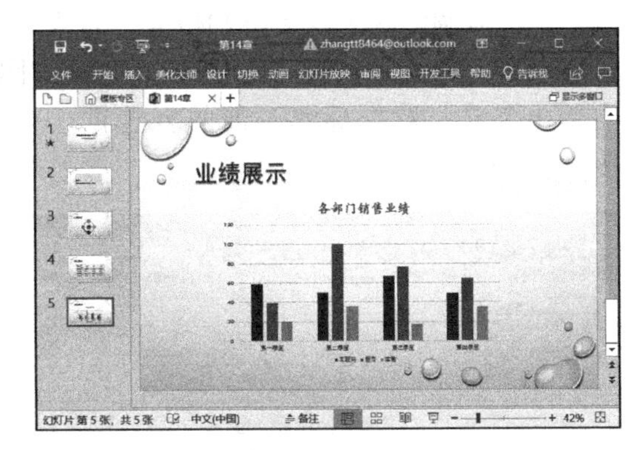

图 14-30

步骤 7：在文本框内输入坐标轴标题，调整字体的大小和颜色，最终效果如图 14-32 所示。通过该柱形图，即可清晰地看到业绩对比情况。

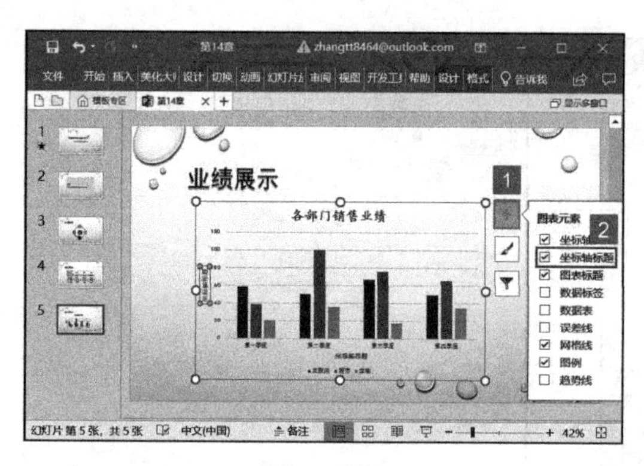

图 14-31

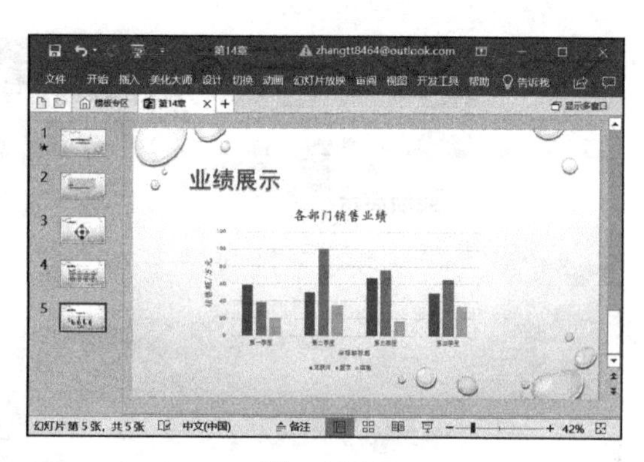

图 14-32

14.2.4 利用图表分析工作业绩

饼状图可以显示一个数据系列，利用饼状图可以展示数据系列内各项的大小以及占总和的比例。具体的操作步骤如下。

步骤 1：新建空白幻灯片，输入幻灯片标题。切换至“插入”选项卡，单击“插图”组内的“图表”按钮，弹出“插入图表”对话框，在左侧图表类型窗格内选择“饼图”，然后在右侧窗格内选择合适的饼图类型，单击“确定”按钮，如图 14-33 所示。

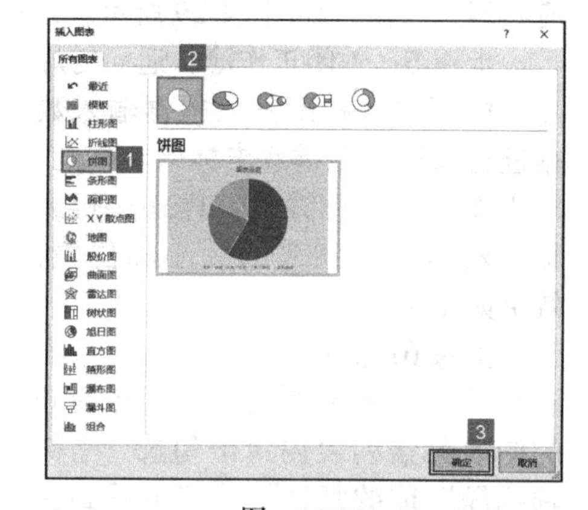

图 14-33

步骤 2：此时幻灯片内即可插入一个饼图，并展开了一个工作簿，显示了当前饼图的各项数据，然后根据业绩资料，在工作簿内编辑数据，如图 14-34 所示。

步骤 3：关闭工作簿，返回幻灯片，即可看到饼图已根据输入数据进行修改。左键双击标题文本框，输入图表标题，并对其样式进行调整。然后调整图表的大小和位置，效果如图 14-35 所示。

步骤 4：选中饼图图表，单击右侧的图表元素按钮，然后在展开的图表元素列表内单击勾选“数据标签”前的复选框，在子菜单列表内单击“数据标注”按钮，如图 14-36 所示。

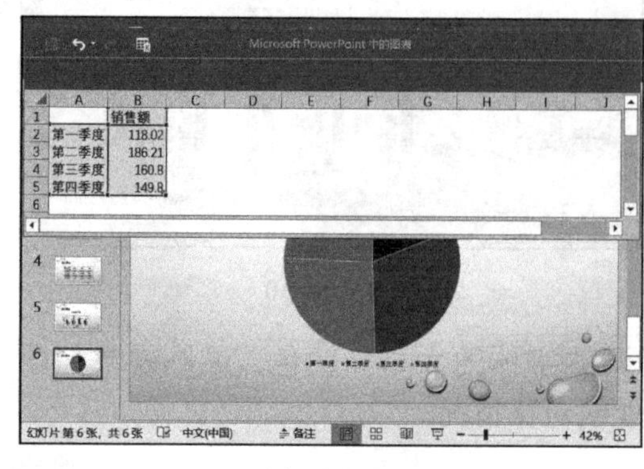

图 14-34

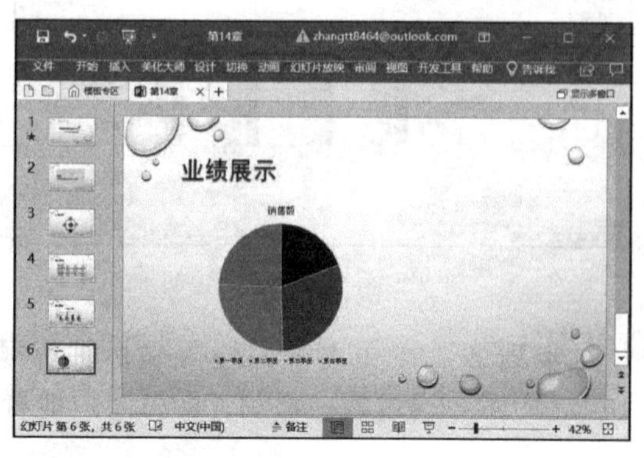

图 14-35

步骤 5：此时即可看到饼图内各项都显示了数据标注，效果如图 14-37 所示。

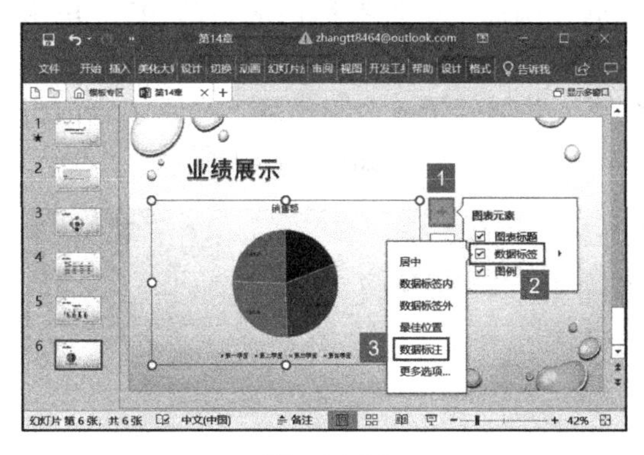

图 14-36

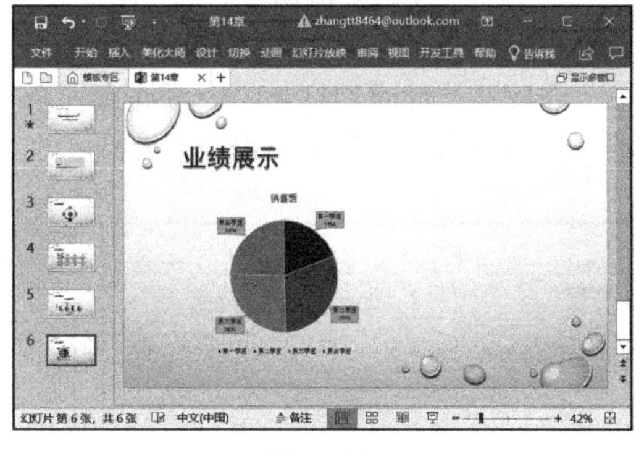

图 14-37

步骤 6：饼图制作完成后，接下来需要根据饼图的数据输入相应的分析文字。切换至“插入”选项卡，插入文本框，输入相应的分析文字，调整其字体、样式，然后拖动文本框调整其大小和位置，效果如图 14-38 所示。

步骤 7：用户还可以根据自身需要对幻灯片内元素添加动画效果。例如，选中文本框，切换至“动画”选项卡，单击“高级动画”组内的“添加动画”下拉按钮，然后在展开的动画样式库内选择“放大 / 缩小”强调效果，如图 14-39 所示。

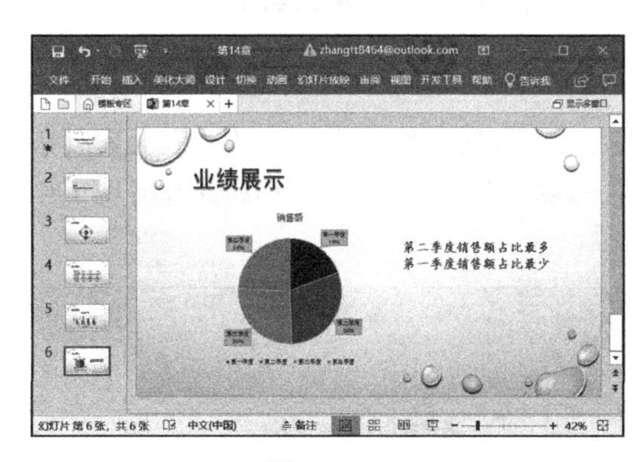

图 14-38

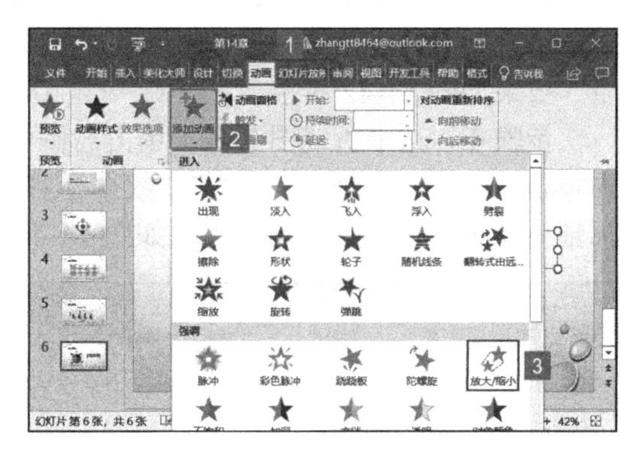

图 14-39

14.3 制作未来工作计划

做完业绩汇报总结内容后，接下来需要根据业绩制定相应的工作计划，可以对未来工作问题进行预测并制定相应的工作措施，也可以对未来工作难度进行估计并预测工作时间，还可以对未来工作总体综合并安排工作步骤。

14.3.1 利用走势图制作后期形势判断

走势图可以将数据的发展趋势用折线或者曲线的形式在坐标图上加以显示。利用走势图，可以制作销售业绩的后期形势判断。具体的操作步骤如下。

步骤 1：新建空白幻灯片，输入幻灯片标题。切换至“插入”选项卡，单击“插图”

组内的“图表”按钮，弹出“插入图表”对话框，在左侧图表类型窗格内选择“折线图”，然后在右侧窗格内选择合适的折线图类型，例如“带数据标记的折线图”，单击“确定”按钮，如图 14-40 所示。

步骤 2：此时幻灯片内即可插入一个折线图，并展开了一个工作簿，显示了当前折线图的各项数据，然后根据业绩资料，在工作簿内编辑数据，如图 14-41 所示。

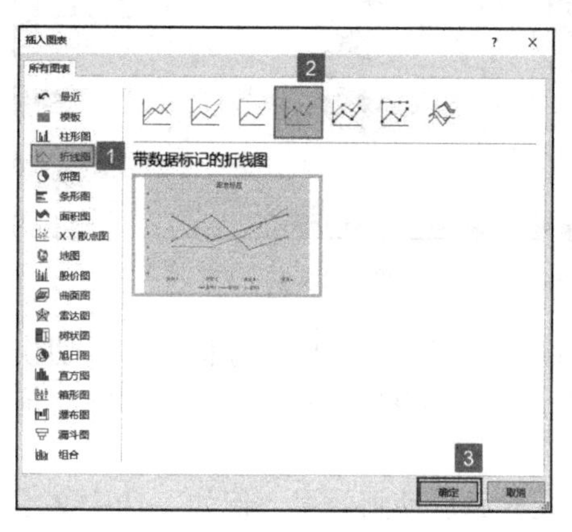

图 14-40

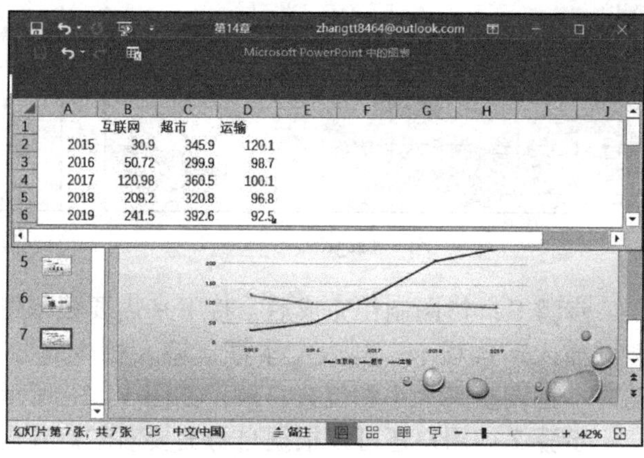

图 14-41

步骤 3：关闭工作簿，返回幻灯片，即可看到折线图已根据输入数据进行修改。左键双击标题文本框，输入图表标题，并对其样式进行调整。然后调整图表的大小和位置，效果如图 14-42 所示。

步骤 4：选中折线图图表，单击右侧的图表元素按钮，然后在展开的图表元素列表内单击勾选“坐标轴标题”和“数据标签”前的复选框，即可看到在图表内出现了坐标轴标题文本框以及数据标签，如图 14-43 所示。

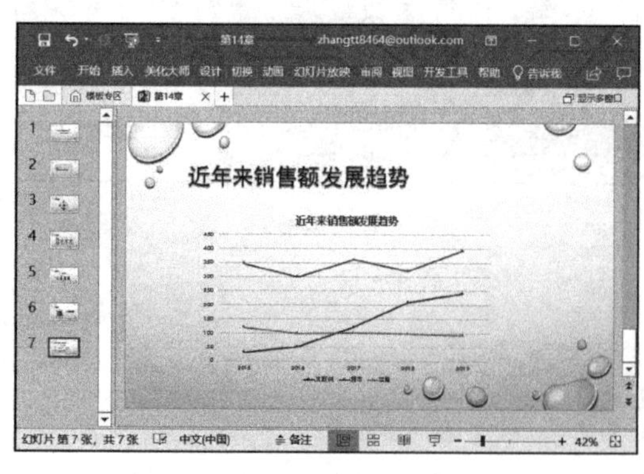

图 14-42

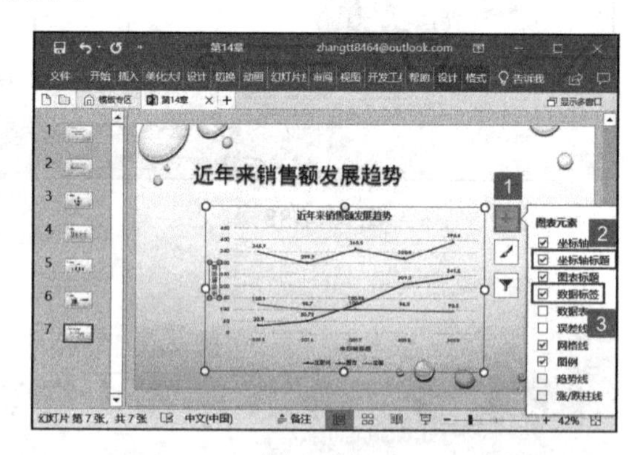

图 14-43

步骤 5：在标题文本框内输入坐标轴标题，调整字体的大小和颜色，最终效果如图 14-44 所示。

步骤 6：销售额发展趋势图表制作完成后，接下来需要根据趋势图分析判断。新建空白幻灯片，切换至“插入”选项卡插入两个文本框，输入分析文本内容，调整其字体格式，然后调整文本框的大小和位置，如图 14-45 所示。

制作完成后，用户还可以根据自身需要为幻灯片设置背景，给幻灯片内元素添加动画效果等。

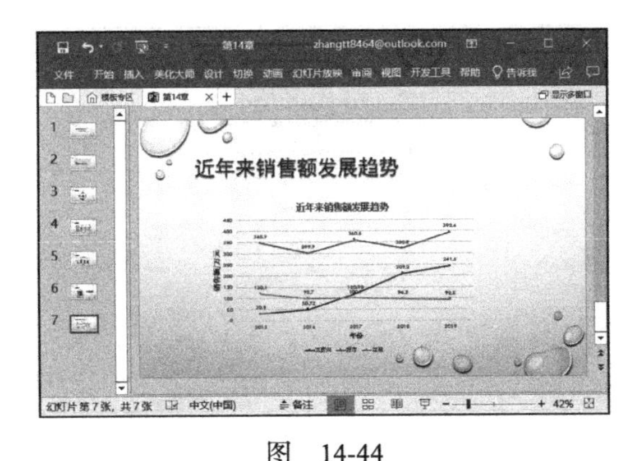

图 14-44

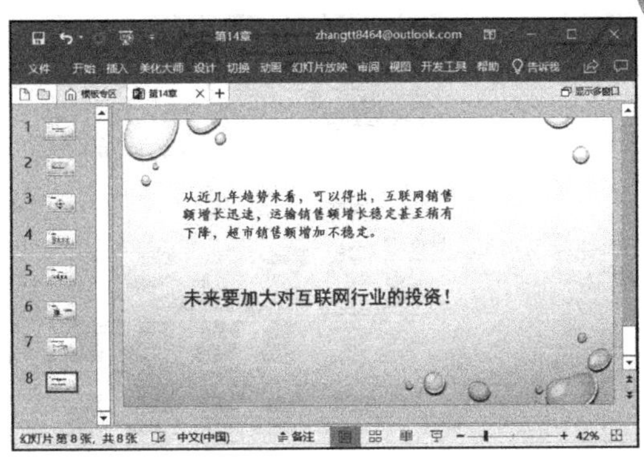

图 14-45

14.3.2 利用流程图制作公司工作计划

编写年度销售总结报告时，必然少不了工作计划。此时，可以利用流程图来制作公司工作计划，使其更具逻辑性，具体的操作步骤如下。

步骤 1：新建空白幻灯片，输入幻灯片标题。切换至“插入”选项卡，单击“插图”组内的“SmartArt”按钮，弹出“选中 SmartArt 图形”对话框，在左侧图形类型窗格内选择“流程”，然后在右侧窗格内选择合适的流程图，例如“交错流程”，单击“确定”按钮，如图 14-46 所示。

步骤 2：返回演示文稿，即可看到幻灯片内添加的 SmartArt 图形，调整其大小和位置，如图 14-47 所示。

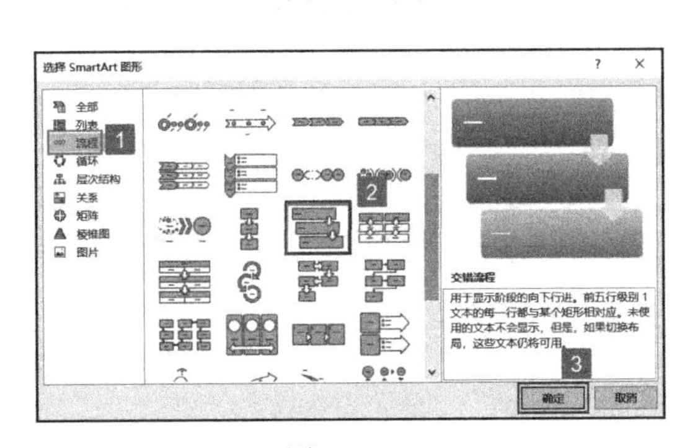

图 14-46

图 14-47

步骤 3：选中流程图，切换至“设计”选项卡，单击“SmartArt 样式”组内的“更改颜色”下拉按钮，然后在展开的颜色样式库内选择合适的主题颜色，如图 14-48 所示。

步骤 4：单击“SmartArt 样式”组内的“快速样式”下拉按钮，然后在展开的样式库内选择合适的样式，例如“中等效果”，如图 14-49 所示。

步骤 5：如果默认的流程图形状不满足用户需求，还可以进行添加或删除。选中流程图，切换至“设计”选项卡，单击“创建图形”组内的“添加形状”下拉按钮，然后在展开的菜单列表内选择“在后面添加形状”或“在前面添加形状”项，如图 14-50 所示。

步骤 6：添加完成后，效果如图 14-51 所示。

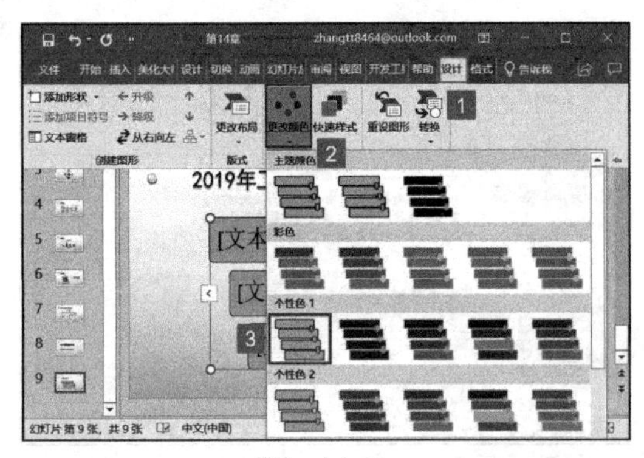

图 14-48

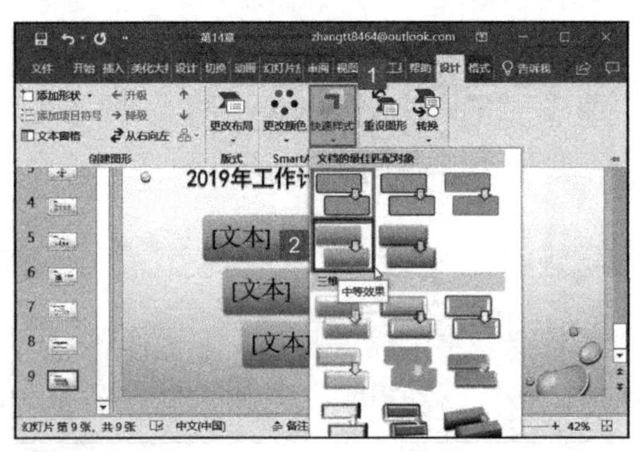

图 14-49

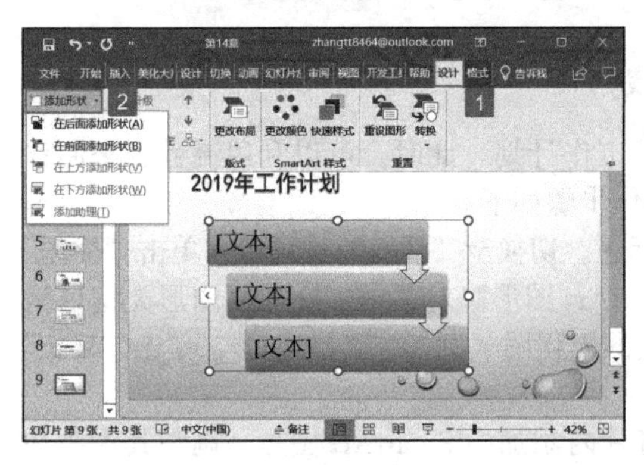

图 14-50

图 14-51

步骤 7：在流程文本框内输入相应的工作计划，调整文本的字体格式，如图 14-52 所示。

步骤 8：切换至“插入”选项卡，单击“插图”组内的“形状”下拉按钮，然后在展开的形状样式库内单击“直线”按钮，如图 14-53 所示。

图 14-52

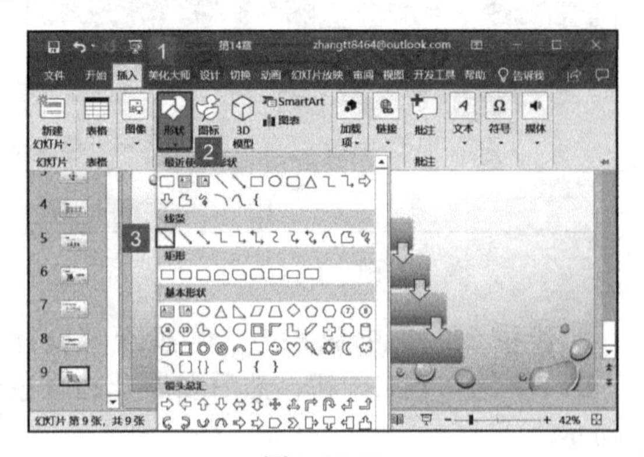

图 14-53

步骤 9：此时，幻灯片内的光标会变成十字形，按“Shift”键的同时拖动鼠标绘制一条直线，使标题与内容分隔，让幻灯片更清晰明了。选中绘制的直线，右键单击，在弹出的工具栏内单击“边框”下拉按钮，然后在展开的菜单列表内单击“粗细”按钮，选择“3 磅”，绘制完成后，调整其长度及位置，如图 14-54 所示。

步骤 10：再次切换至“插入”选项卡，插入公司 LOGO 标志，最终效果如图 14-55 所示。

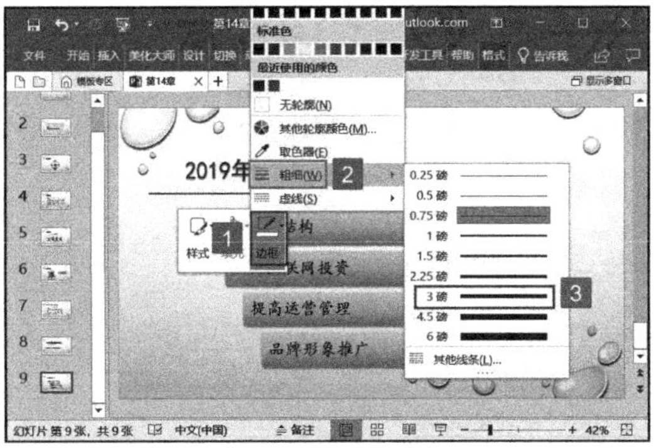

图 14-54

图 14-55

14.4 制作结束总结

整个年度销售业绩汇报制作完毕后，需要对演示文稿进行结束总结，使年度销售业绩报告整体上前后呼应，内容层次感更加强烈。

14.4.1 制作年度报告总结概述

总结概述是对演示文稿的收尾。具体的制作步骤如下。

步骤 1：新建空白幻灯片，切换至“插入”选项卡插入两个文本框，输入分析文本内容，调整其字体格式，然后调整文本框的大小和位置，如图 14-56 所示。

步骤 2：选中文本框，切换至“动画”选项卡，单击“动画”组内的“动画样式”下拉按钮，然后在展开的动画样式库内选择动画效果，如图 14-57 所示。将第一个文本框设置为“浮出”退出动画，将第二个文本框设置为“浮入”进入动画，这样在放映时，文字可以一段接一段地出现在幻灯片上。

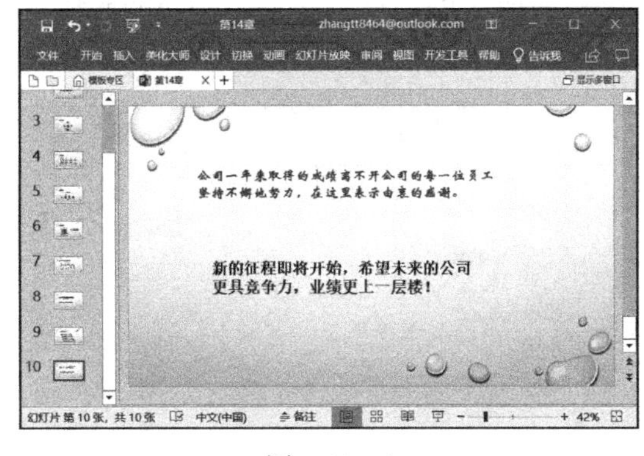

图 14-56

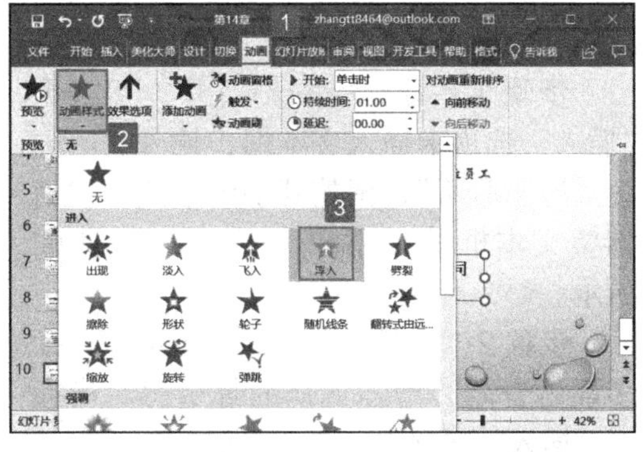

图 14-57

步骤 3：接下来，为年度报告总结幻灯片设置一个背景图片。切换至“设计”选项卡，单击“自定义”组内的“设置背景格式”按钮，如图 14-58 所示。

步骤 4：此时 PowerPoint 会在右侧窗格内打开“设置背景格式”对话框，单击选中“图片或纹理填充”前的单选按钮，然后单击“文件”按钮，如图 14-59 所示。

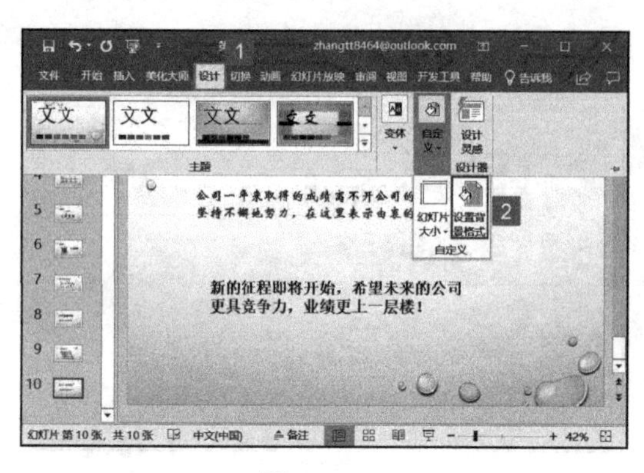

图　14-58

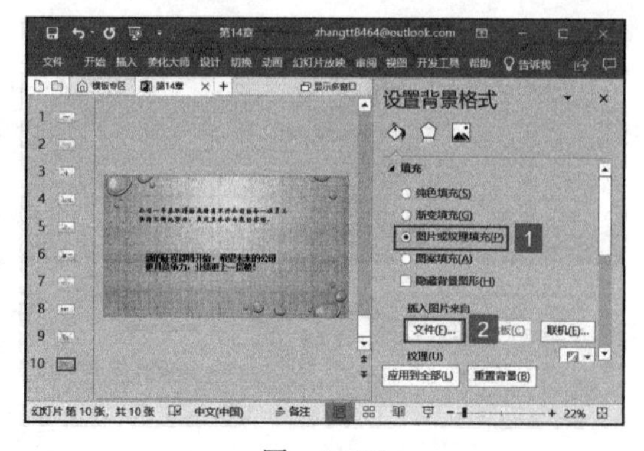

图　14-59

步骤 5：弹出“插入图片”对话框，定位至背景图片所在的位置，选中需要插入的图片，单击“插入”按钮，如图 14-60 所示。

步骤 6：返回幻灯片，即可看到插入背景图片后的效果，如图 14-61 所示。

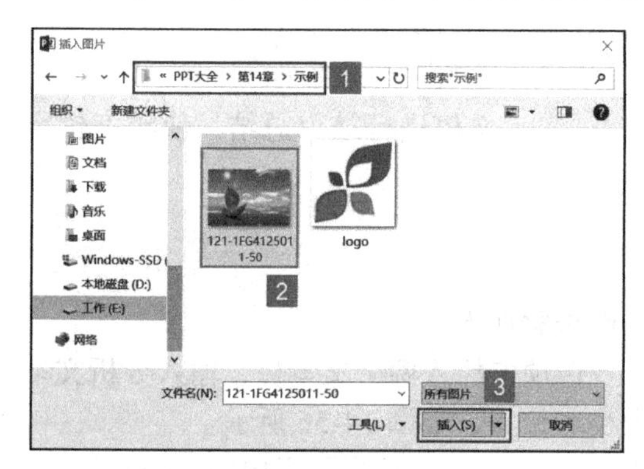

图　14-60

图　14-61

14.4.2　制作尾页

在演示文稿的末尾，需要制作一个类似“感谢聆听”的幻灯片尾页，具体的制作步骤如下。

步骤 1：新建空白幻灯片，切换至“插入”选项卡插入文本框，输入文本内容“感谢聆听”，调整其字体格式，然后调整文本框的大小和位置，如图 14-62 所示。

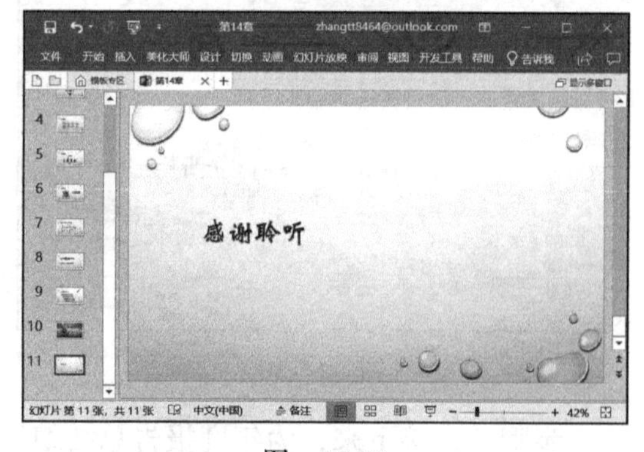

图　14-62

步骤 2：接下来可以为尾页增加一个多媒体音乐，增强观众的舒适感。切换至“插入”选项卡，单击“媒体”组内的“音频”下拉按钮，在弹出的菜单列表内单击“ PC 上的音频”按钮，如图 14-63 所示。

步骤 3：弹出“插入音频”对话框，定位至背景音频所在的位置，选中需要插入的音频，单击“插入”按钮，如图 14-64 所示。

步骤 4：返回幻灯片，即可看到幻灯片内已添加了音频图标。选中小喇叭音频图标，切换至“播放”选项卡，单击“音频选项”组内的“音量”下拉按钮，然后在打开的音量列表内选择“中等”，单击“开始”下拉按钮选择“自动”项，并单击勾选“放映时隐藏”前的复选框，如图 14-65 所示。

图 14-63

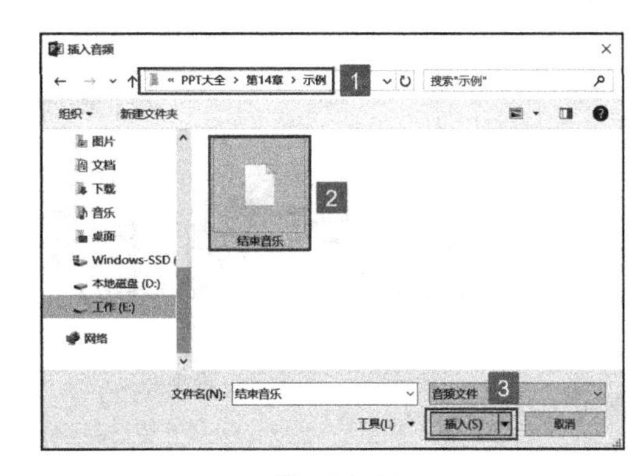

图 14-64

步骤 5：设置完成后，最终效果如图 14-66 所示。

年度销售业绩报告演示文稿制作完成后，单击快速访问工具栏内的“保存”按钮进行保存即可。

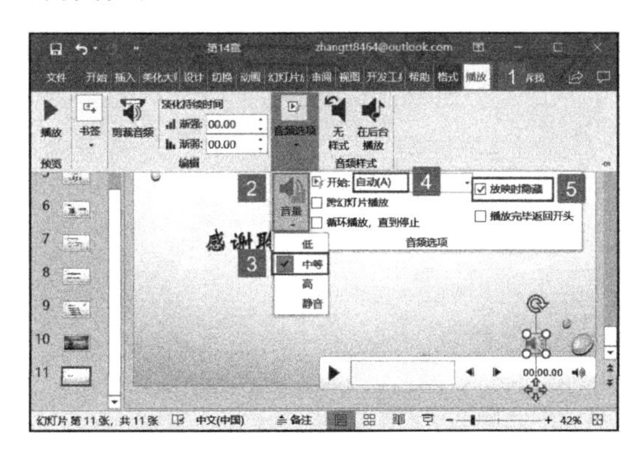

图 14-65

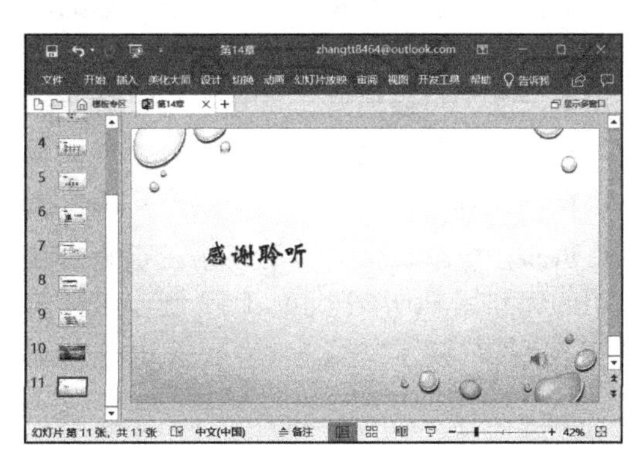

图 14-66

第15章 新产品上市推广演示文稿

好的产品是一个公司的立足之本，但是再好的产品也需要正确、高效的推广。演示文稿是一个比较理想的产品推广载体，通过幻灯片的形式向大家讲解新产品，可以使对方更直观地了解产品的特点和优势。相反，如果幻灯片制作得很糟糕，则会让观众对公司的产品印象大打折扣，造成适得其反的效果。本章将介绍如何利用 PowerPoint 2019 制作出精美的产品推广演示文稿。

- 实例概述
- 创建产品推广简报
- 美化产品演示封面页
- 添加产品推广背景音乐
- 审阅产品推广简报
- 设置产品推广演示的自动放映

15.1 实例概述

有了新产品就意味着比竞争对手多了一个武器，市场销售就会多一个新的增长点和利润点。产品的推广不是随便敷衍了事就可以的，需要有专业的知识和技巧。本节将介绍一下新产品的推广基础。创建产品宣传简报，首先要将产品图片及说明导入演示文稿中，然后再对其内容格式、版式等进行设置。本节首先来分析该实例的应用环境和制作流程，让读者对本章有一个初步的认识。

15.1.1 分析实例应用环境

产品宣传是任何企业都会面临的问题，是企业产品销售的一个有效手段，也是销售工作中至关重要的一部分，它将直接影响后期的产品销售情况。

传统的产品宣传都是通过口碑、传单、广告等来宣传的，这种方式花费的时间和金钱都非常多，为了节省人力和成本，提高工作效率，使用 PowerPoint 2019 完全可以完成产品宣传简报的制作工作，帮助销售人员在销售现场以动态的产品宣传演示来获得顾客的青睐。

15.1.2 新产品推广基础

在向别人介绍产品之前，首先要对这款新产品有足够的了解，这样才能让别人充分了解你的新产品。那么了解新产品的资料需要从哪里获取呢？这需要对产品做一个系统且完整的分析。向别人推广新产品最重要的是推广自己产品的优势，产品优势是什么呢？该怎样分析呢？

1. 成本优势。成本优势是指公司的产品依靠低成本获得高于同行业其他企业的盈利能力。在很多行业中，成本优势是决定竞争优势的关键因素。企业如果拥有较多的技术人员，就有可能生产出质优价廉、适销对路的产品。只有取得了成本优势，企业才能在激烈的竞争中处于优势地位。

2. 技术优势。企业的技术优势是指企业拥有的比同行业其他竞争对手更强的技术实力及其研究与开发新产品的能力。产品的创新包括研制出新的核心技术，开发出新一代产品；研究出新的工艺，降低现有的生产成本；根据细分市场进行产品细分。在激烈的市场竞争中，谁先抢占智力资本的制高点，谁就具有决胜的把握。

3. 质量优势。质量优势是指公司的产品以高于其他公司同类产品的质量赢得市场，从而取得竞争优势。严格管理，不断提高公司产品的质量，是提升公司产品竞争力行之有效的方法。具有产品质量优势的上市公司往往在该行业占据领先地位。

15.1.3 新产品宣传注意事项

1. 充分了解新产品。每一个产品都有自己的特点与个性，只有充分了解新产品，才能找到新产品的卖点和利益点。充分了解产品，一方面来自于企业相关人员的介绍，另一方面需要区域经理去提炼、挖掘。对于饮料或酒类产品区域经理最好能通过亲自品尝，了解产品的本质以及与竞品的不同点和优势。

2. 了解市场环境和竞品信息。针对所负责区域的消费水平、消费特性、消费心理和终端心理进行充分的调查和了解，找到新产品推广的立足点和突破点，确定新产品上市的策略与方法。

3. 分析区域的网络渠道情况。根据对新产品的了解，区域经理需要结合区域终端资源对网络渠道进行分类，如二批网络、超市、酒店等，确定这些网络渠道在新产品上市中所承担的角色和能起到的作用，分析新产品是否应该进入这些渠道网络以及进入的时机，找到新产品需要进入的渠道和需要重点关注的渠道。

4. 设计好利润空间与价格体系。新品上市充满风险，一是渠道方面要承担高昂的配送成本，同时要承担退换货和销售不畅的风险；二是要借助终端推动力，很多时候新产品上市的成功与否，终端推动力起着重要作用。

5. 制订好新产品上市的推广计划。新产品上市计划工作尤为重要，它是新产品上市能否成功的一个关键因素，因而在新产品上市前，要做好新产品的推广计划，保证新产品上市工作有计划性和目的性地开展，防止新产品上市的盲目性。

15.2 创建产品推广简报

简报是我们日常生活中根据某一个题目向听众简单叙述题目内容的过程。主要用于反映与题目相关的情况，人们关注的问题等，而产品宣传简报，则是具体针对产品宣传活动来设计的简短内容小报。产品宣传简报一般以产品图片为主，并辅助简短说明语言来创建，要创建这类简报，可以使用 PowerPoint 2019 的新建相册、图片处理和文本框等功能来实现。

15.2.1 新建相册创建产品推广简报

在产品宣传简报中，一般会将一种产品作为一张幻灯片进行介绍。因此在创建产品宣传简报时，用户可以使用新建相册功能来实现。下面介绍一下具体的操作步骤。

步骤 1：启动 PowerPoint 2019，切换至“插入”选项卡，单击“图像”组内的“相册”下拉按钮，然后在展开的菜单列表中选择“新建相册”，如图 15-1 所示。

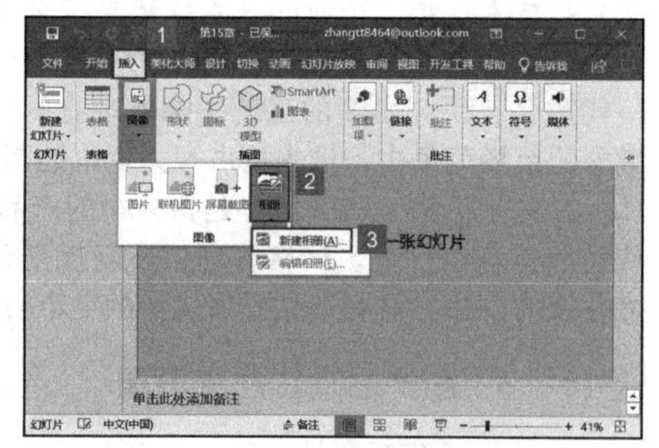

图 15-1

步骤 2：弹出“相册”对话框，单击“相册内容”窗格内的“文件 / 磁盘”按钮，如图 15-2 所示。

步骤 3：弹出“插入新图片”对话框，定位至图片所在的位置，按住“Ctrl”键的同时依次单击选中需要插入的图片，然后单击“插入”按钮，如图 15-3 所示。

步骤 4：返回“相册”对话框，即可在“相册内容”窗格的“相册中的图片”列表框内显示了所有插入的图片。单击勾选任意图片前的复选框，然后单击“上升”“下降”或“删除”按钮可以对图片进行顺序调整等操作。在“相册版式”窗格内，可以单击“图片版式”下拉按钮选择合适的版式，并在“相册形状”及“主题”文本框内进行设置。最后单击“创建”按钮即可，如图 15-4 所示。

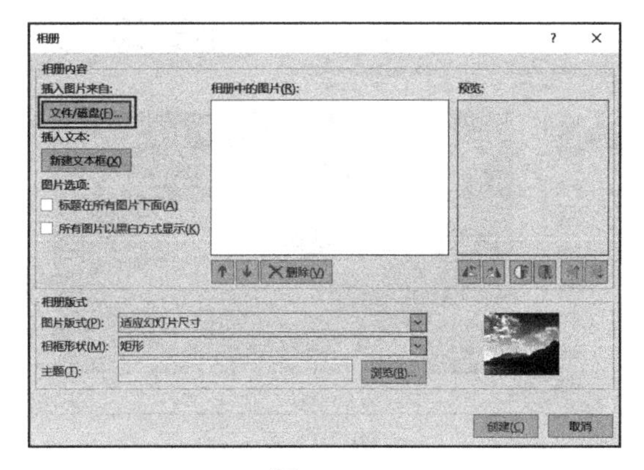

图 15-2

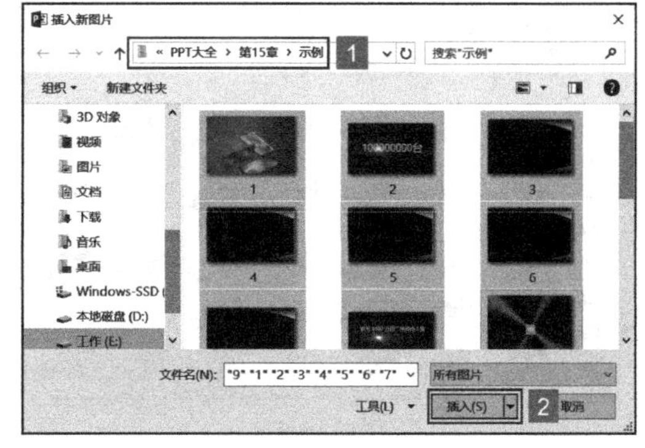

图 15-3

步骤 5：此时，PowerPoint 2019 内即可展开新建的相册演示文稿，如图 15-5 所示。

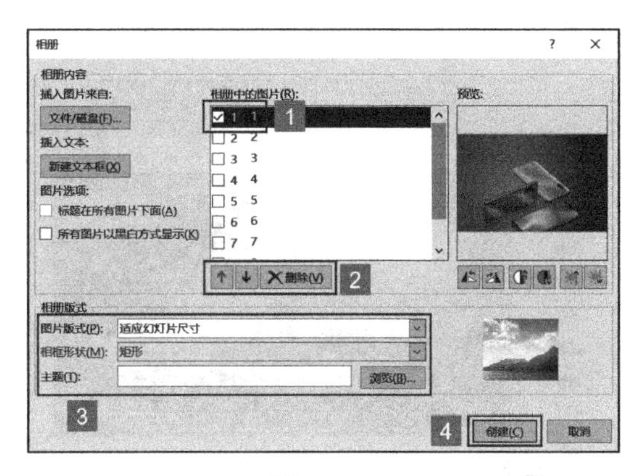

图 15-4

图 15-5

15.2.2 简单处理产品图片

如果用户对创建的相册演示文稿中的图片不满意，觉得不够美观。为了让产品宣传简报中的图片更加美观，无须再用烦琐的 PhotoShop 进行图片处理，可以直接使用 PowerPoint 提供的图片工具“格式”选项卡中的调整、图片样式等功能进行处理，下面将介绍一下具体的操作步骤。

步骤 1：在新建的产品宣传相册演示文稿内，选中相应的幻灯片，插入产品图片，如图 15-6 所示。

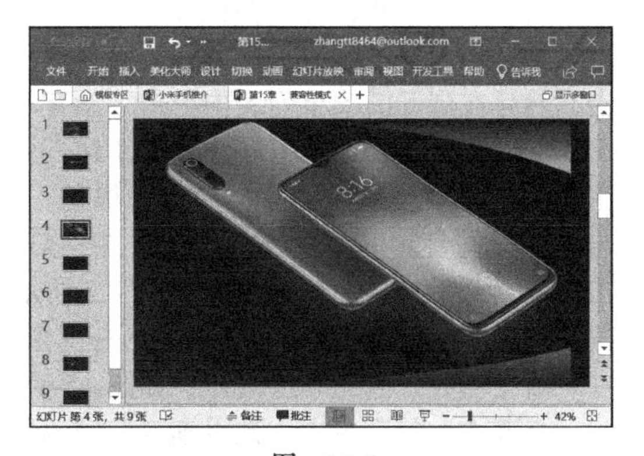

图 15-6

步骤 2：选中需要处理的图片，切换至“格式”选项卡，单击“调整”组内的“颜色”下拉按钮，然后在展开的颜色样式库内选择合适的效果，例如“色温：72000K”，如图 15-7 所示。

步骤 3：设置完成，图片颜色会变得更加温和，效果如图 15-8 所示。

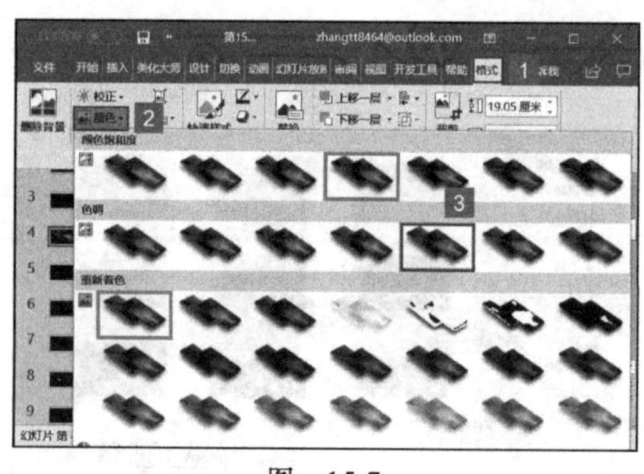

图 15-7

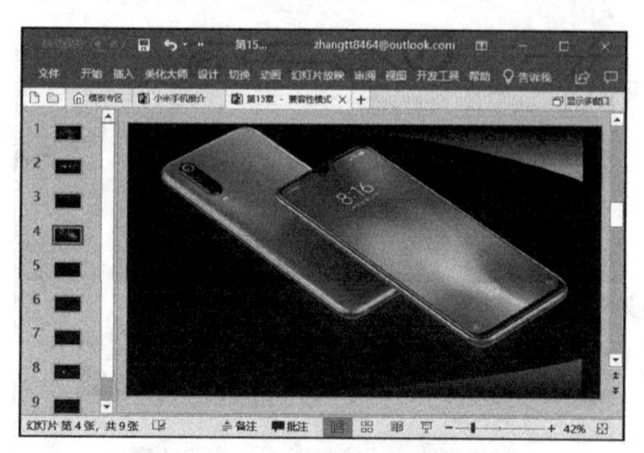

图 15-8

步骤 4：切换至“格式”选项卡，单击“图片样式”组内的其他按钮，在展开的“快速样式”库内选择合适的图片样式，例如“矩形投影”，如图 15-9 所示。

步骤 5：设置完成后，最终效果如图 15-10 所示。

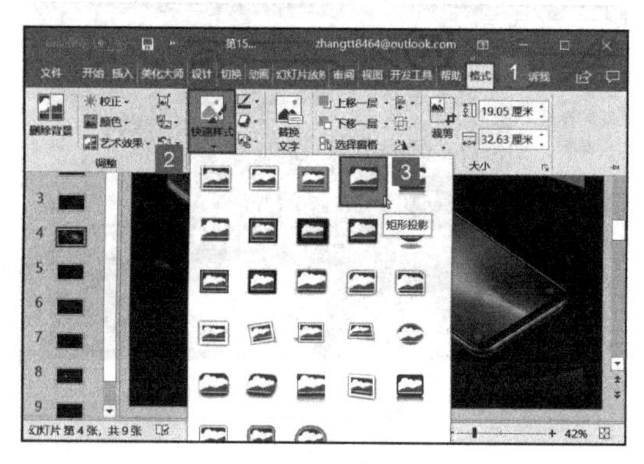

图 15-9

图 15-10

15.2.3 使用细节图片补充说明产品

细节决定成败。作为产品推广，当然要把产品在细节方面下的功夫充分地展示出来，这样才能更好地体现出产品的优势。产品宣传简报中不仅要有产品的图片，还要有产品的细节图片，用以补充说明。

步骤 1：在左侧的幻灯片列表内，定位至需要插入细节图片的幻灯片下面，右键单击，然后在展开的菜单列表内单击“新建幻灯片”按钮，如图 15-11 所示。

步骤 2：即可在该幻灯片下方新建一张幻灯片，由于创新的相册演示文稿以黑色为主，所以此处新建的幻灯片背景为黑色。此时需要用户设置幻灯片的背景颜色，使其与上一张幻灯片的背景颜色一致。在幻灯片内右键单击，然后在弹出的快捷菜单内单击“设置背景格式”按钮，如图 15-12 所示。

步骤 3：此时 PowerPoint 会在右侧窗格内打开“设置背景格式”对话框，单击选中“渐变填充”前的单选按钮，如图 15-13 所示。

步骤 4：然后单击“预设渐变”“类型”“方向”“渐变光圈”等下拉按钮对背景颜色进行设置，设置完成后，单击关闭按钮返回幻灯片，如图 15-14 所示。

步骤 5：切换至“插入”选项卡，单击“图像”组内的“图片”按钮，如图 15-15 所示。

步骤 6：弹出“插入图片”对话框，定位至图片所在的位置，选中图片，单击“插入”按钮，如图 15-16 所示。

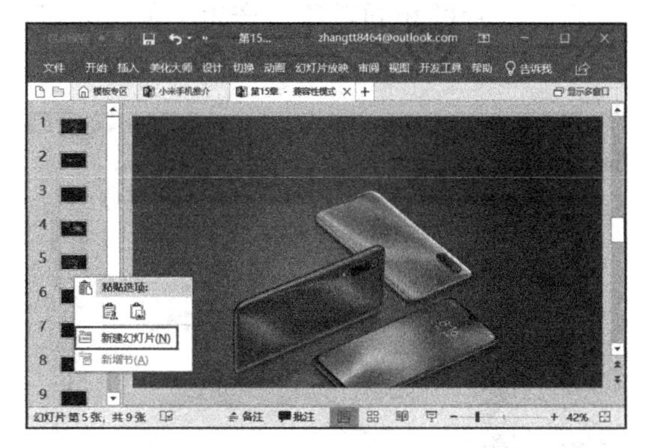

图 15-11

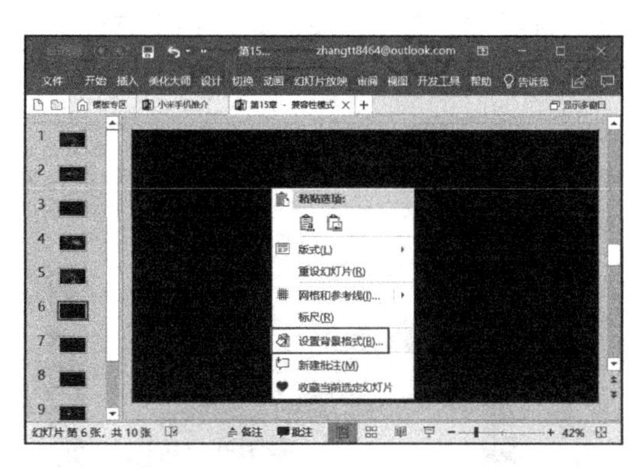

图 15-12

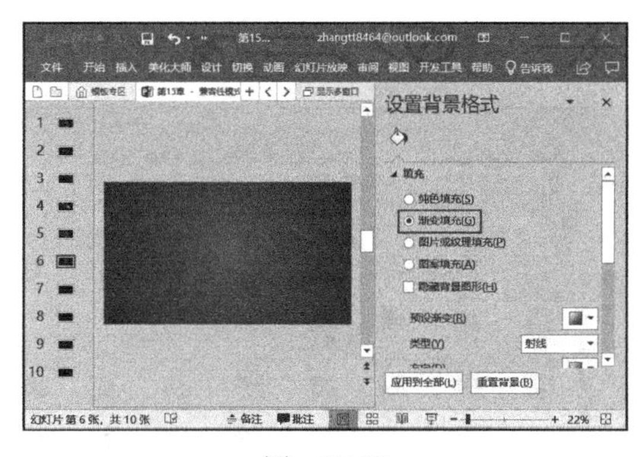

图 15-13

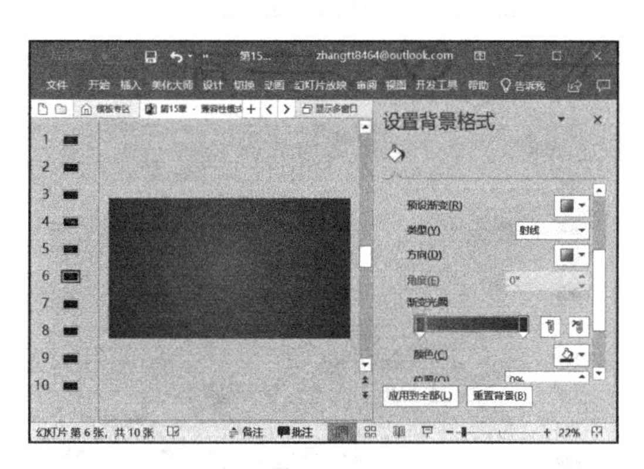

图 15-14

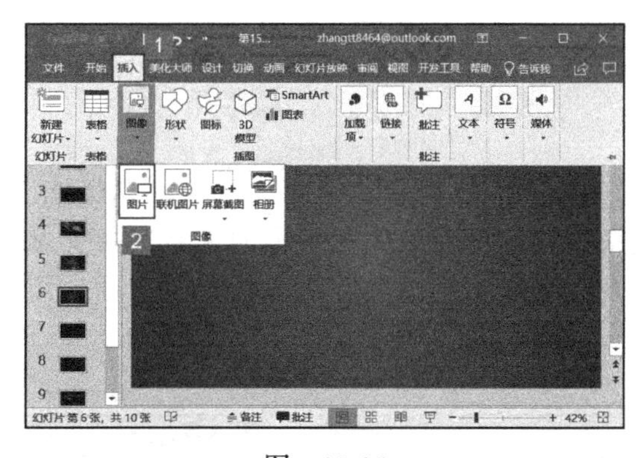

图 15-15

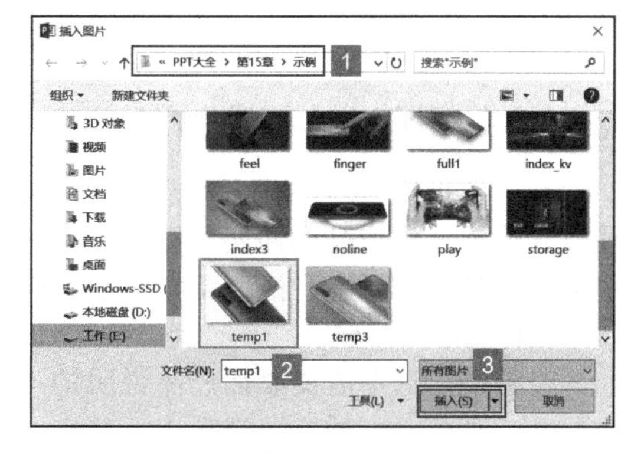

图 15-16

步骤 7：返回幻灯片，即可看到图片已被插入。由于插入的细节图片与幻灯片的背景颜色不符，此时可以将其背景设置为透明色，使幻灯片更加美观。选中图片，切换至“格式”选项卡，单击“调整”组内的“颜色”下拉按钮，然后在展开的菜单列表内单击“设置透明色”按钮，如图 15-17 所示。

步骤 8：此时幻灯片内光标将会变成图 15-18 所示，单击图片中的白色区域即可将图片背景设置为透明色。

步骤 9：设置透明色后的效果如图 15-19 所示。

步骤 10：选中该幻灯片，切换至“切换”选项卡，单击“切换到此幻灯片”组内的其他按钮，然后在展开的切换效果样式库内选择“平滑”效果，如图 15-20 所示。之所以选择“平滑”效果，原因在于它能让前后两页幻灯片的相同对象，产生类似“补间”的过渡效果，能让幻灯片保持良好的阅读性。

图 15-17

图 15-18

图 15-19

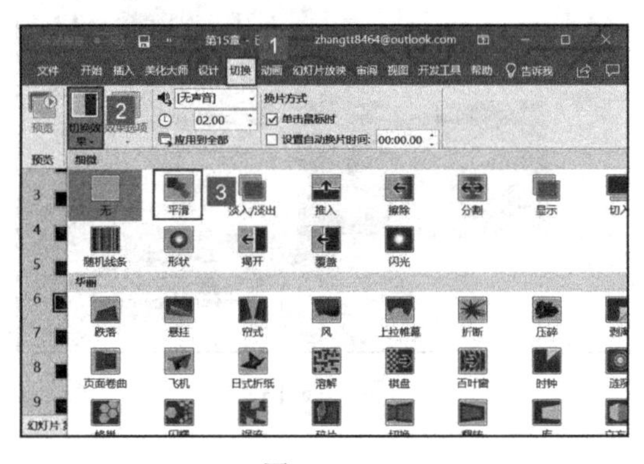

图 15-20

15.2.4 使用文本框添加产品说明

在产品推广简报内插入产品图片后，接下来就需要给产品做出具体的产品说明，使观众能够了解产品的性能、优势等。一般来说，幻灯片内的产品说明都是通过文本框来实现的，它可以灵活地调整文字的样式及位置，达到图文并茂的效果。下面介绍一下具体的操作步骤。

步骤 1：选中需要添加产品说明的幻灯片，切换至“插入”选项卡，单击“文本”组内的“文本框”下拉按钮，然后在展开的菜单列表内单击“绘制横排文本框”按钮，如图 15-21 所示。

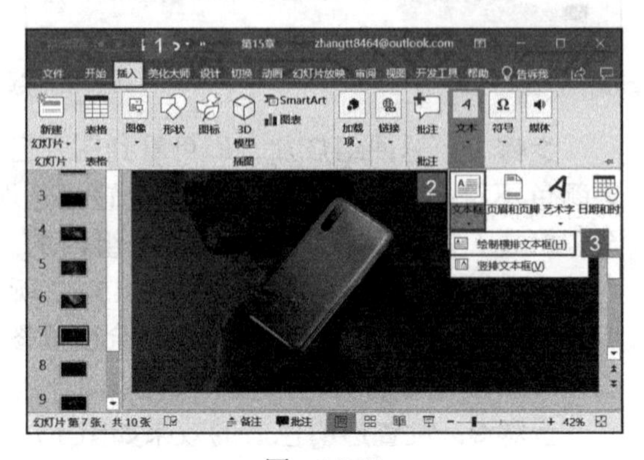

图 15-21

步骤 2：此时幻灯片内的光标会变成十字形，按住鼠标左键并拖动鼠标，绘制合适的文本框即可，如图 15-22 所示。

步骤 3：在文本框内输入文字，并对文字的格式、位置等进行设置，然后对文本框的大小及位置进行设置，最终效果如图 15-23 所示。

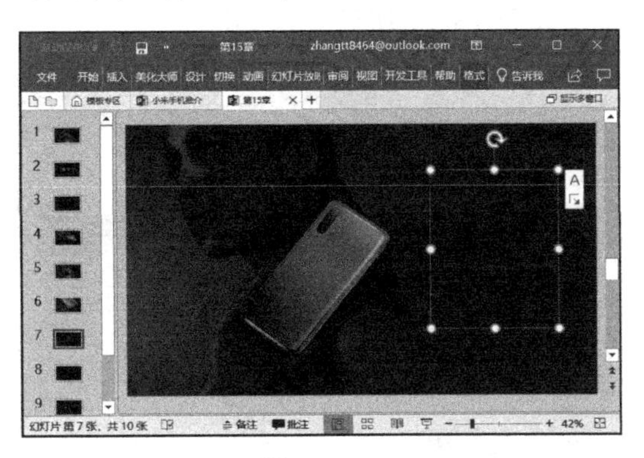

图 15-22

图 15-23

15.3 美化产品演示封面页

产品宣传演示文稿不仅需要有丰富精彩的产品内容，还需要一张简单、精美的封面页，即演示文稿的标题页。这样做可以吸引顾客的注意，加深其对产品的好感和印象，对产品的宣传有很重要的作用。

15.3.1 使用表格美化产品演示封面页

为了让简报封面页更美观，产品图片的使用是必要的。除了图片以外，还可以插入表格来划分图片区域，使页面更灵动。

步骤 1：选中演示文稿的标题幻灯片，选中产品图片后右键单击，然后在展开的菜单列表内单击“置于底层”按钮将图片置于幻灯片的最底层，如图 15-24 所示。

步骤 2：切换至“插入”选项卡，单击“表格”组内的“表格”下拉按钮，然后在展开的下拉列表内选择要插入的表格行数和列数，这里选择“3 × 3”，如图 15-25 所示。

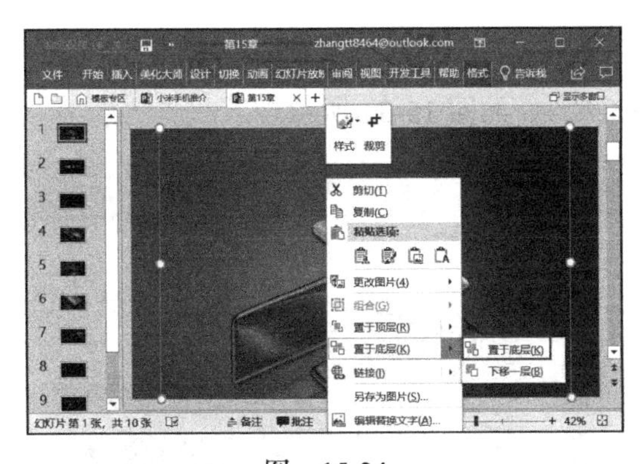
图 15-24

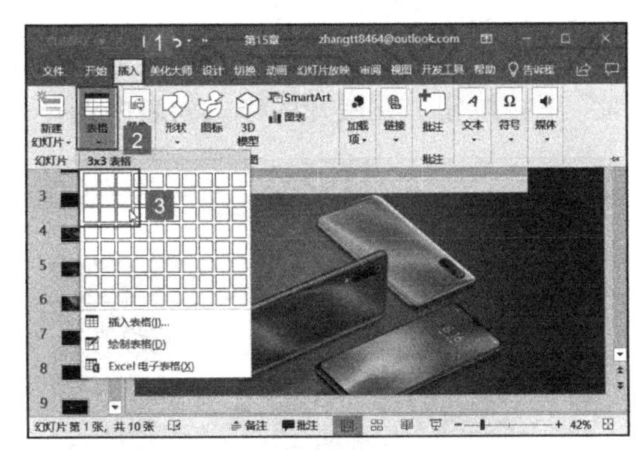
图 15-25

步骤 3：此时幻灯片内即可插入一个 3 行 3 列的表格，拖动表格边框的控点，将表格放大至整张幻灯片，如图 15-26 所示。

步骤 4：此时即可看到表格完全覆盖了图片，这时就需要更改表格的底纹样式。选中表格，切换至表格工具的“设计”选项卡，然后单击“表格样式”组内的“底纹”下拉按钮，在展开的颜色样式库内选择“无填充”，如图 15-27 所示。

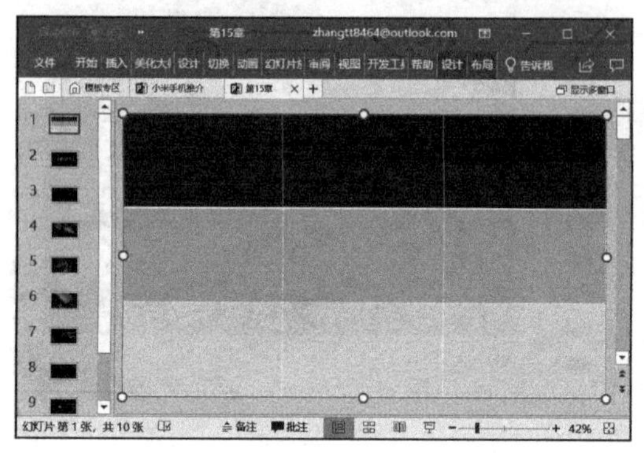

图 15-26

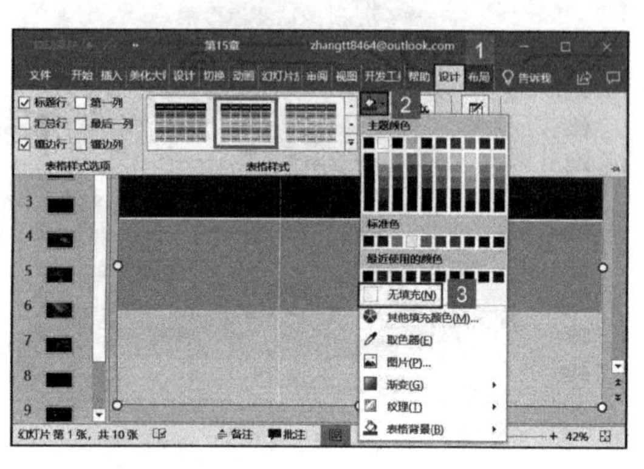

图 15-27

步骤 5：选中表格中间的三个单元格，切换至表格工具的“布局”选项卡，单击“合并”组内的“合并单元格”按钮，如图 15-28 所示。合并单元格后的效果如图 15-29 所示。

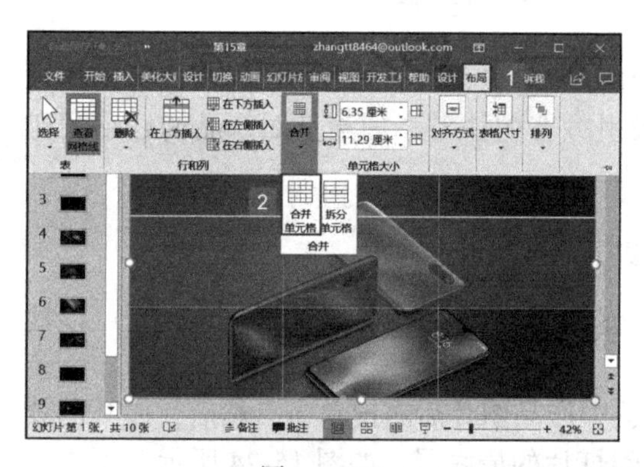

图 15-28

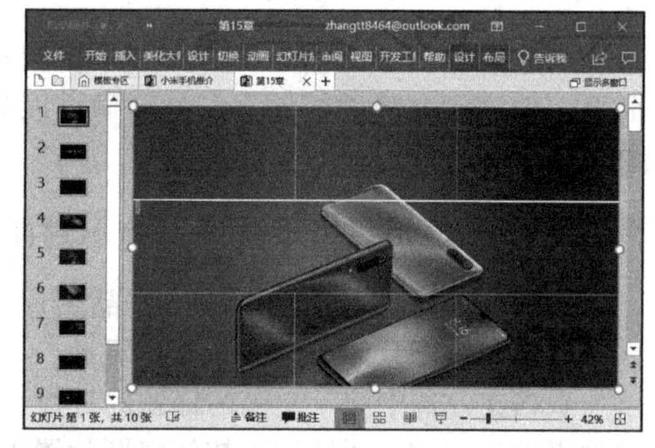

图 15-29

步骤 6：然后在合并单元格内输入标题文本，并调整其字体、大小、颜色以及对齐方式等，如图 15-30 所示。

步骤 7：选中整个表格，切换至“设计”选项卡，单击“绘制边框”组内“笔画粗细”下拉按钮，在展开的样式列表内选择“3.0 磅”，如图 15-31 所示。

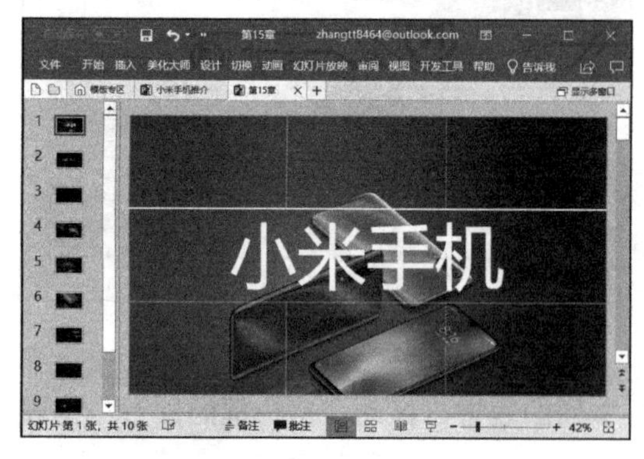

图 15-30

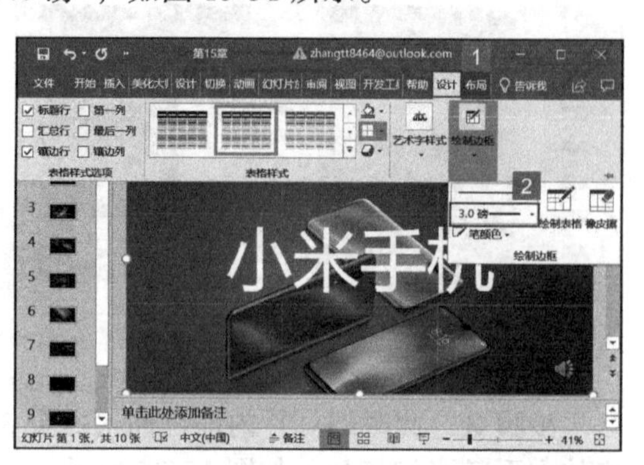

图 15-31

步骤 8：然后单击“表格样式”组内“边框”下拉按钮，在展开的样式库内单击“所有框线”按钮，如图 15-32 所示。

步骤 9：设置完成后，最终效果如图 15-33 所示。

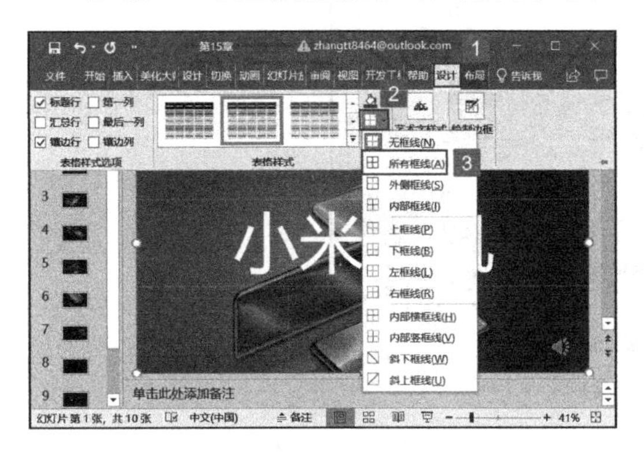

图 15-32

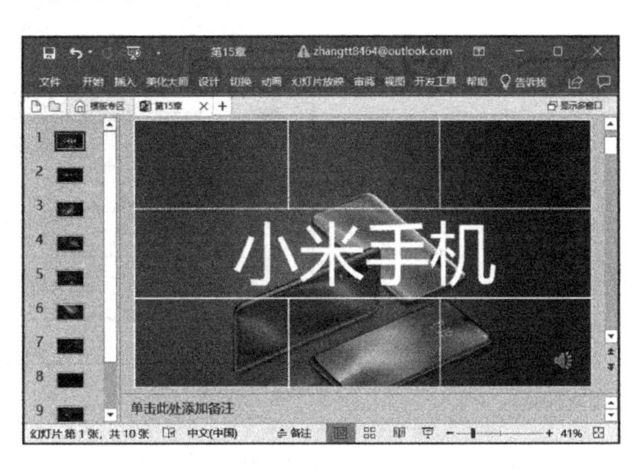

图 15-33

15.3.2 使用动画让封面标题动起来

很多用户不满足静态的封面，希望演示封面页中的元素能够动起来，带给观众更好的视觉体验，其实这也不难实现，可以给封面中的标题文本添加动画效果。下面介绍一下具体的操作步骤：选中标题幻灯片内的标题文本，切换至“动画”选项卡，单击“高级动画”组内的“添加动画”下拉按钮，然后在展开的动画样式库选择“劈裂”进入动画，如图 15-34 所示。

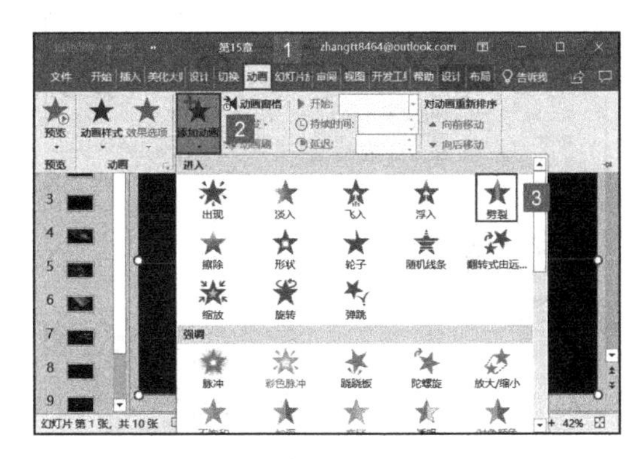

图 15-34

15.4 添加产品推广背景音乐

一个好的产品宣传幻灯片，只有文字和图片是不够的，那会显得太过枯燥，想让观看者在观看产品宣传时，也能有一份惬意的听觉享受，可以为其添加一段背景音乐，用于修饰产品宣传演示，会让对方对产品有一个更好的感觉。

15.4.1 插入产品推广背景音乐

为了让产品宣传简报的演示更能吸引顾客或观众，用户可以为产品宣传简报添加一段优美的音频作为背景音乐，下面介绍一下添加背景音乐的具体操作步骤。

步骤 1：插入音频。打开产品推广演示文稿，选中第一张幻灯片，切换至“插入”选项卡，然后单击“媒体”组内的“音频”下拉按钮，在展开的菜单列表内单击“ PC 上的音频”按钮，如图 15-35 所示。

步骤 2：弹出“插入音频”对话框，定位至音频所在的位置，选中需要插入的背景音乐，单击“插入”按钮即可，如图 15-36 所示。

图　15-35

步骤 3：默认插入的音频文件图标，一般放置在幻灯片的居中位置，用户可以根据自身需要调整其位置。选中图标按住鼠标左键，然后将其拖至目标位置释放鼠标即可，如图 15-37 所示。

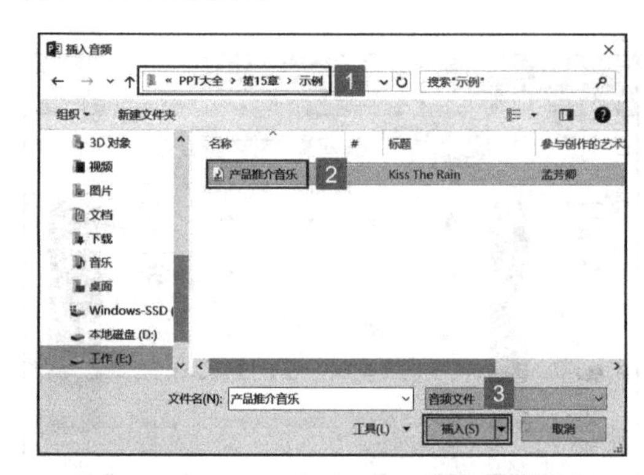

图　15-36

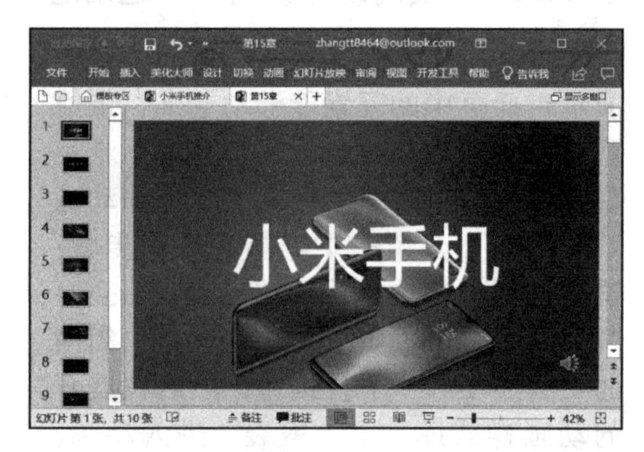

图　15-37

15.4.2　控制背景音乐的播放

在产品宣传简报中添加背景音乐文件后，还需要对其播放进行控制。用户可以使用 PowerPoint 2019 提供的音频工具“播放”选项卡内的“编辑”“音频选项”等功能来控制背景音频的播放，让音乐与演示结合得更和谐。

步骤 1：剪辑音频。打开产品推广演示文稿，选中第一张幻灯片，切换至“播放”选项卡，然后单击“编辑”组内的“剪辑音频”按钮，如图 15-38 所示。

步骤 2：弹出“剪辑音频”对话框，拖动绿色滑块和红色滑块即可设置音频文件的开始时间和结束时间，剪裁需要的音频片段，设置完成后单击“确定”按钮，如图 15-39 所示。

步骤 3：调整音频音量。选中音频文件图标，切换至“播放”选项卡，单击“音频选项”组内的“音量”下拉按钮，然后在展开的音量样式库内单击“中等”按钮，如图 15-40 所示。

步骤 4：设置音频的播放方式。单击“音频选项”组内的“开始”下拉按钮，然后在展开的菜单列表内单击“自动”按钮。单击勾选“跨幻灯片播放”“循环播放，直至停止”以及“放映时隐藏”前的复选框，可以在放映时隐藏音频图标，如图 15-41 所示。

图 15-38

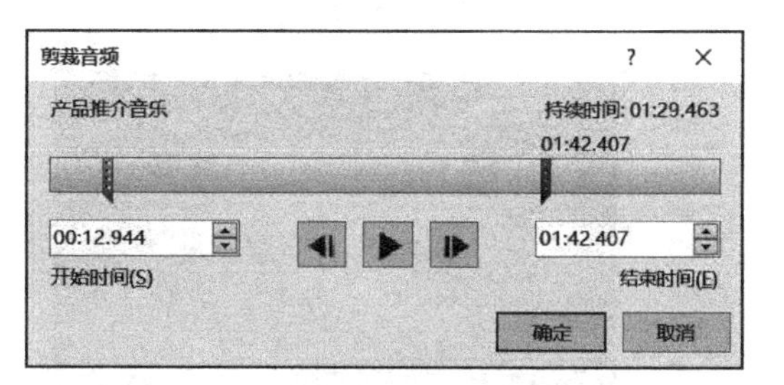

图 15-39

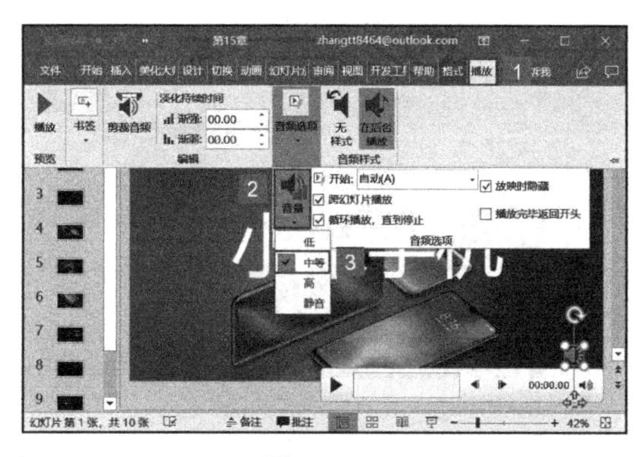

图 15-40

图 15-41

15.5 审阅产品推广简报

不论是什么作品，细节很重要，尤其是产品宣传，如果出一些小错误，会让观众对产品的印象大打折扣，所以后期的检错也很重要。产品宣传简报的内容部分制作完成后，要对其中的文本内容进行审核，确保准确无误后再进行下一步操作。

15.5.1 校对简报拼写错误

PowerPoint 2019 为用户提供了校对拼写检查的功能。

步骤 1：打开产品推广演示文稿，选中需要进行校对的幻灯片，如图 15-42 所示。

步骤 2：选中文本框，切换至“审阅”选项卡，单击“校对”组内的“拼写检查”按钮，如图 15-43 所示。

步骤 3：此时 PowerPoint 即可在右侧窗格内打开“拼写检查”对话框，并显示了检查结果。如果列表框内存在正确的更改方案，选中需要更改的文本，单击“更改”按钮即可更改。如果没有正确的更改方案，用户可以直接在文本框进行更改，或者单击“添加”按钮增加更改方案，如图 15-44 所示。

步骤 4：更改完成后，单击“继续”按钮，如图 15-45 所示。

步骤 5：检查完成后，会弹出 Microsoft Word 提示框，提示“拼写检查结束，可以继续!”，单击“确定”按钮即可，如图 15-46 所示。返回幻灯片，即可看到文本框内的错误已经更改完成，如图 15-47 所示。

图 15-42

图 15-43

图 15-44

图 15-45

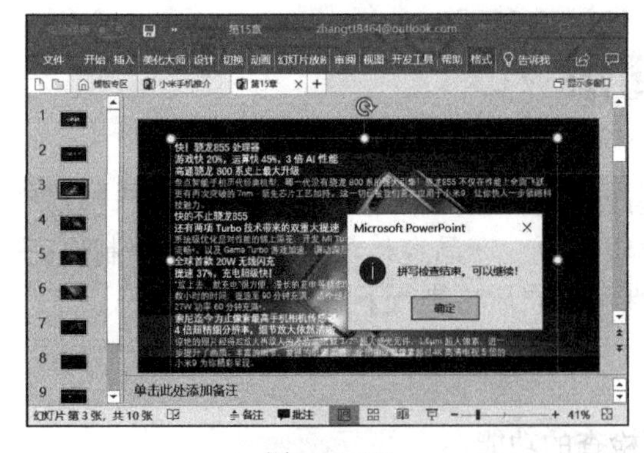

图 15-46

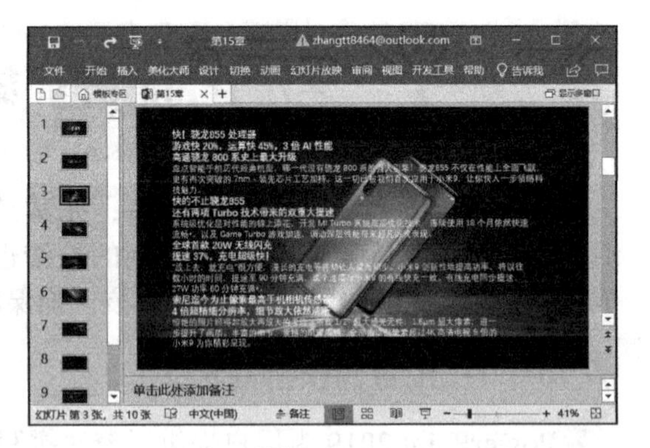

图 15-47

15.5.2 使用批注说明修订信息

在给别人检查或修改演示文稿，既要保留原有内容，又要添加更改信息时，可以使用批注功能进行说明。具体的操作步骤如下。

步骤 1：打开产品推广演示文稿，选中需要添加批注的幻灯片内容，切换至“审阅”选项卡，单击“批注”组内的“新建批注”按钮，如图 15-48 所示。

步骤 2：此时 PowerPoint 即可在右侧窗格内打开“批注”对话框，并显示批注文本框。文本框内自动显示了修改的用户、时间信息，然后输入添加的批注内容即可，如图 15-49 所示。

图 15-48

图 15-49

步骤 3：批注内容添加完成后，单击关闭按钮返回幻灯片，即可看到幻灯片内添加了一个批注图标。单击该图标即可查看批注内容，如图 15-50 所示。如果觉得批注图标位置不好看还可以通过鼠标拖动修改其位置。

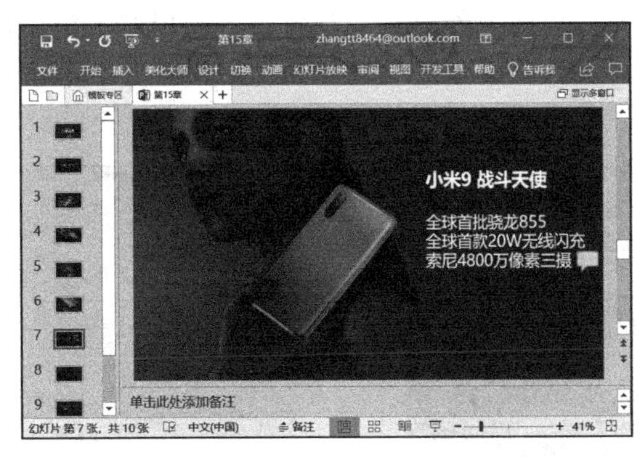

图 15-50

15.5.3 使用简转繁轻松制作繁体简报

产品宣传简报可能 会在多个区域进行宣传，如在台湾等地区，常用繁体文字。因此，需要将产品宣传简报制作成繁体文字版本。PowerPoint 2019 为用户提供了简转繁功能，能快速地将中文简体文字转换为繁体。下面介绍一下具体的操作步骤：打开产品推广演示文稿，切换至“审阅”选项卡，单击“中文简繁转换”组内的“简转繁”按钮，如图 15-51 所示。转换完成后的效果如图 15-52 所示。

图 15-51

图 15-52

15.6 设置产品推广演示的自动放映

大家会发现，在实际工作中，多数的产品宣传演示都是在展台上自动播放的，因此在完成产品宣传简报演示文稿的制作后，还需对产品宣传简报的放映时间、换片方式以及放映方式等进行相关设置，这样才能保证在宣传自己的产品时不会出错误，达到最佳的效果。

15.6.1 排练推广简报演示文稿放映时间

要想使产品宣传简报演示文稿按指定时间自动放映，可以使用“排练计时”功能来设置每张幻灯片的持续播放时间。

步骤 1：打开产品推广演示文稿，切换至“幻灯片放映”选项卡，单击“设置”组内的“排练计时”按钮，如图 15-53 所示。

步骤 2：此时幻灯片即可进入幻灯片放映状态，窗口左上角会弹出“录制”工具栏，自动记录单张幻灯片和样式文稿全部的放映持续时间，单击鼠标即可播放下一页，如图 15-54 所示。

图 15-53

图 15-54

步骤 3：幻灯片时间录制完毕后，将弹出提示框，提示幻灯片放映共需时间，并确认是否保留新的幻灯片排练时间，若确认，就单击“是”按钮，这样幻灯片就可以根据刚才记录的时间自动播放，如图 15-55 所示。

步骤 4：保留幻灯片播放时间后，可以查看每张幻灯片的放映时间。切换至“视图”选项卡，然后单击“演示文稿视图”组内的“幻灯片浏览”按钮，即可在每张幻灯片的下方看到该幻灯片的持续时间，如图 15-56 所示。

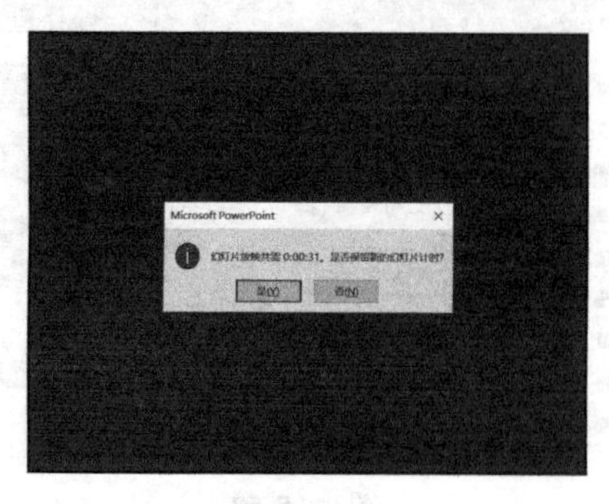

图 15-55

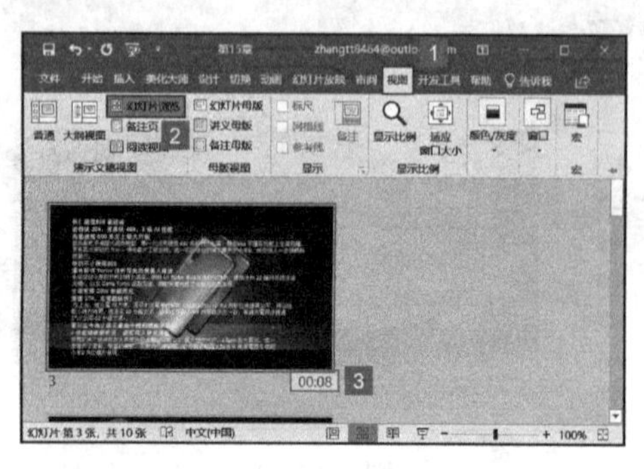

图 15-56

15.6.2 设置推广简报演示文稿放映类型

为产品宣传简报演示文稿中的每张幻灯片放映设置了持续时间后，用户可以将其放映类型设置为“在展台浏览（全屏幕)”，在播放幻灯片时，就可以按设置好的排练计时自动进行放映。

步骤 1：打开产品推广演示文稿，切换至“幻灯片放映”选项卡，单击“设置”组内的“设置幻灯片放映”按钮，如图 15-57 所示。

步骤 2：弹出“设置放映方式”对话框，单击选中“放映类型”组内“在展台浏览（全屏幕)”前的单选按钮，最后单击“确定”按钮即可，如图 15-58 所示。

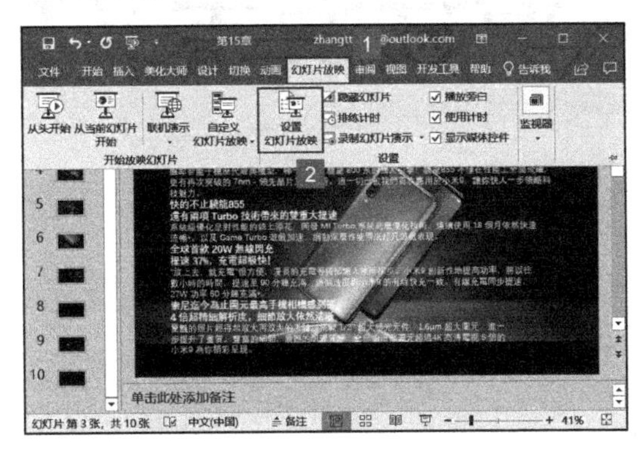

图 15-57

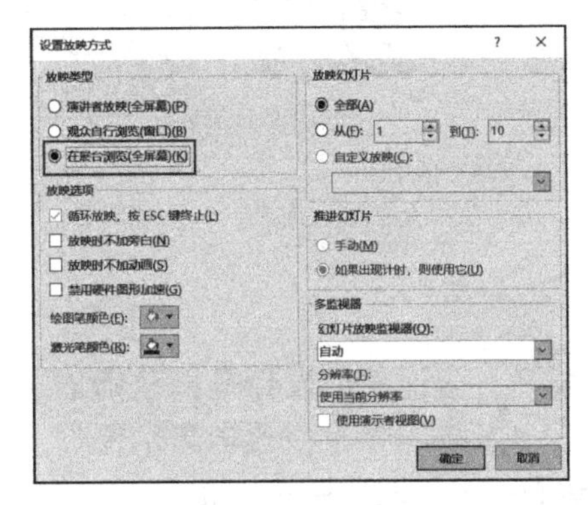

图 15-58

第16章 教学课件的设计演示文稿

教学课件的设计是指教师依据教育教学理论、教学艺术原理，为了达到某阶段教学目标，根据学生的认知结构，对教学目标、教学内容、教学组织形式、教学方法和需要使用的教学手段进行的策划。制作一份好的课件对于激发学生的学习兴趣、集中学生的注意力具有重要意义。本章我们着重介绍散文课件和数学课件的设计方法，此外，我们还会介绍教学课件设计的一些技巧，并学习如何远程演示教学课件。

- 散文课件的设计
- 数学课件的设计
- 课件导航与交互式内容的设计
- 远程演示教学课件
- 高手技巧

16.1 散文课件的设计

散文是一种以文字为创作和审美对象的文学艺术体裁。对于不同主旨的散文，课件的设计方法也不同。比如制作抒情散文课件，主要介绍写作背景、学习词句的运用、领会散文的情感和意境，重在品读；制作讨论性散文课件，则旨在引发学生的思考和讨论，以引导学习为主要目的。

本节先来介绍一下抒情散文课件的设计方法。

16.1.1 设置母版样式

通过幻灯片母版可以统一幻灯片的风格和样式，在制作新的演示文稿时，为了节约制作时间，通常会先对母版进行设置。下面介绍一下设置母版的具体操作步骤。

步骤 1： 设置演示文稿的母版背景。启动 PowerPoint 2019，新建一个空白演示文稿，选中第一张幻灯片，按四次 “Enter” 键即可新建四张空白幻灯片，如图 16-1 所示。

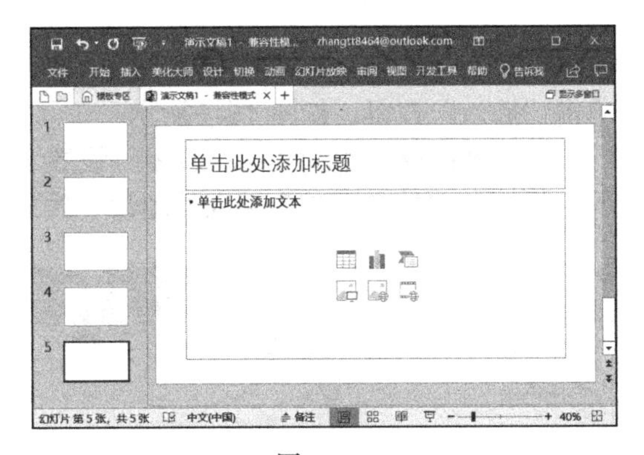

图 16-1

步骤 2： 单击“文件”按钮，在左侧导航栏窗格内选择“另存为”选项，然后在“另存为”窗格内单击“这台电脑”按钮，在文本框内输入演示文稿名称，并选择保存类型，最后单击“文档”按钮选择保存地址，如图 16-2 所示。

步骤 3： 弹出“另存为”对话框，定位至演示文稿需要保存的位置，单击“保存”按钮，如图 16-3 所示。

步骤 4： 保存完成后，返回演示文稿。切换至“视图”选项卡，单击“母版视图”组内的“幻灯片母版”按钮，如图 16-4 所示。

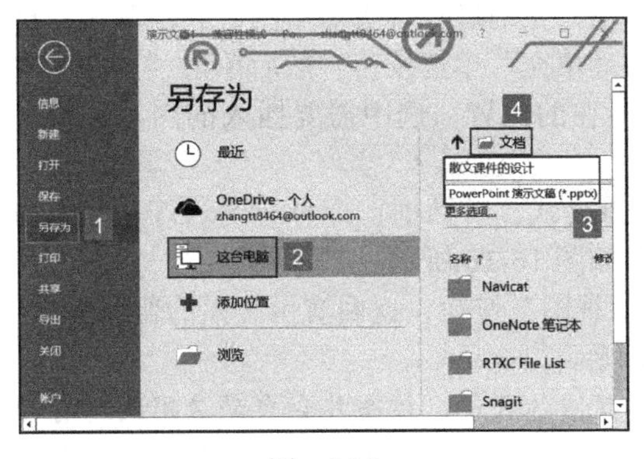

图 16-2

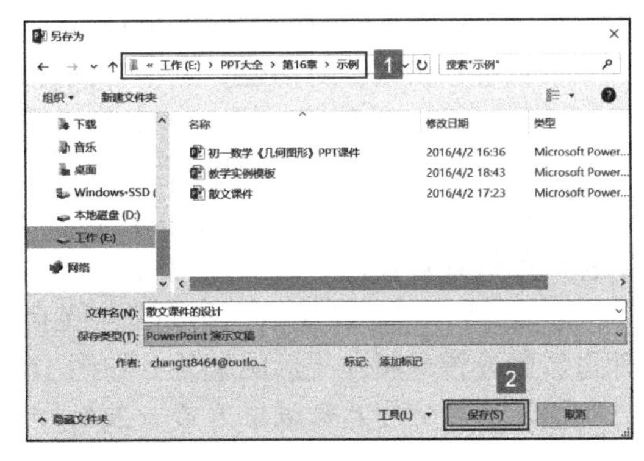

图 16-3

步骤 5： 此时 PowerPoint 即可打开并切换至“幻灯片母版”选项卡。选中第一张幻灯片母版缩略图，右键单击，在弹出的快捷菜单内单击“设置背景格式”按钮，如

图 16-5 所示。

步骤 6：此时 PowerPoint 即可在右侧窗格内打开“设置背景格式”对话框，单击选中“图片或纹理填充”单选按钮，然后单击“文件”按钮，如图 16-6 所示。

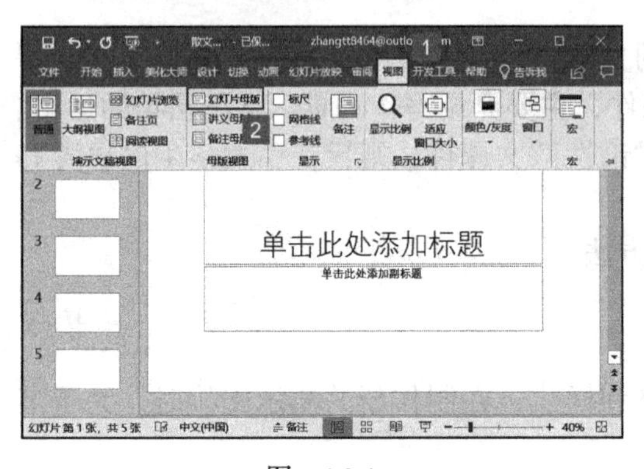

图　16-4

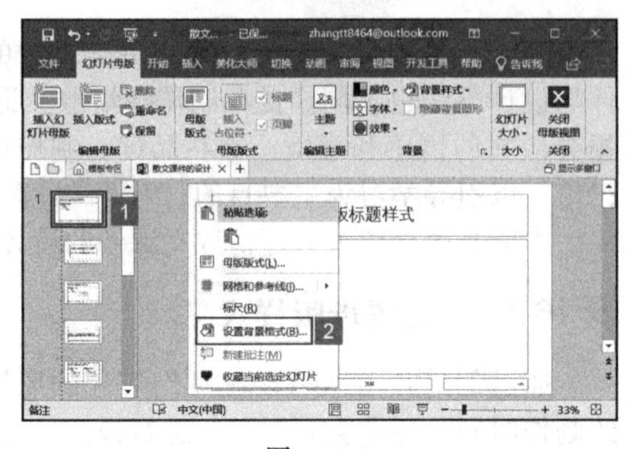

图　16-5

步骤 7: 弹出“插入图片”对话框，定位至图片所在的位置，选中需要插入的图片，单击“插入”按钮，如图 16-7 所示。

步骤 8：返回演示文稿，关闭“设置背景格式”对话框，即可看到幻灯片母版内的所有幻灯片背景已更改为插入的图片，效果如图 16-8 所示。

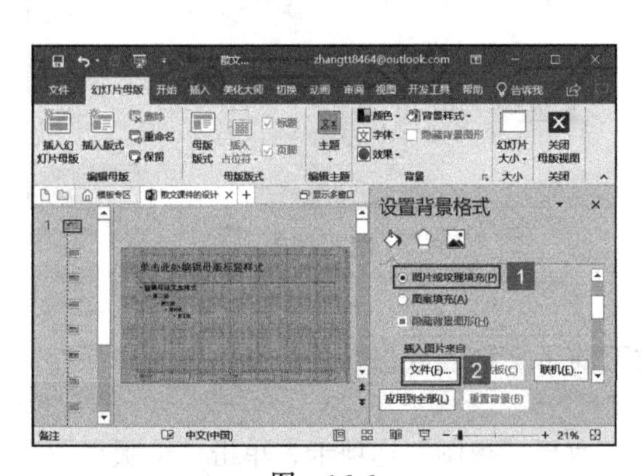

图　16-6

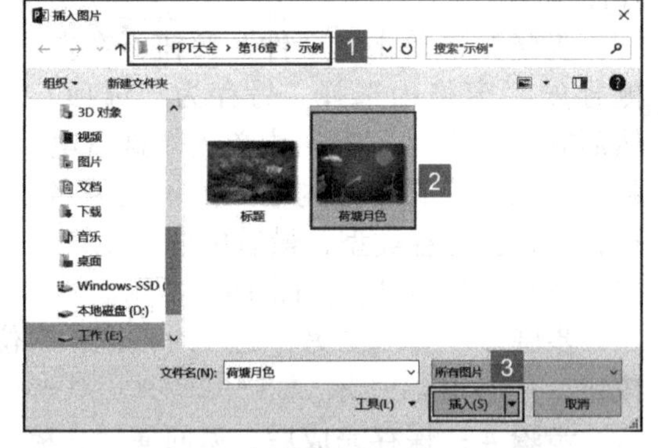

图　16-7

步骤 9：设置幻灯片的标题页背景。选中第二张幻灯片母版缩略图，右键单击，打开“设置背景格式”对话框，选中“图片或纹理填充”单选按钮，然后单击“文件”按钮，打开“插入图片”对话框，定位至图片所在的位置，选中需要插入的图片，单击“插入”按钮，如图 16-9 所示。

步骤 10：返回演示文稿，关闭“设置背景格式”对话框，即可看到幻灯片母版内的标题幻灯片背景已更改为插入的图片，效果如图 16-10 所示。

步骤 11：单击“关闭”组内的“关闭母版视图”按钮，返回演示文稿的普通视图，即可看到设置母版样式后的效果，如图 16-11 所示。

提示：在幻灯片母版中为第一张幻灯片设置图片背景，该图片会自动应用到所有幻灯片内。若需要为标题页幻灯片设置不同的背景样式，可单独选择标题页版式，再次为其添加背景图片。若需要重置标题页背景图片，则标题页幻灯片的背景将还原为统一背景样式。

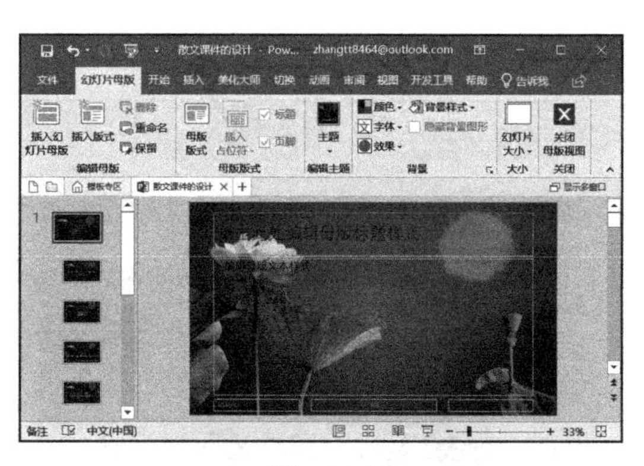

图 16-8

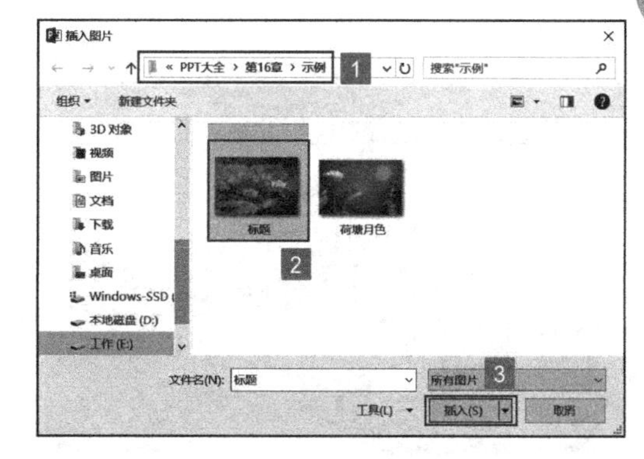

图 16-9

图 16-10

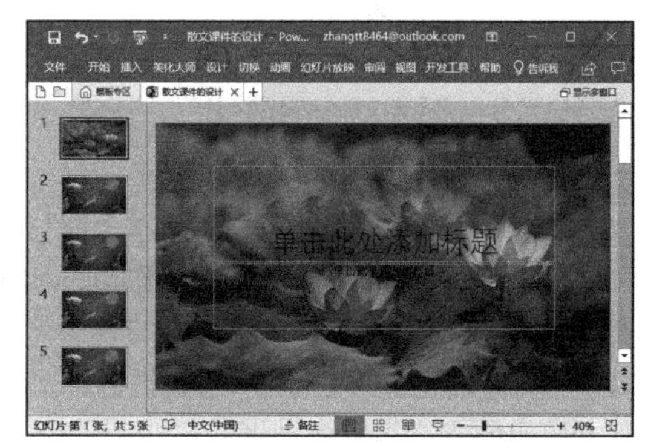

图 16-11

16.1.2 输入文本并编辑

通过幻灯片母版设置的占位符格式，可以统一演示文稿的文本效果。当用户对默认的文本效果不满意时，也可以根据自身需要对文本进行自定义设置。

步骤 1：选中标题页幻灯片，分别选中标题占位符和副标题占位符，然后输入相应的文本，并对文本的字体、字号、加粗、颜色等样式进行自定义设置。然后调整占位符的位置即可，效果如图 16-12 所示。

图 16-12

步骤 2：利用相同的方法在其他幻灯片内输入文本并编辑即可，效果如图 16-13 和

图 16-14 所示。

图 16-13

图 16-14

16.1.3 插入线条和图片

添加图片不仅可以活跃幻灯片的版面，还可以起到渲染课件的作用。而线条作为常用的编排手段之一，在版面中不仅起到区分作用，还起着强化内容的作用。除此之外，线条还可以起到引导和指示作用，用来引导读者的视线。但是过多的线条反而会造成版面零乱，而且同一版式内的线条不宜有太多的样式。版面适当运用线条，可起到强化作用，少数曲线的应用还能产生艺术美感。因此，为了制作精美的幻灯片，图片和线条的插入是必不可少的。

步骤 1：插入线条。打开 PowerPoint 演示文稿，选中需要插入线条的幻灯片，切换至“插入”选项卡，单击“插图”组内的“形状”按钮，然后在展开的形状样式库内选择“直线”按钮，如图 16-15 所示。

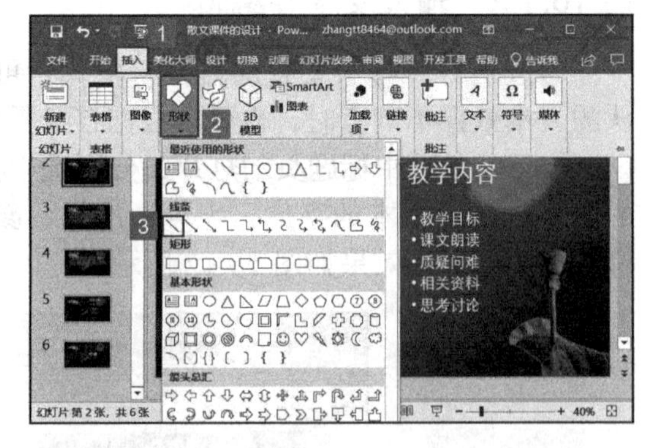

图 16-15

步骤 2：设置线条颜色。此时即可看到幻灯片内的光标变成十字形，按住鼠标左键并拖动鼠标至适当位置，释放鼠标即可绘制线条。选中线条，切换至“格式”选项卡，单击“形状样式”组内的“形状轮廓”下拉按钮，然后在展开的菜单列表内单击“白色，背景 1，深色 15%”按钮，如图 16-16 所示。

步骤 3：设置线条粗细。继续单击“形状轮廓”菜单列表内的“粗细”按钮，然后在展开的粗细样式库内选择“2.25 磅”，如图 16-17 所示。

步骤 4：设置线条样式。单击“形状轮廓”菜单列表内的“虚线”按钮，然后在展开的虚线样式库内选择合适的线条样式即可，如图 16-18 所示。

步骤 5：插入线条并设置其样式后的效果如图 16-19 所示。

步骤 6：插入图片。选中需要插入图片的幻灯片，切换至“插入”选项卡，单击“图像”组内的“图片”按钮，如图 16-20 所示。

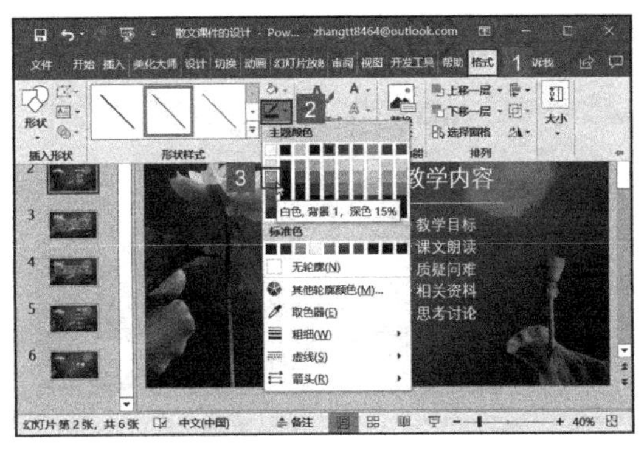

图 16-16

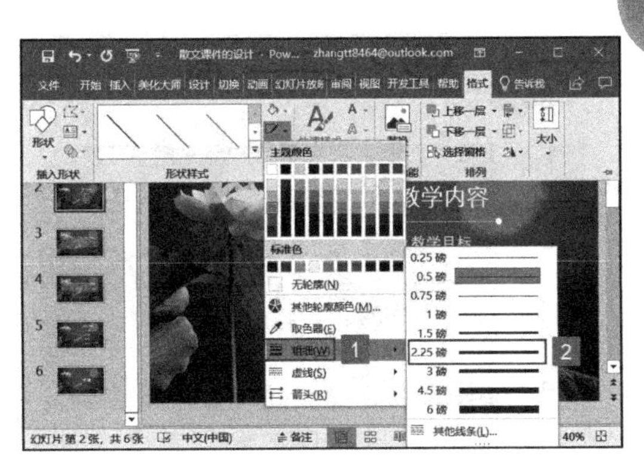

图 16-17

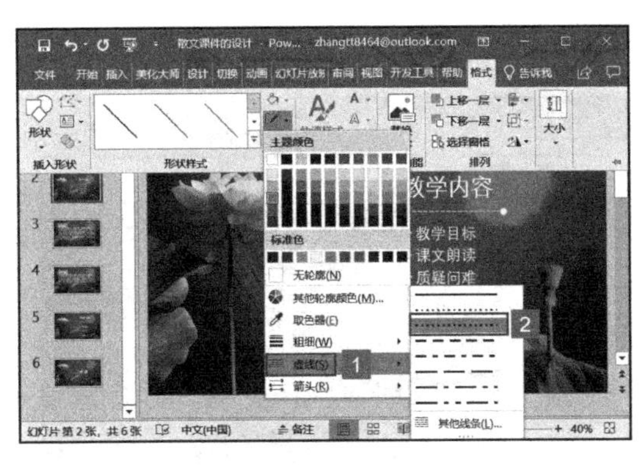

图 16-18

图 16-19

步骤 7：弹出“插入图片”对话框，定位至图片所在的位置，选中需要插入的图片，单击“插入”按钮，如图 16-21 所示。

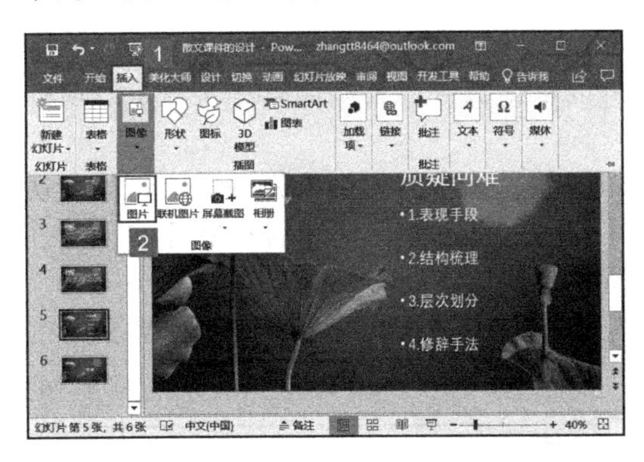

图 16-20

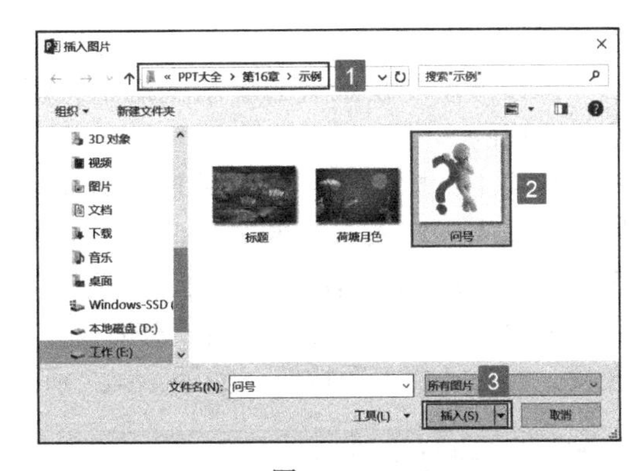

图 16-21

步骤 8：返回演示文稿，即可看到幻灯片内已插入图片。调整其大小和位置，效果如图 16-22 所示。

步骤 9：将图片背景设置为透明色。如果插入的图片背景与幻灯片背景无法融合，插入的图片会显得很突兀，影响幻灯片的美观。此时用户可以将图片背景设置为透明色。选中图片，切换至“格式”选项卡，单击“调整”组内的“颜色”下拉按钮，然后在展开的菜单列表内选择“设置透明色”，如图 16-23 所示。

步骤 10：此时幻灯片内的光标会变成如图 16-24 所示的形状，然后单击图片的空白区域即可。

图 16-22

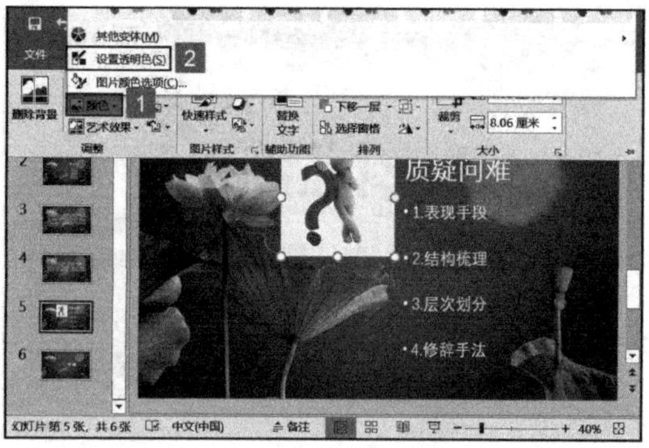

图 16-23

步骤 11：设置完成后的最终效果如图 16-25 所示。

图 16-24

图 16-25

16.1.4 插入和编辑音频文件

在抒情型和娱乐型的演示文稿中，用户可以根据自身需要添加音频文件，以增强演示文稿的丰富性。

步骤 1：插入音频。打开 PowerPoint 演示文稿，选中需要插入音频的幻灯片，切换至“插入”选项卡，单击“媒体”组内的“音频”下拉按钮，然后在展开的菜单列表内选择“PC 上的音频”按钮，如图 16-26 所示。

步骤 2：弹出“插入音频”对话框，定位至音频文件所在的位置，选中需要插入的音频，单击“插入”按钮，如图 16-27 所示。

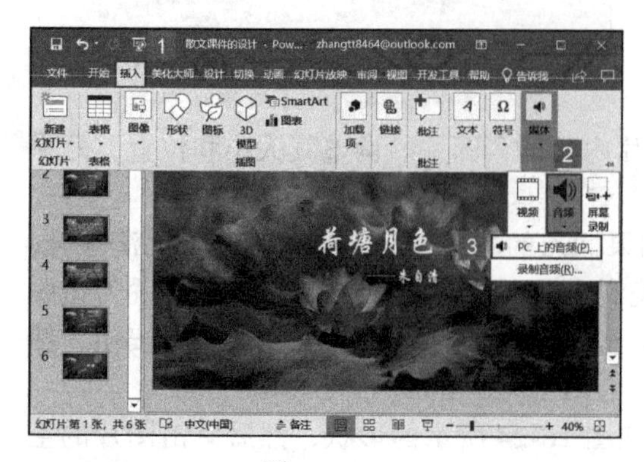

图 16-26

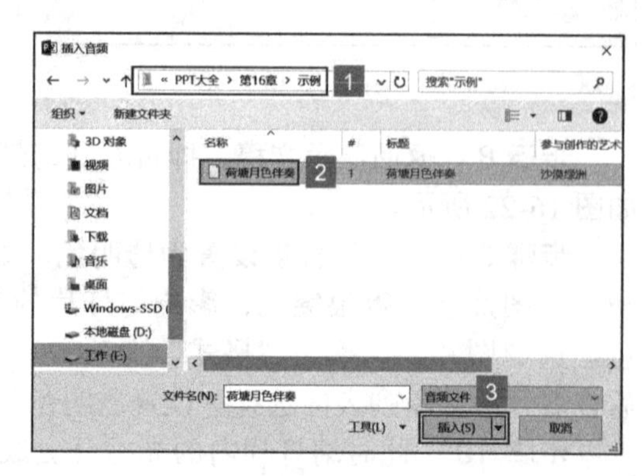

图 16-27

步骤 3：设置音频文件的播放。选中音频图标，切换至“播放”选项卡，在“编辑”组的“渐强”“渐弱”数值框内输入“05.00”，然后在“音频选项”组内单击勾选“跨幻灯片播放”和“循环播放，直到停止”复选框，如图 16-28 所示。

步骤 4：设置音频图标格式。选中音频图标，切换至“格式”选项卡，单击“调整”组内的“颜色”下拉按钮，然后在展开的颜色样式库内选择合适的样式，如图 16-29 所示。

图 16-28

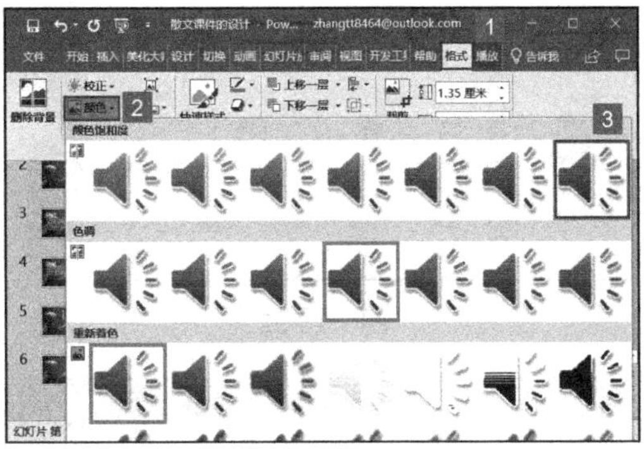

图 16-29

步骤 5：单击“调整”组内的“艺术效果”下拉按钮，然后在展开的效果样式库内选择“画图刷”，如图 16-30 所示。

步骤 6：设置完成后，调整音频图标的大小和位置，最终效果如图 16-31 所示。

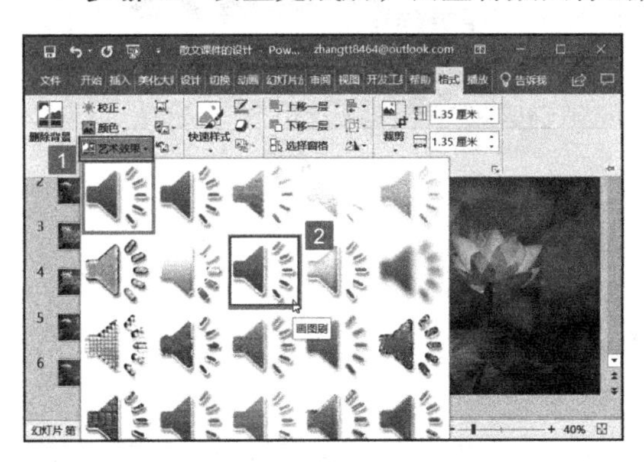

图 16-30

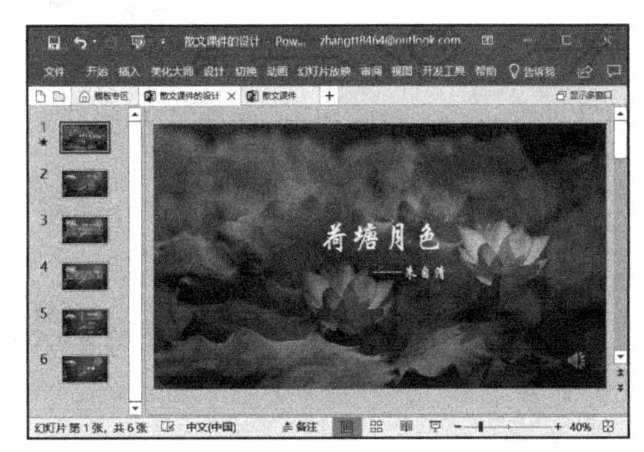

图 16-31

16.1.5 添加动画并预览

在演示文稿内，用户可以根据自身需要为幻灯片内的各元素添加动画，使演示文稿在展示时更加生动形象。下面介绍一下具体的操作步骤。

步骤 1：选中需要插入动画效果的幻灯片元素，切换至“动画”选项卡，单击“高级动画”组内的“添加动画”下拉按钮，然后在展开的动画样式库内选择“弹跳”效果，如图 16-32 所示。

步骤 2：然后单击“预览”组内的“预览”按钮即可预览动画效果，如图 16-33 所示。

步骤 3：用户还可以对动画样式的效果进行自定义设置。不同的动画样式有不同的效果。选中需要添加动画的幻灯片元素，在动画样式库内单击“浮入”按钮，如

图 16-34 所示。

步骤 4：此时用户即可看到“动画”组内“效果选项”按钮被选中。单击该按钮，然后在展开的效果选项列表内设置合适的动画效果即可，如图 16-35 所示。

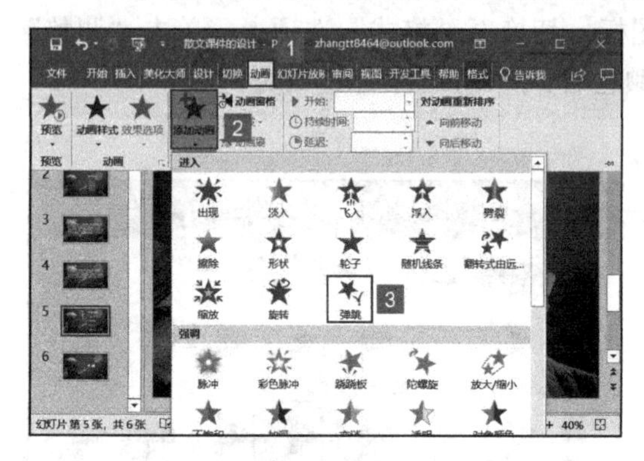

图 16-32

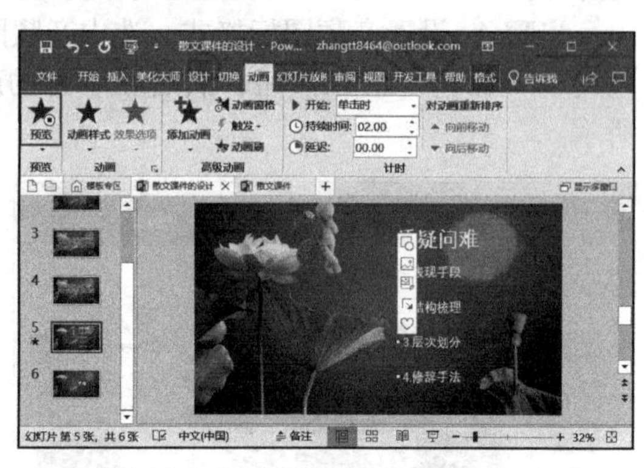

图 16-33

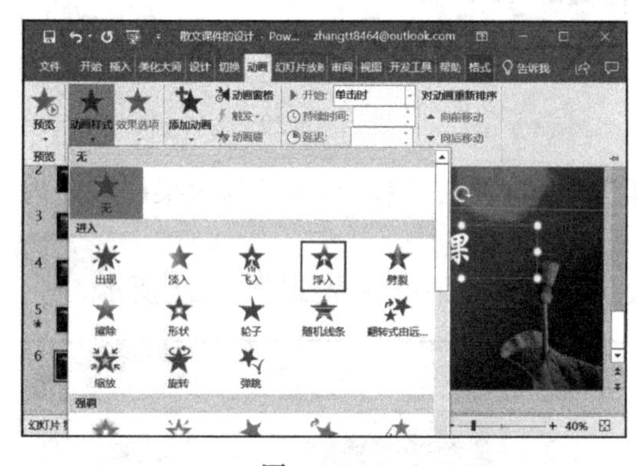

图 16-34

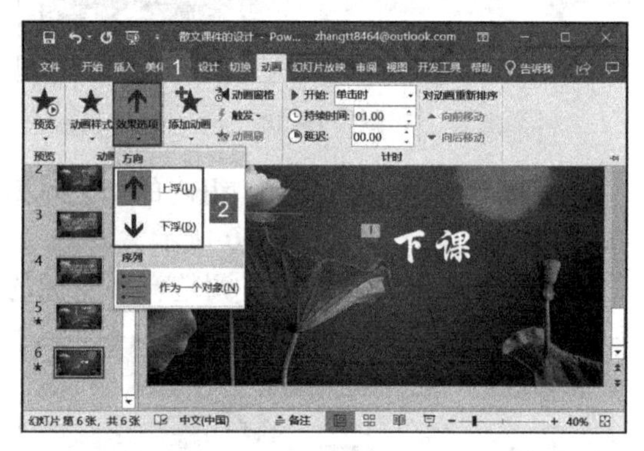

图 16-35

16.2 数学课件的设计

本节制作的数学课件主要介绍使用超链接为目录页幻灯片制作目录导航的方法，并利用 PowerPoint 2019 的图形编辑功能插入立体图形。学会这两种技巧能够更好地展示和排列知识点，有助于活跃课堂气氛。

16.2.1 添加超链接

为了更好地控制幻灯片的放映，用户可专门制作一张目录幻灯片，然后利用超链接功能链接至其他幻灯片。下面介绍一下添加超链接的具体方法。

步骤 1：打开 PowerPoint 文件，选中需要添加超链接的幻灯片元素，切换至“插入”选项卡，单击“链接”组内的“链接”按钮，如图 16-36 所示。

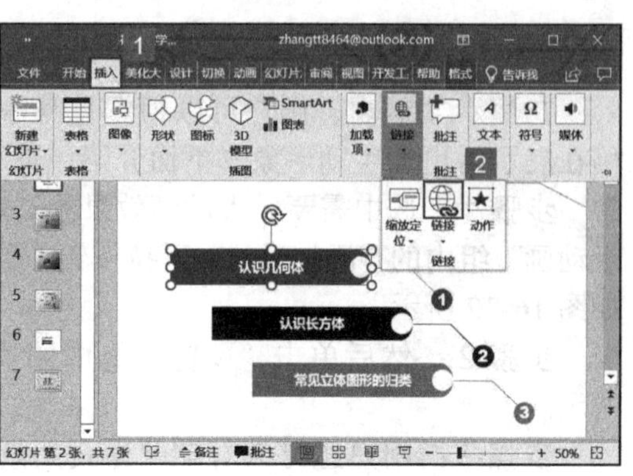

图 16-36

步骤 2：弹出“插入超链接”对话框，在“链接到”列表框内单击“本文档中的位置”按钮，然后在“请选择文档中的位置”列表框中选择要链接到的幻灯片，并单击“确定”按钮，如图 16-37 所示。

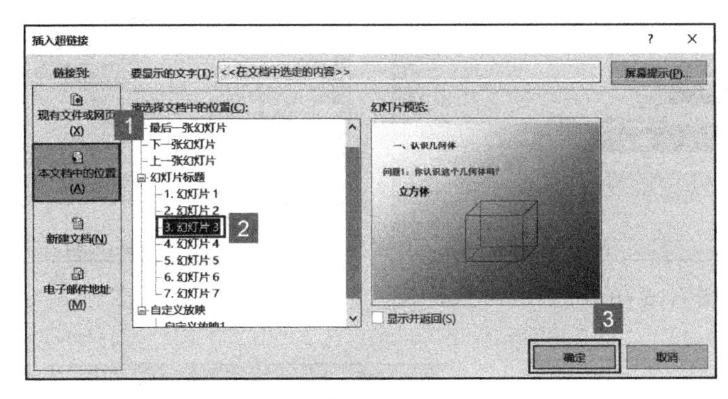

图 16-37

步骤 3：返回幻灯片，当鼠标光标停置在插入超链接的图形上时，会显示超链接信息，如图 16-38 所示。

注意：若是对文本框或图形添加超链接，其中的文本颜色不会发生改变。若是对文本内容添加超链接，文本颜色会发生改变。

步骤 4：选中需要添加超链接的文本内容，切换至“插入”选项卡，单击“链接”组内的“链接”按钮，如图 16-39 所示。

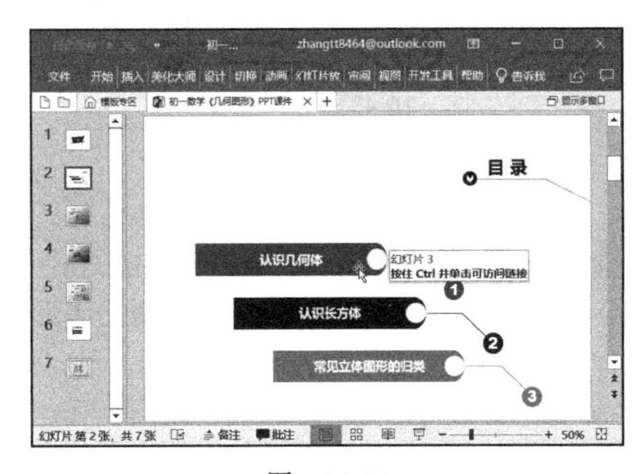

图 16-38

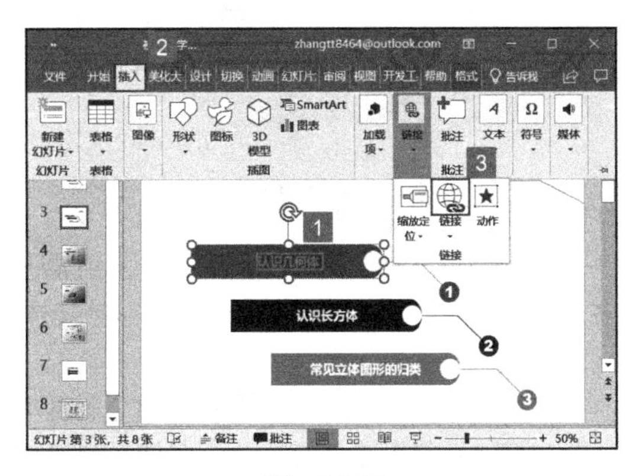

图 16-39

步骤 5：超链接添加完成后，返回幻灯片，即可看到文本颜色已发生变化，如图 16-40 所示。

步骤 6：如果用户对默认的超链接颜色不满意，可以进行自定义设置。切换至“设计”选项卡，单击“变体”组内的其他按钮，在弹出的菜单列表内选择“颜色”项，然后在展开的菜单列表内单击“自定义颜色”按钮，如图 16-41 所示。

步骤 7：弹出“新建主题颜色”对话框，单击“超链接”右侧的下拉按钮，然后在展开的颜色样式库内选择合适的颜色，例如绿色。设置完成后，单击“保存”按钮，如图 16-42 所示。

步骤 8：返回幻灯片，即可看到更改后的超链接颜色，如图 16-43 所示。

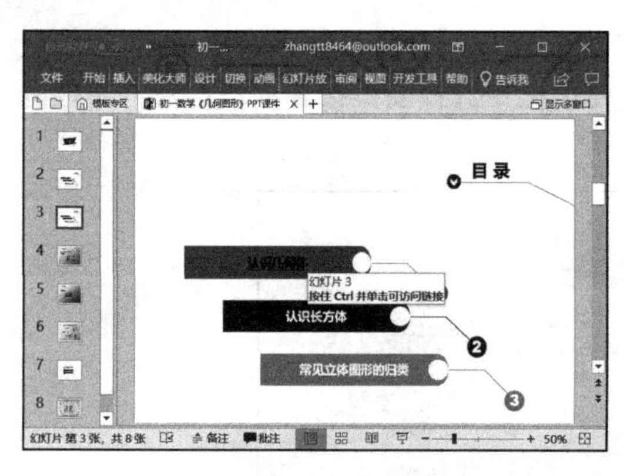

图 16-40

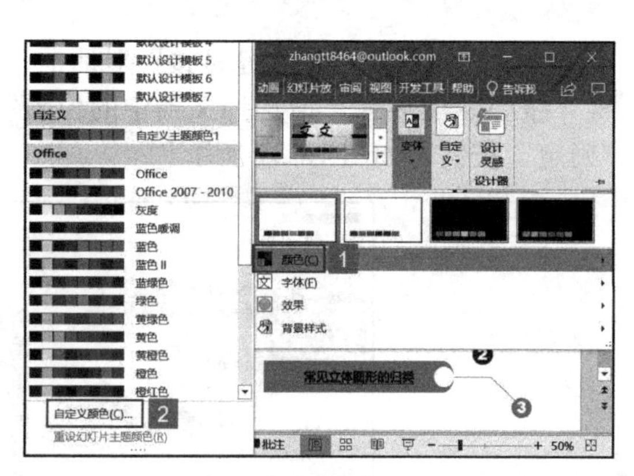

图 16-41

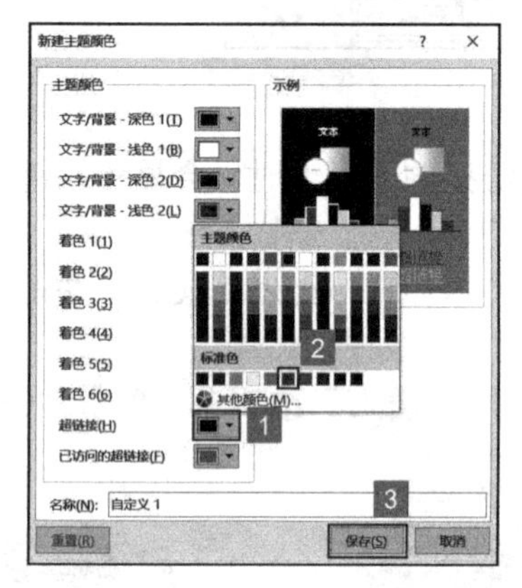

图 16-42

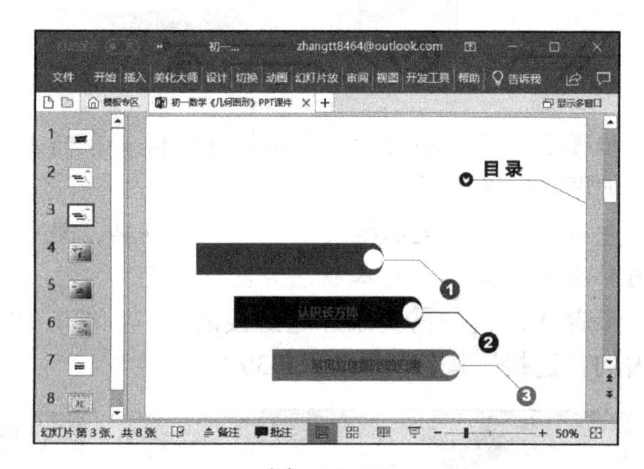

图 16-43

16.2.2 绘制立体形状

在制作数学课件时，经常会遇到需要绘制立体形状的情况。在 PowerPoint 2019 中，用户可以根据自身需要绘制具有立体效果的形状，接下来就介绍一下绘制立体形状的方法。

首先介绍一下怎么绘制平面的立体形状。

步骤 1：打开 PowerPoint 文件，选中需要绘制平面立体形状的幻灯片，切换至“插入”选项卡，单击“插图”组内的“形状”下拉按钮，然后在展开的形状样式库内选择矩形，如图 16-44 所示。

步骤 2：此时幻灯片内的光标会变成十字形，按住鼠标左键并拖动后释放，即可绘制出矩形。选中矩形形状，切换至“格式”选项卡，单击“艺术字样式”组内的其他按钮，如图 16-45 所示。

步骤 3：此时 PowerPoint 即可在右侧窗格内打开“设置形状格式”对话框，切换至“形状选项”选项卡，单击“填充与线条”按钮，然后在“填充”组内单击“渐变填充”单选按钮，如图 16-46 所示。

步骤 4：然后选中“渐变光圈”，单击“颜色”下拉按钮选择合适的颜色，并对其“位置”“透明度”“亮度”等进行设置，如图 16-47 所示。

步骤 5：在“线条”组内单击选中“实线”单选按钮，然后单击“颜色”右侧的下拉按钮选择合适的颜色即可，如图 16-48 所示。

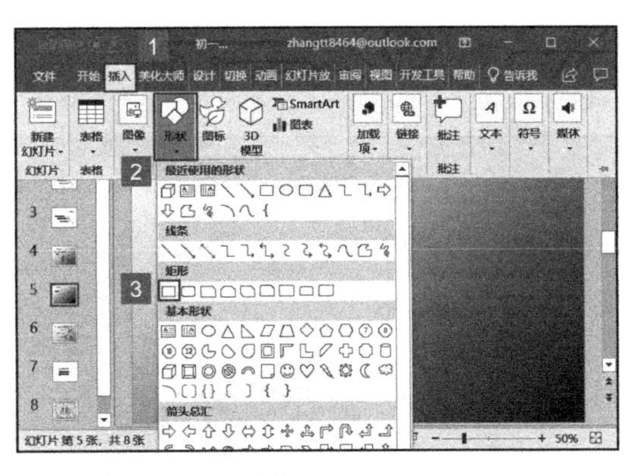

图 16-44

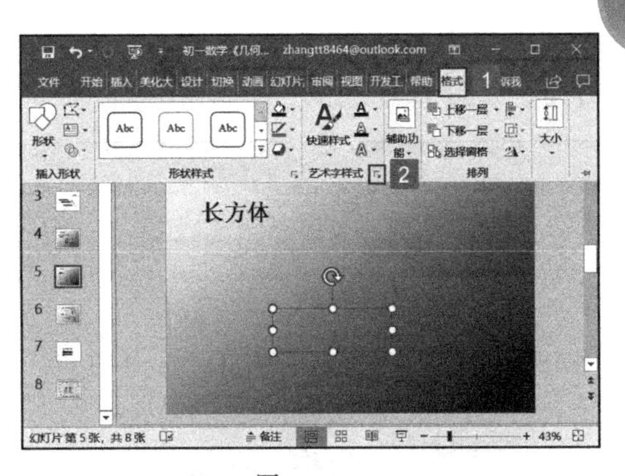

图 16-45

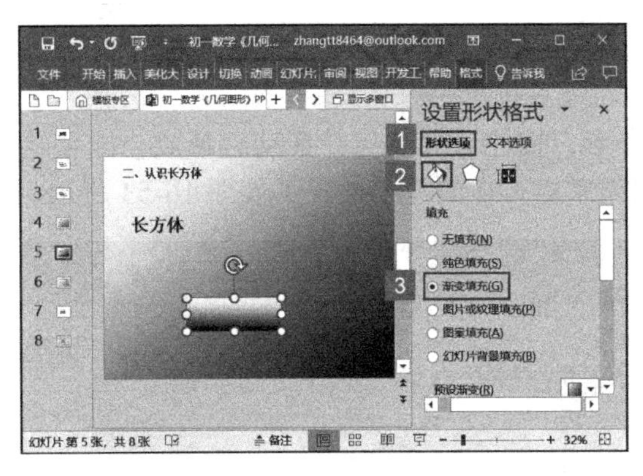

图 16-46

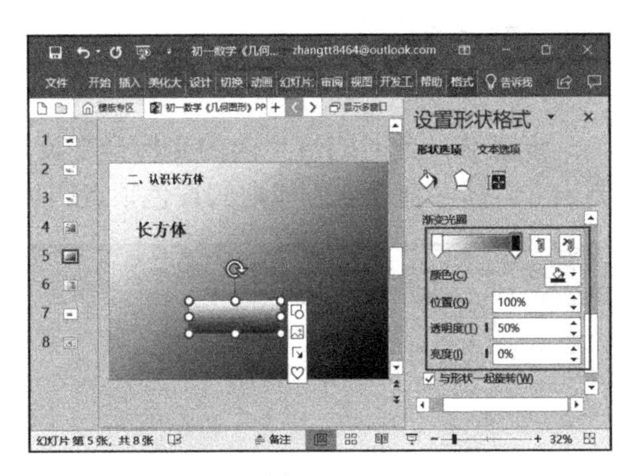

图 16-47

步骤 6：单击“效果”按钮，在“三维格式”组内，选择“顶部棱台”样式并设置其宽度和高度，在“深度”右侧的数值框内设置合适的大小，如图 16-49 所示。

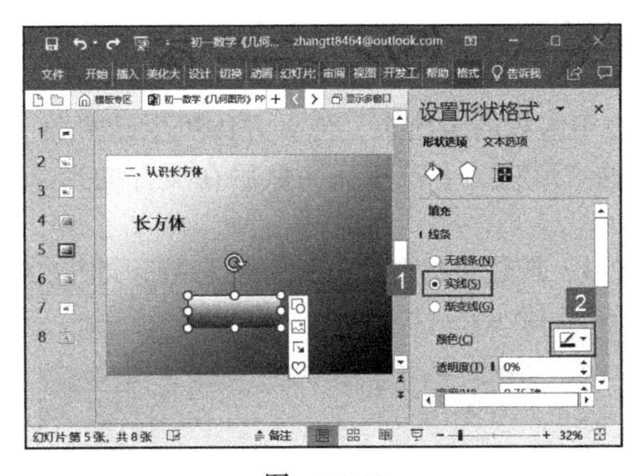

图 16-48

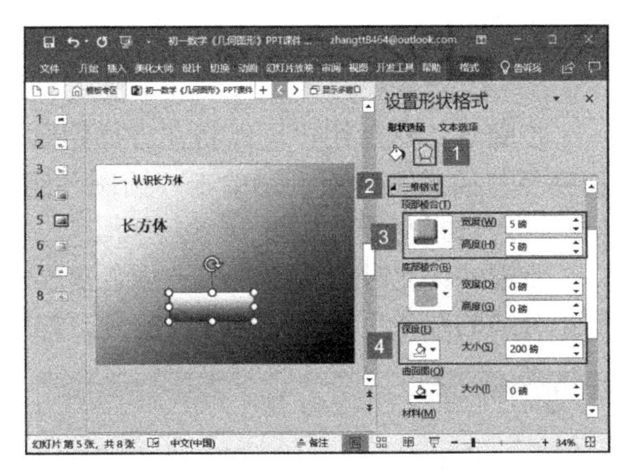

图 16-49

步骤 7：在“三维旋转”组内的“X 旋转”“Y 旋转”“Z 旋转”数值框内分别输入合适的数值，如图 16-50 所示。

步骤 8：关闭“设置形状格式”对话框，返回幻灯片，即可看到设置后的形状效果，如图 16-51 所示。

接下来介绍一下怎么绘制立体形状。

步骤 1：打开 PowerPoint 文件，选中需要绘制立体形状的幻灯片，切换至“插入”

选项卡，单击“插图”组内的“形状”下拉按钮，然后在展开的形状样式库内选择立方体，如图 16-52 所示。

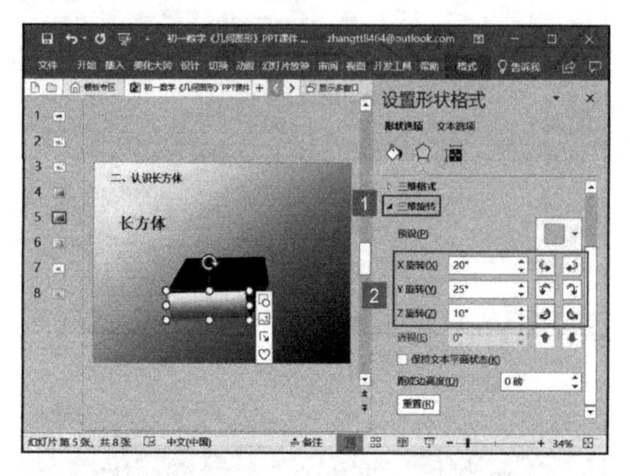

图 16-50

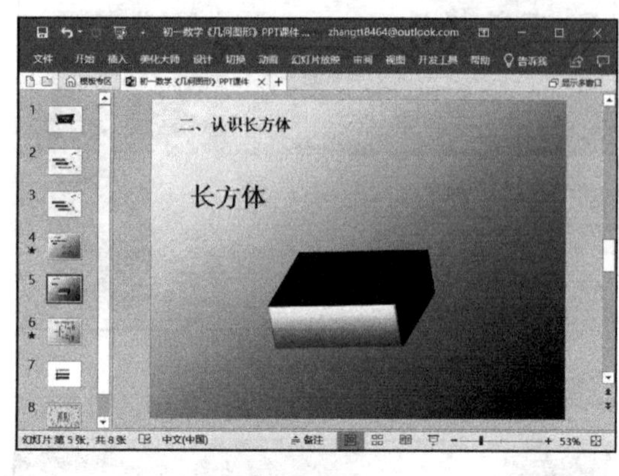

图 16-51

步骤 2：此时幻灯片内的光标会变成十字形，按住鼠标左键并拖动后释放，即可绘制出立方体。拖动立方体内的黄色顶点，可以调整立方体的显示效果，如图 16-53 所示。

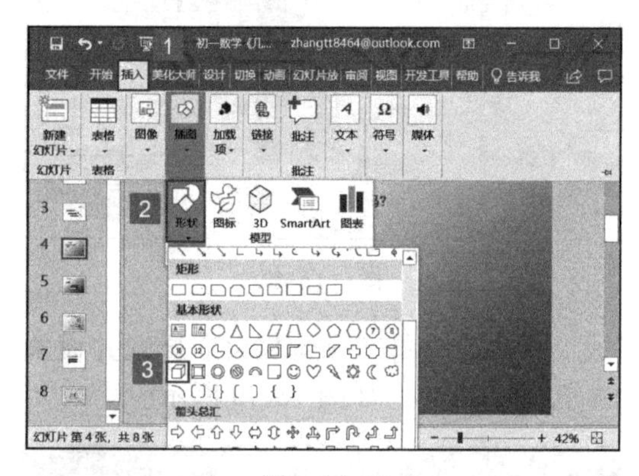

图 16-52

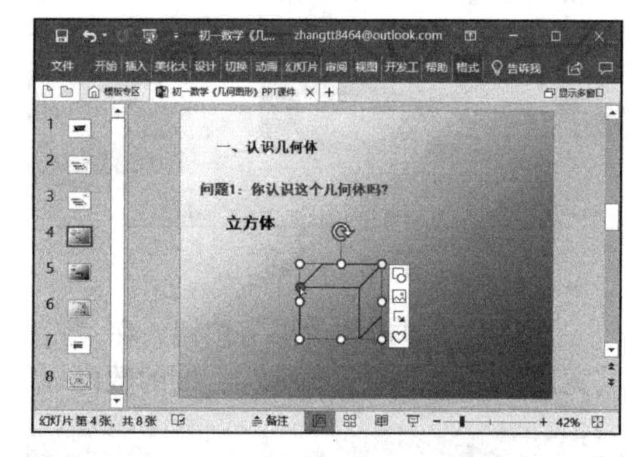

图 16-53

步骤 3：然后用户可以将立方体隐藏的边用虚线展示出来，使立方体更生动形象。切换至“插入”选项卡，单击“插图”组内的“形状”下拉按钮，然后在展开的形状样式库内选择直线，如图 16-54 所示。

步骤 4：此时幻灯片内的光标会变成十字形，按住鼠标左键并拖动后释放，即可绘制出合适的线条，调整其长度及位置，如图 16-55 所示。

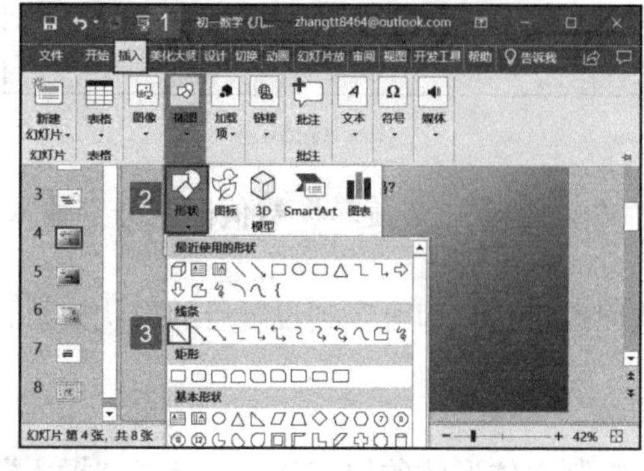

图 16-54

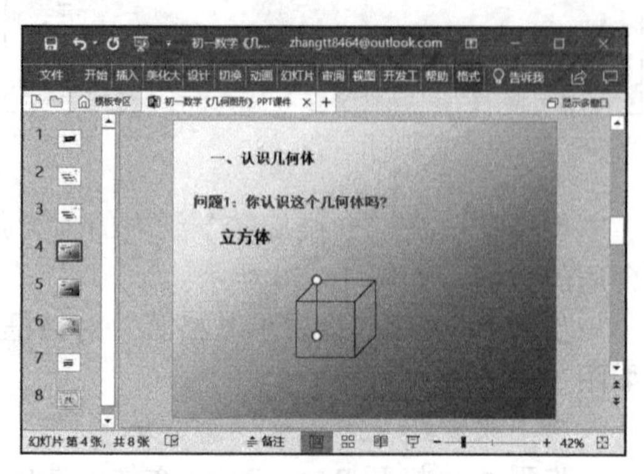

图 16-55

步骤 5：选中插入的线条，切换至“格式”选项卡，单击“形状样式”组内的“形状轮廓”下拉按钮，然后在弹出的菜单列表内选择“虚线”，再在展开的虚线样式库内选择合适的样式，如图 16-56 所示。

步骤 6：重复步骤 3 ～步骤 5，完成立方体隐藏边框的绘制，效果如图 16-57 所示。

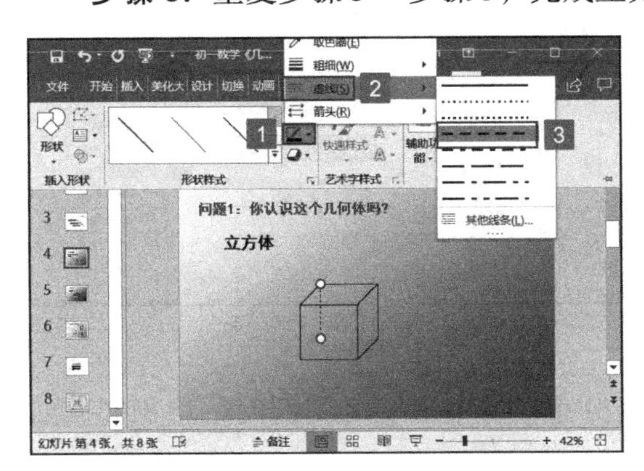

图 16-56

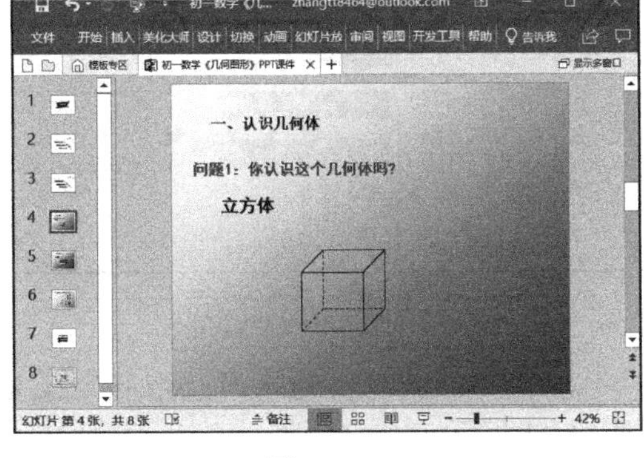

图 16-57

通过上述两种教学课件的制作过程，很容易掌握教学课件设计中的一些通用技巧。

16.3 课件导航与交互式内容的设计

用 PowerPoint 2019 制作的教学课程教案应该是动态的、拥有交互功能的设计，教学者可以根据需要使用导航快速跳转到目标内容处，也可以逐字显示内容来使被教学者开动脑筋思考问题。

16.3.1 精确调整导航页对象的位置

对于课件来说，封面幻灯片仅仅是课件的开始，最为重要的部分则是课件的主要内容及导航信息。想让课件拥有吸引被教学者眼球和注意力的效果，对课件主要内容的导航页进行整齐排列和合理安排设计是必要的。

步骤 1：打开 PowerPoint 文件，按住“Ctrl”键的同时单击选中需要调整的所有幻灯片对象元素，切换至“格式”选项卡，单击“排列”组内的“对齐”下拉按钮，然后在展开的对齐格式库内单击“水平居中”按钮，如图 16-58 所示。

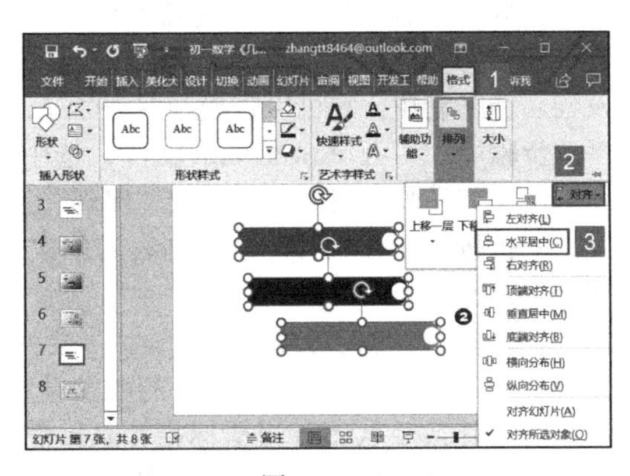

图 16-58

步骤 2：此时所选形状会以形状的中点为基准进行水平居中对齐，得到如图 16-59 所示的效果。

步骤 3：要让所选形状的间距相同，可以再次单击“排列”组内的“对齐”

下拉按钮，在展开的对齐格式库内单击“横向分布”按钮，如图 16-60 所示。

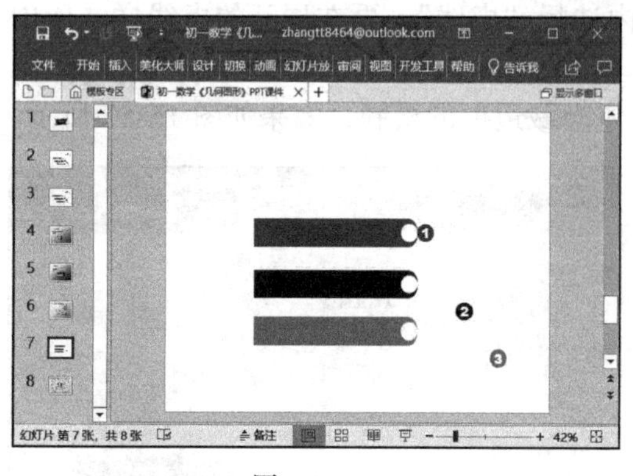

图 16-59

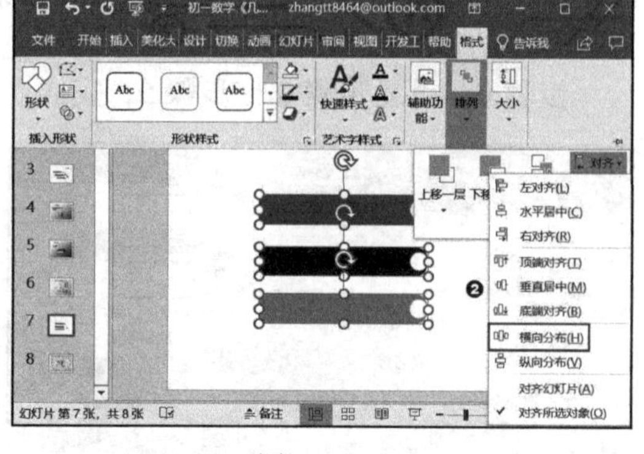

图 16-60

步骤 4：此时自动将所选形状对象横向分布，每个形状之间的间距均相同，如图 16-61 所示。

步骤 5：如果用户希望调整单个形状的位置，只需选中该对象，按住鼠标左键拖动，在拖动过程中会以辅助线来显示当前对象与其他对象的对应位置，拖至对齐位置释放鼠标即可，设置完成后得到如图 16-62 所示的导航页幻灯片。

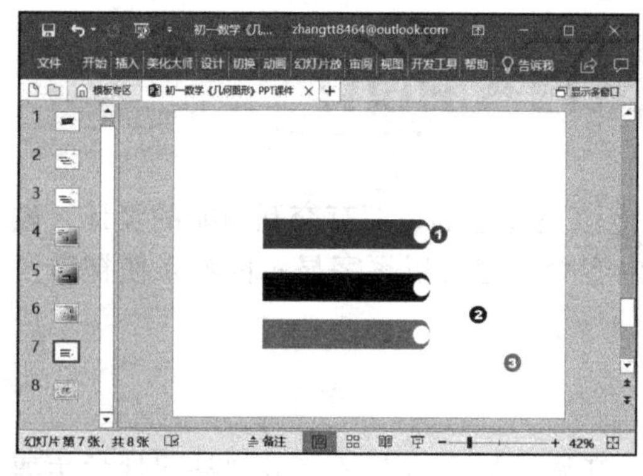

图 16-61

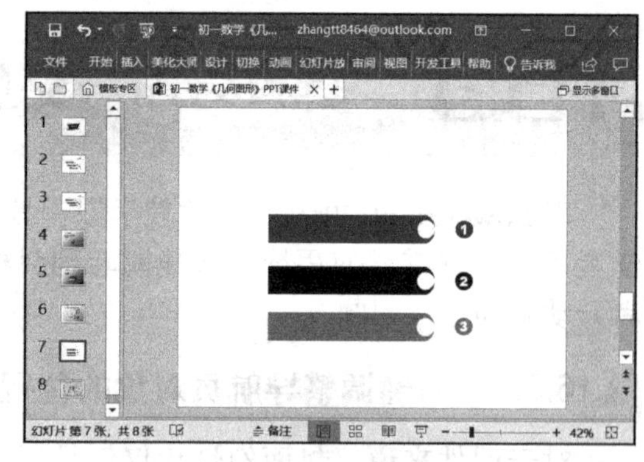

图 16-62

16.3.2 利用触发器制作内容下拉列表

在教学课程教案中，有时需要以下拉列表的形式来显示某个教学大纲下的子纲内容，以细分大纲内容。在制作下拉列表式子纲时，常常采用 PowerPoint 组件提供的触发器功能来制作，它可以轻松隐藏教学子纲，只有在需要时才显示出来。

步骤 1：打开 PowerPoint 文件，选中需要展示的下拉列表框，切换至“动画”选项卡，在“动画”组内为其添加“出现”进入动画。然后在“高级动画”组内单击“触发”下拉按钮，在展开的菜单列表内依次单击“通过单击”“矩形：圆角 5”按钮，如图 16-63 所示。

步骤 2：此时幻灯片内的动画编号会变成触发图标，如图 16-64 所示。

步骤 3：完成内容下拉列表的触发设置后，单击窗口右下方的“幻灯片放映”按钮进入幻灯片放映状态，当鼠标指针悬停在“牛顿定律”形状时，光标会变成手形，单击即可展示出内容下拉列表，如图 16-65 所示。

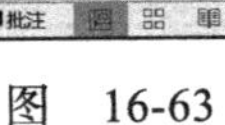

图 16-63

图 16-64

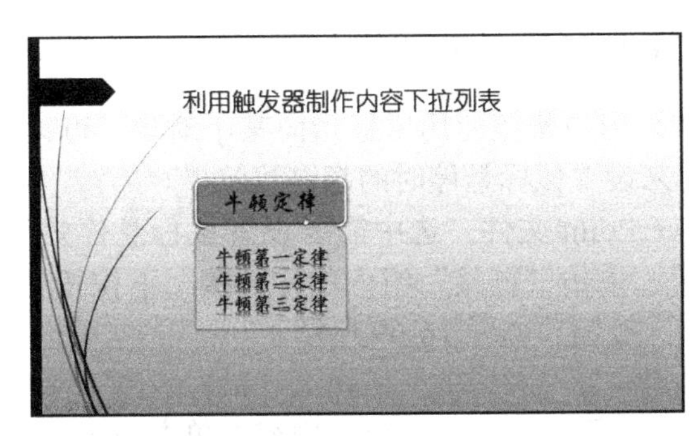

图 16-65

16.3.3 使用动画让内容交互式显示

在教学课程教案中，介绍某些概念性内容时常常会将关键词隐藏起来，方便在讲解过程中让被教学者事先思考或回答，然后再将关键词内容显示出来，以增强被教学者的印象。想要实现这种交互式效果，可以使用 PowerPoint 2019 的动画组件来实现。

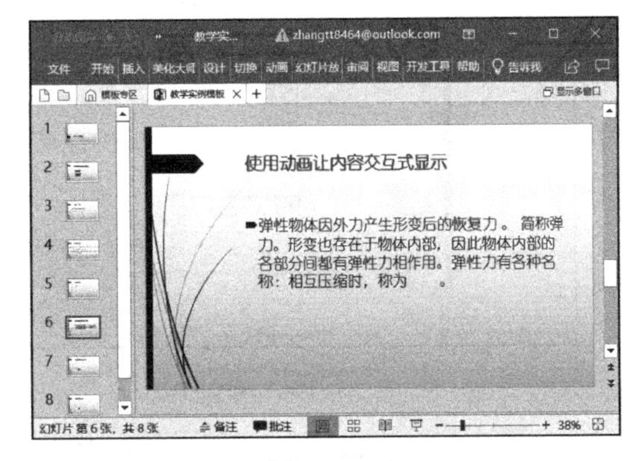

图 16-66

步骤 1：打开 PowerPoint 文件，选中需要交互式显示内容的幻灯片，输入无须隐藏的教学内容文本，并为关键词留出一定的位置，效果如图 16-66 所示。

步骤 2：利用文本框的形式添加关键词文本内容，效果如图 16-67 所示。

步骤 3：单击选中关键词文本框，切换至“动画”选项卡，单击“高级动画”组内的“添加动画”下拉按钮，然后在展开的动画样式库内选择“弹跳”样式，如图 16-68 所示。

设置完成后，当正文内容演示完成后，会为教学者预留一段讲解时间。讲解完成后，只需单击鼠标左键，即可在目标位置显示出关键词，这种分层次显示讲解内容的方法可以更好地引起被教学者的思考。

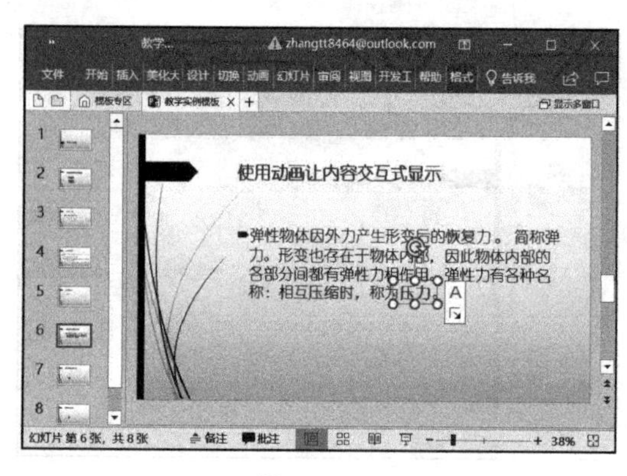

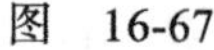
图 16-67

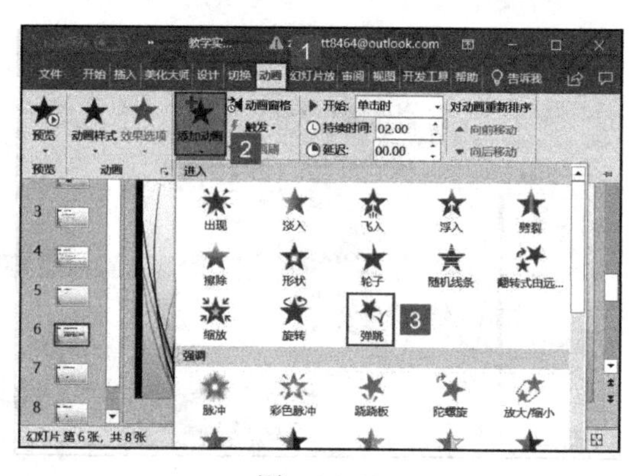

图 16-68

16.3.4 制作鼠标悬停链接效果

在教学课件中，如果用户希望使用鼠标指向某个对象，可以使用 PowerPoint 2019 组件中提供的链接功能来设置鼠标悬停时的超链接效果。

步骤 1：打开 PowerPoint 文件，选中需要设置鼠标悬停效果的幻灯片对象元素，切换至“插入”选项卡，单击“链接”组内的“链接”下拉按钮，然后在展开的菜单列表内单击“插入链接”按钮，如图 16-69 所示。

步骤 2：弹出“操作设置”对话框，切换至“鼠标悬停”选项卡，单击选中“超链接到”单选按钮，然后单击下拉列表选择链接内容，单击勾选“播放声音”复选框，然后单击下拉列表选择播放声音，设置完成后，单击“确定”按钮，如图 16-70 所示。

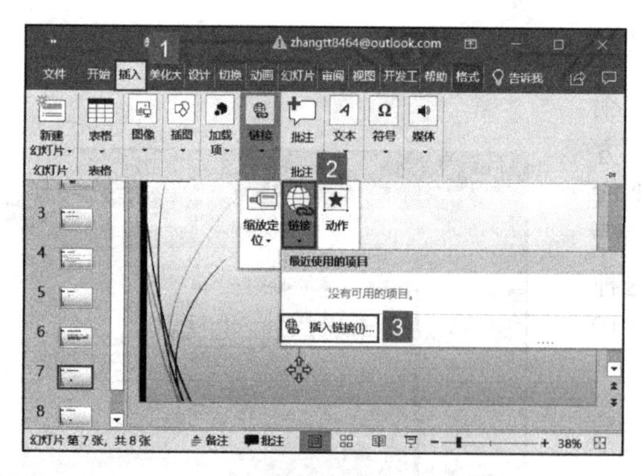

图 16-69

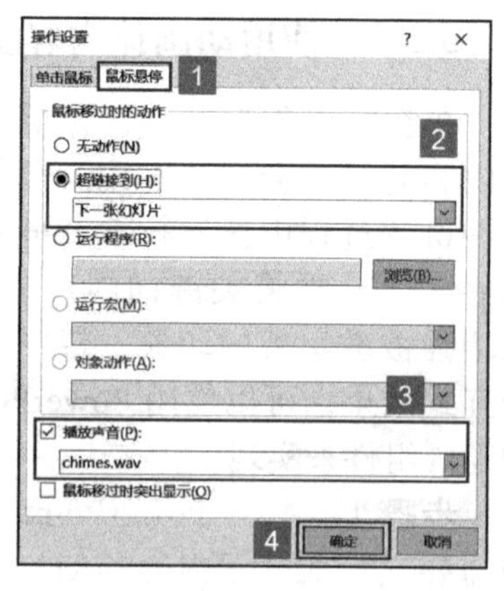

图 16-70

设置完成后，返回幻灯片，单击窗口右下方的“幻灯片放映”按钮进入幻灯片放映状态，当鼠标悬停至该幻灯片对象元素时，即可切换至下一张幻灯片。

16.4 远程演示教学课件

远程教学是时下流行的一种教学方式，利用 PowerPoint 2019 的联机演示功能即可实现远程教学。

16.4.1 启动联机演示并发送邀请

要实现远程教学，首先需要启动联机演示获取链接，再将链接以电子邮件或其他方式发送给需要远程接受教学的人。

步骤 1：打开 PowerPoint 文件，切换至“幻灯片放映”选项卡，单击“开始放映幻灯片”组内的“联机演示”按钮，如图 16-71 所示。

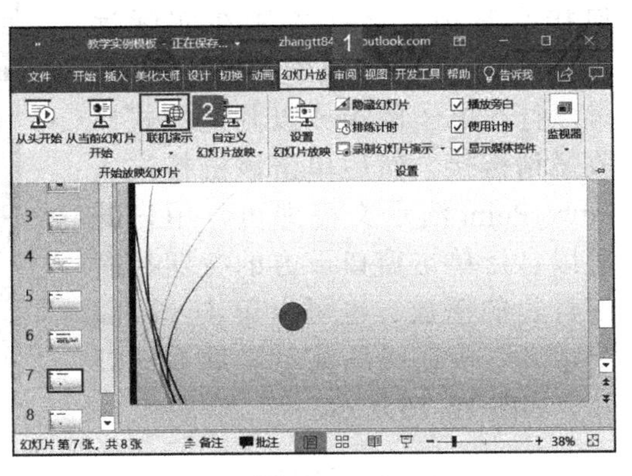

图 16-71

步骤 2：弹出“联机演示”对话框，单击勾选“允许远程查看者下载此演示文稿”复选框，然后单击“连接”按钮，如图 16-72 所示。

步骤 3：此时，联机演示即可进入连接服务状态，如图 16-73 所示。稍等片刻，即可进入准备演示文稿状态，如图 16-74 所示。

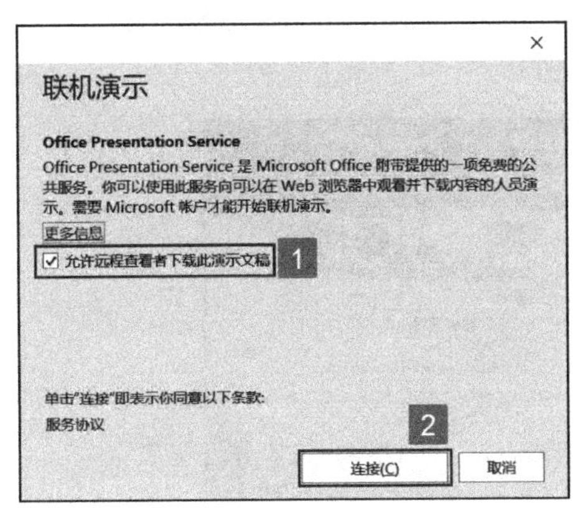

图 16-72

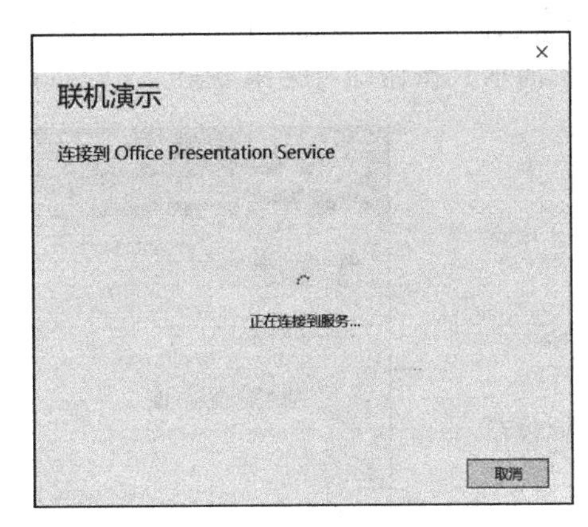

图 16-73

步骤 4：稍等片刻，即可在文本框内看到远程演示的链接，用户可以根据需要单击“复制链接”按钮复制链接，然后以电子邮件或其他方式发送给远程人员，如图 16-75 所示。发送完成后，单击“开始演示”按钮进入幻灯片放映状态即可。

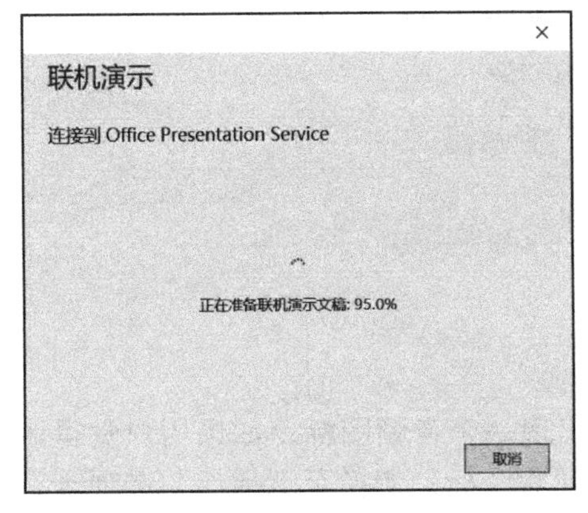

图 16-74

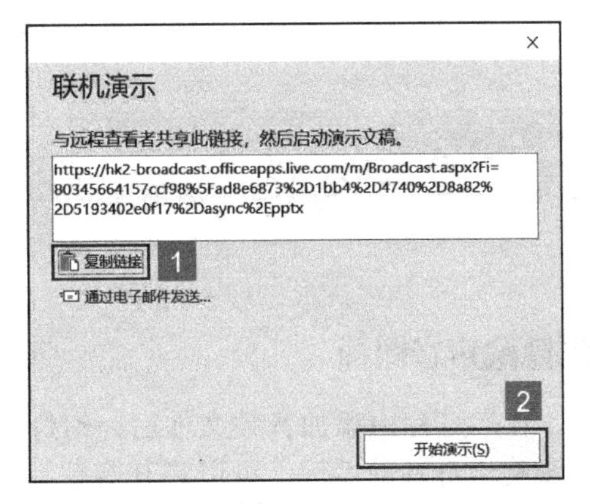

图 16-75

16.4.2 接受邀请

作为教学人员，在了解如何发送邀请的同时，也需要知道如何接受邀请，这样才能在实际远程教学时为接受教学的人做出指导。打开电子邮箱或以其他方式接收邀请链接，然后单击该链接进入 PowerPoint 演示文稿即可，用户既可以自行单击窗口下方的按钮控制幻灯片的播放，也可以单击“跟随演示者”按钮跟随演示者观看幻灯片，如图 16-76 所示。

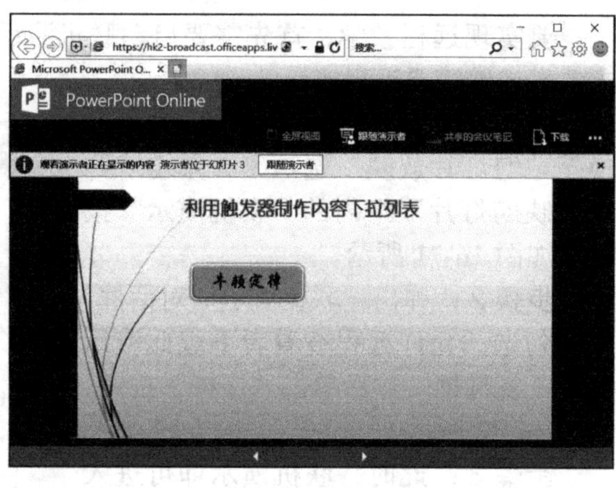

图 16-76

16.4.3 结束远程演示

远程演示结束后，返回演示文稿的“联机演示”选项卡，单击“联机演示”组内的“结束联机演示”按钮，此时系统会弹出“ Microsoft PowerPoint”对话框，单击“结束联机演示”按钮即可结束联机演示，如图 16-77 所示。

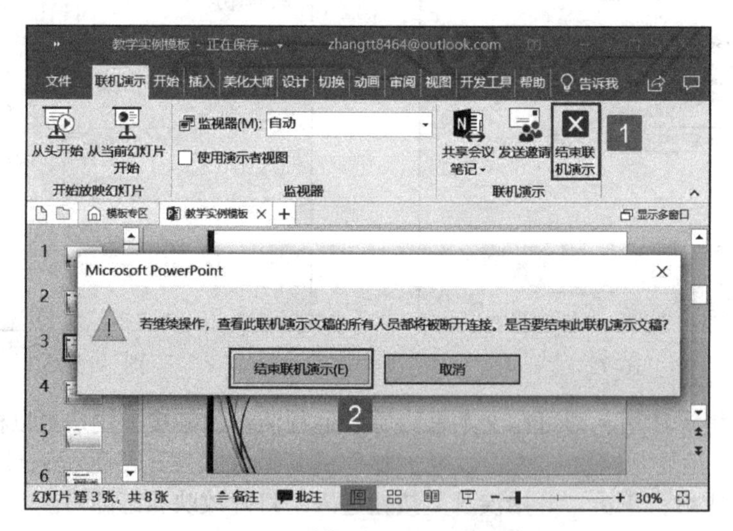

图 16-77

高手技巧

隐藏声音图标

在幻灯片中添加音频文件后，幻灯片内会出现一个音频图标，如果用户觉得该图标影响幻灯片的美观，可以将其隐藏。选中该音频图标，切换至“播放”选项卡，在“音频选项”组内单击勾选“放映时隐藏”复选框即可，如图 16-78 所示。

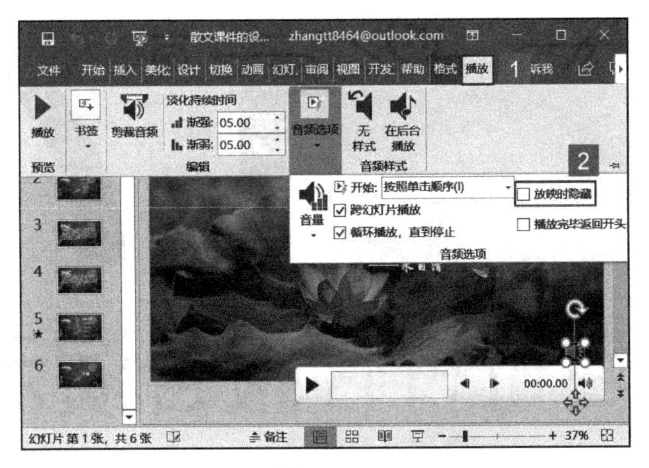

图 16-78

查看幻灯片放映帮助

在放映幻灯片的过程中，大多数用户都是通过单击等方式对幻灯片进行切换和控制，有时会出现暂停放映、黑屏放映和白屏放映等情况。此时，用户可通过查看“幻灯片放映帮助”，根据其中的快捷键提示对放映过程进行控制。查看幻灯片放映帮助的方法是：在放映状态的幻灯片内单击鼠标右键，然后在弹出的快捷菜单中单击“帮助”按钮，打开“幻灯片放映帮助”对话框，依次单击切换至不同的选项卡进行查看即可，如图 16-79 所示。

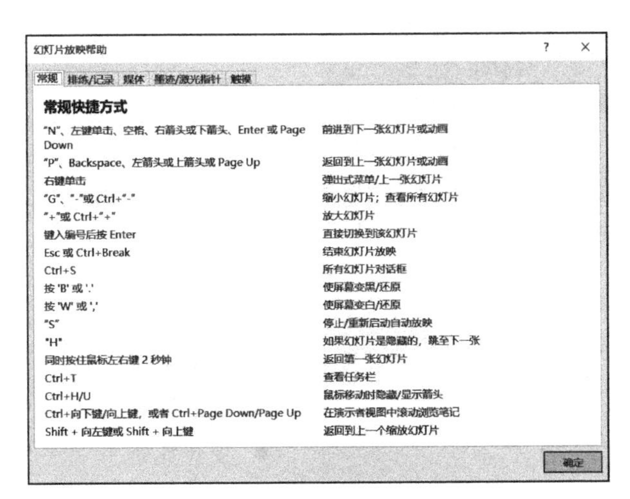

图 16-79

第17章 项目可行性报告演示文稿

可行性研究是运用多种科学手段（包括技术科学、社会学、经济学及系统工程学等）对一项工程项目的必要性、可行性、合理性进行技术经济论证的综合科学。

可行性研究报告是指从事一种经济活动（投资）之前，双方要从经济、技术、生产、供销直到社会各种环境、法律等各种因素进行具体调查、研究、分析，确定有利和不利的因素、项目是否可行，估计成功率大小、经济效益和社会效果程度，为决策者和主管机关审批的上报文件。

- 方案分析
- 规划提案
- 投资策划
- 可行性研究与建议
- 幻灯片保护
- 高手技巧

17.1 方案分析

17.1.1 分析应用环境

任何企业在进行某项投资前，都会在项目投资前的建议中对项目的市场、技术、财务、工程、经济和环境等方面进行系统的、完整的分析，这是项目投资至关重要的一部分，该分析过程将直接影响到后期项目的开展和实施。

在传统项目可行性分析基本上通常会采用 Word 文档来编写大量文字分析的书面报告，这种方式创建的项目可行性分析报告是一种静态文档，虽然制作起来方便简洁，但缺乏交互式的感觉，容易让读者忽略一些问题。为了让项目可行性分析报告变得更生动，让读者更容易理解，因此使用 PowerPoint 2019 来设计项目可行性分析报告是更优的选择。

17.1.2 初探制作流程

对于动态项目可行性分析报告的处理，我们可以遵循如图 17-1 所示的流程进行操作。对于本章编制的项目可行性分析报告所需要用到的 PowerPoint 知识点有形状、动画、动画效果选项、动画顺序、立体形状以及图表。

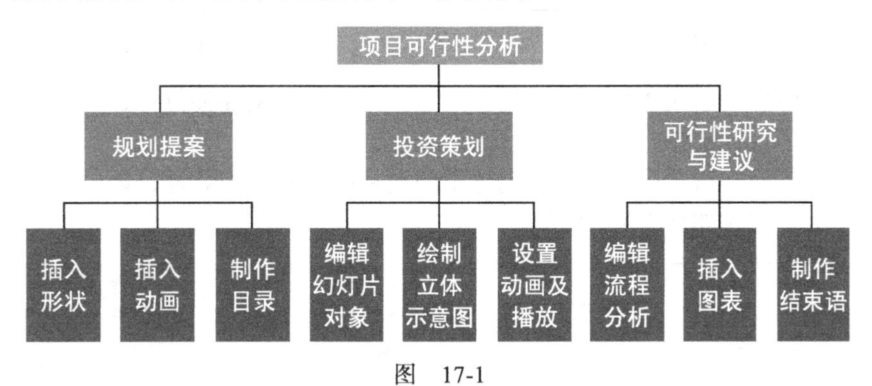

图 17-1

17.2 规划提案

项目可行性报告主要是通过对项目的主要内容和配套条件，如市场需求、资源供应、建设规模、工艺路线、设备选型、环境影响、资金筹措、盈利能力等，从技术、经济、工程等方面进行调查研究和分析比较，并对项目建成以后可能取得的财务、经济效益及社会影响进行预测，从而提出该项目是否值得投资和如何进行建设的咨询意见，为项目决策提供依据的一种综合性的分析方法。可行性研究具有预见性、公正性、可靠性、科学性的特点。

17.2.1 绘制并编辑形状

制作演示文稿的目的是向别人介绍观点、分享思想或推荐好的产品，文字固然重要，但是，在演示文稿中，如果能将生动有趣的图形与文字配合在一起，将大大增强文稿的演示效果。

通过绘制形状和插入图片等方式来设计幻灯片的格式，并且依次对幻灯片的形状进行编辑美化。

步骤 1：启动 PowerPoint 2019，新建一个空白演示文稿，将其命名为“项目可行性报告”，然后在第一张幻灯片内输入标题为“项目可行性报告”，调整其字体、字号及位置，如图 17-2 所示。

步骤 2：切换至“插入”选项卡，单击“图像”组内的“图片”按钮，如图 17-3 所示。

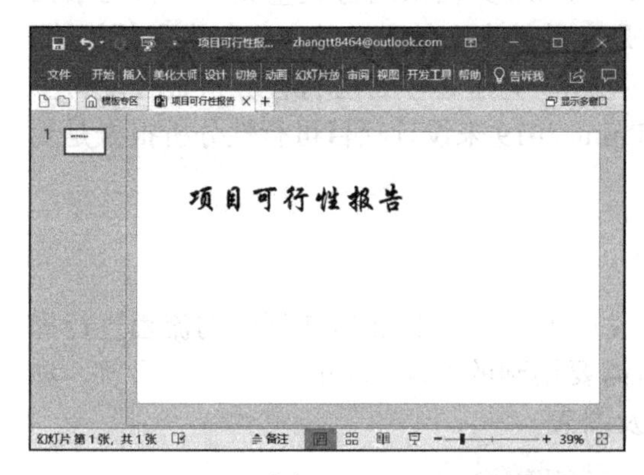

图　17-2

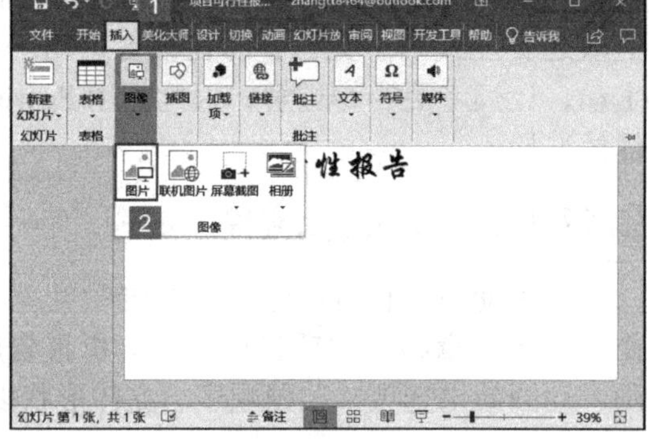

图　17-3

步骤 3：弹出“插入图片”对话框，定位至图片所在文件夹位置，选中需要插入的图片，单击“插入”按钮，如图 17-4 所示。

步骤 4：返回演示文稿，即可看到选中的图片已插入至幻灯片，调整其大小和位置以适应幻灯片，效果如图 17-5 所示。

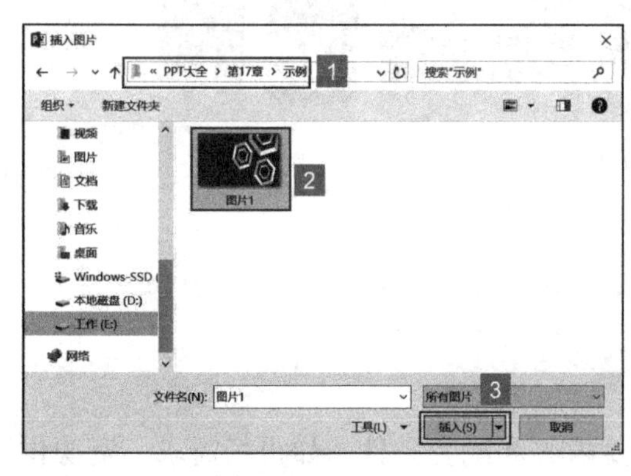

图　17-4

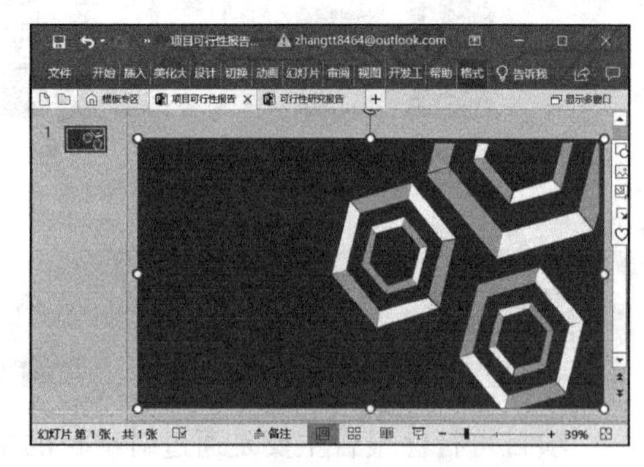

图　17-5

步骤 5：选中图片，右键单击，然后在弹出的快捷菜单内单击“置于底层”按钮，在展开的子菜单列表内选择“置于底层”，如图 17-6 所示。

步骤 6：设置完成后，效果如图 17-7 所示。

步骤 7：切换至“插入”选项卡，单击“插图”组内的“形状”下拉按钮，然后在展开的形状样式库内单击“直线”按钮，如图 17-8 所示。

步骤 8：此时即可看到幻灯片内的光标会变成十字形，按住鼠标左键并拖动即可绘制线条，如图 17-9 所示。

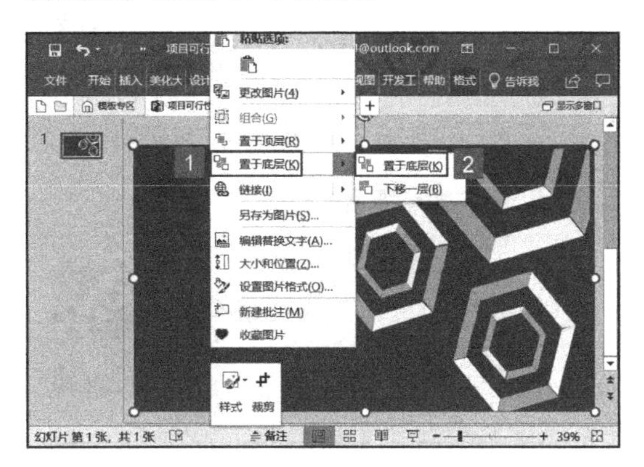

图 17-6

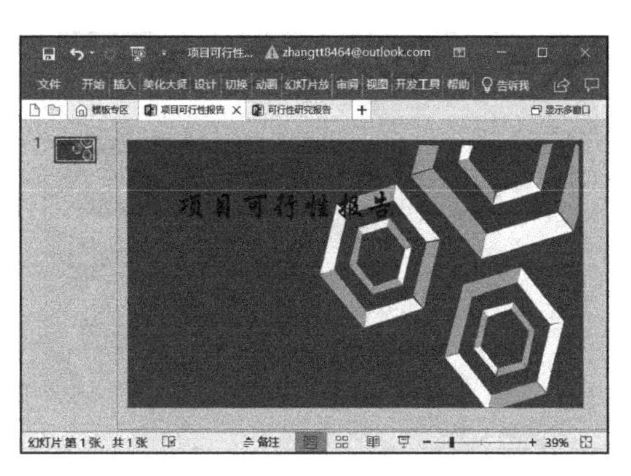

图 17-7

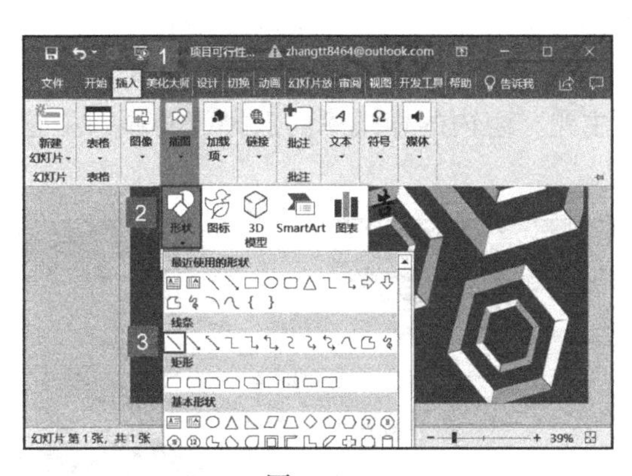

图 17-8

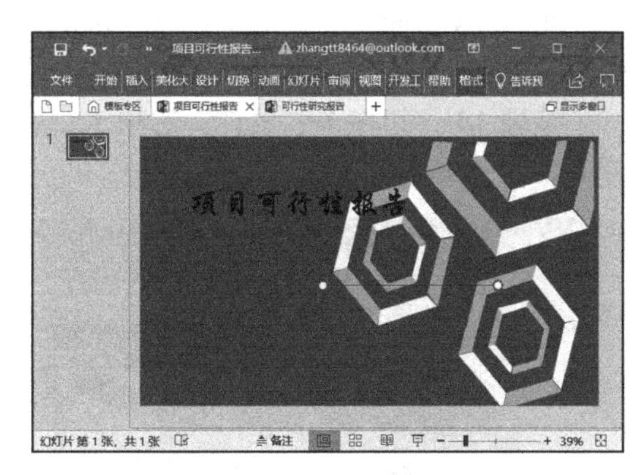

图 17-9

步骤 9：选中绘制的直线，切换至“格式”选项卡，单击“形状样式”组内的设置形状格式按钮，如图 17-10 所示。

步骤 10：此时 PowerPoint 会在窗口右侧打开“设置形状格式”对话框，单击“颜色”右侧的下拉按钮设置线条颜色，然后在“宽度”文本框内设置线条宽度，如图 17-11 所示。

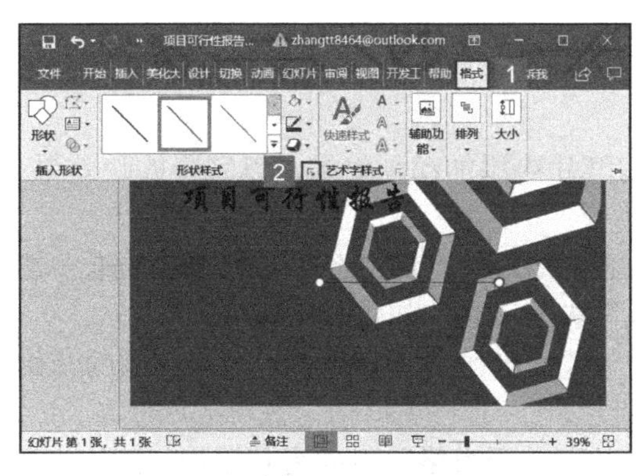

图 17-10

图 17-11

步骤 11：复制需要的直线，并调整其位置，如图 17-12 所示。

步骤 12：切换至“插入”选项卡，单击“文本”组内的“文本框”下拉按钮，然后在打开的菜单列表内单击“绘制横排文本框”按钮，如图 17-13 所示。

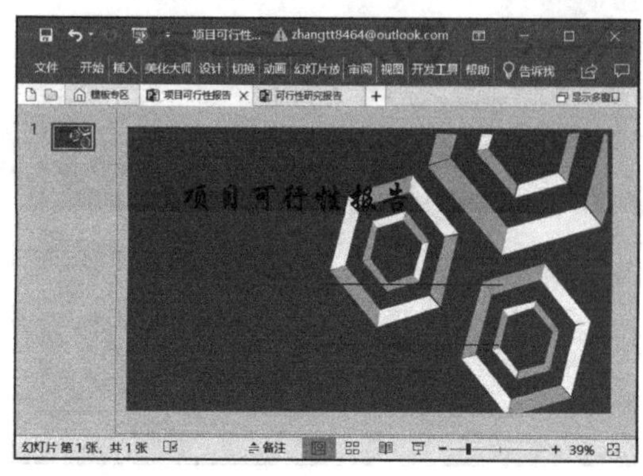

图 17-12

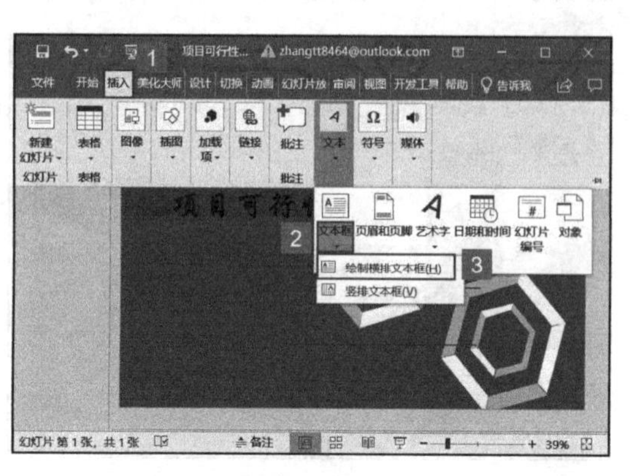

图 17-13

步骤 13：此时即可看到幻灯片内的光标会变成十字形，按住鼠标左键并拖动即可绘制文本框。然后输入文字并调整其字体、字号、颜色及位置，效果如图 17-14 所示。

步骤 14：切换至“设计”选项卡，在“主题”组内的样式库内选择“回顾”主题样式，如图 17-15 所示。

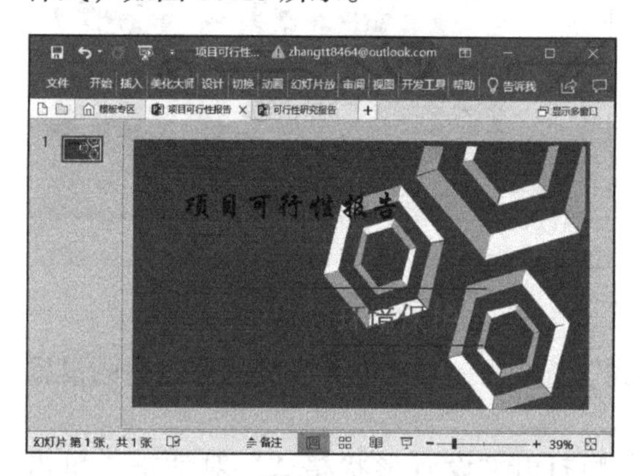

图 17-14

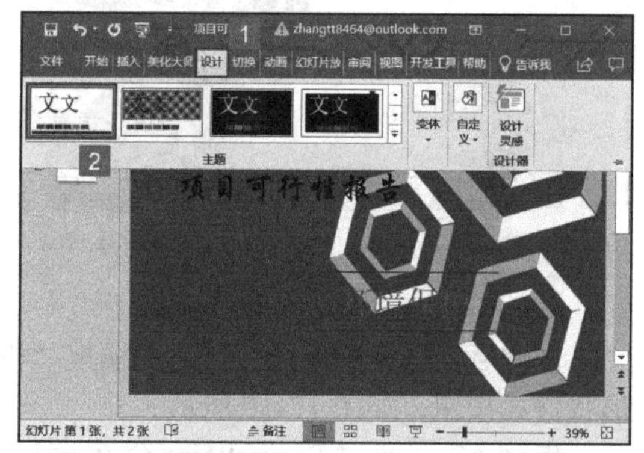

图 17-15

小技巧：拖动直线的同时按住 Shift 键，直线会平行移动；拖动直线的同时按住 Ctrl 键，直线会进行平移并复制。

17.2.2 添加并编辑动画

完成幻灯片的编辑后，还可根据需要在幻灯片内添加动画效果，以完善放映效果，增加幻灯片的生动性。

步骤 1：打开演示文稿，选中需要添加动画的幻灯片，切换至“动画”选项卡，然后在“动画”组内分别为两条直线添加“飞入”进入动画，如图 17-16 所示。

步骤 2：然后选中第二条直线，在“动画”选项卡的“计时”组内将其动画的开始方式设置为“与上一动画同时”，如图 17-17 所示。

步骤 3：选中文本框，在“动画”选项卡的“动画窗格”组内为其添加“放大 / 缩小”强调动画，如图 17-18 所示。

步骤 4：然后在“计时”组内将其动画的开始方式设置为“与上一动画同时”，将延迟时间设置为“00.50”，如图 17-19 所示。

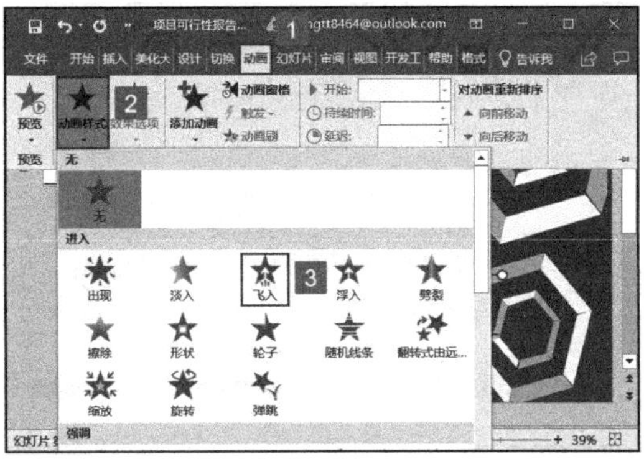

图 17-16

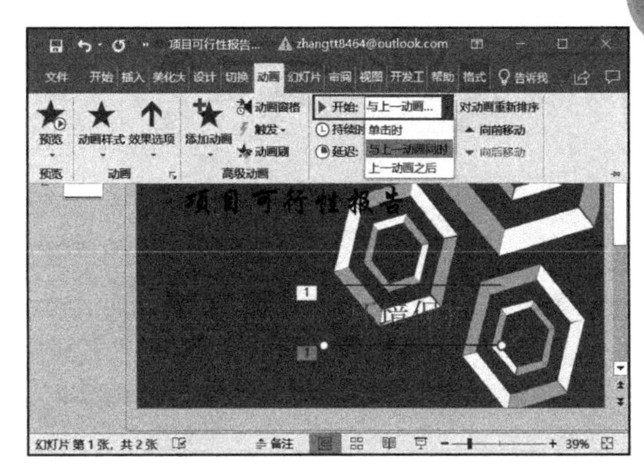

图 17-17

图 17-18

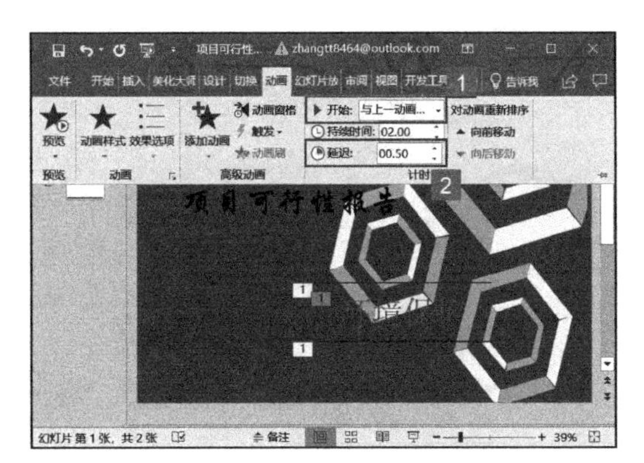

图 17-19

17.2.3 制作目录

可行性研究报告文案的内容都比较琐碎，为了方便阅读人员条理清晰地掌握报告的前后关系、假设条件及具体内容，必须编写目录。

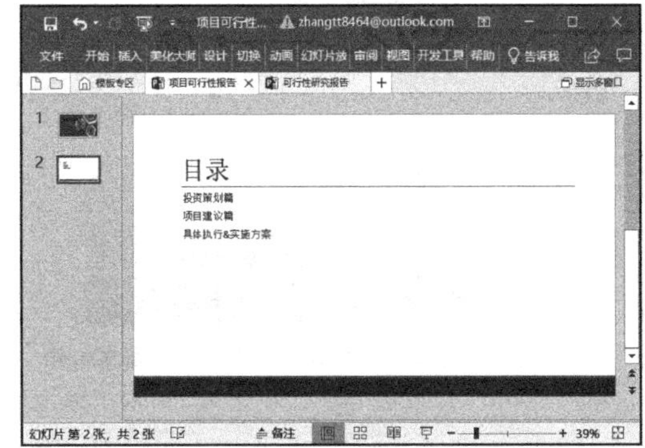

图 17-20

步骤 1：打开演示文稿，切换至“开始”选项卡，在“幻灯片”组内单击“新建幻灯片”下拉按钮，然后在展开的幻灯片样式库内单击“标题和内容”版式的幻灯片。然后在标题占位符内输入“目录”，在“内容”占位符内输入目录内容，效果如图 17-20 所示。

步骤 2：选中内容占位符内的目录文本，右键单击，在展开的快捷菜单内单击“转换为 SmartArt”按钮，然后在展开的 SmartArt 样式库内选择“垂直项目符号列表”选项，如图 17-21 所示。

步骤 3：此时即可看到幻灯片内的目录内容已转换为 SmartArt 图形，效果如图 17-22 所示。

步骤 4：选中 SmartArt 图形，切换至“设计”选项卡，在“ SmartArt 样式组”内选择“中等效果”选项，如图 17-23 所示。

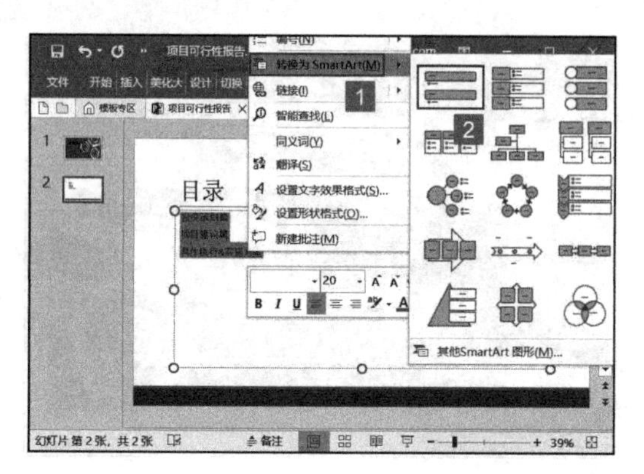

图 17-21

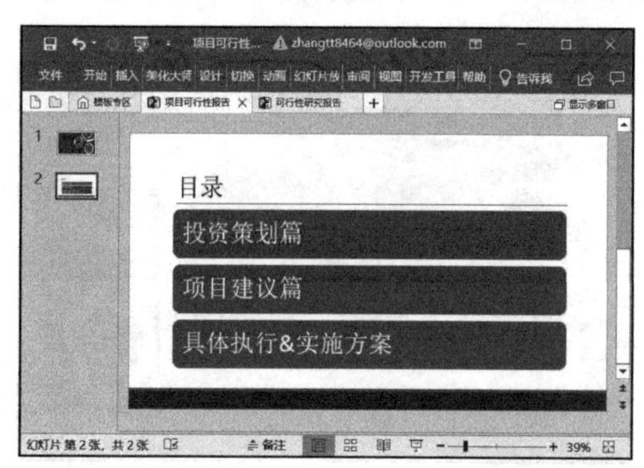

图 17-22

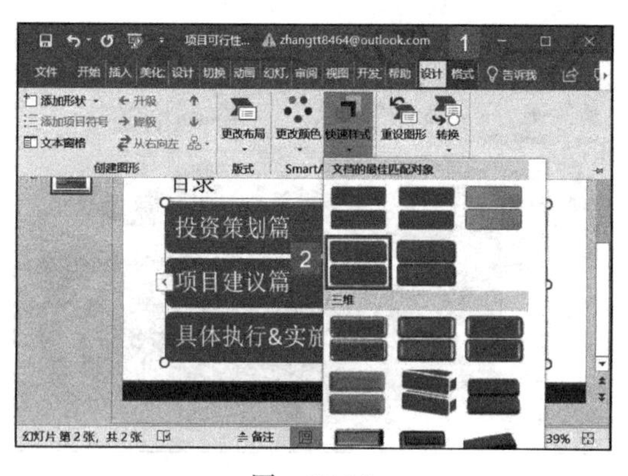

图 17-23

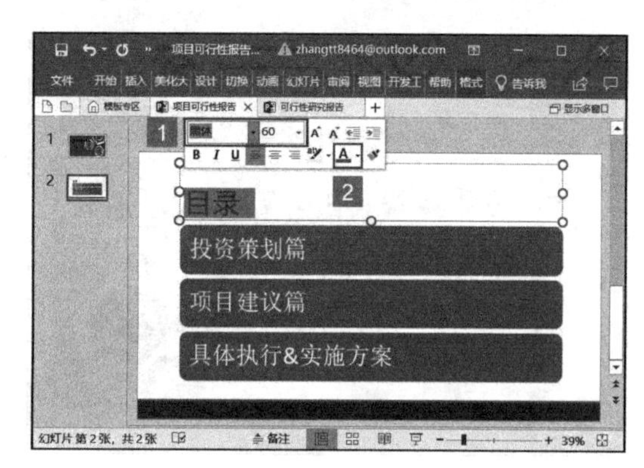

图 17-24

步骤 5：选中标题占位符内的文本，在展开的工具栏内调整其字体、字号及颜色，如图 17-24 所示。

步骤 6：设置完成后，目录页幻灯片的效果如图 17-25 所示。

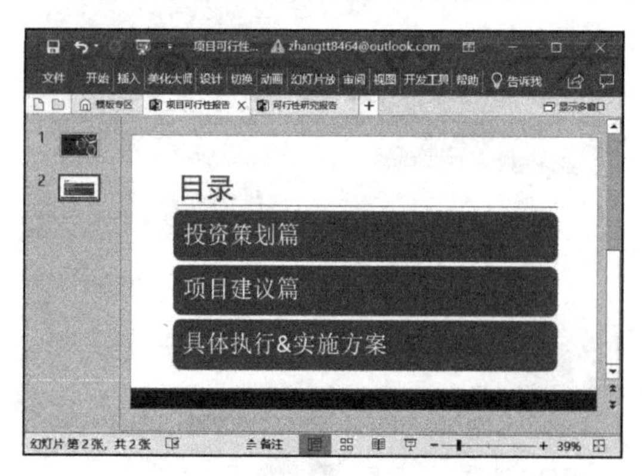

图 17-25

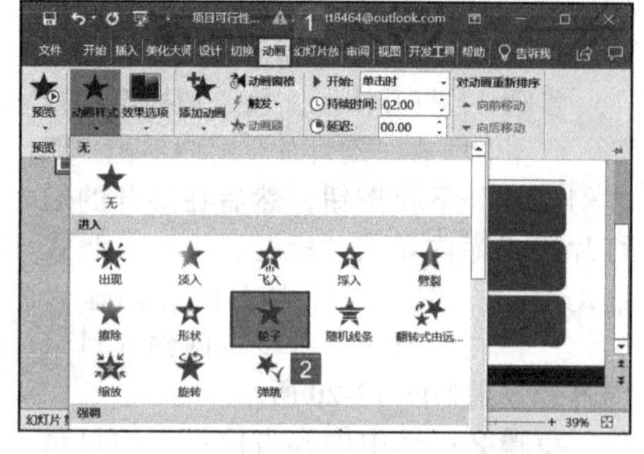

图 17-26

步骤 7：选中幻灯片内的 SmartArt 图形，切换至“动画”选项卡，在“动画”组内为其添加“轮子”进入动画效果，如图 17-26 所示。

步骤 8：然后单击“动画”组内的“效果选项”下拉按钮，在展开的效果选项内选择“2 轮辐图案”和“逐个级别”序列，如图 17-27 所示。

步骤 9：设置完成后，单击“预览”按钮即可看到预览效果，如图 17-28 所示。

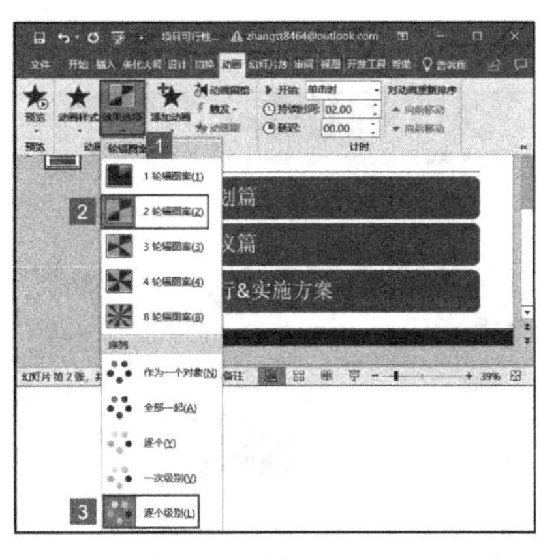
图 17-27

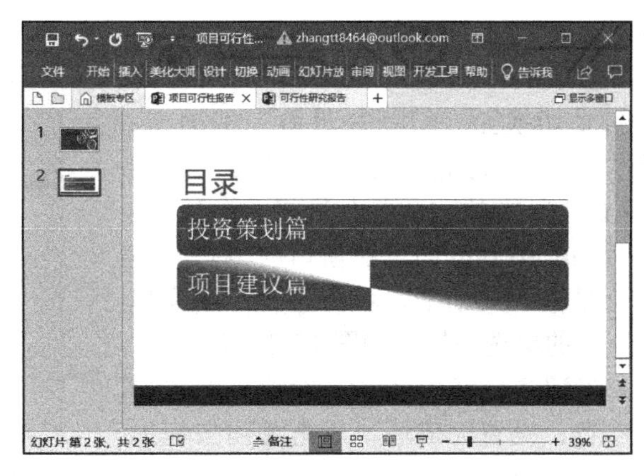

图 17-28

17.2.4 提案写作要点

对可行性研究报告的写作要求主要包括以下几个方面：可行性研究工作对于整个项目建设过程乃至整个国民经济都有非常重要的意义，为了保证可行性研究工作的科学性、客观性和公正性，有效地防止错误和遗漏，在可行性研究中：

（1）必须站在客观公正的立场进行调查研究，做好基础资料的收集工作。对于收集的基础资料，要按照客观实际情况进行论证评价，如实地反映客观经济规律，从客观数据出发，通过科学分析，得出项目是否可行的结论。

（2）可行性研究报告的内容深度必须达到国家规定的标准，基本内容要完整，应尽可能多地占有数据资料，避免粗制滥造，搞形式主义。

另外，关于规划提案这一类的商务 PPT，在制作的时候需要做到以下几点：

（1）让图片更加出彩；

（2）让文字变得会说话；

（3）让设计带有理念；

（4）让 PPT 的特效更管用。

17.3 投资策划

项目策划篇可以用来介绍企业的价值，从而吸引投资、信贷、员工、战略合作伙伴，包括政府在内的其他利益相关者。一份有想法的计划书可以帮你认清挡路石，就可以调整集团的方向与步骤，激励团队的成长。

17.3.1 编辑幻灯片基本对象

首先要设置幻灯片的背景、添加并编辑文本，然后可以在幻灯片内加入超链接等操作。演示文稿就是需要用幻灯片的形式向客户介绍、展示，为了能够让观众在最短的时间内了解你的想法，跟上你的思路，在幻灯片内添加图片是个不错的选择，可以吸引观众的注意力，并加深其印象。

步骤 1：打开演示文稿，切换至“视图”选项卡，在“母版视图”组内单击“幻灯片母版”按钮，如图 17-29 所示。

步骤 2：此时 PowerPoint 即可打开并自动切换至“幻灯片母版”选项卡，选中第一张幻灯片母版缩略图，单击“背景”组内的“设置背景格式”按钮。此时 PowerPoint 即可在窗口右侧打开设置背景格式对话框，单击选中“渐变填充”前的单选按钮，如图 17-30 所示。

步骤 3：然后选择并设置渐变填充的颜色，设置完成后，单击关闭按钮返回幻灯片母版选项卡。单击“关闭母版视图”按钮，返回演示文稿的普通视图，如图 17-31 所示。

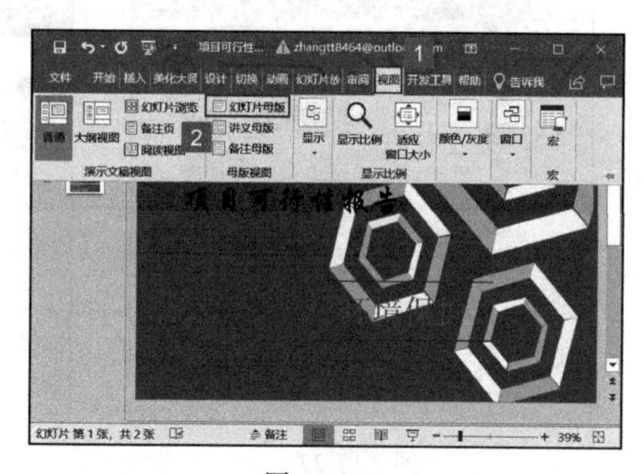

图　17-29

步骤 4：切换至“开始”选项卡，单击“幻灯片”组内的“新建幻灯片”下拉按钮，然后在展开的幻灯片类型中选择“空白”幻灯片，如图 17-32 所示。

图　17-30

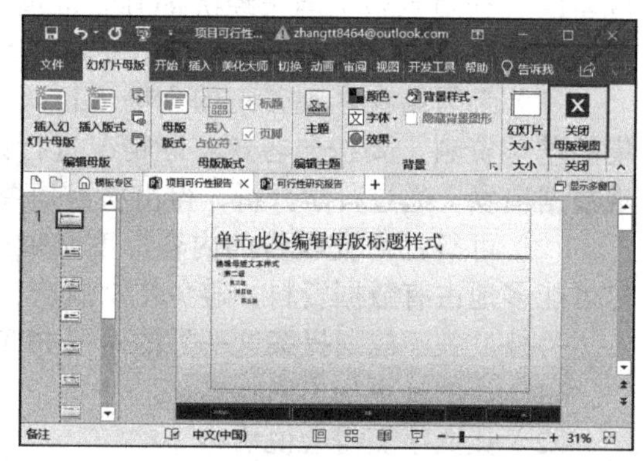

图　17-31

步骤 5：选中新建的空白幻灯片，切换至“插入”选项卡，单击“插图”组内的“形状”下拉按钮，然后在展开的形状样式库内选择“矩形”，如图 17-33 所示。

步骤 6：此时，幻灯片内的光标会变成十字形，按住鼠标左键并拖动释放后即可绘制矩形，如图 17-34 所示。

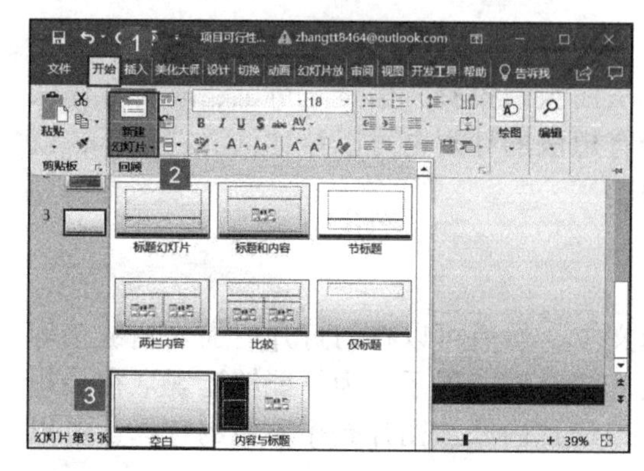

图　17-32

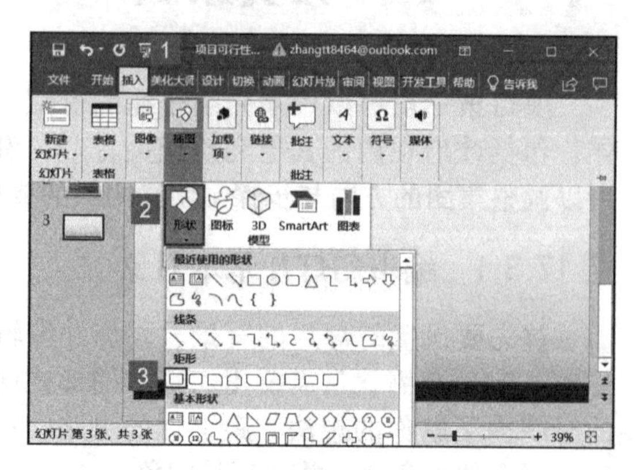

图　17-33

步骤 7：再次切换至“插入”选项卡，单击“插图”组内的“形状”下拉按钮，然后在展开的形状样式库内选择“箭头：手杖形”，如图 17-35 所示。

步骤 8：此时，幻灯片内的光标会变成十字形，按住鼠标左键并拖动鼠标释放后即可绘制箭头，如图 17-36 所示。

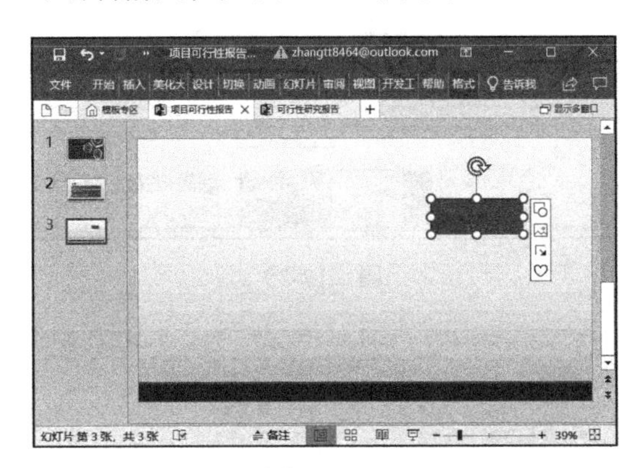

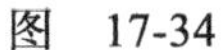

图 17-34

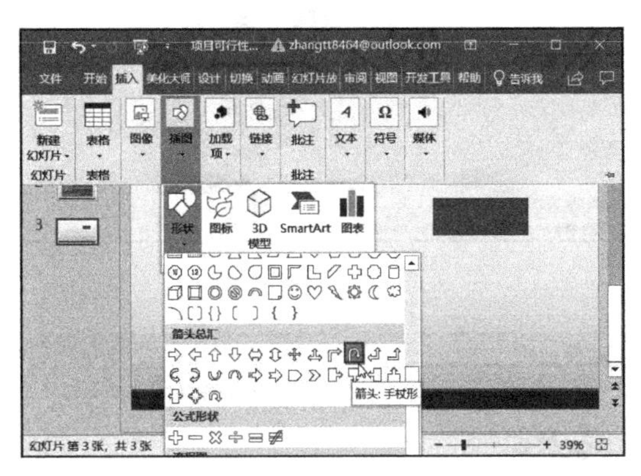

图 17-35

步骤 9：重复步骤 5 ～步骤 8，插入需要的形状，调整其大小及位置，并在相应的形状内输入相应的文本内容，效果如图 17-37 所示。

步骤 10：插入文本框输入标题文本，插入直线并设置其样式，最终效果如图 17-38 所示。

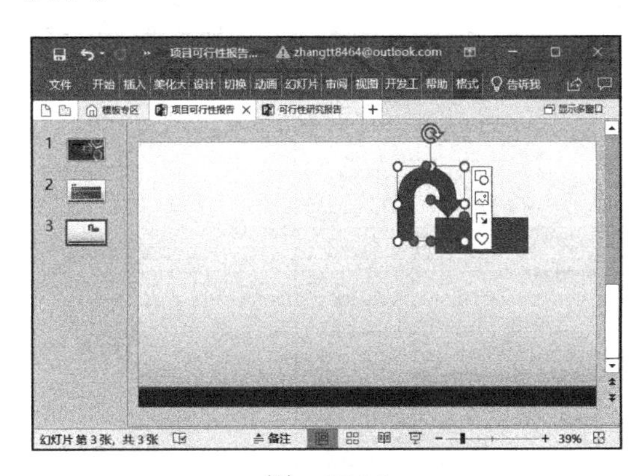

图 17-36

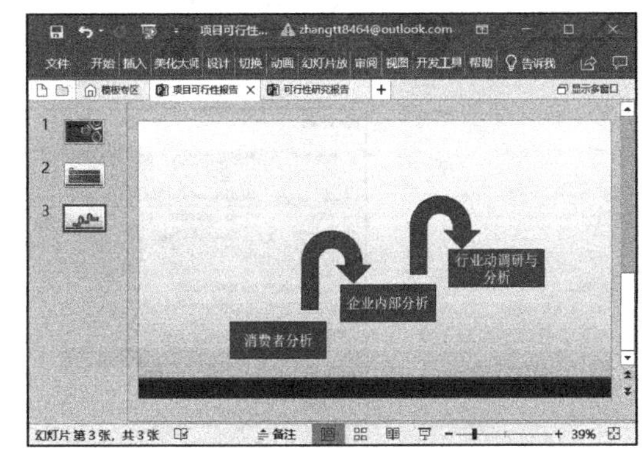

图 17-37

步骤 11：再次单击切换至“开始”选项卡，单击“幻灯片”组内的“新建幻灯片”下拉按钮，然后在展开的幻灯片类型中选择“仅标题”幻灯片，如图 17-39 所示。

步骤 12：新建 3 个仅标题幻灯片，并在标题占位符内输入相应的标题文本，如图 17-40 所示。

步骤 13：选中需要添加超链接的幻灯片对象元素，切换至“插入”选项卡，单击“链接”组内的“链接”按钮，如图 17-41 所示。

步骤 14：弹出“插入超链接”对话框，在“链接到”窗格内单击“本文档中的位置”按钮，然后在“请选择文档中的位置”列表框内选中链接到的幻灯片，单击“确定”按钮，如图 17-42 所示。

步骤 15：设置完成后，返回幻灯片，当鼠标光标悬停在该图形上时，即可显示超链接信息，如图 17-43 所示。

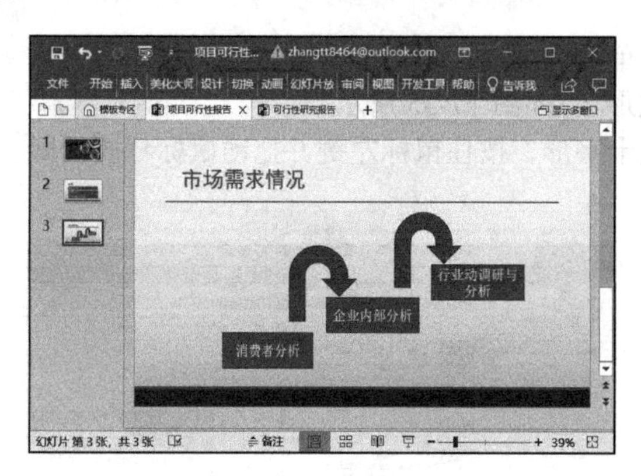

图 17-38

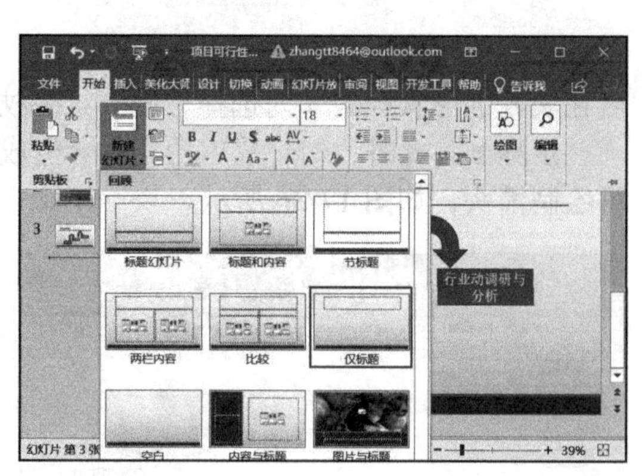
图 17-39

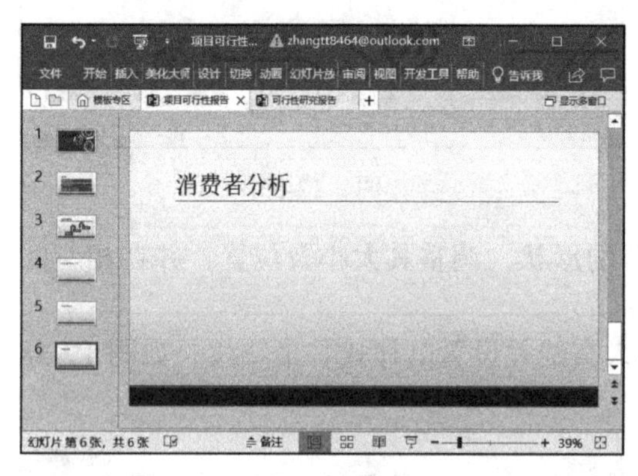

图 17-40

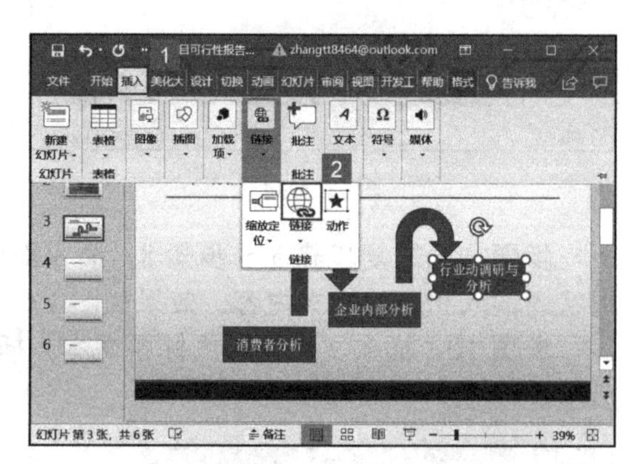
图 17-41

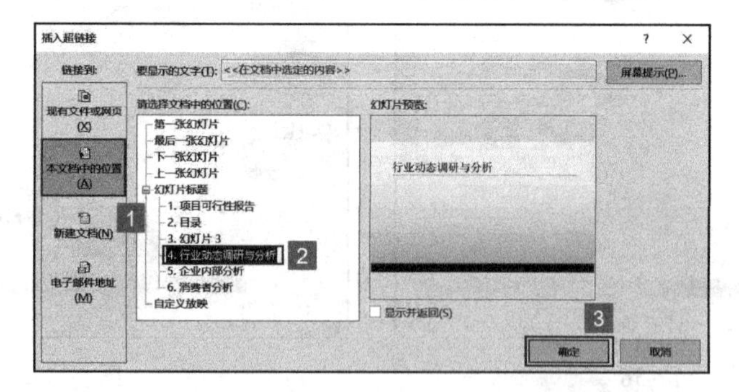

图 17-42

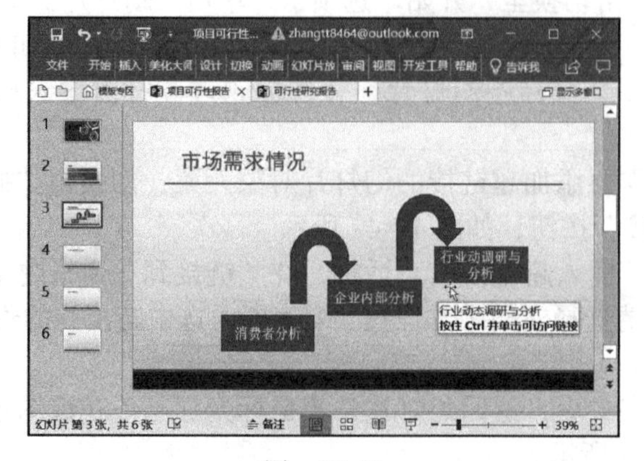

图 17-43

17.3.2 绘制立体示意图

制作演示文稿时，可以对图形进行三维立体化设计，使其生动形象。

步骤 1：打开演示文稿，选中需要设计三维立体化效果的幻灯片对象，然后切换至“格式”选项卡，在“形状样式”组内单击“设置形状格式”按钮，如图 17-44 所示。

步骤 2：此时 PowerPoint 即可在窗口右侧打开“设置形状格式”对话框，切换至“效果”选项卡，单击“三维格式”展开按钮，在“顶部棱台”下拉列表内选择“凸出”效果，如图 17-45 所示。

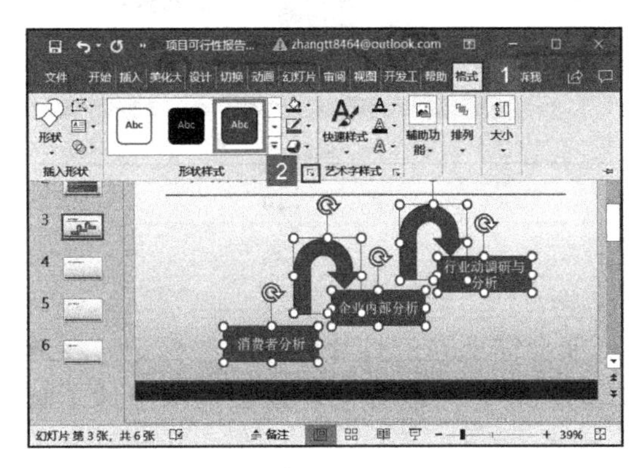

图 17-44

图 17-45

步骤 3：切换至“填充与线条”选项卡，单击“线条”展开按钮，单击选中“渐变线”前的单选按钮，然后单击“类型”下拉列表选择“线性”类型，如图 17-46 所示。

步骤 4：设置完成后，单击关闭按钮返回幻灯片，即可看到最终效果如图 17-47 所示。

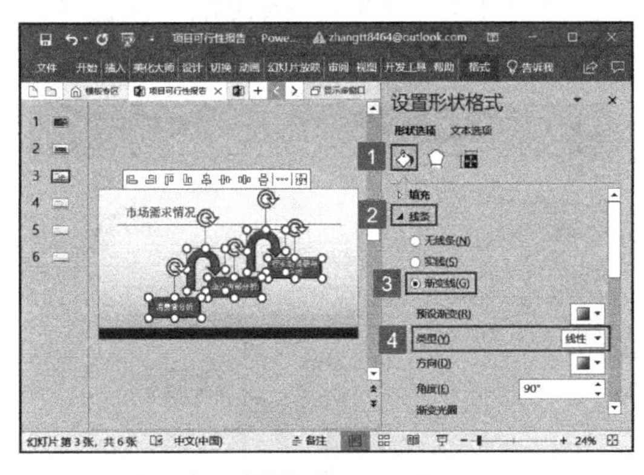

图 17-46

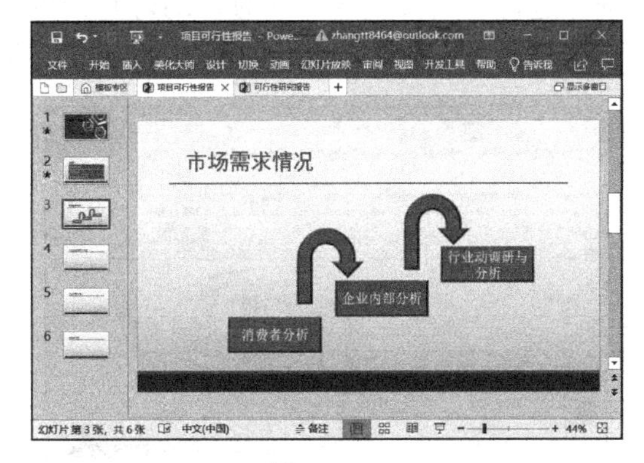

图 17-47

17.3.3 设置动画及其播放

当放映演示文稿时，如果感觉文字、形状比较单调且缺乏吸引力时，可以为幻灯片内的对象元素设置动画效果。

步骤 1：打开演示文稿，选中需要添加动画效果的幻灯片对象元素，切换至“动画”选项卡，单击“高级动画”组内的“添加动画”按钮，然后在展开的动画效果样式库内选择“淡入”进入动画，如图 17-48 所示。

步骤 2：重复步骤 1，依次为幻灯片内的所有对象元素添加“淡入”进入动画。然后依次选中对象元素，切换至“动画”选项卡，在“计时”组内将其“开始”方式设置为“上一动画之后”，将其“延迟”时间设置为“00.50”，使所有的幻灯片对象元素呈现出依次淡入的效果，如图 17-49 所示。

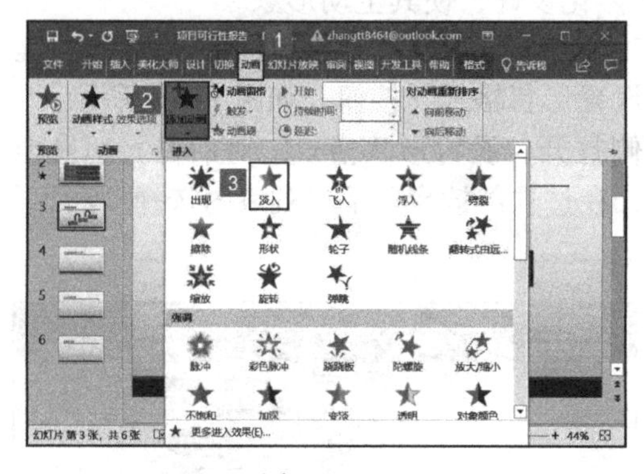

图 17-48

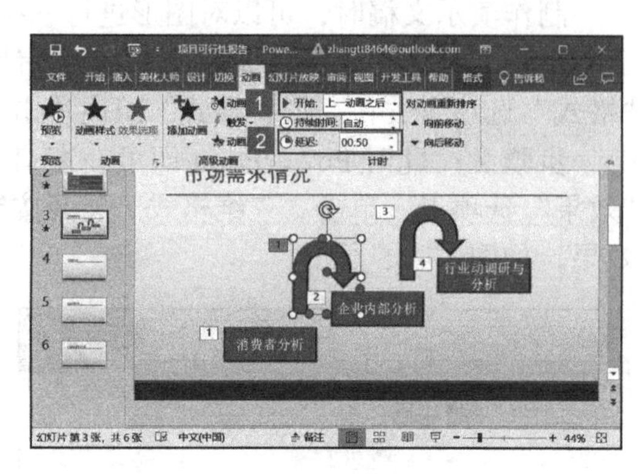

图 17-49

17.3.4 标记幻灯片

在进行 PowerPoint 2019 幻灯片演示时，可能会需要在幻灯片内做一些标记。在放映幻灯片时为重要的位置添加标记以突出强调的内容，可以方便观众更加清晰地了解演示文稿的内容。

步骤 1：需要进行标记的幻灯片，切换至“审阅”选项卡，单击“墨迹”组内的“开始墨迹书写”按钮，如图 17-50 所示。

步骤 2：此时 PowerPoint 菜单栏内会出现“笔”选项卡，单击并切换至该选项卡，用户可以在“写入”组内选择标记类型，然后在“笔”组内可以对笔的样式、颜色、粗细等进行自定义设置。此时，幻灯片内的光标会变成小方块形状，按住鼠标左键并拖动即可为幻灯片中的重点内容添加标记，如图 17-51 所示。

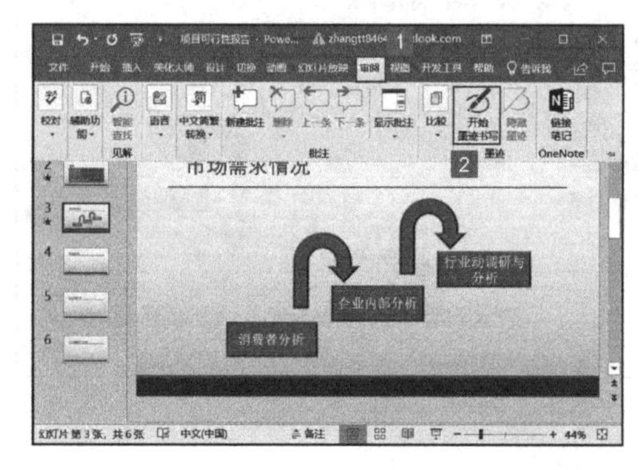

图 17-50

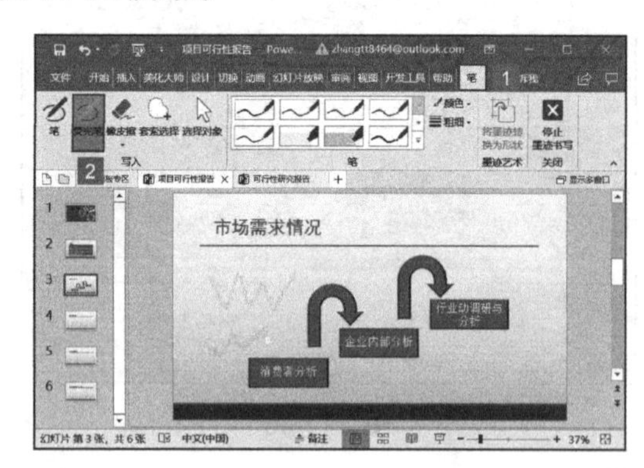

图 17-51

17.4 可行性研究与建议

可行性研究是投资前期工作的重要内容，它一方面充分研究建设条件，提出建设的可能性。另一方面进行经济分析评估，提出建设的合理性。它既是项目工作的起点，也是以后一系列工作的基础。建设项目的项目建议书、可行性研究报告及申请报告是项目审批立项、领导决策的重要依据，其质量关系到整个工程的质量和建成投产后的经济社会效益，由此可知，可行性研究对项目的成败起着十分关键的作用。

17.4.1 编辑流程分析

流程管理的作用，一方面是通过对流程的规范、优化，实现流程效率的提升；另一方面则是通过对企业内部流程体系的梳理、优化，实现企业系统效率的提升。依据企业的战略规划理顺、优化这些跨职能流程之间的接口关系，可以优化、完善企业的流程体系并体现流程体系的战略导向，为流程管理提供动力机制，从而真正解决企业的系统效率问题。

SmartArt 图形是信息和观点的视觉表现形式，可以通过从多种不同的布局中进行选择来创建 SmartArt 图形，从而快速、轻松、有效地传达信息。

步骤 1： 打开演示文稿，单击切换至“开始”选项卡，单击“幻灯片”组内的“新建幻灯片”下拉按钮，然后在展开的幻灯片类型中选择“仅标题”幻灯片，在标题占位符内输入标题文本，如图 17-52 所示。

步骤 2： 切换至“插入”选项卡，单击“插图”组内的“SmartArt”按钮，如图 17-53 所示。

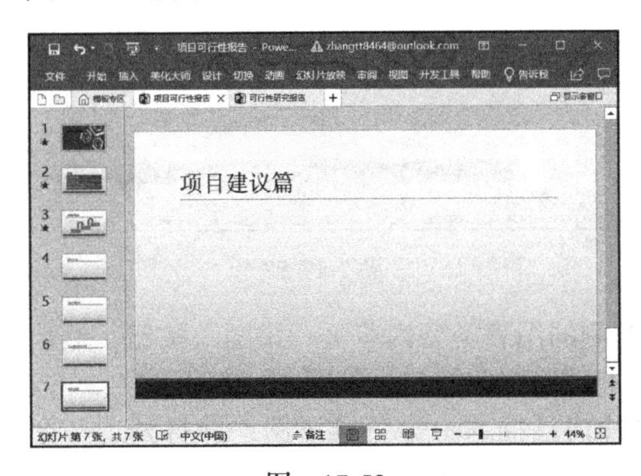

图 17-52

图 17-53

步骤 3： 弹出“选择 SmartArt 图形”对话框，切换至“层次结构”选项卡，在右侧的样式列表内选择“水平多层层次结构”选项，单击“确定”按钮，如图 17-54 所示。

步骤 4： 返回幻灯片，即可看到选中的 SmartArt 图形已被插入，调整其大小及位置，并输入相应的文本，效果如图 17-55 所示。

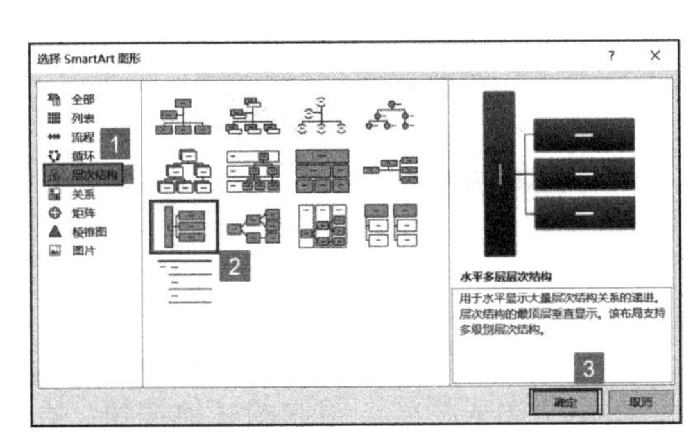

图 17-54

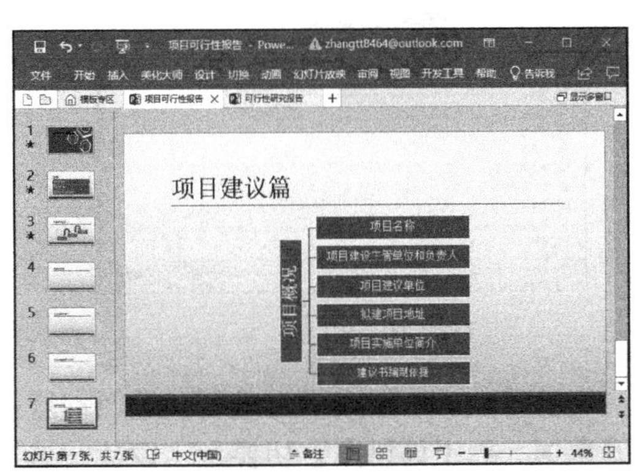

图 17-55

17.4.2 插入图表

图表，既是一种可视化交流模式，又是一种组织整理数据的手段。人们在通信交流、科学研究以及数据分析活动当中广泛采用着形形色色的图表。各种图表常常会出现在印刷介质、手写记录、计算机软件、建筑装饰、交通标志等许多地方。随着上下文的不同，用来确切描述图表的惯例和术语也会有所变化。此外，在种类、结构、灵活性、标注法、表达方法以及使用方面，不同的图表之间也迥然各异。

步骤 1：打开演示文稿，单击切换至“开始”选项卡，单击“幻灯片”组内的“新建幻灯片”下拉按钮，然后在展开的幻灯片类型中选择“仅标题”幻灯片，在标题占位符内输入标题文本，如图 17-56 所示。

步骤 2：切换至“插入”选项卡，单击“插图”组内的“图表”按钮，如图 17-57 所示。

图 17-56

图 17-57

步骤 3：弹出“插入图表”对话框，在左侧的图表类型内单击“饼图”按钮，然后选择合适的饼图类型，例如“三维饼图”，单击“确定”按钮，如图 17-58 所示。

步骤 4：返回演示文稿，即可看到幻灯片内已插入一个三维饼图，并打开了一个 Excel 工作簿，表格内显示了当前饼图的数据。根据需要在表格内输入相应的数据，如图 17-59 所示。

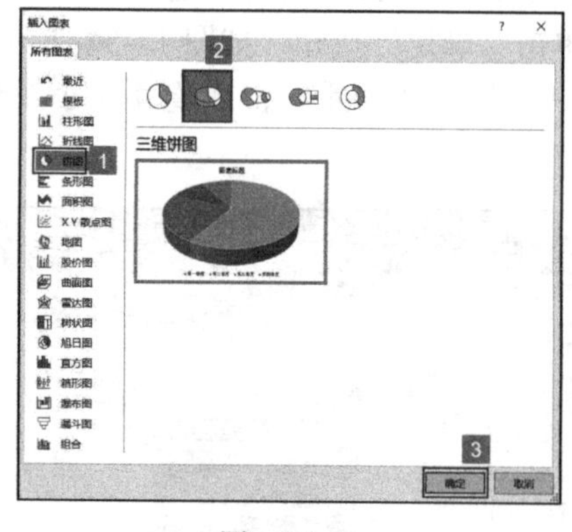

图 17-58

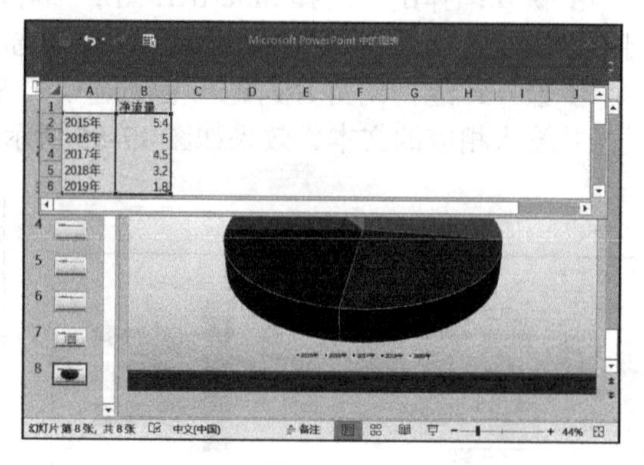

图 17-59

步骤 5：数据编辑完成后，返回幻灯片，即可看到三维饼图的数据已切换为新编辑的数据。选中该饼图，切换至“设计”选项卡，单击“图表样式”组内的其他按钮，在展开的图表样式库内选择“样式 9”，如图 17-60 所示。

步骤 6：返回幻灯片，调整其大小和位置，最终效果如图 17-61 所示。

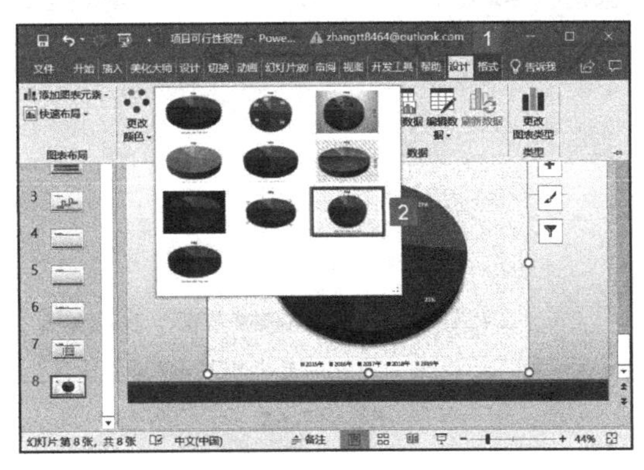

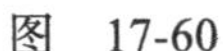

图 17-60

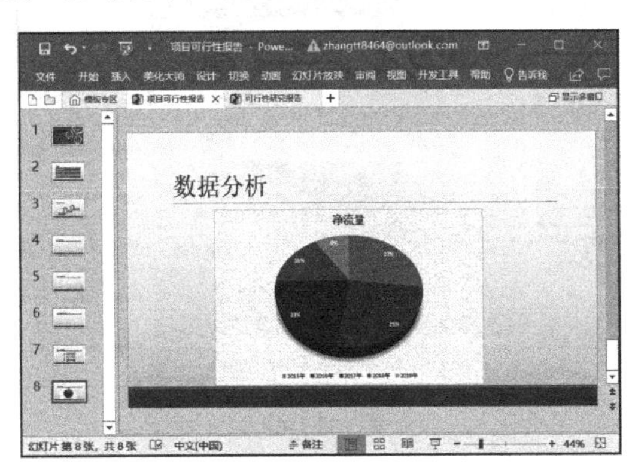

图 17-61

17.4.3 制作结束语

PowerPoint 是一种演示文稿图形程序，可以在其中插入图片、视频，生动地展示想要表达的内容。无论是何种用途，演示文稿的最后都需要有结束句，为整个文稿收尾。

步骤 1：打开演示文稿，单击切换至“开始”选项卡，单击“幻灯片”组内的“新建幻灯片”下拉按钮，然后在展开的幻灯片类型中选择“空白”幻灯片。切换至“插入”选项卡，单击“文本”组内的“艺术字”下拉按钮，然后在展开的样式库内选择合适的艺术字样式，如图 17-62 所示。

步骤 2：此时幻灯片会出现一个文本框，在文本框内输入结束语，然后调整其字体及字号，效果如图 17-63 所示。

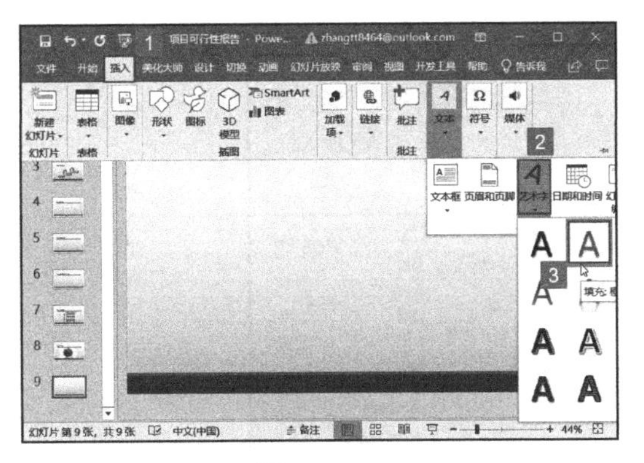

图 17-62

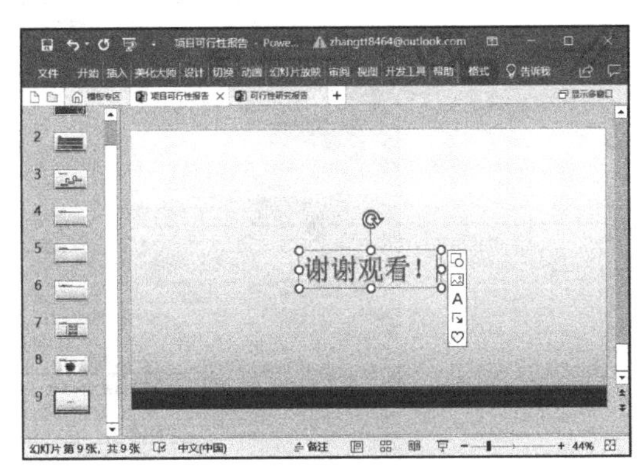

图 17-63

步骤 3：选中文本框，切换至“格式”选项卡，在“艺术字样式”组内将“文本填充”设置为黄色，将“文本轮廓”设置为橙色，然后单击“文本效果”下拉按钮，然后在展开的效果样式库内单击“转换”按钮，在展开的子菜单列表内选择“拱形”跟随路径效果，如图 17-64 所示。

步骤 4：设置完成后，效果如图 17-65 所示。

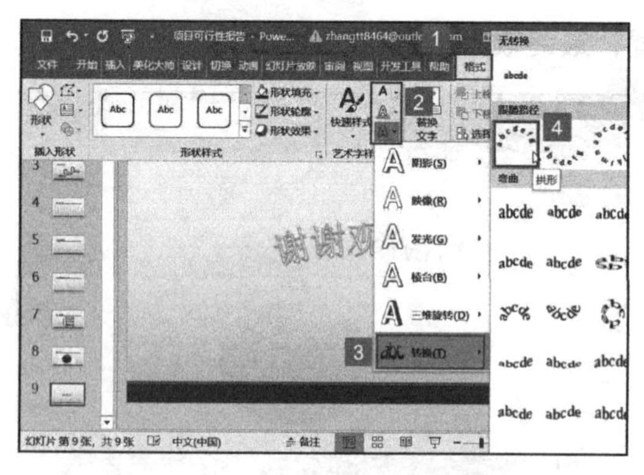

图 17-64

图 17-65

17.5 幻灯片保护

对于商业性质比较强的演示文稿，用户需要对其进行安全性保护，以防止幻灯片的内容被更改或删除，来对演示文稿进行加密。

步骤 1：打开演示文稿，单击“文件”选项卡，然后在左侧菜单列表内单击“信息”按钮，在右侧的“信息”窗格内单击“保护演示文稿”下拉按钮，再在打开的菜单列表内单击“用密码进行加密”按钮，如图 17-66 所示。

步骤 2：弹出“加密文档”对话框，在“密码”文本框内输入密码后，单击“确定”按钮，如图 17-67 所示。

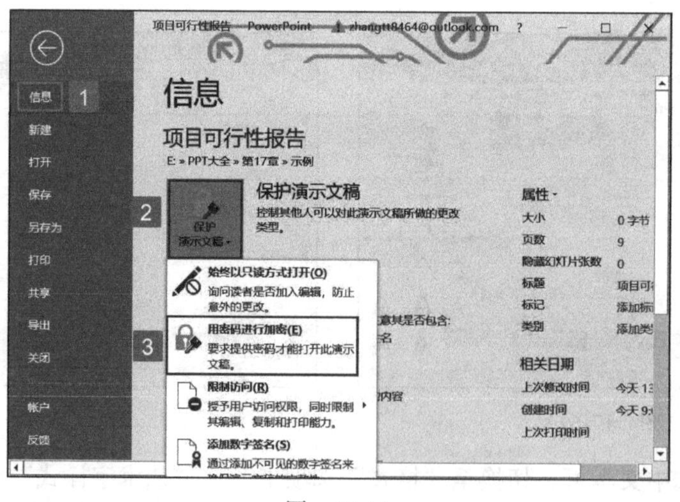

图 17-66

步骤 3：弹出“确认密码”对话框，在“重新输入密码”文本框内输入密码后，单击“确定”按钮，如图 17-68 所示。

步骤 4：设置完成后，再次打开该演示文稿，系统会自动弹出密码对话框，输入密码，单击“确定”按钮才可打开文件，如图 17-69 所示。

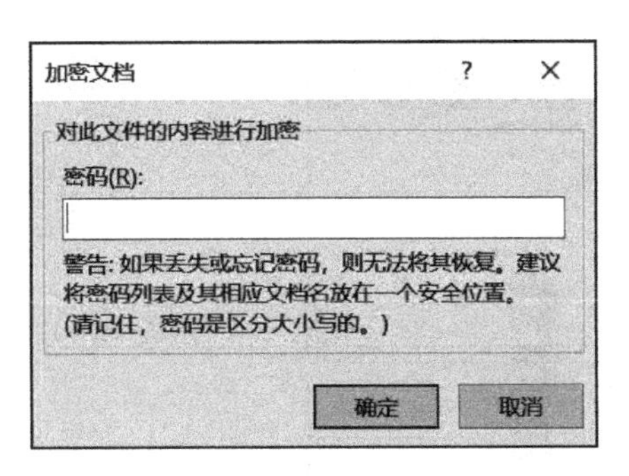

图 17-67

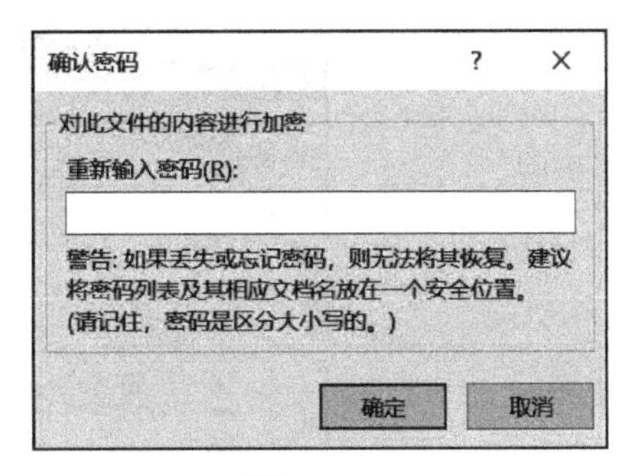

图 17-68

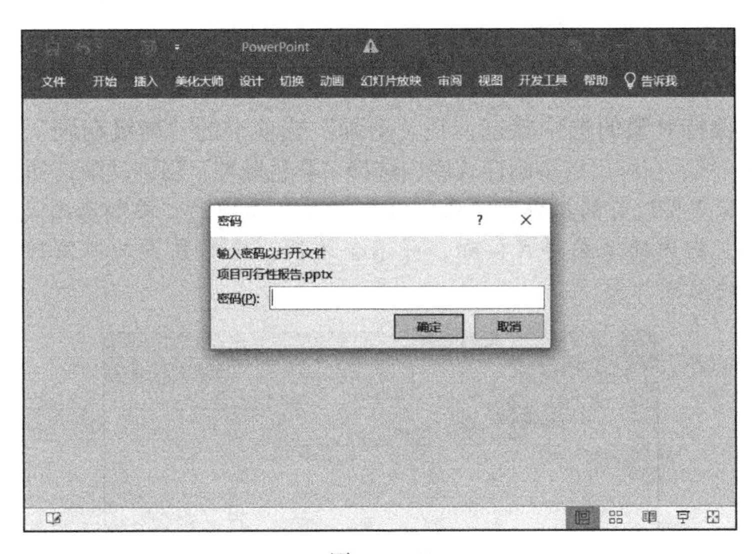

图 17-69

高手技巧

在生活及工作中，可能经常听到这样的言论：“PowerPoint 很简单，就是将 Word 里的文字进行复制、粘贴。”这其实是对 PowerPoint 的无知。如果直接把文字复制粘贴就能达到演示的效果，PowerPoint 就没有存在的必要了。

PowerPoint 的本质在于可视化，就是要把原来看不见、摸不着、晦涩难懂的抽象文字转化为由图表、图片、动画及声音所构成的生动场景，以求通俗易懂、栩栩如生。

为同一对象添加多种动画效果

为了让幻灯片中对象的动画效果丰富、自然，可对其添加多个动画效果。动画也是演示文稿的一大特色，不需要有太多的专业知识，就可以在演示文稿中设置出绚丽的动画效果。

步骤 1：打开演示文稿，选中需要添加动画效果的幻灯片对象，切换至“动画”选项卡，单击“动画”组内的“动画样式”按钮，然后在展开的动画样式库内选择“出现”进入动画，如图 17-70 所示。

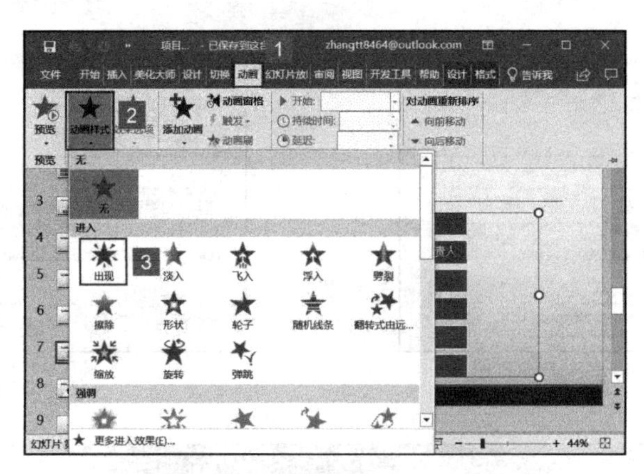

图 17-70

步骤 2：保持对象的选中状态，在“动画”选项卡的“高级动画”组中单击“添加动画”按钮，然后在弹出的动画样式库内选择“彩色脉冲”强调动画，如图 17-71 所示。

注意：步骤 2 要进行的操作是单击“高级动画”组内的“添加动画”按钮，如图此处单击“动画”组内的动画样式按钮，并不会给同一个对象添加不同的动画效果，只会修改该对象的动画效果。

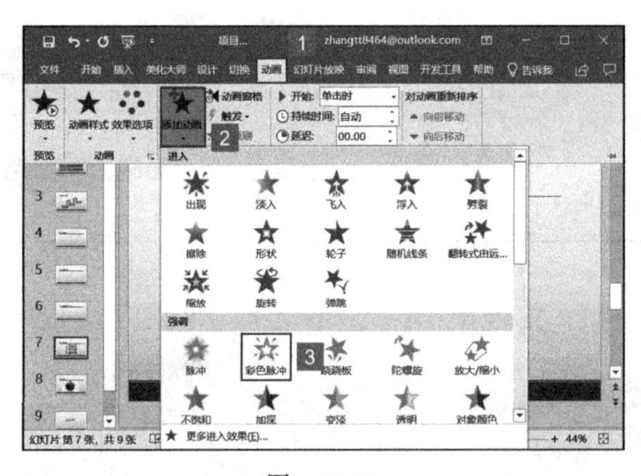

图 17-71

步骤 3：为选中的对象添加多个动画效果后，该对象的左侧会出现编号，该编号是根据动画效果的添加顺序而添加的，如图 17-72 所示。

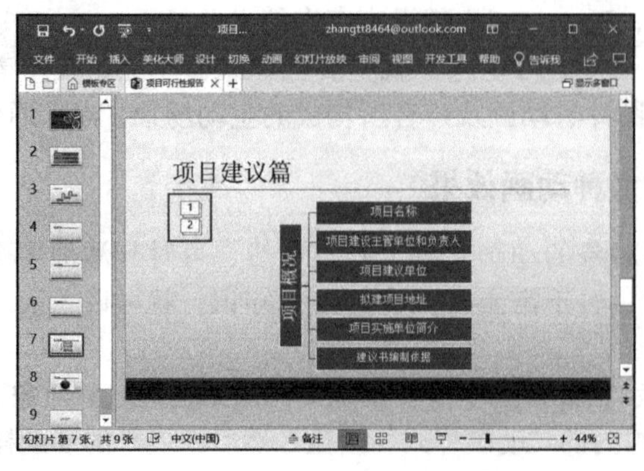

图 17-72

不用 PS 也能让图片背景变透明

为了使插入的图片与幻灯片背景能够更好地融合，用户无须使用 PS 等专业修图工具进行处理，只需要利用 PowerPoint 的设置透明色功能即可实现。

步骤 1：打开演示文稿，选中需要将背景设置为透明色的图片，切换至“格式”选项卡，单击“调整”组内的“颜色”下拉按钮，然后在展开的菜单列表内单击“设置透明色”按钮，如图 17-73 所示。

步骤 2：此时幻灯片内的光标会变成图 17-74 所示的形状。

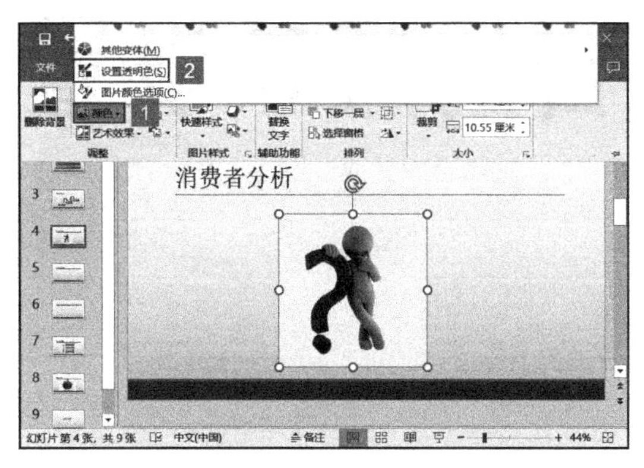

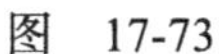
图 17-73

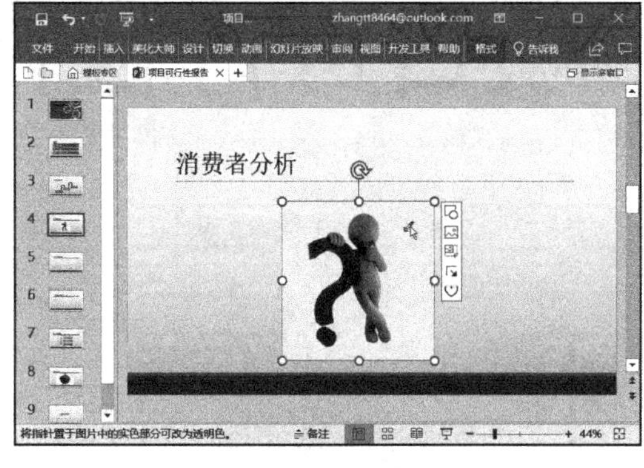

图 17-74

步骤 3：将光标定位至图片的白色背景处，单击即可将图片的背景色设置为透明色，效果如图 17-75 所示。

图 17-75

第18章 项目可行性报告的放映设置

本章主要承接第 17 章的内容，介绍如何利用 PowerPoint 2019 动态演示项目可行性分析报告的内容以及自定义设置放映。

- 初步设定报告的放映设置
- 选择性放映报告内容
- 压缩并加密演示文稿
- 高手技巧

18.1 初步设定报告的放映设置

18.1.1 让主要内容直观图逐个显示

为了能直接跳转到项目可行性分析报告的特定内容的幻灯片页面，用户需要在项目可行性分析报告中添加大纲页面，也就是常说的目录或主要内容。如果希望主要内容在放映时逐个显示，以此来强调每个项目的内容，用户可以使用动画和更改动画效果来实现。

步骤 1：打开 PowerPoint 文件，选中需要插入动画效果的幻灯片对象元素，切换至“动画”选项卡，在“动画”组内单击“动画样式”下拉按钮，然后在展开的动画样式库内选择“出现”进入动画效果，如图 18-1 所示。

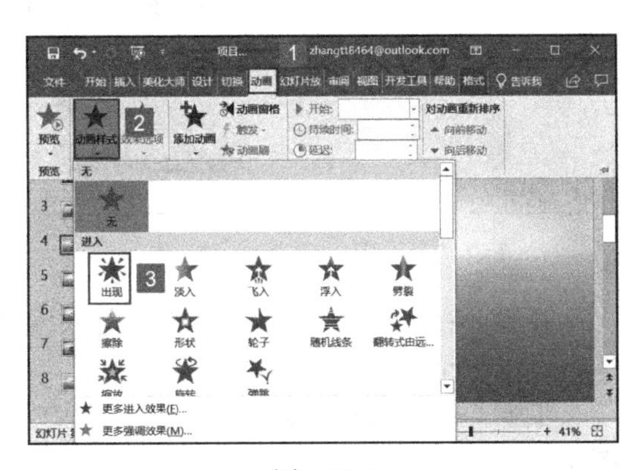

图 18-1

步骤 2：此时可以看到添加动画效果的幻灯片对象左上角显示了动画编号“1”，如图 18-2 所示。

了解如何设置对象动画后，如果要更改动画的播放顺序，应该怎样操作呢？首先需要选中要改变动画播放顺序的对象，在“动画”选项卡下的“计时”组内，单击“向前移动”或“向后移动”按钮即可进行更改，如图 18-3 所示。更改完成后，即可看到所选择的动画对象中的动画播放顺序根据其形状从上到下依次添加了动画编号，这就表示每个形状逐个显示的顺序。

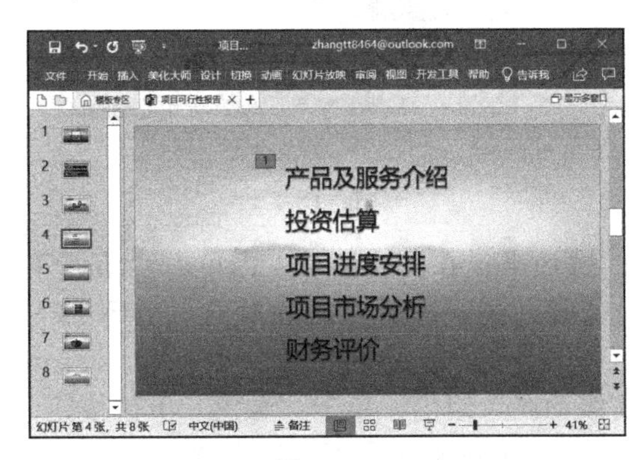

图 18-2

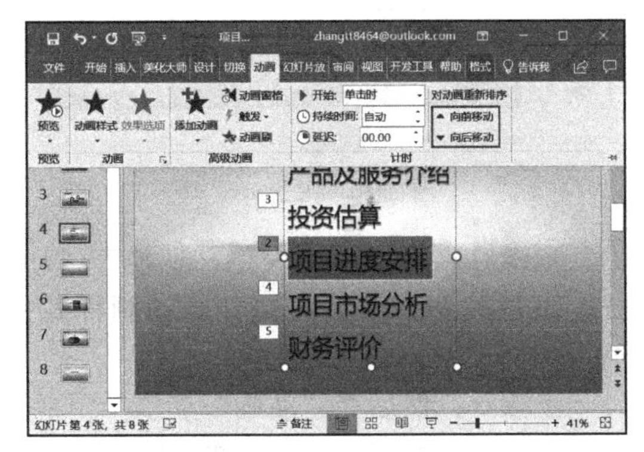

图 18-3

18.1.2 使用触发器显示数据表格

在制作项目可行性分析报告的过程中，经常需要列出相关的数据，以量化的形式来证实报告中观点的正确性。如果想要在投资估算和资金筹措安排上，有一个具体的列表，可以使用动画的触发器功能来控制数据表格的显示。

步骤 1：打开 PowerPoint 文件，选中需要设置触发显示数据表格的幻灯片。切换至“插入”选项卡，在“插图”组内单击“形状”下拉按钮，然后在展开的形状样式库内选择“矩形”，如图 18-4 所示。

步骤 2：此时幻灯片内的光标会变成十字形，按住鼠标左键并拖动即可绘制出一个矩形形状，如图 18-5 所示。

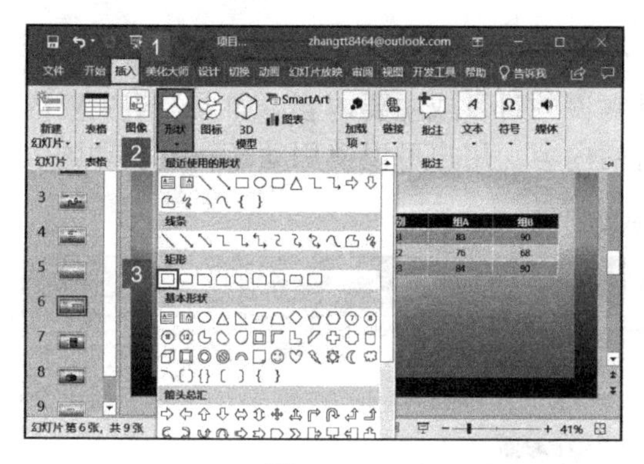

图 18-4

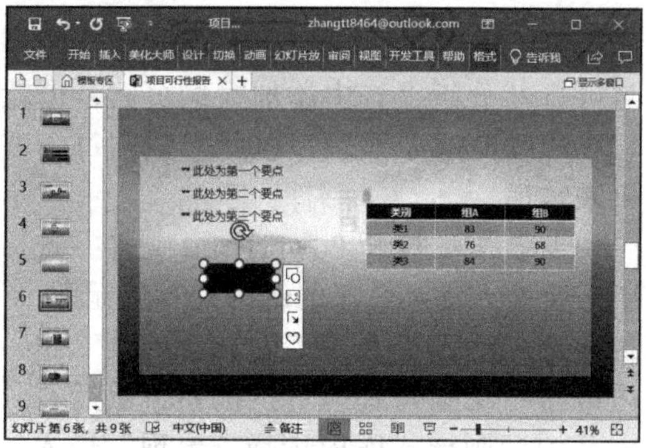

图 18-5

步骤 3：左键双击矩形形状，进入编辑状态，输入相应的文本内容，并调整其字体、字号等格式，如图 18-6 所示。

步骤 4：触发对象建立完成后，选中已制作好的表格数据，调整其大小和位置，如图 18-7 所示。

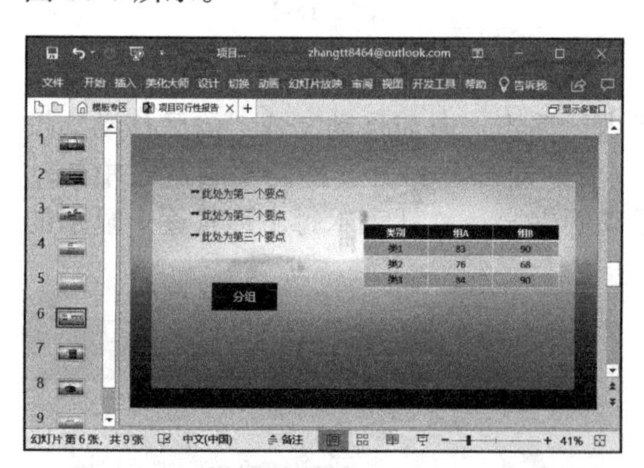

图 18-6

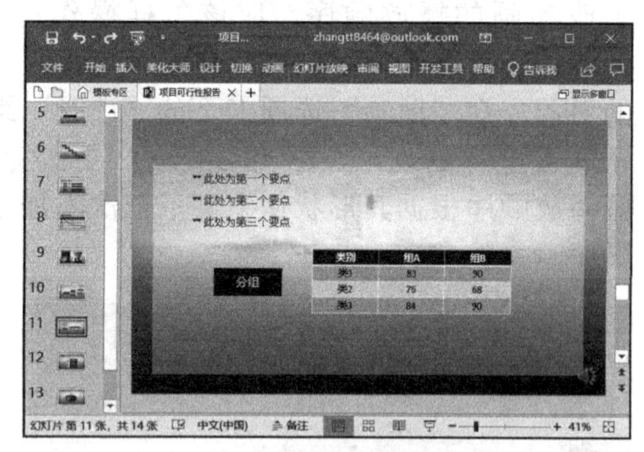

图 18-7

步骤 5：再次选中表格，切换至“动画”选项卡，在“动画”组内单击“动画样式”下拉按钮，然后在展开的动画样式库内选择“淡入”进入动画效果，如图 18-8 所示。

步骤 6：然后在“动画”选项卡下的“高级动画”组内，单击“触发”下拉按钮，在弹出的菜单列表内单击“通过单击”按钮，再在展开的菜单列表内选择“矩形 5”（新建的矩形形状）项，如图 18-9 所示。

设置完成后，在幻灯片放映状态下，只有单击“分组”矩形形状时，才会显示出分组的表格数据。

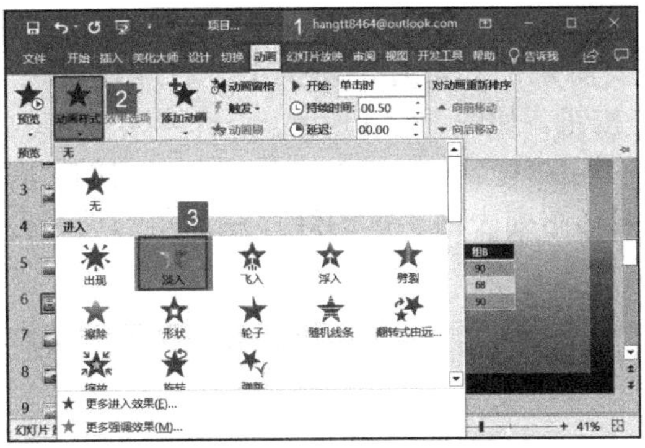

图 18-8

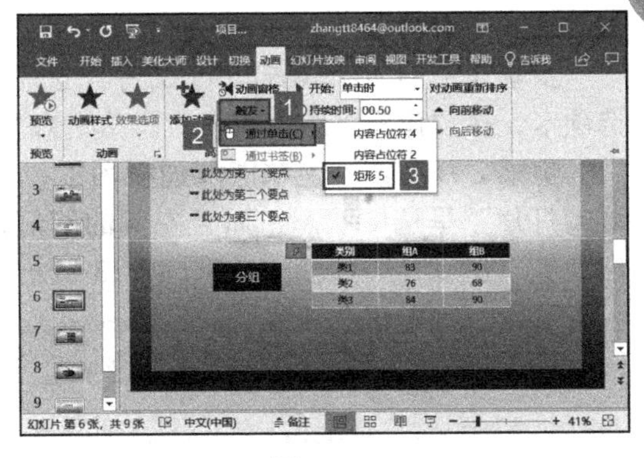

图 18-9

18.1.3 手动调整动画的播放顺序

在项目可行性分析报告中添加的动画并非不能调整，用户可以根据需要来修改动画的样式、持续时间，以及同一幻灯片中动画的播放顺序等，让幻灯片中的动画更符合自身的需求。

步骤 1：若想要手动地对动画的顺序进行设置、调整，用户可以切换至“动画”选项卡，然后在“高级动画”组内单击“动画窗格”按钮，如图 18-10 所示。

步骤 2：此时 PowerPoint 即可在右侧窗格内打开“动画窗格”对话框，选中需要调整动画播放顺序的动画，单击对话框右上角的“上升”或“下降”按钮即可，如图 18-11 所示。

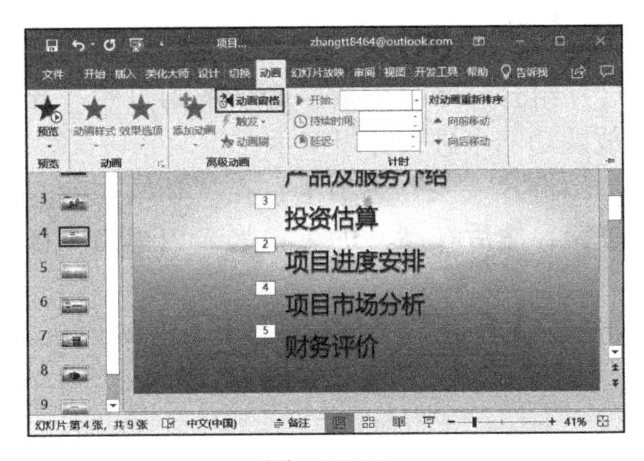

图 18-10

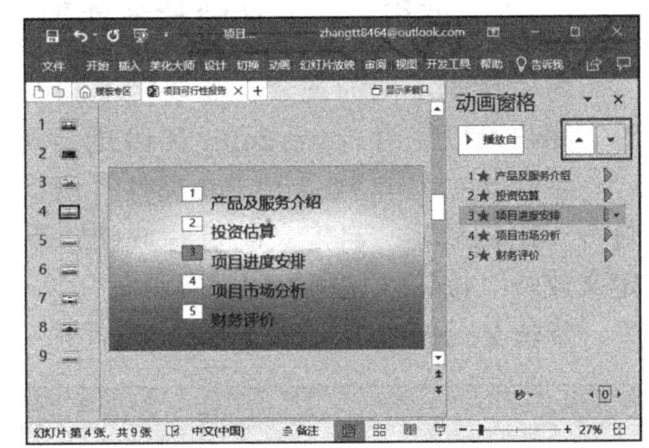

图 18-11

18.2 选择性放映报告内容

为了方便用户在不同的场合有区别性地演示项目可行性分析报告，可以借助 PowerPoint 2019 中的隐藏幻灯片和自定义幻灯片放映功能，将需要演示的项目可行性分析报告幻灯片划分为不同的放映组，以此来实现项目可行性分析内容的选择性放映。

18.2.1 隐藏项目幻灯片

在幻灯片的放映过程中，如果用户需要将部分幻灯片隐藏起来，此时可以使用隐藏幻灯片的功能实现。

步骤 1：打开 PowerPoint 文件，选中需要隐藏的幻灯片，切换至“幻灯片放映”选项卡，在“设置”组内单击“隐藏幻灯片”按钮，如图 18-12 所示。

步骤 2：在演示文稿的普通视图下，当用户选中该幻灯片时，“设置”组内的“隐藏幻灯片”呈选中状态，而且左侧的幻灯片缩略图列表内，该幻灯片左上角的编号会出现被“\”划掉的效果，如图 18-13 所示。

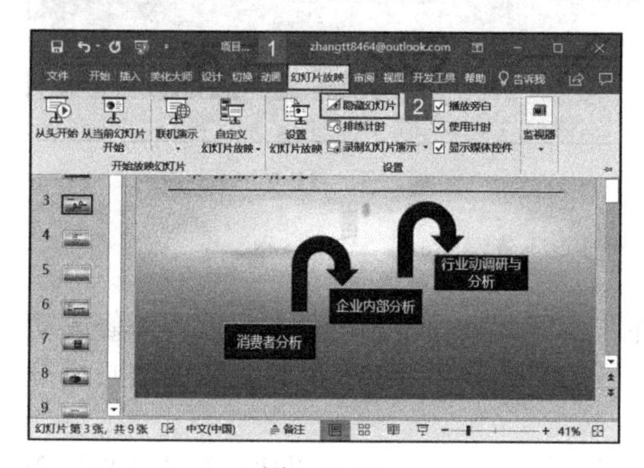

图 18-12

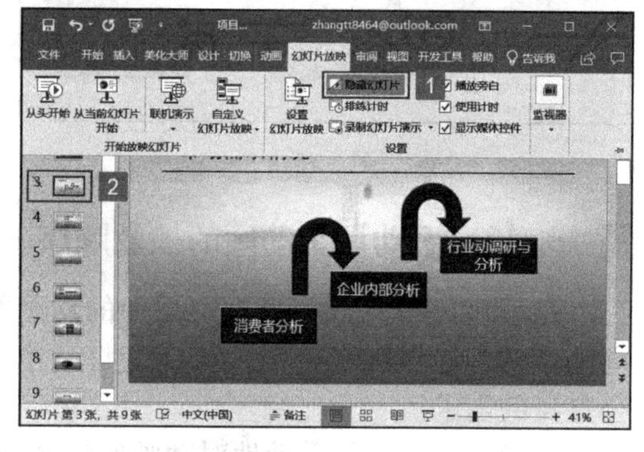

图 18-13

当用户需要取消幻灯片的隐藏时，只需选中该幻灯片，再次切换至“幻灯片放映”选项卡，然后单击“设置”组内的“隐藏幻灯片”按钮，使其处于非选中状态即可。取消隐藏后，左侧的幻灯片缩略图列表内，该幻灯片左上方的斜线“\”即可消失。

18.2.2 使用自定义放映按条件划分演示内容

为了针对不同的观众，需要将不同的幻灯片组合起来，形成一套新的幻灯片。此时，用户可以使用 PowerPoint 2019 的自定义放映功能来进行分组演示。

步骤 1：打开 PowerPoint 文件，切换至“幻灯片放映”选项卡，在“开始放映幻灯片”组内单击“自定义幻灯片放映”下拉按钮，然后在展开的菜单列表内单击“自定义放映”按钮，如图 18-14 所示。

步骤 2：弹出“自定义放映”对话框，单击右侧的“新建”按钮，如图 18-15 所示。

图 18-14

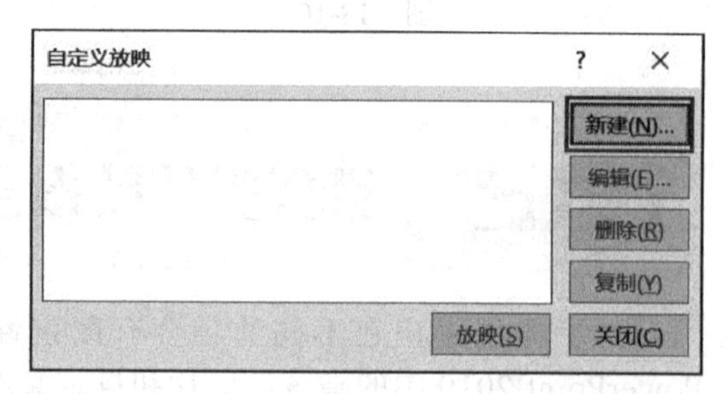

图 18-15

步骤 3：弹出“定义自定义放映”对话框，在“幻灯片放映名称”文本框内输入自定义放映名称，以方便用户分类查询。然后在“在演示文稿中的幻灯片”列表框内单击勾选需要展示的幻灯片，选择完成后，单击中间的“添加”按钮，如图 18-16 所示。

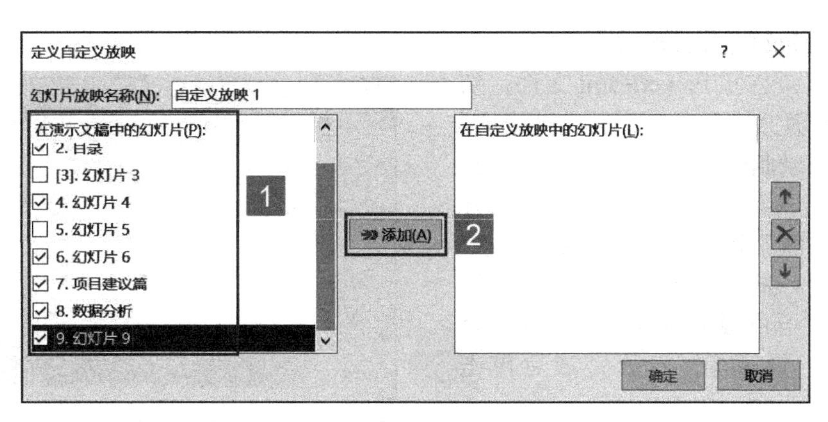

图 18-16

步骤 4：此时，在右侧的“在自定义放映中的幻灯片”列表框内即可显示出所有选中的幻灯片。用户可以单击对话框右侧的“向上”“向下”“删除”按钮调整幻灯片的播放顺序等，最后单击“确定”按钮即可，如图 18-17 所示。

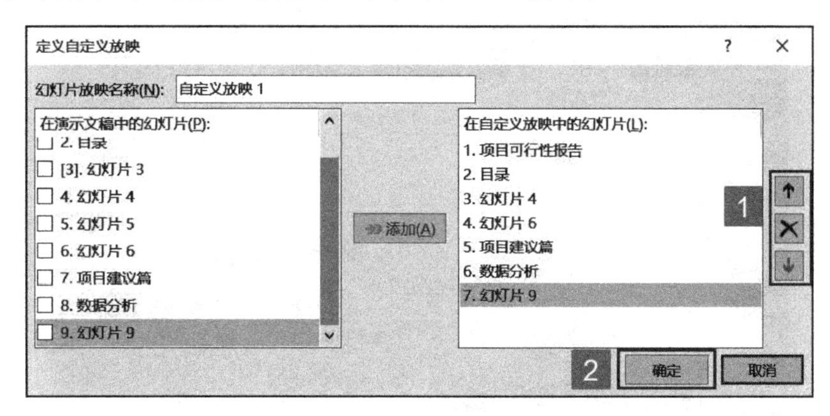

图 18-17

步骤 5：返回“自定义放映”对话框，即可在列表框内显示刚才新建的幻灯片自定义放映名称。然后单击“关闭”按钮即可返回演示文稿的普通视图，单击“放映”按钮即可进入自定义放映状态。

步骤 6：在演示文稿的普通视图中，如果用户需要使用自定义放映，切换至“幻灯片放映”选项卡，然后在“开始放映幻灯片”组内单击“自定义幻灯片放映”下拉按钮，在弹出的菜单列表内选择“自定义放映 1”即可进入自定义放映状态，如图 18-18 所示。

图 18-18

18.2.3 录制幻灯片演示过程

为了方便用户或缺席的团队成员在稍后查看演示文稿以及获取演示文稿演示期间时的所有批注，用户可以通过使用 PowerPoint 2019 的录制幻灯片演示过程的功能进行幻灯片放映录制，并通过其功能进行捕获旁白和幻灯片计时等。

步骤 1：打开 PowerPoint 文件，切换至“幻灯片放映”选项卡，在“设置”组内单击“录制幻灯片演示”下拉按钮，然后在弹出的菜单列表内单击“从头开始录制”按钮，如图 18-19 所示。

图 18-19

步骤 2：此时系统即可进入预录制状态，用户可以根据自身需要选择是否录制旁白、视频等，设置完成后单击“录制”按钮，如图 18-20 所示。

步骤 3：接下来即可进入幻灯片放映状态，单击鼠标左键或者点击“下一项”按钮控制放映。在屏幕左下方会显示每张幻灯片及整个演示文稿放映的持续时间，如图 18-21 所示。

图 18-20

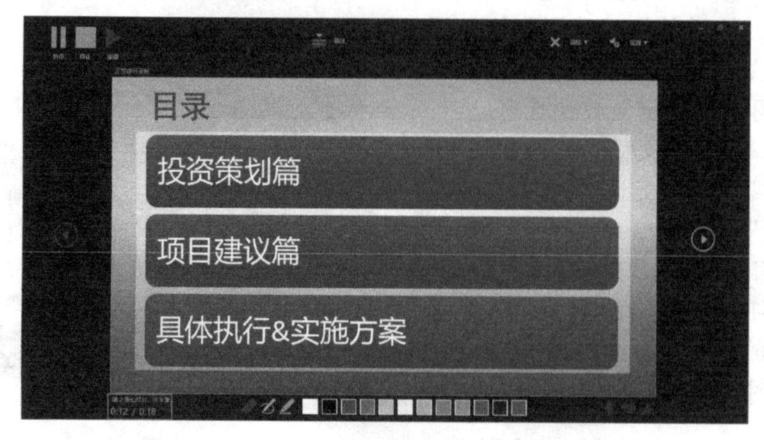

图 18-21

步骤 4：在放映过程中，用户可以通过幻灯片左下方的写字笔图案来标注需要注意的重点内容，并且可以设置墨迹的颜色，放映完成后，单击鼠标退出即可，如图 18-22 所示。

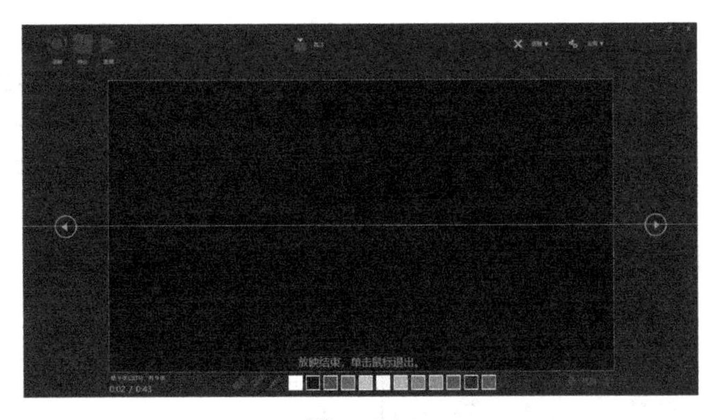

图 18-22

步骤 5：返回至演示文稿的普通视图，切换至“视图”选项卡，在“演示文稿视图”组内单击“幻灯片浏览”按钮，此时即可显示幻灯片的浏览视图。并且在每张幻灯片的右下角会显示每张幻灯片播放的持续时间以及在幻灯片中添加的音频图标等，如图 18-23 所示。

图 18-23

18.3 压缩并加密演示文稿

在实际的工作中，项目可行性分析报告制作完毕后，需要呈交给领导审阅。审阅完毕后，需要与部门同事共享，在实行前大家共同探讨内容的实施度。领导公务繁忙，不可能随时等着接收即时通信工具传来的文件。同时，电子邮箱的安全系数相对较高，也便于存储记录，所以使用电子邮件的方式发送完成的报告比较好。为了确保传输的速度，对于所占空间较大的演示文稿，可以将其压缩。

18.3.1 压缩演示文稿

步骤 1：打开需要压缩的演示文稿，单击“文件”选项卡按钮，然后在左侧菜单栏内单击“信息”按钮。在右侧的“信息”窗格内单击“压缩媒体”下拉按钮，在展开的菜单列表内单击“标准”按钮，如图 18-24 所示。

步骤 2：此时即可弹出“压缩媒体”对话框，显示了压缩的内容，如幻灯片名称、大小以及状态等，并且会在对话框的下方会显示压缩的进度，如图 18-25 所示。

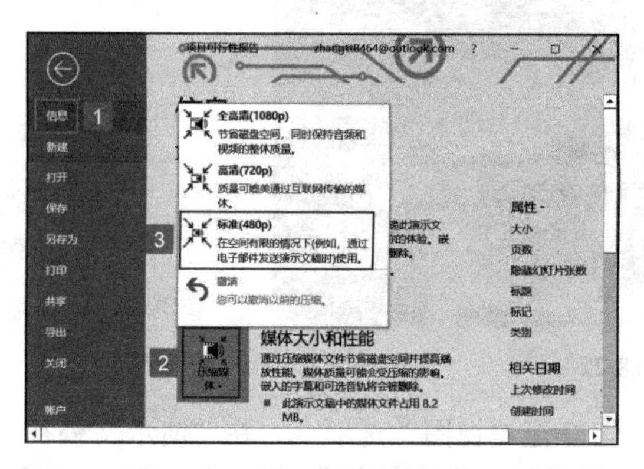

图 18-24

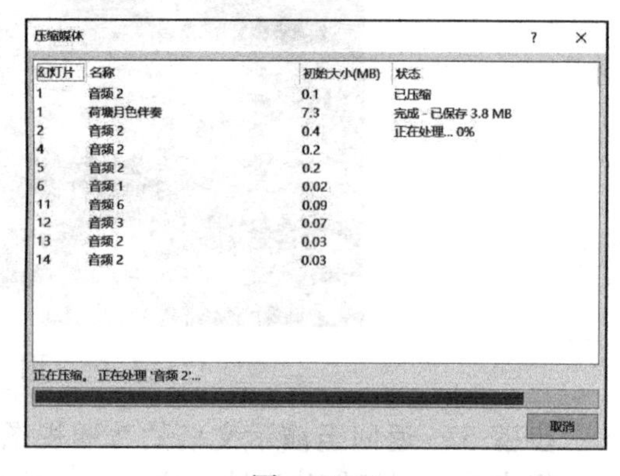

图 18-25

步骤 3：压缩完成后，对话框内会显示“压缩完成”字样，单击“关闭”按钮，如图 18-26 所示。

步骤 4：返回之前的页面，即可看到压缩后的效果，并显示当前文件所占用的大小，如图 18-27 所示。

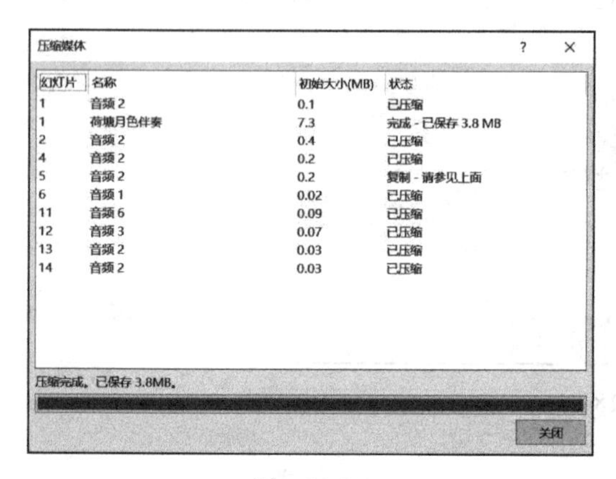

图 18-26

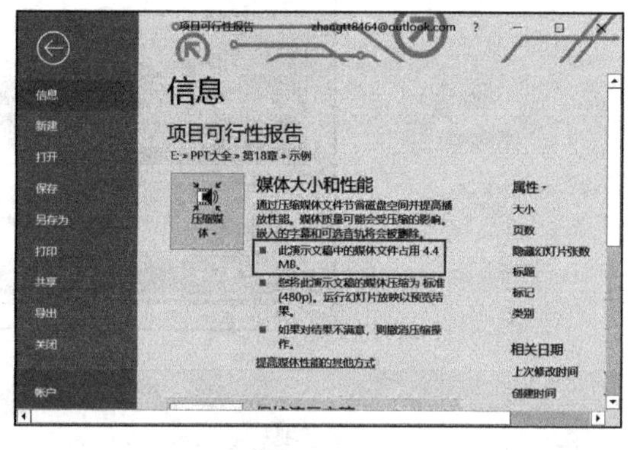

图 18-27

18.3.2 加密演示文稿

在实际工作中，项目可行性分析报告是商业机密，在创建完成后，必须要考虑其安全性。为了确保演示文稿内容不被“外人”查看，可以为所做的分析报告演示文稿设置密码加密，然后再将密码告诉可以查阅该分析报告演示文稿的用户。

步骤 1：打开需要加密的演示文稿，单击“文件”选项卡按钮，然后在左侧菜单栏内单击“信息”按钮。在右侧的“信息”窗格内单击“保护演示文稿”下拉按钮，在展开的菜单列表内单击“用密码进行加密”按钮，如图 18-28 所示。

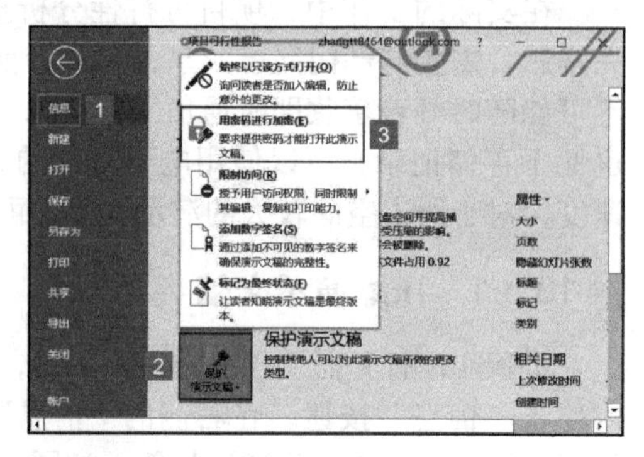

图 18-28

步骤 2：此时会弹出“加密文档”对话框，在“密码”文本框内输入密码，在这里输入的是“123456”，然后单击“确定”按钮，如图 18-29 所示。

步骤 3：弹出“确认密码”对话框，在“重新输入密码”文本框内再次输入密码，单击“确定”按钮，如图 18-30 所示。

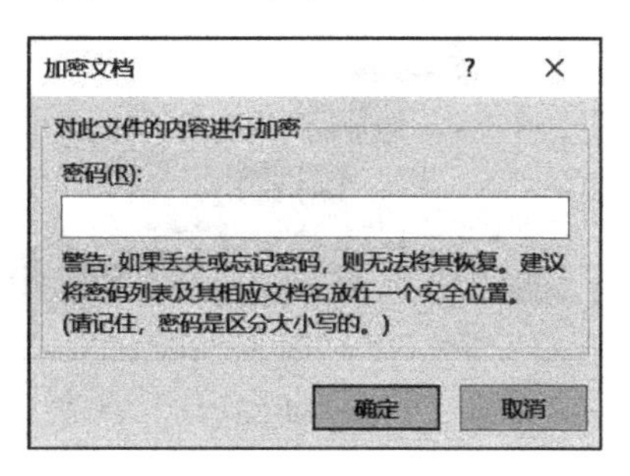

图 18-29

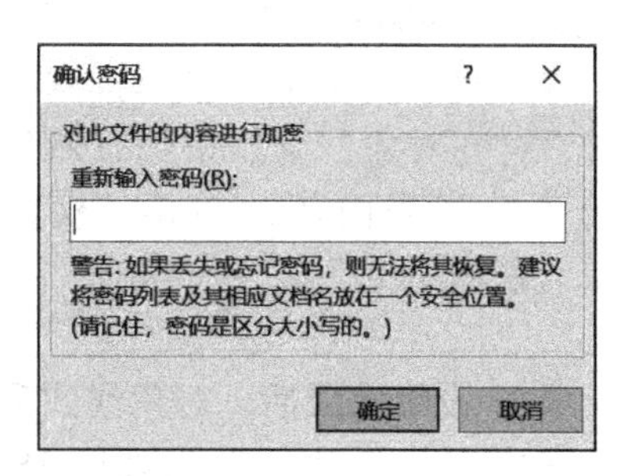

图 18-30

步骤 4：返回之前的页面，即可看到在“保护演示文稿”选项的下方显示了“打开此演示文稿时需要密码”等字样，如图 18-31 所示，证明已经成功加密报告。

步骤 5：再次打开该演示文稿时，系统会弹出“密码”对话框，输入密码单击“确定”按钮才可打开，如图 18-32 所示。

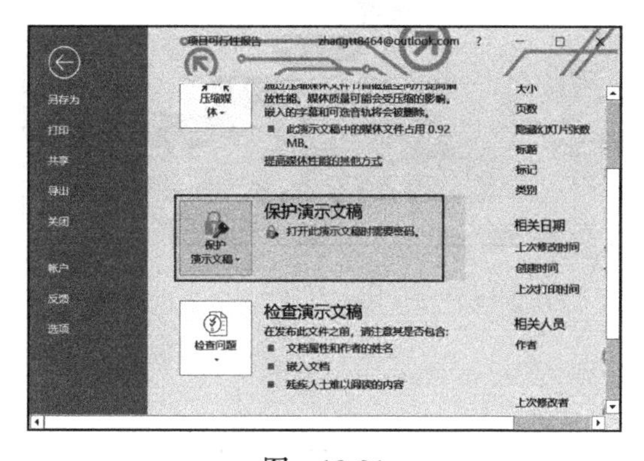

图 18-31

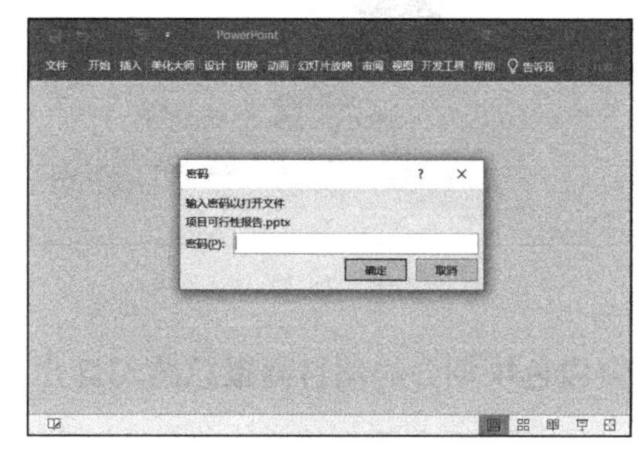

图 18-32

高手技巧

对角线式项目简报提案内容幻灯片

为了让观众更好地了解项目策划方案的整体内容，一般在项目策划方案中都会创建一张项目简报提案内容幻灯片来列举。

在设计这类提案内容幻灯片时，一般都会采用绘图排列中的“横向分布”和“纵向分布”功能，将内容形状设置为对角线对称的形式，使幻灯片中的简单内容分布更均匀，且更具有立体感、延伸感和运动感，这样就会避免幻灯片过于空白或者过于单调的感觉。具体的操作如下。

步骤 1：打开 PowerPoint 文件，切换至需要设置对角线对称形式的幻灯片，如

图 18-33 所示。

步骤 2：选中需要设置对角线对称的所有幻灯片对象元素，可以按住“Ctrl”键的同时依次单击选中，或者按住鼠标左键，拖动鼠标将所有对象包括在其中。切换至“格式”选项卡，在“排列”组内单击“对齐对象”下拉按钮，然后在展开的菜单列表内依次单击“横向分布”和“纵向分布”按钮，如图 18-34 所示。

步骤 3：设置完成后，对角线式项目简报提案内容幻灯片的效果如图 18-35 所示。

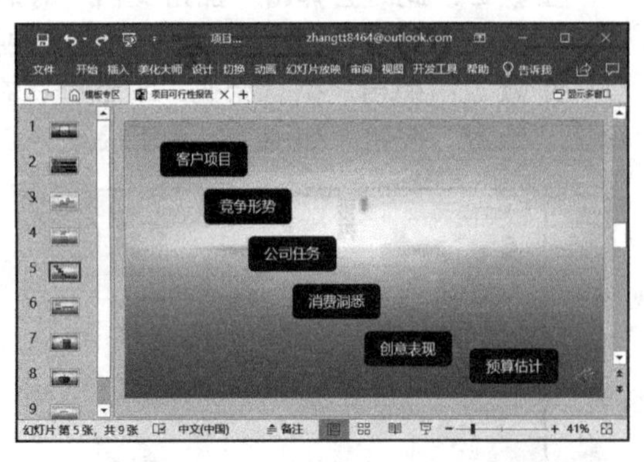

图 18-33

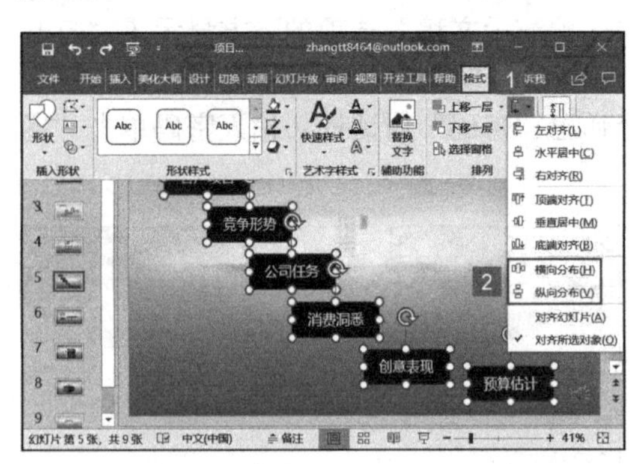

图 18-34

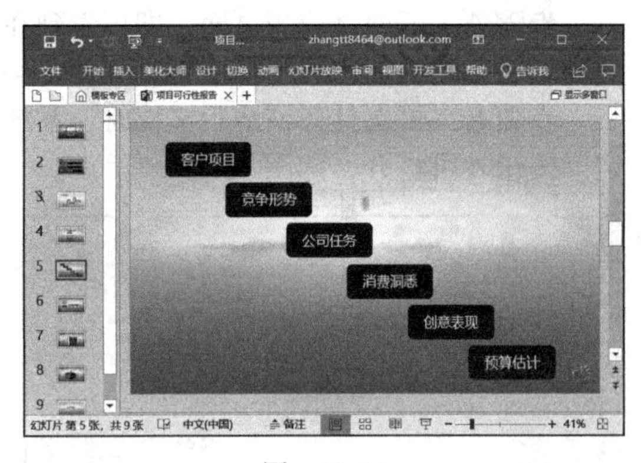

图 18-35

以色块划分的项目简报总结幻灯片

为了使项目简报的总结条款更加清晰，用户可以使用色块来代表默认的项目符号，使幻灯片内容划分更明确，让观众轻松掌握幻灯片呈现的知识点。

想让单一、枯燥的文本幻灯片变得丰富多彩，可以使用形状和形状中的文本来书写项目汇报总结内容，再以色块变化来美化幻灯片页面的方式。以色块划分的项目简报总结幻灯片如图 18-36 所示。

图 18-36

带项目实施计划表的幻灯片

为了让某个项目的具体实施过程清晰地展示在观众面前，用户可以在项目实施计划表中绘制相应时间长度的箭头形状来表示，并使用动画来逐一显示。

在制作这类幻灯片时，用户可以先用表格建立计划表，然后在计划表的相应时间栏中绘制形状，再为形状添加相应的动画，即可轻松实现项目实施计划表内容的动态显示。带项目实施计划表的幻灯片如图 18-37 所示。

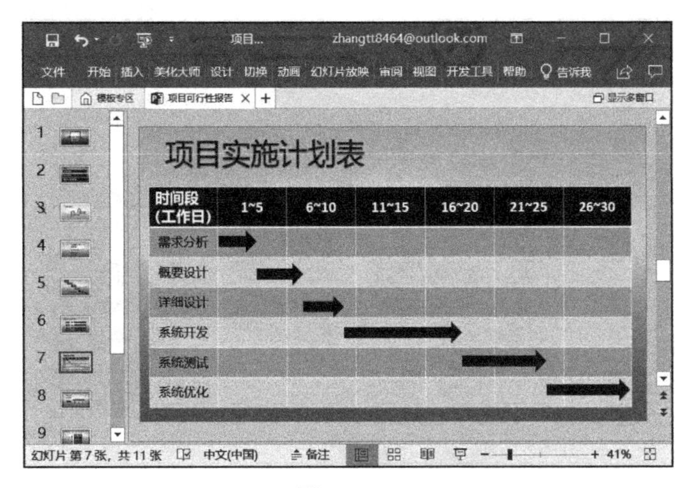

图 18-37

突出显示投资项目业务的幻灯片

为了清晰地反映项目投资的内容，即投资的产品业务，用户也可以在幻灯片中以精练的文字和多张小图组合来展示，让观众迅速了解特色的主营业务。

在设计这类幻灯片时，用户可以在幻灯片中添加多张小图，然后为文本或图片添加强调动画，如添加“缩小 / 放大”动画，使幻灯片在放映时突出显示特定的内容。突出显示投资项目业务的幻灯片如图 18-38 所示。

图 18-38

项目产品调查的图解幻灯片

项目产品市场分析是项目可行性分析的基础分析之一，想要了解产品市场分析的内容，可以使用 SmartArt 图形创建直观的项目图解来呈现。

在幻灯片中创建项目产品市场分析内容后，可以为其添加所需动画并设置幻灯片内容放映的顺序，然后利用“录制演示过程”功能，录制当前幻灯片的放映持续时间和放映过程中旁白声音，这样就可以发给大家作为讨论前的分析或培训使用了。项目产品调查的图解幻灯片如图 18-39 所示。

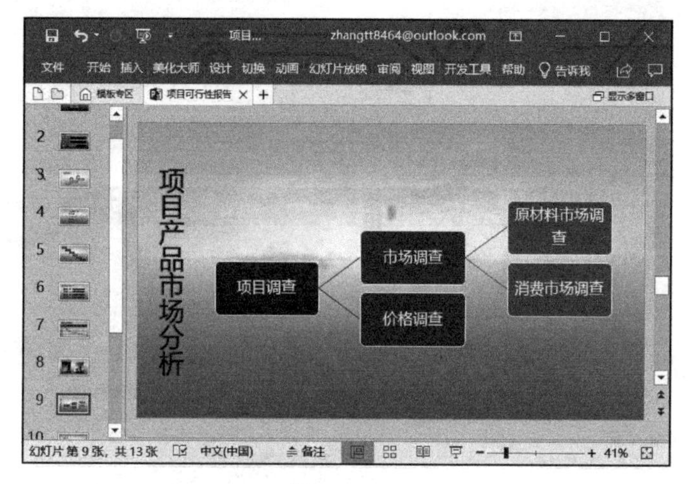

图 18-39

行业分析小节题目幻灯片

企业分析是发现和掌握行业运行规律的必经之路，想要开展某个项目投资，首先要分析该项目的行业发展情况，因此它是项目分析报告中不可缺少的一个因素。为了让项目分析报告中各个小节的内容划分更明确清晰，可以在演示文稿中添加小节版式的幻灯片。

在制作这类幻灯片时，用户只需使用 PowerPoint 2019 内“形状”样式库内的特定形状和文本框即可完成绘制，然后调整其大小和位置即可，如图 18-40 所示。

图 18-40

第19章

企业招标方案演示文稿

招标是在市场经济条件下，企业要进行大宗货物买卖（如工程建设项目的发包）以及服务项目的采购时所采取的一种交易方式。在招标过程中，企业需要将自己公司的基本情况、此次招标的项目、要求、目的、范围、时限以及投标步骤、方法、合作关系拟定出来，邀请竞标者前往投标，进而选择最适合的合作伙伴。为了让竞标者更好地了解招标内容，企业多数采用 PowerPoint 来制作动态的招标方案。

- 方案分析
- 制作企业招标方案
- 添加超链接实现跳转
- 为招标方案添加备注信息
- 创建企业招标方案讲义
- 高手技巧

19.1 方案分析

企业招标要严格遵守一定的流程，制作企业招标方案不仅需要将整理出的基本信息、招标项目、招标要求、招标目的、招标范围和时限等录入 PowerPoint 演示文稿，还需要为招标方案添加一个清晰明了的大纲页面，以及有关招标的详细备注信息等。本节首先来分析该实例的应用环境和制作流程，让大家对本章有一个初步的认识。

19.1.1 方案背景简要分析

任何企业在面临大型买卖或物品采购时，大多采用招标形式来解决问题，因此根据招标项目制作出合理、精美、实用的招标方案是招标项目进行前的必备工作，通过招标，企业有效地引入竞争机制，从而有力地节约成本甚至防止腐败现象的发生。

传统的大型交易一般采用朋友介绍或是顾客上门面对面交谈的方式，但这种方式用时长，且不能最大限度地节约成本。因此企业为了节省成本，使用 PowerPoint 制作合理、适用的招标方案演示文稿，邀请投标者前往投标是节省成本的一种有效手段。随着时代发展的潮流和政府政策的引领，企业招标似乎如同家常便饭般普遍，学会做好一份精美的企业招标方案将是求职、工作中的强力助手。

19.1.2 方案制作流程简介

招标流程一般包括以下流程：

确定招投标项目（立项）→招标→资格预审及投标→开标→评标→定标→供应商评估和准入原则→合同签订→监控。(资格预审和开标可视具体情况同时进行。)

1. 立项

- 明确需求分析。
- 明确质量标准。
- 明确评标标准。
- 规范招投标流程。
- 标准建立部门：质管、工艺、采购、生产。

2. 招标

- 招投标委员会制定招投标任务。
- 招投标责任单位针对任务制定详细的公开招标书。
- 发布招投标公告文件。

3. 审标

- 投标单位递送资质文件和样板。
- 招投标委员会组织成员对投标单位资质文件进行审查，评标小组成员将资格预审结果统计并签字备案。
- 满足资质要求及样板符合的投标单位在投标截止日期前将标书送至招标责任单位，投标为一次性报价。

4. 投标

- 招投标委员会确定好开标时间和地点，根据项目特点，提前三个工作日通知投标人或投标人有效代表。

● 组建评标小组成员、指定小组组长，提前两个工作日通知小组成员。

企业招标方案可以遵循如图 19-1 所示的流程进行操作。本章编制企业招标方案需要用到的 PowerPoint 知识点：SmartArt 图形、超链接、动作按钮、动画效果、备注母版、备注信息添加、讲义母版、创建讲义。

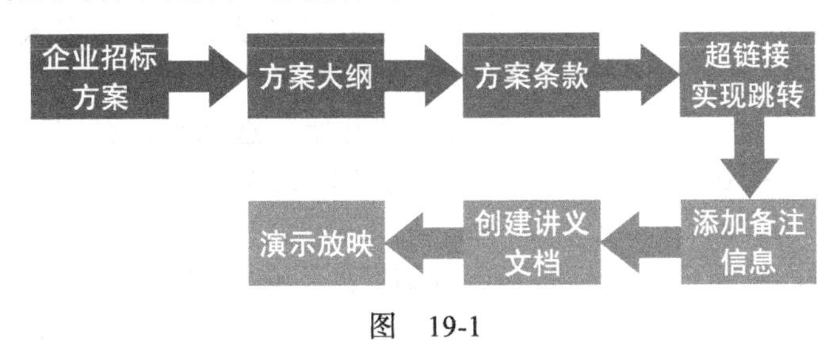

图 19-1

19.2 制作企业招标方案

招标方案一般是由招标单位根据招标项目及相关的招标要求制作的。当制作好招标方案内容页面后，为其添加一张内容大纲幻灯片是十分必要的，既可以让受邀者根据自身需求快速查看招标方案的某部分特定内容，如招标要求、时限等，也可以让受邀者迅速了解企业的需求方向、要求等，可以节省双方的时间。

19.2.1 主调色彩的选择

演示文稿的主调色彩是该文稿向观众表达思想的最直接的一点，不同的主调色彩将给人相差甚远的感受，在合适的场所使用合适的主调色彩往往会事半功倍。下面介绍一些常用的主调色彩及其效果。

1. 蓝色（blue）

蓝色是一种有助于头脑冷静的颜色，也是在商务文稿中使用频率最高的颜色。蓝色的潜在影响：常为那些性格活跃、具有较强扩张力的色彩，提供一个深远、广铺、平静的空间。

2. 绿色（green）

清新、健康、希望，是生命的象征，代表安全、平静、舒适之感，在四季分明的地方，如见到春天的树木、绿色的嫩叶，会让人有新生之感。绿色为主调色彩的演示文稿往往会有让观众平复心绪的效果。

3. 橙色（orange）

时尚、青春、动感，有种让人活力四射的感觉。求职、创业演示文稿多用橙色作为主调色彩来活跃观众的思维与情绪。

4. 银色（silver）

代表尊贵、纯洁、安全、永恒，体现品牌的核心价值。代表尊贵、高贵、神秘、冷酷，给人尊崇感，也代表着未来感。科技公司常常把它作为公司文化宣传的主调色彩。

5. 黑白配

黑色的庄重、神秘配上白色的愉悦、浓厚，通常可以表达出浓重的集中感和重心感。黑白配的幻灯片通常会用在比较正式庄重的场合。

19.2.2 制作企业招标方案大纲页

PowerPoint 中的大纲页面一般是以项目符号并排显示的简短、精练的文本，可以体现当前招标方案的内容层次等。除了直接使用文本显示招标方案大纲外，用户还可以使用 SmartArt 图形将大纲图解化，吸引观众的注意力。

步骤 1：打开 PowerPoint 文件，切换至“开始”选项卡，在“幻灯片”组内单击“新建幻灯片”下拉按钮，然后在展开的幻灯片样式库内选择“标题和内容”项，如图 19-2 所示。

步骤 2：此时即可新建一个标题和内容幻灯片，在标题占位符内输入标题“企业招标方案大纲”，然后设置其字体、字号、颜色等样式，调整占位符的位置。单击内容占位符内的“SmartArt 图形”按钮，如图 19-3 所示。

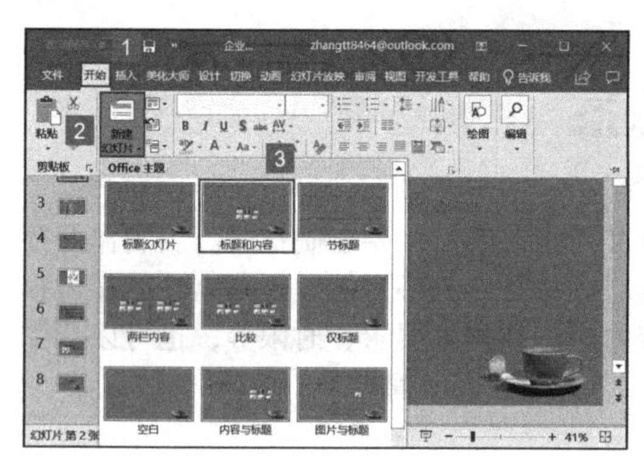

图 19-2

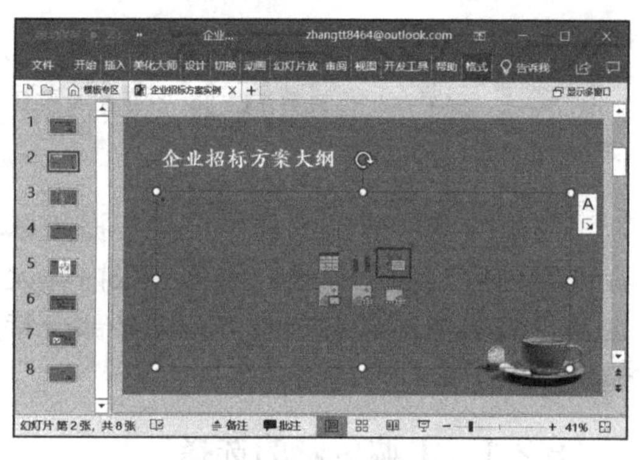

图 19-3

步骤 3：弹出“选择 SmartArt 图形”对话框，在左侧的 SmartArt 样式列表内选择“列表”类型，然后在右侧的窗格内选择合适的列表图形，例如“垂直框列表”，单击“确定”按钮，如图 19-4 所示。

步骤 4：返回演示文稿，即可看到幻灯片内已插入 SmartArt 图形。选中该图形，切换至“设计”选项卡，单击“SmartArt 样式”组内的“更改颜色”下拉按钮，然后在展开的颜色样式库内选择合适的样式，例如“彩色范围 – 个性色 5-6”，如图 19-5 所示。

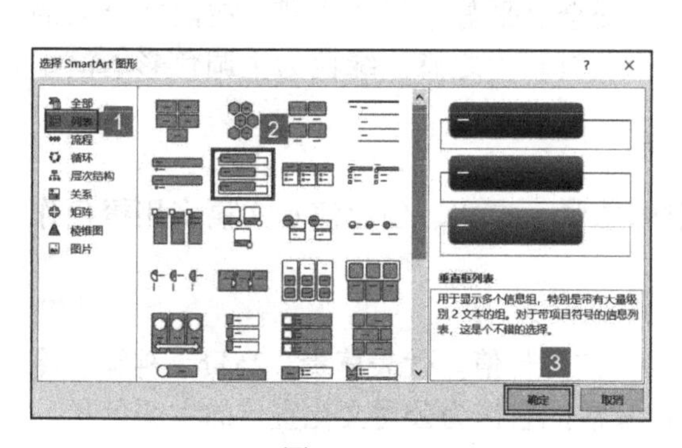

图 19-4

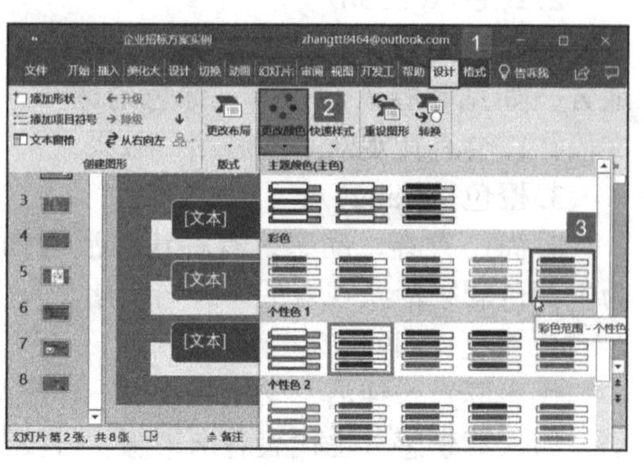

图 19-5

步骤 5：如果插入的 SmartArt 图形的默认形状数量不满足用户需要，选中 SmartArt

图形后右键单击，然后在弹出的快捷菜单内单击“添加形状”按钮，再在展开的子菜单列表内单击“在后面添加形状”按钮，如图 19-6 所示。

步骤 6：添加完成后，调整 SmartArt 图形的大小和位置。然后在形状内依次输入相应的文本内容，如图 19-7 所示。

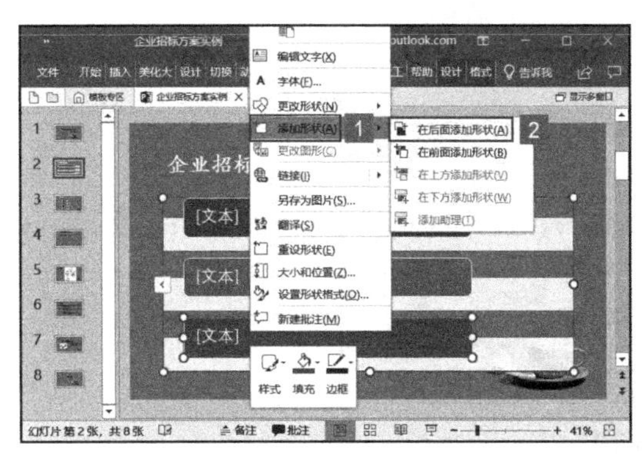

图 19-6

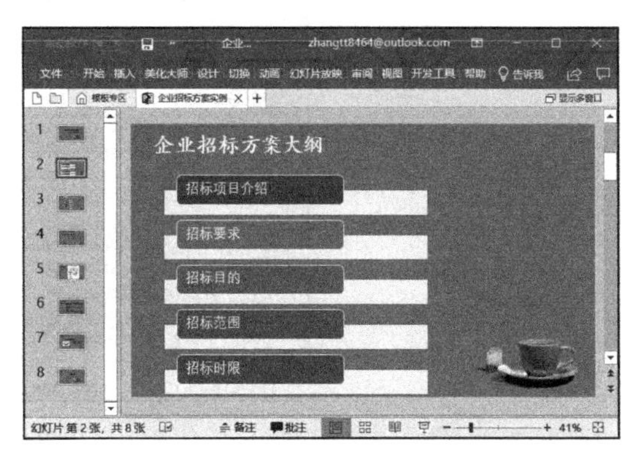

图 19-7

步骤 7：再次选中 SmartArt 图形，切换至“设计”选项卡，单击“SmartArt 样式”组内的“快速样式”下拉按钮，然后在展开的样式库内选择合适的样式，例如“强烈效果”，如图 19-8 所示。

步骤 8：返回幻灯片，企业招标方案大纲的最终效果如图 19-9 所示。

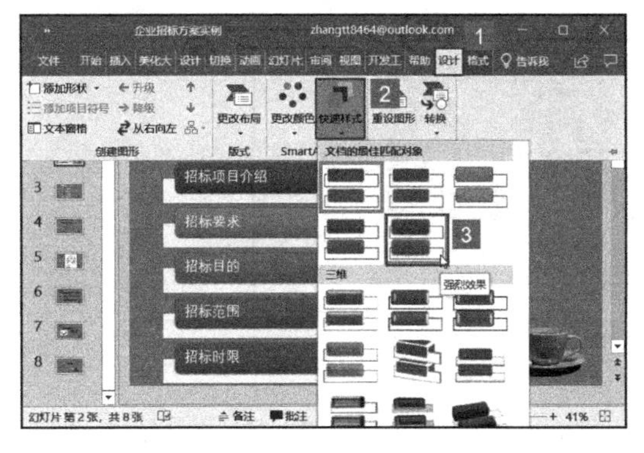

图 19-8

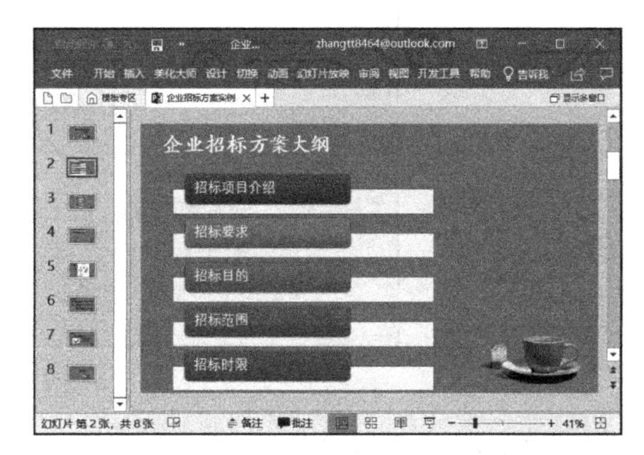

图 19-9

19.3 添加超链接实现跳转

在制作企业招标演示文稿时，不可能只用简单的文字、图片来进行全篇描述，可以适当地添加动画效果进行修饰，使其符合 PPT 整体风格和基调，不显突兀又恰到好处。明确动画效果在 PPT 中的作用，合理运用，可以让动画效果成为 PPT 的点睛之笔，让整个幻灯片“活起来”，更好地展示出公司的需求与条件，进而选择最好的合作伙伴。

在进行幻灯片演示的时候，往往需要对内容来回展示进行对比，为了实现大纲页面与各幻灯片之间的快速跳转，在制作企业招标方案时，用户可以使用超链接功能来建立大纲内容的快速导航功能。

步骤 1：打开 PowerPoint 文件，选中目录幻灯片内的目录图形，切换至“插入”选项卡，然后单击“链接”组内的“链接”按钮，如图 19-10 所示。

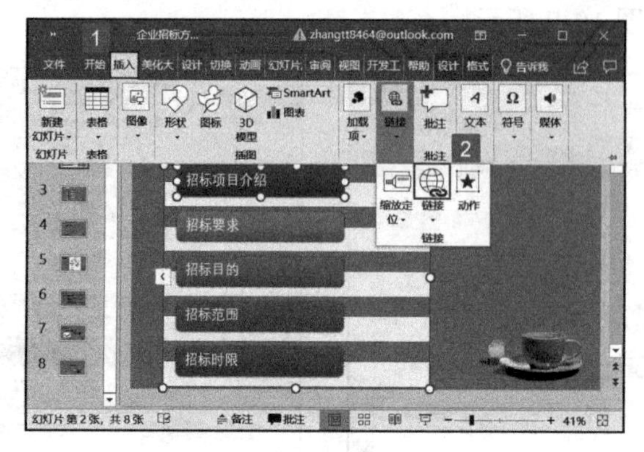

图　19-10

步骤 2：弹出“插入超链接”对话框，在左侧的“链接到”窗格内单击“本文档中的位置”按钮，然后在右侧的“请选择文档中的位置”窗格内选择需要链接到的幻灯片，例如“幻灯片 4”，单击“确定”按钮，如图 19-11 所示。

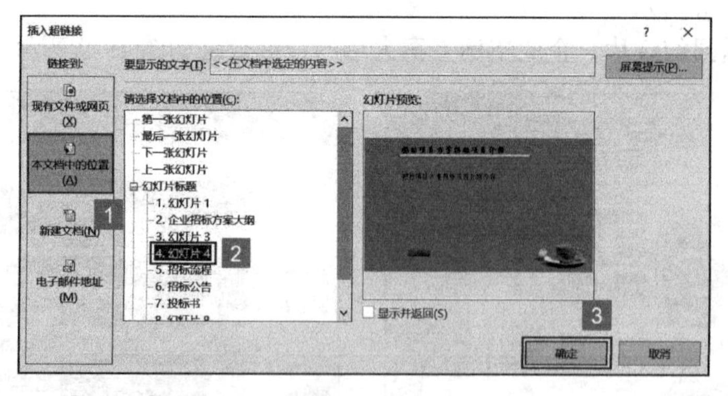

图　19-11

步骤 3：返回幻灯片，当鼠标光标停置在所选图形上时，系统会显示超链接信息，效果如图 19-12 所示。

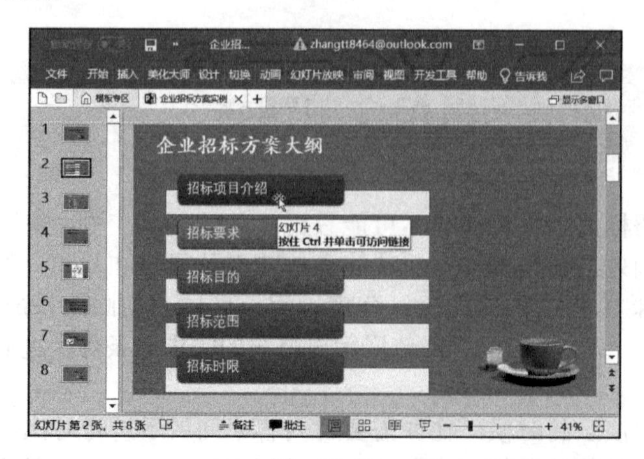

图　19-12

19.4 为招标方案添加备注信息

为了让企业招标方案的备注页有统一的版式及格式，例如在所有备注页中放置公司徽标和名称，只需在备注母版中添加即可，还可以更改幻灯片区、备注区、页眉页脚的外观及位置。方案的备注信息主要用于打印，方便对幻灯片的记录。

19.4.1 设置备注母版

步骤 1：打开 PowerPoint 文件，切换至“视图”选项卡，在“母版视图”组内单击“备注母版”按钮，如图 19-13 所示。

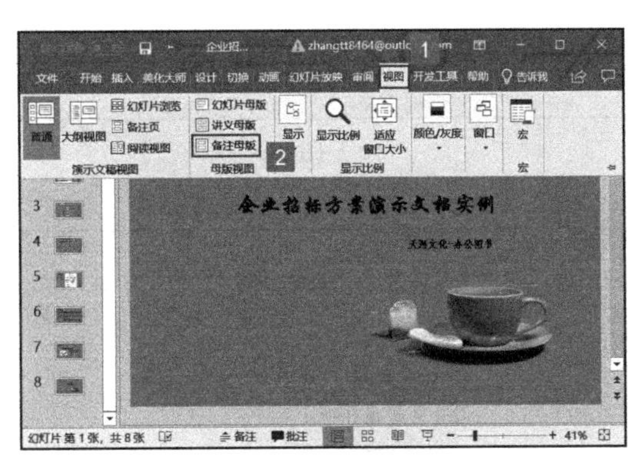

图 19-13

步骤 2：此时 PowerPoint 会自动打开并切换至“备注母版”选项卡，在“页面设置”组内单击“备注页方向”下拉按钮，即可在弹出的菜单列表内将备注页方向设置为“横向”或“纵向”，如图 19-14 所示。

步骤 3：在“页面设置”组内单击“幻灯片大小”下拉按钮，即可在弹出的菜单列表内选择“标准（4:3）”或者“宽屏（16:9）”（16:9 比 4:3 显示的屏幕更长），如图 19-15 所示。

步骤 4：在“占位符”组内单击勾选或取消各占位符前的复选框，可以自定义设置备注页的信息，如图 19-16 所示。

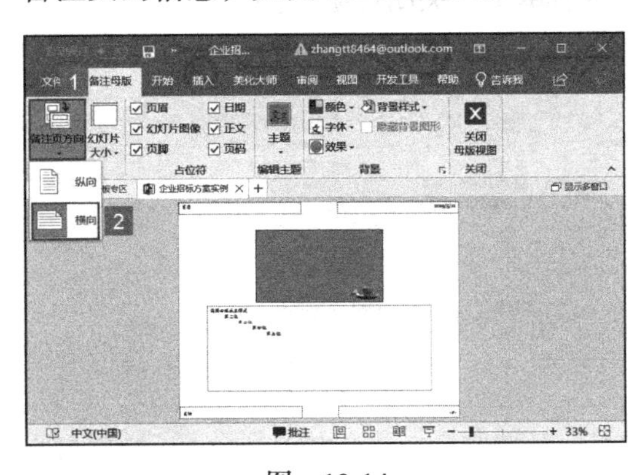

图 19-14

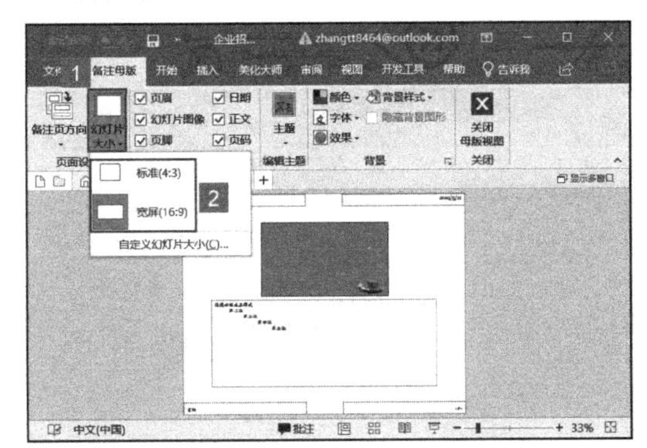

图 19-15

步骤 5：如果用户需要在备注页内添加公司徽标，切换至“插入”选项卡，在“图像”组内单击“图片”按钮，如图 19-17 所示。

步骤 6：弹出“插入图片”对话框，定位至图片文件所在的位置，选中需要插入的图片，单击“插入”按钮，如图 19-18 所示。

步骤 7：返回备注母版，即可看到选中的图片已插入，调整其大小和位置，如图 19-19 所示。

步骤 8：选中备注页，在“背景”组内单击“字体”下拉按钮，然后在展开的字体样式库内选择合适的备注字体，例如“华文楷体”，如图 19-20 所示。

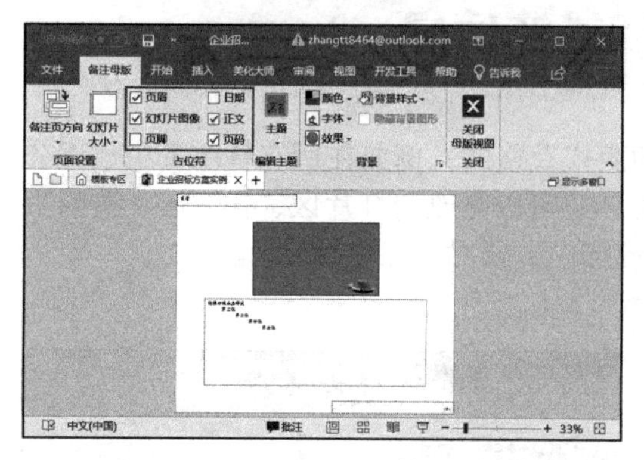

图 19-16

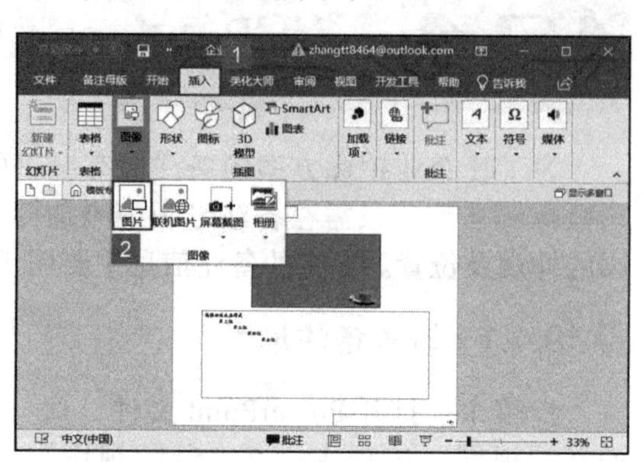

图 19-17

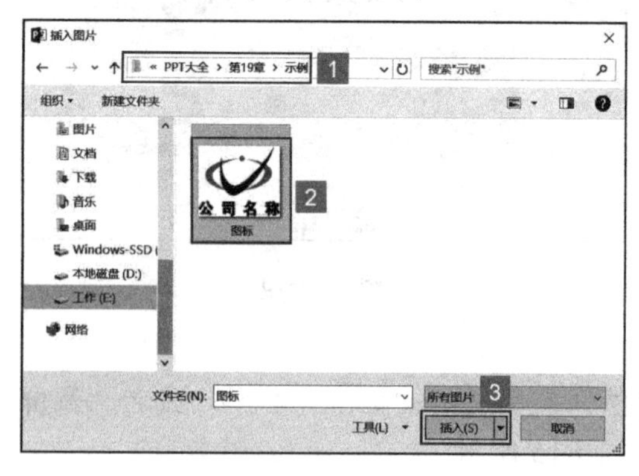

图 19-18

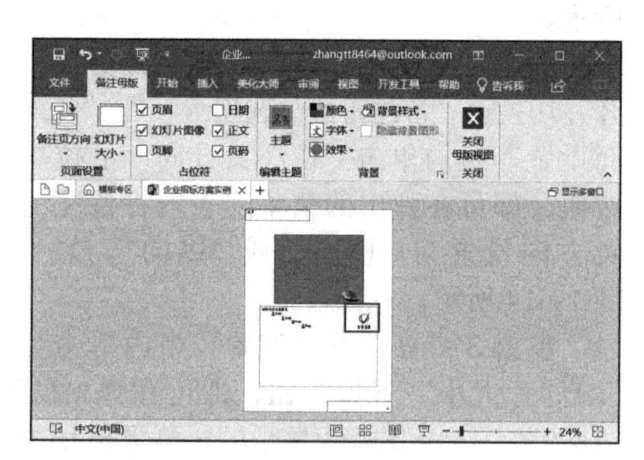

图 19-19

步骤 9：设置完成后即可看到预览效果，然后单击“关闭母版视图”按钮返回演示文稿的普通视图即可，如图 19-21 所示。

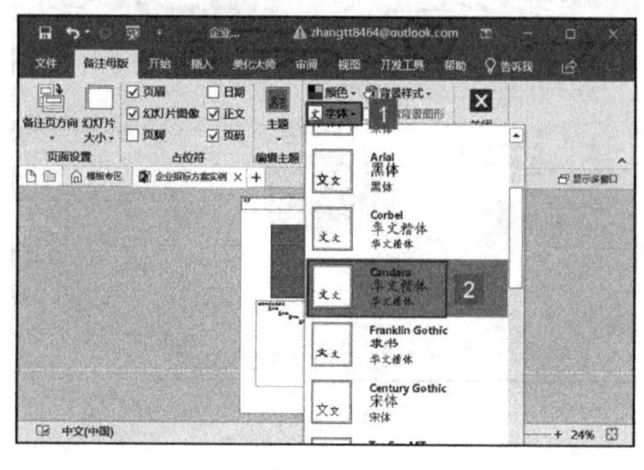

图 19-20

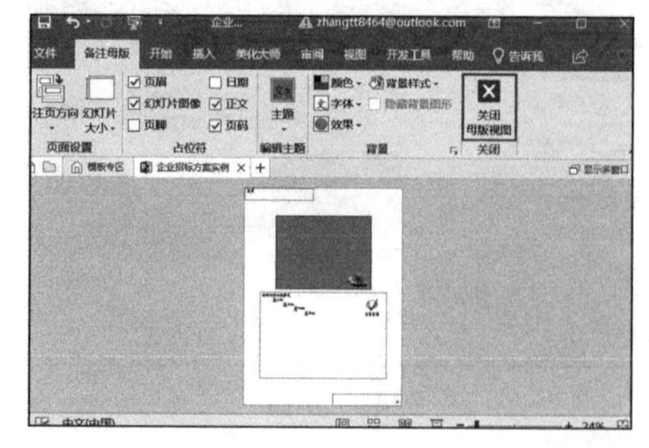

图 19-21

19.4.2 添加备注信息

设置好企业招标方案的备注页面版式后，用户就可以进入备注页或是直接在普通视图下的备注区域添加招标方案的备注信息了。

步骤 1：打开 PowerPoint 文件，切换至“视图”选项卡，在“演示文稿视图”组内单击“备注页”按钮，如图 19-22 所示。

步骤 2：此时，即可看到幻灯片作为图片显示在备注页面内，正文占位符内可以输入备注信息，默认字体为刚刚设置的华文楷体。当然用户还可以切换至“开始”选项卡，在“字体”组内对文本的字体、字号、颜色等进行设置，如图 19-23 所示。

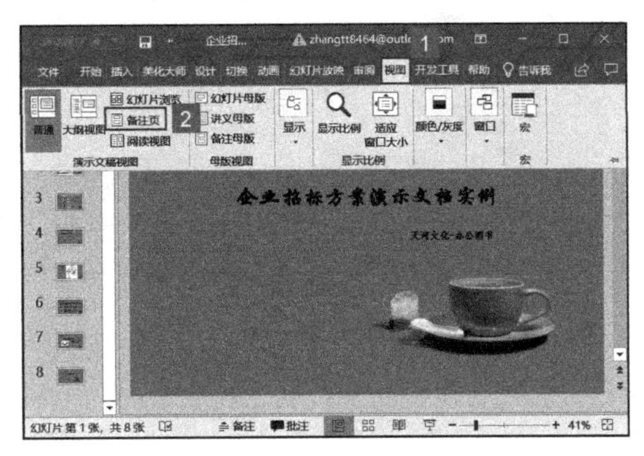

图 19-22

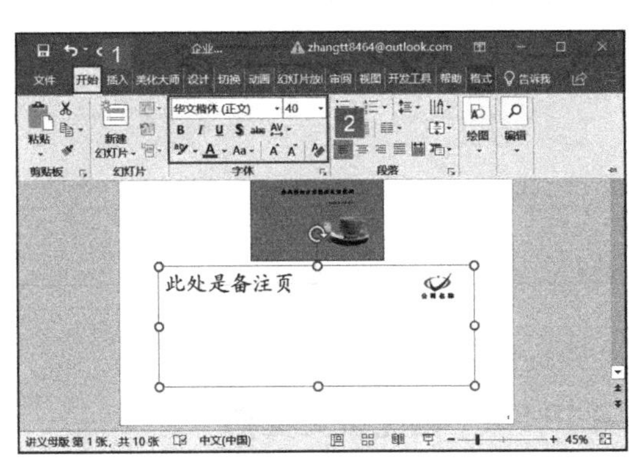

图 19-23

19.5 创建企业招标方案讲义

讲义母版提供了在一张打印纸上同时打印 1、2、3、4、6、9 张幻灯片的讲义版面布局选择设置，以及“页眉与页脚”的默认样式。制作企业招标方案讲义，其实就是将制作好的企业招标方案演示文稿转换为 Word 文档，方便后期打印出来，供竞标者大致了解（温馨提示：讲义母版广泛用于课件教学中）。

19.5.1 设置讲义母版

为了控制企业招标方案讲义文档内幻灯片的张数，用户可以进入“讲义母版”视图下设置幻灯片讲义母版的版式来完成。

步骤 1：打开 PowerPoint 文件，切换至“视图”选项卡，在“母版视图”组内单击“讲义母版”按钮，如图 19-24 所示。

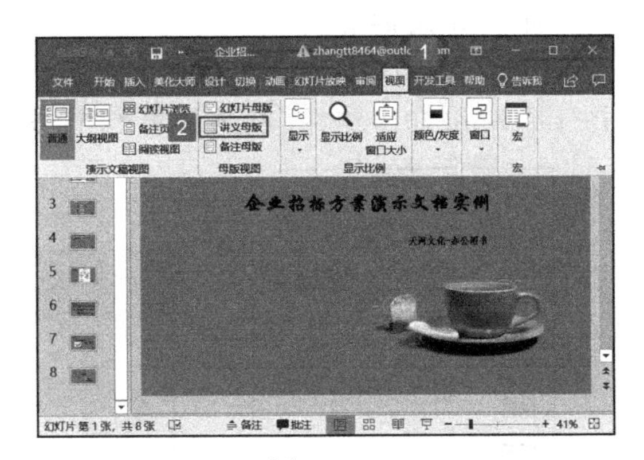

图 19-24

步骤 2：此时会自动打开并切换至“讲义母版”选项卡，在“页面设置”组内单击“每页幻灯片数量”下拉按钮，即可在弹出的菜单列表内设置每页可打印的幻灯片数量，如图 19-25 所示。

温馨提示：在设置每页幻灯片数量时，用户还可以在“打印”选项面板中将“打印版式”更改为“讲义”选项组中的任意选项，如“1 张幻灯片”“2 张幻灯片”“3 张幻灯片”“4 张幻灯片”等，也可轻松将多张幻灯片放置在同一页面中输出。

步骤 3：设置完成后即可看到预览效果，然后单击“关闭母版视图”按钮返回演示文稿的普通视图即可，如图 19-26 所示。

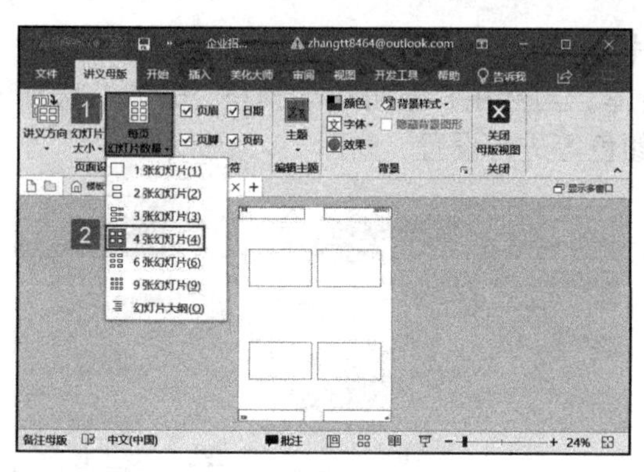

图 19-25

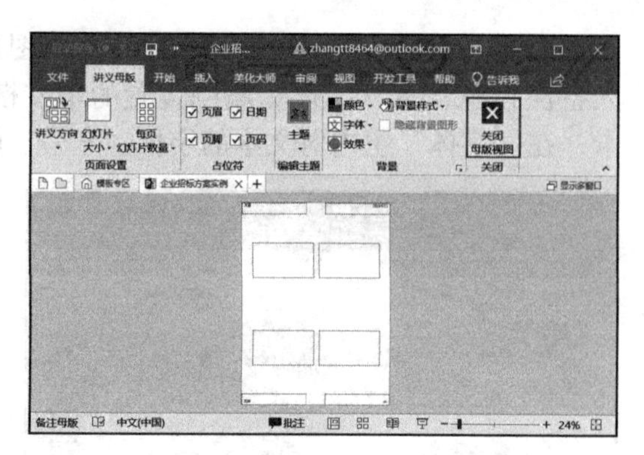

图 19-26

19.5.2 创建讲义文档

设置好讲义文档版式后，用户可以通过“创建讲义”功能，直接将企业招标方案转化为讲义文档，进行打印。

步骤 1： 打开 PowerPoint 文件，单击“文件”按钮，在左侧的菜单列表内单击“导出”按钮，然后在中间的“导出”窗格内单击“创建讲义”按钮，再单击右侧的“创建讲义”按钮，如图 19-27 所示。

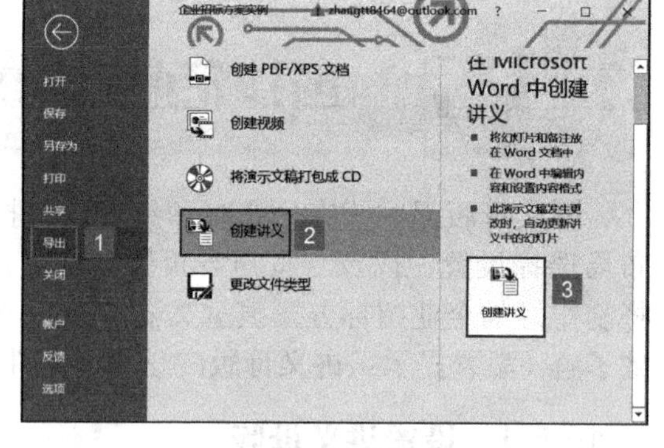

图 19-27

步骤 2： 弹出“发送到 Microsoft Word”对话框，单击选中“备注在幻灯片旁”前的单选按钮，单击“确定”按钮，如图 19-28 所示。

步骤 3： 稍等片刻，系统自动启动并打开 Word 2019 组件，生成讲义文档，效果如图 19-29 所示。

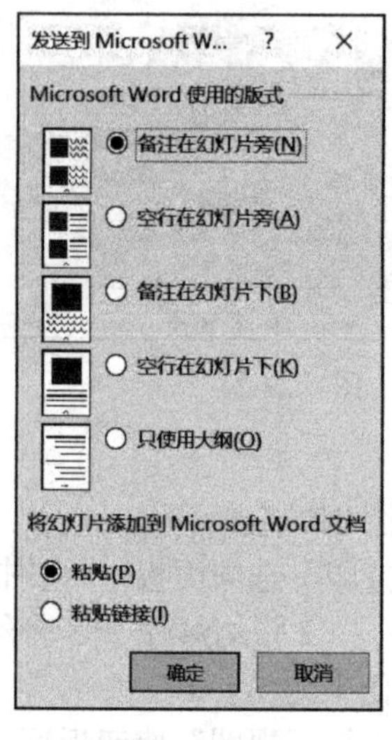

图 19-28

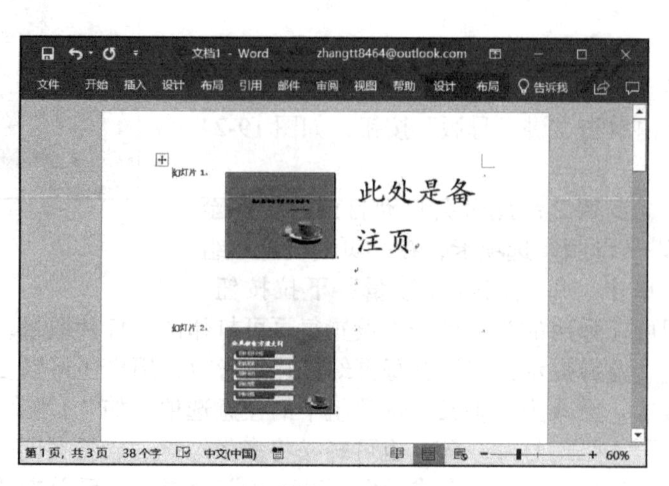

图 19-29

高手技巧

制作企业招标演示文稿的目的是辅助使用者准确传递招标信息需求，让投标者更简单直接地接受和理解这些信息。根据内容的需要选择合适的动画、图表、特效、色彩搭配等，实现精、简、美、活、实的五大效果，接下来介绍一下“企业招标方案”幻灯片制作过程中一些需要注意的地方，利用 PowerPoint 自带的一些功能和快捷键能更好地帮助你完成一份精美绝伦的企业招标方案。

招标流程图解幻灯片

为了更清晰地反映企业招标流程，可以在幻灯片内使用 SmartArt 流程图制作招标流程图。制作该类流程图幻灯片时，只需要在标题占位符内输入标题文本，然后在内容占位符内单击“插入 SmartArt 图形”按钮，选择合适的流程图布局，输入流程项目，调整流程图颜色及样式即可，如图 19-30 所示。

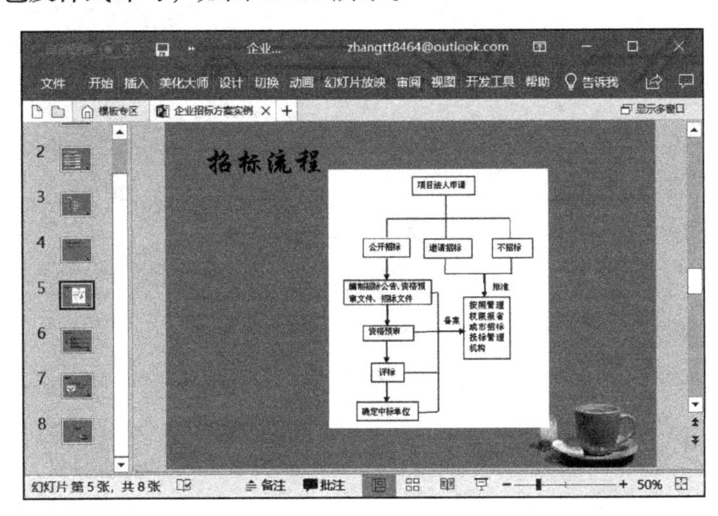

图 19-30

招标公告幻灯片

招标公告就是以简短、精练的文字将此次招标的项目、招标人、工程地点、工程概况联系人等信息公布出来，吸引尽量多的竞标者前来投标。在制作招标公告时，最好以项目列表形式来罗列招标内容，并辅以相应的招标图片来实现，如图 19-31 所示。

投标书封面幻灯片

为了让投标书引起招标者的注意，投标书封面就必须以简洁明了的文字写明参与竞标者的信息，如投标单位、全权代表等信息。为了突出投标书标题，用户可以将普通文本转换为艺术字，然后设置艺术字的字体、字号以及文本填充、文本轮廓和文本效果等，从而使投标的主题内容更加突出，如图 19-32 所示。

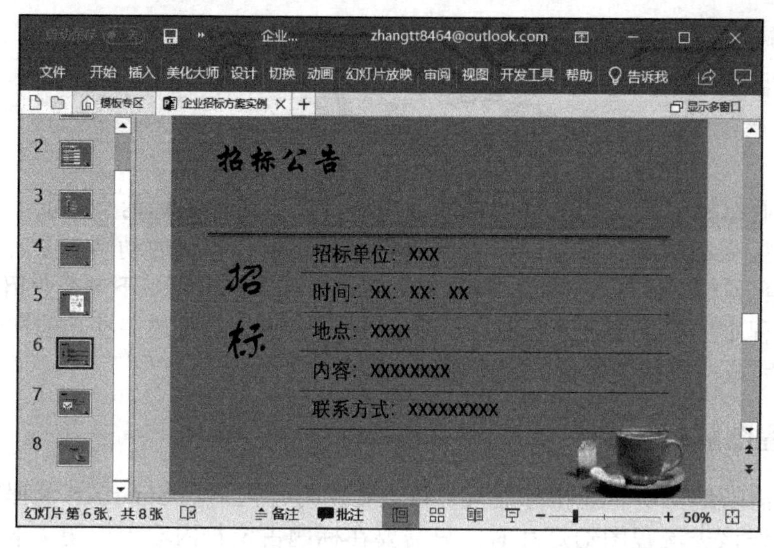

图 19-31

图 19-32

投标附属材料导航页幻灯片

为了保证投标书内容完整，很多时候会在投标书中附加授权书、银行保函、信贷证明等材料，为了让这些电子材料与投标书紧密连接，可以建立导航页面来控制两者的联系。在建立附属材料导航页时，用户可以使用“超链接”的“链接到现有文件”功能将“授权书”形状与“授权书 .docx”文档链接起来，如图 19-33 所示。

商务报价幻灯片

在投标书中报价是不可缺少的，为了让招标者对实际使用的材料有所了解，在制作商务报价单时，用户可以将产品插入商务报价表格。在制作商务报价幻灯片时，用户可以使用图片布局类的 SmartArt 图形来创建，这样可以使报价与产品有机结合起来，同时也让商务报价单更加精美，如图 19-34 所示。

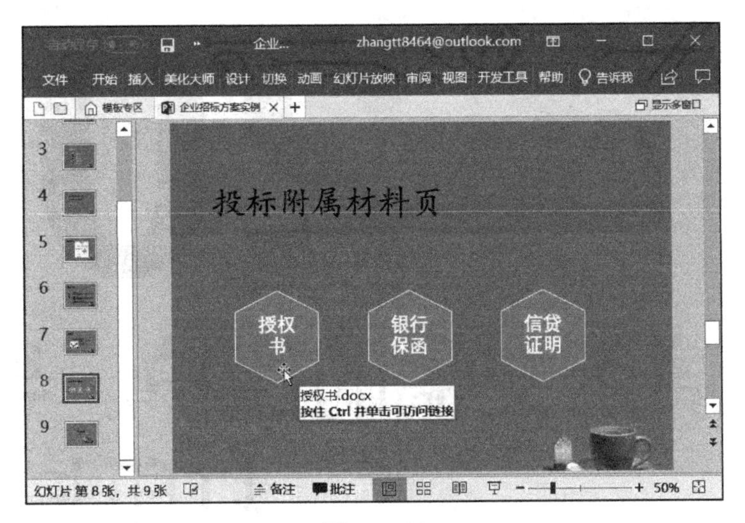

图 19-33

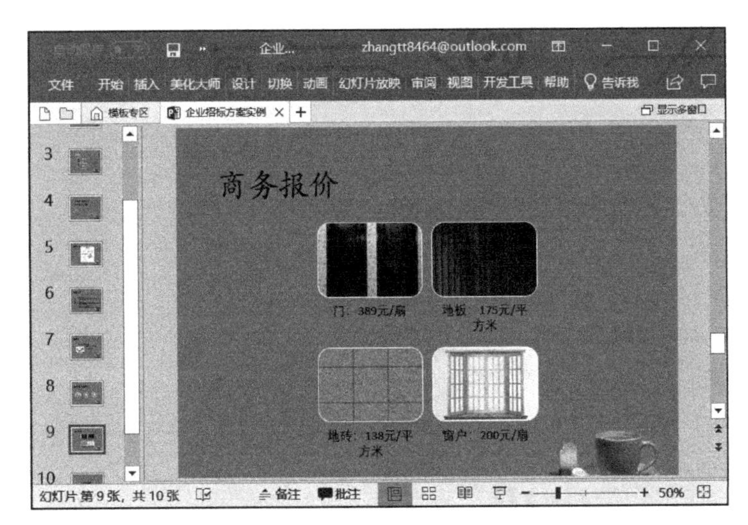

图 19-34

第20章 演示文稿的保护、导出、打印与分享

仅仅学会如何制作精美的演示文稿是不够的，大多数人还需要展示自己的作品，所以说，了解如何去展示自己的劳动成果也是格外重要的。学会分享是一门艺术，我们要在这门艺术上增加属于自己的独特色彩，一份精美的演示文稿当然也要精心进行展示。本章将介绍如何保护、导出、打印与分享演示文稿。

- 导出演示文稿
- 打印演示文稿
- 幻灯片共享
- 高手技巧

20.1 导出演示文稿

用户需要根据需要导出演示文稿，所谓的导出演示文稿不仅仅是单纯地保存为 PowerPoint 格式。导出演示文稿，可以广义理解为将演示文稿转换或保存为不同类型的文件，例如将演示文稿导出为普通文件包、转换为视频文件、转换为 PDF/XPS 文件、转换为 Word 讲义等。本节将着重介绍以讲义的方式将演示文稿插入到 Word 文档中、打包演示文稿、将演示文稿保存为 PDF 文件以及将演示文稿保存到 Web 格式。

20.1.1 以讲义的方式将演示文稿插入 Word 文档中

根据用户的不同需要，Office 已经实现了将 PowerPoint、Excel 以及 Word 组件结合起来使用，利用它们各自的特点来帮助用户达到更佳的效果，本节将介绍将演示文稿插入到 Word 文档中，实现 PowerPoint 和 Word 的结合。

在 Microsoft Word 中创建讲义，可以将幻灯片和备注都放在 Word 文档中，用户还可以根据自身需要在 Word 文档中编辑讲义的内容、设置内容格式等，而且当演示文稿发生更改时，Word 文档中的讲义也会自动更新。

步骤 1：打开 PowerPoint 文件，单击“文件”按钮，在展开的菜单列表内单击“导出”按钮，然后在右侧的“导出”窗格内选择“创建讲义”选项，单击“创建讲义”按钮，如图 20-1 所示。

步骤 2：弹出“发送到 Microsoft Word”对话框，单击选中“备注在幻灯片旁”前的单选按钮，单击“确定”按钮，如图 20-2 所示。

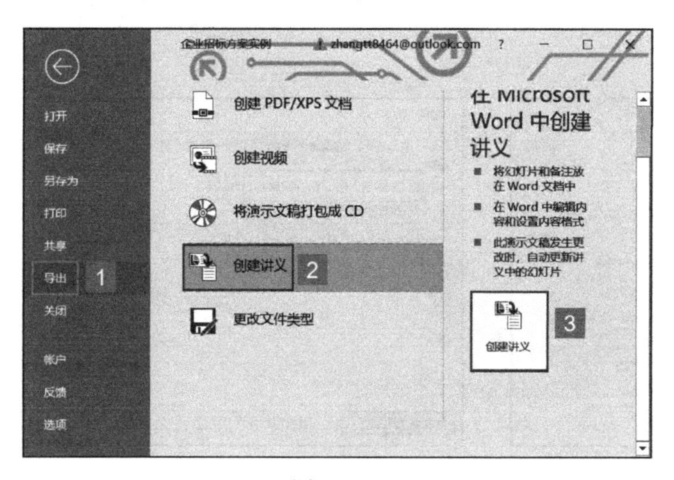

图 20-1

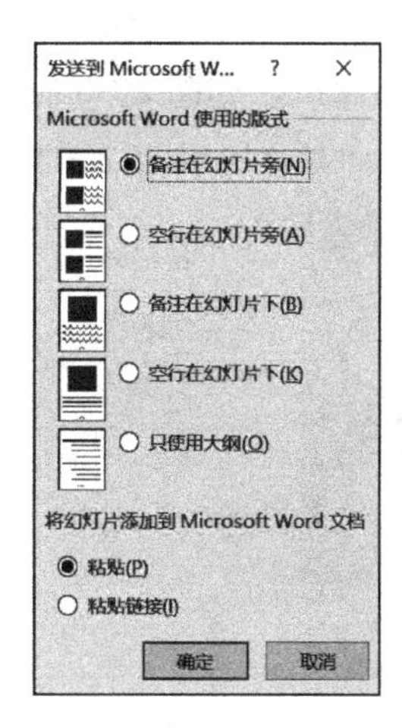

图 20-2

步骤 3：此时系统即可启动并打开 Word 文档，用户可以在文档内看到已经保存好的讲义，如图 20-3 所示。

步骤 4：如果用户需要更改讲义的内容设置，可以左键双击 Word 中的幻灯片讲义，此时系统即可自动切换至演示文稿界面，然后根据自身需要对演示文稿进行修改，修改完毕后，单击左上角的“文件”按钮，在弹出的菜单列表内单击“保存”按钮即可，如图 20-4 所示。

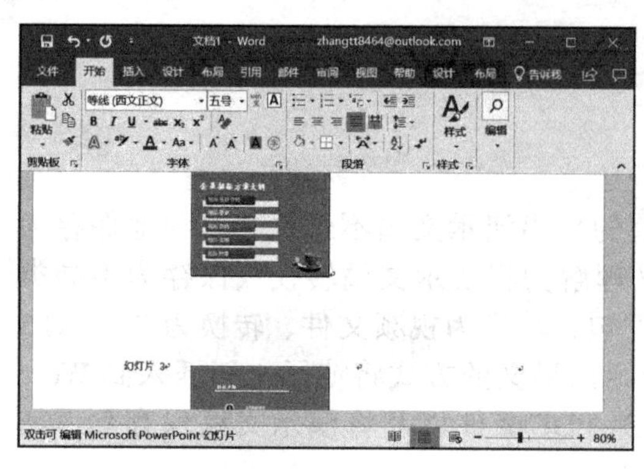

图 20-3

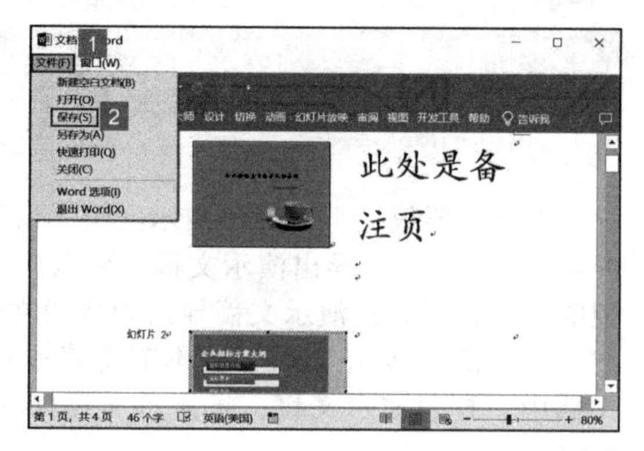

图 20-4

20.1.2 打包演示文稿

用户在日常生活中使用演示文稿时，如果需要将自己编辑的演示文稿在其他的电脑上演示播放，经常会出现演示文稿里面的链接等信息失效的情况，遇到这种情况，其实只需要将自己编辑的演示文稿文件进行打包操作就能顺利实现在其他电脑上演示播放了，本节将详细介绍如何打包演示文稿。

将演示文稿打包成 CD，可以将演示文稿中的链接或嵌入项目（例如视频、声音和字体等）都添加到包内。

步骤 1：打开 PowerPoint 文件，单击“文件”按钮，在展开的菜单列表内单击“导出”按钮，然后在右侧的“导出”窗格内选择“将演示文稿打包成 CD”选项，单击“打包成 CD”按钮，如图 20-5 所示。

步骤 2：弹出“打包成 CD”对话框，在“将 CD 命名为”右侧的文本框内输入名称，然后单击右侧的“添加”或“删除”按钮选择需要打包的演示文稿，然后单击“选项”按钮，如图 20-6 所示。

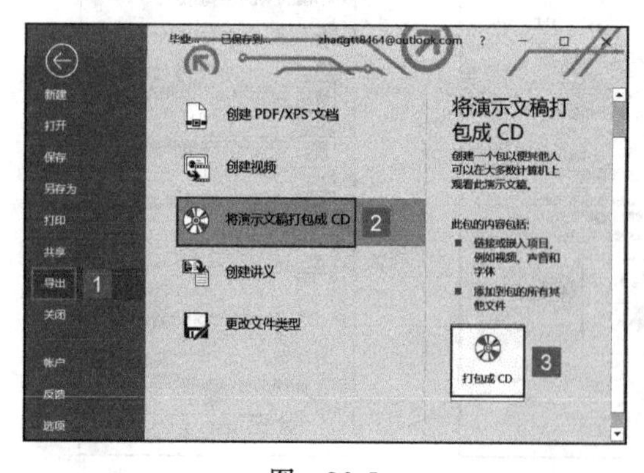

图 20-5

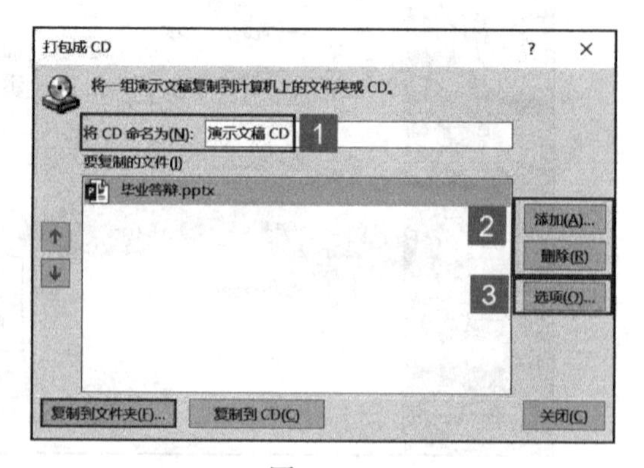

图 20-6

步骤 3：弹出“选项”对话框，在“包含这些文件”窗格内单击勾选或取消勾选“链接的文件”“嵌入的 TrueType 字体”前的复选框，还可以设置打开密码及修改密码来增强安全性和隐私保护，设置完成后，单击“确定”按钮，如图 20-7 所示。

步骤 4：返回“打包成 CD”对话框，单击“复制到文件夹”按钮。弹出“复制到文件夹”对话框，单击“浏览”按钮选择位置，然后单击“确定”按钮即可，如图 20-8 所示。

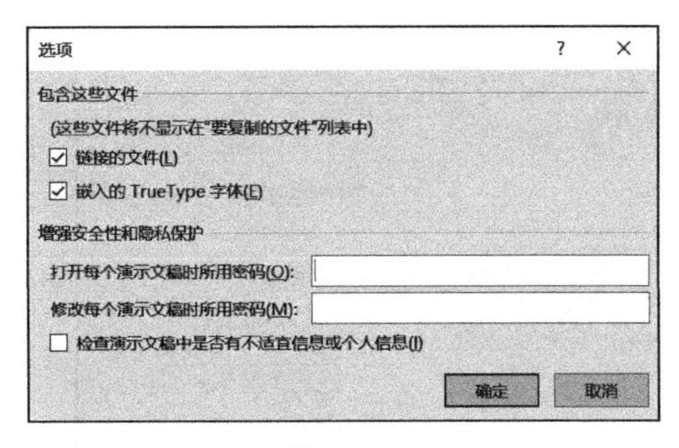

图 20-7

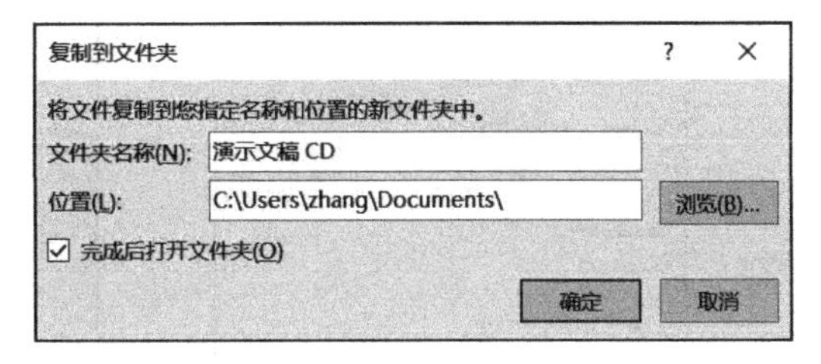

图 20-8

20.1.3 将演示文稿保存为 PDF 文件

为了防止 PowerPoint 课件、工作报告等被更改或用作别处，可以将其保存成图片格式或 PDF 格式转发给他人，下面将介绍如何将演示文稿转换为 PDF 文件。

将演示文稿转换为 PDF/XPS 文档，可以保留演示文稿的布局、格式、字体和图像，保护内容不被轻易更改。

步骤 1：打开 PowerPoint 文件，单击“文件”按钮，在展开的菜单列表内单击“导出”按钮，然后在右侧的“导出”窗格内选择“创建 PDF/XPS 文档”选项，单击“创建 PDF/XPS 文档”按钮，如图 20-9 所示。

步骤 2：弹出“发布为 PDF 或 XPS”对话框，定位至演示文稿需要保存的位置，然后在“文件名”右侧的文本框内输入文件名称。如果需要转换后查看文件，单击勾选“发布后打开文件”前的复选框。用户还可以单击选中“标准”或“最小文件大小”前的单选按钮设置其优化程度。如果还需要更详细的选择，可以单击“选项”按钮，如图 20-10 所示。

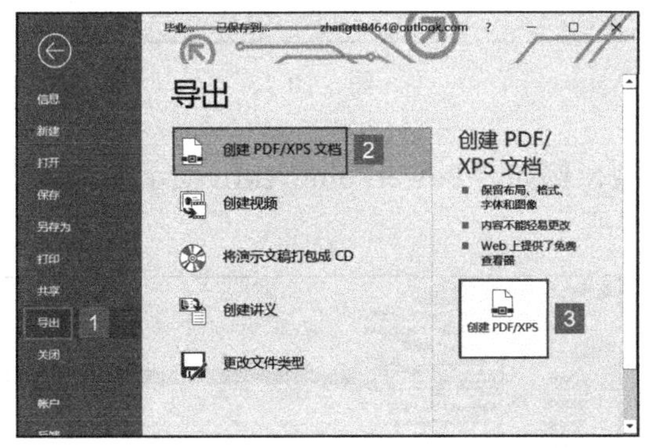

图 20-9

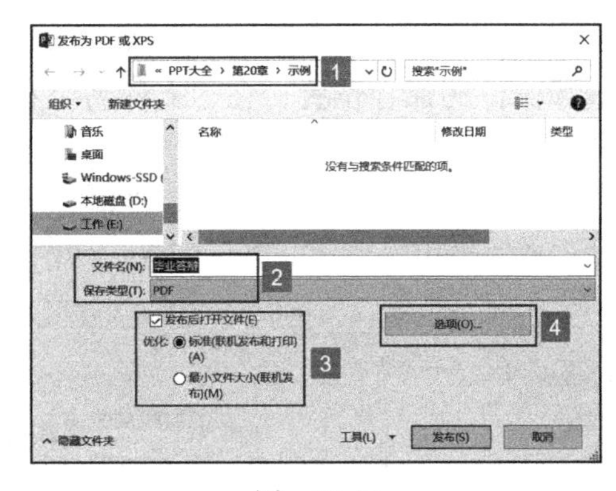

图 20-10

步骤 3：弹出“选项”对话框，用户可以进一步设置演示文稿的范围、发布内容、非打印信息等，设置完成后，单击“确定”按钮，如图 20-11 所示。

步骤 4：返回“发布为 PDF 或 XPS”对话框，单击“发布”按钮即可，如图 20-12 所示。

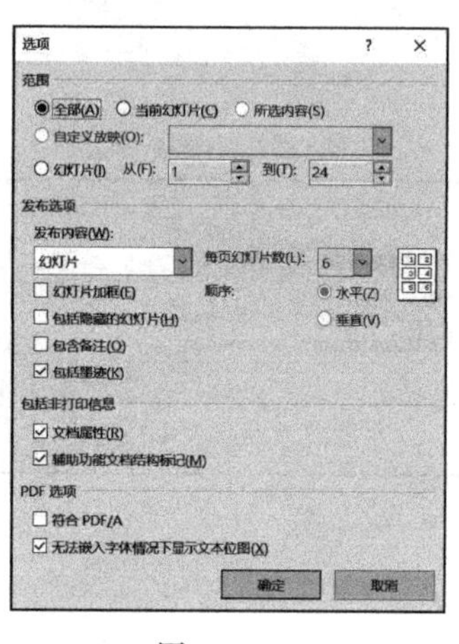

图 20-11

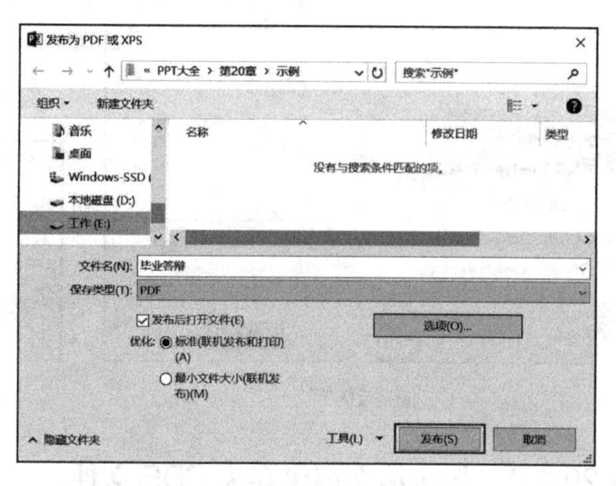

图 20-12

20.1.4 将演示文稿保存为 Web 格式

用户可以根据自身需要将演示文稿保存为不同的状态，本节将介绍如何将文稿保存为 Web 格式。

步骤 1：打开 PowerPoint 文件，单击“文件”按钮，在展开的菜单列表内单击“导出”按钮，在右侧的“导出”窗格内选择“更改文件类型”选项，然后在右侧的“演示文稿文件类型”列表框内选择合适的类型，如图 20-13 所示。

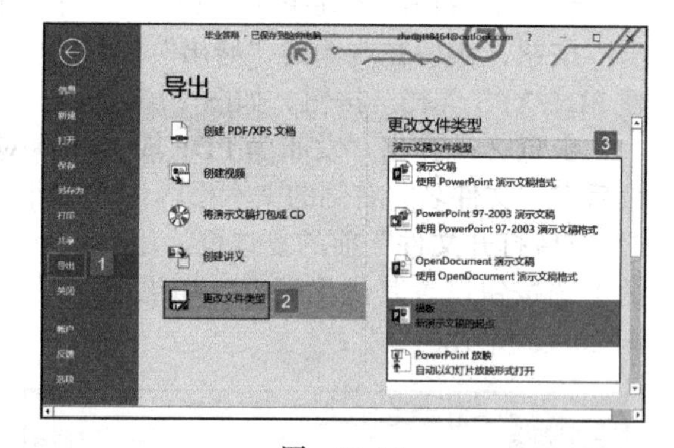

图 20-13

步骤 2：拖动窗口右侧的滑块，单击“另存为”按钮，如图 20-14 所示。

步骤 3：打开“另存为”对话框，选择文件的保存位置，在“文件名”右侧的文本框内输入名称，然后单击“保存类型”右侧的下拉按钮选择合适的文件类型，例如“ PowerPoint XML 演示文稿”选项，最后单击“保存”按钮即可，如图 20-15 所示。

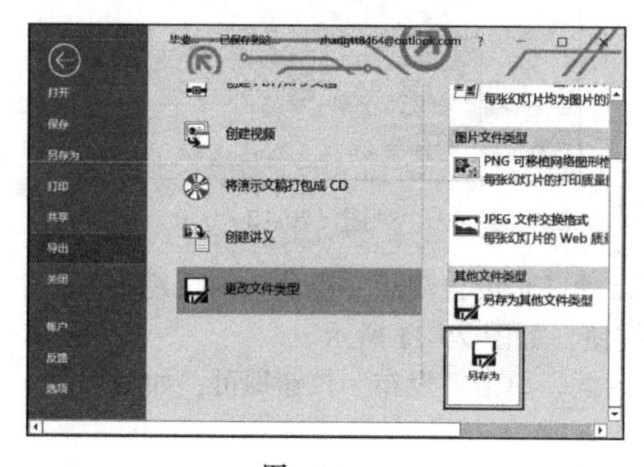

图 20-14

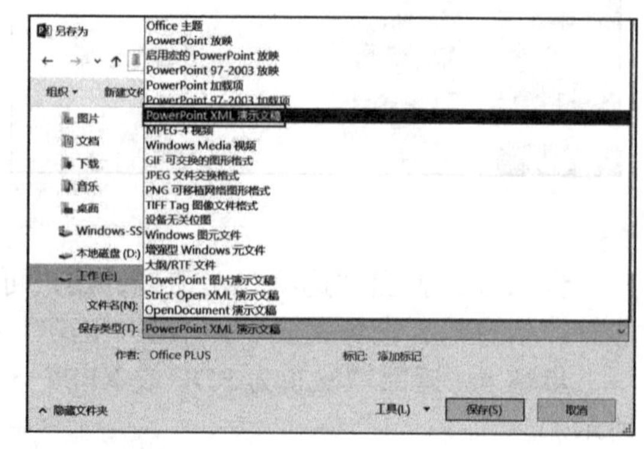

图 20-15

20.2 打印演示文稿

演示文稿除了可以在计算机上进行演示以外，还可以将它们打印出来直接印刷成教材或资料，也可以将演示文稿中的幻灯片打印在投影胶片上通过投影机放映。在打印演示文稿时，需要设置很多问题，本节将着重介绍如何打印出满意的演示文稿。

20.2.1 设置打印范围

用户在打印演示文稿时，未必需要打印演示文稿中的全部幻灯片，为了节约打印成本，用户可以在打印之前设置好打印的范围。

打开 PowerPoint 文件，单击“文件”按钮，在展开的菜单列表内单击“打印”按钮，然后在中间的“设置”窗格内单击“打印全部幻灯片”下拉按钮，在展开的菜单列表内选择需要打印的范围即可，如图 20-16 所示。此时，在窗口右侧可以看到预览效果，在窗口右下方可以看到当前页数和总页数。

图 20-16

20.2.2 设置打印色彩

为了适应用户的不同需求，演示文稿在颜色方面也做出了相应的调整，用户可以根据需要选择演示文稿的打印色彩样式。

打开 PowerPoint 文件，单击“文件”按钮，在展开的菜单列表内单击“打印”按钮，然后在中间的“设置”窗格内单击“颜色”下拉按钮，在展开的菜单列表内选择需要打印的颜色即可，如图 20-17 所示。此时，在窗口右侧可以看到预览效果，在窗口右下方可以看到当前页数和总页数。

20.2.3 设置打印版式

除了打印范围、打印色彩之外，用户还可以定义打印版式以满足自己的需求。

打开 PowerPoint 文件，单击“文件”按钮，在展开的菜单列表内单击“打印”按钮，然后在中间的“设置”窗格内单击“打印版式”下拉按钮，在展开的菜单列表内选择需要打印的版式即可，例如此处选择“2 张幻灯片”，然后选中“幻灯片加框”“根据纸张调整大小”“高质量”等设置选项，如图 20-18 所示。此时，在窗口右侧可以看到每页内显示了 2 张幻灯片，在窗口右下方可以看到当前页数和总页数。

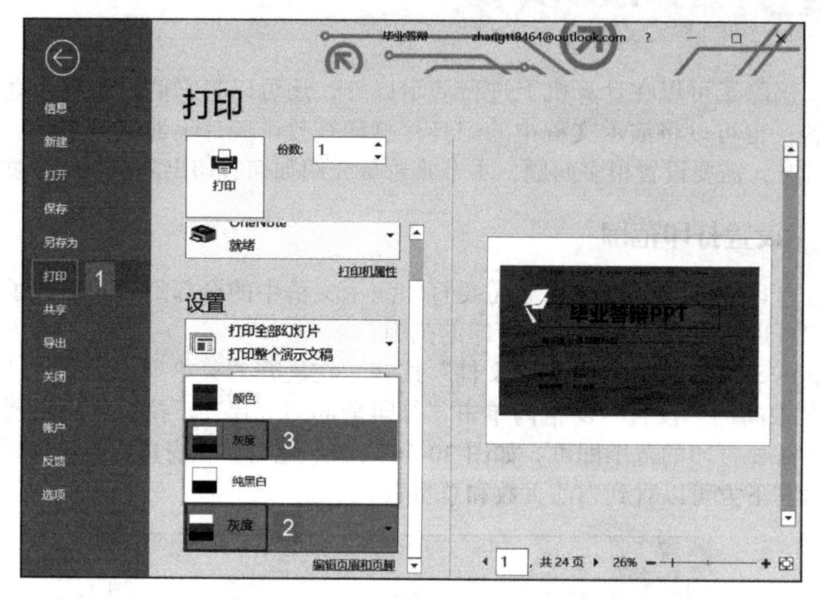

图　20-17

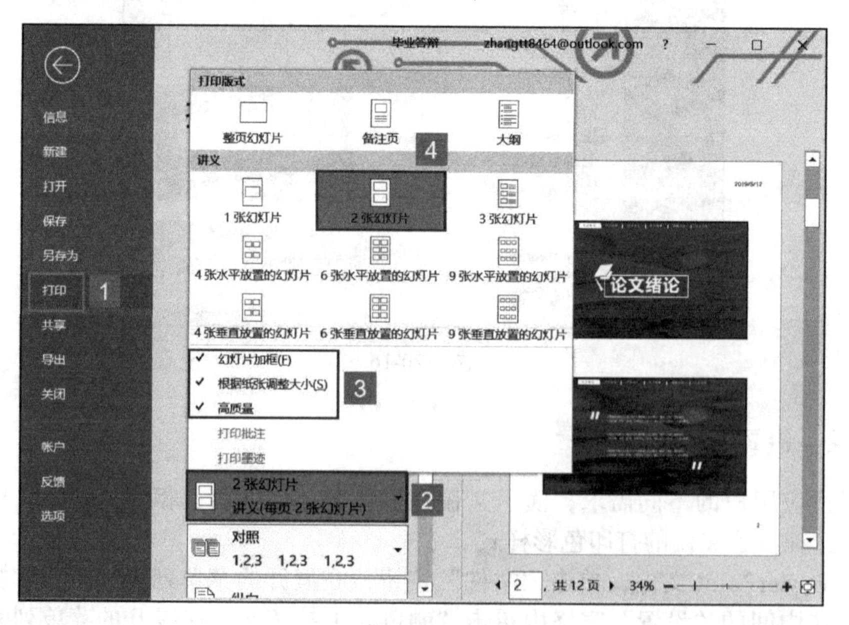

图　20-18

然后用户还可以对打印方向进行设置，单击“方向”下拉按钮，用户可以选择“横向”或“纵向”打印方式，右侧的窗格内会显示相应的预览效果，如图 20-19 所示。

20.2.4 打印演示文稿

对演示文稿的打印选项设置完成后，即可进行打印。单击“打印机”下拉按钮，选择打印机，然后在“份数”数值框内设置打印份数，最后单击“打印”按钮即可打印，如图 20-20 所示。

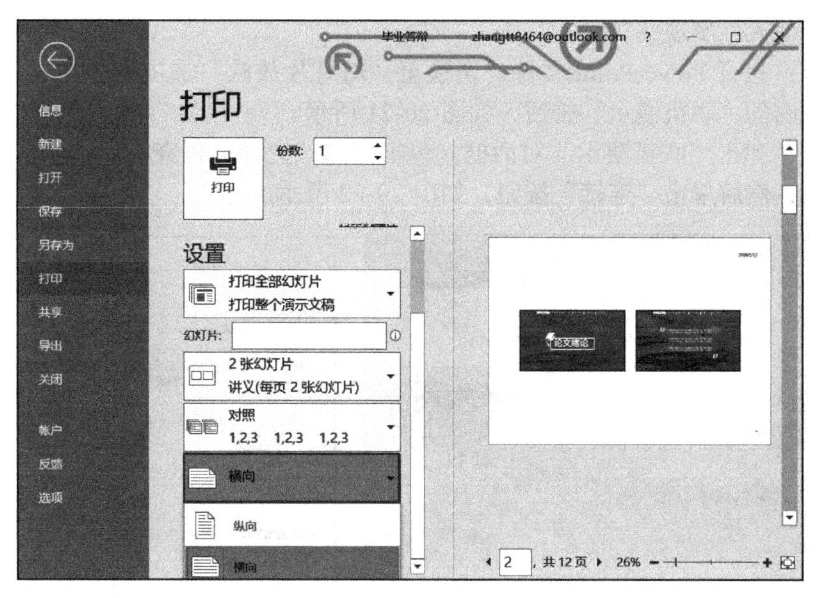

图 20-19

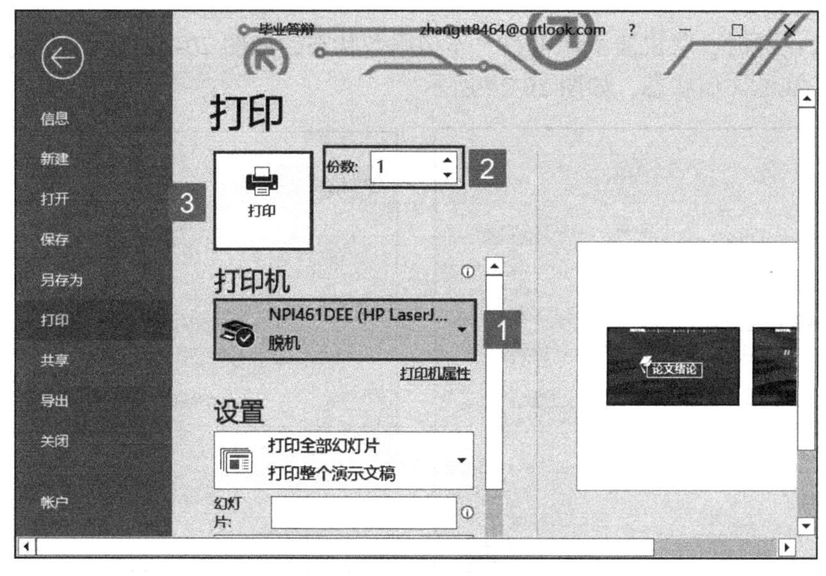

图 20-20

20.3 幻灯片共享

演示文稿制作完成后，是否迫不及待地想要和他人分享呢？用户可以通过联机演示、使用电子邮件发送文稿等方式进行共享。本节将着重介绍幻灯片的共享方法。

20.3.1 联机演示演示文稿

要实现联机演示，首先需要启动联机演示获取链接，再将链接以电子邮件或其他方式发送给他人，实现共享。

步骤 1： 打开 PowerPoint 文件，切换至“幻灯片放映”选项卡，单击“开始放映幻灯片”组内的“联机演示”按钮，如图 20-21 所示。

步骤 2： 弹出“联机演示”对话框，单击勾选“允许远程查看者下载此演示文稿”前的复选框，然后单击“连接”按钮，如图 20-22 所示。

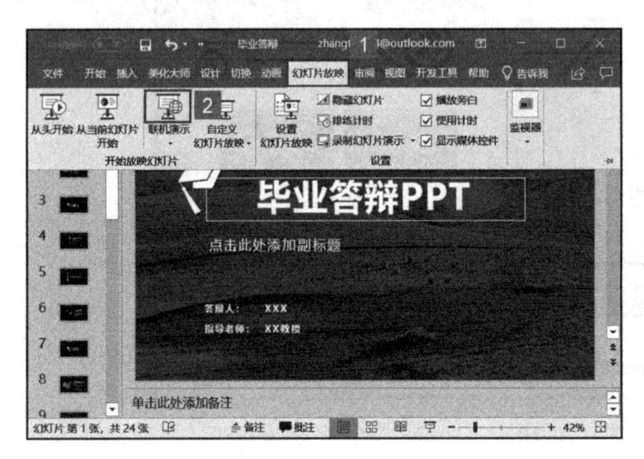

图 20-21

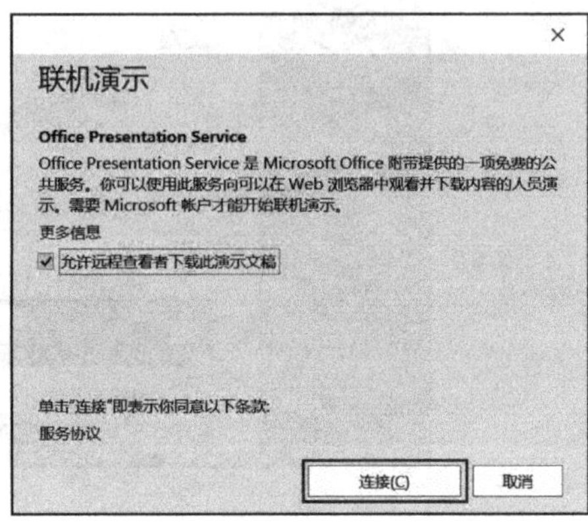

图 20-22

步骤 3： 此时，联机演示即可进入连接服务状态，如图 20-23 所示。稍等片刻，即可进入准备演示文稿状态，如图 20-24 所示。

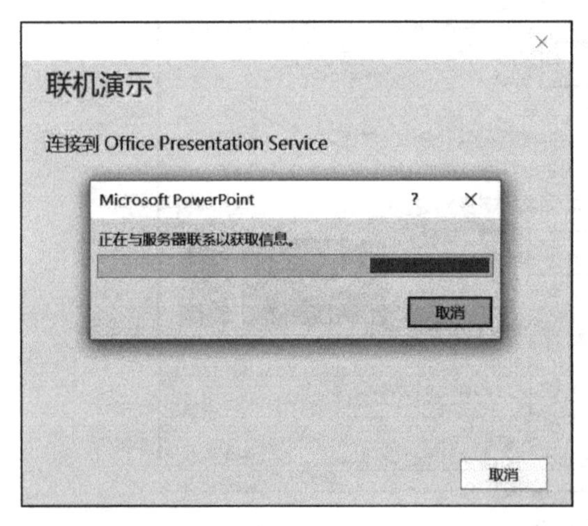

图 20-23

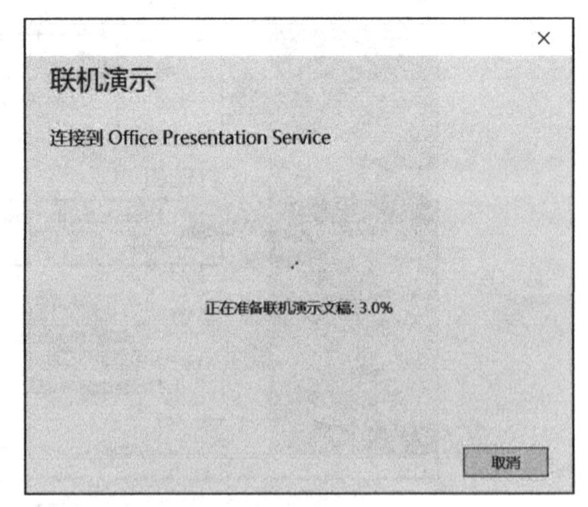

图 20-24

步骤 4： 稍等片刻，即可在文本框内看到远程演示的链接，用户可以根据需要单击“复制链接”按钮复制链接，然后以电子邮件或其他方式发送给远程人员，如图 20-25 所示。发送完成后，单击“开始演示”按钮进入幻灯片放映状态即可。

步骤 5： 受邀者打开链接在 Web 页内进入演示状态。用户既可以自行单击窗口下方的按钮控制幻灯片的播放，也可以单击“跟随演示者”按钮跟随演示者观看幻灯片。

步骤 6: 远程演示结束后，返回演示文稿的“联机演示”选项卡，单击“联机演示”组内的“结束联机演示”按钮，此时系统会弹出“ Microsoft PowerPoint”对话框，单击“结束联机演示”按钮即可结束联机演示，如图 20-26 所示。

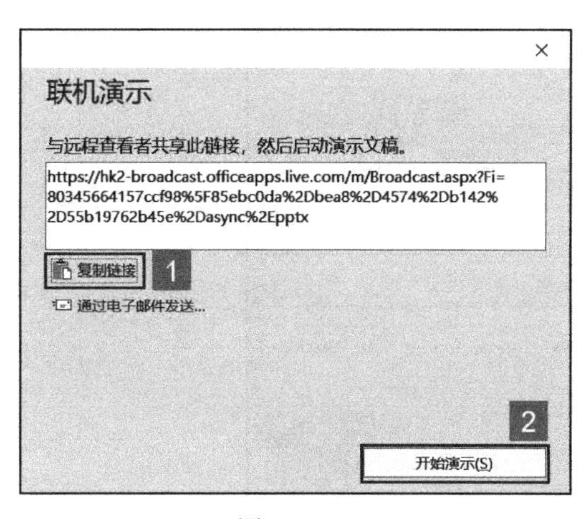

图 20-25

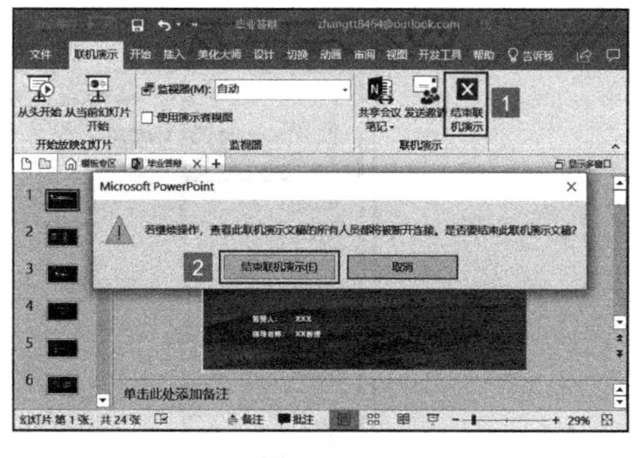

图 20-26

20.3.2 使用电子邮件传送演示文稿

使用电子邮件传送演示文稿的共享方式，是很多工作人员必须掌握的一项技能，一般适用于和指定的人员共享，因为用户必须知道对方的电子邮箱地址，才能将演示文稿作为附件发送到对方邮箱中。

步骤 1：打开任意邮箱（例如 QQ 邮箱），单击“写信”按钮，然后在“收件人”右侧的文本框内输入收件人的邮箱地址，输入主题及正文内容后，单击“添加附件”按钮，如图 20-27 所示。

步骤 2：弹出“选择要加载的文件”对话框，定位至演示文稿所在的文件夹位置，选中需要共享的演示文稿，然后单击“打开”按钮，如图 20-28 所示。

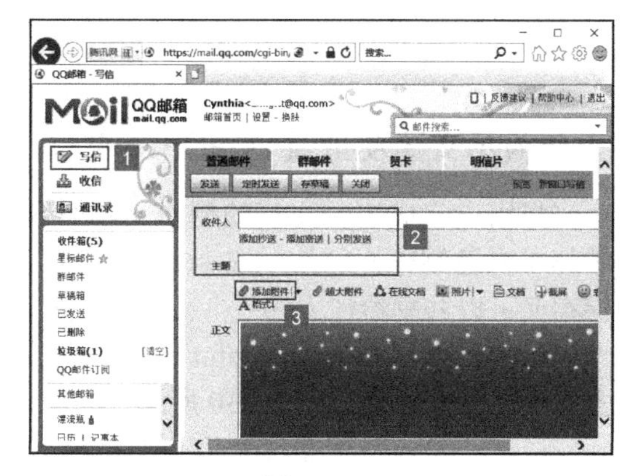

图 20-27

步骤 3：返回邮箱，即可看到附件列表内显示了已选择的演示文稿，然后单击“发送”按钮即可，如图 20-29 所示。

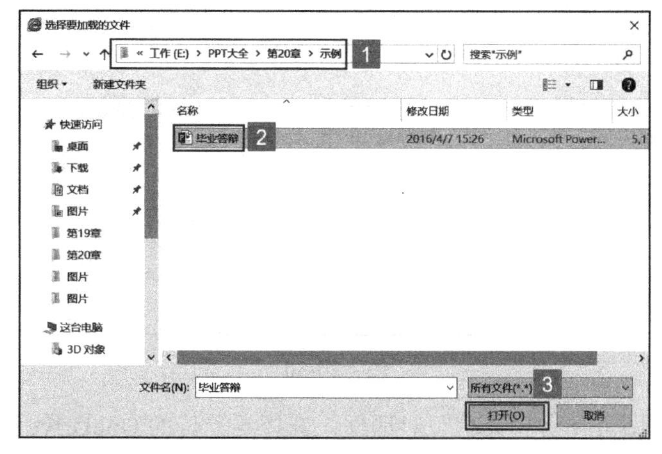

图 20-28

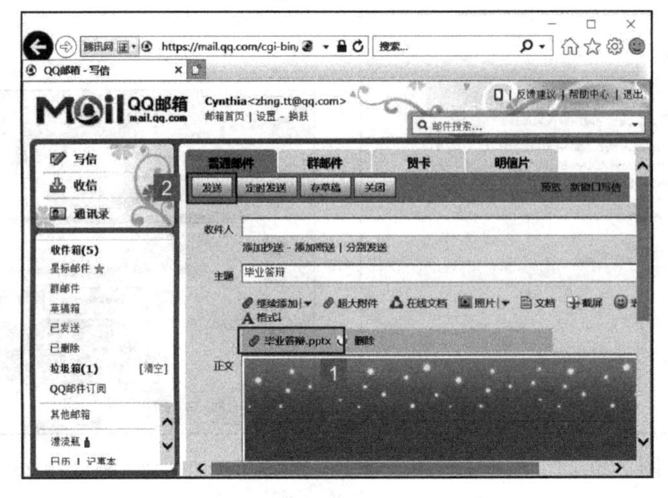

图 20-29

高手技巧

将演示文稿发布到 OneDrive 共享

当用户完成演示文稿的制作又不着急使用的时候，用户可能会担心自己保存不当破坏了自己制作好的演示文稿，此时即可将演示文稿发布至 Onedrive 中，既可以进行保存又可以共享给他人。

步骤 1：打开 PowerPoint 文件，单击“文件”按钮，然后在右侧的菜单列表内单击“共享”按钮，如图 20-30 所示。

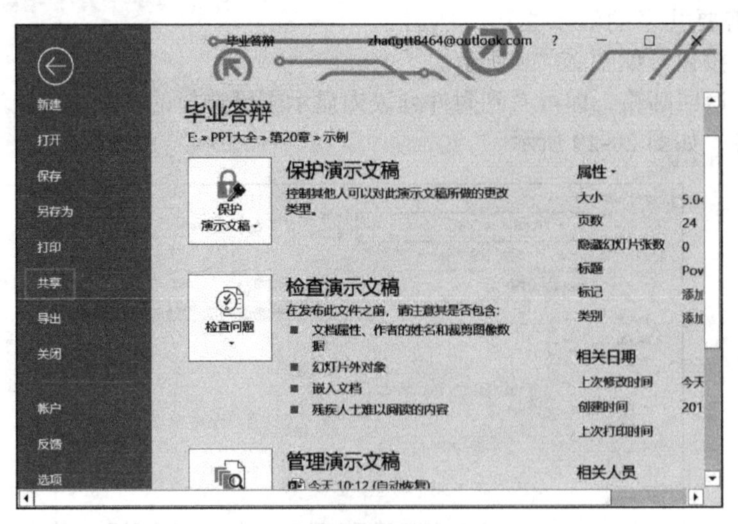

图 20-30

步骤 2：此时即可弹出“共享”对话框，选择要上传的 OneDrive 账户，如图 20-31 所示。

步骤 3：稍等片刻即可共享，如图 20-32 所示。

图 20-31

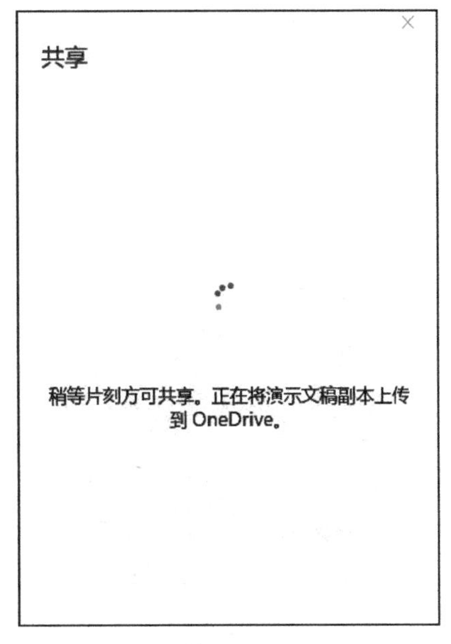

图 20-32

将演示文稿创建为视频格式

用户可以根据自身需要将演示文稿保存为不同的状态，下面将介绍如何将文稿保存为视频格式。

将演示文稿转换为视频格式，可以保留演示文稿所有录制的计时、旁白、墨迹笔画和激光笔势等。

步骤 1：打开 PowerPoint 文件，单击“文件”按钮，在展开的菜单列表内单击“导出”按钮，然后在中间的“导出”窗格内选择“创建视频”选项，再在右侧的“创建视频”窗格内选择视频的清晰效果以及是否保存录制的计时和旁白，设置完成后，单击“创建视频”按钮，如图 20-33 所示。

步骤 2：弹出“另存为”对话框，定位至演示文稿要保存的位置，在“文件名”右侧的文本框内输入名称，单击“保存类型”右侧的下拉按钮选择合适的类型，单击“保存”按钮即可，如图 20-34 所示。

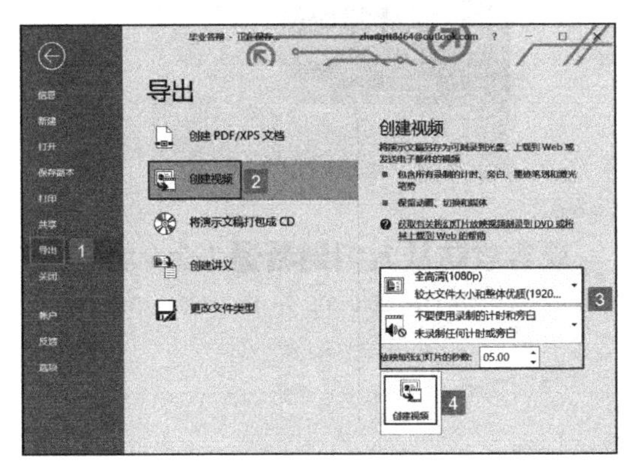

图 20-33

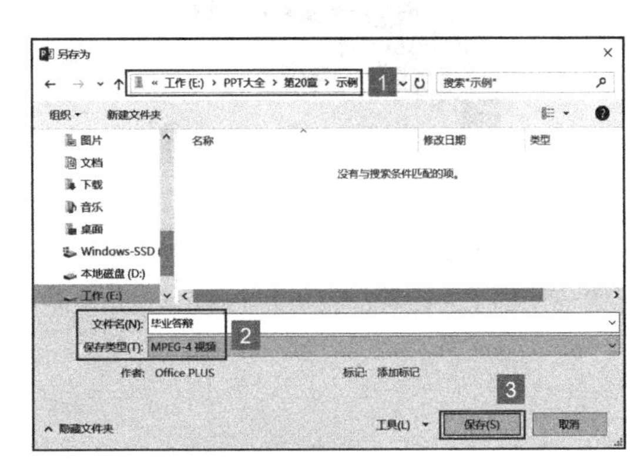

图 20-34

推荐阅读

玩转黑客，从黑客攻防从入门到精通系列开始！
本系列丛书已畅销20多万册！

黑客攻防从入门到精通(智能终端版）

作者：武新华 李书梅 编著 ISBN：978-7-111-51162-5 定价：49.00元

黑客攻防从入门到精通（攻防与脚本编程篇）

作者：天河文化 编著 ISBN：978-7-111-49193-4 定价：69.00元

黑客攻防从入门到精通（黑客与反黑工具篇）

作者：李书梅 等编著 ISBN：978-7-111-49738-7 定价：59.00元

黑客攻防大全

作者：王叶 编著 ISBN：978-7-111-51017-8 定价：79.00元

推荐阅读

有效
竞品分析
好产品必备的
竞品分析方法论
EFFECTIVE
COMPETITIVE
ANALYSIS

种子
用户
方法论
SEED USER
METHODOLOGY
让创新可掌控，让新产品风靡

场景
方法论
如何让你的产品畅销，
又给用户超爽体验

引爆
用户增长
EXPLOSIVE GROWTH

RAISING
DIMENSION
升维
争夺产品认知高地的战争

杰出产品经理

PERSPECTIVE OF PRODUCT
产品的视角
从热闹到门道

产品心经
产品经理
应该知道的60件事
(第2版)

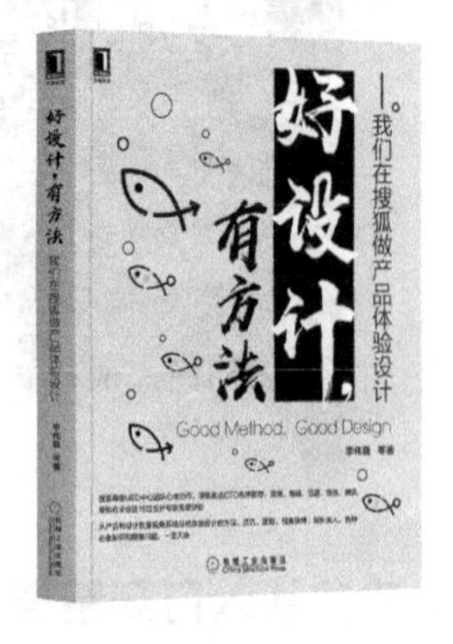
好设计
有方法
我们在搜狐做产品体验设计
Good Method, Good Design